U0133340

"十二五"国家重点图书规划项目　　第5卷

国际可持续发展百科全书　　主任　倪维斗

生态系统管理和可持续发展

Ecosystem Management and Sustainability

【美】罗宾·康迪斯·克雷格 等 主编
张天光 译

上海交通大学出版社
SHANGHAI JIAO TONG UNIVERSITY PRESS

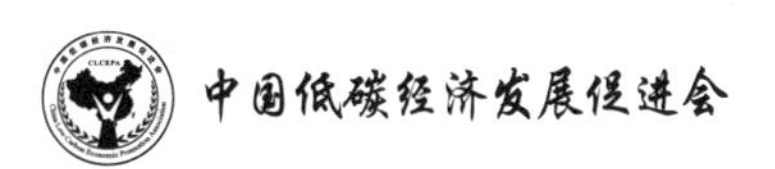

内容提要

本书是“国际可持续发展百科全书”第5卷。本书由一百多位世界著名的学者和管理专家撰写，内容涉及生态系统管理和可持续发展的方方面面，除了像“生物多样性”、“承载能力”、“生态恢复”、“群落生态学”、“废物管理”、“景观设计”等常规议题外，还有很多令人受益匪浅的非常新颖的议题，如“道路生态学”、“家居生态学”、“光污染和生物系统”、“雨水吸收植物园”等等。本书还为促进自然资源的可持续利用、保存和恢复提供了大量的流程和工具，是人们认识生态、保护环境、实现人与自然和谐发展的重要工具书。

图书在版编目（CIP）数据

生态系统管理和可持续发展 /（美）罗宾·康迪斯·克雷格等主编；张天光译. —上海：上海交通大学出版社，2017

（国际可持续发展百科全书；5）

ISBN 978-7-313-12640-5

Ⅰ.①生… Ⅱ.①罗… ②张… Ⅲ.①生态系—系统管理—研究 Ⅳ.①X171.1

中国版本图书馆CIP数据核字（2017）第164012号

生态系统管理和可持续发展

主　　编：[美] 罗宾·康迪斯·克雷格 等
译　　者：张天光
出版发行：上海交通大学出版社
地　　址：上海市番禺路951号
邮政编码：200030
电　　话：021-64071208
出 版 人：谈　毅
印　　制：苏州市越洋印刷有限公司
经　　销：全国新华书店
开　　本：787mm × 1092mm　1/16
印　　张：38.75
字　　数：770千字
版　　次：2017年9月第1版
印　　次：2017年9月第1次印刷
书　　号：ISBN 978-7-313-12640-5/X
定　　价：498.00元

国际可持续发展百科全书
编译委员会

英文版编委会

序　言

随着世界人口膨胀、资源能源短缺、生态环境恶化、社会矛盾加剧，可持续发展已逐步成为整个人类的共识。我国在全球化浪潮下，虽然经济快速发展、城市化水平迅速提高，但可持续问题尤为突出。党中央、国务院高度重视可持续发展，并提升至绿色发展和生态文明建设的高度，更首度把生态文明建设写入党的十八大报告，列入国家五年规划——十三五规划。

如何进行生态文明建设，实现美丽中国？除了根据本国国情制定战略战术外，审视西方发达国家走过的道路，汲取他们的经验教训，应对中国面临的新挑战，也是中国政府、科技界、公众等都需要认真思考的问题。因而，介绍其他国家可持续发展经验、自然资源利用历史、污染防控技术和政策、公众参与方式等具有重要的现实意义。

"国际可持续发展百科全书"是美国宝库山出版社(Berkshire Publishing Group LLC)出版的，由来自耶鲁大学、哈佛大学、波士顿大学、普林斯顿大学、多伦多大学、斯坦福大学、康奈尔大学、悉尼大学、世界可持续发展工商理事会、国际环境法中心、地球政策研究所、加拿大皇家天文学会、联合国开发计划署和世界自然保护联盟等众多国际顶尖思想家联合编撰，为"如何重建我们的地球"提供了权威性的知识体系。该系列丛书共6卷，分别讲述了可持续发展的精神；可持续发展的商业性；可持续发展的法律和政治；自然资源和可持续发展；生态管理和可持续发展；可持续性发展的度量、指标和研究方法等六方面的内容。从宗教哲学、法律政策、社会科学和资源管理学等跨学科的角度阐述了可持续发展的道德和价值所在、法律政策保障所需以及社会所面临的商业挑战，并且列举了可持续研究的度量、指标和研究方法，提出了一些解决环境问题的方法。总而言之，这套书以新颖的角度为我们阐述了21世纪环境保护所带来的挑战，是连接学术研究和解决当今环境问题实践的桥梁。

这套书的引进正值党的十八大召开，党中央和国务院首度把"生态文明建设"写入工作报告重点推进，上海交通大学出版社敏锐地抓住这一时机，瞄准这套具有国际前瞻性的“国际可持续发展百科全书”。作为在能源与环境领域从事数十年研究的科研工作者，我十分欣赏上海交通大学出版社的眼光和社会担当，欣然接受他们的邀请担任这套丛书的编译委员会主任，并积极促成中国低碳经济发展促进会参与推进这套书的翻译出版工作。中国低碳经济发展促进会一直以来致力于推进国家可持续发展与应对气候变化等方面工作，在全国人大财政经济委员会原副主任委员、中国低碳经济发展促进会主席郭树言同志领导下，联合全国700多家企业单位，成功打造了“中国低碳之路高层论坛”、“中国低碳院士行”等多个交流平台，并以创办《低碳经济杂志》等刊物、创建低碳经济科技示范基地等多种形式为积极探索中国环境保护的新道路、推动生态文明建设贡献绵薄之力。我相信有“促进会”的参与，可以把国际上践行的可持续理论方法和经验教训，更好地介绍给全国的决策者、研究者和执行者，以及公众。

本系列丛书的翻译者大多来自著名高校、科研院所的教师或者翻译专家，他们都有很高的学术造诣、丰富的翻译经验，熟悉本领域的国内外发展，能准确把握全局，保证了丛书的翻译质量，对丛书的顺利出版发挥了不可替代的作用，我在此对他们表示衷心的感谢。

这套丛书由上海交通大学出版社和中国低碳经济发展促进会两单位共同组织人员编译，在中国长江三峡集团公司、中国中煤能源集团公司、神华集团有限责任公司的协助下，在专家学者的大力支持下，历时三年，现在终于要面世了。我希望，该书的出版，能为相关决策者和参与者提供新的思路和看待问题新的角度；该书的出版，能真正有益于高等学校，不论是综合性大学的文科、理科、工科还是研究院所的研究工作者和技术开发人员都是一部很好的教学参考资料，将对从事可持续发展的人才培养起很大的作用；该书的出版，能为刚刚进入该领域的研究者提供一部快速和全面了解西方自然资源开发史的很好的入门书籍；该书的出版，能使可持续发展的观念更加深入人心、引发全民思考，也只有全民的努力才可能把可持续发展真正付诸实施。

（中国工程院院士　清华大学教授）

译者序

生态系统管理和可持续发展是当今世界面临的重大议题。随着全球(特别是发展中国家)人口的不断增加和经济建设规模的日益扩大,人们对生态环境的破坏和污染变得越来越触目惊心。在我国,经济发展和环境保护之间的矛盾日益突出,蓝天白云、青山绿水越来越成为奢侈品和对过去的回忆。毫无疑问,这种以牺牲生存环境为代价的发展模式是不可持续的,如果不加以纠正和改变,后果将不堪设想。

为了引进当今世界生态系统管理最先进的理念和研究成果,借鉴各国在环境保护各方面的经验和教训,我们翻译、出版了"国际可持续发展百科全书"第5卷——《生态系统管理和可持续发展》。本卷百科全书由一百多位世界著名的学者和管理专家撰写,内容涉及生态系统管理和可持续发展的方方面面,除了像"生物多样性"、"承载能力"、"生态恢复"、"渔业管理"、"群落生态学"、"废物管理"、"景观设计"等常规议题外,还有很多令人受益匪浅的非常新颖的议题,如"道路生态学"、"家居生态学"、"光污染和生物系统"、"雨水吸收植物园",等等。中国有句名言——"要致富,先修路",其实道路网络和交通会对生态环境和动物的生存环境造成极大的破坏,读者看了"道路生态学"之后,一定会产生醍醐灌顶之感。目前,我国的很多城市都在搞亮化工程,殊不知大量的人造光照也是一种严重的污染,会对生物的昼夜节律和动物的迁徙造成严重的干扰,读者看了"光污染和生物系统"就会明白国外的一些大城市为什么要实施关灯计划。再比如,页岩气开采目前是国内外一项热门的技术,但"页岩气开采"这篇文章会告诉你这项技术对环境造成的污染和危害。《生态系统管理和可持续发展》还为促进自然资源的可持续利用、保存和恢复提供了大量的流程和工具,是人们认识生态、保护环境、实现人与自然和谐发展的重要工具书。

本书的读者对象是大中学校的师生和从事生态系统管理的专业人员和管理人员。

由于本书提供了有关生态系统管理和可持续发展所需的最新知识、研究成果和解决方案，我们相信本书的出版将对我国生态系统管理的理念和做法产生重大影响，为我国的环境保护和可持续发展产生巨大的推动作用。

前　言

从最宽泛的生态学角度来说，面向可持续性的生态系统管理就是一种理念，这种理念表达了一种简单的最终结果：把不可再生的自然资源从一代人完整地传给下一代人。正如我们今天所知道的那样，这种追求可持续性生态系统的基本内容，就是保持生物的多样性。从生态学上说，对自然的生态系统及其组成物种的保持工作基于理论和实验的研究，这些研究用于评估生态系统的稳定性，包括对变化的抵制以及恢复和复原，这两者都是可持续性重要的组成部分。正如本卷百科全书中很多文章所展示的那样，一种看起来并不重要的物种的消失（或清除）会对生态系统带来破坏性的影响，会使全球很多不同地域的整个生物种群和群落发生毁灭。在21世纪，科学家现在已经识别和测得人类对我们生态系统（生物圈）进行侵扰的无数证据。二氧化碳和其他温室气体已经引发了全球温度的上升，其上升的速度在地质年代周期中是无与伦比的。而且，地球的地貌在将来发生的大规模变化会对人类产生毁灭性影响，这是令人恐惧的情景。海平面上升和极端偶发事件是人们预测到的对未来的两大影响（IPCC 2007）。然而，在这个充满凶险的将来，人们对生态系统特性和服务将展现的具体变化却知之甚少。

保持物种多样性

如何保持物种多样性（其中的一个分支涉及物种在自然和人类两种侵扰之后的恢复，这种侵扰有微弱的，也有灾变性的）是生态系统可持续的基础（这些生态系统特性是今天非常活跃的研究领域，很多内容都作为单独的条目列在本卷之中）。然而，就是这个对可持续性的简单定义也需要澄清，因为在足够长的周期内，几乎每种自然资源（包括生物物种）都可以认为是可再生的或可替代的。根据化石记录资料，今天的生态系统通过新物种的进化，已经躲过了主要的大规模灭绝。实际上，这个地球上原来存在的所有物种当中，有超过

90%的物种现在已经灭绝。如果我们考虑今天在基因克隆和增强上取得的技术进步，从某种意义上说，一种生物物种似乎不可逆转的灭绝也许变得可以逆转了。而且，在世界上的某些社团里，有人认为与我们生物圈的可持续性有关的问题最终会由至高无上的神明的行动或还不被认知的技术进步来解决。在这样的前提下，环境问题（如全球变化或物种高灭绝率）对个人来说似乎并不非常迫切，特别是当沉重的经济问题需要他们即时关注的时候。

如果个人、团体或机构不再灭绝生物圈中不可再生的资源（包括生物物种），或者如果我们的管理实践不是建立在未来不可预见的负面事件上，一种可持续性状态（这里还是根据其定义）就实现了。然而，可持续性在社会的其他领域可以得到完全不同的解释。例如，对一个具体的社会来说，当考虑了保持一种可接受的生活标准这种情景的时候，可持续经济或商业开发就会采取新的运作方式。只消耗可再生资源，而且消耗的速度不会减少可再生资源当前的供应，是这一问题显而易见的解决方案。然而，由于人类实际生活中通常使用的很多资源是根本不能持续的，这给全球大部分社会群体带来巨大的挑战，尤其是那些特别依赖从环境中过量攫取资源的社会群体。不幸的是，今天最有能力获取自然资源的社会群体同样也是拥有最高生活标准和使用最多资源的社会群体。可持续性的各个成分（如生物多样性）如何在全球范围（包括所有社会群体而不管其生活标准）得以实现？今天这个全球社会都面临的问题只能通过协调一致的努力才能获得解答，这种努力应当采取一种多学科综合的方式，它几乎涉及所有研究领域，包括"硬"科学、人文科学、商业和法律。在这个网络内，需要找出研究方法和与之相关的具体的测量方法，然后加以标准化来作为可持续性量化程度最准确的衡量指标。其中的例子可以包括污染、消耗、最终耗尽自然资源和过量生产的隐藏成本、对美景的不良改变、对保健费用的影响，等等。因此，任何用于量化可持续性成就的定量指标都必须包含一系列的变量，这些变量都交织在具有反馈和前馈相互作用的复杂网络中（参见第6卷：《可持续性发展的度量、指标和研究方法》）。实际上，这些相互作用可能是最难理解的。所有这些多学科研究领域都必须参与进来，以便为将来的生态系统提供有效的管理，避免对我们自身这个物种产生潜在的严重后果。

实际上，在当前存在全球变化问题（如大气中二氧化碳含量增高和气候变暖）的情况下，地球上没有哪个生存环境没有受到人类的侵扰。也就是说，纯粹的自然生态系统（即最纯粹意义上的原生区域）已经并不存在了。很多所谓的官方原野地实际上都是立法行为，都是建造或复原的生存环境，在其中进行限制物种或恢复物种的行动必须经过政府法令的认可。我们现在必须理解和管理已经受到影响的生态系统，这些生态系统以前是用相对简单的保护方法进行管理的。这并不是说已经进行的、为解决人类影响而对关键区域进行的保护将变得不太重要。举例来说，用于可持续发展的新的管理战略现在应该包含降低引发全球变暖的大气二氧化碳含量和温室气体排放这样的观念。鼓励用作生物燃料或大气中二氧化碳吸收器的种植开发活动，就是有益于全球社会的生态系统管理技术的两个例子。

然而，考虑到生态系统管理的复杂性和巨大挑战，这种管理生态系统、纠正人类影响的愿望是一个有效的战略吗？或者说，更全面的理解这些人类影响的潜在危害并采取行动彻底清除各种污染点源不是更明智吗？对导致严重的物种减少和灭绝以及群落/生态系统毁灭的过量捕获，我们也可以提出同样的问题。和健康科学领域的常见疾病传播一样，与恢复和复原相比，预防就远没有那么繁重和代价高昂。物种再引入，特别是位于食物网高端的物种，是一个很活跃的研究领域，也是目前为生态系统可持续性发展而努力的一个例证。这一方法还刚刚处在实验阶段，而且不幸的是，它源自对主要由人类改变地貌和由此而产生的污染所造成的重大干扰而做出的响应。《生态系统管理和可持续发展》包含了涉及所有这些题目的更详细的文章。

预测和预报

一般来说，在生态科学里，预测（预报）能力一个多世纪以来一直是研究的目标。然而，取得的进展却极其缓慢。要想使生态系统管理真正成为“硬”科学，可预测性和预报生态系统未来变化是一个必要条件。像化学、物理学和数学这样的科学领域，在预测所有由物理/化学力驱动的事件中起着至关重要的作用。这些预测涉及非常快速的反应（一秒钟的几分之一），也涉及预测星体和太阳系运动的极长的天文时间（超过千年，甚至更长）。

人类作用产生的侵扰影响（如气候变化）已在各层级的生态系统管理者当中引发了一种紧迫感，而且该研究领域正积极追求这种预测和预报能力。立法人员需要知道，作为全球变化的结果，生态系统将会受到多大和多快的影响（不管是负面的，还是正面的）。然而，生态预测是非常困难的，因为它涉及很多的变量，每个变量的影响程度也并不相同，而且大量的前馈和反馈作用也可能起着显著的作用。连大多数物理科学家都承认，从细胞层级到景观的生物系统包含了几乎无法处理的变量矩阵。这种复杂性阻碍了预测未来的能力以及随后针对可持续发展的有效管理战略的构建。然而，今天的技术进步（特别是计算机的数据存储和快速处理能力）会使得人们在将来对大部分复杂系统更容易理解和预测。掌握这一能力是生态系统管理者的最终目标。

本卷和其他各卷“国际可持续发展百科全书”以百科全书的方式为专家和非专家之间搭建了沟通的渠道，这反过来又使后者能够更好地理解人类所面临的严峻挑战，尤其是当未来的计划缺少可持续发展目标的时候，更是如此。而且，如果只有专家认可可持续性生态系统的价值，选举人团就很难让了解和支持生态系统管理原理的政治家当选。在本卷中，许多各自领域的专家探讨了生态学和生态系统管理的基本原理。除了这些基本原理，他们的文章还讨论了涉及生态系统管理具体问题的重要议题，这些问题涉及污染的影响、农业、狩猎和捕鱼、林业、水资源、原住民、自然资源的美学价值、页岩气的开发、植树和雨水吸收植物园。因为气候变化预计将带来更严重的短促极端情况（如洪水、极低和极高温度、干旱等），一篇文章专门讨论这一议题。

政治与生态系统管理

本卷还讨论日益增长的环境法领域，因

为我们在将来很多时候会涉及联邦和州政府在处理人为污染和濒危物种保护工作时所面临的诉讼和庭审问题[在其2009年畅销书《我孙子孙女们的暴风雨》中，詹姆斯·汉森(James E. Hansen)对科学和政治相互作用的案例，特别是温室气体在大气排放问题和全球变暖，进行了有趣的讨论]。生态系统管理的很多专家都认为，生态系统管理要想在美国和世界其他地方取得最终成功，政治界是至关重要的争取目标；而且，经济利益(而不是可持续发展的科学性)常常左右着有关生态系统管理的政治决定。例如，美国政治家的当选和重新当选取决于来自两大政党的党籍关系和财政支持，两大政党都会筹集大量资金来支持其候选人，尤其是政府最高层的候选人。在很多情况下，两大政党的主要捐款人来自(或者代表)产业公司，而正是这些产业公司制造了引发全球变化的各种污染。这种认知和产生的社会悖论与政府至关重要的调控角色有关，这种调控角色在本卷的几篇文章里都进行了讨论。例如，在《行政管理法》中，加拿大皇后大学的布鲁斯·帕蒂(Bruce Pardy)解释了在宪法分权制的西方司法体系中，执行和维护生态系统管理行政命令的政府官员如何必须在司法命令(即授权法案)规定的范围内进行工作的情况。这一过程确保了个人权利受到保护，也使普通公民(他们会认为生态系统管理是一种恐吓，是政府告诉他们什么能干、什么不能干的另一个例子)确认我们有权力制衡。

政治家就是使那些能够促进战略生态系统管理的规则成为法律的人，立法是把可持续发展的思想灌输给社会的一个至关重要的环节，而仅靠选举执法官员会使这一过程无限延长。然而，正像本卷很多文章所见证的那样，个人行为以及公众与私营企业之间的互动却是能够带来变化的强大的催化剂。

威廉·史密斯(William K. SMITH)

维克森林大学

拓展阅读

Hansen, James E. (2009). *Storms of my grandchildren: The truth about the coming climate change catastrophe and our last chance to save humanity*. New York: Bloomsbury.

IPCC (Intergovernmental Panel on Climate Change). (2007). Climate Change 20: The Physical Science Basis Report. Cambridge University Report. IPCC: London.

致　谢

宝库山出版社对下列人员的各种帮助和建议表示感谢。当然，对这一规模的出版工程，会有很多人值得我们表示谢意，但我们要向下面这些人表示特别的谢意：

Chris Lant——南伊利诺伊大学（卡本代尔），对我们的条目清单和需要联系的作者给出了较早和有用的反馈意见。

Ann Kinzig——亚利桑那州立大学。

Carol Brewer——蒙大拿大学。

David Holmgren和Liz Wade——霍姆格伦设计服务公司。

Chad P. Dawson——纽约州立大学环境科学和林业学院。

John Grim——耶鲁大学。

Thomas Straka——克莱姆森大学。

Sara J. Griffen——奥拉纳合股公司，对有关文章进行了审阅并提供了奥拉纳及其周围环境的照片。

Sue Reed——景观建筑师，住在马萨诸塞州的谢尔本。

Jane Southworth——佛罗里达大学。

Terje Oestigaard——北欧非洲学院。

Gabrielle Gaustad——高利沙诺可持续性发展学院，罗彻斯特理工学院。

Chris Kerston——查芬家庭果园，提供了照片，住在加利福尼亚州的奥罗维尔。

Erika Harvey——高线之友。

Victoria Breting-Garcia——圣艾格尼丝学院。

Michael Haley——EcoReefs公司。

目　录

A

适应性资源管理

适应性资源管理是一种管理策略，它适用于人们不知道自然资源对管理行为做出何种响应的这种存在不确定性的情况。适应性资源管理的目标，是通过仔细制定、监控和评估每个管理行为来迭代式地改进管理行为。当环境条件由于气候变化或其他威胁而发生改变时，适应性资源管理对保持可持续性资源特别重要。

术语“适应性资源管理”描述的是一种用于管理自然资源的结构式方法，这种方法用于存在不确定性的系统或情况，而这种不确定性指的是人们不知道系统或情况对某种管理行为做出何种响应。从理论上讲，适应性资源管理是一个迭代过程，在这个过程中，管理者通过把管理行为设计为实验，来更多地了解资源并改进其管理策略的有效性。适应性管理常常是一个边做边学的过程，它使人们对被管理资源的功能发挥有更深入的理解，因而能够改善未来管理行为的有效性。

适应性资源管理在实现可持续性生态系统的过程中可以成为一种重要的工具。在面对气候变化、生存环境改变和其他不断涌现的威胁时，一种适应性资源管理策略使得管理层能够随着环境条件的变化而改善其管理行为。

过程

适应性资源管理不应简单地成为一种试错法管理，相反地，它应该包含实验设计，以使管理行为的效果可以通过一个有序的循环过程得到理解和改善（见图A1）。这一过程分为3个阶段：计划、实施和评估。

1. 计划

计划阶段以清晰地确定长远目标为起点。管理者应制订具体、可测量、可实现的阶段目标，以帮助实现其长远目标。他们一旦识别出了阶段目标，计划阶段还会随着他们为实现这些阶段目标制订设想的管理手段选项而继续。这些管理手段选项都是单独、可测试的

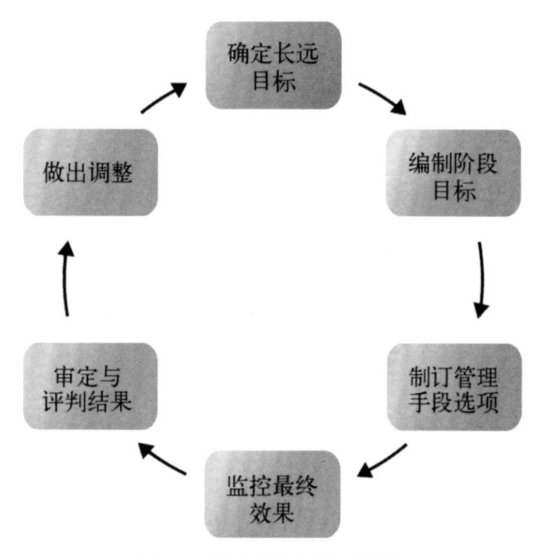

图A1 适应性资源管理框图

来源：作者.本框图确定了适应性资源管理过程的主要构成并展示出其基本流程.

设想。在正式的适应性管理过程中，管理者制订包含建立模型的管理手段选项，这样，他们就可以理解每个资源管理行为的潜在效果并找出最佳策略(即实现长远目标效费比最高、效果最好的策略)。对每一个选项，管理者必须能够清晰地预测其效果。

2. 实施

为了落实一项适应性管理策略，管理者应在一个实验框架内实施管理手段选项。一个精心制订的监控计划对这一阶段来说是至关重要的，这一监控计划用于评估每一个选项的资源管理行为的影响。

3. 评估

在评估阶段，管理者对监控计划的结果进行综合与评判。基于获得的信息，管理者可以回到计划阶段并找出新的长远目标、阶段目标和管理策略选项，或者做出其他调整。管理者改变他们的管理方法的时候，开始重复这一适应性管理循环。这一过程对资源的功能发挥提供了新的认知，也会改善将来的管理行为。

其他定义

尽管这里讲述了适应性资源管理及其过程的公认定义，但管理者也时常用这个术语来描述各种资源管理方法。他们常常在最宽泛的意义上使用这个术语，用以定义那些管理行为随时间变化的资源管理项目。这些管理项目常常缺少真正的适应性资源管理策略所需要的一个或多个关键要素。这种宽松使用术语以描述许多不同管理项目的做法混淆了构成真正适应性资源管理项目的本意。很多资源管理者声称他们正在适应性地管理自己的资源，但实际上他们并没有。

适应性资源管理的实施

自20世纪70年代后期，当决策者们首次正式提出适应性资源管理这个观念时，它在全球受到了广泛的关注和支持。管理者尝试在海岸系统、陆地系统和海洋系统中使用适应性资源管理。他们把这种管理方法当作一种策略，在各种不同地理位置对生态系统、物种捕获、水资源和森林进行各种规模的管理。

在现实世界里，适应性资源管理常常是复杂而难以实施的。管理者们成功完成的大规模项目并不多。实施的困难包括实验设计缺陷或数据分析、监控的高成本、管理行为与其影响之间的时间延迟、对结果进行建模的难度、由利益相关者相互冲突的管理理念造成的组织障碍或者由于大型官僚机构决策层级过多而造成的政策落实困难。

格伦峡谷大坝

20世纪中叶,美国政府在西南部科罗拉多河沿线建造了格伦峡谷大坝和其他大坝,这明显改变了河流的水文系统。他们建造这些大坝的目的是控制洪涝、存水和发电。在美国政府建造大坝之前,季节性大洪水把大量的沉淀物转移到别的地方,产生了沙洲和受保护的回水区,并改变了水的温度。建坝以后,这种改变的水文调控系统使很多当地物种消失或者成为濒危物种。

在20世纪90年代,美国政府(内政部)创建了格伦峡谷适应性管理项目并成立了工作小组,其长远目标是恢复大峡谷河流生态系统和保护当地鱼类。大峡谷的管理者和其他感兴趣的团体当时并不清楚什么才是恢复生态系统功能最好的方法,适应性管理策略把工作重点放在通过大量放水(模拟建坝前的洪水)来恢复沙洲和回水区上,管理手段选项包括放水的时机、时间长短和水量。到2011年,已完成这一管理策略的三个循环(1996,2004和2008)。每一次放水之后,管理者都会对项目进行监控,以确定他们选用的一种方式是否产生了沙洲、是否为濒危鱼类产生了栖息地以及是否有益于其他资源。管理者已对结果进行了评估,并调适后续每一次的放水,以便改进最终效果。他们还把结果用于推进科罗拉多河沉淀物模型和水域生态系统模型的构建。

未来发展

资源管理者常常需要根据不确定或不完整的数据做出决定。适应性资源管理向管理者提供了一种思路,在他们收集额外数据以降低不确定性的过程中,使他们能够做出更扎实的决定。随着气候变化和人类影响对环境条件的改变,适应性资源管理将在21世纪的自然资源管理中继续发挥重要的作用。这一管理方法得以继续应用的关键,取决于决策者和管理者是否开发全新的手段和工具,来支持适应性管理的各个分支,这是目前阻碍其全面实施的原因所在。

贾里德·安德伍德(Jared G. UNDERWOOD)
美国鱼类和野生动物署

参见:行政管理法;最佳管理实践(BMP);复杂性理论;扰动;生态预报;极端偶发事件;植物—动物相互作用;最低安全标准(SMS)。

拓展阅读

Allen, Catherine, & Stankey, George H. (Eds.). (2009). *Adaptive environmental management: A practitioner's guide*. Dordrecht, The Netherlands: Springer.

Holling, C. S. (Ed.). (2005). *Adaptive environmental assessment and management*. Caldwell, NJ: Blackburn Press.

Lee, Kai N. (1993). *Compass and gyroscope: Integrating science and politics for the environment*. Washington,

DC: Island Press.

Stankey, George H.; Clark, Roger N.; & Bormann, Bernard T. (2005). *Adaptive management of natural resources: Theory, concepts, and management institutions* (Gen. Tech. Rep. PNW-GTR-654). Portland, OR: US Department of Agriculture (USDA), Forest Service, Pacific Northwest Research Station.

Walters, Carl J. (1986). *Adaptive management of renewable resources*. New York: McGraw Hill.

Williams, Byron K.; Szaro, Robert C.; & Shapiro, Carl D. (2009). *Adaptive management: The US Department of the Interior technical guide*. Washington, DC: Adaptive Management Working Group, US Department of the Interior.

行政管理法

行政管理法是法律的一个分支，它监控政府行政部门的行为，包括行政管理机构和政府官员。行政管理法的原则适用于由州政府机构实施的生态系统管理，包括官员、科学家、决策顾问和实施过程中涉及的其他人员的行为和决定。

从普通公民的角度来看，生态系统管理是一种规定性行为。它包含政府告诉他们需要做什么的内容。这样，它就是一个恐吓性过程：它不是基于个人或社会的协议或认可，而是基于发布命令的机构的权威。行政管理法的基本原则（正像它存在于西方司法系统中的那样）是政府行政部门只允许做法律授权去做的事情。这一原则的推论是：任何行政官员，如果其行为没有司法命令的依据，则其行为就没有法律权限。尽管科学和政治在生态系统管理中发挥着很大的作用，但法律确定了什么才是生态系统管理者可以做的。因此，落实和执行生态系统管理行政命令的官员必须在授权法案中找到其授权法令。

行政管理法的这一原则源自政府三个部门的宪法分权：立法、行政和司法。在西方法律系统中，在这些部门之间进行分权是法制的一个基本特征。它通过让每一个部门监控其他部门的行为来保护公民，因而能够防止权力集中，减少有可能存在的滥用职权。传统做法是，立法部门通过一般性法规并授权行政部门采取行动来使这些法规生效；行政部门根据立法法规给定的职权和授权法令落实这些行政命令；司法部门把这些一般性法规应用到具体的案例中，包括审核行政作为的权力。在不同的国家，对分权制度遵守的程度也并不相同。例如在美国，国会（立法部门）、总统办公室（行政部门）和司法部之间一般有着严格的权力划分，而在像英国和加拿大这样的议会民主制国家中，立法和行政部门之间的分权则采取了不同的形式，尽管作为一般规则，在这两个系统中，行政部门的权力都需要立法部门的授权。

当权力受到侵害的一方要求进行司法审

核时,法院被授权对行政行为进行监察。在司法审核中,法院要评估一个州政府行政机构是否依据立法法规在自己的权限内进行工作;它是否超出了自己的决定权(其界限在很大程度上还取决于立法法规的表达方式);行政机构应当承受的受尊重程度;其行为是否符合相关的程序标准(例如,向将要受到某些决定影响的人提供书面通知和做出回应的权力);在做出的决定中,是否有倾向性、利益冲突或事先确定的情况;法院可能需要考虑的其他一些因素,以确定行政机构的行为是否合法。

基本上,通过行政管理法的应用,法院对生态系统管理活动起到了一个重要的监督作用,但现代环境立法法规通常给环保机构提供了宽泛的决定权。这样的法规倾向于使用劝告式的语言("行政机构可以……")而不是命令式的语言("行政机构应……"),它不仅授权官员执行一般性法规,而且还在规定或政策文件中允许他们设定阶段目标和实现目标的手段。由于法院在司法审核中的作用是把行政行为与立法法规进行比较,而授予宽泛的决定权就使临时性决定以及潜在的随意性决定变得更加方便,因此也就降低了行政管理法的原则所提供的理论上的保护。

布鲁斯·帕蒂(Bruce PARDY)
加拿大皇后大学

参见:适应性资源管理(ARM);最佳管理实践(BMP);共同管理;最低安全标准(SMS)。

拓展阅读

Boyd, David R. (2003). *Unnatural law: Rethinking Canadian environmental law and policy*. Vancouver, Canada: UBC Press.

Breyer, Stephen G., et al. (2011). *Administrative law and regulatory policy: Problems, text and cases*. Austin, TX: Wolters Kluwer Law & Business.

Hogg, Peter. (2005). *Constitutional law of Canada*. Toronto: Thomson Carswell.

Houck, Oliver A. (2009). Nature or nurture: What's wrong and what's right with adaptive management. *Environmental Law Reporter*, *39*, 10923.

Latin, Howard. (1991). Regulatory failure, administrative incentives, and the new Clean Air Act. *Environmental Law*, *21* (4), 1647–1720.

Monahan, Patrick J. (2002). *Constitutional law* (2nd ed.). Toronto: Irwin Law.

Mullan, David. (2001). *Administrative law*. Toronto: Irwin Law.

Pardy, Bruce. (2003). Changing nature: The myth of the inevitability of ecosystem management. *Pace Environmental Law Review*, *20* (2), 675–692.

Pardy, Bruce. (2006). Ecosystem management in question: A reply to Ruhl. *Pace Environmental Law Review*,

23 (1), 209–217.

Pardy, Bruce. (2008). The Pardy-Ruhl dialogue on ecosystem management part V: Discretion, complex-adaptive problem solving, and the rule of law. *Pace Environmental Law Review*, *25* (2), 341–354.

Pardy, Bruce. (2009). Ten myths of ecosystem management. *Environmental Law Reporter*, *39*, 10917.

Plater, Zygmunt J. B. (2002). Environmental law in the political ecosystem — Coping with the reality of politics: Eighth annual Lloyd K. Garrison lecture on environmental law. *Pace Environmental Law Review*, *19* (2), 423–488.

Ruhl, J. B. (2004). The myth of what is inevitable under ecosystem management: A response to Pardy. *Pace Environmental Law Review*, *21* (2), 315–323.

Ruhl, J. B. (2007). The Pardy-Ruhl dialogue on ecosystem management part IV: Narrowing and sharpening the questions. *Pace Environmental Law Review*, *24* (1), 25–34.

Ruhl, J. B. (2009). It's time to learn to live with adaptive management (because we don't have a choice). *Environmental Law Reporter*, *39*, 10920.

Scheuerman, Bill. (1994). The rule of law and the welfare state: Towards a new synthesis. *Politics & Society*, *22* (2), 195–213.

Sullivan, Kathleen M., & Gunther, Gerald. (2010). *Sullivan and Gunther's constitutional law* (17th ed.). New York: Thomson Reuters.

Tamanaha, Brian Z. (2004). *On the rule of law: History, politics, theory*. Cambridge, UK: Cambridge University Press.

农业集约化

集约化农业生产涉及能增加食物或家畜生产产量的土地利用。人口的迅速增加使满足人们对食物和其他自然资源的需要变得非常急迫。不明智、不了解情况的使用农药和技术常常引起土地、空气和水的污染和质量退化。符合环境保护的农业生产实践既能提高产量，也能可持续性地养育子孙后代。

农业集约化或集约化农业是利用农田和草地的活动，它通过增加收割次数、增加投入（耕作、劳力、肥料、杀虫剂等）或者在每单位土地面积上养育更多的家畜来提高产量（Boserup 1965; WRI 2011）。农业集约化是全球人口增长的必然结果，人口增长需要更多的食物、能量和其他资源。虽然集约化利用土地资源本身不是坏事，但缺乏认真规划和管理、精心监控和明智的使用各种投入（尤其是农药）就会导致产量的降低和土地的退化以及空气、河流、湖泊和地下水的污染（Matson et al. 1997; WRI 2011）。由于农业集约化及其采用存在潜在的不良后果，所以，专家、研究人员和开发工作者都对这一主题表现出了浓厚的兴趣。

历史发展

在农业的不断发展过程中，一些因素影响了生产方式的性质和农民采用的工具。可用的技术手段从手持的简单工具发展为机械化装备。投入品（如灌溉水、肥料、杀虫剂和杂交种子）的开发和使用使生产超越了自然气候和土壤的限制。然而，促使农民进行集约化生产的更重要的因素则是人口的压力（Boserup 1965）。在19世纪和20世纪早期之前，世界上的农耕社区从事的都是“低科技”农业，他们使用当地材料制作的简单工具。

随着工业化时代推进到20世纪，技术进步增加了农业的集约化程度。这些技术进步包括拖拉机和耕作、播种、收割和处理作物的工具以及肥料、改良的种子和害虫控制技术。人口增长以及人口特征和饮食模式的变化也加速了这一转变（WRI 2011）。

越来越多的人口逐渐集中在城镇区域，而从事农业的人口比例则不断降低。流动性的不断提高、就业性质的变化和生活方式的转变都导致了饮食习惯和农产品需求的变化。20世纪中叶，农业劳动力的减少和与此同时的世界食物需求的增加，意味着更少的人必须从减少的土地面积上生产出更多的食物。这样，机械化农业和单一种植生产系统就在欧洲和北美应运而生。

在20世纪后期和21世纪初期，人们越来越明显地看到，农业集约化无疑将会在未来继续进行下去。集约化农业现在已经延伸到亚洲和南美洲日益增长的经济体以及人口压力巨大的世界欠发达国家（Ali 2007; Kates 1994）。在这些发展中国家（人口密度已经很大），居住、基础设施和制造业都在和农业争夺用地。农业产出必须来自现有农田。这种土地的无法增加就要求对已经耕作的土地进行不断的集约化利用。

环境影响

虽然集约化利用土地资源不一定会对环境产生不良的后果和土地退化，但导致生态系统不平衡和自然系统中断的风险却比较高。在集约化土地耕种中，不合适的预防措施和不适用的管理方法会对土地质量和产量、生物多样性和基因库资源、地表和地下水资源质量和大气构成产生不良影响（见图A2）。

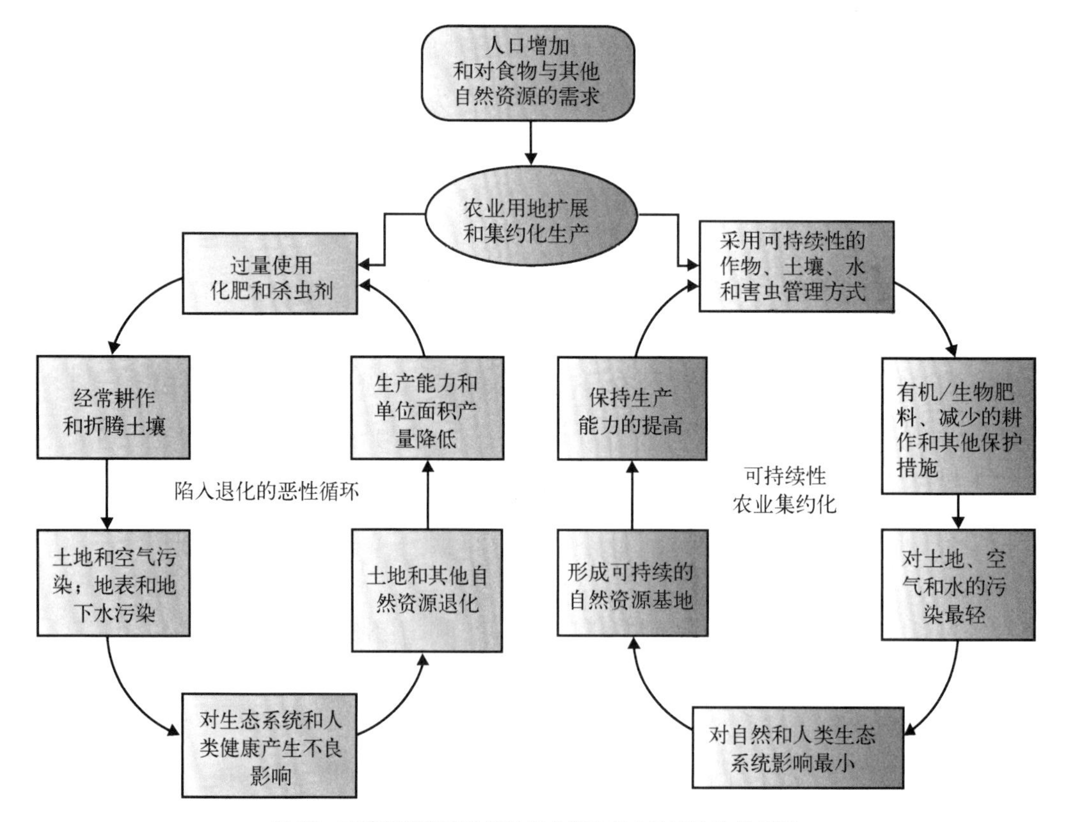

图A2 可持续性和非持续性农业集约化方法所产生的后果

来源：作者.

1. 土壤特性

土壤特性的改变是集约化农业生产引起的最常见、最容易看到的环境影响。集约化农业增加了对土壤的耕作(耕作次数和耕作深度),每个耕种周期(通常为一年)每单位土地面积能生产更多的作物。这通常会导致土地的有机质含量减少,除非补充大量的农家肥、植物碎末或堆肥并保持相当数量的作物残茬。土壤有机质是土壤的重要成分。它保持土壤结构、稳定性和含水能力,帮助养分释放和作物吸收,提高土壤的抗侵蚀能力(Lal 2001)。土壤有机质含量的减少对生产的持续、土壤产能的损失和土地的退化有着重要的影响。

2. 污染和对健康的影响

农业集约化可通过随意和过量使用化肥和杀虫剂所造成的污染来影响环境。因为水和作物养分对产量来说是主要的限制因素,集约化农业系统就不可避免地需要不断投入肥料和补充灌溉。施加的相当比例的无机肥会溶解后渗入地下水系统,发生挥发或随空气传播很远的距离(Matson et al. 1997)。从农田流失的化肥会污染地下或地表水,给人类或动物健康构成威胁。

施加的用于控制作物病虫害(如杂草、昆虫和病害)的有毒合成化学品(如有机氯、有机磷酸酯和氨基甲酸盐化合物)对人类健康和生态系统的作用产生严重的影响。很多这样的有毒化合物(有些能在环境中残留几十年)并不能接触期望的靶生物,而是产生了土壤、水和食物产品的污染。像氯化烃这样的能长时间残留的化合物(如DDT)会在像鱼类和鸟类这样的生物的组织内不断积累。当其他位于食物链上端的生物(包括人类)食用它们后,这些化合物就会引起健康问题(如癌症和生育缺陷)。

3. 土壤生物区系和农业生物多样性

单一栽培(大面积种植一种类型的作物)和多个季节连续种植一种作物降低了农田及其周围的植物多样性。这种降低影响了其他生物区系的多样性和丰富性,比如土壤动物区系、杂草、昆虫和微生物群落(Matson et al. 1997)。这会导致有害生物(如病虫害)的急剧增长和其天敌数量的减少。农业生物多样性的降低会最终导致作物基因库多样性的消失。这种消失对作物的基因种类以及作物适应环境变化的能力都有不良影响,而这种适应环境变化的能力是通过自然选择的过程来进行的。

未来发展

生产系统很可能会走向集约化,以满足对食物、纤维和基本自然原材料日益增长的需求。这一趋势很可能会至少持续到21世纪末期，到那时候，世界人口也许会稳定下来并开始下降。随着我们的地球接近和超过其承载能力（Arrow et al. 1995；Cohen 1995）、国家采取人口增长控制政策、气候变化带来日益增多的干旱、饥荒、洪水、飓风和强风暴（Forster 2007），人口的这种变化被认为是可用空间和自然资源枯竭的组合影响的结果。除非到了人口压力和对生活必需品日益增长的需求开始下降的时候，否则，生产集约化（不管是粮食作物、药用植物、纤维还是建筑材料）就不会减少。面对这种情景，农业界、科学家和环境保护工作者必须找出长久可持续的集约化生产手段，同时还要避免其不良影响。

可持续农业集约化

我们追求可持续集约化生产，同时要求对环境、自然生态系统和人类健康的不良影响最小，这需要我们向自然系统学习并与之和谐相处。可持续集约化农业很可能需要有创新型和非常规的生产手段。摆脱过量使用化肥和化学杀虫剂的习惯，同时采用能使水、光和植物养分利用效率最优的多样化种植系统，将是必不可少的。这种系统的例子包括混种、复种和轮种、复合农林业和其他可持续农业系统、生物肥和生物杀虫剂的利用等。由于人口的持续增长、农民投入先进技术资金的缺乏，对可持续农业集约化的需求在发展中国家更加迫切。仔细选择和采用合适的替代耕种方法、作物和病虫害控制措施，对确保农业系统的可持续性发展将是非常有价值的（Dahal, Sitaula & Bajracharya 2008）。不能实现可持续农业集约化将意味着土地、水、生物多样性和其他自然生态系统服务的进一步退化，这会进一步降低地球支持和养育人类社会的能力。

罗山・巴吉拉查亚（Roshan M. BAJRACHARYA）
贝德・摩尼・达哈尔（Bed Mani DAHAL）
加德满都大学

参见：农业生态学；生物多样性；生态系统服务；围栏；地下水管理；人类生态学；灌溉；种群动态；土壤保持；城市农业；城市植被。

拓展阅读

Ali, Abu Muhammad Shajaat. (2007). Population pressure, agricultural intensification and changes in rural systems in Bangladesh. *Georforum*, *38* (4), 720–738.

Agricultural intensification. (n.d.). Retrieved June 11, 2011, from http://www2.truman.edu/～rgraber/cultev/agint.html

Arrow, Kenneth, et al. (1995). Economic growth, carrying capacity, and the environment. *Science*, *268* (5210), 520–521.

Boserup, Ester. (1965). *The conditions of agricultural growth: The economics of agrarian change under population pressure*. London: George Allen & Unwin.

Cohen, Joel E. (1995). Population growth and Earth's human carrying capacity. *Science*, *269* (5222), 341–346.

Dahal, Bed M.; Sitaula, Bishal Kumar; & Bajracharya, Roshan Man. (2008). Sustainable agricultural intensification for livelihood and food security in Nepal. *Asian Journal of Water, Environment and Pollution*, *5* (2), 1–12.

Forster, Piers, et al. (2007). Changes in atmospheric constituents and in radiative forcing. In S. Solomon et al. (Eds.), *Climate change 2007: The physical science basis*. Contribution of Working Group I to the Fourth Assessment Report of the Intergovernmental Panel on Climate Change (pp. 129–234). Cambridge, UK: Cambridge University Press.

Kates, Robert W. (1994). Sustaining life on the Earth. *Scientific American*, *271* (4), 114–122.

Lal, Rattan. (2001). Soil degradation by erosion. *Land Degradation & Development*, *12* (6), 519–539.

Matson, Pamela A.; Parton, William J., Jr.; Power, Alison G.; & Swift, Michael John. (1997). Agricultural intensification and ecosystem properties. *Science*, *277* (5325), 504–509. Retrieved June 11, 2011, from www.sciencemag.org

Truman State University. (2011). Agricultural intensification. Retrieved June 11, 2011, from http://www2.truman.edu/～rgraber/cultev/agint.html

World Resources Institute (WRI). (2011). Intensification of agriculture. Retrieved June 11, 2011, from http://www.wri.org/publication/content/8331

农业生态学

绿色革命(它常常以环境为代价来注重增加作物的产量)对环境的影响促使生态学家推广农业生态学——一种不仅保护环境,而且还保护小股东的可持续性方法。这项运动已在全球开展,它能够带来正面影响,尤其在发展中国家,不仅产生生态的影响,而且还产生社会和经济的影响。

最简单地,农业生态学定义为“生态学在农业上的应用”。尽管农业生态学的很多原则和农业本身一样古老,但人们对这一主题的兴趣已有很大扩展,用以对工业化农业所产生的不良环境和社会影响做出反应。农业绿色革命发生在20世纪40年代至70年代,它倡导采用新技术,通过单一种植系统、改良的作物品种、化肥、合成杀虫剂和灌溉来提高作物产量。虽然这种策略能够增加产量以养育日益增加的人口,但一些并不期望的后果也随之出现。新的高产品种取代了能很好适应当地条件、可作为基因多样性来源的传统品种,对具体谷类作物(如玉米、小麦和大米)的关注降低了人类饮食的营养质量,因为它们取代了水果、蔬菜和传统谷物。环境影响是最受公众关注的后果,如地貌中生物多样性和生存环境的消减,杀虫剂、养分和沉淀物对水源的污染,由灌溉引起的水量减少等等。20世纪60年代发起的环境保护运动提高了人们对这些问题的关注程度。农业生态学作为一种既能支持粮食和其他材料的生产又能保护环境和小股东的生产方式也就应运而生。

查尔斯·弗朗西斯(Charles Francis)是一位美国可持续农业专家,他和他的同事们把农业生态学的领域扩展为“对整个食物系统生态的综合研究,包括生态、经济和社会维度”(Francis et al. 2003)。这种对食物系统更广泛的关注把农业生态学构建成为一个综合性、多学科的领域,它倡导社会学家、经济学家、区域规划者、决策者和公共健康专家的参与。人们对农业生态学的兴趣很可能会不断增长,因为社会需要创新型和可持续性的解决方案,来平衡更大的食物安全性需求与有限的可用食物生产自然资源之间的矛盾。

历史背景

农业生态学作为一门独特学科的出现可追溯到20世纪初期。科学家们探索了早期的主题，如作物生态学(Klages 1928)、作物与环境的相互作用(Papadakis 1970)和农业中的生态学(Hanson 1939)。随着科学家们公开宣传工业化农业所产生的不良影响，农业生态学在20世纪70年代终于站稳了脚跟。美国农业生态学家和可持续性农业的倡导者米格尔·阿尔迪耶(Miguel Altieri)于1987年出版了《农业生态学：一门可持续性农业的科学》。美国另一位农业生态学专家斯蒂文·格莱斯曼(Steven Gliessman)于1998年出版了教材《农业生态学：可持续性农业中的生态过程》。法国农业生态学家亚历山大·维塞尔(Alexander Wezel)和他的同事们按年代罗列了农业生态学的发展历程：20世纪70年代及以前主要是一门科学学科，在80年代是作为一套农业生产方式，在90年代是作为一项社会运动。到了21世纪，出现了倡导多学科综合的更宽泛的定义。

与农业生态学有关的一些主题值得我们给出定义，因为这些主题对这一领域的发展做出了贡献，而且还会影响未来发展的方向。"可持续性农业"通过综合环境监管、经济发展和社会公平的目标，来追求满足今天人类的需求而又不损害子孙后代的需求。可持续性农业推荐的很多做法都与农业生态学的做法一致，但可持续性农业的概念在传统农业系统、做法和知识的背景下用得较少。"有机农业"指的是一套非常具体的种植标准，它们限制杀虫剂、化肥和其他合成投入品的使用。美国农业部的农业市场开发署和国际团体监管着其市场开发的条款。标有"有机"的产品常常带有溢价。"多功能性农业"的开发基于如下的认知：农业用地可以提供多种非商品输出，包括生态功能(如生物多样性、水体保护和生存环境)和文化功能(如休闲娱乐、视觉美观和教育)，这些都是传统市场做不到的。倡导多功能性农业的政策常常能够提升那些支持农业生态学的土地特征和做法。其他一些注重整体性的方法(如"持久农业"和"生物动力学农业")与农业生态学有交叉，吸引多种听众，包括住宅菜园拥有者、集体农庄和感兴趣的消费者。这些方法以简单、小规模的形式推广着农业生态学的知识。

现代方法及其影响和面临的挑战

现代农业生态学包括一整套方式和方法，其中大多数方式和方法试图模拟自然生态系统的特性。一般来说，这些方法旨在减少对农田外资源的依赖、避免合成投入品、使有毒材料降至最少、节约能源和保护自然资源(如土壤和水)。减少耕耘次数能使对系统的常规扰动降到最小，从而可以降低能量需求、减少土壤侵蚀并保存土壤水分。采用作物轮种和复种的方式而实施的农业生态学多样化，能通过中断病虫害的生命循环使病虫害减少，当包括固氮豆类植物时能使土壤更肥沃，而且对局部扰动一般能提高恢复力。遮盖作物也能对生物多样性和养分循环做出贡献，同时还能抑制杂草。能很好适应当地环境的作物品种能够减少对灌溉和其他投入品的需求。多年生作物(包括树木)既能使对系统的扰动降到最低，还能带来另外的好处，如碳吸存、土壤稳定和微气候控制。把牲畜引入农业生态系统可改善土壤有机物、提高养分循环，因为动物通过粪便把植物原料处理为直接可用的营养成分。从社会的角度来说，农业生态学追求的是支持农民的生活、保护农场工人的利益、改善他们居住的乡村社区。

与常规的系统比较，农业生态学的目的是对环境有正面的影响。对常规工业化农业持批评态度的人士说，常规农业取代了自然的生存环境、耗尽土壤的养分和有机物、污染并耗尽水资源、促进温室气体排放（农业和食物系统的排放占全球排放的三分之一）。农业生态学是通过对生产系统进行适当的设计和管理来保护自然资源的一种策略。

但这种方法并不是没有挑战。管理这样一个复杂的系统所需要的知识是非常广博的。目前，通过研究和推广活动来帮助构建这种知识基地的机构性支持非常缺乏。农民们自己以及一些重要的倡导者分享大部分这样的知识。农业生态学也可能会更加劳动密集化，尤其是在起步阶段。在有些地区，有技能的劳动力数量非常有限。最后，在一些国家，追求利润对农业生态学来说可能是一个挑战，在这些国家里，政府仅对商品作物和相关的投入品进行补贴，而并不对农业生态学生产提供补贴。在这样的条件下，从事多样化、小规模生产的农民就很难与之竞争。他们常常被推向面向更高端或更富有消费者的高价值市场。其产出（如有机食品）并不是所有的消费者都能买得起，贫困阶层的人们更是如此。

国际分布

对农业生态学的支持和其当前的应用遍布全球。学术文献上大部分的注意力都集中在发展中国家，但在发达国家，人们对健康食物系统日益增长的兴趣正促使他们对农业生态学有更多的认知。

1. 美国和加拿大

在20世纪70年代的美国，生态学家们领导着农业生态学的不断进步，当时与工业化农业的冲突最为激烈和明显。几个重要的倡导者几十年来一直在推广农业生态学，并通过文章、研究和课程开发来对这一领域继续做出贡献：加州大学伯克利分校的米格尔・阿尔迪耶、加州大学圣克鲁斯分校的斯蒂文・格莱斯曼、内布拉斯加大学的查尔斯・弗朗西斯和密西根大学的约翰・范德弥尔（John Vandermeer）。一些公立大学通过设立的专业、专业内的某个方向或者专门的课程来提供农业生态学或相关主题的专业课。越来越多地，遍布美国和加拿大的其他高等院校(包括人文学院和社区学院)开始提供农业生态学的课程，以满足人们的需求；这种需求源于公众对农业在环境和社会问题中的作用越来越清楚。

农业生态学的很多出版物都来自美国的作者，但发展中国家(尤其是拉丁美洲国家)却是这些文章中大多数的研究对象。一个原因可能是专家们不大认为农业生态学在美国和加拿大的应用具有变革性。很少有整个农场都用来计划真切模拟自然环境的例子。相反，美国农业一直把精力集中在实施单个具体的做法上，如遮盖种植、混合种植和轮种，这些常常被当作商业有机生产系统来推销。有些更大胆的应用包括综合性作物-牲畜系统、市区食物生产系统和用于谷物或生物燃料生产的多年生多种栽培。随着消费者对提供食物的附近农民提出更高的环境标准要求，公众对美国本地食物日益增长的兴趣将对农业生态学的未来产生重要影响。

2. 拉丁美洲

拉丁美洲在国际农业生态学产区的开发上一直发挥着两个重要作用。第一个作用是该地区包含了一些成为研究重点和利用本地知识成为综合系统样板发源地的农场；第二个是在基层政治运动中的作用，这些政治运动由个体农民发动，如“农民为农民”运动，国际著名农业生态学专家埃里克·霍尔特-吉曼尼兹(Eric Holt-Gim-nez)曾对此做过介绍。这些运动要求通过回归可持续性农业生产、保护本地知识和保障穷人的食物自主来对农业进行改革。

从某种方式来说，拉丁美洲被作为发展中国家和发达国家之间进行农业生态学交流的联系点。这些国家提供创造性的解决方案、承办开发项目并引导变革。在古巴的哈瓦那，苏联垮台之后，从依靠粮食和农业投入品进口向本地有机食物生产的转变，可能是全球向农业生态学生产转变最令人鼓舞例子之一。位于哥斯达黎加的图里亚尔瓦的热带农业研究和高等教育中心(CATIE)在农业生态学项目开展和专业技术方面得到全球的认可，尤其是对社会问题(如扶贫和乡村开发)的重视。一些当代的农业生态学专家都在该中心进行过培训。

3. 欧洲

在很多欧洲国家，农业生态学正在依照当地和地区的地形特性，以较大的规模和综合、完整的方式获得应用。对既能改善生态和文化功能、又能提高产量的地形特征进行补贴的政策，实践了农业多功能的理念。很多项目强调景观设计(即包含非耕作生态环境)，这有别于农田尺度的管理做法。一些欧洲的研究人员正在参与有关农业生态学的更广泛的讨论。西班牙科尔多瓦大学爱德华多·塞维利亚-古兹曼(Eduardo Sevilla-Guzman)的研究小组把重点放在农业生态学的社会学方面，他们以共同参与的方式加入到小户农民的生产当中并支持乡村的开发。法国里昂ISARA大学的亚历山大·维塞尔研究农业生态学的历史和在全球的应用。北欧农业生态学大学网络(AGROASIS)是几所高等学校之间的一种合作，用以开展农业生态学方面的教育。荷兰的瓦格宁根大学开设了跨学科课程，以“健康食品和生活环境”为主题开展应用研究和教育活动。

4. 亚洲

在亚洲，农业生态学最有趣的应用发生在市区中心和市区中心附近。高密度人口需要有创新的方法来生产食物和进行资源的再利用，有的把作物、牲畜和水产综合在一起。在市区，农业生态学与景观生态学相结合，把对生产功能的综合与保护作为城市规划过程的一部分。在城乡接合部（市区与乡村接壤的区域）有常常注重可持续发展的农业旅游企业。在乡村，保护传统做法的宝贵经验是主要的关注点，这些传统的做法依靠复合养分循环和废物管理，为今天的农业生态学提供了重要的经验。在随后的几年里，水和空气质量将是体现农业生态学重要性的具体问题，另外，气候变化对人口稠密区域的食物安全也会构成威胁。

5. 非洲

对非洲来说，农业生态学为以更具可持续性的方式解决人类饥饿问题带来了机会，这种更具可持续性的生产方式还能帮助实现自力更生和社区管理。缺乏能够补贴可持续性生产方式的系统性农业政策，限制了农业生态学在非洲的广泛采用。相反，食物缺乏保障已经导致了资源的滥用，引起土壤生产能力和作物产量的下降。到目前为止，大多数援助非洲社区以解决急迫的饥饿威胁的国际努力，都依赖“绿色革命”的技术，如使用非本地品种、灌溉、合成杀虫剂和化肥。然而，最近在马拉维进行的一项全国性研究，其结果为可持续性生产方式所带来的好处提供了证据，即使从食物供应方面来说也是如此。美国生态学家齐格琳德·斯纳普（Sieglinde Snapp）和她的同事们组成的一个研究小组，在监测了一项应用广泛的、为农民提供改良的玉米种子和合成氮肥的政府项目后，他们发现，与施加合成化肥的单一种植系统相比，给生产系统增加多样性（以包含豆类植物的轮种形式）提高了产量的稳定性、粮食的质量、生产的效益、肥料的效用和农民对新系统的优先选择。这项研究对那种农业生态学与满足全球食物供应和高产的需求背道而驰的观点提出了挑战（Snapp 2010）。

6. 澳大利亚

农业生态学在澳大利亚已经存在几十年了，大部分以交替式可持续性耕种方法的形式出现。在20世纪70年代，澳大利亚生态学家比尔·墨利森（Bill Mollison）和戴维·霍姆格伦（David Holmgren）正式推出持久农业的耕种方式，作为一种通过具有多样性和恢复力的长久性高产生态环境来推广生态学原理的途径。持久农业（常常作为家园的一部分来实施）可以成为某些倡导者的一种生活方式。生物动力学农业（一种相关的整体性有机生产方式，注重养分的闭合循环系统）在澳大利亚很流行（例如可参见“澳大利亚生物动力学农业”，一个推广这一思想的非政府组织）。澳大利亚曾经也是有机农业运动的早期领导者，它的第一个有机联合会是“澳大利亚有机农业和园林联合会”。

有关农业生态学的争议和争论

工业化农业的支持者与农业生态学的倡

导者之间的争论已持续几十年,争论的要点是农业生态学如果在更大规模上实施,它在多大程度上能够满足全球食物的需求。政府以前支持"绿色革命"是基于这样的假定:人口增长需要能够长期储存的高产粮食作物。批评者对这一政策的可持续性提出了质疑。随着人们越来越多地了解了农业对环境变化、水体质量和其他环境问题的影响,这种争议已演变为如何制订保护生物多样性和自然资源的最好的策略。问题于是就变成:最好是强化深耕细作以保护其他地方的土地("土地节省"),还是降低农业对本地的不良影响("对野生动物友好的农业")。

工业化农业与农业生态学之间的争议已超出环境问题的范畴而涉及社会问题。一项争论涉及保护当地经验和遗传资源以及支持发展中国家农民生活的重要性问题。批评者指责农业企业过度地开发各种作物遗传资源,以改善经济性作物品种的性能。政府鼓励本地农民采购这些"改良"品种。农民们常常放弃适应本地的作物以及管理这种系统的本地经验。另一方面,农业生态学家把这些遗传资源和本地经验当作农业生态系统的基本内容,是对小户农民生活的有益因素。

另一项争论涉及人类健康与食物消费之间关系的问题。历史上,传统农业系统的支持者只基于数量指标(产生的热量或粮食的高产量)而不是质量指标(营养价值)对各种系统进行比较。农业生态学的倡导者认为,常规系统生产的粮食专门用于牲畜饲养或者高度加工的食物(特别是在美国,对玉米非常注重),所以从人类消费和食物质量上来说,其效率低下。随着健康专家要求食用更多的水果和蔬菜以减少肥胖症和有关的疾病,最近人们对人类饮食质量的关注也加剧了这种争论。

当政府考虑采取补贴和刺激政策时,这种与生产、环境影响和社会效应有关的争议开始变得尤其激烈。例如,在美国,农业生态学家们和其他批评者对政府旨在避免食物短缺和支持农民的政策提出质疑,因为政府只是在支持大型的商品生产企业系统。农业生态学的倡导者认为,政府应该取消或者调整这些补贴和刺激政策,以使农业能够产生公众利益。而且,大部分农业补贴都进入富有的个人和企业手中,这些个人和企业并不在农田所在地的乡村社区。然而,预测对这些政策进行全面检查所产生的更广泛的影响却是一种很大的挑战。

未来展望

政府正在探索如何把农业生态学作为平衡食物生产和环境健康的切实可行的解决方案,更多地考虑农业生态系统所提供的非商品输出。农业生态学应包含整个食物系统,其定义的这种扩展将促进考虑了社会和政治问题的多学科研究方式的开展。目前一个重要的事情是需要开发适用的评估和监测手段，以评判不同类型农业系统的影响（不能仅仅是产量）。这些评估将考虑农业生态系统提供的“生态系统服务”以及对食物安全、人类健康和农民生活的影响。这些评估的结果将帮助指导农业政策。

农业生态学这个学科的前景是光明的。联合国特别报告人奥利维尔·德·舒特（Olivier De Schutter）向联合国做的关于“食物权”的报告专门指出，农业生态学对改善贫困群体的食物获得来说是一种合适的策略（De Schutter 2010）。由于全世界的城市里（甚至在发达国家）都存在贫困群体，城市农业就成为农业生态学的一种有趣的应用，它既能解决食物短缺和肥胖症的问题，又能使街坊邻里焕发新的活力。由于人口密集，城市环境为提供健康食物、重新利用有机废品、减少运输和加工、对消费者开展食物和营养教育以及创造就业提供了独特的机遇。

未来的农业生态学无疑会在可持续发展的引导下开展工作，因为农业活动对环境的影响必须与养育世界人口的需求之间进行平衡。与气候变化有关的研究（不管是缓解还是适应）在未来几年将是至关重要的。如何能够把农业生态系统设计用来把碳隔离？什么样的耕种系统能够适应未来的条件？农业在多大程度上在争夺淡水资源？对这些问题的解答无疑需要各种学科的合作。尽管农业生态学一开始是在工业化农业产生的不良后果中直接发展起来的，但是，当我们面临需要解决食物短缺、气候变化和资源有限这样一个不确定的未来时，这一学科很有可能会消除农业学家和环境学家之间的一些紧张关系。

莎拉·泰勒·洛弗尔（Sarah Taylor LOVELL）
伊利诺伊大学香槟分校

参见：适应性资源管理（ARM）；农业集约化；最佳管理实践（BMP）；生物多样性；生态系统服务；全球气候变化；人类生态学；灌溉；养分和生物地球化学循环；持久农业；土壤保持；城市农业。

拓展阅读

Altieri, Miguiel A. (1995). *Agroecology: The science of sustainable agriculture* (2nd ed.). Boulder, CO: Westview Press, Inc.

Dalgaard, Tommy; Hutchings, Nicholas J.; & Porter, John R. (2003). Agroecology, scaling and interdisciplinarity. *Agriculture, Ecosystems & Environment, 100* (1), 39–51.

De Schutter, Olivier. (2010). United Nations special rapporteur on the right to food. Retrieved August 26, 2011, from www.srfood.org/

Francis, Charles A., et al. (2003). Agroecology: The ecology of food systems. *Journal of Sustainable Agriculture, 22* (3), 99–118.

Gliessman, Stephen R. (2006). *Agroecology: The ecology of sustainable food systems* (2nd ed.). Boca Raton, FL: CRC Press.

Hanson, Herbert C. (1939). Ecology in agriculture. *Ecology 20*, 111–117. doi: 10.2307/1930733.

Klages Karl H. W. (1928). Crop ecology and ecological crop geography in the agronomic curriculum. *Journal of the American Society of Agronomy*, *10*, 336–353.

Lovell, Sarah Taylor, et al. (2010). Integrating agroecology and landscape multifunctionality in Vermont: An evolving framework to evaluate the design of agroecosystems. *Agricultural Systems*, *103* (5), 327–341.

Magdoff, Fred. (2007). Ecological agriculture: Principles, practices, and constraints. *Renewable Agriculture and Food Systems*, *22* (2), 109–117.

Papadakis, Juan. (1970). Fundamentals of agronomy, compendium of crop ecology. Buenos Aires: Libro de edicion Argentina.

Pretty, Jules. (2008). Agricultural sustainability: Concepts, principles and evidence. *Philosophical Transactions of the Royal Society of London Series B*, *363* (1491), 447–465.

Sachs, Jeffrey, et al. (2010). Monitoring the world's agriculture. *Nature*, *466* (7306), 558–560.

Snapp, Sieglinde. (2010). Biodiversity can support a greener revolution in Africa. *Proceedings of the National Academy of Sciences of the United States of America (PNAS)*, *107* (48), 20840–20845.

Vandermeer, John H. (2011). *The ecology of agroecosystems.* Sudbury, MA: Jones and Bartlett Publishers.

Wezel, Alexander, et al. (2009). Agroecology as a science, a movement and a practice: A review. *Agronomy for Sustainable Development*, *29* (4), 503–515.

Wezel, Alexander, & Soldat, V. (2009). A quantitative and qualitative historical analysis of the scientific discipline of agroecology. *International Journal of Agricultural Sustainability*, *7* (1), 3–18.

B

最佳管理实践

最佳管理实践是为减少人类活动对水资源的影响所采取的实际措施。最佳管理实践在考虑了实用、社会和经济因素的基础上，找出针对非点（弥散）源污染的最佳可用污染控制技术。采用合适的最佳管理实践能够显著改善土地使用（如农业、林业和城市化）中的径流水质。

非点源（NPS）污染（由雨水或雪融化造成的弥散源）常常是水质退化最大的罪魁祸首。特别是在发达国家，政府一旦管控了大型工业企业、市政当局和其他的污染直接排放者，剩余的水污染源常常是来自土地使用（如城市化、农业和林业）的径流。由于下雨的非定常特性、污染源的弥散特性、区分背景污染源和人类污染源的困难和在一个流域的各种人类活动，这些非点源污染在排放许可系统中很难管控。

可持续性水资源管理要求把所有人类污染源降到会对水域生态系统和人类水体利用产生危害的限度以下。水质管控项目通过改变流域内的土地管理方法来显著降低水污染。经济上适用于非点源污染、以使非点源污染降低至临界限度以下的那些实用措施，称为最佳管理实践（BMP）。

类型

管理者根据土地使用情况和非点源污染类型，采用了多种多样的最佳管理实践。最佳管理实践可分成下面几种常见类型。

1. 河边缓冲带

河边缓冲带就是保留在水体岸边的植物带。紧邻水体的土地是流域最敏感的部分。这个河边区域的宽度可以从十米延伸到几百米。在这个缓冲带，保留有遮盖性植物（如树），土壤由地面植被（如草和非草宽叶植物）或林木落叶覆盖。

河边缓冲带保护水体不受临近和上游土地使用的危害、增强土壤入渗、过滤地面水流、减少河岸的冲刷、提供沿水流沿线的阴凉。缓冲带内截留的污染物可以被转化和生物去污。植被还能拦截流失的土壤颗粒,减少沉淀物损失(McBroom & Young 2009)。河边缓冲带是显著减少非点源污染最重要的最佳管理实践之一(McBroom et al. 2008b)。这些区域还能带来其他好处,包括休闲娱乐、林草混合植被、多年生食品作物(如坚果)的生产和择伐林业。河边缓冲带还能提供生态系统服务,如野生动物栖息地和增强的生物多样性。

2. 土地上的结构性最佳管理实践

人们构建结构性最佳管理实践(如田埂)已有很多世纪了。这种类型的最佳管理实践延缓了地表水流,提高了水在土壤的入渗,减少土壤的流失。管理者可根据土壤侵蚀度(如纹理结构、黏结性等)、坡度、气候和土地用途设计田埂,以使水的保留最佳、土壤流失最小。原地土壤、有机物(碎木片、谷物秸秆等)、石块、合成纤维织物或其他材料都可以做成田埂。在道路和建筑施工中,管理者可以对裸露的沙土加上覆盖物或者使用沙土围栏和干草捆,来作为有效的临时性最佳管理实践。结构性最佳管理实践包括过滤床、蓄水池、截流池塘、雨水吸收植物园和人造湿地。如果这些最佳管理实践位于高度集约化农业、市区和建筑工地的下游,它们能有效减少各种非点源污染物(Clayton & Schueler 1996; Zhang, DeAngelis & Zhuang 2011)。

3. 市政和住宅区的最佳管理实践

因为市区雨水径流是一种重要的污染源,管理者已开发了一些项目,使常见日常活动对水资源的影响降至最小。这些最佳管理实践包括适当处置家庭有害废物、能使养分和杀虫剂流失最小的景观与草坪美化、宠物粪便管理以及垃圾与碎片的管理。水资源保护做法(如雨水收集)能够减少城市径流和对市政供水的需求。

4. 土地管理选择

最佳管理实践实施的一个关键部分是合理的土地使用。例如,在高度侵蚀性土壤的陡坡上,用在行栽作物的最佳管理实践(如田埂)其成本可能会比较高、人力需求也比较重;这样的区域用作林地或受到永久性植被的覆盖管理起来可能更有效(如在中国长江盆地)(Zhang, DeAngelis & Zhuang 2011)。对易于压实的土壤,最大限度地减少车辆和人员来往会带来长效的生产率以及较少的径流和土壤侵蚀(McBroom et al. 2008a)。政府常常规划城市开发区,这会导致漫滩平原的扩展。随着市区不断扩展到河边区域,洪水除了带来长期的非点源污染外,还会引起显著的经济和社会损失。经济上最可行、环境上可持续的土地利用需要对流域特性有深入的了解,而且必须有当地社区的参与。

有效性

研究人员已经测试了各种具体的最佳管理实践,评估这些实践的成本并确定如何把这些策略有效地在土地上实施。特别是林业最佳管理实践,它能减少非点源污染高达99%(Ice 2004)。这些比率可以与污水处理和点源污染控制项目达到的污染减少相提并论。这样,我们面临的挑战就变成如何让当地社区和土地使用者实施最佳管理实践。

实施

对土地所有者、管理者和管控机构进行有关最佳管理实践实施和有效性的教育是至关重要的，因为这样可以增加最佳管理实践可以感受到的好处（Husak, Grado & Bullard 2004）。然后，政府和管理者可以提供激励措施和成本分担项目。例如他们可以减少河边缓冲带的财产税。另外，环境认证计划也可以要求实施最佳管理实践。某些最佳管理实践可以是强制性的，违反以后会受到处罚。对成熟项目，实施率可以达到90%以上。在美国，实施自愿性林业最佳管理实践项目的州，一般来说其实施率与强制性项目的实施率不相上下（Ice, Schilling & Vowell 2010）。负责教育、激励和成本分担项目的组织和机构，其资金和人员不足是最佳管理实践实施所面临的主要挑战。

未来发展

管理者和土地使用者将会继续开发创新性最佳管理实践，在保护水资源和实现经济增长的同时，解决当地土地使用和日益增加的水质问题。这种保护需要土地使用者之间进行更多的协调。最佳管理实践项目常常根据土地用途类别进行划分，这可能涉及不同的管控范围。因为不同的土地用途常常会出现在一个流域内，管理者需要有一个协调、系统的管理方式。例如，路面、沟渠和挖了又填的斜坡都是突出的非点源污染源。道路常常属于不同的管辖范围，这就使得在道路网络有效实施最佳管理实践面临挑战。

所有影响水质的土地利用都必须采用最佳管理实践。例如，美国得克萨斯州允许油气开发不执行用于施工的最佳管理实践。一个建在河流中间的油气井所产生的侵蚀比附近没有采取任何最佳管理实践的伐光林地的侵蚀多出十倍以上，产生的沉积物比采用了最佳管理实践的伐光林地几乎多出20倍（Thomas & McBroom 2009）。这一区域需要一个更加系统、更加协调、获得当地社区支持的BMP项目。

在《沙土之县年鉴》中，美国科学家和环境学家奥尔多·利奥波德（Aldo Leopold）说："当一件事有助于保护生物群落的完整性、稳定性和美好时，这件事就是正确的。否则，它就是错误的。"（Leopold 1949, 224）按照这一定义，最佳管理实践是一种控制非点源污染、保护水域生态系统、确保子孙后代拥有清洁、无污染水体的可持续性手段。

马修·麦克布鲁姆（Matthew W. McBROOM）
张延利（Yanli ZHANG）
斯蒂芬奥斯汀州立大学

参见：适应性资源管理（ARM）；行政管理法；农业生态学；缓冲带；共同管理；生态预报；生态恢复；地下水管理；非点源污染；点源污染；道路生态学；页岩气开采；水资源综合管理（IWRM）。

拓展阅读

Berry, Wendell. (1974). *Farming: A handbook*. New York: Houghton Mifflin Harcourt.

Clayton, Richard A., & Schueler, Thomas R. (1996). *Design of stormwater filtering systems*. Solomons, MD: Chesapeake Research Consortium.

Ertue, Kudret, & Mizra, Ilker. (Eds.). (2010). *Water quality: Physical, chemical, and biological characteristics*. New York: Nova Science Publishers.

Husak, Amanda L.; Grado, Stephen C.; & Bullard, Steven H. (2004). Perceived values and benefits from Mississippi's forestry best management practices. *Water, Air, and Soil Pollution: Focus, 4* (1), 171–185.

Ice, George G. (2004). History of innovative best management practice development and its role in addressing water quality limited waterbodies. *Journal of Environmental Engineering, 130* (6), 684–689.

Ice, George G.; Schilling, Erik; & Vowell, Jeff. (2010). Trends for forestry best management practices implementation. *Journal of Forestry, 108* (6), 267–273.

Leopold, Aldo. (1949). *A Sand County almanac and sketches here and there*. New York: Oxford University Press.

McBroom, Matthew W.; Beasley, R. Scott; Chang, Mingteh; & Ice, George G. (2008a). Storm runoff and sediment losses from forest clearcutting and stand reestablishment with best management practices in the southeastern United States. *Hydrological Processes, 22* (10), 1509–1522.

McBroom, Matthew W.; Beasley, R. Scott; Chang, Mingteh; & Ice, George G. (2008b). Water quality effects of clearcut harvesting and forest fertilization with best management practices. *Journal of Environmental Quality, 37* (1), 114–124.

McBroom, Matthew W., & Young, J. Leon. (2009). The poultry litter land application rate study: Assessing the impacts of broiler litter application on surface water quality. In Christopher A. Hudspeth & Timothy E. Reeve (Eds.), *Agricultural runoff, coastal engineering and flooding* (pp. 1–25). New York: Nova Science Publishers.

Thomas, Todd N., & McBroom, Matthew W. (2009, September 30–October 4). *Hydrologic impacts of oil and gas development compared with silviculture* (paper, 2009 Society of American Foresters Annual Meeting, "Opportunities in a Forested World"). Orlando, Florida.

Zhang, Jinchin; DeAngelis, Don L.; & Zhuang, Jaiyau. (2011). *Theory and practice of soil loss control in eastern China*. New York: Springer.

Zhang, Ru, et al. (2009). Field test of best management practice pollutant removal efficiencies in Shenzhen, China. *Frontiers of Environmental Science and Engineering in China, 3* (3), 354–363.

生物多样性

地球的生物多样性包含全部类别的生物物种、同一物种内个体之间发生的遗传变异和(在更高的层级)物种生存的生物群落。它还包括在生态系统层级上与物理和化学环境之间的相互作用。自然和人类的活动可以改变生物多样性的这些复杂层级并产生连锁反应。

保护生物多样性对保护生物学来说是至关重要的。保护生物学家用“生物多样性”这个术语表示全部类别的物种和生物群落以及物种和所有生态系统过程中的遗传变异。按照这一定义,必须在3个层级上考虑生物多样性,所有层级对我们所知道的生命延续都是必要的:

- 物种多样性。地球上的所有物种,包括单细胞细菌和原生生物以及多细胞界(植物、真菌和动物)物种。
- 遗传多样性。物种内的遗传变异,包括地理上分离的种群之间和单一种群内不同个体之间的遗传变异。
- 生态系统多样性。不同生物群落及其与化学和物理环境之间的关联(生态系统)。

物种多样性

物种多样性包含地球上发现的全部类别的物种。对物种进行识别和分类是保护生物学的主要目标之一。一个物种通常由下列两种方式之一进行定义:

(1) 在形态学、生理学或生物化学上的某种重要特性上区别于其他集群的一组个体。这是物种在形态学上的定义。

(2) 在野外能在自身群集的个体之间进行潜在的生殖但不能在其他群集的个体之间进行生殖的一组个体。这是物种在生物学上的定义。

因为使用的方法和假定不同,这两种区分物种的方式有时不能给出相同的结果。越来越多地,DNA(脱氧核糖核酸)序列和其他分子标记的差异用于区分那些看上去几乎完全一样的物种(如细菌)。更为复杂的是,相关但不同物种的个体之间有时候会交配而产生杂种——模糊了物种之间区分界限的一种中间形式。有时候杂种能比它们的任一母体物种都更适应环境,而且它们可以继续形成新物种。在受到扰动的生存环境中,杂交在植物物种之间尤其常见。当一个稀缺物种的少数个体处于紧密相关物种的大量个体中间时,杂交在植物和动物之间就会经常发生。例如,濒危的埃塞俄比亚狼(Canis simensis)经常与家养狗交配,种群数量不断减少的欧洲野猫(Felis silvestris)由于与家养猫交配,带有无数的遗传信息。

给世界上的物种进行分类和建立目录还有很多工作要做。分类学家最多只描述了世界物种的三分之一,也许只有1%。无法清晰地把一个物种与另一个物种进行区分(不管是由于特性相似还是不清楚正确的科学名字)常常延缓了对物种进行保护的努力。如果科学家和立法者拿不准应该使用什么名字,那么,就很难制订出保护某种物种的有效法律。同时,有些物种还没有来得及加以描述就走向灭绝了。每年有几万个新物种被描述出来,但即使这样的速度,也仍然不够快。解决这一问题的关键是培训出更多的分类学家,尤其是工作在物种丰富的热带地区的分类学家。

新物种的起源

新物种的起源(称为物种形成)通常是一个缓慢的过程,需要经过几百甚至几千世代。新属和科的进化是更加缓慢的过程,需要经历几十万甚至几百万年。尽管新物种一直都在出现,但目前物种的灭绝速率可能要比物种形成的速率快一百多倍,也有可能是一千多倍。现实情况比这个灰暗的统计数字所建议的更加糟糕。首先,物种形成的速率实际上可能正在下降,因为地球表面的很大部分被人类所使用,它们不再支持生物群落的进化。随着生存环境的减少,每一物种的种群越来越少,因而进化的机会也就越来越少。很多现有的保护区和国家公园可能由于太小而无法使物种形成过程发生。再者,很多在野外濒临灭绝的物种是它们属或科唯一现存的代表。其中的例子包括在非洲整个分布区内迅速减少的大猩猩(Gorilla gorilla)和中国的大熊猫(Ailuropoda melanoleuca)。分类学上代表原始谱系的独特物种的灭绝并没有被与现有物种密切相关的新物种的出现所平衡。

物种多样性的测量

保护生物学家常常要找出物种多样性较高的地方。从最宽泛的意义上讲,物种多样性就是一个地方不同物种的数量。然而,生态学家给出了物种多样性很多其他专门的、定量性质的定义,来作为对不同地理尺度上不同群落的总体多样性进行比较的一种方法。生态学家使用这些定量方法来测试这样一种假定:提高多样性的等级就能提高种群的稳定性和生物量生产。在温室或园林中或者在草地植物群落进行的对照实验中,增加生长在一起的物种数量通常会带来更多的生物量生产和更大的抗旱能力。这一结果对更广泛分布的自然群落(如森林和珊瑚礁)的重要意义仍需要进行具有说服力的展示。

在其最简单的层级,多样性被定义为在某一群落发现的物种数量,一种常被称为物种丰富度的度量方法。制订出生物多样性的定量指标主要是为了在三个不同地理尺度上表示物种多样性。在某一群落或指定区域内的物种数量被描述为α多样性。α多样性与物种丰富度这个常见概念最接近，可用于比较在某一具体地方或生态系统类型（如湖泊或森林）的物种数量。例如，在纽约或英格兰100公顷落叶林中，其林木物种的数量比亚马孙雨林中100公顷土地上的要少。也就是说，雨林的α多样性更大。更加高度量化的指数（如香农多样性指数）考虑了不同物种的相对丰富性，并把最高多样性赋予具有大量丰富程度相同的物种的群落，而把最低分数的多样性赋予物种少或者虽然物种很多但其中一种或少数物种比其他物种丰富很多的群落。

γ多样性用于更大的地理尺度。它指的是较大区域或洲内物种的数量。γ多样性使我们能够比较那些包含不同地貌或宽广地理面积的较大区域。例如，肯尼亚（有一千种森林鸟类物种）比英国（只有两百个物种）有更高的γ多样性。

β多样性把α和γ多样性联系起来。它表示沿一个环境或地理梯度的物种组成变化率。例如，如果区域内每一个湖泊都包含不同的鱼类物种，或者一座山上的鸟类物种完全不同于相邻山上的鸟类，那么，β多样性就会很高。但是，如果沿这一梯度的物种组成没有多少变化（“这座山上的鸟和我们昨天去过的山上的鸟都一样”），则β多样性就低。β多样性有时用一个区域的γ多样性除以其平均α多样性来计算。当然也有其他度量方法。

更高的物种多样性能为人类提供更广泛的潜在产品，包括从食物和药品到建筑材料和薪炭材料的各种东西。物种丰富的生态系统也能更好地为我们提供生态系统服务——洪水的自然控制、清洁水和污染减少。

遗传多样性

在每一等级的生物多样性（遗传、物种和群落）中，保护生物学家研究那些改变或维持多样性的机理。某一物种内的遗传多样性常常受到种群内个体的繁殖行为的影响。种群就是相互交配、繁育后代的一组个体；一个物种可以包含一个或更多分离的种群。只要个体确实在繁殖后代，一个种群可以包含几个个体或几百万个体。

种群内的个体通常在遗传上是各不相同的。遗传变异之所以发生是因为个体具有其基因稍微不同的形态（座位），即确定具体蛋白质遗传密码的染色体单元。这些基因的不同形态被称为等位基因，其差异最初通过突变（构成个体的染色体的DNA中发生的变化）产生。基因的各种等位基因可能会影响单个生物体的发展和生理学特性。

当后代从母体通过在性繁殖过程中发生的基因重组而接收到基因和染色体的独特结合时,基因变异就增加了。基因在染色体之间进行了交换,当来自两个母体的染色体相结合、形成遗传独特的后代时,新的组合就产生了。尽管突变为遗传变异提供了基本原料,但不同组合中等位基因的随机重新排列(确定有性生殖物种的特性)显著增加了遗传变异的潜能。

种群中基因和等位基因的总排列就是种群的基因库,而任何个体都有的等位基因的特定组合就是它的基因型。个体的表现型代表该个体的形态学、生理学、解剖学和生物化学特性,这些特性是其基因型在某一特定环境中显现的结果。人类的某些特性(如身体脂肪的含量和牙齿的衰落)明显受到环境的影响,而其他特性(如眼睛的颜色、血型和某些酶的形态)则主要由个人的基因型决定。

对基因不同的个体来说,有时候它们那些与生存或生育能力有关的行为方式也不相同,例如,耐冷能力、抗病能力或者遇到危险时逃跑的速度。如果带有某种等位基因的个体比没有这些等位基因的个体更有能力生存和生育,那么种群的基因频率就会在下一代发生变化。这种现象称为自然选择。

一个种群遗传变异的量由多于一个等位基因的基因(多形态基因)数量和每一个这种基因的等位基因数量所决定。多形态基因的存在也意味着种群中有些个体对这个基因是杂合的,也就是说,它们将从每一母体接收这个基因的一个不同等位基因。另一方面,有些个体将是纯合的:它们将从每一母体接收相同的等位基因。所有这些等级的遗传变异都对种群适应变化环境的能力做出了贡献。稀缺物种常常比普遍物种有较少的遗传变异,相应地,当环境条件变化时,它们就更容易灭绝。

尽管大部分交配发生在种群内,但个体偶尔也会从一个种群迁移到另一个种群,引起新等位基因和遗传组合在种群之间转移。这种遗传转移称为基因流动。种群之间自然的基因流动有时会被人类活动所中断,引起每一种群内遗传变异的减少。

遗传多样性使物种在面对环境变化时能够幸存,使它们获得最大数量的等位基因组合以及随之带来的在新条件下生存和生殖所需的遗传特征。它还为家化物种的改善提供基本物质。没有遗传变异,农业的改善将会更加困难。

生态系统多样性

生物群落被定义为占据某一地区的物种及其物种之间的相互作用。一个生物群落加上与其相关的物理和化学环境,被称为一个生态系统。生态系统的很多特性产生于持续进行的各种过程,包括水循环、养分循环和能量获取。在一个生物群落内,物种扮演着不同的角色,它们生存所需的东西也不相同。例如,一个给定物种最适合在某些阳光和水汽条件下在一种土壤里生长,它只需要某些类型的昆虫传授花粉,其种子由某些鸟类物种来散播。类似地,动物物种也有不同的需求,例如吃的食物类型和喜爱的居所类型。如果限制了物种种群的规模,这些需求的任何一个都可能变成限制性资源。例如,有特化栖息需求的一个蝙蝠物种(只在石灰岩洞穴顶上的小洞里形成群体)会受到适合栖息的洞穴数量的制约。如果人们为开采石灰岩而破坏这些洞穴,蝙蝠种群可能就会减少。然而,如果这些蝙蝠能够适应人类的存在并栖息在桥下,它们的种群可能就会增加。

生态演替

由于某些需求、行为或者喜好的原因,一个给定物种在生态演替的过程中,常常在某个特定时间出现在某一给定场所。自然演替是一个生物群落受到自然和人类的扰动之后物种组成、群落结构、土壤化学和微环境特性发生的渐变过程。例如,喜欢太阳的蝴蝶和一年生植物最容易在自然演替的早期出现,也就是最容易在一场飓风或伐木破坏了原生林之后的几个月或几年内出现。这时候,树冠的遮盖消失后,地面接收到高照度的阳光,整个白天温度较高、湿度较低。几十年之后,森林树冠逐渐得到恢复。不同的物种(包括那些耐阴、喜潮的野花、其幼虫食用这些植物的蝴蝶和住在枯树洞里的鸟类)在这种中期和后期演替阶段快速生长。与早期、中期或后期演替紧密相关的物种的类似情况也存在于其他生态系统,如草地、湿地和海洋的潮间带。人类的管理模式常常干扰自然的演替模式。例如,被牲畜过度啃食的草地和大树被伐做木材的森林,就不再包含某些后期演替物种。

现代地貌的演替过程可能代表着自然和人类扰动的组合。例如,在科罗拉多州落基山脉的草地和森林群落,可能会受到自然火灾、干旱循环和麋鹿啃食的影响。现在,这种群落的演替越来越多地被人致火灾、牲畜啃食和道路建设所主导。数量最多的物种常常出现在受到中度扰动并且具有早期、中期和后期演替阶段组合的地貌。

关键物种和依赖植物群

在生物群落内,某一特定物种或者具有类似生态特征的物种群(依赖植物群)可能会决定在这一群落持久生存的大量其他物种的能力。如果只考虑个体的数量或者关键物种的生物量,这些关键物种对群落组织的影响程度比你预测的要大得多。保护关键物种和依赖植物群是保护工作的首要任务,因为消失一个关键物种或依赖植物群也会引起无数其他物种的消失。

虽然有时候我们能够找到这样的关键物种,但问题是,其他物种可能以并不十分明显的方式对生态系统功能的发挥起着重要的作用。顶端食肉动物常常被认为是关键物种,因为捕食者能够明显影响食草动物的种群。消失即使少量个体捕食者(尽管它们只占群落生物量的极小部分)也可能会引起植被的显著变化和生物多样性(有时称为营养阶梯)的巨大损失。例如,在马萨诸塞州科德角的盐沼地,普通的植物啃食盐沼蟹(Sesarma reticulatum),在捕食者(如蓝蟹)种群由于过量捕捞和水污染而减少时,其数量显著增加。而这种盐沼蟹啃食压力的相应增加已使科德角70%的盐沼网茅属植被裸露,引起土壤侵蚀,也使栖息在盐沼的其他物种失去保护(Bertness, Holdredge & Altieri 2009)。

从我们到目前为止的讨论中可以清楚地看到,确定关键物种对保护生物学有几个方面的重要影响。首先,一个关键物种或群组从一个群落消失可能会突然加快其他物种的消失。

消失关键物种会带来一系列相关联的灭绝情况（称为灭绝连锁反应），而产生退化的生态系统，其所有营养级的生物多样性都会降低很多。在热带雨林，这种情况可能已经开始发生，过度采伐已经显著减少了作为捕食者、种子散播者和食草动物的鸟类和哺乳动物的种群。这样的雨林虽然第一眼看上去很绿、很健康，但它实际上是一个“腹中空的雨林”，其生态过程已经被不可逆转地改变得太多，以至于在随后的十几年或几个世纪，雨林的物种组成将发生变化（Redford 1992）。

结论

生态系统提供了人类社会赖以生存的基本环境服务。总体来说，丰富的生物多样性能帮助一个物种、种群或生态系统不断延续，因此，它是科研人员、计划人员和管理人员的一个重要的考虑因素。了解存在的这种动态关系可以确保我们采取的行动是合适、可持续的。

理查德·普里马克（Richard B. PRIMACK）
伊丽莎白·埃尔伍德（Elizabeth R. ELLWOOD）
波士顿大学

参见：生物多样性热点地区；生物地理学；生物走廊；边界群落交错带；缓冲带；群落生态学；生态系统服务；边缘效应；食物网；生境破碎化；海洋保护区（MPA）；种群动态；残遗种保护区；恢复力；物种再引入；自然演替；原野地。

拓展阅读

Bertness, Mark D.; Holdredge, Christine; & Altieri, Andrew H. (2009). Substrate mediates consumer control of salt marsh cordgrass on Cape Cod, New England. *Ecology*, *90*, 2108–2117.

Beschta, Robert L., & Ripple, William J. (2009). Large predators and trophic cascades in terrestrial ecosystems of the western United States. *Biological Conservation*, *142*, 2401–2414.

Bruno, John F., & Cardinale, Bradley J. (2008). Cascading effects of predator richness. *Frontiers in Ecology and the Environment*, *6*, 539–546.

Frankham, Richard; Ballou, Jonathan D.; & Briscoe, David A. (2010). *Introduction to conservation genetics* (2nd ed.). Cambridge, UK: Cambridge University Press.

Legendre, Pierre; Borcard, Daniel; & Peres-Neto, Pedro R. (2005). Analyzing beta diversity: Partitioning the spatial variation of community composition data. *Ecological Monographs*, *75*, 435–450.

Letnic, Mike; Koch, Freya; Gordon, Chris; Crowther, Mathew S.; & Dickman, Christopher R. (2009). Keystone effects of an alien top predator stem extinctions of native mammals. *Proceedings of the Royal Society*, *B*, *276*, 3249–3256.

Myers, Norman, & Knoll, Andrew H. (2001). The biotic crisis and the future of evolution. *Proceedings of the National Academy of Sciences of the USA*, *98*, 5389–5392.

Primack, Richard B. (2008). A primer of conservation biology (4th ed.). Sunderland, MA: Sinauer Associates.

Primack, Richard B. (2010). Essentials of conservation biology (5th ed.). Sunderland, MA: Sinauer Associates.

Redford, Kent H. (1992). The empty forest. *BioScience*, *42*, 412–422.

Soulé, Michael E.; Estes, James A.; Miller, Brian; & Honnold, Douglas L. (2005). Strongly interacting species: Conservation policy, management, and ethics. *BioScience*, *55*, 168–176.

Thiere, Geraldine, et al. (2009). Wetland creation in agricultural landscapes: Biodiversity benefits on local and regional scales. *Biological Conservation*, *142*, 964–973.

Valladares, Graciela; Salvo, Adriana; & Cagnolo, Luciano. (2006). Habitat fragmentation effects on trophic processes of insect-plant food webs. *Conservation Biology*, *20*, 212–217.

Wallach, Arian D.; Murray, Brad R.; & O'Neill, Adam J. (2009). Can threatened species survive where the top predator is absent? *Biological Conservation*, *142*, 43–52.

Winker, Kevin. (2009). Reuniting phenotype and genotype in biodiversity research. *BioScience*, *59*, 657–665.

Wofford, John E. B.; Gresswell, Robert E.; & Banks, Michael A. (2005). Influence of barriers to movement on within-watershed genetic variation of coastal cutthroat trout. *Ecological Applications*, *15*, 628–637.

生物多样性热点地区

很多不同的生态保护组织确定了成组的“热点地区”——地球上一些他们认为在保护行动中具有高优先权的区域。大部分这样的区域以其高密度特有物种为特征。通过保护这些小的区域，极其大量的地球生物多样性能够得到保护。因此，热点地区已被称为生态保护的良方。

地球目前正经历着大量的灭绝状况，物种的消失比背景灭绝率（即长期、未受人类影响的物种灭绝率）高出一百多倍。大多数的物种灭绝由人类产生的生态环境退化、气候变化和入侵物种所引起（Mace et al. 2005）。保护区的创建在很多地方已证明是能够局部停止这种退化过程的一种有效方法。尽管目前超过10%的地球陆地面积已被设定为某种形式的保护区，但未被重视的生存环境仍然需要更多的保护。历史上，建立“保护区”是因为土地不适合人类用途（如东北格陵兰国家公园），因此，土地也不大可能在不久的将来退化；与此不同的是，很多目前经历生存环境迅速消失的区域都包含极少的保护区（如东南亚的热带雨林）。不幸的是，全球生物多样性保护所拥有的资金太少，无法对所有面临退化的生态环境提供保护。此外，建立保护区也不能完全终止生存环境的消失，而且在新保护区未能发生的很多退化只是简单地向其他未受保护的生存环境转移。最后，我们没有财政资源来保护和管理所有需要保护的区域。

生态保护组织（包括政府的和非政府的）正以三种方式对快速发生的生物多样性损失做出反应：① 通过募捐或影响政府的资源分配来筹集更多的资金，努力增加用于生态保护的资源；② 通过减少生存环境退化的机会和驱动因素，来努力减缓问题的增长趋势；③ 确保那些可用的资源尽量高效地使用。这最后一项——保护资金的优先使用，通过把资金投向最需要的地方，来确保提高保护行动的效率。在全球范围内，这一行动最熟悉的结果就是“生物多样性热点地区”。

生物多样性热点地区的历史

热点地区就是包含极大量生物多样性的区域。有人提出，如果这些热点地区受到保护，那么，大量的地球生物多样性就能够以相对较少的投入来获得保护。这一观点的支持者认为，热点地区因而就成为生态保护的良方——既解决了生物多样性严重的问题，也解决了生态保护缺乏的资金。最早的一组生物多样性热点地区是由英国生态学家诺曼·迈尔斯（Norman Myers）在1988年提出的；它包含10个热带森林。这些热点地区只占地球表面的0.2%，却包含超过34 000个特有维管植物物种，或者说全球总物种的13%。可是，这些区域当时也面临着失去它们很多特有物种的即时危险：每一区域中能保持原始植被完好的不到10%。因而热点地区被确定为物种丰富度高和灭绝危险高（根据以往对生存环境损失的测量）的区域。1990年，迈尔斯把最早的一组扩展到总共18个生物多样性热点地区，包括4个地中海地区。2000年，迈尔斯和其他人又增加了7个区域，2004年，这组生物多样性热点地区增加到34个区域（见图B1）。生物多样性热点地区最引人注目的方面是其极高的物种–面积比。

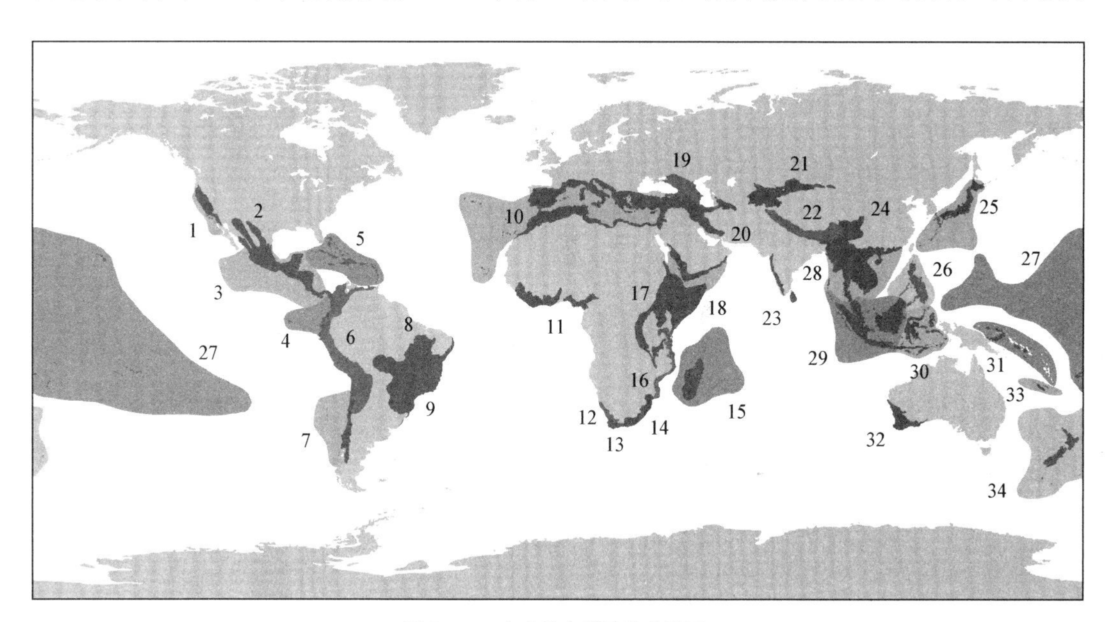

图B1 34个生物多样性热点地区

来源：保护国际（Conservation International）（2011）.

生物多样性热点地区清单最初由英国生态学家诺曼·迈尔斯于1988年提出并在随后的年份里不断增加。迈尔斯最初确定的10个热带森林现已扩展为生态多样性被认为独具特色的34个区域。

图注：

1. 加利福尼亚植物区系亚区 2. 马德雷松栎林 3. 中美洲 4. 通贝斯–乔科–马格达莱纳地区 5. 加勒比诸岛 6. 热带安第斯山区 7. 智利瓦尔迪维亚冬雨林 8. 塞拉多地区（巴西高原萨瓦纳植被带） 9. 大西洋沿岸森林 10. 地中海盆地 11. 西非几内亚森林 12. 肉质植物高原台地 13. 好望角植物区 14. 马普托兰–蓬多兰–奥尔巴尼地区 15. 马达加斯加和印度洋诸岛 16. 东非沿岸森林 17. 东部赤道非洲山地 18. 非洲之角 19. 高加索地区 20. 伊朗–安纳托利亚地区 21. 中亚山地 22. 东喜马拉雅山地 23. 西高止山区和斯里兰卡 24. 中国西南山地 25. 日本 26. 菲律宾群岛 27. 波利尼西亚和密克罗尼西亚 28. 印缅地区 29. 巽他古陆 30. 华莱士地区 31. 东美拉尼西亚群岛 32. 澳大利亚西南地区 33. 新喀里多尼亚 34. 新西兰

2004年最新版的一组热点地区中，在占地球陆地面积只有2.3%的土地上包含了15万个特有维管植物物种（占全球总量的50%）。这个很高的物种—面积比被认为是获取高的被保护物种-每美元比的敲门砖。除了物种丰富以外，生物多样性热点地区还经历了大面积的生存环境消失，每一区域现存的植被不超过原始植被的30%。

1989年，生物多样性热点地区被世界非政府组织——保护国际（Conservation International）所采纳，作为其组织蓝图。经过几次修订后，这个计划成为该组织生态保护战略的中心内容。1999年，这组生物多样性热点地区重新启动，进行了广泛的全球评审、科学分析和在线出版——对每一区域的特性进行了详细描述（Mittermeier et al. 2005）。通过为其全球生态保护决策提供清晰、引人注目的工作重心，生物多样性热点地区极大地促进了保护国际的资金筹集活动，到2003年，估计生物多样性热点地区计划已为这个非政府组织的全球生态保护行动吸收了超过7.5亿美元资金（Brooks et al. 2006）。

回顾起来，这样的优先实施计划还是太迟了。对生物多样性的威胁规模巨大，这使人们对全球生态保护所面临的挑战难以觉察。热点地区为非政府组织提供了一种资金分配的计划，该计划强调了他们行动的雄心勃勃，同时也更容易被公众所接受。其他非政府组织和政府很快觉察到，热点地区已使保护国际同时实现了他们的两个关键目标——制订资金分配的优先计划，同时提高资金总量，并开始制订他们自己独特（以及带有独特品牌）的热点地区计划。

热点地区的不同分组

在21世纪的第一个10年，一些其他的全球非政府组织和国家政府相继采用了生物多样性热点地区的行为准则，引用并进一步开发这一手段来产生新的方法，这些方法重点解决他们关心的具体的保护问题、传递他们各自的机构品牌、纠正原始计划中的一些疏漏。有关全球优先关注区域的很多清单在同行评审的科学文献中进行了描述，还有一般在国土范围内确定的区域规模热点地区（如澳大利亚的国家生物多样性热点地区）。生态保护工作者现在正考虑给出热点地区更广泛的定义：被确定为保护行为和资金需要特别优先投向的一组区域。不同的热点地区计划可根据三个特性进行粗略划分。

（1）生物多样性定义。有的热点地区注重单个分类学类别（如植物），其他的则把多个生物多样性特性组合为一个总值或者把满足具体指标的地区识别出来［如，出现在世界自然保护联盟（IUCN）严重濒危物种红色名录中的物种］。

（2）被动或主动。“被动热点地区”是找出那些已经损失大部分生态环境的目标区域。“主动热点地区”注重那些经历了最少的人类影响但有可能会在将来受到威胁的地区。

（3）选择性。每一计划都根据大同小异的定义标准，含蓄地选择面积不同的陆地表面来定义为高度优先的地区。

每一个新的热点地区计划都选择生物多样性的不同定义。大部分都脱离了热带森林这个生物多样性热点地区的原始重点，而转向生物多样性更具包容性的定义。在20世纪90年代，生物多样性热点地区也扩展到干旱和地中海生态区域，保护国际也开始报告优先保护区域所特有的其他门类（如哺乳动物、淡水鱼类、两栖动物）的物种数量。其他计划则把重点集中到生物多样性的其他方面，如鸟类生活国际的《特有鸟类地区》。有些优先保护区域的分组把重点从被动热点地区（已损失大量的生存环境）转向主动热点地区（几乎仍然非常完整）（如野生动物保护协会的《最后的野生环境》）。对新建的每一组热点地区，都会有创建的新方法来把地球表面分为高优先级和低优先级保护区域。很少有计划保留生物多样性热点地区的门限标准（即超过1 500个特有植物物种；损失了超过70%的原有植被），而是遵循更为复杂的系统——把每一区域的各种特性组合成为单独一个分值。有些热点地区计划选择性越来越弱，例如，“生物多样性大国”（包含5 000个以上特有维管植物物种的国家）就包含了地球三分之一以上的面积（Mittermeier, Gil & Mittermeier 1997）。图B2示出了根据各计划的主要标准制订的不同热点地区计划的一个分类。

热点地区思想的局限性

新计划的不断涌现突显了热点地区计划思想的几个问题。

首先，各个保护组织不能形成生物多样性一个共同的定义，结果，不同的计划把不同的地区确定为高优先级地区。当然，生物多样性是多方面的，有各自独特目标的保护组织都在不同的地区以合适的方式例行地追求自己的长期目标。然而，到2006年，地球表面的80%已被至少一个主要的全球热点地区计划考虑为优先保护地区，这就让那种这些热点地区分组能为全球保护的资金短缺提供良方的说法失去说服力。

其次，不同热点地区计划使用的方法产生了渐行渐远的目标。有的计划认为，把精力集中在遭受破坏和威胁最严重的生态系统就会产生最好的保护结果，因为正是这些区域的物种正在面临严重的灭绝危险。其他计划则反驳说，把目标放在完整地貌才能产生最大的保护收效，因为只有在这些区域能生存的物种种群和生态系统才能得到长远的保护。这种冲突显示出在有关解决持续生态退化最有效方式上，保护资金分配理论还存在尚未解决的问题。

最后，很多批评者都指出了用于确定优先保护区域的方法在生物多样性保护工作中所经常忽略的某些极其重要的方面。热点地区几乎都是仅仅根据物种的分布进行定义的（它们的丰富度、特有性或者受威胁状态），但地球保护的关注点在于那些更加宽泛也更加难以量化的目标。在遗传多样性和唯一性、生态系统服务和功能以及在空间上进行平等的保护中，每一个都很难列入优先保护地区的分组中。作为静态的地图，热点地区方法不能以理论学家认为的最基本方式对变化的威胁做出响应。它们通常也忽略在土地购置和管理成本上的全球差异，然而，这些因素将会在极大程度上决定着一组给定热点地区是否代表效费比高的投资地区。最近的分析在确定热点地区时都明确地包含成本效益，目的是保存那些能够以相对较低的成本而使大量的生物多样性得到保护的地区。

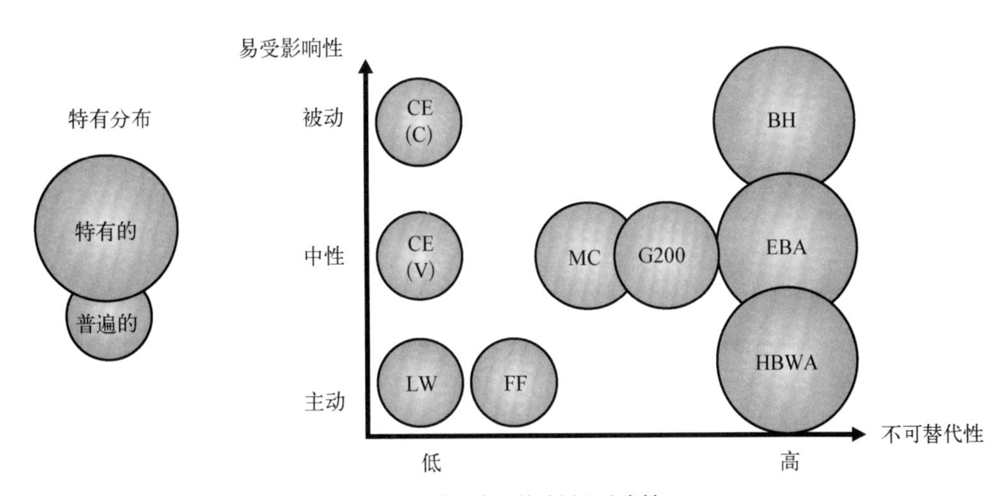

图B2 全球优先保护计划和分类轴

来源:作者.

每个圆圈表示一种全球热点地区计划(在图例中有描述)。圆圈在轴上的位置表示该计划认为是高优先级区域的类型。X轴度量一个计划关注其他地方不可复制的因素的程度(高不可替代性)或者关注存在于更广泛区域的因素的程度(低不可替代性)。Y轴表示该计划的关注点是被动的还是主动的。如果热点地区只考虑特有物种,则表示它的圆圈就会更大一些。

图注:

BH:生物多样性热点地区。保护国际制订的优先保护地区,它包含超过1 500个特有维管植物物种,损失了70%以上的原有生存环境。

EBA:特有鸟类地区。鸟类国际制订的优先保护地区,其中至少两个活动范围受限制的鸟类物种(活动范围小于5万平方公里的物种)的分布区是重叠的。

G200:全球200。世界自然保护基金会确定的具有高等级物种丰富度或特有分布和(或)显著进化(生态)过程的地区。

CE(V):渐危危机生态区域。美国大自然保护协会和世界自然保护基金会制订的优先保护地区,具有中等的生态环境退化率和退化与受保护生存环境比率。

CE(C):严重濒危危机生态区域。美国大自然保护协会和世界自然保护基金会制订的优先保护地区,具有最高的生态环境退化率和退化与受保护生存环境比率。

MC:生物多样性大国(保护国际制订)。包含5 000个以上维管植物特有物种的17个国家。

FF:边远森林。世界资源研究所确定的具有很高生物多样性价值的最完整森林。

LW:最后的野生环境。野生动物保护协会在每一生物群系选出的受人类影响最小的10个最大相邻地区。

HBWA:高生物多样性荒野地区。保护国际制订的优先保护地区,其面积超过1万平方公里,人口密度小于每平方公里5人,不足70%的原始植被仍然完整。

不可替代性:如果一个全球计划把一个不可替代的地区列为优先保护地区(是/否)。

易受影响性:如果一项计划列为优先保护的地区受人类影响的程度高(被动)、避免人类影响(主动)或者与人类活动无关(中性)。

特有分布:如果一项计划重点关注特有物种(是/否)。

热点地区的未来

随着这些批评意见的出现,保护组织采取措施,修订其描述热点地区的方法,减少其对优先地区分组的依赖。保护组织的重点开始从只关注生物多样性的保护转向既保护生物多样性也保护生态系统商品和服务的双重点活动上(如生物多样性和碳存储与碳获取,生物多样性和清洁水的供应)。这种追求多种效益的行动很有可能从多种渠道获取资金,包括有些如果只关注生物多样性保护就无法获取资金的渠道。这些渠道包括政府合作计划和日益增长的经济市场。例如，联合国的“减少发展中国家森林砍伐和森林退化所造成的排放”计划（REDD+），就是用于减少大气温室气体排放，以产生保护生物多样性和减少贫困的“共同效益”。热点地区计划目前在确定优先保护地区以实现多重目标方面只能发挥有限的作用。

迈克尔・波德（Michael BODE）
墨尔本大学
凯瑞・威尔逊（Kerrie A. WILSON）
昆士兰大学
拓也・岩村（Takuya IWAMURA）
昆士兰大学
休・波森翰（Hugh P. POSSINGHAM）
昆士兰大学

参见：生物多样性；生物地理学；边界群落交错带；缓冲带；富有魅力的大型动物；边缘效应；关键物种；海洋保护区（MPA）；微生物生态系统过程；残遗种保护区；恢复力；原野地。

作者强烈推荐《具有生物多样性之重要性的地区A-Z指南》（UNEP-WCMC 2010）作为对全球各种生态保护计划的一个入门。

拓展阅读

Bode, Michael, et al. (2008). Cost-effective global conservation spending is robust to taxonomic group. *Proceedings of the National Academy of Sciences USA*, *105*, 6498–6501.

Brooks, Thomas M., et al. (2006). Global biodiversity conservation priorities. *Science*, *313*, 58–61.

Cincotta, Richard P.; Wisnewski, Jennifer; & Engelman, Robert. (2000). Human population in the biodiversity hotspots. *Nature*, *404*, 990–992.

Conservation International. (2011). Homepage. Retrieved October 26, 2011, from http://www.biodiversityhotspots.org/Pages/default.aspx

Forest, Félix, et al. (2007). Preserving the evolutionary potential of floras in biodiversity hotspots. *Nature*, *445*, 757–760.

Kareiva Peter, & Marvier, Michelle. (2003). Conserving biodiversity coldspots. *American Scientist*, *91*, 344–351.

Mace, Georgina, et al. (2005). Biodiversity. In Rashid Hassan, Robert Scoles & Neville Ash (Eds.), *Ecosystems and human well-being: Vol. 1. Current state and trends* (Millennium Ecosystem Assessment Series, pp. 77–122). Retrieved October 18, 2011, from http://www.millenniumassessment.org/documents/document.273.aspx.pdf

Mittermeier, Russel A.; Gil, Patricio R., & Mittermeier, Christina G. (1997). *Megadiversity: Earth's biologically wealthiest nations*. Washington, DC: Conservation International.

Mittermeier, Russel A., et al. (2005). *Hotspots revisited.* Chicago: University of Chicago Press.

Murdoch, William, et al. (2010). Trade-off s in identifying global conservation priority areas. In Nigel Leader-Williams, William M. Adams & Robert J. Smith (Eds.), *Trade-off s in conservation: Deciding what to save* (pp. 35–55). Oxford, UK: Wiley-Blackwell.

Myers, Norman. (1988). Th reatened biotas: "Hot spots" in tropical forests. *The Environmentalist*, *8*, 187–208.

Myers, Norman, et al. (2000). Biodiversity hotspots for conservation priorities. *Nature*, *403*, 853–858.

Pimm, Stuart L., & Raven, Peter. (2000). Extinction by numbers. *Nature*, *403*, 843–845.

Possingham, Hugh P., & Wilson, Kerrie A. (2005). Turning up the heat on hotspots. *Nature*, *436*, 919–920.

Roberts, Callum M., et al. (2002). Marine biodiversity hotspots and conservation priorities for tropical reefs. *Science*, *295*, 1280–1284.

UNEP-WCMC. (2011). A–Z guide to areas of biodiversity importance. Retrieved October 26, 2011, from http://www.biodiversitya-z.org

Wilson, Kerrie A., et al. (2006). Prioritizing global conservation efforts. *Nature*, *440*, 337–340.

生物地理学

生物地理学分析分类单位及其特性在空间和时间上的地理分布。宽泛地说，生物地理学方法包含两个分学科：生态生物地理学和进化生物地理学。这两个分学科讨论的某些问题包括物种分布、多样性地理学、性状地理学、特有分布、生物地理区划、生物在岛屿的聚集和进化、生物历史和保护生物地理学。

生物地理学研究分类单位及其特性在空间和时间上的地理分布。分类单位就是区别性足以被正式承认并被归为一类（如界、门、纲、目、科、属、种）的一组或一群生物体。生物地理学包含分布型的识别、地球的生物地理学区划、对形成分布型的过程识别、对全球地貌变化的预测以及生物多样性保护地区的选择（Morrone 2009）。

生物地理学方法宽泛地说包含两个分学科：生态生物地理学和进化生物地理学。生态生物地理学在物种或种群层次分析分布型，它根据短期内发生的生物（生物体）和非生物（无生命的物理和化学元素）相互作用来考虑各种分布。进化生物地理学（也称为历史生物地理学）分析种模式和种上的分类单位。它涉及长时间内发生的过程。但这种区分都是人为的，因为它意味着分开了一个连续体，它的两端很容易被识别为“生态学的”或者“进化学的”。在其中间范围，就更难判定这种划分的正当性。实际上，生态学因素可能会产生宽泛的地理影响，而历史因素可能产生局部分布型。自20世纪90年代以来，生物地理学家就批评进化生物地理学和生态生物地理学之间缺乏相互作用。几位学科的创始人已经讨论了把它们综合为一门学科的可能性（Morrone 2009）。

进化生物地理学家和生态生物地理学家讨论的某些问题包括物种分布、多样性地理学、性状地理学、特有分布、生物地理区划、生物在岛屿的聚集和进化、生物历史和保护生物地理学。

物种分布

每一个植物和动物物种都占据某一个地理分布区。有些物种(称为世界种)的地理分布区扩展到几个洲。其他物种拥有更加受限制的地理分布区；它们分布在一个洲的一小块地区。

在地图上表示一个物种的地理分布区有几个不同的方式：

- 点图表示一个物种被记录下的每个地点,在地图上用一个点来表示。
- 轮廓图表示认定物种有分布的一个不规则区域。
- 等高线图表示个体或种群之间的某些差异。
- 个体轨迹图表示一个物种被记录的地点,根据它们的地理相邻性由一个线图把它们连接起来。
- 生态位模型是物种分布的预测图,它是根据已知或推断的分布和总结了某些环境参数(如温度、海拔高度、海洋深度、冰覆盖的天数等)分布的数据层做出的。

描述生物地理学(也称为生物分布学)是分布地区的量化分析(Rapoport 1982)。描述生物地理学家分析分布地区的定界、不同物种分布地区的尺寸变化、特有分布还是世界分布、不同分布地区的形状以及物种分布地区内种群的密度。

多样性地理学

不同的度量方法用于描述群落结构和区域性生物区系。物种丰富度(最常用的度量方法之一)只是一个地区内物种的数量。物种丰富度可分为四类：

(1) α多样性：为一个当地群落记录的物种数量。

(2) β多样性：不同群落之间相对较小的距离内物种组成的变化或周转。

(3) γ多样性：一个大区域(从当地群落的组合到整个洲大陆)的物种总数。

(4) δ多样性：大的地理区域(如生物地理区)之间物种丰富度的广域度量。

生物地理学家已经识别出物种丰富度的某些模式。纬度梯度用于度量从两极到赤道的不断增加的物种数量。这一模式对几个分类单位来说都是正确的,多样性的其他度量方法也被检测到具有这种模式。自20世纪90年代以来,生物地理学家已经提出了影响纬度梯度的不同因素,如进化、迁移、灭绝和生态相互作用。

性状地理学

宏观生态学在大的空间尺度上研究生物体和其环境之间的相互关系,以确定不同性状(如物种多度和丰富度、纬度多样性模型、种数-面积曲线、分布区大小和体型大小)统计模型的特征并对这种模型进行解释(Brown 1995; Gaston & Blackburn 2000)。宏观生态学分析专家利用自上而下的方式来理解生态系统作为一个整体的特性。例如,一个典型的宏观生态学问题可能分析一个种上分类单位内多度和分布区大小的关系,或者探讨为什么那些维持大的当地种群规模的物种趋于广泛分布,而那些不太丰富的物种则趋于拥有受限制的分布区。

特有分布

特有分布指的是一个分类单位受限于某

个地理区域。它表示地理分布的一个基本特征：物种是很少世界分布的。大部分物种，甚至是种上分类单位，都是限制在某一个区域。特有分布发生在各种空间尺度上：从像洲这么大的区域到岛屿或山顶这么小的区域。生物体在不同的分类层级上可以是特有的；通常，区域的大小取决于分类单位所属的类别：属的区域比种的要大，而科的区域比属的要大。然而，这种情况在不同分类单位之间无法进行比较：一个植物科的分布可能对应于一个昆虫属的分布。

特有分类单位可分类如下：

- 本地种：在当前被发现的地区进化的分类单位。
- 外来种：在与今天发现的地方不同的地区进化的分类单位。
- 分类残遗种：一个曾经多样群的唯一幸存者。
- 生物地理学残遗种：一个曾经普遍的分类单位的窄谱特有后代。
- 新特有种：近来才进化的分类单位，因为它们还没有时间进一步扩散，所以可能分布区有限。
- 古特有种：具有长久进化史的分类单位，通常受到扩散障碍或者在过去分布区遗留地区的大面积灭绝的限制。

两个或多个分类单位的分布区重叠的地区称为特有种分布区。如果生物地理学家绘制相对熟知的分类单位的分布范围地图，其分布范围的大量重叠就确定了一个特有种分布区。只有几个分类单位时，这是一个很容易的工作。要是分析数量较多的分类单位就会遇到困难。然而，现在已经找到了处理的方法。另一种分析特有分布的方式（称为泛生物地理学）是把不同分类单位的分布绘制在地图上，用线（称为个体轨迹）把它们分散的地点连接起来（Craw, Grehan & Heads 1999）。当把不同的个体轨迹进行叠加时，产生的合成线就被认为是广义轨迹。广义轨迹显示出祖先生物区系的前世，这个前世随后由于大地构造和（或）气候变化变得破碎化（Morrone 2009）。

生物地理区划

生态生物地理学家根据植被的结构给群落分类，认为植物生命形式反映气候和土壤的影响。地球的植被可分成以下主要生物群系（根据最占优势植被或缺少最占优势植被进行分类、以生物体适应特定环境进行特征描述的地理区域；见图B3）：

- 冻原：在泰加林和极地冰盖之间或者高海拔山地发现的无树生物群系，位于冬季严寒、生长季短的地区。
- 泰加林：北方或沼泽地森林，位于横贯北美和欧亚大陆的凉爽、潮湿的宽带区域。
- 温带落叶林：位于温带地区、以树为主、带有连续林冠的植物群，在夏天的生长季有充足的水分来滋养大树。
- 亚热带常绿阔叶林：位于赤道带以外热的低地、以树为主、带有连续林冠的植物群，降水的季节性更强。
- 温带草原：以草为主的植物群，生物地理和气候上介于荒漠和温带落叶林之间，在北半球的内陆平原最常见。
- 荒漠：在大部分为裸露的土地上、带有零星植物覆盖的植物群，位于全球范围低到中海拔高度的干燥气候地区。

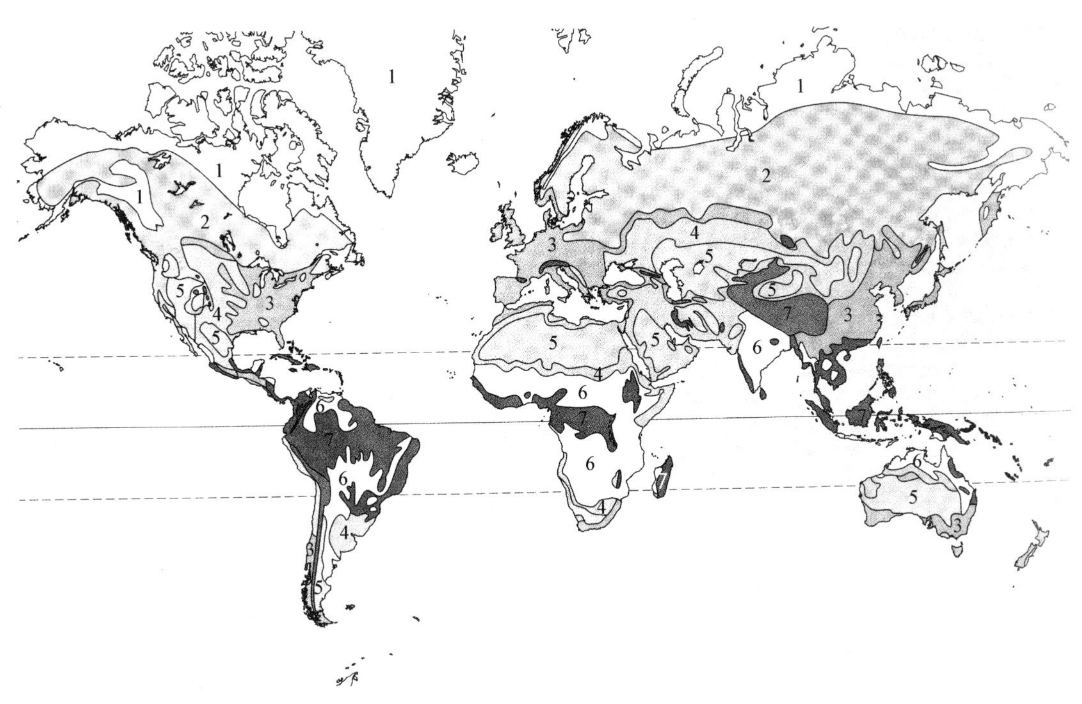

图B3　地球的主要生物群系

来源：洛莫里诺(Lomolino)等人(2010).

生态生物地理学家把地球的植被带分为以下的生物群系：1. 冻原和冰原；2. 泰加林；3. 温带落叶林和亚热带常绿阔叶林；4. 温带草原；5. 荒漠；6. 热带落叶林和热带稀树草原；7. 热带雨林

- 热带落叶林：位于赤道带以外热的低地、以树为主、带有连续林冠的植物群，降水的季节性更强。
- 热带稀树草原：几乎连续覆盖的多年旱生草原(不需要水的草原)，散见于防火林木或灌木中间，位于赤道带低到中海拔地区。
- 热带雨林：以树为主、带有连续林冠的植物群，位于赤道带雨量丰富的低海拔地区。

进化生物地理学家采用与生态生物地理学家不同的方法对地球进行划分，如图B4所示。

进化生物地理学家采用了完全不同的方式，他们根据特有分布进行区域划分。特有种分布区都是交织在一起的(大的区域包含较小的区域)，这一事实使得人们提出了一种与林奈分类等级类似的生物地理学等级分类法，它采用了下列子类：界、区、分界、亚区和小区。根据20世纪80年代以来多项研究达成的一项共识，进化生物地理学家向世界提出了以下系统(Morrone 2002；见图B4)：

- 全北界：欧洲、喜马拉雅山以北的亚洲、北非、北美洲和格陵兰。从古地理学的角度看，它对应于劳亚古大陆的古大陆。它被分为新北区和古北区。
- 泛热带界：全球介于南北纬度为30°之间的热带地区。从古地理学的角度看，它对应于冈瓦纳古大陆的东部。它被分为新热带区、非洲热带区、东方热带区和澳大利亚热带区。
- 南方界：位于南美、南非、澳大利亚和

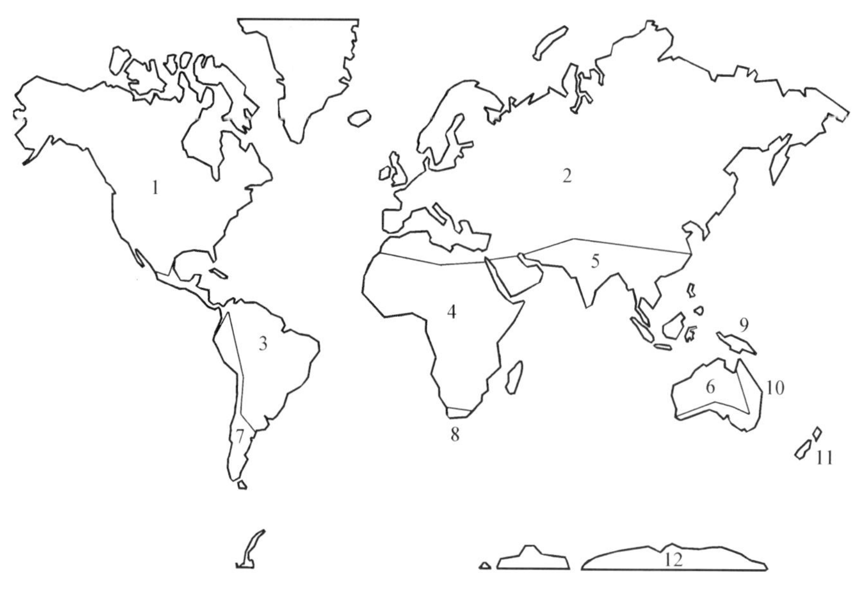

图B4　地球的生物地理界和区

来源：莫罗内(Morrone 2002)。

与生态生物地理学家不同的是，进化生物地理学家把地球分为有时相互重叠的生物地理界：1～2为全北界：1. 新北区；2. 古北区；3～6为泛热带界：3. 新热带区；4. 非洲热带区；5. 东方热带区；6. 澳大利亚热带区；7～12为南方界：7. 安第斯区；8. 好望角区；9. 新几内亚区；10. 澳大利亚温带区；11. 新西兰区；12. 南极区

南极洲的南方温带地区。从古地理学的角度看，它对应于冈瓦纳古大陆的西部。它被分为安第斯、南极、好望角、新几内亚、澳大利亚温带和新西兰区。

岛屿上的生物聚集和进化

生物地理学家发现岛屿特别有趣。它们的与世隔绝和特有的生物区系使它们成为研究生物地理格局的天然实验室。用于解释各岛屿之间物种丰富度差异的第一个广义理论是由美国生物学家罗伯特·麦克阿瑟(Robert MacArthur)和爱德华·威尔逊(Edward O. Wilson)在20世纪60年代创建的。他们的理论提出，一个岛屿上发现的物种数量是由迁入和灭绝之间的平衡决定的。岛屿相对于大陆上侵殖体源的距离影响迁入速率，而岛屿的大小影响灭绝速率。较大的岛屿包含较大的生态环境区域并为形成不同的栖息地提供了机会，而且会减少由于偶然事件而导致的灭绝概率(Whittaker & Fernández-Palacios 2007)。迁入和灭绝的力量相互抵消，因而产生物种丰富度的平衡。

生物历史

为了重建生物区系的进化关系，支序或分散生物地理学假定了亲缘关系和区域关系的对应。支序生物地理学分析包含三个基本步骤。首先，生物地理学家通过用发现地的特有分布区域取代其末端分类单位，从不同分类单位的进化树(亲缘假说)来构建分类单位-区域进化树(进化图)。然后，他们把这些分类单位-区域进化树转换成分解的区域进化

树，这样，每一个末端分类单位对一个单独区域来说是特有分布，每一个区域有一个单独的分类单位。最后，他们推出一个广义的区域进化树，它代表一个对所有上述分析中分解出的区域进化树来说最符合逻辑的解决方案，也代表有关分析区域进化史的一种假说。

展望：保护生物地理学

生物多样性出现全球危机。自然生存环境正以很高的速率消失着，植物和动物物种走向灭绝的数量是很吓人的。例如，自人类迁入以来，大约两千种太平洋岛屿的鸟类（约占全球总量的15%）已经灭绝。保护活动的主要目标之一，是最大限度地维持生命的多样性，以使后代能够可持续的利用。我们必须度量和比较针对受保护区域的优先计划，我们需要度量和比较当地的生物多样性，这不仅要考虑物种的数量，而且还要考虑物种之间的差异度。度量生物多样性的一个标准就是物种丰富度，生物多样性大国就是例证。生物多样性大国就是拥有地球大部分物种的国家，具体地说有澳大利亚、巴西、中国、哥伦比亚、刚果民主共和国、厄瓜多尔、印度、印度尼西亚、马达加斯加、马来西亚、墨西哥、巴布亚新几内亚、秘鲁、菲律宾、南非、美国和委内瑞拉。可是，在生物多样性大国，生物多样性的很多重要成分可能并没有得到很好的保护，有些区域可能拥有大量的广布物种，对保护并不特别关心。

生态生物地理学家已经创建了把物种丰富度与物种之间的多度信息以及这些物种易受影响性信息相结合的多样性的度量方法，包括“热点地区”分析。有些学者建议，特有分布可能有助于确定生物多样性保护的优先计划，而另外的学者则争辩说，它不是多样性一个合适的度量，它不是一个选择保护区域的有效手段。

有些进化生物地理学家建议，由于其生物丰富性，应考虑把泛生物地理学节点（不同广义轨迹的重叠区域）作为优先保护区域。

不管这些多样性度量方法意味着什么，保存生物多样性对地球的可持续性是必不可少的。对拥有生物多样性的区域进行长久保护具有深远的环境、经济和社会意义，这也是人类幸福一个必要的先决条件。

胡安·莫罗内（Juan J. MORRONE）
墨西哥国立自治大学（UNAM）

参见：生物多样性；生物多样性热点地区；生物走廊；边界群落交错带；缓冲带；群落生态学；富有魅力的大型动物；边缘效应；森林管理；生境破碎化；人类生态学；海洋保护区（MPA）；种群动态；物种再引入。

拓展阅读

Brown, James H. (1995). *Macroecology*. Chicago: University of Chicago Press.

Craw, Robin C.; Grehan, John R.; & Heads, Michael J. (1999). *Panbiogeography: Tracking the history of life*. New York: Oxford University Press.

Crisci, Jorge V.; Katinas, Liliana; & Posadas, Paula. (2003). *Historical biogeography: An introduction*. Cambridge, MA: Harvard University Press.

Crisci, Jorge V.; Sala, Osvaldo E.; Katinas, Liliana; & Posadas, Paula. (2006). Bridging historical and ecological approaches in biogeography. *Australian Systematic Botany*, *19* (1), 1–10.

Escalante, Tania. (2009). Un ensayo sobre regionalización biogeográfica [An essay on biogeographical regionalization]. *Revista Mexicana de Biodiversidad*, *80*, 551–560.

Gaston, Kevin J., & Blackburn Tim M. (2000). *Pattern and process in macroecology*. Oxford, UK: Blackwell Science.

Lieberman, Bruce S. (2003). Unifying theory and methodology in biogeography. *Evolutionary Biology*, *33*, 1–25.

Lomolino, Michael V.; Riddle, Brett R.; Whittaker, Robert J.; & Brown, James H. (2010). *Biogeography* (4th ed.). Sunderland, MA: Sinauer Associates.

MacArthur, Robert H., & Wilson, Edward O. (1967). *The theory of island biogeography*. Princeton, NJ: Princeton University Press.

MacDonald, Glen M. (2003). *Biogeography: Space, time, and life*. New York: John Wiley & Sons.

Morrone, Juan J. (2002). Biogeographic regions under track and cladistic scrutiny. *Journal of Biogeography*, *29*, 149–152.

Morrone, Juan J. (2009). *Evolutionary biogeography: An integrative approach with case studies*. New York: Columbia University Press.

Nelson, Gareth, & Platnick, Norman I. (1981). *Systematics and biogeography: Cladistics and vicariance*. New York: Columbia University Press.

Rapoport, Eduardo H. (1982). *Areography: Geographical strategies of species*. Oxford, UK: Pergamon Press.

Whittaker, Robert J. & Fernández-Palacios, José M. (2007). *Island biogeography: Ecology, evolution, and conservation*. Oxford, UK: Oxford University Press.

生物走廊

随着我们地球自然群落不断增加的破碎化，生物走廊成为有助于我们最大限度地保持这些碎片之间连通性的十分重要的工具。促进这种连通性，对保存生物多样性以及维持人类幸福和在地球上的可持续性来说，是至关重要的。在规划生态保护项目时，除了要考虑其经济、社会和政治现状，也必须考虑生物走廊的不良效应。

从某种程度来说，地球的所有部分都是相互连接的。这意味着人们无法把自己与生物的非凡集群隔离开来；人们与这些生物共享这个地球，同时他们的生存也需要依赖这些生物。现在的挑战是在地球上维持一个健康的生物圈，以使人类在可以预见的未来能够有机会茁壮成长。这就是可持续发展的中心思想。

人类对生物区系和地球上非生物资源的影响（痕迹）正在加速，大多数专家认为，这种影响已超出可持续性标准。这种困境的一个后果，是生物体的分布越来越破碎。这种破碎化引起碎片之间连通性的减少，这是导致物种灭绝、存在灭绝危险和生物群落功能发挥中断的重要因素之一。现在的问题是：生物走廊在通过改善连通性来帮助实现可持续性方面有用吗？

什么是生物走廊？

生物走廊是能够提高生物体寻找它们生存所需时在碎片之间的运动能力的任何不动产（陆地上的、水上的或者两者）。它们可能需要地方居住、某种具体的资源（例如一个树洞或者喜欢的猎物）、一个期望的交配对象，或者避开竞争、被猎食、寄生或疾病威胁的机会。

生物走廊有各种形状和大小，构建生物走廊可以有各种目标。最终的走廊是一大片条形的、与要连接地块相似的生存环境。这是确保在碎片或地块发现的整个生物群落能够在这些碎片或地块之间随时运动的最好的方式。然而，期望这种超级走廊能够经常得到保护或重建是不现实的。最常见的情况是，构建生物走廊必须有更加有限的目标，还要考虑现有用地制约和经济因素。生物走廊与其为相连碎片上的所有物种提供运动通道，可能还不如为某些最受碎片分隔所害的物种或者需要特殊保护的物种（如珍奇物种和濒危物种）提供通道更有用。一条生物走廊可以仅仅是高速公路下供大型走动物种使用的涵洞。其他的走廊可能只能在某些季节或者在异常或极端条件下（如洪水或持久干旱）通行。生物走廊可能带有原生植被、被入侵物种支配、种植有园艺品种或者甚至是一片庄稼地。一个基本考虑是生物走廊能够在宽广的空间尺度上存在。它们的大小从可能连接两片草地的几米长到洲际规模（如北美洲的整个落基山脉）。生物走廊的关键评价标准是它改善了连通性。

连通性

对生物体来说，在土地上运动一直是一个问题。对每种生物体都适合的地方并不是随处都有。另外，地球上存在各种严重的障碍：分离的大陆、海洋盆地、湖泊和河流、气候带、山顶等等。生物体一直在探索、寻找和体验，以便找到它们需要的东西或者改善它们成功的机会。

然而，物种在空间运动能力上差别极大，当我们把空间为我所用、给环境加入有毒物质、引入外来物种、攫取有价值的资源时，这种运动就变得复杂化。一般来说，人类使物种的成功迁移（散布）变得更加困难，这样，我们就减少了它们的连通性。在其他情况下，我们通过不小心在行李中携带生物体或者有意把它们带到新的地方，来增加它们的连通性。

灭绝

对生物体来说，为什么减少连通性会成为一个问题？生物体不断地在寻找新的、更好的或者更安全的地方生存。它们也可能需要通过运动来应对季节变化（迁徙）或者来适应长期的气候变化。特别令人担忧的是，与外界隔离的种群其灭绝的风险更高。如果种群数量少，或者经常或者时而处于低点，其生存就会特别不稳定。随机性灾难可随时消灭一个小的种群，而较大的种群通常会有一些幸存者。小的种群还存在由近亲繁殖产生的遗传退化的风险，这会由于失去杂交优势而降低对环境的适合度，或者失去对种群延续来说至关重要的基因（多态现象）。这种关键变形的例子可能是雄性和雌性，或者一种更适合冬天的个体和另一种更适合夏天的个体。另一个遗传风险是种群失去适应长期环境变化的能力。

有些物种的小种群还要面对另一个重要的威胁，这就是所谓的阿利效应（Lidicker 2010）。随着数量的减少，当一个物种的环境的某个方面或生命史使它越来越难以生存时，这种情况就会发生。一般来说，这种情况存在于拥有复杂群居系统的物种，为了群居群能够正常发挥作用，它们需要某个最低数量。例如，这可能是对捕食者进行的联合防御。这也可能以需要昆虫传授花粉的开花植物的形式出现。如果这种植物仅仅生长在一块很小的隔离地块上，花粉传授者可能永远无法找到这个地块，因而也就没有繁殖。

很小隔离地块的生物所面临的下一个威胁是连锁灭绝。假设这个地块上的一个物种发生灭绝，这可能会引起另外一个物种走向灭绝，这又会继续引起下一个物种的灭绝，如此等等。和人类一样,所有其他生物要依靠它们群落中的其他生物才能生存,上述这种连锁反应就是这一事实所产生的结果。作为另一个物种喜爱或基本食物的一个物种,它的灭绝会导致其捕食者的灭绝。一个树木物种为其他需要做窝的物种提供树洞,它的丧失也会引起蜗居物种的灭绝。一种捕食者的灭绝可能会导致其捕食对象增加的种群密度,这反过来也会引起几个珍稀物种的灭绝;以前,只要这种捕食对象的数量不是过多,这些珍稀物种还是可以和它们进行竞争的。

生物走廊在什么情况下不是一个好方法

对生态保护和土地管理来说,生物走廊是一个有用的工具(常常又是基本的工具)。而且,随着人类继续把自然生存环境不断转化为自己的眼前用途而进一步加剧地球生物区系的破碎化,这种需要将会变得越来越重要。生物多样性的加速消减肯定是毫无疑问的,正像地球针对人类的承载能力肯定会并行下降一样。这意味着生物走廊任何时候都是生物保护问题的解决方案吗?答案是否定的。

有很多原因会导致某个生物走廊可能不会带来人们所期望的好处。它甚至有可能会使情况变得更糟。对每一个准备把生物走廊作为连通性工具的保护项目,其利弊需要进行仔细评估。而且,要把与具体场地和现实背景有关的问题作为每一个项目的考虑因素。这就是为什么在解决连通性问题时没有万能的方案可以套用。土地管理者、政治家和生物学家需要对可能导致失败的潜在原因有个清醒的认识,以便能够预见问题,制订缓解措施,监测实施结果,并相应地做好适应性地管理其项目的准备工作。

生物走廊存在一些潜在的缺点[更多展开的讨论参见Hilty, Lidicker & Merenlender (2006)的第6章]。

1. 边缘效应

大部分生物走廊都相对较窄,而且因为其边缘-面积比较大,它们很可能被所谓的边缘效应所主导。当两种群落或栖息地有一个共同边界时,这些效应就会出现。来自一个群落的物种可能会侵入另一个群落,有些物种可能会避免在边缘区生存,甚至避免通过边缘区,而且可能会出现只生存在边缘的物种,其数量甚至变得多起来。试图利用生物走廊的植物和动物可能会受到不熟悉的捕食者、寄生虫或竞争者的阻挠,可能不会使用人类认为是极其适合物种散布的走廊。物理因素(如风的模式、温度、着火的频度或者人类产生的噪声和灯光)也可能发生变化。

2. 外来物种

生物走廊可能会使外来物种更容易穿越一块陆地,侵入一块以前并不属于它们的栖息地。这种不受欢迎的入侵者可能来自同一个栖息地的另外一个地块或者来自围绕生物走廊的栖息地(发源地)。

3. 不受欢迎的土著物种

尤其在珍稀或濒危物种受到保护的地方,生物走廊可能会引来捕食者、寄生虫、病菌或竞争者,它们在受保护的物种还没有得到适当的恢复就对受保护的物种带来负面影响。

4. 群落迁徙

可以预料的是，一个生物走廊会使相连接的群落的有些(但不是全部)物种发生流动。随着时间的推移，连锁灭绝就会发生，尤其会在那些没有被这个走廊连接的物种之间发生，而且，受保护的栖息地块的特性就会逐渐改变(很可能是沿着不同的方向改变)。

5. 种群统计学的影响

构建生物走廊一般是期望改善相连栖息残留地上种群的延续，但有时会发生相反的情况。例如，当大量地块充分连接时，各种地块里的种群动态变得同步，此时这种情况就会发生。在这些条件下，能极大地减少种群数量的一次灾难会类似地影响到所有地块，而且所有地块(而不是仅仅几个)都会发生灭绝。如果总是有来自成功地块的散布者重新迁入对象种群已经灭绝的地块，就会促进这种大量地块(复合种群)的长期成功。而当一个生物走廊非常有吸引力而使得大量散布者进入其中并决定在走廊上生存时，一个令人灰心的问题就会出现。如果这个新家园的质量不足以进行合适的繁殖，这个物种就可能会出现净损失。在感兴趣的物种也用作人类食物或战利品的地方，生物走廊可能会给狩猎者提供促使个体散布的便利条件。最后，阿利效应常常会产生意想不到的特异性结果——未预料到的发源地影响、散布行为的变化，等等。

6. 群居影响

在带有复杂群居系统的物种里，散布可能只有在整个群居群运动时才能进行。在这种情况下，一个生物走廊必须能够足以养育一个流动中的群居群，而不是仅仅几个个体。生物走廊常常会驱散想在走廊中居留的一些个体。如果这种物种对地盘有强烈的霸占欲，在走廊上定居的这种生物就会使其他散布者难以通过，因而实质上也就封锁了这个走廊。

7. 遗传影响

一般来说，基因连通性对帮助种群避免近亲繁殖的负面效应和保持足够的遗传异质性来适应当地或变化的条件有积极的影响。然而，如果长期隔离的种群刚刚被生物走廊所连接，那么，出现不良的遗传效应是可以预料的(Rhymer & Simberloff 1996)。本地适应性会被中断，这样会降低一个种群对其环境的适合度。更不寻常的情况是，更高的分类层级会受到新的生物走廊的影响。亚种(甚至物种)消失，土著物种被外来物种取代或者杂交出局(Rhymer & Simberloff 1996)。

经济和社会因素

人们可能仅从严格的科学角度来保存、改善、创建和研究生物走廊，但这些活动无一例外都是在特定的经济、社会和政治背景下完成的(Hilty, Lidicker & Merenlender 2006)。成本包括土地征用费用，可能还包括建设、维护、监测和机会丧失成本。此外，对相邻区域造成不良影响的潜在成本可能没有预料到或者被低估。

生态保护目标所产生的效益很难用货币来准确度量。新锐经济学家正努力尝试如何改善对保护活动的经济性所做的定量评价(Costanza et al. 1997)。然而现实情况是，保护活动解决生活质量问题、人类生活的可持续性以及地球生物区系在实现这两个目标中所起的关键作用。对生态保护的经济效益进行量化可能是困难的,但把它的非货币效益保存在资产负债表中却是至关重要的。

未来展望

尽管创建生物走廊会有很多潜在的不良后果,但它们在生态保护规划方面常常是一个不错的选择。生物走廊在大多数情况下依然会是非常重要(甚至是必不可少)的,尤其在潜在风险被认真考虑的情况下,更是如此。

威廉·利迪克(William Z. LIDICKER JR.)
加州大学伯克利分校

参见:适应性资源管理(ARM);边界群落交错带;边缘效应;生境破碎化;入侵物种;大型景观规划;光污染和生物系统;爆发物种;植物—动物相互作用;残遗种保护区;稳态转换;重新野生化;道路生态学;原野地。

拓展阅读

Becker, Carlos G.; Fonseca, Carlos R.; Haddad, Célio F. B.; Batista, Rômulo F.; & Prado, Paulo I. (2007). Habitat split and the global decline of amphibians. *Science*, *318*, 1775–1777.

Beier, Paul, & Noss, Reed F. (1998). Do habitat corridors provide connectivity? *Conservation Biology*, *12*, 1241–1252.

Bélisle, Marc. (2005). Measuring landscape connectivity: The challenge of behavioral landscape ecology. *Ecology*, *86*, 1988–1995.

Chetkiewicz, Cheryl-Lesley B.; St. Clair, Colleen C.; & Boyce, Mark S. (2006). Corridors for conservation: Integrating pattern and process. *Annual Review of Ecology, Evolution, and Systematics*, *37*, 317–342.

Costanza, Robert, et al. (1997). The value of the world's ecosystem services and natural capital. *Nature*, *387*, 253–260.

Damschen, Ellen I.; Haddad, Nick M.; Orrock, John L.; Tewksbury, Joshua J.; & Levey, Douglas J. (2006). Corridors increase plant species richness at large scales. *Science*, *313*, 1284–1286.

Delattre, Pierre, et al. (2009). Influence of edge effects on common vole population abundance in an agricultural landscape of eastern France. *Acta Theriologica*, *54*, 51–60.

Downes, Sharon J.; Handasyde, Katherine A.; & Elgar, Mark A. (1997). The use of corridors by mammals in fragmented Australian eucalypt forests. *Conservation Biology*, *11*, 718–726.

F-bos, Julius G. (2004). Greenway planning in the United States: Its origins and recent case studies. *Landscape and Urban Planning*, *68*, 321–342.

Gonçalo, Ferraz, et al. (2007). A large scale deforestation experiment: Effects of patch area and isolation on Amazon birds. *Science*, *315*, 238–241.

Hilty, Jodi A.; Lidicker, William Z., Jr.; & Merenlender, Adina M. (2006). *Corridor ecology: The science and practice of linking landscapes for biodiversity conservation.* Washington, DC: Island Press.

Lidicker, William Z., Jr. (1995). The landscape concept: Something old, something new. In William Z. Lidicker Jr. (Ed.), *Landscape approaches in mammalian ecology and conservation* (pp. 3–19). Minneapolis: University of Minnesota Press.

Lidicker, William Z., Jr. (1999). Responses of mammals to habitat edges: An overview. *Landscape Ecology, 14*, 333–343.

Lidicker, William Z., Jr. (2010). The Allee effect: Its history and future importance. *Open Ecology Journal, 3*, 71–82.

McCullough, Dale, R. (Ed.). (1996). *Metapopulations and wildlife conservation.* Washington, DC: Island Press.

Noss, Reed F. (1991). Landscape connectivity: Different functions at different scales. In W. E. Hudson, (Ed.), *Landscape linkages and biodiversity* (pp. 27–39). Washington, DC: Island Press.

Rhymer, Judith M., & Simberloff, Daniel. (1996). Extinction by hybridization and introgression. *Annual Review of Ecology and Systematics*, *27*, 83–109.

Rosenberg, Daniel K.; Noon, Barry R.; & Meslow, E. Charles. (1997). Biological corridors: Form, function, and efficacy. *BioScience*, *47*, 677–687.

Saunders, Denis A., & Hobbs, Richard J. (1991). *Nature conservation 2: The role of corridors.* Chipping Norton, Australia: Surrey Beatty & Sons.

Simberloff, Daniel; Farr, James A.; Cox, James; & Mehlman, David W. (1992). Movement corridors: Conservation bargains or poor investments. *Conservation Biology*, *6*, 493–504.

Taylor, Andrew D. (1991). Studying metapopulation effects in predator-prey systems. *Biological Journal of the Linnean Society*, *42*, 305–323.

Tilman, David, & Kareiva, Peter. (Eds.). (1997). *Spatial ecology: The role of space in population dynamics and interspecific interactions*. Princeton, NJ: Princeton University Press.

边界群落交错带

没有哪个地方比分开陆地上各个群落的边界群落交错带更适合研究和试验生态学和生态系统科学的原则。它们也可以对物种和群落分布型的变化提供敏感和早期的评估；这种变化来自像农业和气候变化这样的扰动。这些重要的交错带带来了生态系统管理者刚刚开始理解的一些独特挑战。

生态学的边界群落交错带最常定义为两个不同植物群落之间的过渡区域，包括它们相应植物区系和动物区系的重叠。这些同样的区域也可以综合应用边缘效应的概念，这样，群落交错带物种可能大体上包括在两侧群落发现的同样物种的个体，甚至包括群落交错带的独特物种（即边缘物种）。群落交错带的常见例子包括下列群落之间的边界：荒漠和灌木林、草地和灌木林、灌木林和森林、森林和高山冻原或北极冻原、湿或干草甸和森林、森林和欧亚草原，等等。

另外，还有把淡水和咸水群落与各种陆地群落分开的边界群落交错带，例如海滩/海洋、沼泽地/河口、溪流/河岸、酸沼/森林。为了繁育，这些群落交错带的很多物种必须从陆地走到水生群落，有的则相反。

传统上，生态学家对群落交错带特别感兴趣是由于生物物种的多度，这些生物物种日常性地利用这些过渡区来完成其生命循环。例如，哺乳动物和鸟类会利用一片森林草甸进行觅食，但在不同的季节和一天中不同的时间，它们会在森林的里面筑巢、睡觉、生育、躲避捕食者，等等。捕食者可能利用一个群落作为伪装，而在群落交错带和相邻的群落寻捕猎物。因此，交错带对能量交换和营养循环的生态系统过程的重要性直接取决于边界周长的大小与相邻群落总面积的比较。为此，强调狩猎管理（而不一定是生态系统可持续性）的土地管理目标，常常试图通过使边界与总面积之比最大化来调节植被格局（例如森林木材采伐）——这对依赖这个交错带的物种来说是一个潜在的好处，但同时也对这些物种的捕猎者带来好处。

另外，当物种跨越交错带享用两个群落的好处时，它们也可能遇到不好的境况，如更多地暴露在压力因子之中，这些压力因子包括非生物的（如更多的光照、更干燥的土壤）和（或）生物的（如捕食者、竞争）。

为什么要研究群落交错带？

群落交错带能提供有关植物群落空间分布型变迁的最敏感、最早的指示。有人已经提出，全球变化（如大气中二氧化碳含量的升高、大气变暖和海平面升高）的影响可能最先在群落之间的过渡边界被感受到。例如，来自任一群落的植物幼苗或植被萌芽在过渡地带定居的程度，能够提供群落边界最终移动、扩展或收缩的早期证据。这些数据也可以用于估算生态侵占、物种灭绝趋势和一个群落可能对另一个群落的取代，其后果就是土地上生物多样性的丧失。

边界群落交错带也被认为是对任一群落个体物种的生长和生存来说压力最大的地方，因而提供了一种野外实验，用于评估适应性或者为什么某一群落的个体物种能够在某个地方生长和生存。对生长的生理制约因素和在边界群落交错带产生可存活后代的能力可以更好地从机理上解释对某一物种或群落所观察到的空间分布型。这些制约因素可能是由生物化学环境的非生物条件或者生物相互作用（如生态竞争和促进或者两者）产生的。在边界群落交错带，竞争和促进之间的相互作用是一个相对来说还没有开始的研究课题（Baumeister & Callaway 2006）。

一个群落交错带的例子

自20世纪开始以来，研究得较多的一个群落交错带是山上的林木线，尤其是位于海拔高度上限的高山林木线。林木为什么长在全球不同的海拔高度限上，这个问题的生态生理和环境原因几十年来一直激发着森林科学家的好奇心，而最近林木线对气候变化（二氧化碳含量升高和大气变暖）的反应是进行位置移动，这对验证预测的气候变化对未来森林空间格局的某些影响是很有意义的。

从一定距离上看（如从飞机上看），这些林木线常常看起来有一个清晰的边界，但从地面上看，它们的过渡特征就变得很明显。两个群落（森林和高山冻原）地混合在林木线交错带逐渐显现，距离整片森林的前沿距离越远，树木就越稀少（Smith et al. 2003, 2009）。这些树木的生长型通常变得越来越扭曲，相互之间的距离越拉越远。越靠近森林的边缘，树木可能会簇拥成岛屿形状，而且具有显著的旗帜特征（指示风向）。这些林木岛屿距离森林边缘越远，其纵向和横向尺寸就会越来越小，树木逐渐变得矮小，外形上就像灌木。最后，在物种海拔高度上限发现的单个树木就像小灌木，其形状严重变形，反映了冬天主导的风向（与交错带下部较高的树木的旗帜化类似）。

通过研究树苗出现情况和龄级分布作为某一年的树苗生长和定居情况发生的一种指示，使探测这种边界群落交错带的早期变化成为可能。最终，新树苗和小树与扭曲的成熟树木一起，将为各类树木长大成熟提供足够的保护（促进），形成一个新的具备森林高度的亚高山森林。换句话说，只有当某种程度的森林发展起来、能够为这种正在发展中的树木提供保护的时候，才能生长出具有森林模样的树木。

在这种群落交错带里的树苗也会与高山物种（如草、莎草和草本物种）争夺资源（如有限的水）；与此同时，它们也会得到来自其他物种对树苗微环境影响的促进，如对能引起树苗高死亡率的强烈阳光的遮挡。因此，竞争和促进之间相互作用的问题似乎在这个群落交错带无法解答，或者说实际上在所有的群落交错带都无法回答。到目前为止，大部分对来自每一相邻群落的交叉物种之间在群落交错带上相互作用的研究都比较有限。事实上，大多数对高山林木线的研究都涉及林木线上成熟的树木，而不是正在森林和高山冻原之间的交错带上定居的树苗，这些树苗才是林木线海拔高度变化的决定因素。

群落交错带和可持续性管理

像高山林木线这样的边界群落交错带，在生态系统管理和自然生态系统未来可持续发展上值得特别关注。两个不同群落之间的这些过渡区是最能尽早探测空间分布型变化的地方。如果人类干扰（包括全球变化因素）在交错带发生，我们可以预想到对相邻群落空间稳定性几乎即时的影响。例如，海平面上升将会淹没大量的海岸线，并把潮间带群落推向更高的地方。类似地，任一相邻群落影响交错带内繁殖的干扰，都将有可能对它们的空间稳定性产生强烈的影响。我们还不知道这将对陆地/海洋群落交错带上现有空间分布型和物种构成产生什么样的最终影响。可以预想的是，这将会引起这些交错带上特有物种（在相邻群落里没有）潜在的损失或者可能的灭绝。因此，如果海平面升高的速度足够快，使得表型（并最终使新基因型和物种）无法进行适应和选择时，某些适应能力最好的生物将会走向灭绝。

群落交错带固有的嵌套式等级复杂性反映了在整个生态科学领域观察到的那种复杂性。取决于空间和时间的尺度，群落交错带内还有群落交错带。随着一个群落交错带减少空间尺度（例如从分离森林和高山林的整个群落交错带尺度减少到这个交错带内一块巨砾），与这个巨砾有关的其他较小的群落交错带就变得更加明显。这些较小的群落交错带来自与巨砾本身产生的微环境有关的各种非生物因子（如阳光照射、温度、土壤、水、风）以及与这些非生物变异有关的生物因子。当考虑由于季节变化（如夏天相对于冬天），甚至一天中非生物和生物条件的变化而产生的这种交错带套交错带概念的变化时，类似的尺度问题就会出现。

在较大交错带内发现的较小尺度的交错带，其多度和品种上的差异会对像交错带上物种组成和频度这样的重要生态特性产生强烈的影响。对尺度效应影响交错带功能的综合测量，在评估交错带所受干扰对物种多样性、多度和生态系统可持续性的影响以及在未来全球气候变化的情况下制订土地管理策略方面都是至关重要的。到目前为止，这样的研究还很少有人做（Gosz 1993），但有些研究计划已经设计用于探讨群落交错带对整个生态系统服务和功能发挥所做的贡献（Naiman, Decamps & Fournier 1990; McArthur, Ostler & Wambolt 1999），而且有些文章已经在讨论群落交错带生态学的概念基础（Hufkins,

Scheunders & Ceulemans 2009)。还有人尝试把群落交错带的特征确定为“模糊集合”，目的是努力把归类为群落交错带的土地面积的景观分布和多度描述得更加准确(Morris & Kokhan 2007)。

群落交错带对地面上生态系统特性的影响已得到广泛研究。然而，要实现全面了解还需要进行更多的深入研究。尽管人类改变这些交错带的特质和多度的做法比较常见，但要想在未来保持生态系统，我们无疑需要关注和重视群落交错带极其重要的作用。

威廉・史密斯(William K. SMITH)
维克森林大学

参见：生物多样性；生物多样性热点地区；生物地理学；生物走廊；缓冲带；生态预报；边缘效应；全球气候变化；生境破碎化；狩猎；指示物种；入侵物种；关键物种；爆发物种；植物—动物相互作用；物种再引入；原野地。

拓展阅读

Baumeister, Dayna, & Callaway, Ragan M. (2006). Facilitation by *Pinus flexilis* during succession: A hierarchy of mechanisms benefits other plant species. *Ecology*, *87*, 1816–1830.

Gosz, James R. (1993). Ecotone hierarchies. *Ecological Applications*, *3*, 369–376.

Hufkins, Koen H.; Scheunders, Paul; & Ceulemans, Reinhart. (2009). Ecotones in vegetation ecology: Methodologies and definitions revisited. *Ecological Research*, *24*, 977–986.

McArthur, E. Durant; Ostler, W. Kent; & Wambolt, Carl L. (Eds.). (1999). Proceedings: Shrubland ecotones. Ogden, UT: US Department of Agriculture, Forest Service, Rocky Mountain Research Station. RMRS-P-11.

Morris, Ashley, & Kokhan, Svitlana. (2007). *Geographic uncertainty in environmental security* (NATO Science for Peace and Security Series C: Environmental security). Dordrecht: The Netherlands: Springer.

Naiman, Robert; Decamps, Henry; & Fournier, Frederic. (Eds.). (1990). Role of land/inland water ecotones in landscape management and restoration: A proposal for collaborative research. MAB Digest 4. Paris: UNESCO.

Rhoades, Robert E. (1978). Archaeological use and abuse of ecological concepts and studies: The ecotone example. *American Antiquity*, *43*, 608–614.

Smith, William K.; Germino, Matthew E.; Hancock, Thomas E.; & Johnson, Daniel M. (2003). Another perspective on the altitudinal occurrence of alpine tree lines. *Tree Physiology*, *23*, 1101–1113.

Smith, William K.; Geronimo, Matthew J.; Johnson, Daniel M.; & Reinhardt, K. (2009). The altitude of alpine treeline: A bellwether of climate change effects. *Botanical Reviews*, *75*, 163–190.

棕色地块再开发

棕色地块是经工业或商业用途污染和遗弃的区域。把这些区域重新开发为有益、可持续性的用地常常涉及困难和昂贵的污染物清理过程，然后，新的开发才能开始。然而，恢复利用棕色地块是长期、可持续性土地利用一个重要的方面。

棕色地块再开发是一个三步过程：开发商从前面（常常是工业）的所有者购置一块受污染的土地，然后把它清理干净，最后重新进行开发。尽管这个过程本身听上去非常简单，但这常常很难吸引投资者去购买已经毁掉的土地，而且这块土地也许会使他们对未来环境和健康风险承担责任。此外，清理这块地产上各种污染物（包括受污染的地表水和地下水）的高成本可能也会让投资者望而却步。然而，重新利用被毁土地的好处包括改善这一区域的环境、计税基数以及经济和社会的健康发展。

有关棕色地块再开发的大多数文献都引用美国环境保护署（US EPA 1997）给出的有关棕色地块的定义："被遗弃、闲置或未充分利用的工业和商业设施，在这里，实际或预计的污染使土地的扩展或再开发变得非常复杂。"显然，这个定义没有明确的限定，它认为一个场地只要觉得受到污染，就可以认为是一块棕色地块。加拿大国家环境和经济圆桌会议（NRTEE 1998）、英国环境署（UKEA 2011）和美国地理学家琳达·麦卡锡（Linda McCarthy）一篇2002年的文章——《土地利用政策》中都给出了类似的定义。

社会、经济、环境和法律问题

棕色地块在北美、欧洲和发展中国家是一个普遍存在的问题。美国有超过50万块棕色地块，德国有36万块，英国有33 000公顷，加拿大有3万块（NRTEE 2003）。棕色地块再开发会在社会、经济、环境和法律领域产生影响。经济影响对棕色地块的再开发非常重要，而且还会引起社会后果；例如，社区内存在的棕色地块常常会降低相邻地产的价值，从而导致整个社区计税基数的降低。收入的减少可能会引起服务的降低,包括警察、消防、医疗设施、道路维护和垃圾收集(Greenberg & Lewis 2000)。服务的降低会引起更多的工业企业离开受影响的地区。例如,美国环境管理和城市发展教授克里斯托弗·德索萨(Christopher De Sousa 2003)注意到,加拿大多伦多城里的很多棕色地块都是由20世纪70年代工业企业搬离被毁的城市核心造成的。因为棕色地块会引起服务和地产价格的降低,相邻社区常常饱受犯罪、失业和教育落后的困扰。在有些情况下,由于地下水污染,棕色地块会给人类健康带来威胁。这些与棕色地块有关的环境公平性挑战,最常发生在有色和贫穷的社区。

由于不知道清理一个棕色地块的成本,所以这里的财务风险对个人再开发投资者来说将是一个重要的考虑因素。德索萨(2000)发现,两个关键财务问题——责任担心和清理的高成本,对私人的棕色地块再开发来说一直是一个最紧迫的障碍。他还发现,与场地有关的风险评估不确定性、缺少政府资金支持、获取资助、缺乏经验以及对公众和利益相关者发挥作用的负面态度,都是开发商在财务方面的迫切忧虑。尽管开发商冒着很多的经济风险,但社区却能够从棕色地块再开发中获取很多的经济效益,包括增加计税基数、提高地产价格以及吸引外部投资。

棕色地块污染的环境问题是大部分清理和再开发工作的核心。地表下的污染(一个常见的棕色地块问题)会渗入地下水,这又会进一步影响周围的生态系统(Murray & Rogers 1999)。这些污染物存在于次表层水和地下水中也会给人类带来健康危害。传统上,环境管理已把重点放在棕色地块清理上,作为工程成功的关键(Lawrence 2000)。

由于棕色地块的广泛影响,大部分国家都有与之相关的各种法律。总体来说,美国环境保护署在开发适用标准和给已知棕色地块分类方面一直都是领导者。在加拿大,加拿大环境部和各省环境管理部门都以美国环境保护署为榜样,并经常参考美国开发的标准。美国环境保护署和加拿大环境部都认为,未来考虑环境和健康问题的责任属于对土地造成污染的地产所有者。出于对环境的担忧,日本环境部2007年的报告同意把责任延伸到下一个地产所有者。把这种责任负担加在地产所有者头上就是为了保护未来的购买者。然而,其副作用是它也会鼓励某些所有者(如油气公司)由于害怕未来的法律纠纷而不愿意把他们污染的场地卖出去(US EPA 2010a)。在欧洲,棕色地块仍然是一个重要的问题,尽管我们对很多国家存在问题的程度还不太清楚(Grimski & Ferber 2001)。

棕色地块再开发的阶段

加拿大系统设计工程师肖恩·贝尔纳斯·沃克(Sean Bernath Walker)和基斯·希普尔(Keith Hipel)以及城市规划员特里·鲍特里尔(Terry Boutilier)(2010)已经规划出棕色地产再开发的三个主要阶段。第一步是地产购置,这通常涉及一位开发商、希望吸引开发商承担受污染地产相关风险的当地政府和一个所有者(工业污染者或者另一个拥有地产的组织)三者之间的协商。随后是去除或治理污染的清理工作,最后是土地重新利用再开发(如建造购物中心)。

1. 购置

对土地所有者和当地政府来说,最大的困难之一是把棕色地产卖给一位合适的开发商。当地政府常常竭力寻找能够全部承担在清理和再开发阶段涉及的很多费用的开发商,而且必须提供经济支持,以便吸引投资者。在美国,常用的吸引手段是通过增量税收进行融资——当地政府同意在从未占用地产到成为全部商业地产的几年中,通过增加增量税收等级来提供税收优惠。其目的是通过提供税收节省来补偿开发商清理地产的费用(US EPA 2010b)。

2. 清理

目前,对开发商和工程师来说,有一些清理受污染土地的选项。在使用任何这些方法之前,开发商或其承包商必须考虑以下几点:地产上有哪些污染物? 地产上是什么样的土壤类型? 地下水位如何与这些污染物相互作用? 在考虑了这些重要问题、未来土地利用和土地使用者受污染物污染的可能性之后,必须考虑再开发的成本和任何法律制约条件,以便选择合适的清理方案。在加拿大和美国,开发商的决定必须在下面的两者之间做出:把土地清理到满足有关机构(如环境保护署)制订的严格的物理标准;或者,编制一个与场地有关的风险评估报告,以便能够获准进行相对不太严格的清理,但仍然不能对人类和环境感受体造成伤害,该报告必须得到美国环境保护署(在加拿大是省级环境部门)的批准。

清理方法一般可以分为两类:物理清理和生物清理。物理方法依靠相变或物理转运来去除令人讨厌的毒素。例如,一种方法是挖掘——把受污染的土壤进行物理去除。一般来说,挖掘用重型建筑设备来完成,而挖出的土壤被送到垃圾掩埋场。如果污染物不能全部去除,像毯子一样的合成织物(称为土工织物)可用于提供一种保护屏障,避免某种污染物的迁移。与此不同的另一个方法是清洗土壤——把土壤挖出来,运到别处进行处理,然后再运回场地。最后,土壤气相抽提(SVE)可用于从土壤中除去挥发性化学物质。采用土壤气相抽提时,井和管道系统被安装在土壤中,并且空气或充有碳酸气的水被泵入土壤。通过蒸气和液体输送,其中的化学物质离开地下蓄水层并被收集起来。

如果污染是生物的,有多种生物工具可用于分解污染物。例如,当微生物用于把污染物降解为毒性较低的形式时,展现的就是微生物清理手段。这种技术对处理碳氢化合物、多环芳烃、杀虫剂和多氯联苯(PCB)非常有效。为了清理有机污染物或有毒金属,有时通过在受污染的土壤里种植吸收化学物质的植物来应用植物去污;真菌去污可用于降解具体类型的碳氢化合物(Dahn & Reyes 1992; Hollander, Kirkwood & Gold 2010)。

3. 再开发

棕色地产再开发是三步过程中的最后、也许是最具成就感的一步。在这一步,可完全实现带给分立但却相互作用的四个领域(社会、经济、环境和法律)的各种好处(De Sousa 2003; Greenberg & Lewis 2000; McCarthy 2002)。如果历史建筑位于地产上,开发商可能会需要与社区的历史保护主义者协会一起合作,以便获得他们的同意。著名的再开发项目,如位于佐治亚州亚特兰大市的大西洋钢铁厂(Georgia Department of Community Affairs 2011)和位于加拿大安大略省的考夫曼制鞋厂(Bernath Walker, Boutilier & Hipel 2010),就是展示开发商如何在恢复地产的同时又尊重地产上工业历史的例子。

有关棕色地块的决策:一种系统方法

因为棕色地块再开发涉及各种相互关联的物理和社会系统因素并与很高的不确定性、风险和冲突纠结在一起,所以,决策应在一个系统的框架内进行。在实际工作中,管理和决策应该是综合的,以便处理相互的关系;应该是适应性的,以便处理由复杂系统相互作用和高度不确定性引起的未曾预料的结果;应该是参与性的,以使那些与某个给定棕色地块问题及其解决有关的关键利益相关者能够参与。在对棕色地块进行负责任的管理过程中,有意让所有利益相关者参与进来是为了确保环境公平的原则得到遵守。在系统工程和运筹学领域开发的很多种正规的决策模型和与这些决策方法应用到实际问题有关的决策支持系统(DSS)(Hipel, Fang & Kilgour 2008; Sage 1991)可用于处理在棕色地块再开发过程中出现的棘手问题(Hipel et al. 2007; Hipel et al. 2008; Jamshidi 2009; Sage & Biemer 2007; Sage & Rouse 2009)。

棕色地块再开发被两个关键特性复杂化:高度的不确定性和不同类型的利益相关者。根据美国环境保护署推出的棕色地块的确切定义,在大部分棕色场地,都有污染物存在和存在程度的不确定性问题(Greenberg, Lee & Powers 1998; McCarthy 2002)。此外,还有清理和法律的成本、未来责任和法律风险以及实施这样的工程所需时间等方面的不确定性。甚至连很多社区中都有多少棕色地块都存在不确定性(Coffin 2003)。因此,应用一个合适的决策支持工具需要做相当多的研究。这意味着不仅要对类似的开发项目进行案例研究,而且还要统计一个给定区域内的棕色地块和污染状况。这种研究和棕色地块信息系统(如跟踪一个给定管理区域内的棕色地产的数据库)的采用对决策支持工具的有效利用来说是需要的。为了应对不确定性,规划者把一些不同类型的决策支持工具应用到棕色地块再开发的决策中。例如在英国,“面向规划者的环境信息系统”(EISP)就是一个有用的在线资源,它通过让非专业人员使用像洪水风险和可能的污染这样的信息,来使规划者检查开发控制的决定(Culshaw et al. 2006)。类似地,美国环境保护署为北美棕色地块决策者提供了一个在线风险管理资源。利用这种在线资源提供的战术信息,一些战略分析工具就可以应用到棕色地块的决策中。为了促使更多的投资进入棕色地块再开发,加拿大水质量专家乔治·王(George Wang)以及基斯·希普尔和马克·基尔戈(D. Marc Kilgour)教授(2011)提出了模糊实物期权方法,以使在环境和金融不确定性的情况下把投资风险降到最低。在实物期权建模中,来自金融市场的期权定价模型用于实物资产的定价,而"模糊度"的概念可用于期权定价模型,以便考虑相伴的高度不确定性和风险。

利益相关者之间的商谈发生在购置、清理和再开发的各个阶段。有效的方法可包括利用最优化技术来确定地产所有者、购置者和政府部门之间谁应该为地产的清理支付什么项目(Sounderpandian, Frank & Chalasani 2005)。这样的战略问题适于采用系统的方法来寻求冲突的解决(Fang, Hipel & Kilgour 1993),这种系统的方法能提供战略洞察力和改善的棕色地块政策方案(Bernath Walker, Boutilier & Hipel 2010; Hipel & Bernath Walker 2011)。

棕色地块产生的过程

鉴于棕色地块再开发的成本和复杂性,我们有充分理由来避免产生新的棕色地块。像加拿大阿尔伯塔油砂矿这样的地方,沥青的原地和地表采矿及其改造过程都在产生大面积的土壤、水和空气污染,因而继续在产生我们的后代将不得不继承的大量棕色地块(Kunzig 2009; Tar Sands Watch 2011)。在整个发展中国家,对存储汽油的单壁油罐的安装和20世纪中期发生在发达国家的同样棕色地块的产生表示担忧(Taylor et al. 2009; US EPA 2010c)。在迅速发展为全球经济大国的国家(如印度和中国),令人担忧的是这种发展缺少环境意识和监管(Gardner 2007)。

未来展望

棕色地块再开发是一个多学科的综合实践,它必须平衡社会、经济、环境和法律因素。不仅自然环境需要恢复,地产、社区和人们的健康也同样需要恢复。决策者必须利用各种工具和度量指标,采取积极措施来防止产生新的棕色地块,并恢复现有的棕色地块。

基斯·希普尔(Keith W. HIPEL)
肖恩·贝尔纳斯·沃克(Sean BERNATH WALKER)
加拿大滑铁卢大学

参见:适应性资源管理(ARM);群落生态学;大坝拆除;扰动;生态恢复;地下水管理;水文学;微生物生态系统过程;点源污染;非点源污染;城市农业;城市林业;城市植被。

拓展阅读

Bacot, Hunter, & O'Dell, Cindy. (2006). Establishing indicators to evaluate brownfield redevelopment. *Economic Development Quarterly*, *20* (2), 142–161.

Bernath Walker, Sean; Boutilier, Terry; & Hipel, Keith W. (2010). Systems management study of a private brownfield renovation. *Journal of Urban Planning and Development*, *136* (3), 249–260.

Coffin, Sarah L. (2003). Closing the brownfield information gap: Some practical methods for identifying brownfields. *Environmental Practice*, *5*, 34–39. doi: 10.1017/S1466046603030126

Culshaw, Martin G., et al. (2006). The role of web-based environmental information in urban planning — the environmental information system for planners. *Science of the Total Environment*, *360* (1–3), 233–245.

Dahn, C. James, & Reyes, Bernadette N. (1992). Soil remediation methods. In *Proceedings of the Twenty-Fifth Department of Defense Explosives Safety Seminar, Anaheim, CA* (pp. 43–59). Alexandria, VA: Department of Defense Explosives Safety Board.

De Sousa, Christopher A. (2000). Brownfield redevelopment versus greenfield development: A private sector perspective on the costs and risks associated with brownfield redevelopment in the greater Toronto area. *Journal of Environmental Planning Management*, *43* (6), 831–853.

De Sousa, Christopher A. (2003). Turning brownfields into green space in the city of Toronto. *Journal of Landscape and Urban Planning*, *62* (4), 181–198.

Fang, Liping; Hipel, Keith W.; & Kilgour, D. Marc. (1993). *Interactive decision making: The graph model for conflict resolution*. New York: Wiley.

Gardner, Timothy. (2007, September 13). Russia, China, India top worst-polluted list. *Reuters*.

Georgia Department of Community Affairs. (2011). Atlantic Steel mill brownfield site. Retrieved August 24, 2011, from http://www.dca.state.ga.us/toolkit/ProcessExamplesSearch.asp?GetExample=197

Greenberg, Michael; Lee, Charles; & Powers, Charles. (1998). Public health and brownfields: Reviving the past to protect the future. *American Journal of Public Health*, *88* (12), 1759–1760.

Greenberg, Michael; & Lewis, M. Jane. (2000). Brownfields redevelopment, preferences and public involvement: A case study of an ethnically mixed neighbourhood. *Urban Studies*, *37* (13), 2501–2514.

Greenberg, Michael; Lowrie, Karen; Solitaire, Laura; & Duncan, Latoya. (2000). Brownfields, toads, and the struggle for neighbourhood redevelopment. *Urban Affairs Review*, *35* (5), 717–733.

Grimski, Detlef, & Ferber, Uwe. (2001). Urban brownfields in Europe. *Land Contamination and Reclamation*, *9* (1), 143–148.

Hipel, Keith W., & Bernath Walker, Sean. (2011). Conflict analysis in environmental management. *Environmetrics*, *22* (3), 279–293.

Hipel, Keith W.; Fang, Liping; & Kilgour, D. Marc. (2008). Decision support systems in water resources and environmental management. *Journal of Hydrologic Engineering*, *13* (9), 761–770.

Hipel, Keith W.; Jamshidi, Mo M.; Tien, James J.; & White, Chelsea C., III. (2007). The future of systems, man and cybernetics: Application domains and research methods. *IEEE Transactions on Systems, Man, and Cybernetics, Part C, Applications and Reviews*, *37* (5), 726–743.

Hipel, Keith W.; Obeidi, Amer; Fang, Liping; & Kilgour, D. Marc. (2008). Adaptive systems thinking in integrated water resources management with insights into conflicts over water exports. *INFOR*, *46* (1), 51–69.

Hollander, Justin B.; Kirkwood, Niall; & Gold, Julia. (2010). *Principles of brownfield regeneration: Cleanup, design, and reuse of derelict land*. Washington, DC: Island Press.

Jamshidi, Mo M. (Ed). (2009). *Systems of systems engineering: Innovations for the 21st century*. New York: Wiley.

Japanese Ministry of the Environment. (2007). Current status of the brownfields issue in Japan: Interim report, March 2007. Tokyo: Japanese Ministry of the Environment.

Knee, Daniel; Greenberg, Michael; Lowrie, Karen; & Solitaire, Laura. (2001). *Urban parks and brownfield redevelopment: A review and case studies* (Report 18). Camden, NJ: National Center for Neighbourhood and Brownfields Redevelopment, Rutgers University.

Kunzig, Robert. (2009). The Canadian oil boom. *National Geographic*, *215* (3), 214–220.

Lawrence, David P. (2000). Planning theories and environmental impact assessment. *Environmental Impact Assessment Review*, *20* (6), 607–625.

McCarthy, Linda. (2002). The brownfield dual land-use policy challenge: Reducing barriers to private redevelopment while connecting reuse to broader community goals. *Land Use Policy*, *19* (4), 287–296.

Murray, Kent S., & Rogers, Daniel T. (1999). Groundwater vulnerability, brownfield redevelopment and land use planning. *Journal of Environmental Planning*, *42* (6), 801–810.

National Round Table on the Environment and the Economy (NRTEE). (1998). *State of the debate on the environment and the economy: Greening Canada's brownfield sites*. Ottawa, Canada: Renouf Publishing.

National Round Table on the Environment and the Economy (NRTEE). (2003). *Cleaning up the past, building the future: A national brownfield redevelopment strategy for Canada*. Ottawa, Canada: Renouf Publishing.

Sage, Andrew, P. (1991). *Decision support systems engineering*. New York: Wiley.

Sage, Andrew, P., & Biemer, Steven M. (2007). Process for system family architecting, design and integration. *IEEE Systems Journal*, *1* (1), 5–16.

Sage, Andrew P., & Rouse, William B. (2009). *Handbook of systems engineering and management* (2nd ed.). New York: Wiley.

Sounderpandian, Jayavel; Frank, Nancy; & Chalasani, Suresh. (2005). A support system for mediating brownfields redevelopment negotiations. *Industrial Management & Data Systems*, *105* (2), 237–254.

Tar Sands Watch. (2011). Homepage. Retrieved May 24, 2011, from http://www.tarsandswatch.org/

Taylor, Bruce; Hipel, Lloyd; Hipel, Keith W.; Fang, Liping; & Heng, Michele. (2009). Preventing future brownfields: Engineering solutions and pollution prevention policies. In *Science and Technology for Humanity (TIC-STH) IEEE Toronto International Conference, Toronto, Canada, September 26–27, 2009* (pp. 1030–1035). Elmira, Canada: Institute of Electrical and Electronics Engineers (IEEE).

Thomas, Michael. (2003). Brownfield redevelopment: Information issues and the affected public. *Environmental Practice*, *5* (1), 62–68.

United Kingdom Environment Agency (UKEA). (2011). Land affected by contamination. Retrieved July 4, 2011, from http://www.environment-agency.gov.uk/business/sectors/32707.aspx

United States Environmental Protection Agency (US EPA). (1997). *Brownfields economic redevelopment initiative*. Washington, DC: Solid Waste and Emergency Response.

United States Environmental Protection Agency (US EPA). (2010a). Brownfields and land revitalization: About brownfields. Retrieved June 29, 2011, from http://epa.gov/brownfields/about.htm

United States Environmental Protection Agency (US EPA). (2010b). Brownfields and land revitalization: Available funding mechanisms. Retrieved June 29, 2011, from http://www.epa.gov/swerosps/bf/funding.htm

United States Environmental Protection Agency (US EPA). (2010c). Underground storage tanks: Petroleum brownfields. Retrieved July 5, 2011, from http://www.epa.gov/oust/petroleumbrownfields/

Wang, Qian; Kilgour, D. Marc; & Hipel, Keith W. (2011). Fuzzy real options for risky project evaluation using least squares Monte-Carlo simulation. *IEEE Systems Journal*, *5* (3), 385–395.

缓冲带

缓冲带是一个保护屏障，它可以存在于自然系统或管理系统（如城市区域或农业）中。在后面一种情况中，缓冲带常常作为解决人类产生的像土壤侵蚀、地表水污染、生境破碎化和生物多样性丧失这类问题的景观设计方案。缓冲带有可能改善人类主导的生态系统的健康。缓冲带利用的障碍主要是经济方面的。

缓冲带在保护我们的自然资源不受人类活动的不良影响中起着重要的作用。术语"缓冲带"指的是一种实体，它作为一种保护屏障，用于降低或者消除有害物质的流动。在自然系统中，带有植被的缓冲区域可以保护河流、湿地和其他敏感地形特征不受自然干扰（如火灾和洪水）的影响。在管理系统的情况下，缓冲带代表一种景观设计方案，这种方案有可能降低一些不同的人类问题（土壤侵蚀、地表水污染、生物多样性丧失和生境破碎化）的影响。

农业就是能够对我们的自然资源产生不良影响的一种土地利用类型。农业系统中使用的杀虫剂和化肥可以传播到河流、湖泊和海洋中，而对水体造成污染，对水生生物造成伤害。农业活动产生的深度土壤干扰会引起非常有价值的表层土的侵蚀和流失。农业用地在景观上的扩展已经引起生物多样性的净损失，因为富有各类物种的自然生存环境已被同类作物系统所取代。城市区域也是一个管理系统，它也不能避免这些问题。在城市中，草坪是一个污染物源，建筑施工引起土壤侵蚀，新的开发项目对多样性的生态系统构成威胁。缓冲带如果设计和位置都比较适用，对解决这些问题具有相当大的潜力，为改善人类主导生态系统的健康提供了解决方案。

背景

历史上，像河边林、湿地和篱墙这样的地貌特征被保留和种植在农业地块上，用作农田和牧场周围的缓冲带。在过去150年的农业集约化过程中，很多这样的地貌特征被毁掉并被作物所取代。失去非作物生存环境对农田的分隔和对水源的保护，来自风吹和雨水冲刷的土壤侵蚀就变成一个越来越大的问题。1934年的一场横袭北美农田的巨大沙尘暴，增加了公众对这个问题的认识。在此后的年月里，引入了新的土壤保护做法，包括田间、水道两侧和路边的植物缓冲区域。然而，直到20世纪70年代，“缓冲带”这个术语才用于描述这样的地貌特征。那时，保护科学家开始研究缓冲带对改善水质的有效性。

今天，缓冲带存在于各种应用情况，根据其在地块上的布局和植物物质的构成而提供不同的用途。河边和湿地缓冲带由直接沿水道布置的多年生植被（经常为森林群落）组成。这些生存环境在保护农业和城市地块上的水质方面可以起到至关重要的作用。湿地本身就可作为非常有效的缓冲带，在受污染的水流进入河流、湖泊和海洋之前对其进行处理。在农业区域，农田的边沿或篱墙位于农田的周边，它们在减少土壤侵蚀、为野生动物提供栖息地方面起着重要的作用。防风林或防护林通常包括乔木或灌木，以减少风蚀和保护作物、牲畜或房屋不受恶劣天气条件的侵害。草地过滤带设计用于拦截来自雨水径流的污染物，防止它们进入水体。在城市情况下，像带有植被的洼地、雨水吸收植物园和人造湿地这样的地貌特征，如果位于雨水径流源和敏感水体之间，就起着缓冲带的作用。

缓冲带的好处

在管理系统的情况下，缓冲带一般为环境和社会带来很多好处。它们有可能降低当前农业生产和城市开发对我们自然资源产生的多种不良影响。缓冲带减少由风蚀和水蚀造成的土壤流失，因为带有庞大根系的多年生植物能帮助稳定土壤和水的渗入。较高的植物（特别是树木）可以降低能把裸露表层土带走的风流。缓冲带还能通过拦截雨水中的化肥、除草剂、重金属和其他污染物来保护水源，这些雨水来自农田、居民草坪或不渗透表面。处理雨水的机理可以包括对沉淀物质的物理过滤、土壤中物质的化学或生物转化以及植被对物质的吸收。因此，去除污染物的效果，根据物质化学结构和与土壤黏结特性的不同，也有很大的变化。研究发现，缓冲带在捕获大部分氮、磷、重金属、粘在土壤中的除草剂和有机物质方面比较有效。

虽然缓冲带的主要功能通常是通过减少侵蚀和拦截污染物来改善水质，但缓冲带还能带来很多其他环境效益。缓冲带里的多年生植被（常常包含很多不同的物种）增加了植物区系和动物区系的生物多样性，同时也为野生动物提供了栖息地。有了河边植被，野生动物和水生生物可以从更好的微环境（调节光照和温度）中获益，使它们更容易找到食物和水。缓冲带还可以用作连接自然生存环境、支持破碎地块之间生物散布的走廊。

缓冲带除了带来的环境效益外，还会为社会带来各种其他效益。例如，缓冲带的水质效益能改善饮用水的安全性，降低休闲水体的退化。缓冲带通过增加水的入渗和在湿地内的存水来减少洪水。其结果是，洪水之后人员的伤亡减少，建筑物的损毁降低。缓冲带里的乔木和灌木还能过滤空气中的灰尘和气味（包括来自大型牲畜养殖场的气味）。当作为绿色通道的一部分的时候，缓冲带可用作野生动物和人的走廊。缓冲带还能通过绿化空间、丰富地形结构和遮挡不好的地貌特征来产生重要的视觉质量效益。除了保护休闲地貌特征外,缓冲带本身还能提供休闲机会,如狩猎、野外踏足和观鸟。

采用缓冲带的障碍

虽然缓冲带有各种益处,但很多障碍限制了它们的广泛应用。首先是来自争夺土地使用权的机会丧失成本,很多用途能提供更大的利润空间。在农业地区,这一般来说是来自农作物的产量,本来的缓冲带会被种上庄稼。有些农民喜欢在缓冲带上放养牲畜,但这会降低缓冲带的整体效能——踩实了土壤、限制了植被的生长、把养分丰富的粪便弄到了靠近敏感源(如河流)的地方。在城镇地区,争夺土地用途的价值更高,有很多住宅和商业开发用地的机会。这个问题在围绕风景秀丽的湖泊和河流的区域(地价常常比较高)更加严重。即使在河漫滩这种不适合开发的地方,附近的居民有时也反对建立有树的缓冲带,因为它们会遮挡风景。

扩大采用缓冲带的第二个障碍与建立和维护缓冲带的直接成本有关。有些类型的缓冲带需要昂贵的挖土设备,用以平整土地、输送或保持水流。对很多缓冲带来说(尤其是位于河边的缓冲带),原地乔木、灌木和草本植被必须采购才能构建合适的植物群落。初始构建可能还涉及设立屏障所需的劳动力和材料,以保护幼苗不受野生动物啃食。缓冲带建成之后,还会发生额外的维护费用——割草、控制杂草和清除沉淀物。建立和维护一个缓冲带的费用可能需要用公共资金来支付,即通过对土地所有者进行补贴或其他计划来实施。

这就产生了第三个障碍——政府或非政府机构在分配用于缓冲带的资金上所发挥的作用。在北美和欧洲大部分国家,已经设立了补贴缓冲带的计划(与其他保护做法一起),尤其是在农业是主要用地的乡下地区。像美国的"保护储备金计划"(the Conservation Reserve Program, CRP)和欧洲的农业环境项目就是专门为了这一目的。农业环境项目奖励农民那些对环境友好的管理实践,如建立河边缓冲带或湿地、改善篱墙、保护具有高生物多样性的地区。然而,土地所有者常常反对政府在土地使用决定权上发挥作用,因为这些项目常常涉及多年的合同。在很多其他国家,非政府机构常常在推广缓冲带以便保护自然资源上发挥重要的作用——向土地所有者提供规划工具、为缓冲带的建立和维护提供劳动力,甚至把土地购置下来后直接转变为缓冲带。即使在这种情况下,土地所有者(特别是小户)可能还会怀疑这种看上去是让另一个组织控制土地使用决定权的策略。

景观设计注意事项

扩展缓冲带使用所面临的障碍可通过景观设计得到部分的解决;景观设计重点考虑使缓冲带性能最优化的机会、同时也考虑利益相关者的喜好。缓冲带设计的一些重要因素包括总体大小、在景观区域内的布局和植物物种的选择。例如,水质改善的效益,只有在系统设计为通过植被输送水流或保持水流的时间足以完成水质处理时,才能产生。河边缓冲带常被认为是对水在进入水道之前进行处理的最佳位置,但如果这个地块上建有排水瓦管，那么，水流可能就会完全绕过缓冲带处理系统。如果缓冲带的主要功能是过滤空气中的臭味和尘土，植被就必须位于污染源区域的下风头。为了用作生物走廊，缓冲带应设计成与自然的栖息地相连接。总而言之，缓冲带的设计将在很大程度上取决于需要完成的主要功能。

不仅考虑生态功能非常重要，而且好的缓冲带设计还应支持文化和社会功能。这些功能可能包括休闲、视觉质量、教育、艺术表达和历史遗产保护。在缓冲带内设有小径或通道，为观鸟或打猎构建能吸引鸟类和其他野生动物的植被，这些都能为休闲的机会提供支持。从长远看，用于支持土地所有者、附近居民和其他利益相关者的视觉质量喜好的缓冲带可能更容易被广泛采用。例如，在观景比较重要的地方，缓冲带可能会需要设计一些由矮灌木或草本植物构成的开口，而让较高的植物围绕景区。在农业地块上，农民和其他土地所有者常常喜欢能展示管理者道德风范的缓冲带设计，管理良好的植被反映了耕作系统的组织形式。教育、艺术和历史的成分也可以综合到设计中，特别是在城市区域，获得很多用户群对建立和维护缓冲带的支持非常重要。文化功能在很大程度上取决于当地的土地所有者和居民以及场地周围的环境。

缓冲带所在的区域现实情况在缓冲带设计的成功上起着关键作用，因此，应考虑主要环境问题、土地用途的竞争和利益相关者的喜好。例如，在热带地区，森林采伐驱动着减少侵蚀和保护水资源这个非常具体的需要，尤其是在脆弱的农村社区。在那里，工作重点常常是重新建立河流的走廊植被。在非洲，缓冲带用于扭转由土地退化（来自森林采伐和乱用除草剂）产生的某些问题，同时努力使系统最优化，这样他们就不用争着生产高价值的食物材料。在大部分土著植被由引入物种取代的地方（如新西兰的某些部分），人们想在沿城市和城市边缘地区的河流和湿地重新建立土著植物，这种兴趣驱动着缓冲带的设计和创建。有些地区把缓冲带的建立与本地重要的濒危物种直接联系起来。缓冲带已在美国太平洋沿岸的西北地区推广，用以改善生存环境、减少伤害鲑鱼的杀虫剂；不管是从经济上还是从生态上来说，鲑鱼都是价值很高的物种。在欧洲，篱墙和其他缓冲带类型已获得认可和推广，因为它们对乡村地貌的美观发挥着积极的作用，这会影响这一区域的农业旅游。在全球范围内，缓冲带经常用于保护水资源，但是，当把它们的实施与其他符合当地人们兴趣和爱好的具体目标相结合的时候，它们的实施常常才会更加成功。

未来展望

几个趋势很有可能会影响缓冲带在未来管理系统中的使用和设计。首先，对开发景观、使其具有可持续性和多功能的兴趣越来越浓。缓冲带应作为乡村和城市景观规划的标准内容。即使是缓冲带单个特征的设计，也应该以支持更多功能和强化多种保护目标的方式进行筹划。例如，缓冲带里的乔木和灌木物种可以选择能产生食用水果和干果的类型，以便让土地所有者或场地的用户能够收获。逐渐地，人们已经开始考虑在更敏感、低产出的地区加入生物燃料的生产。如果生物燃料作物是土著多年生植物，而且其侵入性概率非常低，也不会取代另一个非常重要的植物群落，那么，这种策略就是适用的。

缓冲带的第二个发展趋势，是利用像专用过滤器（含有能高容量吸收污染物的材料）这样的先进技术来改善其性能（尤其是与水质有关的）。例如，回收的钢渣通过潜流式人造湿地用于去除高浓度的磷。随着水处理新技术的推出，它们很可能被综合到缓冲带的设计中。最后，未来旨在提高缓冲带应用的政策很可能会鼓励来自广泛领域利益相关者的更多参与，包括多个土地所有者之间的共同努力。共同参与的规划方法已证明能够鼓励来自利益相关者的积极投入，提高对结果的满意度，在实施过程中建立互信，产生更加实用的结果。这些趋势加在一起，会对缓冲带在保护自然资源所做的贡献方面产生非常显著的积极影响。

莎拉·泰勒·洛弗尔（Sarah Taylor LOVELL）
伊利诺伊大学香槟分校

参见：农业生态学；生物多样性；生物走廊；棕色地块再开发；群落生态学；生态恢复；生境破碎化；水文学；灌溉；景观设计；大型景观规划；雨水吸收植物园；雨水管理；植树；视域保护。

拓展阅读

Haycock, N. E.; Burt, T. P.; Goulding, K. W. T.; & Pinay, G. (Eds.). (1997). Buffer zones: Their processes and potential in water protection. *The Proceedings of the International Conference on Buffer Zones*. Harpenden, UK: Quest Environmental.

Hellmund, Paul C., & Smith, Daniel S. (2006). *Designing greenways — Sustainable landscapes for nature and people*. Washington, DC: Island Press.

Lovell, Sarah T., & Johnston, Douglas M. (2009). Designing landscapes for performance based on emerging principles in landscape ecology. *Ecology and Society*, *14* (1), 44.

Lovell, Sarah T., & Sullivan, William C. (2006). Environmental benefits of conservation buffers in the United States: Evidence, promise, and open questions. *Agriculture, Ecosystems and Environment*, *112*, 249–260.

Lowrence, Richard R.; Dabney, Seth M.; & Schultz, Richard. (2002). Improving water and soil quality with conservation buffers. *Journal of Soil and Water Conservation*, *57* (2), 37A–43A.

Mayer, Paul M.; Todd, Albert H.; Okay, Judith A.; & Dwire, Kathleen A. (2010). Introduction to the featured collection on riparian ecosystems & buffers. *Journal of the American Water Resources Association*, *26* (2), 207–210.

Meurk, Colin D., & Hall, Graeme M. J. (2006). Options for enhancing forest biodiversity across New Zealand's managed landscapes based on ecosystem modeling and spatial design. *New Zealand Journal of Ecology*, *30* (1), 131–146.

Schultz, Richard C.; Kuehl, Amy; Colletti, Joe P.; Wray, Paul; Isenhart, Tom; & Miller, Laura. (1997). *Riparian buffer systems* (Publication Pm-1626a). Ames: Iowa State University Press.

Sullivan, William C.; Anderson, Olin M.; & Lovell, Sarah T. (2004). Agricultural buff ers at the rural-urban fringe: An examination of approval by farmers, residents, and academics in the Midwestern United States. *Landscape and Urban Planning*, *69*, 299–313.

United States Department of Agriculture — Natural Resources Conservation Service. (2000). Conservation buffers to reduce pesticide losses. Retrieved May 11, 2010, from http://www.in.nrcs.usda.gov/technical/agronomy/newconbuf.pdf

Yuan, Yongping; Bingner, Ronald L.; & Locke, Martin A. (2009). A review of effectiveness of vegetative buffers on sediment trapping in agricultural areas. *Ecohydrology*, *2* (3), 321–336.

C

承载能力

承载能力用于评估范围广泛的各种东西、环境和系统运送或维持其他东西、生物或种群的限度。可以区分出四种主要类型的承载能力，但除了一种外，其他三种都证明在实验上和理论上都存在瑕疵，因为承载能力的内在假定把它的可用性限制在有界限、相对规模较小、受人类控制程度高的系统。

承载能力的概念早于并且在很多方面预示了可持续性的概念。它被用于范围广泛的各种领域和用途，尽管它现在与全球人口问题有最紧密的联系。地球具有有限的支撑人类的能力，超过这个能力就会出现饥荒或其他灾难，这个观念至少有300年的历史了(Cohen 1996)。英国政治哲学家威廉·戈德温(William Godwin)估算的90亿人(1820年出版)，今天看来似乎有先见之明。然而，“承载能力”这个术语直到19世纪中期才被创造出来，而且最早创造出来时与人口毫无关系。更准确地说，它是在国际运输的背景下出现的，随后被应用到一系列的其他领域(包括工程、牧场和野生动物管理、农业和人类学)，20世纪后半叶才被新马尔萨斯学家们拿了起来。承载能力作为评估和管理人类对地球的影响的工具是有局限性的，而了解这段历史对认识承载能力的这一局限性非常有帮助。

直观地说，承载能力就是一个简单的关系或比率：某一给定量的Y所能“承载”的某个X的数量。如果把承载能力根据各种使用情况提炼成一个单一的定义，它可能就是这样的：“能够或者应该被周围东西或环境(Y)运送或支撑的某一物质或生物的最大或者最佳数量(X)。”但这一概念定义得特别宽泛，这也就使得它极其含糊。正像定义中多次使用的词语“或者”所提示的那样，承载能力几乎在任何尺度上都可以应用到几乎任何关系中；它可以是一个最大值或者一个最佳值、一个规范的概念或者明确的概念、由归纳产生的或者是由演绎产生的。因此，最好探讨一下它的历史渊源和各种用途，这可以归为四个主要类别：① 始于19世纪40年代的运输和工程；

② 始于19世纪70年代的牲畜和狩猎管理；③ 始于20世纪50年代的种群生物学；④ 同样始于20世纪50年代的关于人口和"人口过剩"的争论。承载能力还在继续使用在所有这些领域中，但除了在第一条的应用之外，这一概念受到了激烈的抨击，并被大多数学者所抛弃；这种情况常常是在研究和决策领域进行了长时间的积极应用之后发生的。它的广泛流行使用和在公共争论中的持续拉动与这些批评意见形成鲜明的对照。

运输和工程

承载能力最早使用的是它最字面的意思，它现在已经部分地被其他术语(如载荷)取代。它一开始指的是一条船能够装载的货物量(用体积度量)。这种度量满足了19世纪40年代国际贸易背景的特定需要；当时蒸汽推进正在取代采用风力推进技术的较老的帆船。此前，已经向货船按其"吨位"收取关税和其他税项；吨位是一种对体积的度量，来自称为大酒桶的葡萄酒桶。一条船的船体经测量后计算出它的总体积，减去船员的住室体积后所得的结果，就用于评估该船整个航次的税费，而与它任何特定航次的货物量无关。

尽管有点不精确，但这种方法却是一个比较准确的计算航船所能运载的货物体积的方式，因为船体是可以全装货物的。然而，随着汽船的出现，这种吨位系统就显得越来越成问题，至少那些对新技术感兴趣的人们认为是这样。比较明显的是英国，其海洋商业船队引领着世界。汽船必须把很大一部分"吨位"让给煤和淡水(以便产生蒸汽)以及庞大的锅炉和蒸汽机，这些装备驱动船舶并使它们具有帆船无法比拟的优势(如速度、动力、不受反复无常的风的影响)。为这部分船舶的体积交税似乎很不合理，因为这部分体积不能用于运输货物。承载能力于是被创造出来，用以彰显这种差异，并提供了收取关税和其他税项的另一种基础。

1880年前后，承载能力开始被用来度量其他人造设施，包括运河、铁路、管道、灌溉系统、热气球、避雷针和电力传输线(Sayre 2008)。不再受限于运输领域后，承载能力满足了工程师和公共规划者的实际需要——知道所设计的某个*Y*在不超过其限度的情况下能够承载多少*X*。和运输领域的情况一样，以合理的精度和准确度来确定这样的限度是可能的；它们是静态的——被设计和所用的材料定死了；它们是理想的——也就是说，它们所指的不是在某个给定时间点上*Y*所实际承载的*X*量，而是指可以承载或者应该承载的量。这些特征——数字表达、静态性和理想性——使承载能力具备了分析功能，这个术语在随后的使用中一直延续下来(Sayre 2008)。

牲畜和狩猎管理

自19世纪70年代开始，承载能力被进一步应用到生物和自然系统的度量上：一个人或一头驮畜能扛驮多少*X*；蜜蜂的腿能携带多少花粉；最常见的风能携带多少水汽。这些不是工程问题，但它们都共享了某物把另一物从一个地方"搬运"到另一个地方的字面意义。

第二种类型的承载能力来自一个转变了前面的主体和客体的更形象化的概念。牲畜

(以前是能驮运X的一个Y)现在反而变成了能被一个新Y(牧场或土地)"承载"(具有支撑或维持的意义)的X。澳大利亚和新西兰的科学家好像是首先以这种方式使用了"承载能力"这个术语,那时他们要努力确定这些英国属地到底能在他们刚刚定居的未开发土地上养育多少牛羊。承载能力帮助管理者把牧场分给尽量多的定居者,同时避免出现饲养过量。这个思想迅速传到美国,那时,美国正经历19世纪90年代牧场退化的灾难事件,特别是在无人认领的公共领域和容易发生干旱的地区。1905年至1946年,政府对森林署和土地管理局管控的大面积土地实施了租赁制度,在这个过程中,承载能力在度量每年围栏放牧数量和放牧次数(成为配额)方面发挥了关键作用。这些量值是几年中计算出来的平均值,经常是从一个研究场地外推到具有类似气候、土壤和植被的更大地区。

美国保护学家奥尔多·利奥波德(Aldo Leopold, 1914—1915年曾在森林署的放牧管理办公室工作)把承载能力的这种用法从牲畜扩展到了狩猎动物。他在其1933年出版的教科书《狩猎管理》中使这一概念获得正式认同;这本教科书是这一学科(现在称为野生动物管理)的基础。利奥波德把承载能力作为一块土地(而不是某个动物物种)的属性和多个变量(包括植被、天气、猎食、竞争和疾病)的函数来看待;这些变量通过影响繁衍和生存来共同确定当地某一野生动物种群的大小。狩猎管理者通过找出限制或不利参数并对其进行管控来改善承载能力,就能够达到保护的目的,并使狩猎种群最优化来为人类所用(如打猎和钓鱼)。在20世纪的大部分时间里,利奥波德的思想一直影响着美国和世界的野生动物管理,在保持流行猎物和鱼类方面取得了很多令人瞩目的成功,但也产生了很多令当今保护生物学家遗憾的后果,如非土著物种的引入和生物多样性的丧失(Botkin 1990)。

在牧场和野生动物管理中,20世纪后半叶的学者们开始批评承载能力的应用,这主要是由于它存在的实际缺点和实地应用的失败。旨在把美国的牧场租赁、围栏和承载能力方法复制到非洲和世界其他发展中国家的国际项目通常都失败了,其中部分的原因是,基于平均雨水或草料生产的固定承载能力忽略了很多牧场年与年之间的很大变化(Behnke, Scoones & Kerven 1993)。同样的问题也发生在野生动物管理中:如果实际的生存环境条件随地方和年月的不同而变化,而且野生动物种群对这些变化既做出了响应也做出了贡献,那么,承载能力就仅仅是一个短暂或局部的描述符,而不是一个预测性或规范性管理工具。在从工程领域转到自然系统的过程中,承载能力失去了其静态和理想的特质,因此也就失去了其大部分的一致性和有效性。

种群生物学

第三种类型的承载能力来自实验室的实验,其中科学家观察种群在严格控制环境中的生长情况。在提供最佳条件(温度、食物等)的情况下,粉甲虫和果蝇一开始慢慢生长、随后加速,然后又以渐近线的形式慢慢接近一个稳定的上限,此时,繁衍和死亡达到平衡。如果画出来,曲线呈拉伸的S形。这些实验发生在20世纪20年代,而且美国生物学家雷蒙德·珀尔(Raymond Pearl,他帮助启动了这种实验)还重新发现了比利时数学家皮埃尔-弗朗索瓦·弗霍斯特(Pierre-François Verhulst)在19世纪被遗忘的工作;这位比利时数学家发现了人口统计的类似模式并把它量化为“逻辑斯谛曲线”(Hutchinson 1978)。

随着种群生物学发展为一门新的科学领域,逻辑斯谛曲线为科学家提供了一种途径:重新把承载能力定义为把研究、理论和应用联系起来的核心概念。在其著名的教科书《生态学基础》中,美国生态学家尤金·奥德姆(Eugene Odum)把珀尔和弗霍斯特的渐近线称为“承载能力”或用数学语言称为K。因为科学家在理想的环境条件下观察K,所以,他们把它当作一种生物与环境无关的最大可能种群。这样,奥德姆就推翻了利奥波德承载能力是某一地方或生存环境的特质的观点,而是把它定义为物种自身的一个固定特质。在一个固定、理想的环境中,你可以观察固定、理想的承载能力。

这种新的承载能力使应用和理论种群生物学取得了重要进展,其原因有两个。首先,它提供了一个在野外环境下评估种群动态特性的标准或基线。奥德姆注意到,这种逻辑斯谛曲线还与新物种进入(或被引入)以前未占据的生存环境时观察到的模式近似:塔斯马尼亚岛的羊、华盛顿州保护岛上的野鸡和美国的椋鸟。这种模式相似性从实验上验证了逻辑斯谛曲线,而实验室中和野外在K值上的差异表明:实际环境对种群增长设定了限制条件,奥德姆把这种限制条件称为“耐环境性”。其次,通过把种群增长表达为一个公式,逻辑斯谛曲线使科学家能够为单个物种或多个物种开发生物-环境相互作用的数学模型。他们可以在实验室的实验中测试这些模型,或者把它们与野外数据进行比较,以便对管理和研究提供有用的信息。

和在牧场和野生动物管理的情况一样,承载能力方法在种群生物学中也最终被证明是有问题的。尽管S形曲线确实能在野外环境中找到,但实际的K值随时间和空间而变化。奥德姆承认,“除非你确信环境的承载能力在研究时段内基本保持不变,否则,你不应把S曲线用于预测人类或生物未来种群的最大值。”(1953,125)然而,在实验室之外,这一条件极少遇到(也许根本就遇不到),除非在非常短的时间内以及在很小或清晰界定的环境条件下(如池塘或岛屿)。因此,建立在逻辑斯谛曲线上的模型不大可能产生实际种群动态的可靠预测。正如美国生态学家丹尼尔·博特金(Daniel Botkin)所说,“逻辑斯谛增长在自然界就从未被观测到”(1990, 40),50年的研究很少(或没有)发现对承载能力思想的实验支持(Hutchinson 1978)。

新马尔萨斯主义

第四种类型的承载能力是与第三种同时出现的,它借鉴了很多相同的科学发展成果。然而,它把这一概念应用到人口问题,而且应用到更大的规模上(国家、洲和整个世界),其目的不是为了影响学者,而是为了影响决策者和广大公众。在生态学科学威力的支持下,这最后一种承载能力有助于重振罗伯特·马尔萨斯(T. Robert Malthus)在《人口原理初探》(1798)中著名的论点。

承载能力以前也曾应用于人口问题。除了他的科学著作，珀尔还积极参与20世纪20年代和30年代关于优生、人口控制和人口过剩忧虑的争论，尽管他没有使用“承载能力”这个术语。北罗得西亚(现在的赞比亚)的英国殖民当局利用土壤图、农业数据和人口统计数据来为各种形式的本地农业计算殖民地不同部分的承载能力。根据这一结果，他们重新安置了大约5万非洲人(Allan 1949)。这项工作进一步影响了研究非洲和其他地方当地农业做法的人类学家的研究工作。

从美国生态学家威廉·沃格特(William Vogt)于1948年出版的一本流行书籍《生存之路》开始，生态学家们把承载能力作为促进人口控制的工具加以扩展和推广。沃格特是一位鸟类学家，他在第二次世界大战期间在南美洲和中美洲为美国政府从事乡村复兴工作。他的书读起来像是对保护和开发工作的一种呼吁，以改善全世界穷人的生活。他围绕自己所称的“生物等式”构建自己的观点：$C = B : E$，其中C表示承载能力，B表示生物潜力，E表示耐环境性(Sayre 2008)。他把这一等式应用到各个大陆并得出结论：除了北美洲和南极洲，其他大陆都已经超出了其承载能力，而贫困、营养不良、土壤侵蚀和其他形式的环境退化就是证明。人类面临着严峻的选择：通过保护和农业现代化降低耐环境性来提高承载能力，或者，冒“战争死亡这个灼热的倾盆大雨从天而降”的风险(Vogt 1948, 16)。

沃格特的承载能力概念包含着其前任学者们的思想所具有的同样问题。和奥德姆的情况一样，耐环境性的思想也是同义反复的，因为它旨在解释必然是来自承载能力一个理想、固定概念的东西，即这种理想情况和实际实验案例之间的差异。人类可以改变其环境、因而可以提高(或降低)承载能力这个事实本身，意味着沃格特的生物等式实际上只能产生短暂和局部归纳性结论，就像野生动物管理的情况一样。正如美国地理学家内森·塞尔(Nathan Sayre 2008, 131)所总结的那样：“承载能力如果被看作是静态的，那么它在理论上是优雅的，但在实验上则是空泛的；但如果它被看作是变化的，则它在理论上是不连贯的，或者充其量是回避问题的。”这些缺点并没有妨碍沃格特的论点在随后新马尔萨斯主义学者们的著作中不断出现，而且论述得还特别详细，如加勒特·哈丁(Garrett Hardin 1968,1986)以及保罗(Paul)和安妮·埃利希(Anne Ehrlich 1990)。

承载能力的概念来自人类可以对分立物体和中小规模有界系统(如船舶、城市或运输系统)实施有效控制的情况。在这些情况下，对限制条件进行量化、静态和理想的度量既是希望的也是可行的。然而,随着承载能力扩展到其他应用领域,这些条件就很难或不可能得到满足,除非是在实验室的条件下。社会和环境科学各领域的学者很早就得出结论:它基本上是有缺陷的。美国人类学家斯蒂芬·布拉什(Stephen Brush 1975, 806)对这一问题进行了总结:"承载能力概念的主要实验性缺陷来自这样的事实:这一概念固有的自我平衡理论既不能被验证,也不能被否定。"类似地,英籍美国动物学家伊芙琳·哈钦森(G. Evelyn Hutchinson 1978, 21)于1978年给出了这样的评价:"当可能的*K*值不断增加时,弗霍斯特的等式就失去了其价值。"

承载能力作为一种概念,其局限性对今天有关可持续发展的讨论有着直接的影响。考虑到它存在的缺陷,我们必须要问的是承载能力这一概念为什么能够一直延续下来。毫无疑问,其中部分的原因是由于这一概念的直觉明显性:每个人都能理解一条船只能承载一定量的货物,一块牧场只能养活一定量的牲畜,等等。还有一点也比较重要:实验性证据还没有来得及否定人们最初的热情,倡导者们就在推广过程中把权威性赋予了承载能力。最后,政府机构接受并推广承载能力的大部分使用情况,因为他们要测量、调节、征税、计划、分配或者控制人口、商业、土地、野生动物和各种自然资源。但这种控制,在用于广大、复杂、没有界限、了解甚少、难以(或不能)控制的系统时,是很难确定的。承载能力这一概念的发展历史告诉我们:在上述这种情况下,理想、静态、数量化的界限条件是极其不可能存在的,对可持续性来说可能也是同样的情况。

内森·塞尔(Nathan F. SAYRE)
加州大学伯克利分校

参见:群落生态学;复杂性理论;生态系统服务;渔业管理;全球气候变化;极端偶发事件;人类生态学;自然资本;种群动态。

拓展阅读

Allan, William. (1949). *Studies in African land usage in Northern Rhodesia*. Rhodes-Livingstone Papers no. 15. London: Oxford University Press.

Behnke, Roy; Scoones, Ian; & Kerven, Carol. (Eds.). (1993). *Range ecology at disequilibrium: New models of natural variability and pastoral adaptation in African savannas*. London: Overseas Development Institute.

Botkin, Daniel B. (1990). *Discordant harmonies: A new ecology for the twenty-first century.* New York: Oxford University Press.

Brush, Stephen B. (1975). The concept of carrying capacity for systems of shifting cultivation. *American Anthropologist* (new series), *77*, 799–811.

Cohen, Joel E. (1996). *How many people can the Earth support?* New York: W. W. Norton.

Ehrlich, Paul R., & Ehrlich, Anne H. (1990). *The population explosion.* New York: Simon and Schuster.

Hardin, Garrett. (1968). The tragedy of the commons. *Science*, *162*, 1243–1248.

Hardin, Garrett. (1986). Cultural carrying capacity. Retrieved July 16, 2007 from http://www.garretthardinsociety.org/articles/art_cultural_carrying_capacity.html.

Hutchinson, G. Evelyn. (1978). *An introduction to population ecology*. New Haven, CT: Yale University Press.

Leopold, Aldo. (1933). *Game management.* New York: Charles Scribner's Sons.

Odum, Eugene P. (1953). *Fundamentals of ecology* (1st ed.). New York: W. B. Saunders Co.

Sayre, Nathan F. (2008). The genesis, history, and limits of carrying capacity. *Annals of the Association of American Geographers*, *98*, 120–134.

Vogt, William. (1948). *Road to survival.* New York: William Sloane Associates.

流域管理

流域管理认为流域内的土地、水和生态系统是相互联系的，因此，应努力把这些因素作为一个整体来进行管理而不是单独进行管理。这种保护土地和水资源的做法应用得越来越多，但一个“实行差距”使这种方法获得更广泛的应用面临挑战。

流域(catchment, river basin或watershed)是地表水汇入单个河流的支流系统的土地面积。它是研究河流系统的基本单位。流域是一个开放系统，有流动区(成分流经系统的地区)和存储区(成分存储在系统的地区)。水和沉淀物是流经一个流域的主要成分，它们又会经过一系列的存储区，如云层、土壤、植被、河道和蓄水层(有时候)。流域是复杂的组合系统，系统中的所有成分相互联系，全系统的管理不仅要考虑发生的自然过程，而且还要考虑它们如何与人类社会、经济和政治行为发生相互作用。

综合管理的考虑因素

流域管理试图在流域层面以综合、全面的方式管理整个系统。它是一个考虑了水量(即洪水和干旱)、水质量、沉淀物运送以及水生和陆生生物多样性的多目标管理方式。这种综合的策略有别于那种基于短期和具体现场的、单独解决和处理这些领域中每个问题的方式，而后面这种方式会导致资源处理的破碎化，并且常常产生相反的效果。在处理需要考虑的多种因素时，综合性流域管理是一种更加可持续和有效的方式。

1. 水量

由于气候变化和城市区域侵入河漫滩地区，发生洪水的次数越来越多。《未来洪水泛滥》报告(UK Office of Science and Technology 2004)认为，在百年一遇的洪水情况下，英国将会有400万人和2 000亿英镑的财产处于危险之中。在英国，有一些直接考虑洪水管理的单独政策，这些政策经历了不同的阶段。20世纪30年代，田地进行了灌溉，以帮助实施农业集约化(全年都在进行贫瘠土地的使用和耕作），并建立了流域管理委员会来资助和协调这些项目。在20世纪70年代和80年代，洪水管理通过工程方案加以解决，包括河道改造、拉直和加固。这些项目都是采用局部修整的方式来处理具体的问题，而常常只是把洪水赶到了别的地方。在最近的几十年，洪水控制模式已由结构性防御转向可持续性洪水管理（Werritty 2006）。英国的正式政策包括“给水留出空间”（促使人们把河流与其河漫滩重新联系起来）以及“学会与水相处”、“洪水管理政府令”和“流域管理计划”，最后一项是欧盟“水框架指令”所要求的。所有这些政策都集中在流域规模的洪水风险管理。

2. 水质量

在欧洲，管理水质的主要政策是《欧洲水框架指令》，它设定了到2015年实现“良好”生态状态的目标（如在《欧洲水框架指令》中定义的那样）。河水污染要么来自点源污染，如污水处理厂和工业排污口，要么来自弥散（也称非点）源，如农田和城市雨水径流。点源污染的管控要容易得多，而且在过去几十年里，这些污染源都通过协议（例如来自工业的排放协议）和法律（如美国的《清洁水法案》）进行严格管理。然而，弥散污染依然是个普遍存在的问题。1987年通过的《清洁水法案修正案》涉及了某些非点源污染（如城市雨水径流），但农业径流通常都免于管控，而且一般来说，非点源污染控制依然大大落后于对点源污染的控制。

3. 沉淀物问题

沉淀物淤积和退化（河床分别通过沉淀物淤积或冲刷而被改变的情况）增加河水泛滥的风险，引起河岸侵蚀，并对鱼类和无脊椎动物产生不良影响。这个问题在大坝的下游地区尤其普遍，这里缺少沉淀物，因为沉淀物被拦在水库里。美国胡佛大坝的下游河道已退化了高达7.5米，影响距离长达120公里（Owens 2005）。可持续沉淀物输送管理可通过帮助实现河流的自然高度来纠正沉淀物的流失。

4. 生物多样性

流域（尤其是土地和水相遇的河边地区）为水生和陆生的多个物种提供了栖息地。因此，整个景观需要加以管理，以便维持这种生物多样性。最近几十年，河边地区管理已经取得进步。例如，很多流域都建立了河边缓冲带，以帮助减缓大量径流，因而有助于防止洪水泛滥、限制污染物向河流的输送。河边缓冲带还为很多物种提供了良好的栖息地。然而，农民和其他土地所有者常常要求对不能用于生产的土地进行补偿，所以，土地费用可能是建立这样的缓冲带的一个障碍。

综合管理的扩展

科学家和决策者已经认识到，地方层面的变化会产生更加广泛的影响，而且一个生态系统的不同元素（如沉淀物输送和水质量）都是相互交织、相互联系的。这样，过去那种仅用于河流某些方面的管理，现在正发展为包括景观和多种土地使用的管理。这种综合管理的好处是，旨在缓解一个问题的计划可以设计成为其他流域功能产生多项益处，而不是产生意想不到的不良后果。

综合管理项目最早用于20世纪初。加拿

大的安大略省早在20世纪40年代就建立了基于流域的保护当局,目前有38个这样的机构,尽管它们的有效性受到预算削减和其他政府机构职能重叠的影响。美国政府也在20世纪30年代和40年代开展了流域层面的河流开发活动(如大坝建造、航运改善和发电),但当时并没有从长远、可持续发展的角度考虑这些活动对流域产生的更广泛的影响。

新西兰在"国际水文十年(1964—1975)"期间开始了流域规模的管理活动,建立特色水文区域和标准流域。新西兰的项目认识到了把管理集中在问题根源的需要,而不是试图解决对下游的影响问题。在最近几十年,随着区域委员会承担起监管责任,流域规模的管理活动已经减弱。同时,澳大利亚已经采用"全面流域管理"(也称为综合流域管理),它由多个一起工作的组织构成,以实现他们各自的目标。这种安排成功解决了分立式管理的某些问题,如职责重叠和工作重复。

1992年,随着《都柏林原则》和《21世纪议程》的签署,用综合方式对水进行管理获得广泛的国际支持;后者鼓励对整个环境的可持续性管理,而且认为利益相关者的参与是项目成功的关键因素。世界水事理事会和全球水事合作伙伴也在那时推荐各国政府采用更加综合的方式来管理水资源和土地资源。

最近,欧盟内采用流域管理的主要驱动因素是2000年生效的水框架指令。如前所述,它要求参与国在2015年实现"良好"的生态状态。良好的生态状态包括河流生态系统的生物、化学和水生形态(形状、边界和水体含量)方面。其流域管理方案(目的是找出对河流流域构成的所有压力因素)将每六年更新一次。例如,2009年的《泰晤士河流域管理方案》(草案)找出了需要解决的压力因素:确保可持续性的水量、减少建造环境的影响、解决点源污染问题。

综合管理的障碍

广泛采用综合流域管理存在几个障碍。首先,环境和政治之间的界限并不匹配,当涉及流域管理问题时,后者更加重要(Witter, van Stokkom & Hendricksen 2006)。这使得大型流域(包含多个行政管理单位,而且常常包含多个国家)管理尤其困难。

其次,不同的组织常常负责管理流域系统的不同部分(Lerner & Zheng 2011)。在英国,大约从1990年开始,在流域规模上进行管理已经成为常态。环境署负责水资源使用的审批和洪水风险的管理;然而,环境署内不同部门监管这些领域,他们之间缺乏协调和综合。第二个法定的非政府部门公共团体——自然英国——负责农业环境。它监管农业环境管理项目,这些项目主要是为了保护生物多样性,强化景观特性,促进对乡间的接触以及通过改善水质和降低表面径流来保护自然资源。尽管降低洪水风险对大部分土地管理选项带来好处,但洪水管理只是"自然英国"项目的次要目标。还有另外的团体负责掌控流域管理的其他方面,包括负责计划的当地政府委员会、具体负责管理特定地块的国家公园/信托机构以及负责人类用水供应的自来水公司。中国具有与英国类似的行政管理结构,不同的流域问题由不同的法律所包含、由不同的机构进行管理,例如,地表水由水利部管理,而地下水则由国家测绘局和国土资源部管理。

第三个问题是“实施差距”——认为综合流域管理在概念上很复杂，因而难以付诸实施（Watson 2004）。社会和体制的制约妨碍了当前科学知识的全面应用，而且，虽然利益相关者的参与是流域管理的重要方面，但目前这种参与显然不足。大部分管理项目仍然是自上而下、零打碎敲、旨在解决流域某个部分的具体问题。咨询是一个重要的方面，但时间花费较多，会引起不同团体在平衡其优先计划方面的冲突。此外，在到底什么是“流域管理”上也存在疑惑，因而评判项目的成功与否也就存在困难。

综合管理的未来展望

最近几十年，综合流域管理的采用正在不断增加，但是我们还没有看到它在世界任何主要流域已经取得完全成功（Lerner & Zheng 2011）。这一思想已被广泛接受，并被认为是最佳形式的管理，但实施起来却是说着容易做着难。不过，未来还是很有希望的。欧盟的《水框架指令》还处在其第一个应用循环，但它在全流域管理方面似乎是一个好的立法工具，因为它把整个流域放在了管理的前沿并采用了多部门合作的管理方式。像远程监测、地理信息系统和计算机建模这样的技术进步使得流域规模的研究和管理变得更加容易。有关流域问题的跨学科研究项目的数量也在增加，它们利用不同领域研究人员的知识来从不同的角度研究这些问题。所有这些进展有助于改变目前这种流域使用者与管理者脱节的现状。

伊恩·帕蒂森（Ian PATTISON）
南安普敦大学

参见：适应性资源管理（ARM）；农业生态学；最佳管理实践（BMP）；海岸带管理；大坝拆除；生态恢复；食物网；地下水管理；水文学；灌溉；大型景观设计；点源污染；雨水吸收植物园；雨水管理；水资源综合管理（IWRM）。

拓展阅读

Bowden, William Breck. (1999, April 21–23). Integrated catchment management rediscovered: An essential tool for a new millennium (paper, Manaaki Whenua Conference). Wellington, New Zealand. Retrieved March 21, 2011, from http://www.landcareresearch.co.nz/news/conferences/manaakiwhenua/papers/bowden.asp

DeBarry, Paul A. (2004). *Watersheds: Processes, assessment, and management*. Hoboken, NJ: Wiley.

Downs, Peter W., & Gregory, Kenneth J. (2004). *River channel management: Towards sustainable catchment hydrosystems*. London: Arnold.

Downs, Peter W.; Gregory, Kenneth J.; & Brookes, Andrew. (1991). How integrated is river basin management. *Environmental Management*, *15* (3), 299–309.

Falkenmark, Malin. (2004). Towards integrated catchment management: Opening the paradigm locks between hydrology, ecology and policy-making. *Water Resources Development*, *20* (3), 275–282.

Ferrier, Robert C., & Jenkins, Alan. (Eds.). (2010). *Handbook of catchment management*. Chichester, UK: Wiley-Blackwell.

Jeffrey, P., & Gearey, M. (2006). Integrated water resources management: Lost on the road from ambition to realisation? *Water Science and Technology*, *53* (1), 1–8.

Kemper, Karin; Blomquist, William; & Dinar, Ariel. (Eds.). (2010). *Integrated river basin management through decentralization*. Berlin: Springer.

Lerner, David N., & Zheng, Chunmiao. (2011). Integrated catchment management: Path to enlightenment. *Hydrological Processes*, *25* (16), 2635–2640. Retrieved March 21, 2011, from http://onlinelibrary.wiley.com/doi/10.1002/hyp.8064/abstract

MacLeod, Christopher J. A.; Scholefield, David; & Haygarth, Philip M. (2007). Integration for sustainable catchment management. *Science of the Total Environment*, *373*, 591–602.

Novotny, Vladimir. (2003). *Water quality: Diffuse pollution and watershed management*. Hoboken, NJ: Wiley.

Owens, Philip N. (2005). Conceptual models and budgets for sediment management at the river basin scale. *Journal of Soils and Sediments*, *5* (4), 201–212.

Palanisami, K.; Suresh, Kumar D.; & Chandrasekaran, B. (Eds.). (2002). Watershed management issues and policies for the twenty-first century. New Delhi: Associated Publishing.

UK Office of Science and Technology, Foresight Flood and Coastal Defence Project. (2004). *Future flooding vol. 1: Future risks and their drivers*. Retrieved December 16, 2011, from http://www.bis.gov.uk/foresight/our-work/projects/published-projects/flood-andcoastal-defence/project-outputs/volume–1

Watson, Nigel. (2004). Integrated river basin management: A case for collaboration. *International Journal of River Basin Management*, *2* (4), 243–257.

Werritty, Alan. (2006). Sustainable flood management: Oxymoron or new paradigm? *Area*, *38* (1), 16–23.

Witter, J. V.; van Stokkom, H. T. C.; & Hendriksen, G. (2006). From river management to river basin management: A water manager's perspective. *Hydrobiologia*, *565*, 317–325.

富有魅力的大型动物

把公众目光和保护工作的重点集中到大型、令人喜爱的濒危大型动物（富有魅力的大型动物）上被认为是为项目筹集资金、为保护不太令人喜爱的物种和它们的栖息地开辟道路的一种方式。然而，批评者认为，这种方式分散了更应该保护项目的资金，而且忽略了绝大多数既不巨大、也不令人喜爱的物种。

“生态系统管理”这个术语意味着对大自然进行保护的一种整体方式，也就是说，把生态系统作为一个整体进行管理，以实现可持续生存的目标。人们可能会认为，所有的生命形式——脊椎动物和无脊椎动物、植物、真菌和微生物，都在大自然保护机构和政府决策中占有自己的位置。但政治和社会观念的现实常常缩窄公共政策问题实施的道路，在自然保护领域，工作重点常常集中在几个大型、熟知的动物物种[如上面这张由丹尼尔·伦尼（Daniel Lunney）拍摄的照片]。生态系统管理的什么特性使所谓的富有魅力的大型动物受到公众的喜爱？这是否意味着它是一场受欢迎程度的竞赛以迎合公众的喜好？生态系统管理者应受到什么样的限制？这些都是关键的管理问题，如果这些问题得不到讨论，它们就会被人避而不谈。

“富有魅力的大型动物”这个术语指的是引起公众超常关注的大型、熟知的动物物种。这一术语出现的背景是地球上大部分野生动物数量正在减小或者走向濒危，而且越来越多的物种走向灭绝，这一点可从一些资料来源中得到证明，如《联合国千年生态系统评估》的生物多样性报告（2005）和世界自然保护联盟经常发布的世界野生动物状态报告。人口的不断增长给世界的生态系统产生需求压力，而野生动物受到很大冲击。媒体和保护组织常常通过一小群熟知的濒危动物（大部分都是哺乳动物，即所谓的富有魅力的大型动物）的例子来宣传这一信息。问题是，把重点放在富有魅力的大型动物上对开展更广泛的可持续发展活动有帮助吗？

什么是富有魅力的大型动物

澳大利亚麦格理词典给*charisma*(一个希腊词,意思是天赋)的定义是:"使个人对很多人有影响力的个人素质;影响或打动人的能力。"该词典给*fauna*的定义是:"某一给定区域或时期的动物集合。"该词通常主要指脊椎动物,尽管其含义清楚地包含各种昆虫、软体动物和其他无脊椎动物。由于这种向脊椎动物的倾斜,术语"富有魅力的大型脊椎动物"也经常使用。动物学家通常把脊椎动物分成五类:哺乳动物、鸟类、爬行动物、两栖动物和鱼类。因此,大型脊椎动物就是这些类别中的大型动物,如大象、鲸鱼、鹰、鳄鱼、牛蛙或鲨鱼。

令人喜爱的大型哺乳动物

最早提到富有魅力的大型脊椎动物的是出现在1985年4月22日出版的《新闻周刊》上的一篇文章——《抢救"富有魅力的"动物》。这篇文章不仅给出了定义和例子,而且还把世界顶尖生物学家之一——爱德华·威尔逊(Edward O. Wilson)使用该术语的情况作为例证。威尔逊的专长是研究蚂蚁,因此,他对这一概念的支持在抱怨脊椎动物在保护论坛中出尽风头的动物学圈子里产生了附加的影响。

> 最新的策略承认,我们不能争取到公众的支持来拯救蛇螨或成千其他不可爱的动物。相反地,在过去的一年,很多野生动物保护学家启动了一项保护和宣传"富有魅力的大型脊椎动物"(熊猫、老虎、霍加狓和其他能吸引公众注意力的美艳稀有动物)的策略。如果这是对动物保护纯粹主义者要么全要要么全不要信条的否定,它同时也是巧妙策划的政治实用性行为。哈佛大学杰出的动物学家威尔逊说:"现在有一种使命感和激励感。我们最容易欣赏的物种可以引起人们对整个生态系统的注意。"("Saving 'Charismatic' Animals", 10)。

在实施这一策略时,富有魅力的大型动物用于为所有其他物种和整个生态系统带来益处。环境问题(如生存环境丧失和破碎化、污染、引入物种和气候变化)影响所有物种。富有魅力的动物使我们能够宣传这些可持续性发展的一般性问题,并在大众的支持下,探索对付这些效应的道路,以便为所有经受同样问题和使用同样地理区域的野生动物带来好处。此外,保护受欢迎物种和它们的栖息地有助于保护整个地域上的栖息地网络,而为整个动物区系带来好处。保护动物学家诺曼·迈尔斯(Norman Myers 1996)指出,一旦大型脊椎动物物种消失,新的大型脊椎物种进化的机会也将在被人类活动改变很多的地球上消失。

《新闻周刊》上的那篇文章提到了三个物种,把它们描述为"美艳稀有动物"。熊猫可以说是最著名的美艳稀有动物,一个迷人的富有魅力的大型脊椎动物。在《羚羊》杂志1998年一篇社论中,雅克奎·莫里斯(Jacqui Morris)观察到,哺乳动物在世界的动物区系中只占相对较小的部分,然而,在过去的十年,《羚羊》发表的文章中有一半都是把哺乳动物作为讨论的重点。莫里斯注意到,在1998年那期《羚羊》杂志的开篇文章中,杰弗里·麦柯尼利(Jeffrey McNeely)呼吁寻找保护哺乳动物的新途径，而不是仅仅限于研究、勘测和防止偷猎；哺乳动物保护学家需要解决像生存环境破坏、过度开发和引入物种这样的基本问题。莫里斯因而指出强调单个物种与解决根本原因之间的冲突。

这一主题成了阿比盖尔·恩特韦斯特尔(Abigail Entwistle)和纳吉尔·邓斯通(Nigel Dunstone)编著的一本书的题目：保护哺乳动物多样性的优先计划——熊猫的好日子一去不复返吗？(2000)这本书注意到，由于最近的分析表明大约四分之一的哺乳动物物种受到灭绝的威胁，保护运动正从传统的自然保护主义方式迅速转向更加综合的野生动物和景观保护方式。英国杂志《经济学人》于2008年1月7日发表了一篇文章——《给土地打上烙印：动物保护营销人员选择土地而不是野兽》。文章指出，尽管保护组织早就知道富有魅力大型动物的资金筹集价值，但为拯救这些动物所筹集的资金常常无法用于更广泛的保护目标。这篇文章讨论了伦敦动物学会采用的另外一种响应——把工作重点集中在“进化特别、全球濒危”(Evolutionarily Distinct and Globally Endangered, EDGE)物种。文章提到，这些物种“极其可爱”，而且可能“看上去很怪异”，但它们常常是整个动物群体中最后一个代表。“进化特别、全球濒危”物种(其中包括鸭嘴兽、长喙针鼹、土豚和儒艮)可能不被认为是濒危的，但因为从进化的观点看它们是珍稀的，因此，针对它们的保护行动还是应该启动，以免它们真的变成濒危动物。

所有动物(不管大还是小)

尽管公众要求对标志性物种进行保护，政府资金常常仅集中在受到威胁的物种，以便进行研究和保护，而忽略那些未列入受胁物种清单的数量更加庞大的物种。对从事保持生物多样性的管理者来说，重要的是要有统计上可行的物种数量，以确定各种变化的影响，如来自伐木、火灾和气候变化的影响。能提供最有效答案的动物都是普通物种，而且常常是最缺少魅力的，如土著灌木鼠。很少有人愿意了解灌木鼠生态学，尽管它们为保护某些生态系统，如森林或河边缓冲带(河岸栖息地)，提供了启示，而这种启示珍稀动物是永远无法提供的。与此形成鲜明对比的是，当考拉种群受到气候变化的影响其数量恢复速度急剧放缓时，2011年4月14日澳大利亚通过电视详细报道了把农业用地恢复为考拉保护区的一项调查(Lunney et al. 2012)。土著灌木鼠不会得到这样的报道机会，它们也吸引不到资助的美元。

《经济学人》杂志上的那篇文章(“Branding Land” 2008)指出了所谓旗舰地区(即被指定为受到威胁而值得保护的整个区域)的价值。例如，总部位于弗吉尼亚州阿灵顿的保护国际，已经指定了一些旗舰地区，包括热带安第斯山脉、巴西的大西洋森林和非洲的好望角植物区。总部位于瑞士格兰德的世界自然保护基金会也指定了所谓的“全球生态区”。通过指定旗舰地区而筹集的资金可用于各种保护项目，并不仅限于某些著名的物种。

那小动物的保护怎么办呢？绝大多数动物都是无脊椎动物，它们对生态系统功能做出的贡献远远超过脊椎动物做出的贡献。除了少数例外(如章鱼)，无脊椎动物不是大型动物，但很多却富有魅力。蝴蝶是一个例子，珊瑚礁是另一个例子。尽管可以列出一长串受欢迎动物的清单,但无脊椎动物不善于吸引公众的注意。澳大利亚博物馆的软体动物专家温斯顿·庞德(Winston Ponder)对这一点非常生气,于是写了一篇文章《偏见和生物多样性》(1992),他还与人合作编辑了一本关于生物学和无脊椎动物保护的大型书籍《另外的99%》(1999)。现在,无脊椎动物通常被称为“另外的百分之九十九”。

即使在脊椎动物中,富有魅力的大型物种也仅占极少数。物种最多的两个哺乳目是啮齿动物和蝙蝠,但找到富有魅力的老鼠或蝙蝠最多是个个人喜好问题。海狸有资格作为一个有魅力的啮齿动物,但大多数海狸看上去很像大鼠和小鼠。飞狐是吃水果的大型蝙蝠,飞行时翼展可达一米。对某些人来说,它们绝对是富有魅力的,但对广大公众来说,把它列入富有魅力的大型动物也是有问题的。它让有些人感到恐惧,因为它们是蝙蝠,而且在它们庞大的营地里,它们被认为是害虫,特别是当它们袭击果园的时候。有人担心它们可能带有致命的病菌,这进一步破坏了它们的形象。公众对蝙蝠的忽略和害怕可追溯到2000年前(Lunney & Moon 2011)。

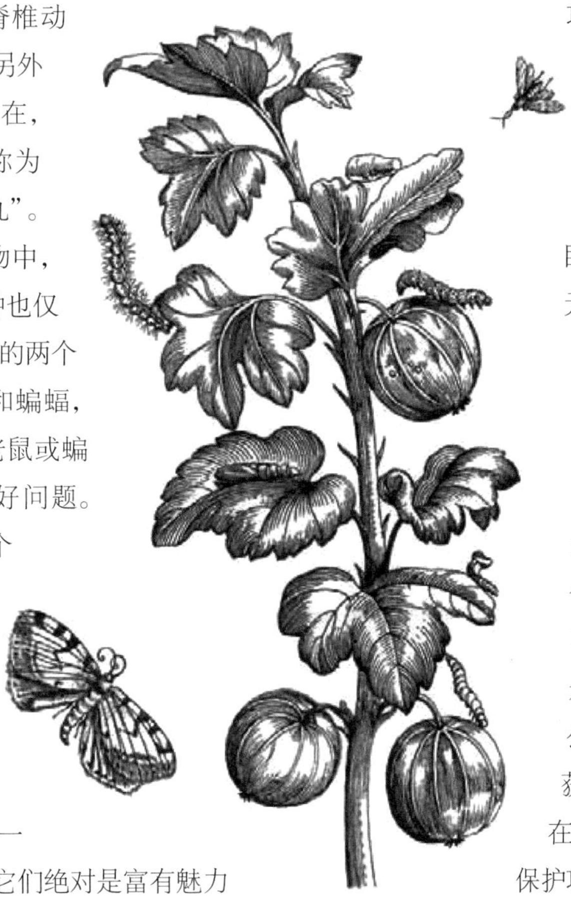

结论

从上述对富有魅力的大型动物的讨论中,我们可以得出这样的结论:该术语的目的是充分利用公众对“动物”概念已有的看法——他们喜欢什么样的动物以及他们愿意在哪些方面为那些以保护自然为目标的保护项目提供帮助。把重点放在几个引人注目的物种上,对从事保护物种多样性和生态系统(引人注目的物种也是其中的元素)工作的人们来说,是否会加重已经受到制约的保护议程的负担?会的,但它也会有助于获得保护的益处。考虑到在整个20世纪生态系统及其栖居动物所承受的众多压力,我们可以公平地说,所有的保护获利都是值得高兴的。在过去的40年中,动物保护项目有显著的增长,而且很多地方生物多样性的丧失速度已经减慢。考虑到人类走过的路,这真是一个巨大的成就,而我们的新一代人正面临着扭转这种物种丧失的挑战,幸运的是,还有大部分富有魅力的大型脊椎动物供他们欣赏。

丹尼尔·伦尼(Daniel LUNNEY)
澳大利亚新南威尔士州环境和遗产办公室

参见：生物多样性；生物多样性热点地区；生物地理学；群落生态学；复杂性理论；生态恢复；围栏；食物网；生境破碎化；狩猎；海洋保护区（MPA）；种群动态；物种再引入。

拓展阅读

The Economist. (2008, January 7). Branding land: Conservation marketers choose land over beast. Retrieved October 15, 2011, from http://www.economist.com/node/10486391

Entwistle, Abigail, & Dunstone, Nigel. (Eds.). (2000). *Priorities for the conservation of mammalian diversity — Has the panda had its day?* Cambridge, UK: Cambridge University Press.

Law, Brad; Eby, Peggy; Lunney, Daniel; & Lumsden, Lindy. (Eds.). (2011). *The biology and conservation of Australasian bats*. Mosman, Australia: Royal Zoological Society of NSW.

Lunney, Daniel; Matthews, Alison; Cogger, Hal; & Dickman, Chris. (2004). The neglected 74% — the non-threatened vertebrates — and a reflection on the limitations of the process that fashioned the current schedules of threatened species in New South Wales. In Pat Hutchings, Daniel Lunney & Chris Dickman (Eds.), *Threatened species legislation: Is it just an act?* (pp. 145–157). Mosman, Australia: Royal Zoological Society of NSW.

Lunney, Daniel, et al. (2012). Koalas and climate change: A case study on the Liverpool Plains, north-west NSW. In Daniel Lunney & Pat Hutchings (Eds.), *Wildlife and climate change: Towards robust conservation strategies for Australian fauna*. Mosman, Australia: Royal Zoological Society of NSW.

Lunney, Daniel, & Moon, Chris. (2011). Blind to bats. In Brad Law, Peggy Eby, Daniel Lunney & Lindy Lumsden (Eds.), *The biology and conservation of Australasian bats* (pp. 44–63). Mosman, Australia: Royal Zoological Society of NSW.

Millennium Ecosystem Assessment. (2005). *Ecosystems and human well-being: Biodiversity synthesis*. Washington, DC: World Resources Institute.

Morris, Jacqui. (1998). Has the panda had its day? *Oryx*, *32* (1), 1. Myers, Norman. (1996). The biodiversity crisis and the future of evolution. *The Environmentalist*, *16*, 37–47.

Ponder, Winston. (1992). Bias and biodiversity. *Australian Zoologist*, *28*, 47–50.

Ponder, Winston, & Lunney, Daniel. (Eds.). (1999). *The other 99%: The conservation and biodiversity of invertebrates*. Mosman, Australia: Royal Zoological Society of NSW.

Saving "charismatic" animals. (1985, April 22). *Newsweek*, *105* (16), 10.

Taylor, Anja (Producer). (2011, 14 April). Koala heatwave. In *Catalyst* [Television series episode]. Sydney: Australian Broadcasting Corporation. Video retrieved October 15, 2011, from http://www.abc.net.au/catalyst/stories/3191750.htm

海岸带管理

海岸带管理的思想基础经历了几个发展阶段：从基于行业的降低冲突的方法，到通过空间管理来主动考虑各种权衡，最后再到沿海生态系统治理，这一过程，在对自然系统所施加的限制条件加以认知的基础上，推进了人类的目标。增强可持续性发展可通过下列过程来实现：重新解释基于行业的管理系统的做法；对这个管理系统进行渐进式改变；或者干脆对这个管理系统进行根本性变更，而这种变更强调生态系统和它们提供的促进人类福祉的服务。

沿海生态系统包括陆地和海洋环境以及使用并居住其中的人员。定义这一区域的地理范围的一种方法是利用海拔高度。有人把海岸带(简单地定义为陆地与海洋相遇的地方)定义为从200米陆地海拔等高线到200米海洋深度等高线之间的地区(Crossland et al. 2005)。在很多地区，这一海岸带将向内陆延伸70～100公里，向海洋延伸到或稍微超过大陆边缘的陆架坡折。此外，为了研究，海岸带的范围会进一步包含额外的地区，以便考虑物质流(水、沉淀物、养分和污染物)和社会系统，这些都不能贴切地纳入海拔等高线。在某些情况下，沿海空气流域也会很重要。由空气传输的物质会落到沿海的陆地和有水地区，而关注其来源就成为研究或管理活动的一部分。

这个陆地-海洋地理区域具有重要的生物特性(Day et al. 1989)。河口栖息地展现的初级生产水平是地球上最高的地区之一。河口食物网依赖浮游植物、碎屑和沉水植被，每单位面积能生产多度很高的底栖生物。当前的鱼类群落，除了绝对丰度的逐年变化外，还随产卵、迁移和饲养周期而变化。鱼类单个物种的饮食可能包括20种食物类型，这样，鱼类通过猎食压力就对较低营养级的物种产生重要影响。这些联系在一起的生态系统既对人类造成的变化非常敏感，又通过食物和各种其他服务对人类的幸福产生重要影响。

海岸带的陆地部分是非常适合生活和工作的地方。实际上，截至2004年，53%的美国人口生活在沿海县，这些县只占美国陆地面积的17%（Crossett et al. 2004）。这意味着沿海县每平方英里有300人，而全国的平均数为每平方英里98人。在纽约的沿海地区，人口密度几乎高达每平方英里39 000人（Crossett et al. 2004）。海岸带还包括其居民的社会系统，这些居民带来他们的价值观和期望以及丰富而又不断增长的法律、惯例和行为系统，这些系统确定人们如何与他们居住的自然系统相处。

各国给这个陆地-海洋生态系统施加的政治边界各不相同，美国系统展示了可以建立的管辖区域类型。沿海县是州的一部分。镇和自治市位于县内，这种嵌套的系统受各种联邦当局的管辖。这些管辖边界大部分都完全独立于自然边界（如流域）。因此，自然使用的是一套边界，而政治管辖权则使用另外的区域划界基础。海岸带管理要想成功，就必须解决这种不协调。在美国，联邦《海岸带管理法案》鼓励各州把距陆地—海洋边界向外延伸3海里（有的是3里格——4.8公里）的区域划定为管理区。在州辖水域以外，联邦政府管理一个200海里的专属经济区。

环境过程的这种组合——人口不断增长的高密度、人类对海岸不断增加的改变和多种政府管理区域，为这些复杂海岸系统的管理者和更大的团体带来了困难。今天实行的海岸带管理包含三种独特的方式（Burroughs 2011）。

基于行业的管理是对单个活动（清淤、垃圾处理、市区扩张、石油开发）做出响应的管理，而这些单个活动会对其他活动（如娱乐、钓鱼、旅游、看美景）产生影响。这种方式试图追溯解决一种用途对另一种用途的影响问题。

第二种方式称为空间管理，它根据陆地或海洋的地理区域进行管理。在这一过程中，计划实体识别出同一区域或相邻区域中相匹配的用途。这种方法关注各种不同用途，并主要通过规划各种活动的地点来避免冲突。在对沿海陆地和水域进行开发时，空间管理通过这种主动方式可以降低冲突、延迟和不确定性。

第三种方式称为沿海生态系统治理，它在既考虑人类需求又考虑生态系统能力的情况下采用主动规划。沿海生态系统治理通过各种管理技术倡导可持续性自然和社会系统，而这些管理技术在与自然系统的制约条件相协调的情况下规划人类活动。这种方式为维持沿海系统提供了最强大的支撑。

通过生态系统管理维持海岸

沿海社会一直面对陆地-海洋区域目标存在冲突的难题。这种冲突在1972年美国为海岸带管理的立法中被适时发现，这次立法把海岸保护和开发都设定为目标。15年后，布伦特兰委员会把可持续发展定义为人类的如下能力："确保满足当前需求、又不损害后代人满足他们自身需求的能力"，这样，它就为海岸带管理者带来了额外的挑战（WCED 1987）。因此，该委员会就把长时间的可持续性作为一种评判行为是否合适的度量。例如，如果受污染的径流允许排放而致使沿海水体不适合有价值生物的生存，那么，沿海地区的这种行为就是不可持续的。

正如美国国家研究委员会所说的那样，海岸带管理的方面包括需要维持的东西（自然、生命支持和人类群落）和需要发展的东西

(人、经济和社会)(NRC 1999)。此外,不管采用什么解决方案,时间跨度和维持与发展之间的联系都是客观存在的。在这个框架中,海岸带管理存在自然和经济之间的艰难权衡。国家研究委员会明智地询问:这种联系应该是只要自然、自然是主要的、自然和经济、自然或者经济?明确列出这些选项突显了需要做出的艰难选择。在这种境况下,海岸带管理所面临的主要挑战,是确定与共同利益有关的价值,以及创建和实施那些大多数人支持的可持续性海岸带项目。海岸环境的历史记录表明,这将是非常困难的。

洛采(Lotze)等人(2006)的研究表明,通过检测物种丰富度和相关的指标,人类对海岸系统的改造可以追溯到几千年以前。几乎没有例外,在检测的12个以大西洋系统为主的系统中,研究人员发现,重要物种和生存环境(海草、湿地)都显著减少。随着人类社会从狩猎-采摘时期进入农业时期再进入市场-殖民时期,自然在这些背景下没有得到维持。其他研究人员(Fischer et al. 2007)把管理的任务设想为使生物物理、社会和经济系统恢复到一种可持续状态,这意味着人类社会和经济要与地球在可预见的将来支持生命的能力相匹配。

由于海岸带区域的治理系统很少直接应用可持续性原则,也从来不就哪项要素(自然、生命支持、人类群落、人、经济或社会)应该优先考虑提出具体意见,所以,在没有明确目标和职权的情况下,创建和实施管理系统依然非常困难。

集体沿海行为的冲突性目标可从目的与手段的角度进行分析(Burroughs 2011)。随着资源需求压力不断增加和社会价值观的转移,目的或目标也会变化。这些价值观与20世纪70年代以前的那种填埋或抽干沼泽地、主要为了开发而把水排放到沿海水域的做法有很大的不同。事实上,这些价值观的变化最终引发了当前这场把生态系统治理当作满足新目标的手段的讨论。

为实现长期可持续发展而进行的管理最终需要依靠创建、采用和提供管理人类行为有效方式的能力。协调这些要素以实现可持续性海岸带系统(包括人类的和自然的)会导致积极的可持续发展轨迹(Burroughs 2012)。

沿海生态系统治理:基本做法

对很多人来说,生态系统管理已成为解决上述价值观冲突的一种途径。生态系统的原则如果正确理解的话,可以支持可持续发展。生态系统包括人。把基于生态系统的管理作为完善沿海环境可持续性定义和实施方法的一种手段,此举在最近美国一个国家委员会的设立中是显而易见的。美国海洋政策委员会(2004)代表很多人的利益,而且具有国家的视角。该委员会强调了对生态系统的所有构成要素(包括人)进行共同管理的必要性。这一原则受到广泛支持,但只是零星地反映在当前治理或政策行政命令中。

然而,基于生态系统的管理,其潜力是非常大的,而且很多机构已经详细列出它所包含的内容(Burroughs 2011)。与基于生态系统的管理有关的表述构建了一个健康、高产、具有恢复力的生态系统的目标,这个生态系统能够提供人们需要、期望的服务。我们需要那些有能力利用生态系统健康、可持续性和预防原则进行全面管理的机构。这样的机构如果存在的话,在解决与死区有关的管理问题时特别有用，因为行政管理者在对海洋系统产生的影响有充分认知的情况下，被授权对农业实践进行管理。

正如理查德·伯勒斯（Richard Burroughs 2011）所总结的那样，单个的创始者都强调共同目标的价值，在这个共同目标下，多个行业的海岸活动可以按某种综合方式进行管理。此外，自然边界和与之相适应的管理体制（而不是政治管辖区）是确保成功的重要因素。基于公众参与和公平的协作式规划将会产生灵活、自适应的项目实施。理想的、基于生态系统的管理将考虑累积影响，采取预防措施，并提倡在各部门之间进行平衡。随着经验的积累，这些思想无疑会得到完善。

成功实施基于生态系统的海岸带管理到底需要多少变化？伯勒斯（2011）想到了三种方式。一种方式是沿用以行业管理为特征的常规管理系统，只是简单地改进其技术，使其满足新的生态系统目标。遗憾的是，历史记录表明这一策略将是难以实施的。尽管过去几年采取了很多改进措施，环境健康的重要指标（如水质量）最多是稳中有降。实际上，墨西哥湾低氧区面积的不断增加清楚地表明，控制养分流失的单个政府计划之间的协调是不到位的。还有一个意向问题。有些声称的变革只是一种说辞，而不是政策上的实质性变化。简单地把现有做法宣布为一种生态系统管理方式，官员们就避免了所需的真正变革。

第二种方式采用渐进式变化。这种策略涉及对现有政策系统的某些部分进行小的改变，评估其产生的影响后，再考虑做进一步的改变（Lindblom 1959）。其思路是，通过“旁敲侧击”，官员们可以降低个人风险，同时也能使系统发生变革（至少是部分地发生变革）。这种方法并不完全合理，因为管理者并不是先列出所有价值观和政策选项，然后再选定其中的一项。而分析人员只同意可行的做法，但并不明确指出政策目标，或者表明他们选择了实现目标的最佳手段。在这种模棱两可的情况下，基于生态系统管理的某些要素可能会找到用武之地。这种政策方案的选择是在考虑了以往小的政策变化经验的基础上做出的。对渐进式方案进行的一个重要检验是看它是否有了向前推进而没有受到强烈的反对。通过旁敲侧击，只有部分的目标可以实现，这意味着这个过程将必须进行无限的重复。在渐进式变化中，官员们可以在现有司法结构和日常做法的限制下，利用生态系统的思维模式来改善结果。几乎当前所有基于生态系统管理的例子都属于渐进式变化。

事实上，渐进式变化在过去已经重新塑造了海岸带和海洋的管理。20世纪50年代制订的海上石油开发计划已在70年代进行了完善(Juda 1993)。公众对海洋水体价值的态度也发生了变化，美国的法律体系也反映了这种变化。《国家环境政策法案》、《海岸带管理法案》和修订的《外大陆架土地法案》要求政府官员在做决定时要考虑产生的环境影响。对环境影响的日益重要性，通过司法判决得到确认，并与法律的变更一道，改变了环境数据的收集和利用(Burroughs 1981)。这种变革之后，要求政府要预想海洋石油开发对环境的不良影响，同时采取措施(部分或全部暂停某些开发项目)避免这种情况发生。

第三种方式的变化是革命性的，也就是说是迅速、根本性的。当问题的特性要求大胆的解决方案，或者目标的变化所要求的行动超出渐进式变化的能力时，根本性变化就变得特别重要(Birkland 2005; Cortner & Moote 1999)。为了应对大萧条，把人类送上月球、保护平等权利就需要对政策进行根本性调整。今天，很多人认为，海岸带和海洋正受到类似的变革性关注。皮尤海洋委员会的主席表示，他们的研究小组发现海洋正处于危机之中，他们致力于“国家海洋政策的根本性变革”，而且注意到改革是必不可少的(Pew Oceans Commission 2003, i)。就像20世纪70年代初是环境政策发生迅速、根本性变革的时期(参见下面《清洁水法案》一节的讨论)一样，基于生态系统的管理也会在21世纪引发类似的进步。

海岸带生态系统治理的实践

基于生态系统管理的根本性变化会是个什么样子？需要考虑的问题包括发生这样一种变化的基本原因、涉及的政策要素以及建议实施这种变化的例子。

急剧的政策转变并不是没有先例。例如，1972年的《联邦水污染控制法案修正案》(即人们熟悉的《清洁水法案》)代表着从依赖自觉的污染控制方式向“指挥与控制”方式的深刻转变。为了保护休闲、渔业和环境，这项新的法案建立了一种许可系统，用以控制管道污水的排放并提出基于技术可行性的处理要求。该法案明确了单个污染物的排放限量并建立了监控和执法体系，以确保对法律的遵守。

在追求这种规模的变化时，重要的是要考虑推动这种变化的基本原则和实施手段。正如罗伯特·科斯坦萨(Robert Costanza)等人(1998)所指出的那样，首先，利益相关者应参与政策的制订和实施，这些政策在生态角度看应当是可持续的，在社会角度看应当是公平的。其次，做决定的机构等级应与生态现实相适应。第三，潜在的破坏性活动应慎重对待，而且应当有足够的机会去适应和完善政策。最后，科斯坦萨和他的同事认识到，海洋的可持续性治理建立在对社会和生态成本和利益的全额分配上。如果把市场用作确定最佳政策的手段，这些政策必须加以调整，以反映全部成本。

为了改善可持续性，向基于生态系统管理的转变需要我们对做决定过程的认识发生转变。在组成性决策中，应进行权力和控制的基本分配(Lasswell 1971; Clark 2002)。基于生态管理的理想组成性决策过程应优先考虑支撑人类和自然系统的公共利益，同时也要产生合适的权威性以确保政策的实施。在规划过程中依赖利益相关者以及适应性管理建议体现了这种组成性变化。

基于生态系统的管理所面临的最大挑战是考虑影响生态系统的所有要素并管理各种活动以使提供的各种服务能够持续(Levin & Lubchenco 2008)。生态系统服务被定义为“自然生态系统用以维持和满足人类生命的条件和过程”(Daily 1997, 3)。《千年生态系统评估》把生态系统服务分为四类(UNEP 2010, 8)。从生态系统获得的产品或商品称为供应服务。在海岸带环境中,它们包括渔业、海产养殖、遗传多样性、药物、运输、矿产以及来自风、潮汐和海浪的能量。生态系统还提供调节服务——通过碳存储和地面覆盖控制气候、通过分解控制水质、通过保护特征(如沼泽和珊瑚礁)控制自然灾害。此外,生态系统还产生精神充实以及美学和休闲价值,这些称为文化服务。最后,构成所有其他生态系统服务基础的间接和长期益处称为支撑服务。水或养分循环、光合作用就是这样的例子。

明确考虑生态系统服务会在多大程度上以及如何改善海岸带管理?这种类型的变化将需要重新调整治理技术的讨论,以便利用基于生态系统管理的原则。几位研究人员已经为此打下了思想基础(Slocombe 1998; Yaffee 1999; Layzer 2008; McLeod & Leslie 2009)。其中,《千年生态系统评估》(UNEP 2006)提出生态系统服务是把概念转化为实践的有效手段。因为政府项目并不是直接用于保护和改善生态系统服务,所以,这种方式的实施几乎肯定需要利用新的手段。有关的手段包括市场、可交易的污染许可、政府所有权、政府法规、奖励支付、自愿支付,等等(Brauman et al. 2007; Ruhl, Kraft & Lant 2007)。生态系统服务需要基于自然系统而不是政治管辖区的思路和行动。在区域规模上开展工作几乎肯定会对累积影响产生更好地了解,所采取的行动也更不容易危害生态系统服务。

生态系统服务区是实现这个新目标的一种途径(Heal et al. 2001; Lant, Ruhl & Kraft 2008)。美国有很多区域性组织,它们为了某种具体目的管理一些地理地区。州级法律或地方性计划可以设定一个分区,用以管理那些与流域健康和服务(如侵蚀、供水或洪水)有关的人类行为。它们就成为生态系统服务区的原型,这些服务区可以按照其地理管辖区与生态系统特性相匹配的方式进行连接,因而确保有效监督。生态系统服务区是管理地理区域并授权进行协调、划分地带和收税的政府实体。理论上,生态系统服务区将选择成本最低的手段提供某种服务。例如,纽约市曾经面对管理流域以保护饮用水质量和建立水处理系统之间的权衡。通过围绕水库建立示范性生态系统服务区,纽约可以而且的确从生态系统过程的水净化能力中获益,而不是通过技术投资来实现同样的结果(Heal et al. 2001)。随着对更多的服务和价值进行考虑,从不同建议方案中区分出有利因素和不利因素变得越来越复杂,但目标依然是产生最大可能的价值。

为生产期望的生态系统服务所进行的管理并不是没有障碍。管理生态系统时如果只是基于它们提供的金钱利益,就会宣扬一种"大自然只有在它带来利润或者可以用来产生利润时才值得保护"的观点(McCauley 2006, 28)。考虑到存在这种隐患,倡导者必须特别精心地策划各种手段并促进政策的制订,以确保生态系统功能最广泛的覆盖和生物多样性得到保护。否则,这样的计划可能会给所选的服务带来最少的收益,而对其他服务带来潜在的损害(Daily & Matson 2008)。尽管存在这些问题,生态系统服务这种方式为海岸带和海洋区域提供了一种新的样板,这可能预示着海岸带治理的根本性转变。如果能够有效实施,这种新的管理方式将会给可持续发展带来显著的收益。

小结

海岸带(陆地和海洋的交界区)是人口急剧增长的地方。海岸带居民更高的生活标准常常会带来更大的环境影响,与此同时,很多一般公众越来越珍视健康、自然的水体。事实上,海岸带管理专业工作者已经面对可持续性问题达40年或者更久。在1972年《海岸带管理法案》的目标陈述中,行政管理者被要求对海岸带既要进行保护又要进行开发。1987年布伦特兰委员会的报告又增加了一个时间维度的挑战,并且在追求社会和自然系统可持续性的同时,指出了以不危害未来的方式管理现在的重要性。最近,海岸带管理的分析和行动受到生态系统原理的影响,这些原理提供了一种把有关保护-开发-持续的讨论置于环境制约和人类需求的背景之下的一种手段。在随后的几年里,海岸带管理将继续检验社会创建并实施新的、与海岸带可持续性未来相适应的治理系统的能力。

理查德·伯勒斯(Richard BURROUGHS)
罗德岛大学

参见:最佳管理实践(BMP);流域管理;生态系统服务;边缘效应;极端偶发事件;食物网;全球气候变化;大型海洋生态系统(LME)管理和评估;海洋保护区(MPA);海洋资源管理。

拓展阅读

Birkland, Thomas. (2005). *An introduction to the policy process: Theories, concepts, and models of public policy making*. Armonk, NY: M. E. Sharpe.

Brauman, Kate; Daily, Gretchen; Duarte, T. Ka'eo; & Mooney, Harold. (2007). The nature and value of ecosystem services: An overview highlighting hydrologic services. *Annual Review of Environment and Resources*, *32*, 67–98.

Burroughs, Richard. (1981). OCS oil and gas: Relationships between resource management and environmental research. *Coastal Zone Management Journal*, *9*, 77–88.

Burroughs, Richard. (2011). *Coastal governance*. Washington, DC: Island Press.

Burroughs, Richard. (2012). Sustainability trajectories for urban waters. In M. Weinstein & R. E. Turner (Eds.), *Sustainability science: The emerging paradigm and the urban environment*. New York: Springer.

Clark, Tim. (2002). *The policy process: A practical guide for natural resource professionals*. New Haven, CT: Yale University Press.

Cortner, Hanna, & Moote, Margaret. (1999). A paradigm shift? In Hanna J. Cortner & Margaret Moote, *The politics of ecosystem management* (pp. 37–55). Washington, DC: Island Press.

Costanza, Robert, et al. (1998). Principles for sustainable governance of the oceans. *Science*, *281* (5374), 198–199.

Crossett, Kristen; Culliton, Thomas; Wiley, Peter; & Goodspeed, Timothy. (2004). *Population trends along the coastal United States, 1980–2008*. Washington, DC: National Oceanic and Atmospheric Administration.

Crossland, Christopher; Kremer, Hertwig; Lindeboom, Han; Crossland, Janet; & Le Tissier, Martin. (Eds.). (2005). *Coastal fluxes in the Anthropocene*. Berlin: Springer-Verlag.

Day, John; Hall, Charles; Kemp, W. Michael; & Yanez-Arancibia, Alejandro. (1989). *Estuarine ecology*. New York: John Wiley & Sons.

Daily, Gretchen. (1997). Introduction: What are ecosystem services? In Gretchen Daily (Ed.), *Nature's services: Societal dependence on natural ecosystems* (pp. 1–10). Washington, DC: Island Press.

Daily, Gretchen, & Matson, Pamela. (2008). Ecosystem services: From theory to implementation. *Proceedings of the National Academy of Sciences*, *105* (28), 9455–9456.

Fischer, Joern, et al. (2007). Mind the sustainability gap. *TRENDS in Ecology and Evolution*, *22* (12), 621–624.

Heal, Geoffery, et al. (2001). Protecting natural capital through ecosystem service districts. *Stanford Environmental Law Journal*, *20*, 333–364.

Juda, Lawrence. (1993). Ocean policy, multi-use management, and the cumulative impact of piecemeal change: The case of the United States outer continental shelf. *Ocean Development and International Law*, *24*, 355–376.

Lant, Christopher; Ruhl, J. B.; & Kraft, Steven. (2008). The tragedy of ecosystem services. *Bioscience*, *58* (10), 969–974.

Lasswell, Harold. (1971). *A Pre-View of Policy Sciences*. New York: American Elsevier.

Layzer, Judith. (2008). *Natural experiments: Ecosystem-based management and the environment*. Cambridge,

MA: The MIT Press.

Levin, Simon, & Lubchenco, Jane. (2008). Resilience, robustness, and marine ecosystem-based management. *Bioscience*, *58* (1), 27–32.

Lindblom, Charles. (1959). The science of "muddling through." *Public Administration Review*, *19* (2), 79–88.

Lotze, Heike, et al. (2006). Depletion, degradation, and recovery potential of estuaries and coastal seas. *Science*, *312*, 1806–1809.

McCauley, Douglas. (2006). Selling out on nature. *Nature*, *443* (7), 27–28.

McLeod, Karen, & Leslie, Heather. (2009). State of the practice. In K. McLeod & H. Leslie (Eds.), *Ecosystem-based management for the oceans* (pp. 314–321). Washington, DC: Island Press.

National Research Council (NRC). (1999). *Our common journey*. Washington, DC: National Academy Press.

Pew Oceans Commission. (2003). *America's living oceans: Charting a course for sea change.* Arlington, VA: Pew Oceans Commission.

Ruhl, J. B.; Kraft, Steven; & Lant, C. (2007). *The law and policy of ecosystem services*. Washington, DC: Island Press.

Slocombe, D. Scott. (1998). Defining goals and criteria for ecosystem-based management. *Environmental Management*, *22* (4), 483–493.

United Nations Environment Programme. (2010). *Blue harvest: Inland fisheries as an ecosystem service*. WorldFish Center, Penang, Malaysia: UNEP.

United Nations Environment Programme. (2006). *Marine and coastal ecosystems and human well-being: A synthesis report based on the findings of the Millennium Ecosystem Assessment*. Nairobi, Kenya: UNEP.

US Commission on Ocean Policy (USCOP). (2004). *An ocean blueprint for the 21st century: Final report*. Retrieved December 13, 2011, from http://www.oceancommission.gov/documents/full_color_rpt/welcome.html

World Commission on Environment and Development (WCED). (1987). *Our common future.* New York: Oxford University Press.

Yaffee, Steven. (1999). Three faces of ecosystem management. *Conservation Biology*, *13* (4), 713–725.

共同管理

自然资源的共同管理(政府与当地团体合作)自19世纪就在世界范围内开始发展起来,但直到第二次世界大战之后才首先在西欧加快了发展速度。自20世纪70年代以来,共同管理在自然资源政策制定方面就成为全球主要转变的一部分,但实施的挑战依然存在。

共同管理就是在政府机构(或其他正式机构)和当地利益相关者(如农业社区、本地居民和非政府组织)之间分担自然资源管理责任的过程。共同管理也称为基于社区的保护、协同资源管理、联合管理或保护合作,它已经应用于海洋和淡水渔业、野生动物种群和其他自然资源以及国家公园、森林保护区和全球范围内的很多其他保护项目。尽管它仍然面临着很多挑战,但自20世纪80年代以来,共同管理一直代表着自然资源保护中最重要的创新之一。

以政府为中心的保护工作

尽管共同管理常常被宣扬为保护工作的新方式,但这一思想实际上并不是全新的。至少在19世纪,就有了政府把管理自然资源的责任交给当地社区的例子,例如在挪威的罗弗敦群岛,一个主要的鳕鱼场已被参与的渔民监督管理了一个多世纪。

然而,当19世纪后期现代保护运动开始发展起来的时候,北美和西欧的大部分保护工作者都认为保护和管理自然资源是政府的责任,政府应利用在林业、生物、工程和其他新兴科学领域有造诣的专业管理者和科学家的经验和智慧。随着社会的工业化以及交通和经济联系的改善,对森林、野生动物和水资源的开发利用达到了一个前所未有的规模,涉及强大的国家和国际经济利益集团。保护工作者坚持认为,不论是保存原野地还是明智地管理自然资源,一个强大、进步的中央政府是对抗过度开发、实现保护目标的最佳途径。政府的作用已被适时地编入立法,政府被授权采取行动保护野生动物和濒危物种、建立森林保护区和国家公园、管理渔业并控制对环境的污染。

尽管在19世纪后期和20世纪前期联邦和殖民地政府建立的公园和保护区规模很大，但这些成绩的取得也付出了代价。很多这样的区域都规划在土著文化和传统社区一直都在耕种、捕鱼、打猎、采摘、放牧和称为家的地域。例如，1872年成为黄石公园(怀俄明州、蒙大拿州和爱达荷州)的领地是被肖肖尼印第安人季节性使用的。类似地，1890年设定的位于加州的优胜美地国家公园，由密瓦克人居住，他们在优胜美地环境中收获各种植物和动物资源。

保护工作者在追求自然保护的时候，他们常常认识不到他们认为是原生态的很多景观实际上都是源于传统的生态环境改造活动，例如定期的燃烧、季节性放牧或迁徙耕作。把植物和动物当作生存资源的当地居民会被迫放弃或大大改变他们传统的收获方式。的确，在很多情况下，他们是被赶出公园和保护地的。在有些情况下，为了抗议这种对待方式，一些社区会故意过度利用或过度收获他们曾经精心管理的动物和植物资源。很多时候，在美洲和欧洲殖民帝国出现的这种集中模式的保护，引发了当地居民与自然资源保护人员之间的高度对立，他们对与自然世界的相互作用有着各自不同的看法。

改变假定条件，改变政策

现代生态保护开始探索另外途径的第一个重要事例发生在西欧，当时，像英国这样的国家在第二次世界大战之后的几年里开始建立现代保护区网络。工作在被农业人口居住和管理了几个世纪的乡村土地上，保护工作规划者一开始就认识到，美国形式的国家公园系统在这里并不可行。他们最终建立的用于规划和管理国家公园和保护区的机构，如英国的国家公园委员会(后来改为乡村委员会)，并没有征收大面积的土地用于保护，而是一开始就更像一个区域咨询委员会，与规划公园边界内的当地规划部门密切合作，并努力向与景观保护目标相匹配的土地用途提供激励。

到20世纪60年代和70年代，一种更广泛的共识开始出现：当管理自然资源时，政府需要对当地居民的需求给予更多的考虑。当时更加进步的社会环境使得被剥夺权力的土著社区、当地居民和少数民族能够强化他们的基本人权。在法律、政治以及公共舆论领域，土著居民开始迫使保护和资源管理机构在管理传统重要自然资源方面让他们发挥更大的作用，包括林地、渔场、野生动物种群以及具有宗教、生存或历史文化价值的公共用地。例如，在美国，联邦法院的裁决，如美国诉华盛顿案(1974)，重申了美国土著部落与政府机构一起管理渔业资源的权力，这些渔业资源是在美国政府签署的协议中授予这些部落的。

大约与此同时，人们对集中式、政府主办开发模式所带来的经济、社会和环境成本的关注开始推动向更加民主的基层开发方式转变。这为乡村社区在他们所依赖的自然资源管理方面发挥更大的作用提供了机会，而且将会证明这在发展中国家是非常重要的。到20世纪80年代前期，保护和开发在非洲、亚洲和拉丁美洲被认为具有潜在互补性，而不是相对立的两种思想，这进一步强调了在正式的保护和管理中解决当地民众需求的重要性。

当地社区的要求也得到学术界学科进步

的支持，生态人类学、人种生物学和人文地理学中越来越多的研究推动了人们对当地和土著居民的资源管理经验和传统的复杂性和细致性的认知。当地民众并不是单纯的自然资源的机会主义者和掠夺者，很多研究都表明，他们是土地、鱼类、森林和动物小心的观察者和有效的管理者。早在20世纪60年代和70年代，有远见的科学家就开始吸收这些当地民众的新观点，呼吁采用共同管理的方式；美国生物学家雷蒙德·达斯曼（Raymond Dasmann）和肯尼亚生物学家戴维·韦斯顿（David Western）在东非和南非研究野生动物种群和自然保护时，就是这么做的。

到20世纪70年代末，人们已清楚地看到，自然资源政策的重要转变已在国家和国际层面都扎下了根。就保护区的情况来说，随着联合国教科文组织（the United Nations Educational, Scientific and Cultural Organization, UNESCO）于1979年发布《人与生物圈计划》，提倡共同管理的系统性尝试就开始了。术语“生物圈保护区”描述的是一种保护区域，它有一个核心保护区（如国家公园），周围是允许进行与保护目标相匹配的传统土地利用和经济活动（如生态旅游）的缓冲带和过渡区。这项计划促使世界各地的国家政府设定生物圈保护区；到2011年，已有110个国家设定了560多个生物圈保护区。

到20世纪80年代，就连古老的美国国家公园署（National Park Service, NPS）也开始通过设定新的国家公园、国家遗产保护区以及国家小径和河流走廊来采用更具协作性的公园管理方式，其中联邦政府拥有的土地很少，管理由政府和私人合作者共同承担。在长期设立的公园里，国家公园署开始越来越多地与志愿者团体和相邻社区进行合作，以解决那些仅通过传统行政管理渠道无法适当处理的管理问题（如相邻土地面临的开发压力）。

共同管理的实际应用

在高谈合作的声浪中，自然资源管理工作者一直面临着把共同管理的理想转化为一种新型、实用保护模式的挑战。在实践中，共同管理可以包含各种方式，它们在多大程度上能够实现有意义的合作上很可能会有很大的变化。在这个尺度的一端，是“被动式协作”：自然资源管理者只是简单地把管理决定通知当地资源用户，或者在执行管理规定之前征求他们的意见和建议。在这个尺度的另一端，是自决式协作，它可能意味着当地居民自行制定和执行管理决定，政府管理工作者只是发挥顾问的角色——帮助分析问题和解决冲突。

共同管理的努力一开始旨在以一种循序渐进、摸索试验的方式进行，常常是从热情很高的个体(悟性好的地方领导人和创新型资源管理工作者)的项目开始,他们倡导对当地居民特别重要的资源实施协作式管理。例如,对印度政府拥有的部分林地进行的共同管理,一开始是由关注的村民推动的,后来又得到林业工作者的支持。

非政府组织在推进共同管理的实施上也发挥了显著的作用,特别是在发展中国家。1985年,著名的非政府保护组织——世界野生动物基金会,发起了一项称为"野地和人类需求"的计划,它资助了在拉丁美洲、亚洲和非洲的示范性共同管理项目。另一个主要的非政府保护组织——美国大自然保护协会,在20世纪90年代早期,把其重点从建立严格的自然保护区转移到保护更大的"生物保护区"上,他们帮忙把政府机构、当地居民和私人土地拥有者组织在一起,保护原生态景观的生物财富。

自20世纪70年代和80年代以来,美国、澳大利亚、巴西、加拿大、印度和其他国家都获得了实施共同管理的授权法令。然而,一开始大部分政府都不愿意分享原本只属于他们自己的决定权,他们常常借助法庭上诉和拖后腿的方式试图拖延实施。随着时间的推移,越来越进步的行政管理者开始认识到共同管理提供了把政府有限资金进一步延伸的可能性,而且有助于满足公众的改革和改变的要求。到20世纪90年代,自然资源管理机构更加迅速地把共同管理协议应用到渔业、林业产品、野生动物种群和公用土地。近岸渔业已证明特别适合采用共同管理模式;最新的全球分析发现,在44个国家有130个共同管理的渔场。其中最大的一个是利润丰厚的智利鲍鱼渔场,该渔场沿智利2 500英里海岸线有700个共同管理的区域,雇用了两万渔民。

即使有明确的奖励,很多政府机构还是难以接受在自然资源管理中把当地社区当作同等的合作伙伴,特别是涉及土著社区或少数民族的时候。在新西兰,1987年议会通过了《保护法案》,要求政府与当地毛利社区以协作模式管理野生动物种群和保护区,但执行起来却花费了很长时间。文化差异也发挥着作用。例如,毛利人的某些资源管理的概念(如术语"*kaitiakitanga*"——一种进行看护、保护和庇护的代际责任)很难翻译成自然资源管理工作者习惯使用的生态学语言。缺乏协作式管理的样板也延缓了向共同管理的过渡,其他的问题包括政府对新机构没有足够的资金支持和那些更倾向于保存业务的保护工作积极分子的反对。

即使那些在自然资源共同管理方式上走得最远的国家和机构,正面的结果也不是自动产生的。用于植物和动物种群的传统管理实践的综合并不能保证每一个团体或社区在所有情况下都会是有效的管家,特别是文化观念系统和生存模式经历迅速变化的时候。治理系统中的不公平或腐败会摧毁协作式管理中哪怕是最好的意图,当地社区内的社会或民族分裂也会导致类似的失败。

例如,在中非共和国的德臧加-尚加(Dzanga-Shanga)林区,保护团体为实现可行的共同管理体制已经努力了很多年。这一区域居住着各种少数民族,他们当中很多来自国家的其他地方,对森林资源进行集体管理的传统并没有形成。现在能给当地居民带来更大利润的生态旅游机会规模有限,向当地居民提供与这几年活跃在该区域的有组织的野生动物猎杀和伐木公司所承诺的收益等量的生态保护奖励，一直是保护工作者面临的挑战。

未来展望

现在，当地社区在资源保护方面所发挥的作用和他们改善可持续性管理模式的能力都是毋庸置疑的，但在很多情况下，成功实施共同管理的例子却依然屈指可数。也许在继续完善和改进共同管理体制方面最重要的一个因素，是联邦和州政府承诺继续为合作和协同提供资金和资源的支持。共同管理本身并不是万灵丹，但对政府、社区和机构来说，它依然是应对21世纪保护工作挑战最可行的方法。

约翰·图科瑟尔（John TUXILL）
西华盛顿大学

参见：行政管理法；最佳管理实践（BMP）；生物地理学；生态系统服务；消防管理；渔业管理；森林管理；人类生态学；土著民族和传统知识；大型海洋生态系统（LME）管理和评估；自然资本；海洋资源管理；原野地。

拓展阅读

Batisse, Michel. (1982). The biosphere reserve: A tool for environmental conservation and management. *Environmental Conservation*, *9* (2), 101–111.

Berkes, Fikret. (2007). Community-based conservation in a globalized world. *Proceedings of the National Academy of Sciences of the United States of America*, *104*, 15188–15193.

Borrini-Fayerabend, Grazia; Pimbert, Michel; Farvar, M. Taghi; Kothari, Ashish; & Renard, Yves. (2007). *Sharing power: A global guide to collaborative management of natural resources.* London: Earthscan.

Brown, Jessica, & Kothari, Ashish. (Eds.). (2002). Local communities and protected areas. *Parks*, *12* (2), 1–96.

Gutiérrez, Nicolás; Hilborn, Ray; & Defeo, Omar. (2011). Leadership, social capital and incentives promote successful fisheries. *Nature*, *470*, 386–389.

Jentoft, S., & Kristoffersen, T. (1989). Fishermen's co-management: The case of the Lofoten fishery. *Human Organization*, *48* (4), 355–365.

Kruse, J.; Klein, D.; Braund, S.; Moorehead, L.; & Simeone, B. (1998). Co-management of natural resources: A comparison of two caribou management systems. *Human Organization*, *57* (4), 447–458.

Olsson, P.; Folke, C.; & Berkes, Fikret. (2004). Adaptive comanagement for building resilience in social-ecological systems. *Environmental Management*, *34*, 75–90.

Pinkerton, E. W. (1992). Translating legal rights into management practice: Overcoming barriers to the exercise of co-management. *Human Organization*, *51* (4), 330–341.

Taiepa, T.; Lyver, P.; Horsley, P.; Davis, J.; Bragg, M.; & Moller, M. (1997). Co-management of New Zealand's conservation estate by Maori and Pakeha: A review. *Environmental Conservation*, *24* (3), 236–250.

Tuxill, Jacquelyn L.; Mitchell, Nora J.; & Brown, Jessica. (2004). *Conservation and collaboration: Lessons learned from National Park Service partnerships in the western US*. Woodstock, VT: Conservation Study Institute.

Wells, Michael P., & Brandon, Katrina E. (1993). The principles and practice of buffer zones and local participation in biodiversity conservation. *Ambio*, *22* (2–3), 157–162.

Western, David; Wright, R. Michael; & Strum, Shirley C. (Eds.). (1994). *Natural connections: Perspectives in community-based conservation.* Washington, DC: Island Press.

Wollendeck, J. M., & Yaffee, S. L. (2000). *Making collaboration work: Lessons from innovation in natural resource management.* Washington, DC: Island Press.

群落生态学

在一个生态群落里，物种之间常常以复杂、细微的方式发生相互作用，这取决于精心平衡的食物网和维持生态系统的能量循环。群落生态学的研究——分析一个地区内生物的分布、多度和多样性，为人们提供了用于小心翼翼地管理人类与其他物种的相互作用的见解。

一个生态群落一般被描述为某一特定地理区域内发生相互作用的一群感兴趣的物种。因此，群落生态学就是研究某一特定地区物种相互作用的学科。你可以观看任何有关大自然的纪实节目并得到一些关于自然世界复杂性的认识。在非洲稀树草原刚刚杀死一只食草动物的顶端食肉动物，其面部的内脏血滴；使蚂蚁爬到植物顶上好让鸟类更容易看见并吃掉寄生性细菌感染；或者植物和根菌之间的互利共生（使植物可以通过真菌延伸的网络吸收土壤里的养分而真菌也可以从中换取糖分）；这些生动的画面突显了那些构成群落生态学的环境中和跨环境物种间的相互作用。

群落可以很简单——由两三个不同的物种组成，也可以很复杂——由在动态食物网内发生相互作用的数百个或数千个物种组成。群落生态学主要关注的是，物种的相互作用如何在空间和时间尺度上影响某一地方生物的分布、多度和多样性。

了解群落生态学对人类种群很重要，因为生态系统提供各种服务，像可呼吸的空气、食物、水、生活材料和一个生活的环境，这些服务都是通过物种的相互作用转换而来的。例如，土壤肥力与植物和土壤群落的相互作用有关。植物以秋天落到地面的枯叶或生长、死亡并留在土壤的根茎的形式贡献有机物质。这种有机物质被土壤中的节肢动物咬成较小的碎片并被土壤中的真菌和细菌群落拓殖；树叶或根茎中的有机氮被微生物群落通过矿化过程转化为无机氮；然后，土壤中的无机氮再次被植物使用。因此，生态系统的氮矿化过程就与地上和地下植物群落和各种群组生物之间的相互作用有了关联（Schweitzer et al. 2004）。

物种间的相互作用

物种间的相互作用有两种主要方式:① 直接相互作用:一个物种的影响立刻被第二个物种感受;② 间接相互作用:一个物种对另一个物种的影响是由第三个物种决定的。物种间的相互作用可以通过草食性和捕食现象模式产生营养相互作用,或者可以沿着互利共生的梯度变化为寄生或竞争再到易化。例如,在实验条件下,进化生态学家约瑟夫·贝利(Joseph Bailey 2011)展示了一个普通森林树种、一种草食动物和鸟类捕食者之间显著的营养相互作用。他发现棉白杨树的树叶尺寸与产虫瘿的食植昆虫的多度有关;这是草食性的一个例子,也是更多瘿虫会产生更大树叶这样一个直接效应的情况。这种食草动物的多度与鸟类捕食者的觅食行为正相关,这是捕食现象和营养相互作用的一个例子,这也是当虫瘿的多度较高时鸟类觅食就会增加的一个直接效应。此外,另一项研究表明:鸟类捕食者对节肢动物的劫杀会对棉白杨树的生长产生有利影响(Bridgeland et al. 2010),而对树木产生间接效应。鸟类食用虫瘿的直接效应通过减少食草动物来使树木间接受益。一种植物、食草动物和捕食者之间的这些相互作用是营养相互作用的经典例子,其中来自太阳的能量被植物吸收为碳,这种碳被食草动物消费,而食草动物又被捕食者吃掉,因而能量通过生态系统发生了流动。

在寄生和互利共生现象的经典例子中,美国生态学家南希·柯林斯·约翰逊(Nancy Collins Johnson)及其同事格雷厄姆(J. H. Graham)和史密斯(F. A. Smith)(1997)表明:当草长在无人打理的土壤并接受正常的光照时,土壤真菌会对草的繁育产生有益的影响,这表示土壤真菌帮助植物获取生长所需的养分。然而,当土壤施肥以后,植物不再需要帮助获取养分,互利共生的好处就消失了,土壤真菌就变成寄生的,而对植物适合度产生负面影响。这个例子表明了随着寄主或环境的变化,物种间的相互作用可以从寄生变成互利共生,或者相反。虽然我们可以用很多方式描述物种间的相互作用,但群落生态学主要关心的是这些相互作用如何影响景观的生物多样性模式。

生物多样性

群落内对生物多样性的度量包括α、β和γ多样性。α多样性是局部地区内不同物种的数量。例如,在当地城市公园内能找到多少鸟类物种。β多样性是局部地区α多样性的差异。例如,每一个城市公园里的鸟类物种是否都是同样的?或者每一个不同公园里发现的是否都是不同的鸟类物种(当在不同的公园里发现更多不同物种时β多样性就更大)?γ多样性是更大区域中物种的总数。在本例中,就是城市所有公园里鸟类物种的总数。了解景观上生物多样性的模式能够提供重要的基本信息，这些信息可以反映生态系统的以下能力：① 响应环境突变（如飓风）；② 抵抗有害物种的入侵（如野葛藤、火蚁、棕鼠）；③ 提供各种服务（如土壤肥力、授粉和产品）。例如，当生物多样性较高时，就会有更多的物种为不同的生态系统服务提供“后备”，就像工厂里的后备系统一样（Naeem 1998）。当一个物种不能提供某种生态系统服务时，其他物种可能会接替那种功能的发挥。

了解那些产生我们地球上奇妙的生物多样性的因素，这本身就是一个值得追求的目标，但有些研究人员发现，这种多样性也能影响生态系统功能和服务的可持续性。1994年，美国生态学家戴维·蒂尔曼（David Tilman）和约翰·道灵（John Dowling）在一个草地生态环境做实验，他们在地块上种一种植物（单一栽培）或者多种植物（多种栽培）。一次严重的干旱之后，他们注意到，多种栽培地块里的植物对干旱的抵抗能力更强，而且恢复得更快。对蒂尔曼和道灵发现的模式至少有两种解释。第一，有些物种在获取资源、生长和繁育方面非常成功，使得它们在生存环境中成为最丰富的物种（或者说是优势物种）。相对于单一栽培地块来说，在多种栽培地块发现耐性好的优势物种的概率将会增加。第二，不同物种以不同的方式获取资源，而在生态系统中创建它们自己的生态位。生态位分化也能解释在蒂尔曼和道灵地块上发现的模式，因为多种栽培地块上会有更多的物种以它们各自的方式获取资源，与单一栽培地块相比，这会减少植物间的竞争。最近的研究还发现，同种植物的遗传差异能影响植物的生长和生产力、土壤肥力、相关物种间的相互作用，而且也会增加抵抗恶劣天气的能力。例如，一项研究发现，生长在不同遗传群体的苦草繁殖力更强，在水温升高时对幼年鲐鱼的抵抗力更强，水温下降后恢复得也更快（Reusch et al. 2005）。因此，一个群落的物种多样性，甚至遗传多样性，会对生态系统的很多方面和它们提供的服务产生重要影响，包括它们对扰动（如气候变化）响应的能力。

应用

研究物种如何相互作用的群落生态学给我们提供了人如何与其他人和其他物种相互作用的见解。从实用的角度看，了解物种如何相互作用可以改善人类活动（如农业和经济活动），或者展示自然生态环境（如森林和湿地）的重要性。例如，对哥斯达黎加咖啡种植的一项研究，展示了咖啡农民对保存天然林以便保护群落生态学一个基本组成部分——物种间的相互作用具有明确的经济诱因。因为给咖啡植物授粉的当地蜜蜂只能飞到离保存的森林地块很短距离内去给植物授粉，这样，对农民来说那些远离森林地块的植物就没有多少价值。大约150公顷的天然林每年能为农民提供6万美元的经济利益（Ricketts et al. 2004）。

对群落生态学的了解还告诉我们，保护物种间的相互作用和自然生存环境比关注某一物种可能更加有效。如果某一个体物种的生存取决于另一物种的存在，那么，除非另一物种也得到保护，否则，面向关注物种的保护工作就不可能成功。群落生态学对我们理解物种如何相互作用、物种间的相互作用对整个生态系统的效应(群落与其环境的相互作用)以及这些相互作用对人类所依赖的生态系统服务可持续性和管理的影响至关重要(Millennium Ecosystem Assessment 2005)。

群落生态学术语

以下列出了群落生态学领域的一些常用术语。这些术语并没有都在这篇文章中出现。

α多样性——在较小的局部地区发现的物种数量。

β多样性——较小的局部地区之间物种的差异。

生物多样性——通常指在某一地区发现的物种总数,但也可以包括某一地区物种内的遗传多样性。

群落——在某一特定时空发现的一群物种。有的生态学家把这个术语特别用于发生相互作用的物种(Whittaker 1975, Price 1984),而另外的生态学家则把群落简单地定义为在某一感兴趣的地区发现的物种的集合(Emlen 1977)。

竞争——具有类似的资源需求、对一种或两种生物体的生长、繁育或生存产生不良影响的两种生物体之间的相互作用。竞争可以产生于一种生物体主动阻止另一种获取资源的直接相互作用(干涉性竞争),或者产生于一种生物体耗尽另一种生物体所用资源的间接相互作用(利用性竞争)。

食碎屑性——为获取资源而对非活体(植物或动物)的消费。

易化——正面影响一种生物体(但不是两种)的物种之间的相互作用。例如,很多豆科植物都有固氮细菌(Rhizobium)生活在其根部,使它们能够聚生在养分不足的生存环境。一旦豆科植物开始聚生,它们就会提高土壤中可利用的养分,这会对那些没有携带造土细菌的新植物的生长产生有利的影响。但新植物并不会反过来对豆科植物产生有利影响。

生态系统服务——自然生态系统提供的对人类有利的服务,如作物的授粉、水和空气的净化以及湿地对洪灾的防控。

食物网——群落内物种之间的联系,这种联系描述了能量在系统内的流转方式。随着各种资源和消费者发生相互作用,能量通过系统从初级生产者(植物和藻类)到达食用植物或藻类的食草动物,再到食用食草动物的中端食肉动物,最后到达食用其他捕食者的顶端食肉动物。

γ多样性——包含几个较小局部地区的较大地区内发现的物种总数。

草食性——为了获取资源而对活体植物进行的消费。

互利共生——两者都从中获益的两个物种之间的相互作用。例如,在豆科植物和根瘤菌的相互作用中,根瘤菌生活在豆科植物的根部,为植物提供氮;反过来,豆科植物为根瘤菌提供碳资源。

寄生现象——一个生物体对另一个生物体的部分消费。与捕食者不同,寄生物通常并不立刻杀死寄主,而是与寄主紧密生活(常常是在一个寄主内),以保持寄主存活的方式进食,同时为自己提供持久的食物源。

捕食现象——一个生物体为获取资源而对另一个生物体的消费。食肉动物食用其他动物,而杂食动物则食用混合猎物(如食草动物和食肉动物，或者植物和食草动物）。草食性也是一种捕食现象，因为食草动物食用了活体植物。

营养相互作用——以不同方式获取能量和资源的物种之间的相互作用。例如，草从阳光中获取能量，而鹿从食草中获取能量。草和鹿以不同的方式获取能量，当鹿吃草时它们就发生了相互作用。

约瑟夫・贝利（Joseph K. BAILEY）
田纳西大学
兰迪・班格特（Randy K. BANGERT）
特立尼达和多巴哥国家初级学院
马克・吉能（Mark A. GENUNG）
田纳西大学
詹妮弗・施韦策（Jennifer A. SCHWEITZER）
田纳西大学
吉娜・维姆普（Gina M. WIMP）
乔治城大学

参见：生物多样性；生物多样性热点地区；生物地理学；缓冲带；复杂性理论；生态系统服务；边缘效应；食物网；人类生态学；指示物种；入侵物种；关键物种；微生物生态系统过程；互利共生；养分和生物地球化学循环；爆发物种；植物—动物相互作用；种群动态；残遗种保护区；稳态转换。

拓展阅读

Bailey, Joseph K. (2011). From genes to ecosystems: A genetic basis to ecosystem services. *Population Ecology*, *53* (1), 47–52. doi: 10.1007/s10144–010–0251–4

Bridgeland, William T.; Beier, Paul; Kolb, Thomas; & Whitham, Thomas G. (2010). A conditional trophic cascade: Birds benefit faster growing trees with strong links between predators and plants. *Ecology*, *91* (1), 73–84. doi: 10.1890/08–1821.1

Emlen, John Merritt. (1977). *Ecology: An evolutionary approach*. Reading, MA: Addison-Wesley.

Johnson, Nancy Collins; Graham, J. H.; & Smith, F. A. (1997). Functioning of mycorrhizal associations along the mutualismparasitism continuum. *New Phytologist*, *135* (4), 575–585. doi: 10.1046/j.1469–8137.1997.00729.x

Millennium Ecosystem Assessment. (2005). *Ecosystems and human well being: Synthesis.* Washington, DC: Island Press.

Naeem, Shahid. (1998). Species redundancy and ecosystem reliability. *Conservation Biology*, *12* (1), 39–45. doi: 10.1111/j.1523–1739.1998. 96379.x

Price, Peter W. (1984). *Insect ecology* (2nd ed.). New York: Wiley InterScience.

Reusch, Thorsten B. H.; Ehlers, Anneli; Hämmerli, August; & Worm, Boris. (2005). Ecosystem recovery after climatic extremes enhanced by genotypic diversity. *Proceedings of the National Academy of Sciences of the United States of America*, *102* (8), 2826–2831. doi: 10.1073/pnas.0500008102

Ricketts, Taylor H.; Daily, Gretchen C.; Ehrlich, Paul R.; & Michener, Charles D. (2004). Economic value of tropical forests to coffee production. *Proceedings of the National Academy of Sciences of the United States of America*, *101* (34), 12579–12582. doi: 10.1073/pnas.0405147101

Schweitzer, Jennifer A., et al. (2004). Genetically based trait in a dominant tree affects ecosystem processes. *Ecology Letters*, *7* (2), 127–134.doi: 10.1111/j.1461–0248.2003.00562.x

Tilman, David, & Downing, John A. (1994). Biodiversity and the stability of grasslands. *Nature*, *367* (6461), 363–365. doi: 10.1038/367363a0

Whittaker, Robert Harding. (1975). *Communities and ecosystems* (2nd ed.). New York: MacMillan.

复杂性理论

复杂性理论涉及那些展示复杂行为的系统，如非线性响应、自组织、复杂的信息处理和学习。复杂系统包括社会－生态系统（人与自然的关联系统），如与农业、渔业和林业有关的系统。这些系统可能会表现出迅速，甚至是不可逆转的状态转移。了解和管理社会－生态系统中的复杂动态，对我们长久的未来是至关重要的。

复杂性理论包含一套与复杂系统结构和行为的定义、分析和预测有关的一般原理和概念（Simon 1962; Simon 1977; GellMann 1992）。它特别关注那些难以用经典方法从科学上进行解释和预测的现象。复杂性理论中一些感兴趣的议题包括无序行为、学习和适应、信息处理、网络的结构和功能、自组织、因果之间的非线性关系和群体决策过程（Mitchell 2009; Norberg & Cumming 2008; Holland 1992; von Neumann & Burks 1966）。

复杂系统被定义为（有点循环定义的味道）展现复杂行为或动态特性的系统。复杂行为包括（但不限于）因果之间的非线性关系（小的输入产生大的输出，如蝴蝶效应，或者相反）；能调节或放大趋势的反馈回路的行为（如出汗就是对过热产生的调节响应，或者，抢购就是对物资缺乏的担心做出的响应）；由不同体制维持的交替系统状态的潜能发挥（系统控制和功能的持续和持久变化）；处理信息并对其进行响应的能力。

尽管复杂系统常常由简单的单元构成，但它们却是难以简化的复杂——也就是说，它们无法通过简化来完全理解。例如，一只蚂蚁会展现相对简单、可以预测的行为，但蚁群却可以做出复杂得多的决定。根据加拿大生态学家霍林（C. S. Holling）的经验（Holling 2001），确实展现人和自然复杂行为的系统一般都具有至少三个层级的等级结构（Allen & Starr 1982），而且常常包括以三个或更多不同速率进行活动的变量。

几乎所有系统都存在于确定和影响其动态特性和相互作用的背景或环境中。复杂系统之所以被称为系统就是因为它们表现出了结合特性(构件组合在一起)和时空连续性(Cumming & Collier 2005)。定义一个复杂系统的主要挑战是确定边界条件。即使看上去边界很好界定的复杂系统(如一个单个民族),也能具有模糊边界。例如,人的胃实际上是被大量免费生活的细菌居住的一个外部腔体;把它当作人体组织一部分的理由也很充分,但并不是没有疑问。

有很多不同种类的复杂系统,从沙丘到全球气候系统,再到以碳为基础的生物群落。在自然资源管理中,研究人员尤其对复杂适应性系统感兴趣,这样的系统能够对环境变化做出响应、能够永久性地改变其行为和(或)内部结构。生物谱系的适应性产生于时间进化中对表型(体型)多样性所做的环境选择行为。复杂系统中的适应性也可以在较短的时间内有意产生。例如,在人类社会中,应对气候变化可能包括主动适应(采取主动措施降低海面升高对低处城镇的潜在影响)或者被动适应(鼓励提出各种解决方案,并采用最成功的方案)。

最早在生态环境下进行的复杂性分析涉及相对较小的分立系统的行为和组织,如蚂蚁群落、人类大脑、蜂群或鸟群和免疫系统(Mitchell 2009)。这些分析受到一些系统模型[如康韦(Conway)的生命的博弈](Gardner 1970)的重大影响,这些模型能够从几组简单的规则中产生复杂的行为。早期对理解复杂性的最小因素的关注产生了有用的理论见解和计算工具,并为对复杂系统感兴趣的生态学家提供了起点,但这类分析还没有与很多现实世界的生态学或生态系统管理问题紧密地联系起来(尽管原始方法中的某些因素正通过多智能体建模的进步产生越来越大的影响)。

在最近几年,对自然资源管理复杂性的研究已经不太关注对复杂性本身的理解,而是更多地关注对社会-生态系统特性的理解,社会-生态系统是人和自然的关联(复杂、适应性)系统(Berkes, Colding & Folke 2003)。在这个迅速扩张的知识体系中,最相关的一个概念是稳态转换,尤其是如下的思想:一个系统可以很突然地越过一个阈值,之后系统就发生快速、极其重要而且可能无法逆转的变化(Scheffer 2009)。一个社会-生态系统可以被想象为一个沿三维表面(状态空间)运动的球,三维表面又可以由各种变量可能组合的范围加以定义。大部分复杂系统会展现某种局部稳定性,球(系统)被限定在一组本地化的条件——凹地(吸引者)之中。例如,如果这个球表示气候系统,准确的降雨模式(球的轨迹)逐年不同,但各年之间有一个可预见的量(球仍在凹地中)。如果一个力加在了系统,它可能会运动得足够远而找到另一个局部吸引者,这取决于其吸引凹地的尺寸。就气候的情况来说,温室效应产生的气温升高可能会在时空上永久性地改变降水模式。向新的局部吸引者转移被称为稳态转换——系统发生变化时跨越了一个阈值。

在各种各样的社会-生态系统中,阈值和稳态转换的例子越来越多地被记录下来。有些——像亚马孙雨林可能会转为更加干燥的状态(就像萨赫勒地区曾经发生的情况那样)或者主要洋流可能会转向这样的可能性——会对全球生物物理系统和生物多样性产生深远的影响(Rial et al. 2004; Scheffer 2009)。复杂性理论也对与环境有关的各种非常重要的议题做出了贡献,如对社会和生态网络的理解(Bodin, Crona & Ernstson 2006)、空间异质性对系统动态的影响(Cumming 2011)和最有助于公共财产系统可持续性管理的规则(Ostrom 2007)。

格雷姆·卡明(Graeme S. CUMMING)
开普敦大学

参见:适应性资源管理(ARM);生物地理学;边界群落交错带;扰动;生态系统预报;边缘效应;食物网;人类生态学;大型海洋系统(LME)管理与评估;互利共生;植物—动物相互作用;稳态转换;恢复力。

拓展阅读

Allen, Timothy F. H., & Starr, Thomas B. (1982). *Hierarchy: Perspectives for ecological complexity.* Chicago: The University of Chicago Press.

Berkes, Fikret; Colding, Johan; & Folke, Carl. (Eds.). (2003). *Navigating social-ecological systems: Building resilience for complexity and change*. Cambridge, UK: Cambridge University Press.

Bodin, Örjan; Crona, Beatrice; & Ernstson, Henrik. (2006). Social networks in natural resource management: What is there to learn from a structural perspective? *Ecology and Society*, *11* (2), r2.

Cumming, Graeme S. (2011). *Spatial resilience in social-ecological systems* (1st ed.). London: Springer.

Cumming, Graeme S., & Collier, John. (2005). Change and identity in complex systems. *Ecology and Society*, *10* (1), 29. Retrieved March 27, 2011, from http://www.ecologyandsociety.org/vol10/iss1/art29/

Gardner, Martin. (1970). Mathematical games: The fantastic combinations of John Conway's new solitaire game "life." *Scientific American*, *223* (4), 120–123.

Gell-Mann, Murray. (1992). Complexity and complex adaptive systems. In John A. Hawkins & Murray Gell-Mann (Eds.), *The evolution of human languages. SFI studies in the sciences of complexity. Proceedings*, *Vol. XI* (pp. 3–18). Reading, MA: Addison-Wesley.

Holland, John H. (1992). *Adaptation in natural and artificial systems: An introductory analysis with applications to biology, control, and artificial intelligence* (2nd ed.). Cambridge, MA: MIT Press.

Holling, C. S. (2001). Understanding the complexity of economic, ecological, and social systems. *Ecosystems, 4* (5), 390–405.

Mitchell, Melanie. (2009). *Complexity: A guided tour*. New York: Oxford University Press.

Norberg, Jon, & Cumming, Graeme S. (Eds.). (2008). *Complexity theory for a sustainable future*. New York: Columbia University Press.

Ostrom, Elinor. (2007). A diagnostic approach for going beyond panaceas. *Proceedings of the National Academy of Sciences of the United States of America, 104* (39), 15181–15187.

Parry, Martin L.; Canziani, Osvaldo F.; Palutikof, Jean P.; van der Linden, P. J.; & Hanson, Clair E. (Eds.). (2007). *Climate change 2007: Impacts, adaptation and vulnerability. Contribution of Working Group II to the fourth assessment report of the Intergovernmental Panel on Climate Change*. Cambridge, UK: Cambridge University Press.

Rial, José A., et al. (2004). Nonlinearities, feedbacks and critical thresholds within the Earth's climate system. *Climatic Change, 65*, 11–38.

Scheffer, Marten. (2009). *Critical transitions in nature and society*. Princeton, NJ: Princeton University Press.

Simon, Herbert A. (1962). The architecture of complexity. *Proceedings of the American Philosophical Society, 106* (6), 467–482.

Simon, Herbert A. (1977). How complex are complex systems? In Frederick Suppe & Peter D. Asquith (Eds.), *Proceedings of the 1976 biennial meeting of the Philosophy of Science Association* (Vol. 2, pp. 507–522). Ann Arbor, MI: Edwards Brothers.

von Neumann, John, & Burks, Arthur W. (1966). *Theory of selfreproducing automata*. Urbana: University of Illinois Press.

大坝拆除

水坝在人类文明中发挥了重要的作用，为人类提供各种服务，包括稳定供水、洪水控制和水力发电。然而，水坝也改变了流水生态系统，而且，很多不再需要的水坝开始被拆除，以便恢复自然水流和河流生态系统的作用。目前，全球范围内的水坝正根据其对可持续性环境和经济有利还是有害进行单个评估。

人类建造水坝已有5 000多年的历史。世界上大部分的河流都通过水坝和其他改道措施进行了改造，其用途包括休闲、水力发电、灌溉和供水。随着科学家们越来越清楚改变水道和景观常常引发的深远影响，为了水资源和水生生物的可持续性而对现有水坝进行拆除已成为一个考虑因素（见表D1）。

尽管世界上水坝的准确数目并不知道，但根据世界水坝委员会提供的信息，高度超过15米、库容量超过三百万立方米的水坝有45 000个（WCD 2000）。较小水坝（高度小于15米）的数量不是很清楚，估计全球约有几百万个（Smith 1971; WCD 2000）。例如在美国，由美国陆军工程兵管理的《国家水坝库存统计》记录了大约79 000个水坝（Gleick et al. 2009）；如果包含2米以下的水坝，估计会超过两百万个（Shuman 1995; Graf 1999）。很多这些水坝都处于私人财产之上，很多都不再用于原来的目的（如驱动磨坊）。

从历史上看，建水坝一直是增进社会、文化和经济发展的手段：控制水能并把它转化成可利用的能源形式（如锯木头或磨小麦）、提供稳定的供水用于饮用和灌溉以及控制洪水。这样，很多蓄水区域（产生的湖泊或水库）成为休闲区和社区的焦点。20世纪初期和中期，很多国家都建了水坝，而一些最大的水坝建于20世纪30年代至60年代（McCully 1996）。例如，位于美国亚利桑那州和内华达州交界处的胡佛水坝建于20世纪30年代，用于控制科罗拉多河的洪水，但也用于提供稳定的供水（米德湖）和发电。在美国南部，自20世纪30年代开始，田纳西流域管理局在田纳西河流系统建造了几个水坝，用于控制洪水、改善航运、提供国家防御和发电。

尽管建造费用很高(数百亿美元),在随后的几十年大型水坝的数量预计将会增加,因为世界上几个国家和地区正在开发大规模水坝项目(Ross 2011)。这些项目中,最引人瞩目的是中国长江上的三峡大坝。三峡大坝目前已经投入使用,长江和其支流上的其他水坝和改道项目也在计划当中。智利、印度、埃塞俄比亚、东南亚和几个其他国家和地区正在开发计划每年发电达数千千兆瓦时(GWh,等于十亿瓦时)的项目,并提供洪水控制、改善航运和提供水源。在这些国家经历建坝高潮的时候,其他国家(如美国和西班牙)则开始让水坝停止运行并加以拆除。

在1990年之后的30多年里,世界上有900多个水坝由于各种原因从河流上被有意拆除,包括鱼类通道恢复和其他生态问题、维护费用、债务和安全问题(见表D1)。作为管理和恢复手段,水坝拆除在全球正引起越来越多的关注(Lejon, Malm Renöfält & Nilsson 2009)。到2010年为止,美国已经从河流上拆除了888个水坝(American Rivers 2011)。在欧洲,西班牙已经拆除了50个并计划拆除100多个(Brufao 2008)。法国和瑞典也开始进行水坝拆除(Lejon, Malm Renöfält & Nilsson 2009)。需要指出的是,目前没有一个全球水坝拆除的权威列表,所以,全球实际的拆除数量并不知道而且是低估的。目前,美国在主动拆除水坝方面是世界领先者。

表D1 建造和拆除水坝的各种原因

为什么建造水坝	为什么拆除水坝
洪水控制	恢复鱼类通道
灌溉	符合自然水流和泥沙体系
发电	改善水质
供水	恢复河流连通性
休闲	管控洪水
开矿残渣	清除债务
鱼类和野生动物池塘	安全问题
消防和农用池塘	已废弃
泥石控制	维修费用
航运	文化因素

来源:根据以下阅读材料整理:Nilsson et al. (2005); McCully (1996); Gleick et al. (2009); American Rivers (2011).

很多水坝是多用途的(例如,它们提供水电以及休闲和供水),它们也可能由于各种原因被拆除(例如,恢复鱼类通道或者消除债务)。

为什么选择水坝拆除?

考虑是否拆除一个水坝必须从各种角度进行分析,包括水道和周围地区的生态和环境、维护问题、债务和法律问题以及对社会经济的有利和不利影响。

1. 环境考虑

从环境上讲,水坝使水系发生的变化可以是负面的。水坝对河流的损害表现在以下方面:改变了水流和沉淀物的自然流动;改变了水系的质量(例如,增加像氮和磷这样的促进藻类生长的养分以及像多氯化联二苯和重金属这样的有毒污染物);淹没和改变陆生系统;改变水体的温度;限制了生物群落的运动;把生物区系从激流(流水)系统变为静水(湖泊)系统。

从激流系统到静水系统的转变和水文连通性的丧失会产生深远的影响,包括像甲烷和一氧化二氮这样的温室气体的增加、像洄游鱼类(其残余物使周围的河漫滩肥沃)这样的生物群落的消失以及向河漫滩补充养分和沉淀物的自然漫灌体制的消失。对人类来说,这些变化表现为很多生态系统服务的丧失,如被耕种的河漫滩上水的供应、重要的蛋白质来源（如洄游鱼类）、本地的植物区系和动物区系和美景（如地质结构或河湾）。

一座水坝的拆除有可能会使很多这样的变化发生逆转，尽管我们必须明白的是生态系统是动态的，在水坝的使用周期内，土地用途、生存环境的可用性和捕鱼压力都有可能发生变化（Bushaw-Newton, Ashley & Velinsky 2005；见图D2）。例如，由于目前种群的规模，像鲑鱼、大肚鲱、海七鳃鳗和美洲西鲱这样的溯河产卵鱼（从海里沿河而上去产卵），可能无法恢复到历史上的数量，但打开洄游通道至少创造了恢复的可能性。1999年，美国缅因州肯纳贝克河上爱德华兹水坝的拆除，打开了几乎28公里的历史产卵场，而且洄游鱼类物种已开始恢复（Maine Department of Marine Resources 2011）。1998年，法国卢瓦尔河上圣艾蒂安笃维甘水坝的拆除恢复了鲑鱼在老坝河流系统上游的产卵（RiverNet 2008）。在西班牙，为了改善鲑鱼的存量和防止洪水，50多座水坝已经拆除（Brufao 2008）。

2. 维护和运行考虑

不管是为了洪水控制、休闲、发电或多种功能的发挥，要想正常工作，水坝必须进行维护。潜在的维护问题常常在法律规定的安全检查中得到处理。另外，在美国用于发电的水坝，有关水坝能否发挥作用的问题通过联邦能源监管委员会（Federal Energy Regulatory Commission, FERC）重新核发许可证来解决。如果水坝当前的拥有者或者使用者认为他们已经没有能力维持水坝系统的完整性，或者水坝已不能发挥期望的功能，那么，水坝拆除就可以作为一种选项来考虑。

水坝的长效结构完整性与所用的材料有部分的关系。18世纪和19世纪建造的很多水坝都有一个石头和木材构成的核心，后来有的（有的没有）又覆盖了水泥，而现代大型水坝则使用泥土材料和水泥。水坝的材料和构造必须能够承受各种压力，包括来自水、沉积物和气候的压力。有的水库不到50年就可以被沉积物填满，此后它就无法发挥原来的功能（McCully 1996）。此外，预测的气候变化（降水和温度）将改变风暴的强度和总体降水模式，从而引起水流和沉积规模的变化并最终引起后果严重程度的变化（Emanuel 2005）。建有水坝的河流缺乏随排放量变化（由异常情况引起）进行调整的能力（Palmer et al. 2008）。例如，1975年，当中国河南省的板桥水坝和其他至少60座水坝由于沉积和强台风的组合作用发生溃坝时，有超过20万人遇难（McCully 1996）。

3. 债务问题

在很多地区，水坝拥有者被要求对水坝的安全负责并对溃坝造成的损失负责，尽管水坝可能不是他们建造的。例如，在美国的宾夕法尼亚州，水坝的拥有者必须采取相应措施防止人员的伤亡和财产的损失。这些措施包括树立警示牌来警示人们水坝的存在以及定期检查和必要的维护和修理。违反规定可以引起民事和刑事诉讼，而导致坐牢和数百万美元的罚款。为了避免修复、维护、可能的法律诉讼和保险费，宾夕法尼亚州和其他地区的小水坝的私人拥有者选择了水坝的拆除。到目前为止，威斯康星州和宾夕法尼亚州已拆除了200多个水坝，在美国各州的水坝拆除中名列前茅（Gleick et al. 2009）。

4. 法律和政策考虑

除了与安全有关的法律外,其他的法律和政策也有助于推动水坝的拆除。例如,威斯康星州授权威斯康星自然资源局负责废弃水坝的拆除。在瑞典,政府制订的2020年以前应实现的16项生态系统目标包括到2010年恢复四分之一有价值或潜在价值的溪流和河流(Lejon, Malm Renöfält & Nilsson 2009)。

5. 社会经济考虑

决定拆除一座水坝时必须把环境资源提供的产品和服务的价值以及对就业、收入和周围社区的长效影响计算在内(Whitelaw & Macmullan 2002)。对小水坝的成本效益分析已经表明,在有些情况下,修理费用至少比拆除费用高出三倍(Born et al. 1998)。如前所述,债务成本已经驱使很多水坝拥有者做出了拆除的决定。其他重要的成本因素包括与水坝具体功能有关的因素(如发电的利润率或水坝拆除后供水的丧失)。地方或区域经济的某些方面可能会受到蓄水消失的影响,包括休闲和钓鱼的机会、旅游收入和相关的工作岗位。1997年,联邦能源监管委员会认为,和维持爱德华兹水坝运转对环境造成的损害相比,水坝产生的发电量根本不值;该委员会随后没有重新核发水坝发电的许可证。

考虑水坝拆除时,鱼类通道的恢复是一个驱动性经济因素。就美国华盛顿州艾尔瓦河上的艾尔瓦和葛莱恩斯峡谷水坝来说(拆除工作始于2011年9月),生态系统的恢复(包括溯河产卵鱼通道以及土著民族的文化和经济问题)在水坝拆除决定中发挥了关键作用(NPS 2011)(参见图D1)。这两个水坝都没有

图D1 华盛顿州艾尔瓦河上一座水坝的拆除(2011年10月)

来源:美国内政部塔米·海勒曼(Tami Heilemann)的图片.

水坝拆除通常是大型工程,考虑水坝拆除时,鱼类通道的恢复是一个驱动性经济因素。照片中艾尔瓦河上正在拆除的水坝没有建造鱼梯或其他把鱼类送过水坝的手段。

鱼梯，也没有其他手段（如卡车或船）用于把鱼类运送到水坝的另一侧（这需要很多的资源）。在瑞典，对某些水坝的拆除所做的成本效益分析包括给土著萨米人带来的社会经济利益以及驯鹿通道和鱼类通道的问题（Lejon, Malm Renöfält & Nilsson 2009）。此外，对水坝拆除所做的成本效益分析可能需要考虑处理污染沉淀物的成本、恢复河边地区的成本或者其他与水系有关的环境或健康问题（这取决于对流域历史的了解）。

水坝拆除面临的挑战

从一个水流系统拆除水坝是对该系统的扰动。与水坝相关的物理、化学和生物学因素之间存在着复杂的关系（Hart et al. 2002; Bushaw-Newton et al. 2002; Bushaw-Newton, Ashley & Velinsky 2005）。了解水坝拆除会对水系产生什么样的影响是一种挑战，这其中有几个原因。第一，目前有关水坝对水系的影响的知识体系主要涉及大型水坝。然而，在水坝拆除中，大多数涉及的是小水坝；美国最近几年拆除的水坝中，百分之八十以上其高度小于20米（American Rivers 2011）。如果不全面了解小水坝如何影响生态系统的物理、化学和生物过程，我们就难以预测拆除水坝所产生的所有生态后果。水坝和蓄水容量在确定变化程度中可能发挥着作用，但是，其他因素（如气候、地质学、地理学、整体生态学和人类用途）也影响着变化的规模（Hart et al. 2002）。

第二，研究水坝拆除对水系生态影响的案例还不到50个（关于研究案例的清单，参见Hart et al. 2002）。这些研究大部分并不全面，只涉及某些方面，产生了鱼类运动的丰富知识，但有关化学成分的知识却很少（Hart et al. 2002）。遗憾的是，这些研究所持续的时间都不长，不足以评估所有生态系统要素的响应。有些响应能在最初的几天至数月内看到（如生物群的运动、沉积物的运动和水的物理特性的变化），而其他的过程（如溪流形成和树木生长）则需要数年、数十年或更长的时间才能完全成熟（Hart et al. 2002）。此外，水流系统是动态的，它代表着水文、地质、气候、生态和其他要素的各种相互作用。水坝拆除后，这种相互作用、响应和一个系统各要素的响应速度都将发生变化（见图D2）。在有些水系，水坝后面的沉积物可能都是细颗粒的，能很快流到下游，而在其他水系，被挡住的沉积物可能都是一些砾石，需要花费几年或几十年才能移动到下游。而且，降水的规模和频度也是沉积物移动速度的影响因素。了解未来预计的气候变化和伴随的水循环的变化对增进我们对水坝拆除过程的理解来说是至关重要的。

第三，拆除一座水坝需要我们对流域的历史及其水文、地质、生态和生物特性有深入的了解（对于建议的完整列表，参见Bushaw-Newton et al. 2002）。拆除前的评估需要花费很多时间和资金，而且需要专业知识，但这些评估对确定水坝拆除是否是正确的选择以及应该怎样并在什么时候进行拆除来说是必需的。其他的因素也应该考虑：

- 是否存在濒危或受到威胁的物种？
- 鱼类是否在这个水系中产卵？
- 这个水系中是否存在蚌类和（或）其他固着动物？

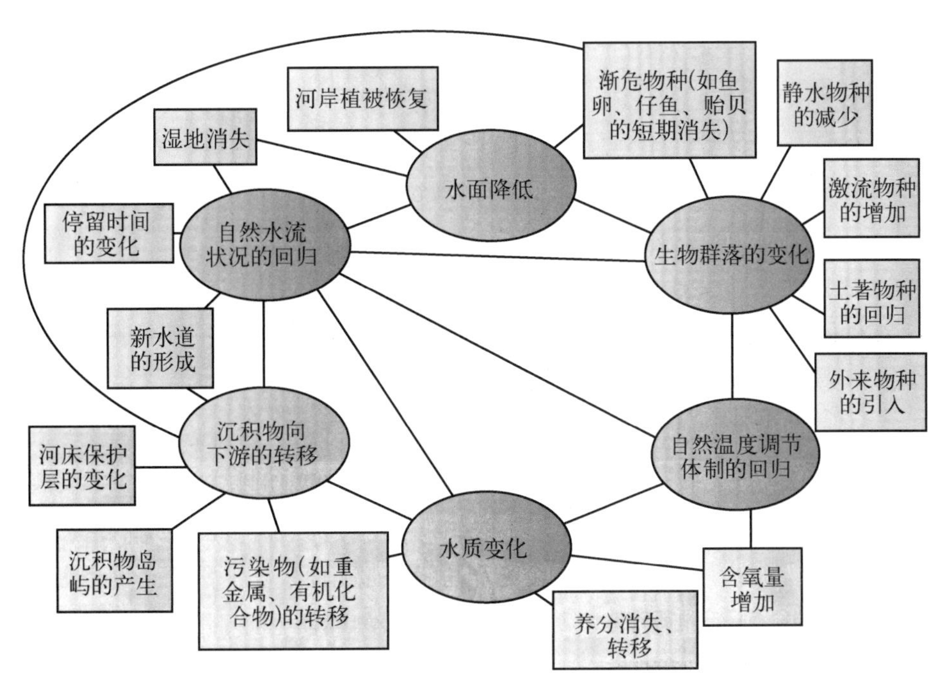

图 D2 水坝拆除的可能后果

来源:布绍-牛顿、阿什利和维林斯基(Bushaw-Newton, Ashley & Velinsky 2005).

水坝拆除的可能后果有很多而且是相互依存的。该示意图展示了在考虑或规划一座水坝的拆除时应该进行评估的一般影响类型。请注意,与河边地区相连的湿地最有可能继续存在或形成。

- 水库和(或)下游是否存在入侵物种?
- 水库沉积物中是否存在污染物(如多氯化联二苯、多环芳烃、重金属)?
- 这个水系是否经常泛滥?

1973年,当美国纽约州哈得逊河上的爱德华堡水坝被打通时,水坝的拥有者并没有充分检测沉积物中的多氯化联二苯,尽管人们知道水库上游有一个使用和排放致癌化合物的工业设施(Shuman 1995)。今天,由于大量这样的沉积物已经进入了河流系统,哈得逊河的有些部分成为含有有害废物的场所,需要进行清理,而且政府认为其中的有些鱼是不能食用的(EPA 2011)。水坝拆除必须在更大的流域管理计划和长远目标之下进行考虑。例如,如果沉积物被严重污染,但流域下游地势低很多,此时,水坝拆除计划必须要考虑沉积物的最终去向(比如水坝拆除前把沉积物挖走)并确定水坝拆除是不是最佳的选择。如果流域下游的沉积物已经被严重污染,而水坝拆除并不会给系统增加新的污染物,这时,水坝拆除就仍然可以作为一个选项进行考虑。2000年,宾夕法尼亚州马纳托尼小河(斯库尔基尔河流域的一部分)水坝的拆除实际上就是这种情况。污染物在下游河段沉积物中的浓度与水库沉积物中测定的浓度类似(Ashley et al. 2006)。

第四,水坝拆除计划必须考虑利益相关者的意见和利益。达成共识和相互理解并不容易。有一些常见的利益相关者所关注的、世界上一直都在努力解决的问题:

- 对变化和未知后果的恐惧；
- 水坝对文化和个人的重要性(例如，胡佛水坝是一个重要的旅游景点，尽管这么大的水坝被拆除的概率极其微小)；
- 收入和休闲机会的丧失(例如，钓鱼、划船、打猎，游泳)；
- 财产价值的减少(例如，由于失去湖畔财产或者容易接触的休闲机会)；
- 原有水库形成的景观(例如，会不会仅仅留下泥巴河岸？)；
- 有必要吗？

这些问题中，大部分可以通过与利益相关者举行会谈、仔细解释拆除过程和潜在后果以及目前所掌握的相关知识来解决。例如，没有证据能够表明水坝拆除可以减少财产的价值(Provencher, Sarakinos & Meyer 2008)，而且几位研究人员已经表明，水坝拆除后植被很快(几周至几个月)就会恢复。利益相关者代表很多人的利益，是现在和将来流域状态的关键要素，因此，了解他们的需求对制订流域管理计划至关重要。

最后，资金常常是水坝拆除所面临的一个挑战。资金预算不仅要包括水坝的拆除，还要包括与利益相关者的会谈以及拆除前后进行的评估。对很小的水坝(高度小于两米)，拆除水坝本身需要数万美元或者更高。如果把评估也考虑进去，费用可达几十万美元。因此，有些水坝拥有者可能更愿意不做评估和详细的拆除方案，只是简单地把水坝炸掉，如果涉及受污染的沉积物或者濒危物种，这样会产生严重的后果。

未来展望

水坝拆除是河流恢复中应用越来越多的一种手段，正引起全球范围的关注。尽管水坝对土地和水资源的开发和维护继续发挥着重要作用而且一直还在建造，但它们也在不断地被拆除，因为人们认识到它们存在潜在的危害性，因此，除非它们带来的益处被认为超过了它们对环境和社会经济的影响，否则，它们就不会被继续建造或保留。在美国、西班牙、瑞典、法国和其他国家，水坝被不断拆除，以改善水系的生态特性，消除维护、安全和债务费用，恢复水系的文化价值。水坝拆除代表各种复杂相互作用的结果，包括生态、社会经济和文化要素之间的相互作用，使得水坝拆除的规划和实施面临挑战。了解这些要素在可持续性流域管理规划中如何相互作用、水坝拆除如何满足该规划制定的目标，是改善整体科学性决策过程的关键。随着更多的水坝被拆除，我们对生态要素的类型和响应速度的认识就会不断改善。相应地，与水坝拆除有关的不确定性和担忧也会降低，从而在把水坝拆除作为流域管理手段方面，做出更好的决定。

凯伦·布绍-牛顿(Karen L. BUSHAW-NEWTON)
北弗吉尼亚社区学院(弗吉尼亚州安嫩代尔)

参见：适应性资源管理(ARM)；扰动；生态恢复；生态系统服务；水体富营养化；极端偶发事件；鱼类孵化场；水文学；灌溉；水资源综合管理(IWRM)。

拓展阅读

American Rivers. (2011). Dams and dam removal. Retrieved August 4, 2011, from http://www.americanrivers.org/our-work/restoringrivers/dams/

Ashley, Jeffrey T. F., et al. (2006). The effects of small dam removal on the distribution of sedimentary contaminants. *Environmental Monitoring and Assessment*, *114* (1–3), 287–312.

Born, Stephen M., et al. (1998). Socioeconomic and institutional dimensions of dam removals: The Wisconsin experience. *Environmental Management*, *22* (3), 359–370.

Brufao, Pedro. (2008, December 15). Dam removal on a roll in Spain. Retrieved August 4, 2011, from http://www.internationalrivers.org/the-way-forward/river-revival/dam-removal-a-roll-spain

Bushaw-Newton, Karen L., et al. (2002). An integrative approach towards understanding ecological responses to dam removal: The Manatawny Creek study. *Journal of the American Water Resources Association*, *38* (6), 1581–1599.

Bushaw-Newton, Karen L.; Ashley, Jeffrey T.; & Velinsky, David J. (2005). A process for assessing the ecological effects of a proposed dam removal. *Hydro Review*, *24* (3), 36–44.

Emanuel, Kerry. (2005). Increasing destructiveness of tropical cyclones over the past 30 years. *Nature*, *436* (7051), 686–688.

Gleick, Peter, et al. (2009). *The world's water, 2008–2009: The biennial report on freshwater resources*. Washington, DC: Island Press.

Graf, William L. (1999). Dam nation: A geographic census of American dams and their large-scale hydrologic impacts. *Water Resources Research*, *35* (4), 1305–1311.

Hart, David D., & Poff, N. LeRoy. (2002). A special section on dam removal and restoration. *BioScience*, *52* (8), 653–655.

Hart, David D., et al. (2002). Dam removal: Challenges and opportunities for ecological research and river restoration. *BioScience*, *52* (8), 669–681.

Lejon, Anna G. C.; Malm Renöfält, Birgitta; & Nilsson, Christer. (2009). Conflicts associated with dam removal in Sweden. *Ecology and Society*, *14* (2), Article 4. Retrieved August 4, 2011, from http://www.ecologyandsociety.org/vol14/iss2/art4/

Maine Department of Marine Resources. (2011). Kennebec River diadromous fish restoration project. Retrieved September 9, 2011 from http://www.maine.gov/dmr/searunfi sh/kennebec/index.htm

McCully, Patrick. (1996). *Silenced rivers: The ecology and politics of large dams*. New York: St. Martin's Press.

National Park Service (NPS), US Department of the Interior. (2011). Elwha fisheries. Retrieved September 9, 2011, from http://www.nps.gov/olym/naturescience/elwha-fi sheries.htm

Nilsson, Christer; Reidy, Catherine A.; Dynesius, Mats; & Revenga, Carmen. (2005). Fragmentation and flow regulation of the world's large river systems. *Science*, 308(5720), 405–408.

Palmer, Margaret A., et al. (2008). Climate change and the world's river basins: Anticipating management options. *Frontiers in Ecology and the Environment*, *6* (2), 81–89.

Provencher, Bill; Sarakinos, Helen; & Meyer, Tanya. (2008). Does small dam removal affect local property values? An empirical analysis. *Contemporary Economic Policy*, 26(2), 187–197.

RiverNet by European Rivers Network (ERN). (2008). The Saint Etienne de Vigan dam and the Maison Rouge dam dismantled for salmon. Retrieved August 21, 2011, from http://www.rivernet.org/general/dams/decommissioning_fr_hors_poutes/stedvig.htm

Ross, Kate. (2011). Multilateral development banks' water and power pipelines. Retrieved September 9, 2011, from, http://www.internationalrivers.org/en/node/2713

Shuman, John R. (1995). Environmental consideration for assessing dam removal alternatives for river restoration. *Regulated Rivers: Research and Management*, 11(3–4), 249–261.

Smith, Norman. (1971). *A history of dams*. London: Peter Davies.

US Environmental Protection Agency (EPA). (2011). Hudson River PCBs. Retrieved September 9, 2011, from http://www.epa.gov/hudson

Whitelaw, Ed, & Macmullan, Ed. (2002). A framework for estimating the costs and benefits of dam removal. *BioScience*, 52(8), 724–730.

World Commission on Dams (WCD). (2000). *Dams and development: A new framework for decision-making*. London: Earthscan.

荒漠化

荒漠化可以定义为干旱或半干旱土地向荒漠的转变。荒漠化被归咎于从土地管理不善到自然变化的天气模式等各种原因。尽管自20世纪60年代以来，在防治荒漠化上已花费数十亿美元，但人们在荒漠化的原因、纠正措施或者这个问题是否需要人类干预上仍然没有共识。

《联合国防治荒漠化公约》正式把“荒漠化”定义为“由各种因素(包括气候变化和人类活动)引起的干旱、半干旱和干燥半湿润地区的土地退化”(United Nations General Assembly 1994, 4)。在不太正式的语言中，荒漠化可以定义为原来干旱或半干旱但可耕种的土地变为荒漠的过程。

旱地(干旱或半干旱区域)约占地球表面的40%，居住着全球人口的三分之一。人们认为，在世界的干旱地区中，受荒漠化影响最严重的是非洲撒哈拉以南和苏联中亚加盟共和国地区，在这些地区，土地退化的风险也非常高。

据联合国提供的资料，荒漠化正转移大量的人口，迫使他们离开家园和土地去寻找更好的生活。据估计，有1.35亿人(法国和德国的人口总和)由于荒漠化而处于被转移的风险之中(UN 2007, 14)。这个问题在撒哈拉以南的非洲、撒赫勒和非洲之角地区显得特别严重。据估计，到2020年，大约有五千万到六千万人最终会从撒哈拉以南的非洲荒漠化地区转移到北非和欧洲(UN 2007, 20)。联合国进一步报道说，从1987年到2007年，在西部非洲的马里，几乎一半的男性人口中至少有一次移居到相邻的非洲国家或者欧洲。在布基纳法索，60%的主要城市中心的急剧扩张是由荒漠化引起的(UN 2007, 20)。

什么是荒漠化

“荒漠化”这个术语最早来自法国殖民时期的林业工作者安德烈·奥布雷维尔(André Aubréville, 1897–1982)，他把在西非热带森林地区发生的“稀树草原化”过程描述为荒漠化。他的思想成为英国和法国共享的泛西非林业正统做法的一部分，这种正统做法的一个组成部分是农民的传统耕作活动（如迁徙耕作）在受到破坏的森林生态系统中发挥重要的作用。

这种方法包括了年降水量高达1 500毫米的区域（热带森林地区）；与此不同的是，最近对荒漠化的定义则关注干旱、半干旱和半湿润地区。这些地区常常是荒漠的边缘。

到20世纪80年代初，该术语已经有了一百多个定义。有些定义是互补的，有的则是矛盾的。定义的巨大差异和混淆已引起研究人员和决策者之间沟通困难。正如很多学者所言，这种定义的过度丰富可能说明问题的本质和原因仍然不是很确定。

起源和第一次评估

20世纪60年代初和70年代，撒赫勒（撒哈拉沙漠以南、湿润的稀树草原以北的过渡地带）经历了严重的干旱和饥荒。由于干旱，在6个非洲国家中共有25万人和数百万头动物死去。这是被电视转播的第一次环境灾难。发达国家的民众受到震动，荒漠化第一次引起了国际关注。1983年到1985年，另一场可怕的干旱摧毁了同一地区。

联合国对撒赫勒地区发生的环境和人道主义灾难做出的反应是1977年在内罗毕组织召开了第一次荒漠化国际会议。这次会议引起了人们对荒漠化现象的注意，把很多受这个问题影响或者可能受到影响的国家的代表召集在一起，并鼓励科学家对这一议题进行研究。这次会议之后，荒漠化成为学术界研究的主要问题和数百文章和书籍的主题。这一问题也在非洲以外的很多其他干旱和半干旱地区（如欧洲-地中海地区）提了出来。

自1977年以来，非洲的荒漠化已成为大型商业性、政治敏感和重要的北南援助问题，从全球北部为荒漠化有关的计划带来了客观的资金支持（Thomas & Middleton 1994）。

荒漠化被认为是最近几十年最大的环境问题之一，也是世界银行优先解决的重要全球环境问题之一（Thomas & Middleton 1994）。自20世纪70年代以来，撒赫勒地区已获得数十亿美元的援助。然而，进入撒赫勒地区各个国家的援助中，也许只有2%用到了那些能从长效上改善环境的生态项目上。1978年至1990年，在防治荒漠化项目上的总投资约为60亿美元，但没有产生实质性效果。在此期间，资金花在了那些可以更好地称为经济开发项目上：建设支线道路、改善供水、建立良种繁育设施以及控制动物疾病（Thomas & Middleton 1994）。

内罗毕的会议与其说是一个科学会议不如说是一个政治会议，它传递了很多不正确的信息，产生了沙丘向村庄和城镇逼近的流行图像。那种突然被沙子埋掉的吓人景象促使国际组织和捐助国采取紧急行动。然而，随着“逼近的沙漠”这样的故事由于缺乏令人信服的证据而逐渐消退时，人们的注意力开始转向人类的行为上。人类被指责为荒漠化和其所带来灾难的始作俑者。有人过去认为（从某种程度上说，现在依然认为）荒漠化的主要原因是人为的：森林砍伐、过度耕作、过度放牧、增加的烧荒频度、深度灌溉引起的土壤盐碱化、贫瘠地区的翻耕和地下水的过度抽取。在发展中国家，这些做法又被人口增长、人口密集、贫穷、落后的土地管理以及新的和传统农业技术使用不当等问题进一步加剧(Thomas & Middleton 1994; Pearce 1992)。

有人已经做了一些努力,以证明人口增长和荒漠化没有直接的关系。然而,显而易见的是,在某些情况下,人口增加可能会在至少两种方式上给旱地产生压力。第一,人口增加意味着对食物需求的增加,这需要通过增加生产(种植面积)或生产力(每单位面积产量)来解决。在大多数情况下,这些额外的食物来自增加的生产,包括把生产扩展到通常易于退化的贫瘠和更加脆弱的地带。第二,随着家庭数量的增加,土地被分成小块,每个受益人分到的地块变得更小,这常常导致土地的过度耕种而产生有害的结果。

经济全球化也给旱地上的农民和牧民带来压力。在发展中国家,不利的贸易条件和不断降低的商品价格鼓励或迫使旱地的农民生产更多,以增加来自廉价初级产品的收益,因而使自然资源退化。

另一方面,在某些西非国家,荒漠化通常被认为已构成严重威胁,其土地退化已被归因于政府政策。以温饱型农业为代价而对种植经济作物实施的激励机制,已把农用土地扩展到撒赫勒南部的边缘地区,这些地区传统上保留为干季放牧区。类似地,中亚地区取代游牧体制而采用集约化饲料作物种植和常年放牧已经导致了草场的严重退化(Sneath 1998)。

虚幻还是现实

从撒赫勒地区发生旱灾开始,有关荒漠化的本质和原因的激烈讨论已经愈演愈烈了。有些研究人员和学者甚至开始挑战荒漠化的存在,把这一议题称为虚幻故事(一个想象的环境问题)或者团体组织为了使某些行动正当化而一直延续的"机构事实"。

现在比较清楚的是,有关荒漠化的大部分数据来自受严重干旱或降水长期减少影响的地方和时期。这样,有关荒漠化的原因、自然或人类导致所报道的变化的程度、受影响或未来可能受影响的国家数量、荒漠化现象的可逆性或不可逆性等都没有共识。这个问题并没有被很好地理解;20世纪90年代早期,有的科学家曾经琢磨开一次停止荒漠化的新的大会可能会比以前有问题的做法更加有效。联合国的环境与发展大会(1992年在里约热内卢召开,也称为地球峰会)最终制订了《联合国防治荒漠化公约》(UNCCD),并于1996年生效。该公约的目标是"在经历严重干旱和(或)荒漠化的国家(特别是在非洲)通过各级人员的有效行动防治荒漠化并缓解干旱的影响"。这一目标应该通过长效综合策略来实现,而综合策略要在受影响的地区同时关注改善土地的生产力和土地、水资源的恢复、保护和可持续性管理,从而带来改善的生活条件,特别是社区级别的生活条件(UNGA 1994, article 2)。然而,考虑到在气候变化(Brand et al. 2009)或森林(Humphreys 2006)领域中类似国际环境计划取得的有限成功,《联合国防治荒漠化公约》能否做得更好令人怀疑。

20世纪70～80年代,联合国环境规划署——当时负责解决荒漠化的联合国机构,支持荒漠化就是"沙漠蔓延"的观点。那时,联合国环境规划署常常声称,每年有2 100万公顷的农业土地被荒漠化退化到一毛不长的程度，在20世纪90年代初，它估计全球受荒漠化威胁的土地面积为25%，尽管在这之前的很多年它一直声称是35%（Pearce 1992, 42）。事实上，在联合国环境规划署发布这些数据时，非洲和其他地方的荒漠化效应还没有开始按照科学的标准进行描述。结果，很多研究人员质疑这些数据的有效性，不知道它们从何而来。

真正改善人们对干旱和半干旱地区生态系统了解的，是远程传感技术的应用，特别是那些能用于比较不同时期情况的高分辨率卫星图像的应用。在这样的时间框架内，撒哈拉沙漠的边缘看上去有进有退，而沙漠的净延伸并没有探测到。把在撒赫勒地区几个孤立地点观察到的趋势认定为在整个大陆上发生的情况，先前的这种沙漠蔓延的评估是错误的。

2001年的研究展示了干旱和半干旱地区的生态系统是如何波动的，其生物生产力受主要天气模式变化的控制，如年降雨量或厄尔尼诺南方涛动[ENSO，周期性气候转移（称为厄尔尼诺）的大气分量]（Lambin et al. 2001）。

这些结果也引发对人类在荒漠化过程中所发挥的作用进行重新思考。远程传感技术研究没有发现围绕非洲村庄或灌溉水坑有荒漠化的任何证据。一方面，以经常迁移和牲畜数量变化为特征的传统游牧体系（常常被指责导致了环境的退化）对不可预见的干旱和半干旱生态系统能很好地适应。另一方面，至少在某些情况下，在高人口密度地区的土地看上去会从水和土壤保护工作和植被管理做法中获益（Mortimore 1989）。然而到20世纪90年代后期，联合国环境规划署依然认为荒漠化主要是人类引发的过程。但根据较为近期的一些研究，科学家现在质疑这种看法。他们的批评促使联合国重新考虑荒漠化的驱动因素，采用一种更温和的观点并承认自然要素（尤其是气候要素）所起的作用。

气候变化与植树造林

全球气候变化对荒漠化的影响是非常复杂的，而且还没有被充分认知。一方面，温度升高会通过增加土壤水分的损失和减少旱地降水而带来负面影响。另一方面，大气中碳的增加会加速某些植物物种的生长。尽管气候变化可能会增加很多地区的干燥程度和荒漠化风险，但随之而来的生物多样性丧失对荒漠化的影响是难以预测的。

尽管存在相反的证据，但有关荒漠化原因的传统观点依然存在。例如，人们依然认为，在非洲，由于没有对土地使用进行管控，环境受到传统土地使用者的破坏。在欧洲，地中海国家拨付了大量资金用于植树，以停止沙漠的蔓延，尽管自20世纪50年代开始，农村人口的外流和内部区域人口的减少已导致了常绿灌丛（灌木林）的大规模自然蔓延。大规模植树造林已经在阿尔卑斯-滨海省、西西里岛的中部、卡拉布里亚和南部撒丁岛开始实施（Thirgood 1981）（与恢复性造林不同，植树造林指的是在最近的历史上没有树的地方进行植树的做法）。例如，在西班牙，自1940年到20世纪80年代中期，植树造林的面积大约有三百万公顷（Groome 1988）。学者们“通过其服务于构成开发工具的个人和机构利益的‘实际效果’”解释老的看法一直存在的原因（Bassett & Bi Zuéli 2000, 69）。

在很多国家,土地使用权体系已经从传统上进行了转化,限制农村社区对自然资源的使用,以便使政府在农村有更多的干预权(Davis 2005; Larson & Ribot 2007)。国际环境机构、开发援助组织和非政府组织也在“寻求作为环境保护倡导者和监管者的权威性和正当性。荒漠化的说辞依然持续,其中部分的原因是它能为这些团体的各种议程筹集资助”(Bassett & Bi Zuéli 2000, 91)。

潜在问题

围绕解决荒漠化问题所采取的对策也存在争议。停止荒漠蔓延的一个流行做法是植树。例如,1977年内罗毕会议之后,这也得到了联合国环境规划署《防止荒漠化行动方案》的支持,但这项计划没有成功,主要是因为资金不足和缺少当地民众的参与。不同地理区域也报道了不成功的例子。地中海国家植树造林的传统前面已经提到;这种植树造林还包括在铲平的半干旱坡地上种植松树。其结果是土壤的侵蚀和没有灌木层的稠密松树的出现(Grove & Rackham 2001)。尽管有这样的例子,植树的流行做法依然让政治家们把植树造林作为展示性环境政策。例如,2010年4月,区域合作南亚联盟成员的领导人承诺要在2010年到2015年间植树一千万棵(SAARC 2010)。

其他措施包括自然资源的私有化(这是世界银行提倡的)、政府在农村的干预权、土地使用权体系的转化和当地民众从保护区的迁出。

考虑到该主题的很多方面仍然没有得到很好地理解,在实际解决这个问题时应该格外小心。研究人员指出,要特别考虑提出的政策措施对贫困的当地社区的影响。具体来说,他们反对国际机构通常采用的千篇一律的规划模型,而是强调“采用适合当地情况和文化的技术和经济方案”以及“摆脱调控和侵入式行政管理的必要性”(Bassett & Bi Zuéli 2000, 76)。

未来展望

尽管反复受到批评,荒漠化代表对旱地的重要威胁的观点还是得到广泛的认可。鉴于这一问题的相关性,令人意外的是,人们对荒漠化的定义和对某一区域荒漠化状态进行评估的正确方式都没有共识。20世纪80年代以来,相互矛盾的定义已经产生不同的评估方法和差异很大的估算结果。

相互矛盾的定义和不同估算结果的同时存在对社会认知产生了负面影响,导致怀疑论的产生和最终可能解决方案的拖延。社会团体以及国际公约、机构和部门必须承认荒漠化研究取得的真正进步,摈弃那些与当前知识背道而驰的观念,抓住机会更好地了解荒漠化影响的范围和强度,而且要认识到准确评估荒漠化依然是一个没有解决的问题。

胡安·加西亚·拉托雷(Juan GARCÍA LATORRE)
西班牙干旱地区景观研究协会
杰西·加西亚·拉托雷(Jesuús GARCÍA LATORRE)
奥地利联邦农业、林业、环境和水资源管理部

参见:适应性资源管理(ARM);农业集约化;共同管理;扰动;全球气候变化;土著民族和传统知识;灌溉;恢复性造林;植树。

拓展阅读

Adeel, Zafar; Safriel, Uriel; Niemeijer, Davi; & White, Robin. (2005). *Ecosystems and human well-being: Desertification synthesis*. Washington, DC: World Resources Institute.

Adeel, Zafar, et al. (2007). *Re-thinking policies to cope with desertification*. Hamilton, Canada: United Nations University.

Aubreville, André. (1949). *Climats, forêts et désertification de l'Afrique tropicale*. [Climates, desertification and forests of tropical Africa.] Paris: Société d'Editions Géographiques, Maritimes et Coloniales.

Bassett, Thomas J., & Bi Zuéli, Koli. (2000). Environmental discourses and the Ivorian savanna. *Annals of the Association of American Geographers, 90* (1), 67–95.

Boerma, Pauline. (2006). Assessing forest cover change in Eritrea — A historical perspective. *Mountain Research and Development, 26* (1), 41–47.

Brand, Ulrich; Bullard, Nicola; Lander, Edgardo; & Mueller, Tadzio (2009). Radical climate change politics in Copenhagen and beyond: From criticism to action? In Ulrich Brand, Nicola Bullard, Edgardo Lander & Tadzio Mueller (Eds.), *Contours of climate justice: Ideas for shaping new climate and energy politics* (pp. 9–16). Uppsala, Sweden: Dag Hammarskjöld Foundation. Retrieved August 14, 2011, from http://www.dhf.uu.se/pdffiler/cc6/cc6_web.pdf

Darkoh, Kwesi M. B., & Rwomire, Apollo. (Eds.). (2002). *Human impact on environment and sustainable development in Africa*. Burlington, VT: Ashgate Publishing Company.

Davis, Diana K. (2005). Potential forests: Degradation narratives, science, and environmental policy in protectorate Morocco, 1912–1956. *Environmental History, 10*, 211–238.

Fairhead, James, & Leach, Melissa. (1998). *Reframing deforestation: Global analyses and local realities: Studies in west Africa*. London: Routledge.

García Latorre, Juan. (2004). Deserts. In Shepard Krech, John McNeill & Carolyn Merchant (Eds.), *Encyclopedia of world environmental history* (Vol. 1, pp. 303–318). London: Routledge.

García Latorre, Juan; Sánchez Picón, Andrés; & García Latorre, Jesús. (2001). The man-made desert: Effects of economic and demographic growth on the ecosystems of the arid southeastern Spain. *Environmental History, 6* (1), 75–94.

García Latorre, Juan, & García Latorre, Jesús. (2007). *Almería: Hecha a mano. Una historia ecológica*. [Almería: Handmade. An ecological history.] Almería, Spain: Fundación Cajamar.

Glantz, Michael, & Orlovsky, Nicolai. (1983). Desertification: A review of the concept. *Desertification Control Bulletin, 9*, 15–22.

Groome, Helen. (1988). El desarrollo de la política forestal en el Estado español: Desde la Guerra Civil hasta la actualidad. [The development of forest policy in Spain: From Civil War to the present.] *Arbor, 505* (29),

65–110.

Grove, A. T., & Rackham, Oliver. (2001). *The nature of Mediterranean Europe : An ecological history*. London: Yale University Press.

Humphreys, David (2006). *Logjam: Deforestation and the crisis of global governance*. London: Earthscan.

Jiang, Hong. (2009, July 29). China's Great Green Wall proves hollow: Tree planting damages environment in northern China. *Epoch Times*. Retrieved August 14, 2011, from http://www.theepochtimes.com/n2/content/view/20291/

Kerr, Richard A. (1998). The Sahara is not marching southward. *Science*, *281*, 633–634.

Lambin, Erik, et al. (2001). The causes of land-use and land-cover change: Moving beyond the myths. *Global Environmental Change*, *11*, 261–269.

Larson, Anne M., & Ribot, Jesse C. (2007). The poverty of forestry policy: Double standards on an uneven playing field. *Sustainability Science*, *2* (2), 189–204. Retrieved August 14, 2011, from http://pdf.wri.org/sustainability_science_poverty_of_forestry_policy.pdf

Leach, Melissa, & Mearns, Robin. (Eds.). (1996). *The lie of the land: Challenging received wisdom on the African environment*. Oxford, UK: James Currey.

Mortimore, Michael. (1989). *Adapting to drought: Farmers, famines and desertification in west Africa*. Cambridge, UK: Cambridge University Press.

Nicholson, Sharon; Tucker C. J.; & Ba, M. B. (1998). Desertification, drought, and surface vegetation: An example from the west African Sahel. *Bulletin of the American Meteorological Society*, *79* (5), 815–829.

Nicholson, Sharon. (2002). What are the key components of climate as a driver of desertification? In J. R. Reynolds & D. M. Stafford Smith (Eds.), *Global desertification: Do humans cause deserts?* (pp. 41–57). Berlin: Dahlen University Press.

Pearce, Fred. (1992). Mirage of the shifting sands. *New Scientist*, *1851*, 38–42.

Prince, Stephen; Brown De Colstoun, E.; & Kravitz, L. L. (1998). Evidence from rain-use efficiency does not indicate extensive Sahelian desertification. *Global Change Biology*, *4*, 359–374.

Saiko, T. A. (1995). Implications of the disintegration of the former Soviet Union for desertification control. *Environmental Monitoring and Assessment*, *37* (1–3), 289–302.

Sneath, David. (1998). State policy and pasture degradation in Inner Asia. *Science*, *281*, 1147–1148.

South Asian Association for Regional Cooperation (SAARC). (2010, April 28–29). Thimphu Statement on climate change (16th AARC Summit). Retrieved August 14, 2011, from http://www.saarcsec.org/userfies/ThimphuStatementonClimateChange–29April2010.pdf

Thirgood, John. (1981). *Man and the Mediterranean forest: A history of resource depletion*. London: Academic Press.

Thomas, David S. G., & Middleton, Nicholas J. (1994). *Desertification: Exploding the myth*. New York: John Wiley & Sons.

Tucker, Compton J.; Dregne, Harold E.; & Newcomb, Wilbur W. (1991). Expansion and contraction of the Sahara desert from 1980 to 1990. *Science*, *253*, 299–301.

United Nations Conference on Environment and Development (UNCED). (1993). *Agenda 21: Earth Summit: The United Nations programme of action from Rio*. New York: United Nations Department of Public Information.

United Nations (UN) Economic and Social Council, Economic Commission for Africa. (2007, October 22–25). Africa review report on drought and desertification. Fifth Meeting of the Africa Committee on Sustainable Development (ACSD–5)/Regional Implementation Meeting (RIM) for CSD–16, Addis Ababa, Ethiopia. Retrieved December 8, 2011, from http://www.un.org/esa/sustdev/csd/csd16/rim/eca_bg3.pdf

United Nations General Assembly (UNGA). (1994). United Nations Convention to Combat Desertification (UNCCD). Retrieved December 17, 2010, from http://www.unccd.int/convention/text/pdf/conv-eng.pdf

Verón, S. R.; Paruelo, J. M.; & Oesterheld, M. (2006). Assessing desertification. *Journal of Arid Environments*, *66* (4), 751–763.

Ward, David; Ngairorue, Ben T.; Kathena, Johannes; Samuels, Rana; & Ofran, Yanay. (1998). Land degradation is not a necessary outcome of communal pastoralism in arid Namibia. *Journal of Arid Environments*, *40*, 357–371.

Warren, Andrew, & Agnew, Clive. (1988). *An assessment of desertification and land degradation in arid and semi-arid areas* (Paper No. 2, Ecology and Conservation Unit, University College). London: International Institute for Environment and Development.

扰　动

扰动是显著影响生态系统组成、结构和功能、时间上相对分立的事件。自然扰动(如飓风、雪崩、火灾和洪水)在形成景观和随之进化的生物区系中发挥着重要的作用。随着人口增长和对资源需求的不断增加,人类引发的直接和间接扰动,对平衡生态系统和社会的需求带来越来越复杂的挑战。

在常见用法中,“扰动”一词指的是对稳定次序的中断或正常条件的偏离。然而,大部分生态学家并不支持自然界的严格次序或针对任何给定生态系统的一组“正常”条件。从生态学的角度来看,扰动就是那些显著影响生态系统组成、结构和功能的事件。各种物理(火灾、风暴、洪水)和生物(昆虫、寄生物或病原体的爆发)要素都能引起生态的扰动。它们通过直接改变那些间接影响植物和动物物种组成的生物物理环境来引发生态系统的变化。扰动还通过有选择性地杀死某些物种(如洪水会淹死漫滩林中除最耐涝树种之外的所有林木)和改变物种之间的互利共生和竞争性相互作用,来直接影响生物区系。如果把关注点放在一个定居的群落,扰动显然就是那些中断了群落发展的事件。然而,从更广阔的视角看问题,不管是火山爆发、海啸,还是局部雪崩、洪水和火灾,这些扰动都是形成景观和随之进化的生物区系的基本过程。

美国植物生态学家彼得·怀特(Peter S. White)和斯图尔德·皮克特(Steward T. A. Pickett)把扰动定义为“任何在时间上相对分立、中断生态系统、群落或种群结构和改变资源、基质可得性或物理环境的事件”(White & Pickett 1985, 7)。这一宽泛的定义包含各种改变地貌(山体滑坡和火山爆发)、土壤(洪水、侵蚀、泥石流)、生物区系(火灾、昆虫爆发)或把这些生态系统要素联系在一起的任何过程。大部分扰动产生不均匀的异质效应,这些效应部分地取决于事件发生时生态系统的状态(例如风暴可能会吹倒高大的老树而相对完整地留下附近的幼树),还取决于在扰动期间发挥作用的要素(例如受风速和风向变化影响的森林火灾模式)。扰动最重要的效应之一,是使一个生态系统偏离在组成、结构和功能上相对可预测的变化轨迹,重启或加速这一序列,或者使生态系统转向另外一个发展路径。

在任何景观上,人类产生的扰动会叠加在一系列自然扰动之上。人类可能会拦截河流、砍伐森林、倾倒有毒化学品以及把植物和动物物种运送到新的环境。在有些情况下,人类产生的扰动是我们所知道的生态系统不可缺少的一部分。尽管是一个有争议的话题,但土著美洲人的烧荒被普遍认为是整个美洲很多生态系统的关键特征(Denevan 1992)。人类产生的其他扰动(如为了农业用地而大范围砍伐热带雨林)则会产生很可能是不可逆的严重影响。

尺度的重要性

被看作扰动的事件会根据空间和时间的尺度因素而变化。例如,单棵森林树木的被风吹倒(即由风导致的树的连根拔起和侧倒)和土壤、小气候及可用光照发生的相关变化可能是改变、加速或重启森林间隙中森林演替的重要扰动。然而,当生态学家把关注点放到广阔的森林景观时,他们把与这种树倒间隙有关的森林组成和结构的变化当作原本未受扰动森林异质特性的一部分,只有那些在广阔范围影响很多树木的风暴才被当作扰动(Everham & Brokaw 1996)。类似地,在较短时间尺度上,科学家可能会把沿冰川边缘发生的年度洪水和泥石流当作产生新地貌并且影响当地物种建群和铲除模式的扰动(Matthews 1992)。然而,如果生态学家把关注点放在数万年的尺度上,他们可能会认为地形和生物群一次就相对稳定了几个世纪,但他们可能会把冰川作用当作重塑景观和促进植物和动物物种新集群逐渐发展的一种扰动。

生物遗产

大部分自然扰动会在景观上留下各种密度和模式的活体生物和死亡生物。扰动前生态系统的这些生物遗产强烈影响着恢复性生态系统的发展方向和速度(Franklin et al. 2000)。例如,1980年圣海伦火山喷发之后,喷发区并不是只有一些从边缘散布来的物种重新聚集的荒芜地貌。相反,很多植物和动物在各种类型的残遗种保护区存活下来(例如,在雪堆下面存活的树苗,在地下存活的种子、孢子、根茎和冬眠的动物),这些保护区为重新定植提供了多种来源(Dale, Swanson & Crisafulli, 2005)。扰动前生态系统的生物遗产会以常见的三种形式延续下来:① 活的个体或种子、孢子、真菌菌丝和其他能够再生为新生物的结构(如根茎);② 能缓解小气候、提供能源和关键生存环境功能(如对来自捕食者的攻击提供保护)的非活性结构(像森林中的枯木或海洋系统中的珊瑚);③ 对物理环境的生物改造,包括土壤团聚体、生根渠道、蚁丘和坑-丘微地貌(即能够促进地下种子或幼苗生长的带有新土层的空洞),这是连根拔起的树所产生的一种条件。人类产生的扰动(如皆伐)趋于清除更多这样的遗产并且比自然扰动做得更加均匀。这样,人为扰动之后的恢复模式就比自然扰动之后的恢复模式更加简化。

适应能力

植物和动物物种都会展现各种适应能力和生存策略,目的是:① 避免扰动的伤害;② 扰动之后进行恢复;③ 扰动之后进行定植;④ 促进扰动。例如,厚厚的树皮、树木对下部树枝的自然整枝和树叶的快速分解,都有助于保护树木免受火灾的伤害。很多植物物种能从根颈、根茎或其他结构发芽,使它能够在受到火灾、啃食或各种其他因素伤害之后迅速恢复。很轻的风媒种子、易受洪水侵袭地区的水散布种子和冬眠种子库中的长期存储种子,在植物覆盖去除后能够快速定植。火灾多发环境中发现的几个物种(如短叶松和北美黑松以及澳大利亚的山龙眼属物种)把种子存储在封闭(晚熟)的球果内,只有当暴露在与烧荒有关的高温下的时候,球果才打开把种子释放出来。有些研究人员推测,在火灾易发环境,那些再生依赖于竞争的减少或苗床的火烧的物种,往往展现出促进火势蔓延的特性,包括易燃树叶(例如,针叶树和丛林灌木通常比落叶乔木更易燃)和保留枯叶与枯枝(Gagnon et al. 2010)。

动物物种也能在易受扰动的环境中展现多种生存策略。例如,鲑鱼能很好地适应美国西北太平洋沿岸的高动态水系。周围森林相对较少的火灾以及偶尔伴随的洪水和泥石流会把大量的沉积物和木头输送和重新布置在这些河流中(Swanson et al. 1998)。这样的过程在短期内破坏了鲑鱼的生存环境,但保留了鲑鱼长期需要的生存环境特征。帮助鲑鱼在这些水系的动态生存环境镶嵌特性中生存的适应能力包括高繁殖率、成年鱼漂游和未成年鱼的高流动性(Reeves et al. 1995)。

体系

尽管单个扰动事件(尤其是那些影响广大地区的事件)可能会引起很大的关注,但生态学家需要了解某一给定区域的多个连续事件,以便了解某个扰动要素在该区域发挥的生态作用。科学家通常把这样的多个交叉扰动系列描述为一个扰动体系,并用下列特性加以定义:① 扰动类型或扰动要素;② 季节性;③ 频度(在单位时间内某一给定点上的扰动次数);④ 范围;⑤ 程度,表示为强度(物理力的度量,如一次着火中每单位时间内释放的能量或飓风中的风速)或严重度(扰动对生物或生态系统产生的影响的度量);⑥ 内部缀块性,表示为扰动程度的空间变化;⑦ 协同作用,即扰动对后续由相同或不同要素产生的扰动的影响;⑧ 上述特性的可预报性或可变性(White & Pickett 1985; White & Jentsch 2001)。

把一系列重复发生的扰动及其效应分为在多个区域重复的扰动体系的一般类型,为比较各个区域扰动的生态作用提供了一种手段。例如,比较少见和严重的森林火灾体系常见于世界各地大多数的北方森林和亚高山森林。在这样的火灾状况下，每次火灾会给某些植物和动物物种的相对多度以及营养循环和水文学带来急剧的变化，这样的变化很可能会持续几十年（Romme et al. 2011）。与此不同的是，在那些无火间隔时间很少超过一二十年和火苗长度只能烧死单棵或小簇林木的其他区域，每次火灾很可能对植物和动物群落或生态系统动态产生比较小的影响。然而，在这种频繁的扰动情况下，暂停或排除这些扰动（如主动灭火或河流拦截）的行为可能会构成那种导致新的意外后果的扰动（Allen et al. 2002; Gergel, Dixon & Turner 2002）。

人为扰动

从某种程度上讲，人为扰动影响世界上几乎每一个生态系统。人们有意地伐掉森林用作农业用地，意外地泄露有毒化学品，通过农业方法和消耗矿物燃料来不经意地改变全球碳和氮的循环（Vitousek et al. 1997）。对生态系统来说，人为扰动并不是最近才有的，但随着人口和资源需求的增加，这些扰动的范围和强度都在增加，而且越来越多地影响到以前人类很少涉足的地区。

早期的人为扰动包括向澳大利亚初始殖民期间（大约45 000～50 000年前）大面积烧荒，这可能引发了一系列富有魅力的大型动物的灭绝和植被变化（Miller et al. 2005）。类似地，13世纪新西兰南岛上波利尼西亚人的初始定居，把烧荒广泛用于几乎没有火灾历史的森林（例如，以前大约每一千年发生一次火灾）。因为大部分植被对火灾的适应能力很差，所以，相对较少的人口也会迅速清除岛上的大部分森林（McWethy et al. 2009）。

很多最近的人为扰动已经产生了严重的影响。像埃克森公司在阿拉斯加威廉王子湾的瓦尔迪兹漏油事件和发生在墨西哥湾、比2010年英国石油公司漏油事件还早的其他事件，都在短期内严重影响了海洋野生动物，而且还会对营养链和其他物种的相互作用带来毋庸置疑的长效影响（Peterson et al. 2003）。除了人为扰动的直接后果，人类还间接地改变自然扰动体系。世界上几乎没有哪个地区的草原没有受到被引入牲畜物种啃食的影响。19世纪后期和20世纪初期，在美国西南部开始的牲畜放养严重影响了当地的火灾状况。通过降低以前只发生地表火的草地的连续性，放牧促进了松树苗的大量生长，这些树苗最后长成更高的燃料，能够把火带给稀疏分布的老树的树冠（Cooper 1960）。

管理

在存在扰动的情况下进行生态系统管理需要综合来自生态学(生态系统如何对处理方法做出响应?)到社会学(居住地区可接受的扰动度是多少?)多种学科的见解和知识。扰动管理方式差异很大,取决于要实现的目标。在有些情况下,其目标可能是把扰动体系保持在可变性的自然限度内(Keane et al. 2009)。在其他情况下,目标可能是完全压制扰动,以便保护有价值的东西(如房屋)。管理者可能应用多种策略来实现一个共同的目标,但确定最有效的策略则需要当地景观的详细知识。

扰动管理是一个有争议的议题。美国西部的野火管理是目前最具争议性的自然资源管理问题之一,因为它正从面向完全扑灭所有野火转向更多地承认野火在某些景观发挥的很有价值的生态作用,纠正几乎一个世纪以来在这些景观上灭火所带来的不良后果(Keiter 2006)。从20世纪后期开始一直到21世纪,美国西部的大部分林区都经历了大型火灾明显增多的情况(Westerling et al. 2006)。多种因素导致了这种增多的情况,每种因素都给管理带来了不同的影响。在有些情况下,压制以前频发的火灾已经导致树木密度的增加,这又会产生更多的燃料和连通性,因而更有可能带来范围更广的严重火灾。在这些森林里,用重新引入轻度火灾来减少小树,对降低未来严重火灾来说,可能是一个有用的策略。其他森林过去很少发生火灾,而且仅在最恶劣(干燥和刮风)的天气条件下发生。在这些森林里,小树的高密度并不是压制以前的常见火灾造成的。当这些森林最容易着火的时候,在恶劣天气条件下,为了降低火灾风险而疏伐这些小树可能不会产生什么效果。关键问题是,规划者要避免广泛应用一般性的管理规定(Baker, Veblen & Sherriff 2007)。

未来发展

管理扰动是一项复杂的工程,需要深入了解生态系统、生态学和社会需求的多个方面(Turner 2010)。虽然科学家掌握的经验和知识不断增加,但他们仍需要做更多的研究,以便成功管理目前地球上正在发生的各种复杂扰动情况(如扰动相互作用和奇异扰动)。

艾伦·特普利(Alan J. TEPLEY)
胡安·帕里特西斯(Juan PARITSIS)
托马斯·维布伦(Thomas T. VEBLEN)
科罗拉多大学

参见:适应性资源管理(ARM);复杂性理论;大坝拆除;荒漠化;生态恢复;极端偶发事件;围栏;消防管理;指示物种;爆发物种;残遗种保护区;稳态转换;恢复力;转移基线综合征;自然演替。

拓展阅读

Allen, Craig D., et al. (2002). Ecological restoration of southwestern ponderosa pine ecosystems: A broad perspective. *Ecological Applications*, *12* (5), 1418–1433.

Baker, William L.; Veblen, Thomas T.; & Sherriff, Rosemary L. (2007). Fire, fuels, and restoration of ponderosa pine-Douglas-fir forests in the Rocky Mountains, USA. *Journal of Biogeography*, *34* (2), 251–269.

Cooper, Charles F. (1960). Changes in vegetation, structure, and growth of southwestern pine forests since white settlement. *Ecological Monographs*, *30* (2), 129–164.

Dale, Virginia H.; Swanson, Frederick J.; & Crisafulli, Charles M. (Eds.). (2005). *Ecological responses to the 1980 eruption of Mount St. Helens*. New York: Springer.

Denevan, William M. (1992). The pristine myth: The landscape of the Americas in 1492. *Annals of the Association of American Geographers*, *82* (3), 369–385.

Everham, Edwin M., III, & Brokaw, Nicholas V. L. (1996). Forest damage and recovery from catastrophic wind. *Botanical Review*, *62* (2), 113–185.

Franklin, Jerry F., et al. (2000). Threads of continuity. *Conservation in Practice*, *1* (1), 8–17.

Gagnon, Paul R., et al. (2010). Does pyrogenicity protect burning plants? *Ecology*, *91* (12), 3481–3486.

Gergel, Sarah E.; Dixon, Mark D.; & Turner, Monica G. (2002). Consequences of human-altered floods: Levees, floods, and floodplain forests along the Wisconsin River. *Ecological Applications*, *12* (6), 1755–1770.

Keane, Robert E.; Hessburg, Paul F.; Landres, Peter B.; & Swanson, Frederick J. (2009). The use of historical range and variability (HRV) in landscape management. *Forest Ecology and Management*, *258* (7), 1025–1037.

Keiter, Robert B. (2006). The law of fire: Reshaping public land policy in an era of ecology and litigation. *Environmental Law*, *36*, 301–384.

Matthews, John A. (1992). *The ecology of recently deglaciated terrain: A geoecological approach to glacier forelands and primary succession*. Cambridge, UK: Cambridge University Press.

McWethy, David B.; Whitlock, Cathy; Wilmshurst, Janet M.; McGlone, Matthew S.; & Li, Xun. (2009). Rapid deforestation of South Island, New Zealand, by early Polynesian fires. *Holocene*, *19* (6), 883–897.

Miller, Gifford H., et al. (2005). Ecosystem collapse in Pleistocene Australia and a human role in megafaunal extinction. *Science*, 309, 5732, 287–290.

Peterson, Charles H., et al. (2003). Long-term ecosystem response to the Exxon Valdez oil spill. *Science*, 302, 5653, 2082–2086.

Reeves, Gordon H.; Benda, Lee E.; Burnett, Kelly M.; Bisson, Peter A.; & Sedell, James R. (1995). A disturbance-based ecosystem approach to maintaining and restoring freshwater habitats of evolutionarily significant units of anadromous salmonids in the Pacific Northwest. In Jennifer L. Nielsen (Ed.) & Dennis A. Powers (Consulting Ed.), *American Fisheries Society symposium series 17: Evolution and the aquatic ecosystem: Defining unique units in population conservation* (pp. 334–349). Bethesda, MD: American

Fisheries Society.

Romme, William H., et al. (2011). Twenty years after the 1988 Yellowstone fires: Lessons about disturbance and ecosystems. *Ecosystems*, *14* (7), 1196–1215.

Swanson, Frederick J.; Johnson, Sherri L.; Gregory, Stanley V.; & Acker, Steven A. (1998). Flood disturbance in a forested mountain landscape. *BioScience*, *48* (9), 681–689.

Turner, Monica G. (2010). Disturbance and landscape dynamics in a changing world. *Ecology*, *91* (10), 2833–2849.

Vitousek, Peter M., et al. (1997). Human alteration of the global nitrogen cycle: Sources and consequences. Ecological Applications, *7* (3), 737–750.

Westerling Anthony L.; Hidalgo, Hugo G.; Cayan, Daniel R.; & Swetnam, Thomas W. (2006). Warming and earlier spring increase western U. S. forest wildfire activity. *Science*, 313, 5789, 940–943.

White, Peter S., & Jentsch, Anke. (2001). The search for generality in studies of disturbance and ecosystem dynamics. Progress in Botany, *62*, 399–450.

White, Peter S., & Pickett, Steward T. A. (1985). Natural disturbance and patch dynamics: An introduction. In Steward T. A. Pickett & Peter S. White (Eds.), *The ecology of natural disturbance and patch dynamics* (pp. 3–13). New York: Academic Press.

C

生态预报

生态预报是预测生物和生态系统如何响应环境变化的物理和生物(有时还有社会)模型的综合。预报有很大的变化范围：空间上从一个局部地区到整个地球，时间上从单个事件到几个世纪。其应用包括预测物种和生态系统为响应气候变化而发生的分布变化以及预测疾病和引入物种的蔓延。

天气预报使我们每天能够做好与环境进行交往的准备。天气预报对我们出门时决定带雨伞还是太阳帽来说是必不可少的。导致温室气体排放和土地用途改变的人类活动正在全球从根本上改变着物理环境。预测生物和生态系统如何对这些变化做出响应对制订政策和进行规划是非常必要的。和天气预报类似，生态预报寻求预测生物和生态系统如何对环境中的化学、生物和物理变化做出响应。

生态预报的一个主要应用，是预测生物的多度和分布如何随环境变化而变化。其他的重要应用包括预测疾病和引入物种的蔓延以及生态系统对改变的养分浓度和土地用途所做的响应。物理应用包括预测生态系统养分循环和水文动态。生态预报计划的最终目的是预测环境变化对生态多样性和生态系统服务的影响。

生态预报的应用，从空间上可以从一个局部地区到整个世界，从时间上可以从数月到几十年甚至几个世纪。生态预报也可以应用到单个事件，如预测暴雨之后森林中养分的淋失。它寻求具体问题的答案，如“下个季度的降水如何影响葡萄的收成?”或者一般性问题的答案，如“环境变化对生物多样性的分布有什么影响?”

方法

大部分生态预报模型涉及收支平衡的输入和输出。在生态系统尺度上，生态系统模型考虑养分存储库之间的养分流通，而水文模型则考虑水在池塘之间的流动。在个体生物的尺度上，与环境相互作用而产生的能量损失和增加常常会作为热量收支得到考虑。然而，有关生物对环境变化或新环境所做响应的大部分预测,都是用统计相关性把个体的存在或缺席与环境条件(如温度和降水)关联起来。这些模型依赖于定义一个环境小生境或气候包层。它们假定一个物种将维持一个不变的小生境,因而当气候变化时,会通过空间跟踪其环境极限。虽然这种方法仅用物种位置的地理坐标和网格化的环境数据就能方便地产生预报,但它也有几个限定性假定(Buckley et al. 2010)。

一种限定条件涉及这样的可能性:由于气候变化,到2100年地球将经历奇异的气候条件(Williams & Jackson 2007)。这些奇异气候条件给环境小生境模型带来两种挑战。第一,该模型假定气候梯度(如温度和降水)之间的关系会保持不变。第二,模型在外推法中的有效性是不确定的。另外,这些模型一般都忽略所有的生物细节。这些忽略包括物种特性中的地理差异,包括耐温性以及物种的相互作用。这些模型基于环境条件的长时间(如一年)平均值,而环境条件可以在分钟的尺度上影响生物的生理学特性。

为了克服这些缺陷,作为相关性物种分布模型的补充,那些引入了额外生物细节的模型开始涌现。这些机械模型试图描述那些限制了物种的多度和分布的过程。这些模型一般需要有关生理学、形态学和环境的详细信息。生物物理学模型考虑来自生物与环境相互作用的能量损失和获取。这种能量收支可用于预测生物的体温。预测的体温(称为有效环境温度)可与生物的耐热极限进行比较,以便预报热和水分胁迫,并最终预报死亡率。有些机械模型把生物物理学当作直接预测多度和分布的基础。这些模型把体温变换为能量关系和性能,并最后成为统计学特性。植物生长模型用于估算光合作用率,作为统计学特性的基础。这些模型的实施目前受到生物性状数据和详细环境数据获取的严重制约。

数据资源

生态预报是一种新兴的方法,它注重详细生物和环境数据的汇集,并把这些数据用于详细的模型中,以便预测生物对环境变化的响应。有关植物性状数据的收集和汇集正在加速。例如,一个植被科学家网络构成了TRY计划(没有日期),其目标是构建一个全球植物性状数据库。有关动物的数据库有些滞后。随着在线生物信息学工具的推广,有关物种多度和分布的信息越来越多。对具有位置一致性的网格单元或样条进行的长期调查,继续提供着重要的多度和分布数据。最广泛的调查项目位于欧洲,特别是英国,其"英国鸟类学信托"监控鸟类,"生物记录中心"则监控各种淡水和陆生生物。在北美,对鸟类(如"繁殖鸟类调查","圣诞鸟类统计")和蝴蝶(如"7月4日蝴蝶统计")的长期季节性勘测提供了重要的多度和分布数据。

生态预报中使用的生物物理模型需要环境信息,包括地表和空气温度、辐射、风速、地面反射率和可用水的度量。收集区域和全球气象站数据可以得到这些信息。这些气象站数据经过差值产生网格化环境数据。另一个有关空间变化性的重要信息源是来自飞机和卫星的远程传感数据。在美国政府内部,国家海洋和大气管理局(National Oceanic and Atmospheric Administration, NOAA)和美国国家航空航天局(National Aeronautic and

Space Administration, NASA）都资助一些为生态预报提供远程传感数据的计划。此外，国家海洋和大气管理局还提出了一项把天气预报扩展到更长时间的全国气象服务。美国国家航空航天局的“生态预报”项目关注的是“为生态系统变化进行监控、建模和预报”。在澳大利亚，联邦科学与工业研究组织（Commonwealth Scientific and Industrial Research Organization, CSIRO）和其气候适应能力旗舰都把精力放在了生态预报。类似的计划遍布全球。

新兴的计划正在实施专门注重生态预报的生物和气候数据收集方案。“国家生态观测站网络”（National Ecological Observatory Network, NEON）是建议的一个横跨美国的观测站网络，其目标是“能够预报大陆几十年的生态变化”（NEON，没有日期）。NEON根据生存环境和气候的相似性，把美国分成20个区块。每一个区块的代表性地点将是空中观测和实验的重点，并用传感器网络联系起来。有关气候和大气、土壤和水文以及各种生物的原始数据将被合成到数据产品中，这些产品可用作生态预报的基础。

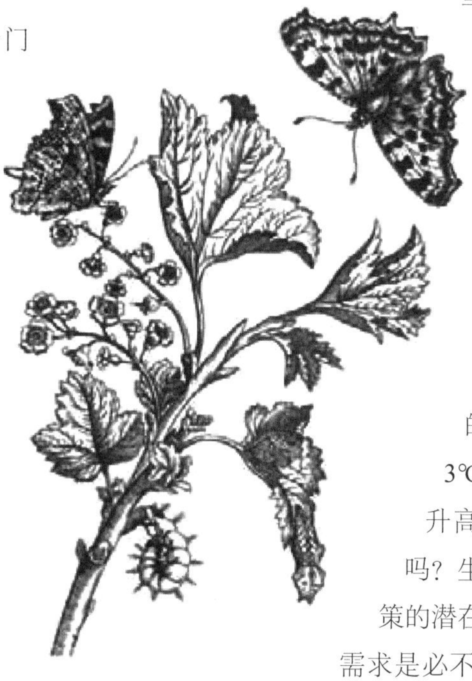

对生态预报方法进行鉴定和测试，对增加其预测能力的置信度是必不可少的。可以通过仅仅根据生物性状和环境条件预测当前的多度或分布，来对模型进行鉴定。这种方法称为即时预报。耐用模型测试是根据过去条件确定模型参数，并通过预测更近的分布和多度来测试模型。预测对过去环境条件变化的响应称为追算预报。

应用

生态预报是一个相对较新的工程，到2011年为止，在生态系统管理中只有有限的应用，但随着数据资源的积累和气候变化的加速，它的实施不断加速。大部分旨在控制温室气体排放的立法都把注意力集中在限制未来一段时间温度的升高上，比如说，到2100年温度升高不超过3℃，但不知道这些温度升高对生物产生什么样的影响。一个受到威胁的植物物种能够承受3℃的温升吗？如果温度升高5℃这种物种会灭绝吗？生态预报对考虑环境政策的潜在后果和影响未来管理需求是必不可少的。了解继续以目前的速度排放温室气体对生物多样性和生态系统服务的影响，对推动排放控制政策来说是至关重要的。

温度升高已经开始把生物推向其耐热极限，而且大气中温室气体的浓度让我们相信温度还会进一步升高。因此，找出最有可能受到特别影响的物种和生态系统并减轻这种影响是至关重要的。一种观点认为，生物学家和资源管理者应该利用生态预报，以便实施生态保护遴选法。把精力集中在物种可能刚被推过胁迫极限的地区，可能最有利于发挥有限资源和人员的作用。考虑除了气候变化还受到生态环境退化梯度威胁的一系列保护区。把资源用在退化最严重的保护区是没有任何作用的，因为其中的多个胁迫因子无论如何都会使物种走向灭绝。相反地，在退化最轻的保护区，其生态系统可能非常健康，足以承受温度升高的压力。把资源用到生态环境完好性处于中等的保护区可能是最好的。在那里进行的恢复工作会提高物种对温升压力的恢复力，使其能够生存下来。

生态预报正在提供有关哪个地理区域对气候变化可能最敏感的至关重要的信息。传统上，研究人员一直认为气候变化的生态影响会集中在极地区域，那里的温升预计最高。可是，当有人利用有机体生物学把温度变化变换为热压力时，好像热带生物会承受最严重的生态影响。这是因为热带地区较小的年度温度波动促使物种把其生理特性特化到一个较窄的环境温度范围(Tewksbury, Huey & Deutsch 2008)。

协助迁徙就是把潜在的濒危物种主动地转移到它们能够在一个合适环境小生境健康生长的地区，而这些地区它们自己是无法到达的。这逐渐被认为是保护工作的最后一招，特别是在应对气候变化中。在识别把物种转移到哪些地区时，生态预报的预测工作至关重要。的确，在最初试验协助迁徙的可行性时，环境小生境模型被用于识别一个蝴蝶物种应该被重新安置过去的地方。协助迁徙10年来，蝴蝶种群在新的地点正在快速生长(Willis et al. 2009)。

生态预报被用于促进农业的管理。例如，美国国家航空航天局的陆地观测和预报系统(Terrestrial Observation and Prediction System, TOPS)项目一直参与为加州葡萄酒业的规划提供协助的预报工作。观测发现，更高的卫星观测海面温度能够通过降低湿度和霜冻频度以及延长的生长季节来提高葡萄酒的质量(Willis et al. 2009)。因此，卫星观测海面温度已用于预测葡萄酒的质量。植被生长的度量(如叶面积指数)已用于确定生态系统模型的参数，这些模型用于预测使葡萄藤处于期望的水分胁迫等级的最佳灌溉做法(Nemani et al. 2001)。

未来展望

尽管存在进行稳定、可靠生态预报的需要，但面向这一目标所取得的进展一直比较缓慢。一个困难是协调各个学科的专业技能。综合地面和远程传感技术获得的成套环境数据需要处理和存储方面的专业技能和相当强的计算能力。环境数据必须以与生物和生态系统相关的方式进行处理，生物学家必须汇集和提供相关的生物数据。需要有新的建模方式来综合环境和生物数据。那些把计算机科学家、远程传感技术专家、气候建模专家、水文学家和有机体与定量分析生物学家召集在一起的新兴计划，为生态预报取得快速进展提供了潜力。计算与传感器技术以及气候变化项目取得的改进将有助于生态预报取得进展。了解环境变化对物种、水文、农业和生态系统的影响，对保持生态系统服务和生物多样性来说是必不可少的。

劳伦·巴克利(Lauren B. BUCKLEY)
北卡罗来纳大学教堂山分校

参见：适应性资源管理(ARM)；农业生态学；最佳管理实践(BMP)；生物地理学；边界群落交错带；复杂性理论；生态系统服务；边缘效应；全球气候变化；生境破碎化；指示物种；关键物种；植物—动物相互作用；种群动态；物种再引入。

拓展阅读

Buckley, Lauren B., et al. (2010). Can mechanism inform species' distribution models? *Ecology Letters*, *13* (8), 1041–1054.

Clark, James S., et al. (2001). Ecological forecasts: An emerging imperative. *Science*, *293* (5530), 657–660.

Helmuth, Brian, et al. (2010). Organismal climatology: Analyzing environmental variability at scales relevant to physiological stress. *Journal of Experimental Biology*, *213* (6), 995–1003.

Kearney, Michael, & Porter, Warren. (2009). Mechanistic niche modelling: Combining physiological and spatial data to predict species' ranges. *Ecology Letters*, *12* (4), 334–350.

National Ecological Observatory Network (NEON). (n.d.). Homepage. Retrieved July 22, 2011, from http://www.neon.org/

Nemani, Rama R., et al. (2001). Asymmetric warming over coastal California and its impact on the premium wine industry. *Climate Research*, *19* (1), 25–34.

Nemani, Rama R., et al. (2003). Biospheric monitoring and ecological forecasting. *Earth Observation Magazine*, *12* (2), 6–8.

Nemani, Rama R., et al. (2006). Terrestrial observation and prediction system (TOPS): Developing ecological nowcasts and forecasts by integrating surface, satellite and climate data with simulation models. In U. Aswathanarayana (Ed.), *Research and economic applications of remote sensing data products* (pp. 3–20). Leiden, The Netherlands: Taylor & Francis Book Series.

Tewksbury, Joshua J.; Huey, Raymond B.; & Deutsch, Curtis A. (2008). Putting the heat on tropical animals. *Science*, *320* (5881), 1296–1297.

TRY Initiative on Plant Traits. (n.d.). Homepage. Retrieved July 22, 2011, from http://www.try-db.org/

Turner, Woody, et al. (2003). Remote sensing for biodiversity science and conservation. *Trends in Ecology & Evolution*, *18* (6), 306–314.

Williams, John W., & Jackson, Stephen T. (2007). Novel climates, no-analog communities, and ecological surprises. *Frontiers in Ecology and the Environment*, *5* (9), 475–482.

Willis, Stephen G., et al. (2009). Assisted colonization in a changing climate: A test study using two UK butterflies. *Conservation Letters*, *2* (1), 46–52.

生态恢复

生态恢复指的是恢复受损生态系统的过程。完成这一过程需要准确评估生态系统的各个过程，找出环境胁迫因子或产生功能障碍的原因并使其逆转，开展土著植物和动物的存量调查，重新引入缺失物种，使生态系统重新获得生态的平衡和稳定。

地球上没有一个生态系统能够摆脱人类活动至少某种程度的扰动，从完全变为人造结构（如城市）到有毒化学品造成的轻度污染。其结果是生态系统恢复力（受损生态系统面对持续伤害保持自身的能力）的减弱。生态恢复是旨在恢复或改善受损或存在功能障碍的生态过程的人类干预。

健康的生态系统完成大量的由组成物种群体参与的复杂过程。一个或多个物种种群消失或减少时，这些物种参与的过程就会被削弱。

生态系统可以从三个角度观察：组成（生物多样性）、结构（主要指现存植被的规模和年龄）和过程（组成物种之间发生的所有物理和化学相互作用）。正是因为有组成（物种）才有了结构并完成了过程。虽然生态恢复的目的是恢复过程，但其途径几乎总是通过调整结构或物种（这种情况更常见）来实现。

由于环境小生境的交叉，很多物种可以完成类似的过程。丰富的多样性通常意味着存在更多的交叉小生境，这样，当一个或几个物种消失时，生态过程受到的伤害就相对较小。因此，完全补足当地的多样性对生态系统功能的发挥来说并不是必不可少的。然而，随着多样性的丧失，那些物种参与的生态系统过程就会减弱。因此，恢复缺失物种是生态系统恢复的主要手段。

结构

虽然一个生态系统中的每个物种都在一个或多个生态过程中发挥着作用（有的比其他物种要重要得多），但只有少数物种在结构中发挥重要的作用。因为一个生态系统中的大部分物种都不容易被看到，而且大部分甚至可能还不被知道，人们很容易忘记的是，绝大多数物种即使不是微小的也是隐蔽的。例如，大量昆虫中的大部分和很多较小的脊椎动物都很少见到。然而，正是真菌、细菌和古菌（特化的一群单细胞微生物）构成了一个生态系统大部分的多样性，而且这些物种很多都还没有被发现。一个生态系统的结构主要由植物构成，当然也有几个重要的例外（如暗礁上的珊瑚）。让我们考虑一片森林。里面有大树、较小的树、灌木和藤本植物、附生植物（像凤梨科那样的植物或那些连在其他植物上、通常称为气生植物的植物）以及森林地面上可能有的蕨类植物和其他草本植物。在未受扰动的森林里，会有处于各种腐败阶段的直立死树、倒伏树和大树枝以及地面上的其他大大小小的枯枝落叶。甚至土壤也是分层的，从最近的枯枝落叶层，经各阶段的腐败和结合进入矿物层。这种结构不仅为群落中的所有其他物种提供生存环境，而且物种也会反过来与植物相互作用，来产生和发展结构。土壤的情况尤其如此，其中分解过程和有机物质的结合主要取决于和植物有关的有机体。有时候可以调整结构并恢复生存环境和物种，这反过来可以纠正受损的生态过程。例如，要恢复生长着过量入侵木本植物的稀树草原或北美草原，最好的实现方式是通过砍伐和火烧的结合来减少木本植被。

在基本层级，生态过程涉及能量变换和化学结构的变化。养分循环就是一个很好的例子。这一过程对生态系统功能的正常发挥来说是最基本的，它涉及主要由植物、真菌、细菌和古菌完成的势能的利用，以吸收分解的化合物并把它们转化为所需的维生素、酶或组织。动物主要从构成其食物的其他生物体中获取所需的养分。死亡或排泄之后，复杂分子通过分解生物体得到氧化，释放能量以满足新陈代谢的需要。最后养分以水溶的形式被释放到土壤或水中，然后就可以再次被吸收。一个典型的养分循环会涉及来自两个或多个界的数百个物种。

在有些生态过程中，一个或一小群物种发挥着独特的作用。这样的例子包括氮循环，其中非常特化的细菌负责关键的化学转化或依赖特别授粉者的某些花的授粉。这些关系会引发级联效应，丧失一个物种会引起其他物种的下降或丧失，而它们的下降或丧失又会导致另外一些物种的下降。术语“关键物种”用于那些在一个生态系统中所产生的巨大影响与其数量和生物量不成比例的物种。在生态恢复中，搞清楚一个关键物种是何时消失的尤其重要。

评估和参考地块

生态恢复要想成功，就必须从找出消失的物种和存在功能障碍的过程开始。这项初步调查包括两个部分。第一，我们必须分析原来生态系统的本质特性。如果扰动相对较小，原来生态系统的本质特性就会非常明显，但如果改变特别严重，就可能需要大量的调查工作。例如，如果我们现在只看到一块庄稼地或草地，那么，以前的自然生态系统是个什么样子就不是很明显。这就需要对土壤、地形地貌、历史文献进行调查，或者对可能知道这块土地在严重扰动之前的情况的老邻居进行面谈。第二，对原有生态系统（包括优势物种）有了很好的了解之后，我们需要在附近确定一个在土壤、地形地貌和水文上尽量非常匹配的参考地块。受保护的自然地块是理想的参考地块,但可能也有隐蔽在铁路沿线、农田角落或者牧场或农场上偏僻的未垦地块上的残存群落,在这些地方,很多物种得以幸存。我们的目的是确定原有群落都包含哪些物种,生态系统是如何工作的。原有群落是通过周期性的火灾保持的吗?春天有没有洪水?重要的物种有没有发生灭绝或者在这一地块被根除?这种初步调查阶段可能需要几个小时或几个月,但开始恢复之前,把这项工作做好是非常必要的。

在生态恢复工作中,我们必须努力与自然合作。在大多数情况下,自然演替会把一个生态系统引向被扰动前的那种状态。有时候,我们唯一需要做的是缓解那些导致扰动的胁迫因子的作用。胁迫因子就是那些最早使生态系统丧失其完好性的扰动或变化的条件。例如,景观碎片化以及人为的火灾控制,是造成木本植被侵入中西部地区北美草原和稀树草原的主要原因。实施一项规定的火烧体制常常就是恢复这些生态系统唯一需要做的事情。

与自然合作意味着要了解一旦给了机会,自然演替会走向哪里,并且要协助这一过程。至少在理论上,把受损的生态系统转变为与原先的情况有很大不同的一种状态是可能的,但这样做需要更大的努力,而且最终结果可能并不稳定,需要相当可观的保持工作。因此,为确定原有生态系统的本质特性和使之发生改变的胁迫因子所进行的初步调查对恢复的成功是至关重要的。

缓解胁迫因子的作用

一旦生态系统被确定,缓解胁迫因子的作用就是恢复工作的第一步。那些导致生态系统恶化的因素可以是自然或人为的。大部分物种和作为一个整体的群落都能适应与自然现象的相互作用,除非自然现象是极端情况或者非常特别。通常,当受到像干旱、火灾、洪水之类的事件的扰动之后,生态系统能够自行恢复。尽管这些能够给自然群落产生压力,但它们通常并不被当作胁迫因子。另一方面,人为扰动常常超出至少某些物种的进化经历。清理和耕种土地或者给牧场定期割草、引入外来农学物种以及使用化肥和除草剂都会导致原有生态系统中很高比率的物种走向灭绝。更极端的扰动(如抽干湿地、拦截河流、清除表土或者铺筑路面)可能会导致现存物种几乎完全的消除,至少会使现存的物种发生变化。至少这些胁迫因子通常是明显的。

胁迫因子常常会更加细微。例如,最常见的情况之一是对水文的改变。排水沟、排水管的使用或者公路或铁路的部分阻挡(即使建造了涵洞)都会导致生态系统的退化。火烧状况的改变(通常是由碎片化和火灾控制造成的)是另一个能够被忽略的胁迫因子。入侵物种是很多生态系统中日益增长的一个问题。除非胁迫因子被准确找出并加以缓解,否则,恢复工作可能不会有效,或者恢复的生态系统会需要大量的维护工作。

此时,需要进行切合实际的评估之后才能投入更多的时间和资金。如果主要的胁迫因子是非现场的,恢复工作可能就会变得不可能或不切实际。空气污染、上游建坝或改道以及气候变化就是非现场胁迫因子的例子,如果它们被认定是主要的胁迫因子,就会使恢复工作变得不可能。当地的非现场胁迫因子有时能够解决。例如,来自相邻地块的不当使用或开发也许可以通过设立人工池塘或湿地拦截流过来的多余水来加以解决。类似地,来自相邻饲育场或农田的杀虫剂或过量养分载荷有时可以通过人工湿地加以拦截,而使其他的地块得到恢复。最好是号召周围地块的拥有者参与生态恢复过程,并在更大的生态系统规模上实施这一策略。生态系统碎片总是难以保持,它们常常小得难以确定主要胁迫因子。

生态恢复的做法

生态恢复做法的类型和应用的次序应根据胁迫因子的情况决定。当调查和规划完成之后,最初的恢复工作应面向缓解胁迫因子的作用。这常常是唯一需要做的恢复工作,除非存在关键物种没有协助就不能返回的情况。

一个定居在原有生态系统的优势物种清单就是初步调查工作的产品之一。因为植物构成大部分生态系统结构的大多数,所以,恢复工作重点通常放在重新引入优势物种上,尽量引入较小的物种,而让其他生物体自行返回。通常需要进行场地准备,这主要包括清除或减少会对期望的土著植被的定居造成干扰的外来物种。

重要的是,重新引入物种的来源应尽量来自本地。理想地,种子或其他繁殖体(即插条、孢子)应从附近的残遗种保护区(未受扰动或改变的一片生存环境)和类似群落中收集。这可以从某种程度上保证被引入的基因型能够适应当地条件。

耐心

恢复严重受损的生态系统,一般需要数年才能看到比较满意的结果。一个生态系统几个小时就能被破坏,但是,要使物种重新恢复完整则需要几年,甚至几十年或几个世纪(如果可以恢复的话);这种物种的完整性是恢复能使系统稳定的生态过程所必需的。根据景观的破碎化程度和到残遗种保护区的距离,必须自行返回的物种可能几十年都不会出现。受损最严重的生态系统可能永远都不能完全恢复,比完整性更好的生态系统需要更高程度的维护。尽管如此,只要细心、勤奋和有耐心,大部分生态系统都能恢复到伴随定期维护(如使用规定的火烧体制和入侵物种的清除)就能继续自行发展的程度。

监测

生态系统恢复常被忽略的一个方面就是监测。一个详细制订的恢复方案可能会有针对不同恢复程度的标准。需要通过监测确保采用的做法正把生态系统引向这些恢复目标。否则,就需要进行重新评估,以确保目标合理、做法可行。可能一个重要的胁迫因子被遗漏了,或者一个极危物种被忽略了。即使生态系统基本恢复之后,仍需要通过监测来指导维护工作。例如,处理入侵物种最容易的时候是在其第一个生长季期间,不然下一年内肯定应该进行。监测不需要太烦琐,但应该定期、全面进行。

团队努力

生态恢复很适合家庭或团队去做。恢复后院一块湿地或北美草原可以是一项长期的家庭工程。童子军、花园俱乐部甚至社区都可以处理一块闲置的受损土地并把它转变为充满活力的自然群落,并吸引蝴蝶、鸟类和两栖动物的回归。调查这种可能性会产生对群落历史的新发现、生物学的经验教训和与大自然的交往,这比任何课堂教学都更有价值。有人认为,生态恢复中最重要的成就就是把人与自然重新联系起来。

恢复生态学在上世纪末就成为一门获得认可的专业,它的研究领域仍在迅速扩展。除了撰写科技文献和参考书籍以外,专业人员还在国际生态恢复学会的主办下,通过参加会议来交换信息。现在,数千科学家从事与恢复生态学有关的研究,其项目几乎涉及地球上每一种生态系统。就业机会主要在那些提供生态恢复服务的公司和管理公园、国家森林和草原的公共机构。恢复生态学知识的扩展响应了人们恢复受损自然生态系统的不断增长的愿望。

艾伦·哈尼(Alan HANEY)
威斯康星大学史帝文分校(荣誉退休者)

参见:生物多样性;棕色地块再开发;群落生态学;复杂性理论;大坝拆除;扰动;森林管理;生境破碎化;人类生态学;水文学;指示物种;入侵物种;关键物种;爆发物种;植物—动物相互作用;残遗种保护区;恢复力;物种再引入;城市农业。

拓展阅读

Apfelbaum, Steven, & Haney, Alan. (2010). *Restoring ecological health to your land.* Washington, DC: Island Press.

Apfelbaum, Steven, & Haney, Alan. (forthcoming 2011). *Restoring ecological health to your land: Companion manual*. Washington, DC: Island Press.

Apfelbaum, Steven. (2009). *Nature's second chance*. Boston: Beacon Press.

Clewell, Andre F., & Aronson, James. (2007). *Ecological restoration: Principles, values, and structure of an emerging profession*. Society for Ecological Restoration International. Washington, DC: Island Press.

Falk, Donald A.; Palmer, Margaret A.; & Zedler, Joy B. (Eds.). (2006). *Foundations of restoration ecology*. Society for Ecological Restoration International. Washington, DC: Island Press.

Jordan, William R., III. (2003). *The sunflower forest*. Berkeley: University of California Press.

Packard, Steven, & Mutel, Cornelia. (Eds.). (2005). *The tallgrass restoration handbook: For prairies, savannas, and woodlands*. Washington, DC: Island Press.

生态系统服务

人们从大自然中获得的益处称为生态系统服务。自20世纪70年代以来，这个概念在研究和政策上一直发挥着重要的作用。生态系统服务正被明确地综合到多边环境协定、国民经济核算框架、企业战略和公共政策当中。然而，为了倡导可持续发展而在足够大的尺度上考虑很多不同的生态系统服务仍然是一个未来的挑战。

人们在生计、健康和福利上依赖大自然。人们从大自然中获得的益处包括饮用的清洁水、从钓鱼中得到的食物和休闲以及建造房屋和家具的木料。与此同时，人们以限制大自然提供这些益处的能力的方式影响着大自然。例如，森林通过捕获和存储碳的形式帮助调节气候，但是，土地拥有者每年通过砍伐数千公顷热带森林来减少森林提供这种服务的能力。清除这些土地上的森林所产生的二氧化碳（导致气候变化的一种温室气体）排放能达到人类所有排放量的20%。这只是我们改造大自然、改变大自然向我们提供的益处（即生态系统服务）的一种做法的例子。

什么是生态系统服务？

生态系统服务最常见的定义来自联合国《千年生态系统评估》(MA)："人们从生态系统中获得的益处"（MA 2005）。生态系统服务也被称为"环境商品和服务"和"大自然的益处"。这些服务来自生态系统（包括构成生态系统的物种）的功能和过程（Daily 1997）。《千年生态系统评估》(MA 2005, 57)识别出了四种生态系统服务：

(1) 供应服务：提供商品（如食物、水、木材和纤维）。

(2) 调节服务：稳定气候、减轻洪水和疾病的风险以及保护或改善水质。

(3) 文化服务：提供休闲娱乐、美学、教育和精神方面的体验。

(4) 支持服务：支撑其他服务，如光合作用和养分循环。

有人提出了针对具体场合的其他定义和

分类,如景观管理、环境成本核算和政策制定(Boyd & Bhanzaf 2006; De Groot, Wilson & Roelof 2002; Fisher, Turner & Morling 2009; Wallace 2007)。“生态系统和生物多样性经济学”(TEEB)是联合国环境规划署领导的一项国际计划,2010年,它提出了一个把生态系统提供的服务和人类从中获得的益处加以区分的定义:“生态系统对人类幸福做出的直接和间接贡献”(Kumar 2010, 19)。“生态系统和生物多样性经济学”为生态系统服务所做的分类把“支持服务”重新定义为“生态系统过程”,并包含了“生存环境服务”这个新的类别;生存环境服务为被猎和被钓物种提供繁育场并通过保护遗传多样性来保存未来的选择。

历史

人们依靠大自然来追求他们的幸福,这一认知可以追溯到古代。有关这一话题的最早的一些已知文献,描述了生态系统服务的丧失和这种丧失对社会的影响。其中最主要的是希腊哲学家柏拉图一篇著名对话——《柯里西亚斯》(*Critias*)中的一段描述:

“现在,先前肥沃的土地上留下的东西就像一个病人的骨架,所有肥沃、松软的土壤都被冲走了,只留下光秃秃的基础……土地曾经被每年的雨水滋润,雨水不像现在这样流失掉(从裸露的土地流向大海)。那时土壤深厚,吸收并保持水分……山丘吸收的水供应着泉水和各处的河流。现在,以前有泉水的神殿现在都已废弃,这证明我们对土地的描述是真实的”(Daily 1997, 5–6)。

很多学者把对生态系统服务的现代关注归功于乔治·珀金斯·马什(George Perkins Marsh)——一位19世纪的律师、政治家和学者。马什于1864年出版的一本书——《人与自然》描述了各种服务和丧失这些服务所产生的后果。20世纪的前半叶,著名的环境作家[包括亨利·费尔费尔德·奥斯本(Henry Fairfield Osborn Jr.)、威廉·沃格特(William Vogt)和奥尔多·利奥波德(Aldo Leopold)]介绍了生态系统和野生动物对人类福祉的价值。除了大自然对人类的价值,利奥波德还支持“土地伦理”——强调大自然本身存在的价值,而不用考虑人类如何利用它。

在20世纪60年代和70年代,环境健康成为一个重要的问题,激发了第一波的生态经济学研究。1968年,斯坦福大学生态学家保罗·埃利希(Paul Ehrlich)出版了《人口炸弹》,它描述了人类对生态系统的破坏、给社会带来的代价以及可能的解决方案。1970年,“关键环境问题研究”小组(一群科学家在马萨诸塞州的威廉姆斯学院开会)第一次提出了“环境服务”这个术语,并给出了像渔业、气候调节和洪水控制这样的例子。从那时起,“生态系统服务”就成为科学文献中表示从大自然获取的益处最常见的术语。

到20世纪80年代,研究和争论集中在两个问题上:生态系统功能和服务在多大程度上依赖生物多样性?如何度量和评估生态系统服务?1997年,两组生态学家和经济学家合成了有关生态系统服务及其价值的科学信息(Costanza et al. 1997; Daily 1997)。自2001年开始的《千年生态系统评估》是一项涉及1 360位研究人员、评估生态系统状态及其提供服务的四年全球计划。根据《千年生态系统评估》报告,在此前50年跟踪的24项生态系统服务中，有15项严重下降，四项略有改善，5项还算稳定，但在世界的某些地方受到威胁（MA 2005）。该评估报告还透露，有些供应服务（如食物）在以调节、支持和文化服务为代价的情况下得到改善。作为《千年生态系统评估》的一部分或者后续工作，还进行了一些较小的针对生态系统服务的评估项目。一项研究发现，在英国8个广阔的水域和陆地生境类型和其构成的生物多样性所提供的生态系统服务中，大约30%正在下降，其他的已经减弱或退化（UK National Ecosystem Assessment 2011）。“生态系统和生物多样性经济学”一个单独的国际研究评估了生态系统和生物多样性的经济利益以及生态系统退化和生物多样性丧失的代价（Kumar 2010）。到2011年为止，几个国家（包括巴西和印度）都已开始了国家级的生态系统和生物多样性经济学的研究。

新的政策和项目

在《千年生态系统评估》这样的国际评估部分的推动下，各种组织制订了针对生态系统服务的新政策和新项目。2005年，联合国开始考虑设立一个新的机构，用于评审生态系统服务的研究并传播与决策有关的结论。结果，“生物多样性与生态系统服务政府间平台”（IPBES）于2010年成立。同年，《联合国气候变化框架公约》（UNFCCC）采纳了一种旨在减少产生于森林采伐和森林退化的温室气体排放（REDD）的框架方案，它为工业化国家通过向发展中国家（在其森林中存储了额外的碳）购买指标来补偿其排放提供了一种途径。世界银行制订了一个财富核算和生态系统服务估价（WAVES）的合作项目，以鼓励和促使各国将大自然的价值纳入国家核算框架和指标（如国内生产总值）。此外，《生物多样性公约》和《拉姆萨尔湿地公约》已明确将生态系统服务和基于生态系统的方法纳入其原则中。

在国家和州的层面，生态系统服务的政策和市场也同样已经到位。在美国，《清洁水法案》（1974）用于保护湿地和水体，防止水文、文化和生存环境服务的丧失。该法案规定了缓解湿地和其功能丧失的措施。该法案的一项规定是，在湿地上施工的开发商必须恢复或保护同等或更大面积的一块湿地，以补偿湿地消失的渔业、休闲机会、水体净化和侵蚀控制服务，等等。在澳大利亚，几个州的法律也要求减轻对生态系统提供生存环境服务所造成的损失。巴西的《森林法》（1965）要求位于亚马孙的土地所有者保持其土地具有80%的森林覆盖率，以保存来自完整森林的各种益处。

公民社会

自《千年生态系统评估》发布以来，各种公民社会项目也已出现，包括世界资源研究所

(World Resource Institute, WRI)、“森林趋势”和“自然资本工程”广受报道的工作。2008年,世界资源研究所发布了《生态系统服务:决策者指南》,它为维持自然资本的政策提供了实用性指导意见(Ranganathan et al. 2008)。世界资源研究所还制订了《企业生态系统服务评估》(ESR),以帮助企业找出它们影响和依赖的生态系统服务(Hanson et al. 2008)。“森林趋势”旨在通过为生态系统服务创建市场来扩展大自然给社会带来的价值。除了其他计划,“森林趋势”还开发了生态系统服务项目交流中心、生态系统服务项目孵化器、海洋生态系统服务计划和生物多样性自愿补偿框架。“自然资本工程”是一个学术界-公民社会的合作项目,该项目开发对生态系统服务进行度量、绘图和估价的科学和工具(Kareiva et al. 2011),把这些工具应用到世界各地的政府、企业和公民社会的合作伙伴,并把科学、工具和来自这些项目的经验教训推广到全世界。

工具

用于对生态系统服务进行监测、度量和估价的新型诊断工具一直都在开发当中。到2011年年末,已有十几种生态系统服务评估工具投入使用。有些工具重点关注在不同资源管理模式下,多种生态系统服务的提供、使用、价值和交易。其中的两个是“生态系统服务人工智能”(ARIES)和“生态系统服务和交易综合估价”(InVEST)。就像“自然资产信息系统”(NAIS)那样,“生态系统服务人工智能”和“生态系统服务和交易综合估价”都使用地图来评估生态系统服务的空间分布。其他工具,如“野生动物栖息地益处估算成套工具”和世界资源研究所的珊瑚礁估价工具包,估算生态系统服务的价值或量值(但没有空间分布图)。另外的工具评估单项生态系统服务的益处(如碳获取和储存计算器),或者考虑在某种境况下生态系统服务的变化(如采矿业政策和做法基准检测工具)。

生态系统服务付费

大约自2000年以来,增长最快的领域之一就是生态系统服务付费(PES):用户向服务提供者补偿其对服务的维持或改善(Gómez-Baggethun et al. 2010; Wunder, Engel & Pagiola 2008)。在发展中国家,有两种重要的生态系统服务付费机制:流域服务付费和通过REDD框架实施的气候调节付费。流域服务付费(又称为水基金)是下游水用户对上游土地拥有者提供水服务(如净化和侵蚀控制)进行付费的一种方式。哥斯达黎加第一批生态系统服务付费项目之一将在后面的《生态系统服务的实践》一节加以介绍。

评价方法

经济评价涉及赋予大自然的益处一个货币价值。现存的市场价格常常不能反映生态系统服务的价值,需要有基于类似或设想的市场情况的特殊评价方法。世界银行2004年出版的一个白皮书明确了经济评价的目的和用途,概括了四个主要目标:评估生态系统总流量的价值,确定改变生态系统条件的干预所带来的净效益,确定生态系统保护的成本-效益分布情况,找出受益者以确定生态保护的潜在资金支持来源(Pagiola, von Ritter & Bishop 2004)。

必须构建用于生态系统服务经济评价的分析手段，以满足具体的目标。常用于评价这些服务的基准体系是总经济价值（TEV），它包括人们直接和间接利用大自然的价值、人类利用无关的价值以及期权价值（即保存生态系统的益处供将来使用）。由于大自然的价值不容易用货币形式确定（或完全掌握），很多研究根据对人类健康和营养、生计益处和文化意义的影响来量化生态系统服务的价值。其他的研究只是简单地从生物物理学而不是从货币上度量生态系统服务（如吸存碳的吨数）。

争议问题

生态系统服务的概念已产生某些争议。其中最常见的一个源于利奥波德最早对大自然的利用价值（自然世界给人类提供的益处）和固有价值（生态系统和物种存在的权力，不管人类是否利用或欣赏）的区分。有的科学家提出了这样的担心：不断涌现的对生态系统服务评价的关注会为了自身的利益把精力和资金从生物多样性和物种保护上转移，这会增加物种消失的速度。在很多生态系统服务的分类中，生物多样性并不被认为是生态系统服务；然而，有的生态学家正在试图寻找生物多样性对人类幸福做出贡献的途径和生物多样性在提供生态系统服务所需的关键生态过程中发挥的作用（Mace, Norris & Fitter 2012），他们也在研究生态系统服务的提供和生物多样性的优先计划之间在什么地方有交叉（Naidoo et al. 2008）。

批评者担心把经济评价当作一种工具和以市场为基础的机制（如生态系统服务的付费），而把生态系统服务变成商品或者"给大自然挂上价格标签"（Gómez-Baggethun et al. 2010）。有的研究人员坚持认为，大自然是无价的，市场计划不会为了确保对大自然的保护而给它设定一个过高的价格。其他人则建议市场机制有可能对环境和社会带来意想不到的不良后果，因为消费者在有了外部激励之后有时会不按常理行事。此外，这些研究人员认为，资金或其他益处的分配很可能会放大现有的经济差距。

生态系统服务的实践

随着决策者考虑生态系统服务的价值和人类行为如何影响这些价值、制订确保服务价值在市场交易中得到反映的新型市场机制、实施政策、机构和体制改革以及开发帮助人们快速、方便地完成所有这些工作的工具，生态系统服务在决策中越来越受到重视。以下是一些示范性的例子。

1. 哥斯达黎加

到1986年，哥斯达黎加的森林覆盖占所

有土地面积的比重从1960年的63%下降到32%。这种森林资源的急剧消失促使哥斯达黎加政府采取一套新的森林保护和恢复政策,包括利用市场机制。1996年通过的《森林法7575》为一个生态系统服务付费计划向土地拥有者支付维持和恢复森林资源的费用打下基础。该计划把重点放在森林产生的四项生态系统服务上:流域保护、生物多样性、地貌美景和气候调节。向土地拥有者支付的费用随工作内容的不同而变化。最常见的工作是森林保护;土地拥有者同意放弃森林的使用,把使用权转给政府而换取5年内每公顷的固定支付费用。土地拥有者还可以根据恢复性造林的公顷数或者根据在农林复合系统(作物与树木套种)中植树的数量获得收益(Fondo Nacional de Financiamiento Forestal,没有日期)。

2. 中国

继1997年和1998年的严重旱灾和水灾之后,中国制定了一系列保护计划,以减少极端天气的破坏。其中的一项计划——"坡地转变计划"(SLCP,也称为"退耕还林工程")在实施的时间长度和地理范围上都是不同寻常的。"退耕还林工程"自1999年开始实施,它通过向把陡坡上的农业用地转变为林地和草地的农民提供粮食和现金补贴,在25个省的范围内恢复水土流失控制和防洪减灾服务。初步研究表明,"退耕还林工程"提高了关键生态系统服务,同时对家庭收入也有正面影响(Li et al. 2011)。"退耕还林工程"之后,中国开始实施"生态功能保护区"(EFCA)计划,它是新设立的保护区,用于保护其中的高等级生物多样性和生态系统服务,包括拦沙和碳存储和碳获取。这一计划完成后,这些生态功能保护区预计覆盖中国陆地面积的25%。省级和县级土地利用总体规划将引导各种开发活动远离这些地区,要求不在这些地区进行或少量进行基础设施建设。

3. 伯利兹

1998年和2011年,世界资源研究所发布了一份全球《受到威胁的珊瑚礁》报告,它把世界上的珊瑚礁受到的威胁绘制成地图并加以分析,以展示哪里的珊瑚礁将会消失。在《沿海资本》补充系列报告中,世界资源研究所对加勒比海的珊瑚礁和红树林进行了经济评价,以引起人们对从这些生态系统获取益处的关注并赢得人们对能够提升这些生态系统可持续性管理的政策的支持。就伯利兹的情况来说,这项研究促使政府为保护其沿海资源实施了一些渔业限制政策,包括对拿骚石斑鱼尺寸的限制、在海洋保护区进行鱼叉捕鱼的禁令和所有鱼片上岸时必须带有能够进行物种识别的皮肤贴的授权法令。此外,2009年1月,韦斯特黑文号集装箱货船在珊瑚礁搁浅后,伯利兹政府与公民社会合作伙伴一起,计算与生态系统有关的赔偿方案,用在后续的法庭审理中。

4. 野生蜜蜂授粉

2011年,农业综合企业先正达公司评估了野生蜜蜂授粉给密歇根州的蓝莓农场产生的价值和为本土蜜蜂提供觅食栖息地所创造的附加值。这项研究的目的是为了表明,保护蜜蜂种群给投资带来了有益的回报。先正达的价值评估是为世界可持续发展工商理事会（World Business Council for Sustainable Development, WBCSD）的《企业生态系统价值评估指南》进行的探索性试验，该指南用于改善企业对生态系统服务所产生的益处和价值的理解。该指南对用于生态系统价值评估的工具和方法进行了探索，以管理与生态系统服务有关的风险和机会。先正达的研究确定，密歇根的蓝莓农场主每年从野生蜜蜂为其作物授粉中获取1 200万美元的收益。该企业此后发起了“授粉者行动”，支持那些种植者可以用于各自农场的保护计划（WBCSD和IUCN 2011）。

挑战和未来走向

生态系统服务面临的持续挑战是依靠这些众多的新工具和新方法。个人、社区、企业和政府做出的很多决定仍然不能反映大自然带给人们的益处的价值。在生态系统服务科学基础和政策与金融机制上都还存在重要的差距。

生态系统服务与生物多样性、人类福祉和贫困之间的关系仍然不是很清楚。很多研究没有涉及多生态系统服务及其相互作用或者一个地方生态系统服务发生的变化对遥远地方的影响（Seppelt et al. 2011）。此外，没有几个系统性研究能够揭示不同政策手段对生态系统服务和提供并受益于这些服务的人们的影响。然而，新的全球性研究计划正在解决这些挑战性问题。

生态系统服务计划和政策常常比较零碎，而且缺乏协调。在很多情况下，它们都是基于未证实的假定或零散的信息（Carpenter et al. 2009）。此外，关注旱地、草地、地下或海洋生态系统的计划和政策少得出奇。布里奇斯潘集团在2009年的一项研究中发现，在他们调查的生态系统服务项目中，73%的项目把重点放在森林和湿地（Searle & Cox 2009）。而且，很多现有的政策和计划都涉及一两项生态系统服务，而不是多项服务。最后，虽然数量正在增加，但已经采用生态系统服务政策的国家相对较少。未来一项重要的挑战，是在足够大的尺度上考虑多项生态系统服务，以确保环境能够提供社会繁荣所需要的很多益处。

艾米·罗森塔尔（Amy ROSENTHAL）
世界野生动物基金会自然资本项目部
金伯利·里昂（Kimberly LYON）
世界野生动物基金会多边关系部
艾米丽·麦肯齐（Emily McKENZIE）
世界野生动物基金会自然资本项目部

参见：生物多样性；缓冲带；承载能力；群落生态学；渔业管理；森林管理；地下水管理；人类生态学；狩猎；微生物生态系统过程；自然资本；养分和生物地球化学循环；海洋资源管理；恢复性造林；原野地。

拓展阅读

Boyd, James, & Banzhaf, Spencer. (2006). What are ecosystem services? The need for standardized environmental accounting units. *Ecological Economics*, *63* (2–3), 616–626.

Burke, Lauretta; Reytar, Katie; Spalding, Mark; & Perry, Allison. (2011). *Reefs at risk revisited.* Washington, DC: World Resources Institute.

Carpenter, Steven, et al. (2009). Science for managing ecosystem services: Beyond the Millennium Ecosystem Assessment. *PNAS, 106* (5), 1305–1312.

Costanza, Robert, et al. (1997). The value of the world's ecosystem services and natural capital. *Nature, 387* (6630), 253–260.

Daily, Gretchen. (Ed.). (1997). *Nature's services.* Washington, DC: Island Press.

De Groot, Rudolf S.; Wilson, Matthew A.; & Roelof, M. J. Boumans. (2002). A typology for the classification, description and valuation of ecosystem functions, goods and services. *Ecological Economics, 41* (3), 393–408.

Fisher, Brendan; Turner, R. Kerry; & Morling, Paul. (2009). Defining and classifying ecosystem services for decision making. *Ecological Economics, 68*, 643–653.

Fondo Nacional de Financiamento Forestal. (n.d.). Homepage. Retrieved September 20, 2011, from http://www.fonafi fo.go.cr/

Gómez-Baggethun, Erik; de Groot, Rudolf; Lomas, Pedro L.; & Montes, Carlos. (2010). The history of ecosystem services in economic theory and practice: From early notions to markets and payment schemes. *Ecological Economics, 69* (6), 1209–1218.

Hanson, Craig; Finisdore, John; Ranganathan, Janet; & Iceland, Charles. (2008). The corporate ecosystem services review: Guidelines for identifying business risks & opportunities arising from ecosystem change. Washington, DC: World Resources Institute.

Kareiva, Peter; Tallis, Heather; Ricketts, Taylor H.; Daily, Gretchen C.; & Polasky, Stephen. (Eds.). (2011). *Natural capital: Theory & practice of mapping ecosystem services*. Oxford, UK: Oxford University Press.

Kumar, Pushpam. (Ed.). (2010). *The economics of ecosystems and biodiversity: Ecological and economic foundations*. London: Earthscan.

Li, Jie; Feldman, Marcus W.; Li, Shuzhuo; & Daily, Gretchen C. (2011). Rural household income and inequality under the Sloping Land Conversion Program in western China. *PNAS, 108* (19), 7721–7726.

Mace, Georgina; Norris, Ken; & Fitter, Alastair H. (forthcoming 2012). Biodiversity and ecosystem services: A multi-layered relationship. *Trends in Ecology and Evolution*.

Millennium Ecosystem Assessment (MA). (2005). *Ecosystems and human well-being: Synthesis*. Washington, DC: Island Press.

Naidoo, Robin, et al. (2008). Global mapping of ecosystem services and conservation priorities. *PNAS, 105* (28), 9495–9500.

Pagiola, Stefano; von Ritter, Konrad; & Bishop, Joshua. (2004). *How much is an ecosystem worth? Assessing the economic value of conservation.* Washington, DC: World Bank.

Ranganathan, Janet, et al. (2008). *Ecosystem services: A guide for decision makers.* Washington, DC: World Resources Institute.

Ruhl, J. B.; Kraft, Steven; & Lant, Christopher. (2007). *The law and policy of ecosystem services.* Washington, DC: Island Press.

Searle, Bob, & Cox, Serita. (2009). *The state of ecosystem services.* Retrieved September 10, 2011, from http://www.moore.org/files/The%20State%20of%20Ecosystem%20Services.pdf

Seppelt, Ralf; Dormann, Carsten F.; Eppink, Florian V.; Lautenback, Sven; & Schmidt, Stefan. (2011). A quantitative review of ecosystem service studies: Approaches, shortcomings and the road ahead. *Journal of Applied Ecology, 48* (3), 630–636.

Tallis, Heather; Goldman, Rebecca; Uhl, Melissa; & Brosi, Berry. (2009). Integrating conservation and development in the field: Implementing ecosystem service projects. *Frontiers in Ecology and the Environment, 7* (1), 12–20.

UK National Ecosystem Assessment. (2011). *The UK National Ecosystem Assessment: Synthesis of the key findings.* Cambridge, UK: UNEP-WCMC.

Wallace, Ken. (2007). Classification of ecosystem services: Problems and solutions. *Biological Conservation, 139* (3–4), 235–246.

World Business Council for Sustainable Development (WBCSD) & International Union for Conservation of Nature (IUCN). (2011). *Guide to corporate ecosystem valuation: A framework for improving corporate decision-making.* Geneva: World Business Council for Sustainable Development.

Wunder, Sven; Engel, Stefanie; & Pagiola, Stefano. (2008). Taking stock: A comparative analysis of payment for environmental services programs in developed and developing countries. *Ecological Economics, 65,* 834–850.

边缘效应

两块栖息地交界附近发生的生态学特性的变化常常被称为“边缘效应”。边缘在自然景观上曾被认为是积极的特征，但是，它们可能会成为高死亡率地带，这种认知使它们成为保护工作一个主要的关注焦点。把边缘效应引入资源管理计划的现代尝试，其重点是理解复杂多变景观上与具体物种有关的响应。

栖息地边缘是在两块不同栖息地交界处形成的景观特征。这样的边缘支持独特的生态条件，在自然和人为改造景观上都是普遍存在的。美国植物学家弗雷德里克·克莱门茨(Frederic Clements)于1907年首次对边缘和其效应进行了研究，他注意到了过渡区内植物群落从一种生态型到另一种生态型的逐渐变化。克莱门茨把这些过渡区称为群落交错带。

边缘观点的演变

在20世纪的大部分时间里，对边缘特性的研究都集中在自然边缘上，尤其是那些自然散布的栖息地的边缘(见图E1)。在那个时期，像克莱门茨这样的植物学家重点关注不同生存环境区之间的逐渐变化，而动物生态学家则重点关注和这些边缘有关的不同群体的动物。在20世纪30年代，美国博物学家奥尔多·利奥波德(Aldo Leopold)注意到，很多物种(包括狩猎物种)常常聚集在边缘，而且很多年来，创建边缘成了改善野生动物栖息地的一种流行手段。因此，直到20世纪70年代早期，术语“边缘效应”通常指的是栖息地边缘附近物种多度和多样性的增加，而且在总体上，边缘被认为是环境的积极特征。

边缘的观点和其在景观上发挥的作用在20世纪70年代后期发生了重大变化。那时，科学家们认识到，由森林破碎化(而不是自然过程)产生的边缘实际上可能降低(而不是增强)栖息地的质量。保护生态学家爱德华·盖茨(J. Edward Gates)的重大研究表明，有些鸟类物种在森林边缘正在经历更高的捕

图E1 草地和森林之间的自然边缘

摄影：莱斯利·里斯(Leslie Ries).

美国著名博物学家奥尔多·利奥波德在20世纪30年代就注意到，很多物种选择在边缘附近聚集，如本幅照片所示的草地和树木交界的地区；在随后的多年中，创建边缘就成了改善野生动物栖息地的一种流行工具。

食率和寄生物传染率。因为自20世纪30年代开始，鸟类一直被认为在森林边缘具有更高的多度和多样性，这就产生了这样的想法：边缘可能就是一个“生态陷阱”，通过增加的资源和隐蔽处所来吸引个体，然后再把它们暴露给同样常常光顾边缘的捕食者而产生更高的死亡率。美国生态学家戴维·威尔科夫(David Wilcove)随后提出，这种生态陷阱与生存环境破碎化产生的日益增加的边缘一起，可能就是导致北美鸣禽数量下降的因素之一。这项研究，与认为栖息地边缘可能会加剧已经造成的栖息地丧失带来的极端后果的其他研究一起，引起了生态学家在边缘问题上思维模式的转变。的确，到20世纪80年代中期，术语“边缘效应”开始与栖息地附近增加的死亡率联系起来，而且更常见的是，边缘被认为是环境的负面特征。

这种思维模式的转变导致有关栖息地边缘对很多不同景观上很多物种的生态学影响的研究文献急剧增加。对边缘的生态效应进行的研究涉及多种问题，包括边缘在捕食密度、寄生物传染率、物种多度和群落组成方面引起的变化。与此同时，一系列文章的出现为理解边缘效应在斑块景观上发生的生态机制打下了基础。研究人员找出了四个基本机制,这些机制能够转移个体物种的分布并最终在边缘产生新的群落结构:① 相邻地块之间生物体和非生物物质的生态流;② 对被相邻地块分隔的资源的更多接触(即“跨界补贴”)——例如,建巢在森林,觅食在草地;③ 资源“映射”,即一个物种分布的变化引起以它为资源的其他物种分布的相应变化;④ 改变的物种间的相互作用,如减少的授粉或增加的捕食。所有这些机制之间都可以发生相互作用,突显了那些可以影响栖息地附近物种的各种复杂力量。

除了旨在记录和量化边缘效应的数百项研究之外,几个大规模栖息地破碎化实验也已启动,包括在巴西亚马孙地区实施的开拓性项目——“森林碎片的生物动态工程”(BDFFP)。这项大型生态实验在亚马孙的一个区域有目的地创建了不同面积的复制型森林碎片,而这一区域本来就有开发计划。这些森林碎片的生物动态工程的碎片创建于1979年并一直进行着监测,很多研究关注在斑块边缘发生的生态变化。到20世纪90年代后期,很多科技文献都利用来自森林碎片的生物动态工程和对森林和其他栖息地破碎化进行的其他大型实验研究中获得的数据,来对很多不同类型的边缘效应进行量化。这些研究扩展到全球范围,涉及各种不同的景观、边缘类型(如草地边缘、荒漠边缘、海草边缘)和物种。20世纪90年代和21世纪初,综述报告(从数百个研究报告中总结研究结果的报告)突出了边缘响应的高度变化性。其结果是观点进一步发生变化——从“边缘效应是负面的”到“边缘效应是高度变化和特异的”。

影响边缘效应的因素

考虑到不同类型的栖息地相邻时产生的物种和条件的各种不同组合,边缘效应的可变性和难以理解也就并不奇怪了。然而,这种可变性实际上并不像原来想象得那么无法掌控,其中的很多主要变化源已被找出。主要的一项认知是,包含斑块(如草地、农田、矿区、城市开发)的所谓基底生存环境肯定会改变所观察到的边缘效应的类型。这一概念(称为“斑块背景”)作为考虑在边缘文献中观察到的大多数可变性的一种手段,已被证明是至关重要的。实际上,如果考虑相邻生存环境的质量,有关期望的边缘响应类型的某些基本预测就可以根据大部分物种的资源需求来完成(见图E2)。例如,可以预计的是,物种会避开那些含有较差资源的相邻生存环境的边缘,但是,如果发现两块生存环境的资源质量是相当的,它们就不会展现边缘响应。另一方面,如果物种所需的资源在两块生存环境之间的划分使得边缘能够提供“跨界补贴”,则积极的边缘响应是可以预计的。这种简单的概念模型在预测鸟类、哺乳动物、蝴蝶和植物所观测的边缘响应的方向上一直比较成功。

其他几种因素也影响着边缘响应的性质和程度,包括边缘的取向(尤其是北向还是南向)和其结构差异。最后,不同的物种对边缘有不同的响应,造成这种差异的原因可能包括物种的特性(如它们是专化生物还是泛化生物)、它们在食物链中的位置、它们的易被捕食性以及其他可能的因素。来自科学文献的一般结论包括,捕食者和生境泛化生物可能更喜欢边缘,而生境专化生物则更愿意避开边缘。这些一般结论虽然不是绝对准确,

生存环境相对质量

质量不相当　　质量相当

资源分布

(a) 过渡性

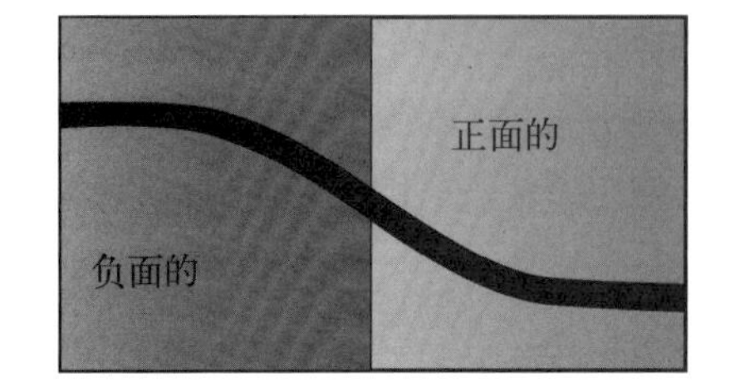

(b) 中性

辅助型
(资源没有被分隔)

(c) 正面的

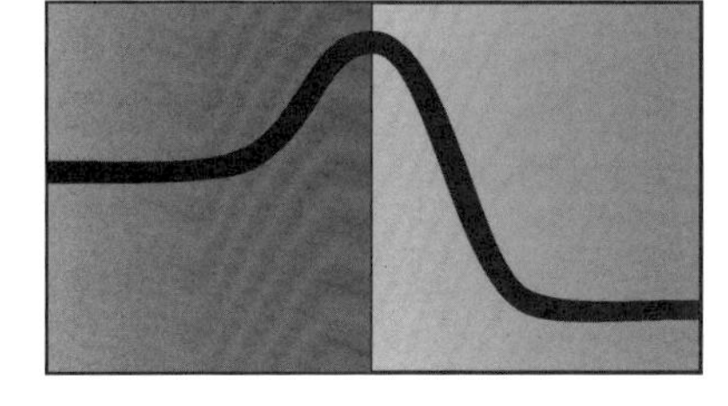

(d) 正面的

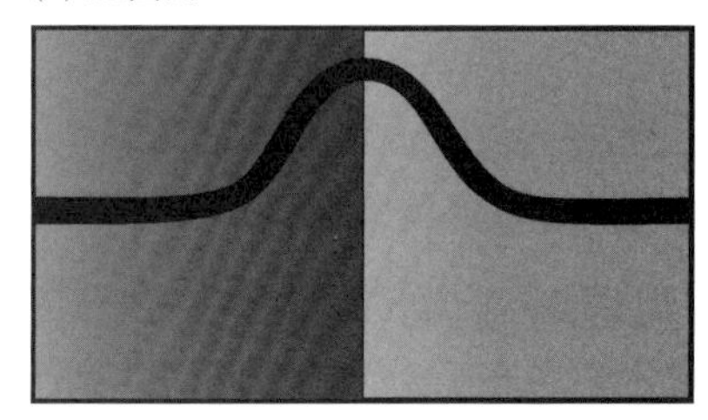

互补型
(资源被分隔)

图 E2　预测的边缘响应

来源：里斯和西斯克(Ries & Sisk 2008).获准重印.

物种的边缘响应可能是正面、负面或中性的，这取决于两个相邻生存环境的相对质量和资源在两个生存环境之间的分布情况。预计的边缘响应可以是过渡性的(a)、中性的(b)或正面的(c和d)。较低的生存环境质量用发白的方框表示；较好或相等的生存环境质量用发黑的方框表示。存在同样的资源在两个生存环境都有(辅助型)或者不同的资源被分隔在两个生存环境(互补型)两种情况。

但在无法进行实地研究时，已被证明是很好的经验原则。然而，需要特别注意的是，很多物种对边缘不会展现任何响应。此外，即使在同一物种内，其边缘响应可能也会随具体的边缘类型而变化。

对保护工作的影响

由于边缘效应被认为太复杂而且产生于多种相互冲突的力量，这个概念作为保护工作的一种工具只有有限的应用。不过，资源管理者在进行景观规划时很早都在尽力考虑边缘效应。把边缘动态特性纳入保护规划的最早的尝试之一，是威廉·劳伦斯(William Laurance)(一位参与森林碎片的生物动态工程项目的研究科学家)开发了核心区模型(见图E3a)。这种方法要求生态保护规划人员估计边缘效应的深度(即密度或物种多样性的变化在生境斑块中的渗透有多远),然后沿每一斑块边界找出受边缘影响的区域。这些区域随后从斑块中去除,这样,在做出管理决定时,就只考虑斑块的“核心区”(被认为与边缘效应隔离)。遗憾的是,这种方法有很多缺陷。首先,很多景观破碎得非常厉害,剩下的生存环境实际上都是边缘。第二,随着边缘生境开始主导一处景观,忽略它们是存在很大风险的,因为边缘既是高死亡率的区域,也是很多物种喜爱的生存环境。对核心区模型的扩展(称为有效区模型)能够把密度估算根据每一物种对景观上每一具体类型边缘的响应外推到整个斑块。然而,这种模型更难以应用,因为管理者通常缺少针对某些具体物种和边缘类型组合的边缘响应信息。对边缘产生的潜在负面影响进行管理的另外一种方法,是多用缓冲带的思想(见图E3b)。由美国保护生物学家里德·诺斯(Reed Noss)和迈克尔·苏尔(Michael Soule)倡导的这一思想,设想受保护生存环境的核心区受到具有类似生境结构特征的区域的缓冲(因而减少边缘的差异性),而在缓冲区域可以有更为分散的人类活动。这种方法已经被世

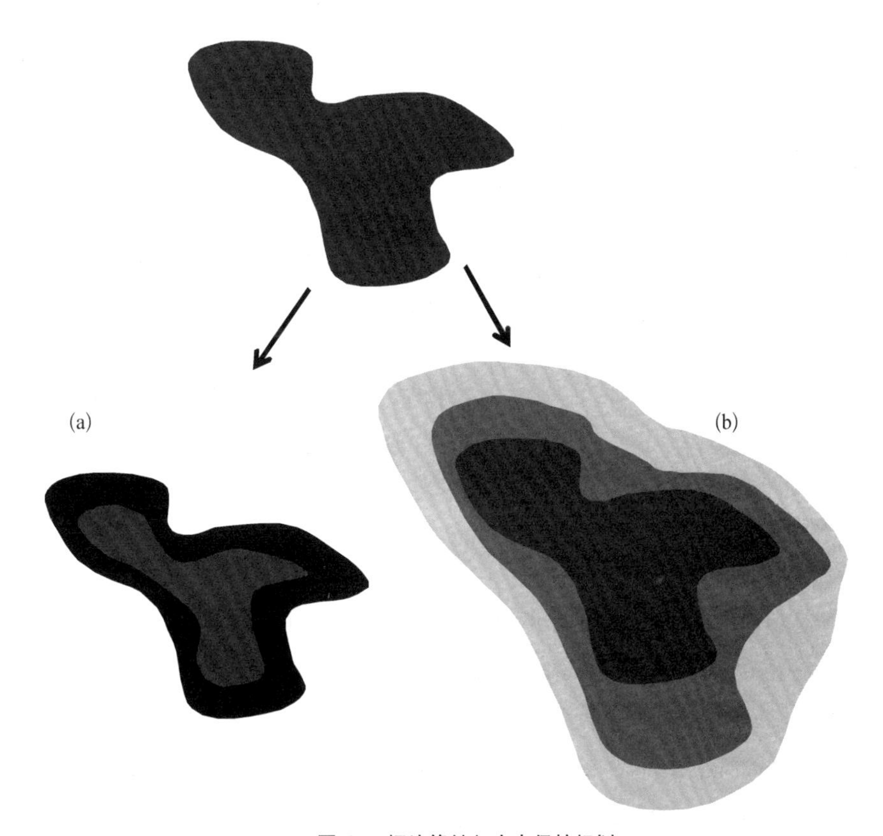

图E3 把边缘纳入生态保护规划

来源:莱斯利·里斯(Leslie Ries).

对可能准备进行保护的任何斑块,管理者可以应用核心区模型(a)——确定边缘影响的区域有多深(黑色区域)而且只考虑内部的“核心”区域;管理者也可以对景观进行设计,使目标斑块周围带有一两个人类活动不太密集、边缘效应可能较弱的缓冲带(b)

界各地的很多生态保护方案所采用,其核心区被缓冲带环绕,而且常常有生境走廊把隔离的斑块联系起来。

尽管在具有多种边缘类型和复杂生态群落的景观上,边缘效应仍然是一个难以掌握的动态特性,但是,科学家在确定如何利用边缘信息做出更好的管理决定方面已经取得了很大进展。例如,从远程传感技术图像中找出边缘的努力可以帮助量化斑块结构的动态特性并跟踪边缘随时间的结构变化。这一点特别关键,因为正像在某些系统中林木线迅速迁移所展示的那样,气候变化可以引起景观结构的急剧变化。类似地,了解边缘如何影响动物活动情况的努力(尽管由于复杂性和费用原因做的不多)已经证明对量化景观隔离情况的工作是很有必要的。不过,面临的挑战仍然很多。例如,在把边缘的复杂结构纳入物种分布和群落动态的景观尺度模型方面,几乎没有取得任何进展。很多研究继续把重点放在不切实际的二元景观上,尽管大多数景观是带有多种边缘的斑块的复杂镶嵌体。此外,大多数试图量化边缘效应的模型都假定边缘是直线,从而忽略复杂边缘外形的影响。各项研究工作继续让科学家了解为什么某些物种对边缘有强烈的响应,而其他物种好像对边缘并不敏感(以及为什么即使是同一物种,对边缘的响应却有很大的差别)。最后,要想了解边缘附近物种之间发生的复杂的相互作用,仍需要做更多的研究工作。一个很有前途的新的研究方向,是把边缘动态特性与空间食物网理论综合起来。(食物网理论试图描述物种之间的摄食关系。)这些了解边缘如何影响生物的多度和分布的持续研究,会使对日益破碎化景观的保护更加有效。

威廉・费根(William F. FAGAN)
莱斯利・里斯(Leslie RIES)
马里兰大学

参见:生物多样性;生物多样性热点地区;生物地理学;生物走廊;边界群落交错带;缓冲带;群落生态学;复杂性理论;生态系统服务;食物网;生境破碎化;植物—动物相互作用;种群动态;残遗种保护区;稳态转换。

拓展阅读

Allen, Craig D., & Breshears, David D. (1998). Drought induced shift of a forest-woodland ecotone: Rapid landscape response to climate variation. *Proceedings of the National Academy of Sciences*, *95*, 14839–14842.

Ewers, Robert M., & Didham, Raphael K. (2008). Pervasive impact of large-scale edge effects on a beetle community. *Proceedings of the National Academy of Sciences*, *105*, 25426–25429.

Ewers, Robert M.; Marsh, Charles J.; & Wearn, Oliver R. (2010). Making statistics biologically relevant in fragmented landscapes. *Trends in Ecology and Evolution*, *25*, 699–704.

Fagan, William F.; Cantrell, Robert Stephen; & Cosner, Chris. (1999). How habitat edges change species interactions. *American Naturalist*, *153*, 165–182.

Fagan, William F.; Fortin, Marie-Josée; & Soykan, Candan. (2003). Integrating edge detection and dynamic modeling in quantitative analyses of ecological boundaries. *BioScience*, *53*, 730–738.

Fletcher, Robert J. (2005). Multiple edge effects and their implications in fragmented landscapes. *Journal of Animal Ecology*, *74*, 342–352.

Harris, Larry D. (1988). Edge effects and conservation of biotic diversity. *Conservation Biology*, *2*, 330–332.

Laurance, William F. (1991). Edge effects in tropical forest fragments: Application of a model for the design of nature reserves. *Biological Conservation*, *57*, 205–219.

Laurance, William F. (2004). Do edge effects occur over large spatial scales? *Trends in Ecology and Evolution*, *15*, 134–135.

Laurance, William F. (2008). Theory meets reality: How habitat fragmentation research has transcended island biogeographic theory. *Biological Conservation*, *141*, 1731–1744.

Malcolm, Jay R. (1994). Edge effects in central Amazonian forest fragments. *Ecology*, *75*, 2438–2445.

Murcia, Carolina. (1995). Edge effects in fragmented forests: Implications for conservation . *Trends in Ecology and Evolution*, *10*, 58–62.

Noss, Reed F., & Harris, Larry D. (1986). Nodes, networks, and MUMs: Preserving diversity at all scales. *Environmental Management*, *10*, 299–309.

Ries, Leslie, & Sisk, Thomas D. (2008). Butterfly edge effects are predicted by a simple model in a complex landscape. *Oecologia*, *156*, 75–86.

Ries, Leslie; Fletcher, Robert J.; Battin, James; & Sisk, Thomas D. (2004). The ecology of habitat edges: Mechanisms, models and variability explained. *Annual Review of Ecology Evolution and Systematics*, *35*, 491–522.

Sisk, Thomas D.; Haddad, Nicholas M.; & Ehrlich, Paul R. (1997). Bird assemblages in patchy woodlands: Modeling the effects of edge and matrix habitats. *Ecological Applications*, *7*, 1170–1180.

Wilcove, David S. (1985). Nest predation in forest tracts and the decline of migratory songbirds. *Ecology*, *66*, 1211–1214.

Wimp, Gina M.; Murphy, Shannon M.; Lewis, Danny; & Ries, Leslie. (2011). Do edge responses cascade up or down a multitrophic food web? *Ecology Letters*, *14*, 863–870.

水体富营养化

术语“水体富营养化”用于描述水体含有过多人类活动所产生的养分（主要是氮和磷）的现象及其相关的影响。这一过程会导致过多的藻类生长、物种多样性的丧失、死区的产生和贯穿整个食物网的因果效应。水体富营养化是可逆的，但是，当养分去除的重点仅放在一种养分上时，恢复一个被富营养化的生态系统是很困难的。

术语“水体富营养化”在其历史上有过几个正式定义。20世纪早期，生态学家把水体富营养化主要用于湖泊的自然老化。到20世纪中期，水体富营养化用于表示水体含有过多人类活动所产生的养分及其相关的影响——换句话说，它表示养分污染。

一个生态系统对水体富营养化所做的反应取决于养分载荷（养分的含量）、养分的形态、生态系统的类型和系统受其他因子胁迫的程度。和湖泊、沿海泻湖和其他没有自然冲刷的系统相比，像河流、冲刷较大的河口和有海浪冲击的海岸带这样的系统更不容易受到养分污染的影响。系统的保持性越好，养分在系统中不断循环的机会就越大，从而延长养分污染的作用。多种胁迫因子（包括生境变化、过度捕捞以及气候变迁与变化）也会与养分载荷发生协同性相互作用，从而影响养分被系统吸收的方式、食物网发挥作用的形式并最终影响一个系统对养分增加或减少做出反应的程度。

对生态系统的影响

生态系统对养分富集的初步反应之一，是藻类生长和聚集的增加。结果，水体的浑浊度增加，而到达水底的光照减少，这种条件会使沉水水生植被（SAV）受到胁迫或导致其死亡。当这些藻类和沉水水生植被死亡时，细菌和真菌就把它们分解，在这一过程中会消耗氧，如果系统中有机物质的含量足够高，水体中的氧就会最终减少或消耗殆尽。如果氧显著减少，这些地区就被认为是低氧的；如果氧被消耗殆尽，这些地区就被认为是缺氧的，而称为死区。美国科学家罗伯特·迪亚兹(Robert Diaz)和其瑞典同事拉特格·罗森堡(Rutger Rosenberg)(2008)已在全球找出了500多个受死区影响的沿海区域，总共超过2 400万公顷。死区会带来很大的生态和经济代价。例如，美国东部切萨皮克湾的死区每年造成数万吨鱼类的损失，而墨西哥湾的死区造成的鱼类损失大约是切萨皮克湾的三倍，因为它的面积要大很多，从密西西比河输送的养分也更多。

死区是水体富营养化最被认可和最严重的效应之一，但还有很多其他效应。最适合在低养分条件下进行养分吸收和生长的藻类物种可能会被那些在高养分条件下竞争能力更强的藻类物种所取代。这常常会导致一个系统从含有多种藻类物种变成只含有少量有害物种的系统。有害藻类就是那些产生毒素的藻类，这些毒素直接杀死鱼类或贝类、影响人类消费者或中断那些支持食物网的正常营养途径。被认为有害的藻类包括有毒的藻青菌和构成所谓红潮(由常常是红色或紫色的藻花而得名)的很多腰鞭毛虫。

有害藻类产生的毒素威力很大，能产生各种各样的效应。美国每年约有6万人接触藻毒素，其影响从轻微到严重。来自红潮的最常见的中毒症状之一，是麻痹性贝类中毒，人们食用了吃了有毒腰鞭毛虫的贻贝或其他贝类之后，会引起呼吸窘迫或中风。在自然环境中，来自腰鞭毛虫的毒素能在很多方式上影响食物网，从鲸鱼的生殖障碍，到牡蛎的胚胎畸形。有些淡水藻青菌引起了牲畜、狗和鸟类的死亡以及人的生病和死亡。正如英国科学家杰弗里·科德(Geoffrey Codd)所分析的那样，人们在休闲中接触受影响的水体后，藻青菌一般通过皮肤和呼吸道发炎来影响人类，但人们直接通过饮食接触这些毒素时也可以产生比这些严重很多的效应，包括死亡。这些毒素已表明能在老鼠身上催生肝肿瘤，而且可能是引起那些居住在富营养湖泊附近并饮用这些湖水的人们肝癌率增加的因素之一(Grosse et al. 2006)。在自然环境下，来自其他腰鞭毛虫物种的毒素在很多方面影响食物网，从鲸鱼的生殖障碍到牡蛎的胚胎畸形。

水体富营养化还与水生食物网中不断增加的传染病有关(Johnson et al. 2010)。营养污染还与细菌和病原体含量的升高有关，这已在世界各地(尤其是美国)引起了海滩关闭和游泳警告(沿海和淡水或咸水湖)。正如美国科学家皮特·约翰逊(Pieter Johnson)和他的同事(2010)所描述的那样，在世界的某些地方，有证据表明，水体富营养化与霍乱有关，而其他的研究还指出与其他疾病有关。两栖动物的畸形(如少肢、畸形和多肢)一直与寄生虫有关，而这些寄生虫随着水体富营养化而变得越来越多。

作为对水体富营养化的反应，大型藻(海草)也可能会迅速生长。这些植物可以在水中形成可见的浮渣或团块(漂浮或沉在水底)。例如，这种大型藻的大面积开花影响了2008年奥运会在中国青岛的比赛。比赛前，不得不清除超过一百万吨的藻类。这种过度生长也被认为是导致珊瑚礁减少的因素之一。美国生物学家布莱恩·拉波因特(Brian Lapointe 1997)记录了佛罗里达和牙买加养分丰富、珊瑚丰富地区的这种变化。各个调研人员[如沃斯(J. D. Voss)和理查森(L. L. Richardson 2006)]

都通过实验表明，某些珊瑚礁系统的疾病暴发与养分富足有关。

水体富营养化也会导致受影响生态系统的食物网结构发生变化。水母种群的增加已在很多死区被观察到。在地中海、墨西哥湾、黑海和里海、美国的东北沿海和亚洲的沿海，水母正在迅猛增长。水母在这些地区生长得很好因为它们比其他鱼类能更好地承受低氧条件。食物网从甲壳类浮游动物转移到水母会对那些通常食用浮游动物的鱼类种群产生负面影响。水体富营养化对水生生态系统各个方面的影响范围非常广泛，从而影响人类、野生动物、生态和经济。

原因

尽管水体富营养化在全球都有发生，但养分的输出不论从地区还是从全球来讲，其分布非常不均匀。人类排污（以及全球很多地方人口不断增长所引起的排污增加）是养分排入水道的一个主要因素，污水中养分的数量和形态取决于污水处理的程度。自20世纪50年代开始大量使用的农用化肥也加剧了水体的富营养化，而且这种情况预计还会继续恶化（Smil 2001）。世界上使用的氮肥，有一半是20世纪50年代以来使用的，现在，河流中输送的氮有一半来自人类的污染。中国的情况能很好地说明这一趋势。在20世纪70年代，中国每年使用的氮肥不到500万吨，但自2010年以来，中国每年使用2 000万吨以上，这使得中国沿海水体受到的氮污染显著增加（Glibert 2006）。

相当多的含氮和含磷废物还来自动物饲养场，尤其是集约型工业化农场。与人类的排放物不同，来自饲养场的废物没有经过处理厂的处理；相反，农民们常常把这些废物存放在氧化塘或者散布到附近的土地里，它们会被冲到附近的水体里或渗入地下水中。农场上动物粪便释放的氨是另一种氮的来源，它先进入大气，然后可以降落到离产地有一定距离的土地上。集约化动物饲养业还包括水产养殖业，一种在水中产生养分废物的做法——通过饲养直接产生和作为饲养鱼类新陈代谢的结果间接产生，而改变水中养分的含量和形态。

另外的养分污染来自人类的能源生产和消费。发电厂和单个车辆燃烧矿物燃料产生了氧化氮（NO_x），排放到大气中，是形成雾霾和酸雨的一个因素。在很多河口和沿海水体总的无机和有机氮输入中，大气的贡献可能高达40%，而且最近的估算提出，海洋的外部氮供应中，30%可能来自大气（Duce et al. 2008）。

磷是养分污染的另一个主要来源，而且很久以来含磷洗涤剂一直是一个主要的贡献因素。磷从家庭和工业用途进入水道。然而，洗涤剂中磷的使用在大多数发达国家一直都在减少。

氮和磷的总量很重要，但其不同的形态也很重要。不同类型的藻类会在相同养分的不同形态下生长得更茂盛。例如，虽然尿素和硝酸盐都属于氮肥，但有些有害藻类在尿素养分下就比在硝酸盐养分下生长得更快或者产生更多的毒素。

更为复杂的是，氮和磷在淡水和海洋中会产生不同的效应。磷一般认为是淡水的限制性养分，而氮常常限制河口和沿海水体中的初级生产。限制性养分就是相对于生物的需求来说最少供应的养分。有些自然资源管理者认为，控制限制性养分就会控制不需要的藻类生长，因而也就控制了水体富营养化。一般来说，控制磷比控制氮更廉价一些，而且在减少磷含量之后，在生态系统恢复中出现了很多“成功”的案例。(参见下面“恢复的前景”一节。)这看上去好像支持这样的理论：限制一种养分的供应就会限制藻类的生长量，而且任何其他养分的过量不会影响生态系统，因为它们不会被吸收。然而，这种过于简单化的观点受到挑战，其原因有二：过量的养分常常被输送到下游，它们促使在与初始排放点有一定空间距离的地方产生水体富营养化；不成比例的养分供应可能会对更大的食物网产生生态效应。

一种养分相对另一种养分加以控制时，就像一种养分被不成比例地加到了另一种养分上一样，就有可能发生没有预料的生态变化，如非本地(入侵)物种的快速生长——这些物种是这种条件下的机会主义者。不同种类的生物对氮和磷有不同的需求，因而当环境中这些养分的比例发生变化时不同物种的优势也发生变化，这一点并不令人感到奇怪。尽管个体物种和过程可能会对单个养分做出响应，但氮和磷的相对比例会共同改变新陈代谢、物种组成和食物网。因而，养分作为一个整体共同对生态系统结构施加调控。正如美国淡水生态学家罗伯特·斯特纳(Robert W. Sterner)和詹姆斯·埃尔瑟(James J. Elser 2002)对水生系统化学计量的研究所表明的那样，养分平衡(即化学计量)会对哪些物种在不同养分条件下能够很好生长产生很多后果。美国科学家帕特里夏·吉尔波特(Patricia Glibert)和其同事(2011)的研究表明，改变的养分比已经影响了美国和欧洲一些河口的食物网结构，从浮游生物到双壳类动物再到鱼类。

恢复的前景

有些生态系统在养分去除之后有显著的恢复。一个例子是华盛顿州的华盛顿湖，它在20世纪60年代被严重污染。湖泊学家埃德蒙森(W. T. Edmondson 1970)领导了使排污从湖中转移的工作，而且控制措施实施之后，藻类生物量(包括丝状的藻青菌浮渣)减少了，食物网也开始恢复到先前的状况。在20世纪70年代，减少伊利湖的磷载荷也被认为是一个成功的案例，因为减少磷排放之后，烦人的藻花几乎马上急剧减少。另一个从养分污染中恢复的案例发生在20世纪90年代的黑海。苏联解体之后，俄罗斯和乌克兰对化肥使用的补贴减少，因而养分流失也减少了，黑海的死区和藻花的密度减小了。

然而，并不是所有被称为成功的案例都是真正的成功。水体富营养化是一个过程，养分减少后的恢复也是一个过程。尽管减少磷载荷之后藻类生物量和食物网可能会发生显著变化，但生态系统不一定能恢复到被富氧化之前的状态。如果只控制一种养分而不控制养分的总体平衡，过量的养分就会被输送到下游或远离海岸的地方，从而促使这些在时间和空间上都不同于污染源的地方产生藻花。为了彻底解决水体富营养化的问题，生态学家和生态系统管理者需要减少氮和磷这两种养分的载荷。稀释不能解决问题，它只能让这个问题换个地方而已。

帕特里夏·吉尔波特(Patricia M. GLIBERT)
马里兰大学环境科学研究中心

参见：大坝拆除；渔业管理；食物网；人类生态学；入侵物种；微生物生态系统过程；氮饱和；养分和生物地球化学循环；非点源污染；点源污染；恢复力。

拓展阅读

Anderson, Donald M.; Glibert, Patricia M.; & Burkholder, Joann M. (2002). Harmful algal blooms and eutrophication: Nutrient sources, composition, and consequences. *Estuaries*, *25*, 562–584.

Burkholder, Joann M., & Glibert, Patricia M. (2011). Eutrophication and oligotrophication. *Encyclopedia of Biodiversity*, *2*, 649–670. Elsevier.

Cloern, James E. (2001). Our evolving conceptual model of the coastal eutrophication problem. *Marine Ecology Progress Series*, *210*, 223–253.

Conley, Daniel J., et al. (2009). Controlling eutrophication: Nitrogen and phosphorus. *Science*, *323*, 1014–1015.

Diaz, Robert J., & Rosenberg, Rutger. (2008). Spreading dead zones and consequences for marine ecosystems. *Science*, *321*, 926–929.

Dodds, Walter K. (2006). Eutrophication and trophic state in rivers and streams. *Limnology and Oceanography*, *51*, 671–680.

Doney, Scott C. (2010). The growing human footprint on coastal and open-ocean biogeochemistry. *Science*, *328*, 1512–1516.

Duarte, Carlos M.; Conley, Daniel J.; Carstensen, Jacob; & Sánchez-Camacho, Maria. (2008). Return to neverland: Shifting baselines affect eutrophication restoration targets. *Estuaries and Coasts*, *32*, 29–36.

Duce, R. A., et al. (2008). Impacts of atmospheric anthropogenic nitrogen on the open ocean. *Science*, *320*, 893–897.

Edmondson, W. T. (1970). Phosphorus, nitrogen, and algae in Lake Washington after diversion of sewage. *Science*, 169, 690–691.

Galloway, James N.; Cowling, Ellis B.; Seitzinger, Sybil P.; & Socolow, Robert H. (2002). Reactive nitrogen: Too much of a good thing? *Ambio*, *31*, 60–63.

Glibert, Patricia M. (Ed.). (2006). *Global ecology and oceanography of harmful algal blooms: Harmful algal blooms in eutrophic systems*. Paris and Baltimore: Scientific Committee on Oceanic Research (SCOR) and Intergovernmental Oceanographic Commission (IOC), UNESCO.

Glibert, Patricia M., & Burkholder, Joann M. (2006). The ecology of harmful dinoflagellates. In Edna Granéli & Jefferson T. Turner (Eds.), *Ecology of Harmful Algae* (Ch. 26). Ecology Studies Series. Dordrecht, The Netherlands: Springer-Verlag.

Glibert, Patricia M.; Fullerton, D.; Burkholder, Joann M.; Cornwell, J.; & Kana, T. M. (2011). Ecological stoichiometry, biogeochemical cycling, invasive species and aquatic food webs: San Francisco estuary and comparative systems. *Reviews in Fisheries Science*, *19*, 358–417.

Glibert, Patricia M.; Harrison, John; Heil, Cynthia; & Seitzinger, Sybil. (2006). Escalating worldwide use of urea — a global change contributing to coastal eutrophication. *Biogeochemistry*, *77*, 441–463.

Glibert, Patricia M.; Mayorga, Emilio; & Seitzinger, Sybil P. (2008). *Prorocentrum minimum* tracks anthropogenic nitrogen and phosphorus inputs on a global basis: Application of spatially explicit nutrient export models. *Harmful Algae*, *8*, 33–38.

Grosse, Y.; Baan, R.; Straif, K.; Secretan, B.; El Ghissassi, F.; & Cogliano, V. (2006). Carcinogenicity of nitrate, nitrite, and cyanobacterial peptide toxins. *Lancet Oncology*, 7, 628–629.

Hecky, R. E.; & Kilham, Peter. (1988) Nutrient limitation of phytoplankton in freshwater and marine environments: A review of recent evidence on the effects of enrichment. Limnology and Oceanography, *33*, 796–822.

Heisler, J., et al. (2008). Eutrophication and harmful algal blooms: A scientific consensus. *Harmful Algae*, *8*, 3–13.

Hoagland, Porter, & Scatasta, Sara. (2006). The economic effects of harmful algal blooms. In Edna Granéli & Jefferson T. Turner (Eds.), *Ecology of Harmful Algae* (Ch. 29). Ecology Studies Series. Dordrecht, The Netherlands: Springer-Verlag.

Howarth, Robert W.; Sharpley, Andrew; & Walker, Dan. (2002). Sources of nutrient pollution to coastal waters in the United States: Implications for achieving coastal water quality goals. *Estuaries*, *25*, 656–676.

Johnson, Pieter T. J., et al. (2010). Linking environmental nutrient enrichment and disease emergence in humans and wildlife. *Ecological Applications*, *20*, 16–29. doi: 10.1890/08–0633.1

Kemp, W. M., et al. (2005). Eutrophication in Chesapeake Bay: Historical trends and ecological interactions. *Marine Ecology Progress Series*, *303*, 1–29.

Lapointe, Brian E. (1997). Nutrient thresholds for bottom-up control of macroalgal blooms on coral reefs in Jamaica and southeast Florida. *Limnology and Oceanography*, *42*, 1119–1131.

Nixon, Scott W. (1995). Coastal marine eutrophication: A definition, social causes, and future concerns. *Ophelia*, *41*, 199–219.

Rabalais, Nancy N., Turner, R. Eugene; Justic, Dubravko; Dortch, Quay; Wiseman, William J.; & Sen Gupta, Barun K . (1996). Nutrient changes in the Mississippi River and system responses on the adjacent continental shelf. *Estuaries*, *19*, 386–407.

Richardson, Anthony J.; Bakun, Andrew; Hays, Graeme C.; & Gibbons, Mark J. (2009). The jellyfish joyride: Causes, consequences and management responses to a more gelatinous future. *Trends in Ecology and Evolution*, *24*, 312–322.

Seitzinger, S. P., Harrison, J. A.; Dumont, Egon; Beusen, Arthur H. W.; & Bouwman, A. F. (2005). Sources and delivery of carbon, nitrogen and phosphorous to the coastal zone: An overview of global nutrient export from watersheds (NEWS) models and their application. *Global Biogeochemical Cycles*, *19*, GB4S01.

Smil, Vaclav. (2001). *Enriching the Earth: Fritz Haber, Carl Bosch, and the transformation of world food.* Cambridge, MA: The MIT Press.

Smith, Val H. (2006). Responses of estuarine and coastal marine phytoplankton to nitrogen and phosphorus enrichment. *Limnology and Oceanography*, *51*, 377–384.

Sterner, Robert W., & Elser, James J. (2002). *Ecological Stoichiometry: The Biology of Elements from Molecules to the Biosphere*. Princeton, NJ: Princeton University Press.

Turner, R. Eugene; Rabalais, Nancy N.; Justic, Dubravko; & Dortch, Quay. (2003). Global patterns of dissolved N, P and Si in large rivers. *Biogeochemistry*, *64*, 297–317.

Voss, J. D., & Richardson, L. L. (2006). Nutrient enrichment enhances black band disease progression in corals. *Coral Reefs 25*, 569–576.

极端偶发事件

天气、火山作用、新疾病的演变和人类活动都是在不同极端程度上对生物和环境产生影响的因素。这样的极端事件也会直接和间接地影响人类。认识、研究和预测极端事件具有挑战性。人类导致的大气二氧化碳含量的升高可能是人类历史上最重要的极端事件。

认识极端事件及其因果链存在多种主要挑战。有些(但不是所有)极端事件是可以认识的,只是认识的程度并不相同。持续时间长的事件(尤其是正向的极端事件)在它们发生的时候并不是显而易见的,如中世纪暖期(950年—1250年)或罗马帝国巅峰时期的长期稳定气候。有些极端事件(如地震和飓风)的发生基本上没有人类和其他生物系统(生物区系)的参与。其他事件的发生主要源于生物,如新疾病的演变或使植物落叶或使树木死亡的虫害的爆发。不管最终的原因可能是什么,所有生物都容易受到负向极端事件的影响,而这些负向极端事件超出了其在新陈代谢中以低成本适应或在达尔文适合度(最终繁殖输出)中通过最小损失来适应的能力。就像在工程项目中那样,(通过自然选择)应对最少见极端事件的超裕度设计,对生物来说代价太高。

生物极端事件

人们早就知道了很多类型的生物极端事件(BEE),但大部分只进行了一般性的研究。没有严格的理论框架来对它们进行分类和量化,并随之对它们进行研究,也没有去创建避免或改善它们的手段(或者在某种情况下去理解它们的必然性),尽管有些框架目前正在开发(Gutschick & BassiriRad 2003)。可以从时空分布和因果效应上对生物极端事件进行分析。

生物极端事件自然发生的时空范围很广,而且大多分布在极限(超标)的连续范围。有些事件的起源或过程与人类直接有关。人类的介入可能比较靠近(即直接),就像外来物种的引入这种情况（如毁掉澳大利亚植被的兔子）。在其他情况下，人类的介入可能更远一些，但产生的后果却并不轻，就像矿物燃料的使用和森林砍伐增加了大气中的温室气体这种情况。由此产生的气候变化好像正在影响全球的降水体系，而且二氧化碳（CO_2）的增加本身好像随时会对珊瑚礁产生重大影响。

极端事件可能会直接影响人类，包括健康、农业生产力、供水和其他服务。有些事件直接影响非人类生物系统，并会更间接地影响人类。然而，这种非直接的影响可能非常显著，比如说，当关键生态系统服务（包括由完整植被完成的洪水控制或者由鸟类、蝙蝠和其他昆虫完成的虫害和疾病控制）被改变的时候。

有些生物极端事件好像发生在单个时间点上，就像潮间带生物被异常的海浪冲走这种情况。美国生物学家斯蒂文·盖恩斯（Steven D. Gaines）和马克·丹尼（Mark W. Denny）提供了对这种事件的机理的认识以及与驱动这些事件的环境波动有关的严格的统计学表达式。其他的生物极端事件呈现在更长的时间段内，而且可能涉及很多环境变量。一个例子是2000年至2003年发生在美国西北部针叶树大面积死亡事件，该事件是暖冬和夏季高温与干旱的奇异结合造成的。

缺乏环境极端情况如何在较长时间内发生的相关知识（即它们的统计学分布），使得生物如何响应环境极端情况相关知识的局限性进一步加剧。随着土地用途和温室气体与各种污染物排放的持续变化，各种不确定性很可能会进一步增加。有些研究小组正在做小规模实验，目的是给当前和未来的极端情况建模。实验会非常昂贵，比如那些把CO_2加到有限面积的开放空气中（自由空气CO_2富集，即FACE）的实验。研究人员还试图捕获进行中的极端事件和对它们进行模拟，尽管有关什么样的因素组合构成了极端事件的知识还并不完整。

非生物极端情况

虽然有关生物极端事件的大部分知识都是针对具体情况或者一般性的，但是，有关非生物极端情况的知识却是非常丰富，不管是作为观测结果还是作为模型，比如说气候模型（大气环流模型，即GCM）。降雨和伴随的洪水与干旱极端情况的升高模型，在全球的广大区域都是清楚的。仅是对农业的影响就是发人深省的。卫星和地面观测已经广泛记录了温度和降水的季节性变化，并且扩展到了整个半球。这些变化对植物和动物活动适宜性（物候关系）的影响（包括开花植物和授粉者之间不断增加的偏移以及食植昆虫和传播人类疾病昆虫的更加活跃）也进行了记录。尽管如此，对观测到的效应进行的解读仍然很有限。此外，尽管观测次数不够多，但观测数据表明，飓风和陆地上的严重风暴可能正在增加。而且，无法把极端情况的任何变化（如大气二氧化碳含量的升高）归咎于人类活动。唯一可行的是估算风险率，即比较一个给定事件在存在人类影响时发生的概率与其在没有人类影响时发生的概率。这样的评估取决于模型（如GCM）的准确性；其准确性正在改善，但还远远不够，尤其是针对区域小和时间长的情况。

二氧化碳含量升高

人类历史上最显著的生物极端事件很可能就是大气中二氧化碳含量的升高。该事件涉及整个地球而且持续时间长(二氧化碳在大气中有不同的滞留期,但最短的约为150年),影响温度和降水,并以各种方式改变各种植物(和对其所有依赖物种,包括人类)的性状。此外,我们可以预想的是,很少的植物物种(野生或种植的),其种群具有那些能够对气候和二氧化碳含量变化直接做出积极或适应性响应的遗传变异。结果,有些物种可能会消失或从根本上改变其性能。21世纪初出现的这么高的二氧化碳含量是近2 000万年内没有发生过的,在此期间,那些不是立即有用的变异基因(等位基因)就可以在遗传漂变的过程中消失。

二氧化碳含量在现代的升高并不是地球上首次出现的现象。二氧化碳含量升高也发生在元古代开始的时候(22亿年前)。藻青菌是第一个发展出能够产生游离氧的光合作用形态的生物。那时游离氧氧化在大气中占主导地位的甲烷,而氧化过程中产生的二氧化碳是非常微弱的温室气体。由于太阳只是今天亮度的70%,冷却效应使地球上的大部分地区形成冰河。大约5 000万年以后,火山爆发不断输出的二氧化碳才最后恢复了一个很强的温室效应。

在遥远的过去,生物、群落和生态系统经受了环境条件的其他重大变化,尽管也出现了大量的种群减少。在地球的大部分历史中,大气的二氧化碳含量时有升高。有证据表明,在白垩纪时期(1亿45千万至6 500万年前)的升高期间,珊瑚动物变得无法建立稳固的珊瑚礁,但还是作为自由游动的个体浮游动物生存下来(Medina et al. 2006)。对依赖珊瑚礁的鱼类的影响还不太清楚,但预计到21世纪末其影响就会重现。表面温度也有类似的升高,就像5 600万年前的古新世-始新世最暖时期(升高了5～6℃),或者白垩纪时期那样;后者被戏称为蜥蜴桑拿浴时期,它是恐龙经历的条件。7万年前印度尼西亚多巴火山的喷发可能大量减少了人口。作为一个物种,人类在这次极端事件和其他事件中幸存下来,也很可能在未来的灾难中幸存下来,但丧失绝大多数人口的可能性无疑将是比各种战争、瘟疫和自然灾难更糟糕的情况。

未来展望

在现代,人类引发的环境条件变化展现出非同一般的特性,这些特性使得我们很难根据历史记录来预测其后果。一个是其前所未有的变化速度。在大约5 000年的冰河过渡期,二氧化碳含量最快的变化现已接近翻倍。在目前的周期中,二氧化碳的含量预计在不到100年的时间内就会翻倍。其次,变化的多样性无与伦比:二氧化碳含量升高、"活性氮"的广泛释放(来自化肥使用的水体的硝酸盐污染、空气中来自燃烧的氧化氮)、平流层中臭氧层的破坏、地面上臭氧的增加、土地用途的变化。生物(包括人类)从来没有像今天这样必须从个体上或者种群遗传上去这么快地适应这么多的变化。最后,人类已经改造了地球表面,这主要是通过农业活动来完成的,但同时也是生存环境变化和打猎造成的物种灭绝的结果。现在,人类掌控着光合作用和植物生长所支持的陆地净生产力的70%。为此,目前极端事件的效应还很难评估,但是,经过不懈的艰苦努力,我们就可以避免这种看上去已构成一个大规模灭绝事件的发生。

文森特 · 古奇克 (Vincent P. GUTSCHICK)
新墨西哥州立大学

参见：农业集约化；承载能力；复杂性理论；扰动；生态预报；生态系统服务；消防管理；全球气候变化；人类生态学；关键物种；氮饱和；海洋酸化的管理；恢复力；转移基线综合征。

拓展阅读

Alley, Richard B. (2000). *The two-mile time machine: Ice cores, abrupt climate change, and our future.* Princeton, NJ: Princeton University Press.

Breshears, David D., et al. (2005). Regional vegetation die-off in response to global-change-type drought. *Proceedings of the National Academy of Science*, *102*, 15144–15148.

Büntgen, Ulf, et al. (2011). 2500 years of European climate variability and human susceptibility. *Science*, *31*, 578–582.

Evans, David A.; Beukes, N. J.; & Kirschvink, Joseph L. (1997). Lowlatitude glaciation in the Palaeoproterozoic era. *Nature*, *386*, 262–266.

Gaines, Steven D., & Denny, Mark W. (1993). The largest, smallest, highest, lowest, longest, and shortest: Extremes in ecology. *Ecology*, *74*, 1677–1692.

Gutschick, Vincent P., & BassiriRad, Hormoz. (2003). Extreme events as shaping physiology, ecology, and evolution of plants: Toward a unified definition and evaluation of their consequences. *New Phytologist*, *160*, 21–42.

Haberl, Helmut; Erb, Karl-Heinz; & Krausmann, Fridolin. (2010). Global human appropriation of net primary production (HANPP). The Encyclopedia of Earth. Retrieved April 14, 2011, from http://www.eoearth.org/article/Global_human_appropriation_of_net_primary_production_(HANPP)

Kleypas, Joan A., & Yates, Kimberly K. (2009, December). Coral reefs and ocean acidification (Special issue feature). *Oceanography*, *22* (4), 108–117. Retrieved September 22, 2010, from http://www.tos.org/oceanography/issues/issue_archive/issue_pdfs/22_4/22-4_kleypas.pdf

Medina, Mónica; Collins, Allen G.; Takaoka, Tori L.; Kuehl, Jennifer V.; & Boore, Jeffrey L. (2006). Naked corals: Skeleton loss in Scleractinia. *Proceedings of the National Academy of Sciences*, *103*, 9096–9100.

F

围　栏

围栏把景观分隔开，减弱了动物物种在面临营养需求或压力的情况下转移场地的能力。迁徙的大型动物尤其受影响。动物的疾病控制和人类与野生动物的冲突是设立围栏的两个主要原因。长围栏的去除或调整需要制订另外的生态保护策略（如跨界保护和生物围栏）。

围栏和其他形式的人造隔离物（如道路、墙、管道和人造水体）分隔景观，产生生存环境斑块，形成封闭的野生动物聚居地。隔离物保护人类和家产不受自然危险和干扰的危害。就像中世纪的城堡一样，围栏和其他专门设立的隔离物使人或动物和疾病不能进出某个预先设定的空间。自农业时代起，人类就开始保护其生命和牲畜免受来自大自然真正或觉察的威胁（特别是针对作物或家畜以及有时针对人的掠夺行为）和跨物种疾病传播的侵扰。在更大、更长久定居点安全环境下，农民们就可以生产粮食和饲养驯化的牲畜。随着这一过程的扩展，与大自然的冲突也就加剧了。

防止迁徙或游牧动物跨景观运动的动物控制围栏可能会危及大型野生哺乳动物最后一批壮观的大规模迁移。围栏和其他隔离物创建了坚硬、不可逾越的边缘，把动物暴露在可能被猎杀的危险区域，干扰野生生物区生态功能的发挥。戴维·威尔科夫（David Wilcove 2008）是一位对动物迁徙永远充满兴趣的生态学家和进化生物学家，他展示了人类如何只是为了终止动物的运动而设计了围栏或者不小心构建了隔离物（如铁路线）。弗朗索瓦·拉马克（François Lamarque）（野生动物保护国际基金会的一位法国项目官员）和他的同事们分析了人与野生动物各种形式的冲突和包括围栏在内的可能的缓解方法（Lamarque et al. 2009）。

隔离物也增加了相关动物和植物物种之间的空间距离。隔离物两侧的植物和动物物种都显示出显著的变异，从而导致生态系统的变化和某些本地化物种的灭绝。

益处和代价

人类导致的生存环境消失的增多使得各国政府为野生动物在世界各地建立了保护区。然而,拆除围栏使野生动物能够跨界流动的做法并不会使所有公园的围栏都成为多余物。在东部和南部非洲,政府出于多种原因考虑正在把某些保护区全部或部分封闭。当大量人口邻近公园时,疾病可以双向传染。围栏能阻止偷猎,还能使公园和保护区(私有和国有的)合法地引进和安全地圈养那些游客想看的危险动物。

那些损失牲畜和作物的当地居民常常要求增加围栏。人类和野生动物之间的冲突可能变得太激烈,以至于围栏为野生动物公园和人们之间持续的紧张关系提供了喘息的机会。马特·海沃德(Matt Hayward)(一位在非洲各地工作过的澳大利亚生态学家)和他的同事格雷姆·克利(Graeme Kerley)(一位非洲野生动物生态专家)发表了一份有关各种影响程度围栏的代价和益处的综合性清单(Hayward & Kerley 2009)。海沃德进一步强调了围栏在保护方面的重要性:"世界自然保护联盟在其《受威胁物种红色名录》中列出了10个关键的威胁性过程,其中8个可以通过使用保护围栏来加以管理"(Ferguson & Hanks 2010, 168)。围栏可以保护那些横跨两个或多个保护区之间不安全地形的野生动物走廊。

有时围栏会成为其自身成功的受害者。南非的克鲁格国家公园在20世纪70年代是完全封闭的。伊恩·怀特(Ian Whyte,一位南非大象专家)和萨洛蒙·朱伯特(Salomon Joubert,一位生态学家和克鲁格国家公园的前主任)发现了围栏明显相反的保护效应。蓝角马的数量下降了87%,因为围栏切断了一条向外迁徙的通道。围栏增加了大象的数量,因为围栏减少了它们分散的机会,从而导致数量过多和种群挤压。综合考虑之下,这两位专家认为围栏的益处(作为疾病隔离屏障和对人类侵扰所采取的保护措施)高于其代价(Whyte & Joubert 2010, 137-143)。

在世界的大部分地方,人类不会把自己围起来,以防止大自然的侵扰。相反,他们越来越多地利用围栏和其他隔离物来使野生动物处于保护区内,远离日益扩张的人类活动区。这种思维模式的转变(已经在过去几百年里逐渐增加)造成了严重的破坏,尤其是对残留的大型迁徙野生哺乳动物种群。

人类产生的障碍物通过阻断基因流和促进物种分化(常常在很短的时间段内)来改变进化过程(如改变适应的轨迹或对疾病的抵抗力)。构建围栏造成对景观的进一步划分,产生动物和植物更小的封闭种群,更容易产生其他形式的生境破碎化,从而导致本地化的物种灭绝(Hayward & Kerley 2009)。一个典型的例子是南非卡鲁旱地跳羚(Antidorcas marsupialis)数量的急剧下降——从百万量级的种群规模到长途迁徙的完全终止。克里斯·罗奇(Chris Roche 2008)是一位南非的保护学家,他把这种终止部分地归咎于20世纪早期在南非大面积使用的铁丝网。

动物控制围栏可以改变生态系统。它们使大量的迁徙种群改道,践踏和破坏围栏附近的植被。围栏使大型食肉动物受益,因为围栏就像一张网,这些食肉动物可以利用它捕获猎物。使野生食植和食草动物不能进入大片土地的围栏会导致火烧状况的改变,影响稀树草原的树与草之比。这种围栏有助于产生一系列不相等的环境梯度(即环境条件的变化)。牧场生态学家已经表明,产生较小地块的围栏会降低土地的生态承载能力(Boone & Hobbs 2004)。

生态保护工作者的另一个担心是,随着全球变暖的加剧,人造障碍会阻止某些物种从一个栖息地转到另一个更合适的栖息地。那些寿命长、种群规模小的大型动物可能尤其脆弱(Milner-Gulland, Fryxell & Sinclair 2011, 16)。来自岛屿生物地理学的证据表明,日益减小的围栏地块不利于大型哺乳动物物种的进化,或者会促使其沿不同的轨迹进化。例如,一个在集约化管理的小块围栏饲养场生活的大羚羊缺乏生活在广阔无界的稀树草原上的同一种大羚羊所具有的进化潜能。然而,有的物种可能会从栖息地消失和地块细化中获益。它们可能避开了病毒和细菌,这些病毒和细菌进化迅速以充满那些原来由人类占用的自然空间所提供的新机会。

作为间接的后果,围栏和主要用于防止外敌入侵的古城墙可以严重影响被分隔的野生物种。研究人员研究了自中国长城建成以来的漫长时间内的一些植物物种,研究表明,"长城两侧的亚种群之间出现了显著的遗传分化"(Su et al. 2003, 212)。

这样的长城并不仅仅属于古代。英国地理学家里斯·琼斯(Reece Jones 2009)注意到,所谓的"印度长城"(沿印度和孟加拉边界有4 096公里)是目前一条反人类的围栏。它的构建是为了阻止未来预计数百万来自孟加拉的气候变化难民流入印度。墨西哥与美国之间的高科技边界墙和巴勒斯坦与以色列之间的隔离墙不仅隔离了人民和国家,而且(不经意地)也分隔了他们本来共享的生物多样性。对某些当地人来说,围栏是被边缘化的象征,他们可能会觉得自己被围栏夺走了土地。由两位英国生态保护学家编辑的一部重要评论提供了一些例证,说明分隔野生动物和人类活动所带来的社会、经济和生态的复杂问题,尤其是在非洲出现的复杂问题(Ferguson & Hanks 2010)。围绕南非克鲁格国家公园西侧的疾病控制长围栏用实例体现了"人类-围栏之间的冲突"。这条围栏一直是公园管理部门与相邻社区之间长久冲突的根源。公园在20世纪60年代的设立,使得其中某些社区被收走了土地。围栏本身建于20世纪50年代。现在很多农村的人们把这两件事情联系起来(Ferguson & Hanks 2010, 55)。

保护工作面临的障碍

"迁徙是来自个体、其基因和环境之间相互作用的一个复杂的适应行为……是对资源或威胁的时空变化做出响应的进化过程"(Cresswell, Satterthwaite & Sword 2011, 8)。围栏把景观细分为更小的地块,直接封锁了大型哺乳动物的迁徙通道。生存环境破碎化的持续过程,在人造障碍物的推波助澜之下,产生了自然景观的岛屿(被受扰动的土地阵列所包围)和植物与动物物种的隔离种群。如果不借助于那些能够促进相同物种的种群之间关键性基因交换的野生动物走廊,这些种群就很容易走向与生存环境面积小、动物数量少有关的灭绝过程(Akçakaya, Mills & Doncaster 2007)。

对人类而言,围栏是一个表示私有财产

的物理和象征性标志、保护国家财产的一种手段和从事农业生产的一种工具。随着人口的增加和民族国家争夺稀缺资源的竞争的加剧，围栏在全球会越来越流行。

不管是从事粮食生产的农民还是最近的商业性农业企业，他们都不愿意把家养动物与野生动物混在一起。疾病会越过物种屏障，摧毁动物健康和经济收益，使乡村社区（尤其是发展中国家的乡村社区）陷入极度的贫困之中。农民陷入了一场他们的牲畜与自然食肉动物之间以及他们与偷吃庄稼的野生食草动物之间的消耗战。生活在肯尼亚的辛巴山国家公园周围的当地人要求用保护围栏把整个公园都围起来，以防止大象跑去破坏他们的生计。然而，当公园被完全封闭起来后，当地人又非法拆除部分围栏，进入公园偷取自然资源（Knickerbocker & Waithaka 2005）。

又长又直的兽医围栏在南部非洲绵延数千公里。管理者在20世纪50年代和60年代设立和排列它们时很少想到动物的迁徙路径，之后他们又增加了更多的围栏。这些围栏主要是为了防止牲畜生病，特别是口蹄疫。这些区域用来保护那些注定要走向当地和出口市场的牲畜。因此，围栏是一个保护国家和私有牛群和其他家畜的关键壁垒。

围栏也带来了高昂的环境代价。那些把野生动物迁徙路径分开的围栏与干旱季节一起，导致了大型迁徙食草动物数量的急剧下降。兽医围栏的反对者估计，博茨瓦纳的蓝角马（Connochaetes taurinus）种群数量在20年内从大约25万匹下降到只有4 500匹。他们把这种下降归因于围栏（Albertson 2010, 86）。马丁・穆雷（Martyn Murray）（一位苏格兰生态保护规划者）在他的《豹风暴》一书中谈到，当它们试图寻找水源和草地的时候，博茨瓦纳“成千的角马沿着围栏和达乌湖周围的荒地死去”（Murray 2010, 113）。

从种群统计学来说，目前科学家对迁徙由于设立围栏而崩溃的问题知之甚少。最初的围栏结构肯定会造成由饥渴导致的大量即时死亡，有时也会有直接卡死的情况。剩余种群的下降可能更隐秘一些，因为它们更容易受到疾病和捕食的侵袭或者被火灾吞噬。如果围栏使它们不能找到关键的营养资源，它们的繁殖力可能就会下降。再加上每当干旱到来时种群都会有一系列阶梯式下降，随着种群越来越小以及越来越容易受到随机灭绝事件的影响，这种种群数量的减少很可能预示着最后级联效应的出现。

在非洲的很多情况下，使大型食草动物迁徙是一项双重任务。核心保护区常常没有完全包括整个迁徙路径。围栏常常设置在公园边界上或围绕在牧场周围,这些地方的牲畜和人口密度都很高。迁徙的种群必须“小心翼翼地”地通过这些地区。生态学家预测,一条平分壮观的塞伦盖蒂国家公园而且由围栏保护的道路构建计划,将导致非洲食草动物最后的大迁徙之一产生灾难性崩溃(Bigurube, Borner & Sinclair 2010)。食草动物的大迁徙可以在数十年内发生变化,这会引起与围栏构建发生新的、不可预测的冲突(Wilcove 2008)。

乡村民众也会被围栏边缘化,而且他们也会感受到这种边缘化。围栏限制了他们对自然资源或家庭的接触。正像在博茨瓦纳发生的情况那样,这种限制是疾病控制手段的间接效应,或者是一项直接的人类排斥政策(Darkoh & Mbaiwa 2009)。野生食草动物迁徙的下降类似于人类游牧文化的下降。现代集约化畜牧业做法(包括构建围栏)是在征服大自然而不是与大自然合作。农民们常常错误地认为动物的大规模流动(不管是野生的还是家养的)是蛋白质生产效率低下的一种手段。罗伊·本克(Roy Behnke,英国牲畜和牧场研究者)和他的同事总结了这样的困难:“可以把迁徙野生动物和游牧牲畜都看成是冲破现代定居式商业牧场围栏的掠夺者”(Behnke et al. 2011, 171)。遗憾的是,随着空间的缩小,野生食草动物和游牧牧民都在争夺草场资源。

生态保护工作者的应对措施

设计用于保护大型食草动物迁徙路径的全球协定长久以来未见有效(Cioc 2009)。按照某些保护工作者(Shuter et al. 2011, 202–203)的说法,《波恩公约》(1983年生效)目前最有希望把世界各国联合起来,为保护那些带有内部和跨界路径的陆地迁徙而努力。

生态学家正在劝说政府或私人土地拥有者:不管是为了旅游还是可持续性利用,动物的这些迁徙都具有经济上的好处;他们的这些努力将增加保护工作的势头。肯尼亚已经直接把钱发给民众,用以拆除迁徙路径上的围栏或者禁止在迁徙路径上构建围栏。最近定居的一些马赛人曾经用铁丝网标示他们集体牧场的地盘。像戴维·奥利·恩凯迪亚耶(David Ole Nkedianye)这样的马赛资源生态学家推动了拆除现有围栏、保持这些剩余的肯尼亚野生动物走廊畅通的计划(Nkedianye 2010, 263–266)。

为了协助野生动物的自由流动而进行的围栏的去除、重排或绕行是一项复杂、耗时的保护工作。放弃的围栏仍然会对很多大型哺乳动物带来伤害,因此总是应该完全拆除。一旦政府拆除了围栏或其他人造障碍物,以前中断的迁徙可能就会恢复。利用遥测的研究人员得出结论说,被一条铁路阻断的黄羊(Procapra guttorosa)的迁徙“如果没有围栏可在一周内通过铁路”(Ito et al. 2005, 947)。其他研究人员利用遥测来精确确定赛加羚羊(Saiga tatatrica mongolica)很窄的关键迁徙走廊(Berger, Young & Berger 2008)。

迈克·蔡斯(Mike Chase,一位博茨瓦纳大象生态学家)和科特斯·格里芬(Curtice Griffin,一位美国环境保护工作者)花费数百小时来利用卫星遥测数据绘制南部非洲大象在何处与围栏有相互作用以及在何处会出现聚集情况的地图。这些研究进展精确确定了那些必须保持畅通的关键野生动物走廊或通道，以使这些路径能够恢复甚至重建（Chase & Griffin 2009）。

英国和博茨瓦纳的研究人员研究了博茨瓦纳主要的围栏拆除后平原斑马（Equus burchelli）种群的增加和分布区的扩大情况。这些种群大约花了4年的时间才重新找回了以前的迁徙路径（Bartlam-Brooks, Bunyongo & Harris 2011）。博茨瓦纳已经成为增加农业产出新方式的关键试验场，这些新方式消除了以前那种给野生动物带来连带损害的做法。除了牛栏的思想，一项试图控制那些影响牲畜的野生动物疾病的政策正在实施。这项政策不太依赖围栏，主要基于商品的交易寻求在屠宰场阶段对牛肉进行清洁和确认其无病状态，而不是依赖整个牧场范围的监控。这项政策可能会有助于出现更多的混合（野生和家养动物）经济（Ferguson & Hanks 2010, 62–65）。

正如约翰·汉克斯（John Hanks，一位在非洲大陆从事保护工作达45年的英国侨民）所描述的那样，在非洲进行跨界保护的思想也具有类似的创新性。这项政策可能最终会使政府拆除大型围栏，因而使得"跨界野生动物走廊通过为各种物种提供或巩固自由跨越国境线的机会，在区域保护工作中发挥至关重要的作用"（Ferguson & Hanks 2010, 25）。

围栏是非洲保护区建设的两项创新中的核心管理工具。通过去除内部围栏而采用单独一个周边围栏来把狩猎动物保护区与私人牧场结合起来。私有化或租赁式保护区的不断开发常常需要用新建的围栏保护大型私人投资，这些投资用于恢复废弃的狩猎动物保护区。

如果围栏必须保留（如用于动物疾病控制或军事目的），保护工作者必须寻求新的方法来限制这些结构对野生动物造成的过多伤害，包括直接卡死和由迁徙停止造成的长期种群下降。"虚拟围栏"技术（如嗅觉屏障或生物围栏）能更有选择地防止某些物种越过规定的区域。威尔登·麦克纳特（J. Weldon "Tico" McNutt，一位美国动物行为学家）和他的同事在非洲进行了利用野狗尿提取物的试验，这种提取物可以沾到柱子上。这种技术可以阻止成群的野狗进入放牧区域，避免它们被发怒的牧场主打死（Borrell 2009）。由奥斯本（F. V. "Loki" Osborn，一位常驻津巴布韦的美国大象研究者）管理的大象胡椒发展信托公司倡导使用辣椒围栏和辣椒炸弹以及缓慢燃烧的牛粪砖，当地的非洲人可以很容易地用这些方法吓阻毁坏庄稼的大象。与此同时，这些方法不会像传统围栏那样阻止大象群的流动。

现在，农民和牧场主使用更加复杂的围栏来细分不断增多的人类主导的景观。在集约化农业的情况下，"活"围栏（用树篱和带刺灌木形成的保护墙把农田和地块分开）有利于生物多样性的保护。在发展中国家，牧场主使用天然材料（如带刺树枝）围拢动物（尤其是晚上），以防止人为偷窃和自然界的捕食。专门的牧场（形成围起的超级牛栏）有助于解决牲畜数量增加的问题。博茨瓦纳的这些新做法有助于保护国家的牛群不受野生动物携带疾病的侵袭，同时仍然可以在这些"牛岛"之间提供更大的草场地块，专供野生动物使用。

管理者甚至可以把传统围栏做得更有选

择性。在南非的克鲁格国家公园的某些地区，限制大象的围栏由具有人肩高度的缆绳制成，它不让毁坏大树的成年大象通过，但允许较小的动物通行，避免了使小动物（如乌龟）死亡率增加的电网围栏的危害。为了寻找效费比最高的大象阻拦围栏，政府和规划者已经投入了很多的精力和金钱。

未来展望

政府可以利用精妙的手段保存野生动物走廊。大象、麋、鹿、羚羊和獾都是从这种规避主要障碍的手段中受益的众多物种之一。只有当政府充分认识和珍视物种和生态系统的重要性时，各种障碍物才能被消除，才能使有些迁徙活动得到保护或恢复。

肯·弗格森（Ken FERGUSON）
格拉斯哥大学

参见：适应性资源管理(ARM)；农业生态学；生物地理学；生物走廊；富有魅力的大型动物；复杂性理论；生态恢复；边缘效应；食物网；生境破碎化；人类生态学；植物—动物相互作用；种群动态；道路生态学；土壤保持。

拓展阅读

Akçakaya, H. Resit; Mills, Gus; & Doncaster, C. Patrick. (2007). The role of metapopulations in conservation. In David W. Macdonald & Katrina Service (Eds.), *Key topics in conservation biology* (Chap. 5, pp. 64–87). Cambridge, UK: Blackwell Publishing.

Albertson, Arthur. (2010). The Scott Wilson -fencing impacts- report: Ten years on. In Ken Ferguson & John Hanks (Eds.), *Fencing impacts: A review of the environmental, social and economic impacts of game and veterinary fencing in Africa with particular reference to the Great Limpopo and Kavango-Zambezi Transfrontier Conservation Areas* (pp. 83–98). Pretoria, South Africa: Mammal Research Institute.

Bartlam-Brooks, Hattie L. A.; Bunyongo, M. C.; & Harris, Stephen. (2011). Will reconnecting ecosystems allow long-distance mammal migrations to resume? A case study of a zebra (*Equus burchelli*) migration in Botswana. *Oryx*, *45* (2), 210–216.

Behnke, Roy H.; Fernandez-Gimenez, Maria E.; Turner, Matthew D.; & Stammler, Florian. (2011). Pastoral migration: Mobile systems of animal husbandry. In Eleanor J. Milner-Gulland, John M. Fryxell & Anthony R. E. Sinclair (Eds.), *Animal migrations: A synthesis* (Chap. 10, pp. 144–171). Oxford, UK: Oxford University Press.

Berger, Joel; Young, Julie K.; & Berger, Kim Murray. (2008). Protecting migration corridors: Challenges and optimism for Mongolian Saiga. *PLoS Biology*, *6* (7), 1365–1367.

Bigurube, Gerald; Borner, Markus; & Sinclair, Anthony R. E. (2010). The Serengeti north road project: A commercial road through Serengeti national park jeopardizes the integrity of a world heritage site. Retrieved

May 10, 2011, from http://www.zgf.de/download/1135/SerenegtiRoad2.pdf

Boone, Randall B., & Hobbs, N. Thompson. (2004). Lines around fragments: Effects of fencing on large herbivores. *African Journal of Range & Forage Science, 21* (3), 147–158.

Borrell, Brendan. (2009, April 17). Don't fence me in: Researchers devise bio-boundary for African wild dogs. Retrieved May 10, 2011, from http://www.scientificamerican.com/article.cfm?id=bio-boundary-for-african-wild-dogs

Chase, Mike J., & Griffin, Curtice R. (2009). Elephants caught in the middle: Impacts of war, fences and people on elephant distribution and abundance in the Caprivi Strip, Namibia. *African Journal of Ecology, 47*, 223–233.

Cioc, Mark. (2009). *The game of conservation: International treaties to protect the world's migratory animals. Series in ecology and history*. Athens: Ohio University Press.

Cresswell, Katherine A.; Satterthwaite, William H.; & Sword, Gregory A. (2011). Understanding the evolution of migration through empirical examples. In Eleanor J. Milner-Gulland, John M. Fryxell & Anthony R. E. Sinclair (Eds.), *Animal migrations: A synthesis* (Chap. 2, pp. 7–16). Oxford, UK: Oxford University Press.

Darkoh, M. B. K., & Mbaiwa, Joseph E. (2009). Perceived effects of veterinary fences on subsistence livestock farming in the Okavango Delta, Botswana. *UNISWA Research Journal of Agriculture, Science and Technology, 12* (1), 65–74.

Ferguson, Ken, & Hanks, John. (Eds.). (2010). *Fencing impacts: A review of the environmental, social and economic impacts of game and veterinary fencing in Africa with particular reference to the Great Limpopo and Kavango-Zambezi Transfrontier Conservation Areas*.

Pretoria, South Africa: Mammal Research Institute. Retrieved May 10, 2011, from http://www.wcs-ahead.org/gltfca_grants/pdfs/ferguson_fi nal_2010.pdf

Hayward, Matthew W. (2010). Conservation fencing strategies in Australia. In Ken Ferguson & John Hanks (Eds.), *Fencing impacts: A review of the environmental, social and economic impacts of game and veterinary fencing in Africa with particular reference to the Great Limpopo and Kavango-Zambezi Transfrontier Conservation Areas* (pp. 168–172). Pretoria, South Africa: Mammal Research Institute.

Hayward, Matthew W., & Kerley, Graeme I. H. (2009). Fencing for conservation: Restriction of evolutionary potential or a riposte to threatening processes? *Biological Conservation, 142* (1), 1–13.

Ito, Takehiko, et al. (2005). One-sided barrier impact of an international railroad on Mongolian gazelles. *Journal of Wildlife Management, 72* (4), 940–943.

Jones, Reece. (2009). Geopolitical boundary narratives, the global war on terror and border fencing in India. *Transactions of the Institute of British Geographers, 34* (3), 290–304.

Knickerbocker, Timothy J., & Waithaka, John. (2005). People and elephants in Shimba Hills, Kenya. In Rosie

Woodrooffe, Simon Thirgood & Alan Rabinowitz (Eds.), *People and wildlife: Conflict or coexistence?* (pp. 224–238). Cambridge, UK: Cambridge University Press.

Lamarque, François, et al. (2009). *Human-wildlife conflict in Africa : An overview of causes, consequences and management strategies* (FAO Forestry paper 157). Retrieved May 10, 2011, from http://www.wildlife-conservation.org/en/content/download/1034/4568/fi le/HumanWildlifeConflict2008.pdf

Milner-Gulland, Eleanor J.; Fryxell, John M.; & Sinclair, Anthony R. E. (Eds.). (2011). *Animal migrations: A synthesis*. Oxford, UK: Oxford University Press.

Murray, Martyn. (2010). *The storm leopard.* Caithness (Scotland), UK: Whittles Publishing.

Nkedianye, David K. Ole. (2010). Nairobi National Park Wildlife Conservation Lease Project and the fencing problem. In Ken Ferguson & John Hanks (Eds.), *Fencing impacts: A review of the environmental, social and economic impacts of game and veterinary fencing in Africa with particular reference to the Great Limpopo and Kavango-Zambezi Transfrontier Conservation Areas* (pp. 263–266). Pretoria, South Africa: Mammal Research Institute.

Osborn, Ferral V., & Parker, Gerald E. (2002). Living with elephants II: A manual for implementing an integrated programme to reduce crop loss to elephants and to improve livelihood security of small-scale farmers. Retrieved August 12, 2011, from http://www.elephantpepper.org/downloads/manual%202.2.pdf

Roche, Chris. (2008). The fertile brain and the inventive power of man: Anthropogenic factors in the cessation of springbok treks and the disruption of the Karoo ecosystem, 1865–1908. *Africa, 78* (2), 157–188.

Shuter, Jennifer L., et al. (2011). Conservation and management of migratory species. In Eleanor J. Milner-Gulland, John M. Fryxell & Anthony R. E. Sinclair (Eds.), *Animal migrations: A synthesis* (Chap. 11, pp. 172–206). Oxford, UK: Oxford University Press.

Su, H., et al. (2003). The Great Wall of China: A physical barrier to gene flow? *Heredity, 90* (3), 212–219.

Whyte, Ian, & Joubert, Salomon. (2010). Impacts of fencing on the migration of large mammals in the Kruger National Park. In Ken Ferguson & John Hanks (Eds.), *Fencing impacts: A review of the environmental, social and economic impacts of game and veterinary fencing in Africa with particular reference to the Great Limpopo and Kavango-Zambezi Transfrontier Conservation Areas* (pp. 137–143). Pretoria, South Africa: Mammal Research Institute.

Wilcove, David S. (2008). *No way home: The decline of the world's great animal migrations*. Washington, DC: Island Press.

消防管理

消防管理涉及为了在某个区域或景观防止、维持、控制或者利用火灾而做出的决定和采取的行动，它取决于对火灾频度、严重等级、范围和季节性知识的掌握。消防管理的工具包括灭火、计划火烧的应用和管理以及燃料管理。20世纪获得的相关知识和经验将会指导目前的消防管理目标和实践。

消防管理被定义为各种“用于在景观上防止、维持、控制或者利用火灾的决定和行动”(Myers 2006)。从最宽泛的意义上说，人类对火的管理已有几十万年的历史了。有充分的证据表明，直立人的受控用火始于40万年前，而我们自己的物种——智人的受控用火已经超过10万年。的确，人类学家把受控用火当作是人类进化的一个主要里程碑。火提供了温暖、做饭的热量以及对野兽和敌人的吓阻。人类还有意给生态系统放火，以便于穿行和为我们依赖的植物和动物改善生存环境。[需要提醒的是，人类为了管理和改善植被而对受控火的利用不同于那种砍光烧净式(焚林)的农业做法，后者是把整个森林和林地都砍掉和烧掉，改成农田和草场。]

现代消防管理的工具包括灭火、计划火烧的应用和管理以及易燃材料或燃料管理。灭火涉及各种手段，包括用铁铲和水泵简单直接地把火苗熄灭、在野火前进的路径上设定迎火以消除其燃料以及利用飞机和直升机在空中喷洒水和灭火剂。计划火烧是有意点燃或自然燃起、可以在预先设定的天气、燃料湿度和火烧强度条件下燃烧的火。燃料管理包括从火线清除消防员砍下的可燃材料和在景观上设定防火线，以限制野火的蔓延。燃料管理还包括对生态系统内的燃料加以改造，如从下林木层(森林树冠下最低高度上的植物)去除灌木、树苗和残枝。

火烧状况是消防管理中的一个基本概念，它认为在自然条件下，火在不同的生态系统中表现出不同的状况。美国的土地管理部门常常根据火烧频度或返回时间(即给定地点火灾之间的平均时间)和火灾烈度(火灾对植被的影响）来定义火烧状况（NIFTT 2010）。高频度、低烈度的火烧状况常见于草原、稀树草原和某些森林（如内华达山脉的巨杉混合针叶林）。在这些系统中，火烧的频度是每一到十年一次，消耗掉表面的可燃材料，但很少烧掉植物。位于另一个极端的是低频度、高烈度的火烧状况，如发生在高纬度针叶林的火烧状况。在这些生态系统中，火烧频度较低，会烧死大部分的林冠树木。介于两者之间的是所称的混合烈度火烧状况，其典型情况是火烧返回时间和对植被的影响都高度变化。例如，美国西部以松树和冷杉为主的森林，其火烧返回时间变化很大，从每5到10年一次的表面火烧，到每一两百年一次的局部树冠烧死。除了频度和烈度之外，火灾管理者还明白，火灾范围和季节性的变化也是火烧状况中影响火烧之后植被响应能力的重要组成部分（Keeley et al. 2009）。

火烧状况和火行为受到各种因素的影响。火源和起火模式可以限制火灾的频度。闪电（最重要的自然起火源）在美国东南部相当频繁，每年每平方公里达到4次以上（>4次/km^2/年），但在美国西部其频度要少得多，每年每平方公里不到四分之一次（<0.25次/km^2/年）。在靠近道路和市区中心的地方，人类引发的火灾最常见。

天气条件对起火和火灾的蔓延都有很大影响。燃料湿度直接受到温度和相对湿度的影响：在下午的干热时刻，温度一般较高，而湿度较低，燃料会更干燥，更容易起火，烧起来火势也更大；夜间和清早，低温和高湿则产生相反的效应，风会影响燃料的干燥速度和火的蔓延。

着火的频度和行为还受到燃料的数量、死/活比、尺寸结构、化学特性和空间布置的影响。燃料数量受到净初级生产和分解之间关系的影响，如果分解缓慢，则燃料的死/活比就较高，这会增加起火概率和火的蔓延。尺寸结构指的是细小材料（树叶和小树枝）和较大材料（从树枝到大木头）之间的燃料分布。细小燃料干燥起来比较大燃料快得多，因而较小燃料比例较高时，着火的频度也就更高。燃料的化学特性包括无机盐的含量和影响挥发性的挥发有机化合物的含量。燃料的空间布置对火的蔓延尤其重要。如果燃料在垂直方向均匀分布，火就很容易从森林底层沿着所谓的燃料阶梯一直烧到林冠层的枝叶。在没有阶梯燃料的地方（如在稀树草原），火一般都限制在地面。燃料的水平分布影响火沿景观的蔓延。因而大面积绵延的稠密森林或灌木林容易产生很大的火；在异质或碎片式的景观上，火可能仅限于较小的地块。

消防管理的历史

尽管下面的例子展示的是美国在20世纪和21世纪初消防管理的研究和做法，但这一领域本身的一般原理在世界各地都获得应用，而且对干燥气候（如澳大利亚的气候）尤其重要。

20世纪初，美国土地管理者加入了有关消防管理的一场激烈争论，尽管“消防管理”这个术语实际上并没有在争论中出现。这场争论是围绕“轻烧”展开的——火是否应该有意点燃并让它在森林的下林木层燃烧，以便保持森林的开放状态、减少出现严重野火的风险。当1910年的大火灾烧掉爱达荷州和蒙大拿州300万英亩的林木并夺走80多人（大多数是消防员)的性命时,这场关于“轻烧”的争论戛然而止。这次事件之后,联邦政策禁止在任何国有森林或灌木林进行有目的的点火烧林,而且任何来源的野火都需要扑灭(Pyne 1982)。随后不久,不管是什么起火来源(闪电或人为),所有着火都必须彻底扑灭已成为国家的正式政策。尽管反对的证据和声音不断增加(Chapman 1932和Garren 1943),但这一时期内很多(如果不是大多数的话)科学家和管理者都有这样的共识:① 野火大多是人为问题;② 野火可以从生态系统中消除;③ 灭火没有不良后果。

在随后的25年中,来自各种生态系统的大量证据对这一共识提出了挑战(Biswell 1961; Cooper 1960; Weaver 1968),结果,到20世纪60年代,大多数生态学家和有些管理者对以下四点形成了广泛共识,这四点与前面的传统观念完全相反。①着火不是随机或偶发事件,它们以一定的方式起燃和燃烧,是气候、天气状况、起燃源和燃料生长共同作用的结果。② 火烧状况(着火的典型频度和行为)和生态系统一直都在协同发展。很多生态系统的植物区系和动物区系不仅对火灾有恢复力,而且还依赖火灾。火灾来来往往,其中至少部分的原因是为了对被烧燃料的生长模式做出反应。③ 从这些协同进化的生态系统中消除火灾确实会产生重要的后果,常常会影响不耐阴和不耐火物种的定居和生长,并造成下林木层的封闭。④ 没有火灾实际上就会增加燃料的数量和可燃性,因而加大未来火灾的风险和烈度。

1967年,森林署放宽了其“上午10点政策”。该政策规定,对火季初期和末期的火灾,必须在第二天的上午10点前得到控制。公园署随后不久就开始实施计划火烧项目,有意在佛罗里达州的大沼泽地和加州的巨型红杉林放火,并且让闪电在内华达山脉和(从1972年开始的)黄石国家公园的高海拔森林中引发的火灾在预先设定的范围内继续燃烧(黄石公园常见的黑松实际上需要依靠火灾帮助打开球果、释放种子来繁殖)和产生种子发芽所需要的矿物表层。1977年,森林署进一步修改了政策,允许当地的消防管理者考虑完全灭火以外的其他处理方法,包括使用计划火烧。

黄石国家公园1988年的火灾是消防管理的一个转折事件。这些火灾在不同程度上几乎烧掉了公园一半的有树景观,使公园关闭,并威胁到附近的社区。在使消防管理成为公众关注焦点并使其管理政治化的很多事件中,这些火灾是最早的一批。随后发生在优胜美地国家公园的重大火灾、1991年在加利福尼亚州奥克兰(靠近旧金山)及其周围的毁灭性大火以及1994年夺去34条生命的火灾旺季的大火都是导致对消防管理理念进行检视的原因。

2000年以来,很多非常大的火灾(即所谓的特大火灾)发生在各种各样的生态系统中,包括亚利桑那州、科罗拉多州和俄勒冈州的针叶林,加利福尼亚州南部的硬叶常绿密灌丛,得克萨斯州的灌木和草地以及佛罗里达州的浸水松林。就西部针叶林的情况来说,这些火灾的范围和烈度至少部分地与多年灭火导致的燃料聚集有关(Keeley 2009)。不过,异常的干热天气也是导致所有这些火灾的一个因素(Brown et al. 2004)。开发建设和这些生态系统中日益增多的人类活动也增加了引发火灾的概率(Hansen et al. 2005)。更重要的是,开发建设和城市与荒野之间界限的模糊加大了野火给人类生命和财产造成的损失(Dombeck et al. 2003)。

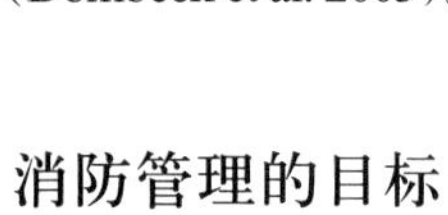

消防管理的目标

野火防治和控制常常是消防管理的核心目标。由于对很多北美森林中过多燃料聚集的担心,这一点在过去的十年变得尤其重要(Schmidt et al. 2002)。最核心的问题是减少森林地面层与林冠之间以及沿景观横向的燃料的连续性。去除下林木层的树木和灌木一直是很多西部森林中采用,但有时也会引起争议的方法(Wallin et al. 2004; Peterson et al. 2005)。在燃料聚集不太稠密的地方,可以通过计划火烧实现疏伐。然而,在灭火导致的燃料聚集很稠密的地方,疏伐必须通过机械的手段来完成,而且常常费用很高。在最极端的天气条件下,这种处理燃料的方式好像对火势的蔓延没有什么影响。防火线是一类重要的燃料管控技术,它在温和的天气条件下能够限制火的蔓延。但它们在为消防员提供通道和为计划火烧提供点火空间方面更加重要。

消防管理(包括机械疏伐和计划火烧的利用)也广泛用于使生态系统结构和组成恢复到聚落前的状况(Covington & Moore 1994)。这里的目标常常是重新构建能维持自然火烧状况的条件。这样的恢复建立在对聚落前的条件完全了解的基础上,而这常常是一个有争议的问题(Christensen 2006)。由于认识到聚落前的生态系统本身就是不断变化的,消防管理者常常根据历史变化范围、火行为范围和某个特定历史时期内可能存在的生态条件来确定恢复工作的目标(Keane et al. 2009)。

消防管理还用于实现育林的目标(与森林开发和管理有关的目标)。采收前和采收后的计划火烧广泛用于美国东南部的松树种植场,以限制竞争性阔叶树的生长。它还用于阔叶树群丛,以便为不耐阴树木(如橡树)的发芽和生长创造有利条件(Brose et al. 2001)。

消防管理指导原则

在过去的20年里,消防科学家和消防管理者学到了很多有关火灾在具体生态系统中和不同景观上的行为和作用的经验。诺曼・克里斯坦森(Norman L. Christensen Jr. 2009)是一位杜克大学的教授,他的研究领域包括生态系统对北美各种火烧状况的反应。他把这些最重要的经验总结如下。

明白你要做什么和为什么要做。由于火在很多生态系统中是必不可少的,所以,火不是管理的终点。相反,我们管理火(灭火、恢复火和按计划点燃火)是为了保存重要的东西(如燃料条件、自然和历史文物、野生动物)和重要的过程(如能量流动和元素循环)。我们必须根据与森林可持续性有关的这些度量指标制定目标。

制订切实可行的目标。消防管理者放火、灭火并以各种方式在不同火烧状况范围内管理燃料。在这个范围的一端,有些事情很容易做到;这个事实常常使人自以为是地认为其他地方的事情也可以做到。实际上,计划火烧对很多材料来说都是一种矛盾的说法。

管理有关的循环(整个变化过程)而不仅仅是火本身。着火只是某个变化过程的一个瞬间,尽管它是一个转化的瞬间。一场火事(任何火事)的性质只能部分地由那个瞬间独特的条件(天气、燃料湿度等)所决定,很多火行为都是之前一个世纪(或更长)的生态系统变化的结果,而且,其行为将影响此后几十年和几百年内的变化模式。

管理上要少关注期望的未来条件,多关注期望的未来变化。变化是持续进行的,如果只注重某个特性条件的恢复而不考虑随后发生的变化,这种努力很可能会产生不好的结果。

变异和复杂性很重要,要保存它们! 也许从1988年黄石公园大火中得到的最重要的生态学经验,是它们的可变性以及它们产生的同样重要的恢复模式多样性与生物群落多样性。很多生态系统的多样性不仅是扰动的结果,而且还是扰动变异和它们产生的变化过程的结果。因此,管理者在他们的做法中应避免同质性。

要注意人为设定的边界。这当然是生态系统管理的基本原则。过去10年的特大火灾表明,火灾的空间范围和受火灾影响的很多过程的空间范围,与管辖区或所有权边界或我们用于确定社会和文化范畴(如城市和荒野)的边界没有什么关系。

世界在变化——要想到有意外并努力去适应它。气候变化、入侵物种和土地用途的模式变化都在创建历史上前所未有的各种条件。因而,那种仿照历史变化的范围所进行的消防管理可能会产生意想不到的不良变化。

我们一般情况下都在管理民众。消防管理不是一个学术问题,它对人们的生命和财产有着重要的影响。如果说在过去的20年里在这方面有所收获的话,那就是,在景观尺度上和跨越管辖权边界对火事和燃料进行管理时,必须有所有社区和利益相关者的参与。

你只是认为你知道自己在做什么——要谦虚,要进行适应性的管理。我们对火行为和火事效应还有很多不了解的事情,只能在工作中不断地学习,为此,适应性管理至关重要,这需要那些与长远目标和近期目标直接相关的监控和解决最急迫的不确定性问题的研究工作。世界在变化，但不能把不确定性当作不作为的借口。当然，在一个变化的世界上，你想不作为都不行。

诺曼·克里斯坦森(Norman L. CHRISTENSEN JR.)
杜克大学

参见：适应性资源管理(ARM)；行政管理法；最佳管理实践(BMP)；边界群落交错带；群落生态学；复杂性理论；扰动；生态预报；极端偶发事件；森林管理；生境破碎化；人类生态学；土著民族和传统知识；入侵物种；恢复性造林；稳态转换；自然演替。

拓展阅读

Biswell, Harold H. (1961). The big trees and fire. *National Parks Magazine*, *35*, 11–14.

Brose, Patrick; Schuler, Thomas; Van Lear, David; & Berst, John. (2001). Bringing fire back: The changing regimes of the Appalachian mixed-oak forests. *Journal of Forestry*, *99*, 30–35.

Brown, Timothy J.; Hall, Beth L.; & Westerling, Anthony L. (2004). The impact of twenty-first century climate change on wildland fire danger in the western United States: An applications perspective. *Climatic Change*, *62*, 365–388.

Chapman, H. H. (1932). Is the longleaf type a climax? *Ecology*, *13*, 328–334.

Christensen, Norman L., Jr. (2005). Fire in the parks: A case study for change management. *The George Wright Forum*, *22*, 12–31.

Christensen, Norman L., Jr. (2009). Future forests, future fires. *Yellowstone Science*, *17*, 40–44.

Cooper, Charles F. (1960). Changes in vegetation, structure, and growth of southwestern pine forest since white settlement. *Ecological Monographs*, *30*, 129–164.

Covington, W. Wallace, & Moore, Margaret M. (1994). Southwestern ponderosa pine forest structure and resource conditions: Changes since Euro-American settlement. *Journal of Forestry*, *92*, 39–47.

Dombeck, Michael P.; Williams, Jack E.; & Wood, Christopher A. (2003). Wildfire policy and public lands: Integrating scientific understand with social concerns across landscapes. *Conservation Biology*, *18*, 883–889.

Garren, Kenneth H. (1943). Effects of fire on vegetation of the southeastern United States. *Botanical Review*, *9*, 617–654.

Hansen, Andrew J., et al. (2005). Effects of exurban development on biodiversity: Patterns, mechanisms, and research needs. *Ecological Applications*, 6, 1893–1905.

Keane, Robert E.; Hessburg, Paul F.; Landres, Peter B.; & Swanson, Fred J. (2009). The use of historical range and variability (HRV) in landscape management. *Forest Ecology and Management*, *258*, 1025–1037.

Keeley, Jon E., et al. (2009). Ecological foundations of fire management in North American forest and shrubland ecosystems. General Technical Report (PNW.GTR–779). Portland, OR: US Department of Agriculture Forest Service, Pacific Northwest Research Station.

Myers, Ronald L. (2006). Living with fire: Sustaining ecosystems and livelihoods through integrated fire management. Arlington, VA: The Nature Conservancy. Retrieved December 20, 2011, from http://www.conservationgateway.org/sites/default /files/Integrated_Fire_Management_Myers_2006.pdf

National Interagency Fuels, Fire and Vegetation Technology Transfer (NIFTT). (2010). Interagency fire regime condition class (FRCC) guidebook. Boise, ID: NIFTT. Retrieved December 20, 2011, from http://frames.nbii.gov/portal/server.pt/community/frcc/309/frcc_guidebook_and_forms/2727

Peterson, David L., et al. (2005). Forest structure and fire hazard in dry forests of the western United States. General Technical Report (PNW–GTR–628). Portland, OR: US Department of Agriculture, Forest Service, Pacific Northwest Research Station.

Pyne, Stephen J. (1982). *Fire in America: A cultural history of wildland and rural fire.* Princeton, NJ: Princeton University Press.

Schmidt, Kirsten M.; Menakis, James P.; Hardy, Colin C.; Hann, Wendell J.; & Bunnell, David L. (2002). Development of coarsescale spatial data for wildland fire and fuel management. General Technical Report (RMRS–GTR–87). Fort Collins, CO: US Department of Agriculture, Forest Service, Rocky Mountain Research Station.

Wallin, Kimberly F.; Kolb, Thomas E.; Skov, Kjerstin R.; & Wagner, Michael R. (2004). Seven-year results of thinning and burning restoration treatments on old ponderosa pines at the Gus Pearson Natural Area. *Restoration Ecology*, *12*, 239–247.

Weaver, H. (1968). Fire and its relationship to ponderosa pine. In E. V. Komarek (Ed.), *Proceedings: 7th tall timbers fire ecology conference* (pp. 127–149). Tallahassee, FL: Tall Timbers Research Station.

鱼类孵化场

鱼类孵化场有两个用途：第一，繁育放生的鱼苗，提高自然种群；第二，给河流生存环境引入新物种。放生更多的繁育鱼苗已经产生了一些问题，而鱼类孵化场的存在让人们忽视了像过度捕捞和生存环境消失这样的核心问题。

在鱼类孵化场进行繁育涉及取出雌性鱼类的卵，然后，对这些鱼卵进行受精和培育，直到鱼苗被孵化出来。从某种方式上说，鱼类孵化场与农场类似，都是为了满足需求而进行的扩大生产。孵化场生产的鱼苗通常都放生到河流或水库中。亲鱼（亲本）最好从计划放生的地方或生态类似的河流中获取，这样能提高成活的概率。鱼类孵化场通常是一种很划算的提高种群的方式：产生400万尾鱼苗的费用大约是4万美元（Aprahamian et al. 2003）。

设立鱼类孵化场有两个主要原因：保存、恢复或提高枯竭的自然种群；给不能自然产生新物种的生存环境引入新物种。常常由于生存环境消失、退化或河流上的阻挡（如水坝），鱼类种群在有些地区已经严重枯竭。例如，由于基尔德水库的建设，位于英国东北部的泰恩河丧失了11.2公里的鱼类栖息地（Aprahamian et al. 2003）。利用孵化场产生的鱼苗来补充水库上游的鱼类资源已经在某种程度上缓解了水坝对鱼类自然繁殖的干扰。然而，最有效的做法应该是把放生与生存环境恢复结合起来，以便提高河流的承载能力（资源能够养育的鱼类数量）。一般来说，建立用于提高枯竭种群的数量的孵化场是有益的，尽管这些项目取得的成功非常有限。鱼类种群也可以被引入到以前没有待过的地方，一般是休闲或商业渔场。从生态系统可持续性来说，这是一项有争议的行为，但可以带来短期的经济利益。然而，把新物种引入一个没有自然生存过的栖息地最终是不能持续的，而且很可能会损害现存的生态系统，特别是在种群数量超过河流自然承载能力的情况下。

鱼类孵化场产生大量的鱼苗。例如，每年产生2.5亿大西洋幼鲑，其中四分之三在挪威孵化,少量的产于苏格兰、爱尔兰、冰岛和法罗群岛(Bergheim et al. 2009)。渔场产量迅速增加,从1985年的10万至30万尾到2000年的50万至200万尾(Bergheim & Brinker 2003)。例如,苏格兰的产量在2006年以前的10年中翻了一倍。产量能够增加的主要原因之一,是培育鱼卵所采用的方法。以前使用的是一次通过系统或部分再利用系统。孵化场已经用再循环系统取代了以前的系统,新系统用水较少,而且还能改善水质(Fivelstad et al. 2003)。遗憾的是,孵化场繁育的鱼苗放生后死亡率很高。一项研究表明,放生仅两天后,鲑鱼苗的死亡率为48%(Henderson & Letcher 2003)。其他研究表明,放生的时间和地点以及给予的环境适应时间对鱼苗的存活至关重要(Aprahamian et al. 2003)。在孵化场,经过人工诱发的产卵通常比自然状态要早,这样,野生鱼苗还没有出来,孵化场的鱼苗就已经可以放生了。这个时间差使孵化的鱼苗与水流状况(河流的特性)并不匹配,从而导致高死亡率和与后来自然孵化的鱼苗之间的竞争。显然,放生来自孵化场的鱼苗并不总是提高鱼类种群的可持续性手段。

争议问题

鱼类孵化场本身没有好坏之分,其成功或产生的影响只能根据孵化场的用途来判定(Waples 1999)。有些生态学家对孵化场持批评态度,因为它们被认为是取代了对鱼类种群减少的根本原因的处理,如生存环境退化、过度捕捞和设置障碍(Levin et al. 2001)。此外,把饲养的鱼苗引入土著种群会带来负面影响。很多研究人员认为,鱼类孵化场会导致自然种群中遗传多样性的降低和其他不良的基因变化。对饲养鱼类某些性状的人为选择(Campton 1995)、杂交(McMeel & Ferguson 1997)和非自然的竞争会产生更多同质的种群,孵化场采用的一种策略是把鱼类在其生命周期中提前放生。然而,这种提前放生会导致它们与自然鱼类的竞争,而且会降低孵化场所带来的鱼类存活绝对数量方面的益处。此外,把饲养的鱼放生可以把疾病或寄生虫带给自然种群。一个例子是三代虫病在挪威大西洋鲑鱼种群中的蔓延(Waples 1999)。美国一项研究表明,放生孵化场的鱼降低了俄勒冈州尼黑勒姆河上鱼鹰溪支流中土著银大马哈鱼的抗病能力(Wade 1986)。此外,1966年至1975年间,俄勒冈州政府放生了100万尾硬头鳟,但没有成年鱼返回。这个问题被追踪到了威拉米特河里存在的角形虫属沙斯塔寄生虫身上,饲养的鱼对这种寄生虫没有抵抗力。对这类问题,一个可能的解决方案,是使用对地方性寄生虫和疾病有抵抗力的亲鱼(Maynard, Flagg & Mahnken 1995)。

在提高鱼类数量方面既有成功,也有失败。在阿尔伯马尔湾/洛诺克河恢复枯竭的银花鲈鱼的工作表明,除非原来的种群数量极低,否则,放生的影响很小(Patrick et al. 2006)。尽管如此,这种主动性的管理项目还是受到公众的高度评价。在哥伦比亚河流域的斯内克河恢复大鳞大马哈鱼的工作,展示了引入饲养鱼类的不良效应之一——种群数量超出了河流的承载能力,很多鱼类被饿死(Levin, Zabel & Williams 2001; Hilborn & Eggers 2000)。

未来展望

鱼类孵化场已被证明是管理鱼类种群

的一种有效途径。清楚地定义具体孵化场的用途将有助于研究人员有针对性地评估其性能。种群补充项目的成功应根据成鱼返回量而不是放生数量加以度量。然而，关于如何评估在自然种群中引入饲养鱼类所产生的长效影响（尤其是对遗传多样性的影响），仍需要做更多的研究。孵化场需要对最新的研究成果表现出更多的灵活性和适应性，因为它们目前不愿意做出改变。渔业生物学家罗宾·韦普尔斯（Robin Waples 1999）要求对孵化场的现实情况有一个共同的认知，消除对它们的一些错误认识，这样研究人员才能客观地比较它们的成功。最后，利用孵化场进行放生只能作为鱼类种群数量枯竭问题解决方案的一部分，还应该采取其他手段（如制订更严格的捕鱼法规和生存环境恢复）来保存现有的资源。鱼类孵化场应当看作是综合到更大生态系统的一个人造支流，而不是一个饲养场（Lichatowich 2003）。采取这种观点将会产生更具可持续性的生态系统恢复和鱼类种群。

伊恩·帕蒂森（Ian PATTISON）
南安普敦大学

参见：农业生态学；生物多样性；流域管理；大坝拆除；水体富营养化；渔业管理；食物网；水文学；入侵物种；植物—动物相互作用。

拓展阅读

Aprahamian, M. W.; Smith, K. Martin; McGinnity, P.; McKelvey, S., & Taylor, J. (2003). Restocking of salmonids: Opportunities and limitations. *Fisheries Research*, *62*, 211–227.

Bergheim, Asbjorn, & Brinker, Alexander. (2003). Effluent treatment for flow through systems and European environmental regulations. *Aquacultural Engineering*, *27*, 61–77.

Bergheim, Asbjorn; Drengstig, A.; Ulgenes, Y.; & Fivestad, Sveinung. (2009). Production of Atlantic salmon smolts in Europe: Current characteristics and future trends. *Aquacultural Engineering*, *41*, 46–52.

Brannon, Ernest L., et al. (2004). The controversy about salmon hatcheries. *Mendeley*, *29* (9), 12–31.

Campton, Don. (1995). Genetic effects of hatchery fish on wild populations of Pacific salmon and steelhead: What do we really know? *American Fisheries Society Symposium*, *15*, 337–353.

Fivelstad, Sveinung, et al. (2003). Long term sub-lethal effects of carbon dioxide on Atlantic salmon smolts (*Salmo salar L.*): Ion regulation, haematology, element composition, nephrocalcinosis and growth parameters. *Aquaculture*, *215*, 301–319.

Henderson, John Nathaniel, & Letcher, Benjamin H. (2003). Predation on stocked Atlantic salmon fry. *Canadian Journal of Fish Aquatic Science*, *60*, 32–42.

Hilborn, Ray, & Eggers, Doug. (2000). A review of the hatchery programs for pink salmon in Prince William Sound and Kodiak Island, Alaska. *Transactions of the American Fisheries Society*, *129*, 333–350.

Levin, Phillip S.; Zabel, Richard W.; & Williams, John G. (2001). The road to extinction is paved with good intentions: Negative association of fish hatcheries with threatened salmon. *Proceedings of the Royal Society of London, B, 268*, 1153–1158.

Lichatowich, Jim. (2003). *Salmon hatcheries: Past, present and future*. Columbia City, OR: Alder Fork Consulting.

Maynard, Desmond J.; Flagg, Thomas A.; & Mahnken, Conrad V. W. (1995). A review of semi natural culture strategies for enhancing the postrelease survival of anadromous salmonids. *American Fisheries Society Symposium, 15*, 307–314.

McMeel, O., & Ferguson, A. (1997). The genetic diversity of brown trout in the River Dove. Lichfield, UK: Unpublished report by Queens University Belfast to Environment Agency.

Patrick, Wesley S.; Bin, Okmyung; Schwabe, Kurt A.; & Schuhmann, Peter W. (2006). Hatchery programs, stock enhancement, and cost effectiveness: A case study of the Albemarle Sound/Roanoke River stocking program 1981–1996. *Marine Policy, 30*, 299–307.

US Fish and Wildlife Service. (2006). *Fish hatchery management*. Seattle, WA: University Press of the Pacific.

Wade, Mark. (1986). The relative effects of *Ceratomyxa shasta* on crosses of resistant and susceptible stocks of summer steelhead. Corvallis, OR: Oregon Department of Fish and Wildlife, Research and Development Section.

Waples, Robin S. (1999). Dispelling some myths about hatcheries. *Fisheries, 24* (2), 12–21.

Wiley, R. W. (1999). Fish hatcheries are a powerful tool of fisheries management. *Fisheries, 24* (9), 24–26.

渔业管理

20世纪50年代中期以来，经济学家和渔业科学家都指出了管理可持续性渔业所面临的问题（如行业的开放性和有害的渔业补贴）并着重提出了在海洋保护区恢复可以受到自然保护的鱼类以及解决非法、未报告和未监管捕捞问题的需要。相应地，渔业管理者需要克服那种只关注当代人利益而不考虑后代利益的短期行为。

人们普遍承认，世界鱼类资源和渔业正处于危机之中，尽管有些可能正在恢复。最近出版的行业杂志和论文中的总结报告，从物种、区域和全球层次讨论了鱼类捕获量或生物量的变化趋势，它们为评估这一危机的严重程度提供了有用的参考资料。

捕获量轮廓图：个体物种

绘制捕获量轮廓图可以描述很多已被滥捕的商业渔业资源随时间的变化趋势（见图F1a和F1b）：捕获量刚开始时通常都非常低；随着对某种鱼的需求增加和捕捞技术的改善（因而捕捞的成本降低）捕获量逐渐提高；捕获量继续增加直到资源无法支持这种增加；然后，捕获量停止增加并朝零捕获量开始下降。

加拿大生态系统建模专家维利·克里斯坦森（Villy Christensen）和同事（2003）报告了北大西洋生态系统的鱼类生物量在1950年和1999年之间出现的急剧下降。他们根据23个空间化的生态系统模型（每个构建的模型代表从1880年到1999年一个给定的年份或较短的时间）估算了北大西洋高营养级鱼类（即位于食物链高端的鱼类）的生物量。他们估算的结果表明，高营养级鱼类的生物量在20世纪的最后50年下降了三分之二，在整个20世纪中下降了九分之八（见图F1a和F1b）。

全球鱼类捕获量数据

在全球层次上，德国和加拿大科学家雷尼尔·弗洛伊斯（Rainier Froese）和丹尼尔·保利（Daniel Pauly 2003）分析了联合国粮食和农业组织（Food and Agriculture Organization, FAO）

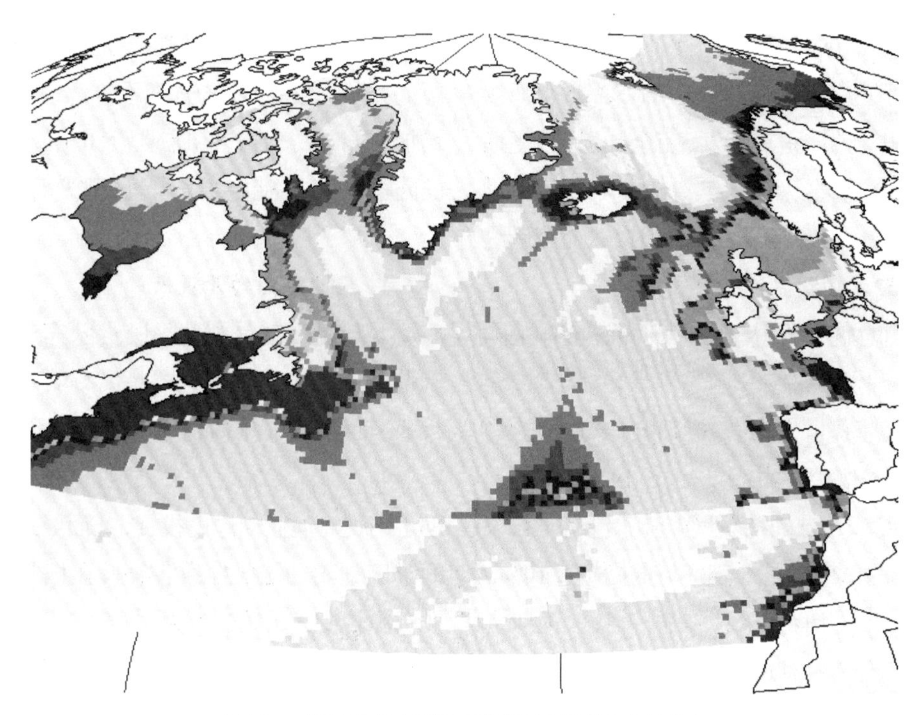

图F1a 1900年北大西洋高营养级鱼类的生物量分布

来源：克里斯坦森等人(Christensen et al. 2003).

图F1b 1999年北大西洋高营养级鱼类的生物量分布

来源：克里斯坦森等人(Christensen et al. 2003).

图F1a和F1b表示的是20世纪北大西洋高营养级鱼类资源(即位于食物链高端的鱼类)的下降。纽芬兰附近鱼类资源的消失速度尤其惊人。

从1951年到1998年全球渔业捕获量的全套数据。他们利用联合国粮农组织定义的5个渔场状态(即未开发、正在开发、完全开发、过度捕捞和崩溃),根据从1951年到1998年每年物种的适用状态,给联合国粮农组织全球捕获量统计中的932个鱼类物种进行分类。

他们的研究表明,在那个期间,全球范围的海洋渔业资源都在一直下降。1951年时,全球的渔业捕获量大约有70%来自未开发的渔场,来自崩溃渔场的几乎没有,而1998年的情况则正好相反,全球的捕获量中几乎没有来自未开发渔场的份额,来自崩溃渔场的则超过10%。

尽管关于捕获量数据在告诉我们渔业资源状态方面是否有价值的争论在渔业文献中持续存在(例如,参见Branch et al. 2011),但学术研究表明,不管是从物种、区域还是全球层面观察渔场捕获量的变化趋势,渔业都一直处于下降状态,因此,我们必须得出这样的结论:它们没有得到可持续性的管理。这些结果并不仅仅是学术成果,它们也被世界各国的领导人广泛接受,他们在一些全球论坛上——包括在约翰内斯堡举办的"可持续发展全球峰会"(2002)和在日本名古屋举办的《生物多样性公约》峰会(2010)——做出的各种承诺就证明了这一点。在这些以及其他的峰会上,各国政府承诺要保护生物多样性和改善生态系统管理,包括承诺到2015年使渔场恢复到最大可持续性产量,到2012年构建海洋保护区示范性网络(约翰内斯堡峰会)。

关于可持续性的经济数据

渔业研究人员(尤其是经济学家)提出的关于无法对渔场进行可持续性管理的关键原因,包括渔业资源的开放性,政府对渔业捕捞进行的补贴,技术进步和管理不善背景下的贸易增加,与非法、未报告和未监管(IUU)捕捞有关的问题,以及重视渔业收益的所谓"短视行为"。

1. 渔业资源的开放性

开放地区就是那些渔民可以完全不受控制地使用海洋生态系统或者没有明确的进入权(不管是个人、集体还是政府的)而且也没人管控的地区。专家已充分表明,这种开放性有助于出现对渔业的过度投资,从而导致对资源的过度利用。这已导致各种旨在把开放性渔业资源转变为明确、有效的集体或个人资源使用权的措施的制订。一个典型的例子是1982年《联合国海洋法公约》的生效,它正式设立了沿海国家对其200海里(322公里)专属经济区(EEZ)的进入权。因此,《海洋法》把以前的全球公共渔场变成了沿海国家的私有财产。但是,这部法律显然没有解决国内渔场开放性问题或者公海渔场开放性问题(Norse et al., 2012),或者由渔业资源跨界(Munro 1979)或共享(Sumaila 1997)所带来的问题。因此,在很多情况下,渔场基本上仍然是开放性的。

2. 政府补贴

有些渔业补贴在全球范围都被认为是对可持续性渔业管理的威胁,因为它们加剧了过度投资和过度捕捞(FAO 1998; OECD 2000; Porter 2002; Munro & Sumaila 2002)。在20世纪90年代后期,马特奥·米拉佐(Mateo Milazzo 1998)在为世界银行撰写的报告中估计,世界上各国政府每年为其渔业捕捞提供的补贴总额介于150亿至200亿美元之间。2010

年的一项估计认为每年的政府补贴大约为270亿美元(Sumaila et al. 2010)。这项估计超过行业810亿美元年收入的30%,这意味着即使渔民的捕捞成本超过其收入的30%时,他们仍然可以继续捕捞。

3. 贸易增加/管理无效

粮农组织的报告认为,大约自2000年以来,全球的鱼类和鱼产品贸易不断增加。捕捞渔具和船舶技术的发展已经达到对地球的海洋生态系统产生根本性影响的程度。船队已变得非常强大,基本上可以捕尽全球所有的渔业资源。

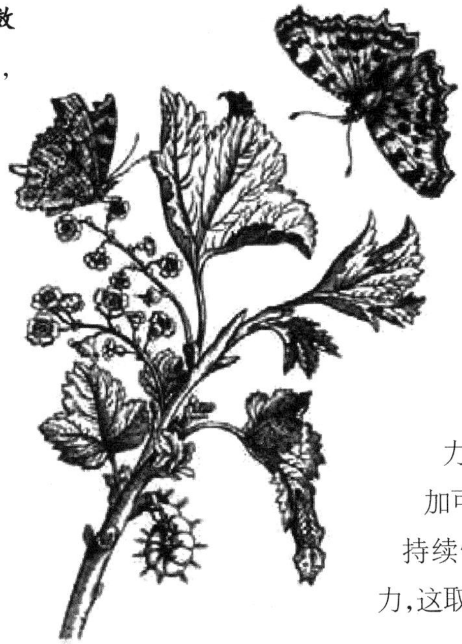

举例来说,实际上渔具的技术进步(促进了过度捕捞)已经几乎捕尽了以前耗力、耗时时代受"自然保护"的鱼类。此外,鱼产品保存和运输技术的改进也显著增加了鱼产品全球贸易的规模,因而消除了渔业的市场障碍。以前只能做国内贸易的渔民,现在有了对鱼类需求显著提高的国际市场。

贸易经济学家认为,通常,如果对渔业进行有效管理并实现既定目标,那么,鱼类和鱼产品贸易的增加将不会产生不可持续的做法(Neumayer 2000)。这里有三个问题需要注意。第一,鱼类和鱼产品的贸易物流越来越多地是从地球南方(一般指南半球,其中多数国家为发展中国家或欠发达国家)流向地球北方(一般指北半球,世界上大多数的更发达国家都在这里);也就是说,来自那些缺乏对渔业进行有效管理所需资源的渔场,结果,贸易的增加导致不可持续的渔业管理(Alder & Sumaila 2004)。第二,即使在资源丰富的发达北半球,也由于部分地存在国内开放性渔场的问题,有效管理也不是特别常见。第三,有关贸易和渔业可持续发展的讨论一般基于有效管理与贸易增加没有直接关系这样的假定之上。然而,贸易增加很可能会影响可持续性地管理渔业资源的能力。从可能性上说,贸易增加可以减弱也可以增强各国可持续性地管理其渔业资源的能力,这取决于具体的国家和渔场。

4. 非法、未报告、未监管的捕捞

非法、未报告、未监管(IUU)的捕捞在很多地方都有发生——不仅出现在公海,而且还出现在没有得到有效监管的专属经济区内(Sumaila et al. 2006)。非法、未报告、未监管捕捞使得管理目标和渔场的可持续发展都无法实现(Pitcher et al. 2002)。当对渔场的渔业资源进行评估时,使用的是报告的捕获量和投入量数据。然而,非法捕捞的未计入使得年捕获量中少了很大的一部分,而使资源评估几乎变得毫无用途(Pauly et al. 2002, FAO 2001)。令人高兴的是,非法、未报告、未监管捕捞的问题已开始引起学者、渔业管理者以及政府、政

府间和非政府组织的注意。例如，联合国粮农组织已开始实施"国际行动计划"（IPOA），该计划鼓励所有国家和区域性渔业组织采取有效、透明的行动，防止、威慑和消除非法、未报告、未监管捕捞和相关活动（FAO 2003）。此外，作为帮助解决这一问题的努力的一部分，经济合作与发展组织（the Organization of Economic Cooperation and Development, OECD）于2004年4月主办了经济合作与发展组织"IUU捕捞活动研讨会"。

价值评估的短视行为

短视行为源自人们的一般观念——离我们最近的东西看上去就会又大又重，随着东西离我们越来越远，其尺寸和重量也就越来越小。人类的这种短视倾向又被折现的概念进一步强化——利用一个折现率把将来获得的价值减少为其当前的等同价值的方法（Koopmans 1960）。折现率的假设——把净效益流减少为净现值（NPV）——可以对明显的最佳政策或项目产生很大的影响（Nijkamp & Rouwendal 1988; Burton 1993; Fearnside 2002）。特别是，高折现率催生了导致全球过度捕捞的短视的渔业政策（Clark 1973; Koopmans 1974; Karp & Tsur 2011）。

例如，如果在进行分析的时间范围内有5代（20年为一代）渔民和鱼类消费者，几乎75%的净现值在第一代的期限内有增加，而在最后一代的期限内几乎没有净现值出现增加。

这个结果是不是有问题？这对后代公平吗？假定我们的后代也喜欢鱼类的蛋白质和来自海洋中能健康生存的鱼类种群的其他益处，很多人可能会觉得这种结果对后代是不公平的。

为了解释为什么这么多人会得出这样的结论，英属哥伦比亚大学的拉什德·苏麦拉（Rashid Sumaila）提出了折现时钟的概念（Sumaila 2004）。这个术语适用于把收益流折现的时间段。在公式$t=0\sim T$中，t代表时间段，而$0\sim T$表示时间范围，T是最后的时间段，可以是无限大。例如，如果折现时钟的时间段为从0到100年（$t=0\sim 100$），常规做法要求使用一个折现时钟，它从第1代的起点开始，到第5代的终点结束。

除了只为当前一代使用一个折现时钟，也可以考虑使用5个时钟——5代中每代一个时钟。这样，每个时钟就从给定一代的起点开始到该代的终点结束。用这种方法把恒定收益流进行折现，在每一代内积累的修改后的净现值，其百分比都是20%。因此，从经济和社会的角度来看，对恒定收益流的常规折现并不存在问题。它之所以看上去是一个问题，是因为我们用当代的时钟计算积累到后代身上的收益，好像它们会被当代享用似的。

以上的分析假定了一个恒定的年收益流。然而，在现实的渔业界，恒定的收益流是不存在的（回忆一下本节前面介绍折现时钟时的讨论）。这是因为当你只使用当代的折现时钟时，这种假定就根本不符合经济学的原理。在净现值的计算中，未来收益所占的比重要小得多，因此，等到将来再去捕鱼并不合算。这就带来了把渔业收益"前置"的倾向，而导致在当前时间段内的过度捕捞（Clark 1973; Heal 1997; Sumaila 2004），损害未来的捕获量。

这种前置的趋势（来自由折现思想产生的短视的价值评估）给渔业的可持续发展带

来了最大的问题。折现的思想促使当代人把渔业收益前置,因而威胁到后代人满足其鱼类蛋白质需求的能力。

未来展望

为了确保渔业的可持续性,我们需要解决经济学家和其他渔业科学家自20世纪中期以来重点提出的问题——渔场的开放性和有害的渔业补贴,重建给鱼类提供的自然保护(例如,创建海洋保护区),并解决IUU捕捞问题。

更重要的是,我们需要打破短视的思想倾向。我们需要以明确考虑了后代人利益的方式评估收益的价值——采用各代的折现时钟或时间维度,而不是像目前的做法那样只采用当代的折现时钟。也许很多人都会同意,这种短视行为是人类非常强大、很难打破的思想倾向,但是,如果世界人民都想在可持续性地管理渔业和其他环境资源方面取得成功,这种思想倾向就必须打破。

如何从概念和理性上找到解决短视问题的途径,也就是说,把后代人的收益当作未来积累到他们身上的收益而不是当作当代人的收益这种思维方式综合到我们的价值评估方法中,这种努力开辟了一条研究领域并取得了大量的研究成果(Ainsworth & Sumaila 2005; Ekeland et al. 2010; Karp 2011)。以这些和其他研究成果为榜样,未来的研究工作就可以解决人类面临的可以说是最困难的问题——自然资源与环境管理的一般性问题和渔业资源管理的具体问题。

拉什德·苏麦拉(U. Rashid SUMAILA)
英属哥伦比亚大学

参见:最佳管理实践(BMP);承载能力;海岸带管理;复杂性理论;水体富营养化;鱼类孵化场;食物网;人类生态学;指示物种;关键物种;大型海洋生态系统(LME)管理与评估;海洋保护区(MPA);海洋资源管理;种群动态;转移基线综合征。

拓展阅读

Ainsworth, Cameron H., & Sumaila, Ussif Rashid. (2005). Intergenerational valuation of fisheries resources can justify longterm conservation: A case study in Atlantic cod (*Gadus morhua*). *Canadian Journal of Fisheries and Aquatic Sciences*, *62*(5), 1104–1110.

Alder, Jackie, & Sumaila, Ussif Rashid. (2004). Western Africa: A fish basket of Europe past and present. *Journal of Environment and Development*, *13*(2), 156–178.

Branch, Trevor A.; Jensen, Olaf P.; Ricard, Daniel; Ye, Yimin; & Hilborn, Ray. (2011). Contrasting global trends in marine fishery status obtained from catches and from stock assessments. *Conservation Biology*, *25* (4), 777–786.

Bray, Kevin. (Ed.). (2000). *A global review of illegal, unreported and unregulated (IUU) fishing.* Document AUS: IUU/2000/6. Rome: Food and Agriculture Organization of the United Nations (FAO).

Burton, Peter S. (1993). Intertemporal preferences and intergenerational equity considerations in optimal resource harvesting. *Journal of Environmental Economics and Management*, *24*(2), 119–132.

Christensen, Villy, et al. (2003). Hundred-year decline of North Atlantic predatory fishes. *Fish and Fisheries*, *4*(1), 1–24.

Clark, Colin W. (1973). The economics of overexploitation. *Science*, *181* (4100), 630–634.

Ekeland, Ivar, & Lazrak, Ali. (2010). The golden rule when preferences are time inconsistent. *Mathematics and Financial Economics*, *4*(1), 29–55.

Fearnside, Philip M. (2002). Time preference in global warming calculations: A proposal for a unified index. *Ecological Economics*, *41*(1), 21–31.

Food and Agriculture Organization of the United Nations (FAO) Fisheries Department. (1998, April 15–18). *Report of the Technical Working Group on the management of fishing capacity*, *La Jolla*, *CA* (FAO Fisheries Report, No. 586). Rome: FAO.

Food and Agriculture Organization of the United Nations (FAO) Fisheries Department. (2001). *International Plan of Action to prevent, deter and eliminate illegal, unreported and unregulated (IUU) fishing*. Rome: FAO.

Food and Agriculture Organization of the United Nations (FAO) Fisheries Department. (2003). International Plan of Action (IPOA) to prevent, deter and eliminate illegal, unreported and unregulated fishing (Preliminary Draft Appendix D). Rome: FAO.

Froese, Rainer, & Pauly, Daniel. (2003 update 2010). *Dynamik der überfi schung* [Dynamics of overfishing]. In Jose L. Lozán, Eike Rachor, Karsten Reise, Jürgen Sündermann & Hein von Westernhagen (Eds.), *Warnsignale aus Nordsee und Wattenmeer: Eine aktuelle umweltbilanz* [Warning signals from the North Sea and the Wadden Sea: An actual environmental balance]. Hamburg, Germany: GEO.

Gordon, H. Scott. (1954). The economic theory of common property resource: The fishery. *Journal of Political Economy*, *62*(2), 124–143.

Heal, Geoffrey M. (1997). Discounting and climate change. *Climatic Change*, *37*(2), 335–343.

Jackson, Jeremy B. C., et al. (2001). Historical overfishing and the recent collapse of coastal ecosystems. *Science*, *293*(5530), 629–638.

Johannesburg Summit. (2002). Homepage. Retrieved December 6, 2011, from http://www.johannesburgsummit.org/index.html

Karp, Larry, & Tsur, Yacov. (2011). Time perspective and climate change policy. *Journal of Environmental Economics and Management*, *62*(1), 1–14.

Koopmans, Tjalling C. (1960). Stationary ordinal utility and impatience. *Econometrica*, *28*(2), 287–309.

Koopmans, Tjalling C. (1974). Proof of a case where discounting advances doomsday? *Review of Economic Studies*, *41* (Symposium on the Economics of Exhaustible Resources), 117–120.

Milazzo, Mateo. (1998). *Subsidies in world fisheries: A reexamination* (World Bank Technical Paper No. 406).

Washington, DC: World Bank.

Munro, Gordon R. (1979). The optimal management of transboundary renewable resources. *Canadian Journal of Economics*, *12*(3), 355–376.

Munro, Gordon, & Sumaila, Ussif Rashid. (2002). The impact of subsidies upon fisheries management and sustainability: The case of the North Atlantic. *Fish and Fisheries*, *3*(4), 233–250.

Myers, Ransom A., & Worm, Boris. (2003). Rapid worldwide depletion of predatory fish communities. *Nature*, *423*(6937), 280–283.

Neumayer, Eric. (2000). Trade and the environment: A critical assessment and some suggestions for reconciliation. *Journal of Environment & Development*, *9*(2), 138–159.

Nijkamp, Peter, & Rouwendal, Jan. (1988). Intergenerational discount rates and long term plan evaluation. *Public Finance*, *43*(2), 195–211.

Norse, Elliott A., et al. (2012). Sustainability of deep-sea fisheries. *Marine Policy*, *36*(2), 307–320.

Organization of Economic Cooperation and Development (OECD). (2000). *Transition to responsible fisheries: Economic and policy implications.* Paris: OECD.

Pauly, Daniel; Christensen, Villy; Dalsgaard, Johanne; Froese, Rainer; & Torres, Francisco, Jr. (1998). Fishing down marine food webs. *Science*, *279*(5352), 860–863.

Pauly, Daniel, et al. (2002). Towards sustainability in world fisheries. *Nature*, *418*(6898), 689–695.

Pitcher, Tony J.; Watson, Reg; Forrest, Robyn; Valtysson, Hreiear Tór; & Guénette, Sylvie. (2002). Estimating illegal and unreported catches from marine ecosystems: A basis for change. *Fish and Fisheries*, *3*(4), 317–339.

Porter, Gareth. (2002). *Fisheries subsides and overfishing: Towards a structured discussion*. Geneva: United Nations Environment Programme (UNEP).

Sumaila, Ussif Rashid. (1997). Cooperative and non-cooperative exploitation of the Arcto-Norwegian cod stock in the Barents Sea. *Environmental and Resource Economic*s, *10*(2), 147–165.

Sumaila, Ussif Rashid. (2004). Intergenerational cost benefit analysis and marine ecosystem restoration. *Fish and Fisheries*, *5*(4), 329–343.

Sumaila, Ussif Rashid, & Walters, Carl. (2005). Intergenerational discounting: A new intuitive approach. *Ecological Economics*, *52*(2), 135–142.

Sumaila, Ussif Rashid; Alder, J.; & Keith, Heather. (2006). Global scope and economics of illegal fishing. *Marine Policy*, *30*(6), 696–703.

Sumaila, Ussif Rashid, et al. (2010). A bottom-up re-estimation of global fisheries subsidies. *Journal of Bioeconomics*, *12*(3), 201–225.

Worm, Boris, et al. (2009). Rebuilding global fisheries. *Science*, *325*(5940), 578–585.

食物网

食物网是理解一个生态系统内各物种之间摄食相互依赖性的一种方式。这种相互依赖性依然完整的程度决定着一个系统的可持续性。人类与自然系统有着紧密的联系，因而也在世界范围内影响着食物网。保存食物网对确保资源利用的可持续性和保持生态系统的健康是至关重要的。

食物网是思考生态系统中植物和动物如何联系起来的一种方式。把物种根据它们消费的资源组成食物网。初级生产者（植物）从土壤中吸收无机养分，从空气中吸收二氧化碳；初级消费者（食草动物）消费植物，次级消费者（食肉动物）消费食草动物，而分解者（如细菌）则消费所有其他未被吃掉的死的有机物并使它们再循环。

食物网被描述为由定向连接符相互连接的节点网络（见图F2）。节点代表变量（如物种或养分），定向连接符代表消费者（即食者）和生产物种（即被食者）之间的摄食依赖性。当能量被不断消费、在食物链的每一个层级上转变为可食用的组织并最后通过分解返回土壤时，能量在系统中完成了循环。食物中包含的能量，大部分都在新陈代谢过程中变成了热量和不能消化的粪便，消费者平均只把10%的化学能转变为组织。这种生态上的低效率意味着食物网中大部分的生物量（即有生命物质的量）都聚集在植物上，而在食草动物和食肉动物上就逐渐减少，形成一个金字塔式的食物网结构——植物最多，而食肉动物最少。非生物因子（如气候和养分的可用性）和生物因子（如由生物产生的捕食和竞争）影响生物的种群。当物种的环境发生变化时，它们可能会通过改变饮食来适应环境。当物种为了响应环境变化而转向不同的食物资源时，食物网的结构是相当灵活的。

图F2是一个典型的食物网，表示食肉动物（老虎）、食草动物（鹿）、生产者（草）、分解者（甲壳虫）和养分（碳、氮和磷）之间的营养依赖性。节点代表的是物种或养分。箭头表示物种或养分之间的相互作用并指出摄食依

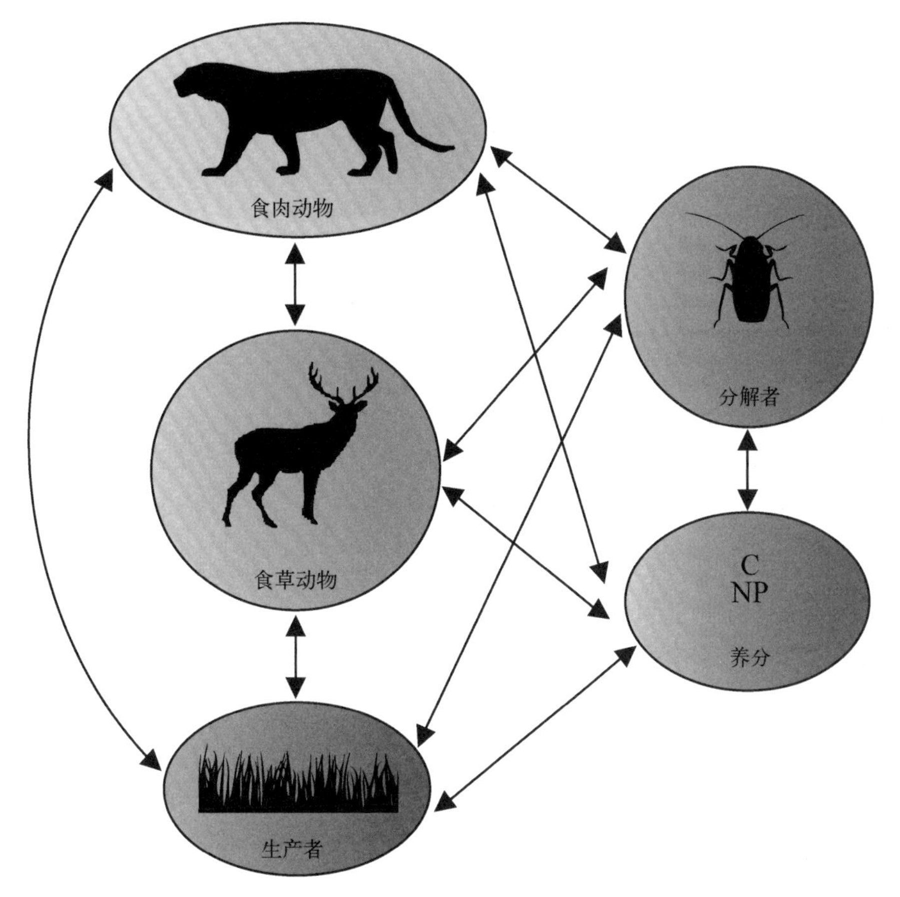

图F2 食物网的一个示例

来源:简妮·米勒(Jennie R. B. Miller).

赖性的方向。

生态系统稳定性的驱动因素

20世纪中期以前,非生物因子被认为是生态过程和物种相互作用的主要驱动因素。天气和养分的可用性被认为是植物生产力的主要限制因子,而植物生产力又会限制动物的生产力。1960年,当动物学教授纳尔森·海尔斯顿(Nelson Hairston)、弗雷德里克·史密斯(Frederick Smith)和劳伦斯·斯洛博金(Lawrence Slobdkin)提出了绿色世界假设时,这种所谓的"自下而上的控制"观点受到挑战。绿色世界假设认为,食肉动物在形成生态系统结构中发挥了非常重要的作用——它们通过消费食草动物来限制对植物的啃食。所谓的"自上而下的控制"(食肉动物限制食草动物并间接地使植物收益)改变了生态学家对那些支配生态系统功能发挥的生物过程的认识。在自上而下的控制中,顶级食肉动物多度的变化会给食物网下层的动物和植物带来连锁反应。这被称为"营养阶梯"。自上而下(而非自下而上)的控制现在被认为是很多系统中食物网过程的更强大的驱动因素,从而突显了顶级食肉动物在维持食物网中发挥的重要作用。对大型食肉动物(如狼、熊和美洲狮)的广泛猎杀和由食草动物过度啃食而造成的植被变迁(Beschta & Ripple 2009)仅仅是由破坏食物网引发的对生态系统结构产生大规模效应的一个例子。

一个生态系统的可持续性由其食物网的物种组成和物种通过摄食依赖性构成的相互联系的程度所决定。以前只有物种的多样性被认为是系统稳定的根本驱动因素,现在,人们清楚地认识到,食物网的鲁棒性更多地与其关联度(即物种之间摄食相互作用的数量和强度)而不是物种多样性有关。换句话说,任何单个物种的消失会威胁到一个生态系统的可持续性,因为它减少了物种之间的关联度。然而,并不是所有物种都相同程度地影响系统的稳定性。食物网由很多弱相互作用者和少数强相互作用者组成。从直觉上说,强相互作用者在决定食物网结构和生态系统功能上应该发挥最大的作用,相应地,一个强相互作用物种的消失会显著改变生态系统的功能并对系统的可持续性构成威胁。例如,关键捕食者是在维持物种多样性方面发挥重要作用的物种,它们从食物网中的消失会显著改变其他物种之间的相互作用,从而导致物种组成的变化,甚至会导致生态系统的崩溃。这些物种往往都是稀有的大型脊椎动物,它们同时也最容易受到像捕杀和栖息地退化这样的人类威胁(Duffy 2003; Estes et al. 2011)。人类通过从食物网中去除较高层级的物种所造成的灭绝显著改变了食物网的结构。这些物种的消失已经对生态系统的功能产生了复杂的连锁反应,因此,生态保护工作者已经做出努力,以便保护和恢复这些物种。在美国的黄石公园重新引入狼就是一个例子。然而,与我们的直觉相反,人们越来越清楚地认识到,当很多弱相互作用物种抗衡少数强相互作用物种的效应时,生态系统可能是最可持续的(McCann, Hastings & Huxel 1998)。很多弱相互作用物种组合在一起,可以成为把生态系统联系在一起的重要纤维。因此,那些仅仅恢复和保护稀有的强相互作用物种的努力,对保护生态系统的长期可持续性来说可能是不够的。

人类的影响

人们常常在食肉动物种群急剧下降或完全消失之后,才认识到顶级食肉动物在生态系统中的重要性。例如,在加拿大新斯科舍的斯科舍大陆架生态系统中,商业性过度捕捞使得鳕鱼和其他底栖鱼类捕食者的种群在20世纪80年代后期急剧下降(Strong & Frank 2010)。顶级鱼类捕食者的下降产生了一系列营养级联效应,包括猎物种群多度的增加(如北方雪蟹和北方虾)和由于鱼类数量增加而导致的浮游动物的减少。顶级食肉动物层也受到了影响;大西洋西部的大鲨鱼种群(如双髻鲨)由于一种重要食物物种的消失而减少了99%。很多海洋系统已经在20年内从过度捕捞的扰动中恢复过来(Jones & Schmitz 2009),然而,尽管从1993年就开始禁止对鳕鱼的捕捞,新斯科舍生态系统并没有显示出任何向其原来状态恢复的迹象。不可持续的过度捕捞对物种之间相互依赖性造成的改变可能已经达到了食物网结构和动态特性发生永久转变的程度,这将对生态系统功能和物种生存产生无法预料的影响。

除了像打猎和过度捕捞这样的直接影响

外，人类还通过城镇化间接影响着食物网的可持续性。这方面的一个典型例子是发生在加利福尼亚州南部所谓的“中级食肉动物释放”——土地碎片化引起顶级食肉动物丛林狼的下降和较小食肉物种(中级食肉动物)数量的增加。顶级食肉动物可以通过猎食和灌输恐惧来压制中级食肉动物的数量，从而改变中级食肉动物的行为、栖息地使用、分布和多度。由于丛林狼数量的下降，不断增多的中级食肉动物(如臭鼬、浣熊、狐狸、负鼠和家猫)猎食了很多本地鸟类，使某些物种走向灭绝，鸟类多样性显著减少(Crooks & Soulé 1999)。人类即使没有直接清除顶级食肉动物，人类对环境的影响也会改变物种之间摄食依赖性的性质和强度，从而产生不可持续的捕食压力，间接地引起局部的灭绝。

维持人类和自然系统

保护顶级食肉动物对维持生态系统功能和生物多样性是必不可少的，然而，这在后勤上却是非常困难的，道德上也颇具争议性。大型食肉动物生活在不同种类的广阔景观和海景中，在不断扩展的人类开发活动的背景下很难进行保护。此外，顶级食肉动物攻击人类和牲畜，给生活在保护区附近的居民的生计带来相当大的损失(Woodroffe, Thirgood & Rabinowitz 2005)。它们在世界的很多地方被当作害虫，有数百万被消灭，以便保护狩猎动物和家畜。可以理解的是，农民和村民常常反对涉及重新引入大型食肉动物的保护工作。由于大黄石公园地区和相邻州狼的数量出现反弹，一些保护狼群、反对恢复狩猎的努力持续受到争议，这是在人类主导的景观上保护顶级食肉动物会涉及复杂的社会和政治问题的一个典型例子(Musiani & Paquet 2004; Taylor 2011)。

保存食物网至关重要，这不仅是出于道德的原因，而且也是为了维持自然经济和防止出现广泛的贫困和粮食短缺。大型食物网的相互联系可以在世界范围内导致资源的意外下降和生计的变化。例如，新斯科舍鳕鱼捕捞业的崩溃促使“欧盟”船队转向非洲西部的海域，与当地的渔业进行竞争。由此产生的当地渔业捕鱼产量的下降，促使加纳人越来越多地转向不可持续的兽肉(热带雨林动物)交易，以便获得收入和食物，这又进一步导致41个热带野生物种的急剧下降(Brashares et al. 2004)。全球化已经把国际生物保护、粮食安全和经济发展之间的相互依赖性变得非常紧密，使得对食物网的保护已成为对人类和自然系统生存来说非做不可的事情。

未来应用

随着人类继续影响自然过程，食物网越来越多地被当作了解全球生态系统变化的工具。除了过度开采和生境破碎化，气候变化现在被认为是营养相互作用的一个主要因素。气候转变常常产生动物生命周期与其食物的获取不同步的情况。例如，观测证据表明，加拿大高纬度北极地区更快的春暖使得迁徙的北美驯鹿的到达时间与其植物食物生长之间不同步，从而导致更高的小鹿死亡率(Post & Forchhammer 2007)。在欧洲森林生态系统中，春天在过去的20年里一直提前到达，毛虫和捕食鸣禽已经适应了这种提前21天的早春，但顶级食肉动物食雀鹰一直没有对其猎物的生命周期的变化做出相应的调整。结果，在繁殖季节，食雀鹰无法向其雏鹰提供足够的食物。较少的雏鹰能够存活下来，鹰的总体数量正在下降（Both et al. 2009）。对食物网的分析表明，人类对单个物种的影响能够在整个食物网体系引起连锁反应，这种连锁反应可以改变个体动物的行为方式和种群的变化方式。

随着生态科学和生态保护科学把对自然过程的认知从以物种为基础扩展到以生态系统为基础，食物网将继续为在物种之间形成相互联系的思想提供帮助。人类经济和自然生物多样性之间的全球相互联系表明，人们与环境系统有着错综复杂的联系。为了维持生态系统的功能和生物多样性，食物网结构的完整性（特别是那些驱动着自上而下系统过程控制的顶级食肉动物的存在）必须得到保护。

简妮·米勒（Jennie R. B. MILLER）
奥斯瓦尔德·施密茨（Oswald J. SCHMITZ）
耶鲁大学林业与环境研究学院

参见：农业生态学；生物多样性；群落生态学；复杂性理论；生态系统服务；全球气候变化；生境破碎化；狩猎；关键物种；微生物生态系统过程；养分和生物地球化学循环；植物—动物相互作用；种群动态；稳态转换；恢复力；原野地。

拓展阅读

Beschta, Robert L., & Ripple, William J. (2009). Large predators and trophic cascades in terrestrial ecosystems of the western United States. *Biological Conservation*, *142*, 2401–2414.

Both, Christiaan; Van Asch, Margriet; Bijlsma, Rob G.; Van Den Burg, Arnold B.; & Visser, Marcel E. (2009). Climate change and unequal phenological changes across four trophic levels: Constraints or adaptations? *The Journal of Animal Ecology*, *78*, 73–83.

Brashares, Justin S., et al. (2004). Bushmeat hunting, wildlife declines, and fish supply in west Africa. *Science*, *306*, 1180–1183.

Crooks, Kevin R., & Soulé, Michael E. (1999). Mesopredator release and avifaunal extinctions in a fragmented system. *Nature*, *400*, 563–566.

Duffy, J. Emmet. (2003). Biodiversity loss, trophic skew and ecosystem functioning. *Ecology Letters*, *6*, 680–687.

Estes, James A., et al. (2011). Trophic downgrading of planet Earth. *Science*, *333*, 301–306.

Hairston, Nelson G.; Smith, Frederick E.; & Slobodkin, Lawrence B. (1960). Community structure, population control, and competition. *The American Naturalist*, *94*, 421–425.

Jones, Holly P., & Schmitz, Oswald J. (2009). Rapid recovery of damaged ecosystems. *PloS One 4*, e5653.

McCann, Kevin S.; Hastings, Alan; & Huxel, Gary R. (1998). Weak trophic interactions and the balance of nature. *Nature*, *395*, 794–798.

Musiani, Marco, & Paquet, Paul C. (2004). The practices of wolf persecution, protection, and restoration in Canada and the United States. *BioScience*, *54*, 50–60.

Post, Eric, & Forchhammer, Mads C. (2008). Climate change reduces reproductive success of an Arctic herbivore through trophic mismatch. *Philosophical Transactions of the Royal Society of London, Series B, Biological Sciences*, *363*, 2369–2375.

Strong, Donald R., & Frank, Kenneth T. (2010). Human involvement in food webs. *Annual Review of Environment and Resources*, *35*, 1–23.

Taylor, Phil. (2011, July 28). Wolves move from endangered to hunted in rural Mont. Retrieved November 14, 2011, from http://www.nytimes.com/gwire/2011/07/28/28greenwire-wolves-move-fromendangered-to-hunted-in-rural–92931.html?pagewanted=all

Woodroffe, Rosie; Thirgood, Simon; & Rabinowitz, Alan. (2005). *People and wildlife: Conflict or coexistence?* Cambridge, UK: Cambridge University Press.

森林管理

随着我们对森林提供的生态系统服务(如水处理和碳吸存)的认知不断加深,公众对保护这些系统的兴趣也在不断增加。可持续性森林管理可以平衡对森林提出的不断增加的社会和环境需求与后代需求之间的矛盾。为后代保持森林生态系统的健康需要考虑森林的生物多样性、土壤和水文特性。

在发达国家的森林生态系统经历了广泛的退化和碎片化之后的20世纪后半叶,国际社会注意到了改善和维持森林生物多样性的需要。1992年,联合国在里约热内卢召开的环境与发展大会(也称为里约峰会或地球峰会)强调指出,各国需要把可持续性森林管理(SFM)当作解决这些问题的手段之一。此后,发起了赫尔辛基进程和蒙特利尔进程,以制订评估森林管理标准和指标的框架。这些行动旨在把森林管理的做法从注重可持续性产出转向更加全面的森林管理方式。以前的森林管理方法主要关注的是产出,往往以损害其他环境成分(如土壤肥力和生物多样性)为代价。与此相反,可持续性森林管理坚持的是满足当代的需求,但不会牺牲后代满足他们自身需要的能力。从概念上说,可持续性森林管理是相当明确的,但其实施和支持这种管理方式的数据收集都还在起步阶段。

为什么要实施可持续性森林管理?

森林生态系统直接和间接地发挥着各种重要的功能。从生态上说,森林为野生动物和授粉者提供了生存环境和遮蔽物,因而代表着生物多样性丰富的地区。森林产生了在地球上维持生命所需的大部分氧气。它们还把碳隔离起来,否则这些碳就会以二氧化碳的形式存在于大气中。它们稳定土壤不受各种侵蚀、调节气候、调和水文以及保持水的质量。除了提供一系列木材产品,森林还提供各种非木材产品,如水果、油类和药品,成为世界食物供应不可或缺的一部分,每年贡献的非木材产品超过900亿美元(Pimental et al. 1997)。此外,森林还提供各种风景、休闲和其他社会经济益处和价值。可持续性森林管理方法寻求在提供木材产量和确保森林生态系统能够产生上述其他服务之间的平衡。

历史上,人类直接依赖森林所包含的木材、燃料和野生动物。木材燃料的短缺促使欧洲在18世纪后半叶的工业革命初期开始使用煤,催生了所谓的碳经济。21世纪全球人口的迅速增长很可能给森林生态系统继续产生压力,造成森林的碎片化和对森林资源需求的不断增加。为了应对这种对森林资源需求的增加,森林管理者将面临在有限的土地上产生更多的木材产品这个非常艰巨的任务。尽管人均木材消耗量正在减少,而且在21世纪的大部分时间里也是这个发展趋势,但世界人口自20世纪50年代以来几乎翻了一倍,从而使得对木材燃料的需求增加了80%(Hammett & Youngs 2002)。这种不断增长的需求要求未来的森林业在权衡经济、社会和生态的成本和收益的时候,必须进行动态和创新管理。这是非常困难的,因为森林的自然演替动态过程发生的时间都很长(几十年到几个世纪),而且可能还伴有随机的扰动(如火灾、害虫和风灾)。此外,我们对森林生态系统动态特性以及扰动事件对这些系统的影响的认知仍然还不完整。

虽然存在着不确定性,但有些趋势还是比较明显的。首先,随着人口的增长和郊区面积的增加,森林面积将进一步减少并更加碎片化。这样,森林土地必须更高产才行,这可以通过增加生物量的积累和产量或(和)通过开发更好的木材加工技术来实现。20世纪60年代以来,我们目睹了对更广泛的森林资源进行更有效的利用,这些资源被用于像定向纤维板和碎料板这样的工程化的木材产品,这些产品依赖来自成熟较快树木的低质量木材。此外,随着火控技术的进步,木材生产预计将会增加。由于火控技术的进步和采用更好的育林做法,美国在1961年至2000年间森林产出已经增加了50%(Hammett & Youngs 2002)。

社会对木材不断增长的需求很可能会通过对国外森林生态系统不断增加的开发来满足。遗憾的是,这最有可能涉及以前未曾砍伐的地区,从而使森林碎片化问题持续恶化、土著物种毁灭和土地退化。土地管理者和木材业必须努力开发可持续性采伐技术并采用适应性管理,以便及时吸收新的信息(Johnson 1999)。特别需要注意的是,开发林业需要得到社会的认可,因此管理者必须顾及公众的利益,不仅要提供产品,而且还要提供服务。

美国森林管理的历史

森林及其所包含的自然资源是人类依赖了数千年的重要的经济和环境资产。北美殖民之前,土著美洲人的生活与森林紧密相连,向它们取用燃料、浆果、野生动物和其他材料。殖民之后,这些森林主要用于木材开发。在18世纪和19世纪,木材加工业生产的木材和相关产品驱动着成长中的美国基础设施和经济的发展。毁林造田进一步减少了森林的覆盖面积。从1630年到1930年,落后的森林管理做法使锯材原木(适合锯成原木的大树)的存量减少70%以上,从265.35亿立方米下降到77.08亿立方米(Birdsey, Pregitzer & Lucier 2003)。直到1881年设立了美国林业处(1905年改为美国森林署),才有专门的机构来制订包含整个国家森林的统一管理计划。主要受到早期木材企业家破坏性做法的影响,美国的林业以前采用的是首先在欧洲开发的可持续木材产量原则。这些原则可以有效地维持产量,但有证据表明,如果管理目标是维持森林的完整性,那么,这些原则就需要修正。

可持续性的标准和森林认证

20世纪90年代,国际决策者认识到保护森林生态系统和制订标准系统的需要,以倡导关注环境的森林管理做法。他们把森林认证当作一种提倡多维度(经济、生态、社会、文化和精神愉悦)森林价值、以市场为基础的自愿手段,认为那些关注森林退化和滥伐的消费者会愿意购买来自获得管理认证的森林的木材产品。

考虑到可持续性森林管理的生态和经济目标,赫尔辛基进程和蒙特利尔进程的决策者开发了一组评估森林管理是否成功的标准和指标(C&I)。具体地说,蒙特利尔进程(关注那些拥有温带森林和北方森林带的国家)定义了如下的评价标准:① 保护生物多样性;② 维持森林生态系统的生产能力;③ 维持森林生态系统的健康和活力;④ 保护和保持土壤和水资源;⑤ 保持森林对全球碳循环做出的贡献;⑥ 保持和改善多个社会经济收益的长效性,以满足社会的需求;⑦ 存在有助于可持续性森林管理的法律、政策和组织框架(Fujimori 2001, 242)。与这些标准相关的,是67项有助于确定可持续性森林管理内容的具体指标。尽管这些标准和指标都很明确,但它们没有包含目标、时间进度或性能要求(Rametsteiner & Simula 2003)。赫尔辛基进程(涉及欧洲国家)与蒙特利尔进程基本类似,只是少了法律、政策和基础设施框架。超过150个国家加入了一个或多个这样的进程(FAO 2001)。

在这些政府主导的进程中制订的标准和指标已经用于森林认证项目中。在森林认证中,一个独立的第三方根据可用的标准来评估森林管理的质量,并授予表明满足标准的书面证书。由于可持续性森林管理的市场导向特性,认证组织的利益基本上驱动着森林认证的标准。因此,这样的标准(可以和区域有关)在各个认证组织之间也有差异,这反映了不同利益相关者的观点。

可持续性森林管理标准试图确保获得认证的森林,除了提供文化、风景和休闲价值外,其管理还应解决木材和非木材森林价值、维持森林的生产力和生物多样性以及保持土壤和水文特性。在过去的十年中,已经设立了一些主要的森林认证项目,以落实这些具体的管理目标。主要认证组织——加拿大标准协会(CSA)、森林监管委员会(FSC)、森林认证认可计划(PEFC)和可持续性森林计划(SFI),都有类似的结构特性,包括第三方审计员的使用、监管链、公开发布、利益相关者咨询和产品标签。尽管比较森林立法和认证标准的很多指标性项目都是类似的,但存在的有些差异和不一致性有可能在国际市场带来不公平竞争(Wood 2000)。

到2011年7月,这些森林认证组织已经认证了2.39亿公顷的林地,占全球森林面积的9%以上(PEFC 2011)。除非世界经济停滞(这种情况可能会降低土地拥有者参与的意愿),否则,森林认证很可能会持续稳定的增长。虽然森林认证在吸引较大土地拥有者对其林地进行认证方面比较成功,但它却把那些交不起认证费的较小土地拥有者放在了一边,这样,总的生态和社会收益仍然存在问题。到2002年,绝大多数被认证的林地都在欧洲和北美洲,而这个认证项目所针对的热带地区则基本上没有多少认证(Atyi & Simula 2002)。现有的复杂认证系统也许可以被那些针对某个问题或产品的简化方法所取代。可以解决这些问题的森林管理标准可能证明更有活力。

可持续性管理实践

可持续性森林管理不仅要管理木材的生产,而且还要管理森林的生物多样性、水文、休闲和其他价值。这些成分的管理必须在整个生态景观上加以评估,这可以看作是生态系统特性一幅变化的镶嵌图案。在区域层次,这需要保持生态系统过程(如养分循环),而在景观层次,这种管理将集中在生态系统完整性和历史生物多样性的范围上。

传统的那种关注生产力的育林技术可能不能满足可持续性森林管理的多目标要求,需要开发新的管理手段。公众压力在促使很多森林管理者寻求取代传统皆伐方式(把有价值的木材全部伐掉)的新手段上取得了成功。为满足可持续性森林管理的目标,森林管理者可以采用影响较低的采伐技术,如变量保留、单株择伐或渐伐作业法。变量保留法来自这样的思想:自然扰动经常性地改变森林景观,从而产生处于不同演替阶段的镶嵌式森林斑块。变量保留法可以选择森林生态系统的关键结构元素保留至少一个轮伐期,以实现某些特定的管理目标;可以根据这些管理目标选择要保留的树种或要保留的时间期限。树木可以在整个地区高密度成组保留,从而创建野生动物核心栖息地斑块;也可以在整个景观上均匀保留,以协助进行植被再生和种子散布。变量保留法与单株择伐方法基本类似;在单株择伐中,如果树冠被损(被害虫、疾病或风损坏)或者树冠发育不良,而影响了高光合速率和它们的生长,这样的树木就选择伐掉。

渐伐作业法是用于满足可持续性森林管理的另一项育林技术。这种技术主要用在野生动物、土壤侵蚀和(或)物种再生具体分布存在问题的场合。在这种方法中,采伐以两个或多个系列进行,较大的树木留作小树苗的种子源并保护小树苗不受恶劣气候的侵害。这种方法可以通过为新苗保留种子源来面向需要再生的物种,可用于对现有物种之间的相对优势进行重新分布。在渐伐作业的整个过程中保留较大的树木能够防止土壤侵蚀,如果再结合多次采伐,这种方法非常适用于较陡的地形。不管采用哪种采伐方法,可持续性森林管理工程要求采伐的速度不应超过再生的速度。

因此，必须进行合适的统计，以确保这种平衡。

与传统的依靠林分高度和空间再生方法的育林技术不同，可持续性森林管理识别出了如下的重要标准：林分结构、再生方法、抚育方法、轮伐周期、管理目标、潜在自然植被和现有森林类型、社会环境和期望的森林类型或者为实现期望的森林功能所需要的林分发展阶段（Fujimori 2001）。由于森林生态系统和相关外部因素（如气候、入侵害虫和疾病）的复杂性，广泛适用的可持续性森林管理技术很难加以限制。此外，世界不同地区森林类型的多样性也将需要独特的可持续性森林管理方法。可持续性森林管理项目运行在不同的政治和社会经济背景下，这也使得各种宽泛的管理方法难以得到限制。

面向未来

国际社会一致认为，可持续性森林管理是保护森林生态系统、为几代人维持森林产品产量的一种手段。尽管可持续性森林管理在概念上比较明确，但实施起来要困难得多。具体地说，我们对森林生态学的认识还不完善，也必须做出一些妥协，以允许提取木材。此外，可持续性森林管理难以实施，还因为可持续性的定义取决于要考虑的时间维度和空间范围。国际社会对森林管理可以采取的一个可能的预防措施，是设立森林保护区网络，作为生物多样性的储存库（Groves 2003, 216–259）；这样的地区从实验的角度来说将是很有用的，因为它们可以用于评估可持续性森林管理方法是否成功。可持续性森林管理实践要想在保护森林生态系统方面取得成功，需要开发新的管理方法和能对森林进行迅速评估的技术。此外，要想真正实现森林的价值，我们需要开发以市场为基础、能对来自实施可持续性森林管理的生态系统服务（即生物多样性、水过滤、污染物减排和水土流失减少）进行评价的系统。

查尔斯·弗劳尔（Charles E. FLOWER）
伊利诺伊大学芝加哥分校
凯尔·科斯特洛（Kyle C. COSTILOW）
俄亥俄州立大学
米奎尔·冈萨雷斯–梅勒
（Miquel A. GONZALEZ-MELER）
伊利诺伊大学芝加哥分校

参见：生物多样性；生物走廊；缓冲带；生态系统服务；消防管理；生境破碎化；狩猎；水文学；土著民族和传统知识；微生物生态系统过程；自然资本；种群动态；恢复性造林；恢复力；土壤保持；植树；原野地。

拓展阅读

Atyi, Richard, & Simula, Markku. (2002, April 3–4). Forest certification: Pending challenges for tropical timber (background paper, ITTO International Workshop on Comparability and Equivalence of Forest Certification Schemes). Kuala Lumpur, Malaysia.

Birdsey, Richard; Pregitzer, Kurt; & Lucier, Alan. (2003). Forest carbon management in the United States:

1600–2100. *Journal of Environmental Quality*, *35*, 1461–1469.

Food and Agriculture Organization of the United Nations (FAO). (2001). *Global forest resources assessment 2000: Main report*. Rome: Food and Agriculture Organization.

Fujimori, Takao. (2001). *Ecological and silvicultural strategies for sustainable forest management*. Amsterdam, The Netherlands: Elsevier.

Groves, Craig R. (2003). *Drafting a conservation blueprint: A practitioner's guide to planning for biodiversity*. Washington, DC: Island Press.

Hammett, A. L. Tom, & Youngs, Robert L. (2002). Innovative forest products and processes: Meeting growing demand. *Journal of Forestry*, *100* (4), 6–11.

Higman, Sophie; Mayers, James; Bass, Stephen; Judd, Neil; & Nassbaum, Ruth. (2005). *The sustainable forestry handbook: A practical guide for tropical forest managers on implementing new standards* (2nd ed.). London: Earthscan.

Johnson, Barry. (1999). The role of adaptive management as an operational approach for resource management agencies. *Conservation Ecology*, *3* (2), 8. Retrieved September 12, 2011, from http://www.consecol.org/vol3/iss2/art8

Kimmins, James P. (2004). *Forest ecology: A foundation for sustainable forest management and environmental ethics in forestry* (3rd ed.). Upper Saddle River, NJ: Prentice Hall.

Pimentel, David; McNair, Michael; Buck, Louise; Pimentel, Marcia; & Kamil, Jeremy. (1997). The value of forests to world food security. *Human Ecology*, *25* (1), 91–120.

The Programme for the Endorsement of Forest Certification (PEFC). (2011). PEFC global certification: Forest management & chain of custody. Retrieved September 12, 2011, from http://www.pefc.org/resources/webinar/item/801

Rametsteiner, Ewald, & Simula, Markku. (2003). Forest certification — An instrument to promote sustainable forest management. *Journal of Environmental Management*, *61*, 87–98.

Watanabe, Sadamoto, & Sasaki, Satohiko. (1994). The silvicultural management system in temperate and boreal forests: A case history of the Hokkaido Tokyo University Forest. *Canadian Journal of Forest Research*, *24*, 1176–1185.

Wood, Peter. (2000). A comparative analysis of selected international forest certification schemes. British Columbia, Canada: Ministry of Employment and Investment.

G

全球气候变化

气候变化涉及的因素和过程有很多，而且很复杂——从地球运行轨道的脉动到生物区系的变化。地球的气候总是处于变化之中，但有证据表明，人类的影响——工业化、土地用途的变化和人口的不断增长，正在加速地球的变暖，这会对生态系统和它们提供的服务产生显著的影响。

全球气候变化指的是气候（温度、降水和风的模式）在一个范围广泛地区发生的较长时间的改变。气候变化涉及的各种复杂过程包括来自土地用途的影响（冰覆盖和植被变迁、森林砍伐、开发、城镇化、基础设施应用）、自然和人为的促成因子以及气候和地球系统内部的反馈过程。人们早就认识到，地球的气候一直处于变化之中，人类活动也可以引发变化，但是，气候变化的明显复杂性和根本的驱动因素，在过去的一个世纪才在技术进步和累积证据的协助下，逐渐展现出来。人口和经济增长是自然资源、土地用途和其气候反馈过程发生变化的主要人为驱动因素。本节讨论全球气候变化的促成因子和相关的反馈机制。

气候

气候主要由地球表面吸收和耗散的能量多少来调节。来自太阳的短波辐射穿过大气照射到地球。然后，这些辐射或者被地球吸收或者被反射成长波辐射，这取决于当地的反照率（地面的反射特性，包括云层）。一部分反射的能量被大气中的温室气体[如二氧化碳（CO_2）、甲烷（CH_4）、氮氧化物（NO_x）和水蒸气]捕获，从而产生所谓的温室效应。这种效应使地球表面的平均温度基本保持在大约15℃，这是我们已经适应的温度；去除温室气体会使地球表面的平均温度下降到大约−18℃。

地球接收来自太阳的能量的多少随纬度而变化。太阳的光线直接照射赤道，使热带地区接收大量的能量。在更高纬度地区，同样的太阳辐射分布到地球上更大的表面面积上，产生了温带和极地地区。热量在地面和海洋的不均匀分布激发了大气的环流(哈德利环流),因而产生了整个地球的气候和降水模式。这又转变为在下层大气中产生的天气模式,这种天气模式受到来自太阳的入射能量、地球转动和存储在海洋和大气中的热量的驱动。大气储存热量的能力是能被大气中不同温室气体吸收的入射能量相对数量的函数。大型水体(海洋)具有较高的存储热量的能力,因而变凉和变热都非常慢。

陆地、海洋和大气之间的温度差异最终以可以预测的方式驱动气候的变化,并可以解释沿地球表面的温度和降水模式。由于这种可预测性,生物区系能够适应地球上差异很大的地理区域,如热带、温带、干旱或极地生物区系。当这些生物系统与大气交换大量的温室气体(特别是二氧化碳)和水蒸气时,它们又会影响气候。因此,任何影响生物圈-大气能量平衡的因素都有可能引起相对迅速的气候变化。

最近的变化

卫星、气象气球和地面观测都一致认为,地球表面温度一直都处于稳定升高的趋势,而且在19世纪和20世纪这种趋势更加明显。根据气象数据,20世纪可以分成三段:早期的变暖期、中期的变冷期和后期的变暖期(Anderson, Goudie & Parker 2007)。

有关20世纪早期变暖的描述记录了第一次和最后一次降雪或结冰的发生和强度的时间周期变化。例如,他们注意到伦敦的降雪时间如何从150天下降到113天,或者北冰洋影响通航的时间从12～13周缩短为3～4周,或者北极冰盖的厚度随位置的不同减少了20%～40%。在20世纪早期,海洋温度记录数据表明,到20世纪60年代,北部纬度地区的海洋温度上升了1℃～2℃。这些温度的升高也被独立的生物观测所证实,包括格陵兰地区鳕鱼、大比目鱼或黑线鳕的向北扩展,喜暖鱼类向南部边界的移动(尽管过度捕捞也对这种效应有一定的贡献),以及植物和鸟类物种分布区向北的转移(包括1920年到1940年之间树木向冻原的入侵)。这段变暖期也影响了农业和育林业的做法(因为生长天数增加了),黑麦、大麦和燕麦的种植也扩展到了斯堪的纳维亚的高纬度地区(不是由繁育造成的扩展)(Anderson, Goudie & Parker 2007)。

20世纪中期陆地上的变冷期发生在1945年到1970年之间,海洋的变冷期发生在1955年到1975年之间。与20世纪早期的变暖期(地球表面的85%经历了变暖)不同,中期的变冷期只有80%的地球表面经历了变冷。在此期间,冰河停止了消退,雪丘在加拿大的北极地区形成,欧洲的降雪增加,波罗的海的结冰增加,欧洲北部有些地区记录的植物生长季缩短。

20世纪后期的变暖期以中纬度(北方40～70度)陆地温度迅速升高为特征。温度在20年内升高了0.6℃,是过去一千年已知的最快、最高升幅。这种变暖的趋势主要影响夜间的温度,因为增加的云层覆盖有助于减少白天温度的起伏。在此期间,观测到了与20世纪早期的变暖期具有类似特征的气候和生物变化趋势。冰河消退和永冻土层的消融(每年大约4～5公里)记录得尤其详细。此外,对植物和动物的生长来说,春天的开始比历史记录所显示的提前了5到11天。

在20世纪，除了温度升高以外，由于海洋水体更高的蒸发率，全球降水也增加了2%。在北半球和澳大利亚，降雨的强度也增加了。北部纬度地区降水的增加与低纬度地区（特别是北部非洲和亚洲）降水的减少和干旱的增加形成对照，说明气候的转变并不均匀。观测到的降水模式的大部分差异还与厄尔尼诺南方涛动（ENSO）（影响世界很多地区的温暖洋流与相关大气的综合体）有关。

多种证据表明，在过去的150年里气候发生了变化。然而，有关19世纪后期以来引起温度和降水变化的原因一直存在争论。能够导致变暖（温室气体）和变冷（浮质）的人类活动会引起大气化学特性的变化，这种变化似乎可以解释短期内在地球表面发生的大部分温度震荡。

自然驱动因素

地球有史以来，气候就一直在发生变化。在过去，气候基本上受自然的物理、化学和生物过程以及它们之间相互反馈的影响。构造地质学（产生了土地和沿地球表面的陆地运动）显然影响着气候，但因为陆地运动非常缓慢，构造地质学只能在数千万年内改变气候。在过去的两三百万年，气候变化更为迅速，数万年就形成了冷期（冰期）和暖期（间冰期）。这些气候变化可以在很大程度上由行星强迫要素进行说明，这些强迫要素影响从太阳照射到地球表面的入射能量的多少。由苏格兰科学家詹姆斯·克洛尔（James Croll）于19世纪60年代创建并由塞尔维亚土建工程师和数学家米卢廷·米兰科维奇（Milutin Milankovitch）于20世纪20年代改进的轨道驱动理论，描述了地球轨道相对于太阳的偏心率、自转轴倾斜和进动如何驱动冰期－间冰期之间的变化（Imbrie & Imbrie 1979）。这些参数的微小变化直接影响到达地球的太阳辐射的量值，并随后影响太阳能到达的季节性和位置。

地球和我们太阳系中的所有其他行星都以椭圆轨道绕太阳运行。轨道的偏心率（即椭圆对圆形的偏离）是由木星和土星引力场之间的相互作用决定的。地球轨道的椭圆率在大约10万年的周期内在0%到5%之间变化。偏心率的变化说明地球离太阳有多远，而且促成了历史上的冰川消长。地球自转轴相对于其绕太阳轨道平面的倾斜角导致了日光和温度的季节性变化。目前，地球自转轴的倾斜已接近23.5度，而且正在减小；地球的自然倾斜在大约41万年的周期内从大约21.4度变到24.5度。此外，地球的进动支配着地球自转时如何晃动，其运动周期大约是23 000年，这进一步调节着季节性。来自深海沉淀物和冰芯的证据表明，气候变异在很大程度上与轨道驱动有关（Imbrie et al. 1992）。

如果在较短的时间尺度上考虑问题，有一种设想认为，地球表面上太阳辐射质量的变化（通过紫外区间的变化来实现）和数量的变化（通过太阳黑子来实现）也可以引起气候的变化（Lean 2010）。研究表明，太阳黑子的数量在大约11年的周期内变化，可使太阳能输出改变大约0.01%。在太阳黑子的高活动期，地球接收到比在低活动期时更多的辐射。有研究认为，1750年以来，太阳辐照度的增加已产生0.06到0.30瓦每平方米（W/m^2）的正辐射强迫(IPCC 2007)。这足以造成上层大气中等程度的温升,但不会造成在地球表面观测到的大部分温升。

火山爆发也可以通过两个主要途径对地球的气候产生重要影响:通过向大气排放二氧化碳和其他温室气体;通过排放浮质(细小颗粒在气体中的悬浮),如火山灰和含硫气体。水蒸气和二氧化碳是排放的主要温室气体,分别占每年火山排放的50%~90%和1%~40%。水蒸气在大气中消散得很快,因而对气候的影响可以忽略,而来自火山喷发的二氧化碳排放量不到全球二氧化碳年排放量的1%(Gerlach 1991)。此外,火山灰和含硫气体被扩散到同温层,有助于全球变冷。这些浮质把太阳辐射反射回太空,导致地面气温变冷。火山灰通常通过沉淀作用迅速从大气中消除(喷发后一个月以内)(Pinto, Turco & Toon 1989)。来自火山活动的含硫气体约占对流层年度硫排放的36%(Graf, Feichter & Langmann 1997),是与火山喷发有关的气候效应的主要因素,因为它们在大气中的滞留时间较长并且把太阳辐射反射回太空。

此外,由土地植被或云层覆盖变化而产生的地球反照率的自然波动,可以通过改变被地球表面反射或吸收的太阳辐射的多少来影响气候模式。例如,增加的雪覆盖可以增加反射比,因而会改变地球的反照率,从而导致进一步的变冷。相反,增加的植被会导致所谓的植被强迫,它会降低地表的反照率而使热量的吸收增加,因而提高地表的温度。

如前所述,地球的大气和海洋条件是密切关联的,因此,海洋环流模式的改变可以对全球气候产生显著的影响。变热/变冷和盐度的组合效应驱动洋流,使水在地球的海洋中循环。这被称为温盐循环,例如,它使北大西洋地区升温达5℃。有证据表明,温盐循环在过去发生过几次中断,从而导致地区温度发生显著变化。例如,有证据表明,全新世初期的新仙女木期(大约12 000年前的一个千年寒冷期)可能是由淡水注入北大西洋、改变海洋循环引发的(Broecker 1997)。海洋温盐循环的转变可能会使较高纬度地区的降水增加,这会降低海洋盐度,因而中断温盐循环(Stocker & Schmittner 1997)。

人为驱动因素

和大部分生物一样,人类也喜欢改变周围的环境。因此,随着人口的增长,人类改变环境的程度也在不断加大;这也符合逻辑。人类人口的迅速增长推动了对自然资源的消耗。对自然资源的开发包括能源和土地的集约利用。最近,越来越多的科学研究文献认为,有充分的证据表明,人类活动正在改变影响气候的促成因子(IPCC 2007)。人类的这些影响大部分源于由燃烧矿物燃料(如煤和石油)导致的温室气体排放增加、工业活动、土地用途改变和采伐森林,在过去250年的工业发展期,这些活动很普遍。

人类活动在很大程度上导致了大气中温室气体含量的增加,温室气体通过一个称为辐射强迫的过程改变地球的能量收支。大气中这些温室气体浓度的增加促进了全球变暖——通过吸收从地球反射的能量并重新散发这些能量,从而产生了能量的净增加。人类通过燃烧矿物燃料(从2000年到2005年估计每年消耗掉72亿吨碳)和开荒(程度要轻一些，在20世纪90年代估计每年消耗掉16亿吨碳）增加了大气中二氧化碳的浓度（IPCC 2007）。这些排放使全球的二氧化碳浓度从工业化之前的大约280 ppm（百万分率）增加到2011年的大约389 ppm，远远超过从冰芯确定的42万年以来的范围（180到300 ppm）（Petit et al. 1999; IPCC 2007）。有证据表明，大气中二氧化碳含量的增加已促使全球从1850/1899年到2005年的气温平均升高了0.76℃（升高范围为0.57℃～0.95℃）（IPCC 2007）。这些情况尤其令人担忧，因为二氧化碳在大气中有一两百年的滞留期，因而导致潜在的长期后果。三个方面的证据表明，二氧化碳含量的增加是人为的（Prentice et al. 2001）。第一，大气中氧的含量下降，与燃烧产生二氧化碳的情况相一致。第二，大气测量中检测到了矿物燃料的同位素特征（缺碳14，贫碳13）。最后，燃烧矿物燃料占大多数的北半球，其二氧化碳含量的增加更加迅速。

人类还促进了各种其他微量气体的增加（主要是甲烷、氧化亚氮和卤化碳），这些气体的辐射强迫效应可能与二氧化碳的相当或更高。人类由于农业活动（即牲畜饲养和水稻种植）、矿物燃料燃烧和与垃圾掩埋有关的分解，所产生的甲烷几乎占每年大气中甲烷含量的70%。这已导致全球甲烷浓度从工业化之前的320～715 ppb（十亿分率）增加到2005年的1 774 ppb（IPCC 2007）。尽管甲烷在大气中的滞留期比二氧化碳相对要短（大约12年），但它每摩尔导致全球变暖的潜能则高出3.7倍（Lashof & Ahuja 1990）。主要由于像工厂和汽车里进行的高温燃烧，氧化亚氮的含量也从工业化之前的大约270 ppb上升到2005年的319 ppb（IPCC 2007）。最后，由于卤化碳在合成有机化合物中的应用，其浓度也有显著的提高。这些微量气体的组合影响估计介于0.88到1.08 W/m^2之间，约占二氧化碳辐射强迫的60%（IPCC 2007）。

与二氧化碳和其他温室气体通过正辐射强迫使大气变暖的情况不同，浮质通过反射入射的辐射（如大型火山喷发的情况）来使大气变冷。浮质含有各种具有不同化学特性的颗粒，每一种颗粒都与大气发生独特的相互作用。它们吸收水分，成为云凝结核，从而形成更多的漫反射云，反射更多的太阳辐射。由矿物燃料燃烧和植被火烧产生的二氧化硫，是主要的大气浮质。浮质在空气中滞留的时间都不长，通常都位于产生浮质的地区的上空。在北美洲和欧洲，由于有更加严格的法规，人类导致的浮质排放已经下降，但在亚洲，随着城镇化的不断扩大，浮质排放还在增加。

为了提供所需的资源，人类人口的增长依赖对地球表面的广泛改造。目前的共识是，人类已经改造或退化了地球表面的大约39%到50%（Vitousek et al. 1986, 1997）。通过砍伐森林、恢复性造林和城镇化造成的陆地表面的变化改变了地球表面的反照率，因而影响了吸收能量的数量。有评估表明，土地转换对地球反照率的影响产生了0.4 W/m^2的损失（IPCC 2007），因而影响了地球表面的能量平衡。

反馈机制

为进一步使地球可变的气候系统复杂化，自然和人类导致的反馈机制也会改变全球条件，这些反馈机制在复杂的时空尺度上发挥作用。气候反馈可以是正的或负的：正反馈过程放大一种效应，引起增加的变暖或变冷，而负反馈过程则减弱气候的变化。

影响气候的一个重要的反馈机制是二氧化碳从海洋的流入和流出；当全球气候变暖时，二氧化碳可能会从海洋中释放出来。增加二氧化碳的浓度可能会由于温室效应的增强而加剧气候的变暖。当气候变冷时，二氧化碳就会进入海洋而促使气候进一步变冷。在过去的65万年间，二氧化碳的浓度与冰川周期趋于一致：在温暖的间冰期，二氧化碳的浓度较高，而在寒冷的冰期，二氧化碳的浓度较低。

另一个重要的正反馈过程是二氧化碳从土壤的自然排放（土壤呼吸），尤其是在北方生态系统。当北方生态系统经历变暖时，它们就会释放出大量的以前由冰冻储存在土壤里不能运动（被隔离）的碳，使大气中的二氧化碳进一步增加。此外，土壤呼吸已表明与温度和湿气共同相关，这样，土壤温度与湿气的同时增加可能会使生态系统的二氧化碳自然排放速度增加（Wildung, Garland & Buschbom 1975）。

改变地球表面也会对气候产生复杂的反馈效应。冰反照率反馈指的是雪和冰具有比地面和植被更低的反照率，从而使反射回太空的能量增加。低温期使雪覆盖持续更长的时间，从而使反射比增加，地球气候变冷，这又会导致冰雪覆盖的进一步扩展（正反馈）。这一过程也可以反向：冰雪覆盖减少产生反馈，使地球表面变暖，从而导致冰川消退。当前的科学研究一致认为，冰川和冰盖一直都在消减，特别是20世纪60年代以来（Kaser et al. 2006）。

水蒸气反馈与其他过程一道，可以加剧气候变化。尽管水蒸气在大气中的滞留时间不长，但它却是一种强有力的温室气体。它具有热放大效应，会随着温度的升高而增加，因而产生正反馈。但水蒸气也会形成云覆盖，阻挡入射辐射，从而产生云层的负反馈效应（Ramanthan et al. 1989）。云层的负反馈效应被认为是导致观测到的地面温度温和升高的部分原因，考虑到大气中温室气体的聚集，这种温度升高比预期的要低一些。

有关全新世期间气候和北方森林植被覆盖之间反馈关系的一项研究，突显了轨道驱动、植被变化和两者之间反馈关系的重要性（Foley et al. 1994）。这项研究认为，轨道驱动（即地球偏心率的变化、倾斜和进动）虽然在全新世中期能使全球温度升高2℃，但它不是导致这个时期所观测到的温度升高的唯一原因。相反，轨道驱动与其对高纬度地区北方森林向北扩展造成的正反馈效应一起，可能导致了观测到的温度升高。尽管还没有搞清楚所有的反馈机制，但研究表明，它们在确定地球气候方面发挥着重要的作用。

可持续性、生物多样性和资源管理

随着全球人口和人均能源消耗持续增加，人类对全球气候的影响很可能还会继续。这些影响可能会使很多生态系统超出其自然适应的能力，从而导致生物多样性的丧失，影响生态系统发挥的功能和提供的服务。因此，气候变化将是自然资源管理决策中一个主要的驱动因素。

全球气候变化可以在很多方面影响生态

系统和相关生物。例如，植物和动物可能会显著改变其分布区，每年向北极移动达6.1公里(Parmesan & Yohe 2003)。然而，单个物种应对气候变化的能力很可能会受到人类导致的陆地生境破碎化的阻碍，这种破碎化打断了生态系统的连通性，产生了封闭的生存环境岛屿(Honnay et al. 2002)。另一个变化可能是时间上的，尤其是温带生态系统中春天的提前到来——当前的趋势是每十年提前2.3天(Parmesan & Yohe 2003)。在沿海地区，生态系统和城市系统需要适应海平面的升高。然而，这种变化在全球范围可能不会均匀地发生，温度变化更加迅速的沿海地区或北极附近发生得可能会更快一些。

当物种的分布区、适宜性和组成发生变化时，生态系统的功能也会发生变化。生态系统功能可能的退化，将会对大自然向人类社会提供的生态系统服务造成威胁，从而使这些服务的经济成本增加。全球变化对人类的影响将取决于社会适应这种变化的能力。这种适应可能需要实施跨越地缘政治界限、协调一致的生态系统管理，以使气候变化造成的全球影响降到最小。考虑到在变化速度和大小方面存在的不确定性以及在争取国际对遏制气候变化的支持上面临的困难，这的确是一个重要的挑战。

一种建议的适应技术是主动生态系统管理。例如，人类可以通过加快碳吸存的速度和降低已存储碳的释放来调和二氧化碳的自然存储。这可以通过恢复性造林或提高森林的生长率和实施免耕农业来实现。此外，深水或地质封存二氧化碳也为减少大气中温室气体浓度提供了另一种手段。

针对全球气候变化做出有远见的生态系统管理决策会面临很多挑战。变化的速度和大小都存在着不确定性，其中部分的原因在于数据源的有效性还不够，而且很多观测数据还不能与某个特定的采样站进行绑定(Berliner 2003)。此外，很大一部分的不确定性源于这样的事实：科学家对气候变化模型后面很多的驱动因素还没有形成完全一致的认知。另一方面的不确定性源于我们不知道人类会如何继续影响地球。矿物燃料的未来应用、土地用途的变化和人口增长都是变数，它们在很大程度上取决于社会的决定。

目前的气候变化具有显著改变自然生态系统状态和功能的能力。为了缓解这种损害，我们必须迅速掌握更多有关这些系统功能和变化的知识。通过改善对自然生态系统与气候的关联的认知，我们就可以更好地为子孙后代管理我们的资源。

查尔斯·弗劳尔(Charles E. FLOWER)
道格拉斯·林奇(Douglas J. LYNCH)
米奎尔·冈萨雷斯-梅勒
(Miquel A. GONZALEZ-MELER)
伊利诺伊大学芝加哥分校

参见：生物多样性；生物多样性热点地区；承载能力；海岸带管理；复杂性理论；生态预报；食物网；人类生态学；氮饱和；稳态转换；恢复力；最低安全标准(SMS)。

拓展阅读

Anderson, David E.; Goudie, Andrew S.; & Parker, Adrian G. (2007). *Global environments through the Quaternary*. New York: Oxford University Press.

Berliner, L. Mark. (2003). Uncertainty and climate change. *Statistical Science*, *16*, 430–435.

Broecker, Wallace. (1997). Thermohaline circulation, the Achilles heel of our climate system: Will man-made CO_2 upset the current balance? *Science*, *278*, 1582–1588.

Foley, Jonathan; Kutzbach, John; Coe, Michael; & Levis, Samuel. (1994). Feedbacks between climate and boreal forests during the Holocene epoch. *Nature*, *371*, 52–44.

Gerlach, Terrence. (1991). Present-day CO_2 emissions from volcanoes. *Eos*, *Transactions*, *American Geophysical Union*, *72* (23), 249, 254–255.

Graf, H.-F.; Feichter, J.; & Langmann, B. (1997). Volcanic sulfur emissions: Estimates of source strength and its contribution to the global sulfate distribution. *Journal of Geophysical Research*, *102*, 10727–10738.

Hansen, James. (2009). *Storms of my grandchildren*. London: Bloomsbury. Honnay, Olivier, et al. (2002). Possible effects of habitat fragmentation and climate change on the range of forest plant species. *Ecology Letters*, *5*, 525–530.

Imbrie, John, & Imbrie, Katherine. (1979). *Ice ages: Solving the mystery*. Cambridge, MA: Harvard University Press.

Imbrie, John, et al. (1992). On the structure and origin of major glaciation cycles 1. Linear responses to Milankovitch forcing. *Paleoceanography*, *7*, 701–738.

Intergovernmental Panel on Climate Change (IPCC). (2007). *Climate change 2007: The physical science basis. Contribution of Working Group I to the Fourth Assessment Report of the Intergovernmental Panel on Climate Change*. Cambridge, UK: Cambridge University Press.

Kaser, G.; Cogley, J. G.; Dyurgerov, M. B.; Meier, M. F.; & Ohmura, A. (2006). Mass balance of glaciers and ice caps: Consensus estimates for 1961–2004. *Geophysical Research Letters*, *33*, L19501.

Lashof, Daniel, & Ahuja, Dilip. (1990). Relative contributions of greenhouse gas emissions to global warming. *Nature*, 344, 529–531.

Lean, Judith. (2010). Cycles and trends in solar irradiance and climate. *Wiley Interdisciplinary Reviews: Climate Change*, *1*, 111–122.

Parmesan, Camill, & Yohe, Gary. (2003). A globally coherent fingerprint of climate change impacts across natural systems. *Nature*, *421*, 37–42.

Petit, J. R., et al. (1999). Climate and atmospheric history of the past 420,000 years from the Vostok ice core, Antarctica. *Nature*, *399*, 429–436.

Pinto, J. R.; Turco, R. P.; & Toon, O. B. (1989). Self-limiting physical and chemical effects in volcanic eruption clouds. *Journal of Geophysical Research*, *94*, 11165–11174.

Prentice, I. C., et al. (2001). The carbon cycle and atmospheric carbon dioxide. In J. T. Houghton et al. (Eds.), *Climate change 2001: The scientific basis. Contributions of Working Group I to the Third Assessment Report of the Intergovernmental Panel on Climate Change* (pp. 185–237). Cambridge, UK: Cambridge University Press.

Ramanthan, Veerabhadran, et al. (1989). Cloud-radiative forcing and climate: Results from the Earth radiation budget experiment. *Science*, *243*, 57–63.

Stocker, Thomas, & Schmittner, Andreas. (1997). Influence of carbon dioxide emission rates on the stability of the thermohaline circulation. *Nature*, *388*, 862–865.

Vitousek, Peter; Ehrlich, Paul; Ehrlich, Anne; & Matson, Pamela. (1986). Human appropriation of the products of photosynthesis. *Bioscience*, *36*, 368–373.

Vitousek, Peter; Mooney, Harold; Lubchenco, Jane; & Melillo, Jerry. (1997). Human domination of Earth's ecosystems. *Science*, *277*, 494–499.

Wildung, Raymond; Garland, Thomas; & Buschbom, R. (1975). The interdependent effects of soil temperature and water content on soil respiration rate and plant root decomposition in arid grassland soils. *Soil Biology and Biochemistry*, *7*, 373–378.

地下水管理

地下水(即常常成为泉水和井水来源的地表以下的水)在世界的很多地区都被人类活动污染或过度使用,因此,地下水管理已成为含水层(地下水承载单元)保护至关重要的领域。由于污染以及缺乏法规和监管手段、受供应驱动的地下水开发计划,含水层具有各种脆弱性。

地下水对生命来说是必不可少的。对世界各地的城乡居民以及灌溉农业的土地来说,地下水在水和食物安全方面发挥着重要的作用。地下水还是水文循环的一部分,与地表水和水生生态系统有着密切的联系。尽管有关人口对地下水(即地表以下的水,它常常从石头中间的饱和土壤中渗出,成为泉水和井水的来源)的依赖程度还没有全面、可靠的统计数据,但是,很多例子都展示了它的重要性。例如,世界上估计有20多亿人(其中至少11亿人在亚洲,1.75亿人在拉丁美洲)直接依赖地下水源作为他们饮用水的供应源,其中包括世界上23个超大城市(即人口达到或超过一千万的城市)中的12个(Howard 2006)。

在很多地区(尤其是城市和灌溉农业地区),地下水资源被大面积深度攫取。然而,这种不合理利用通常是在没有规划或监控的情况下进行的,从而产生了过度利用的问题。另一个危及这个至关重要资源的严重问题,是那些使地下水良好自然质量退化的人类活动导致的污染。

地表水和地下水是一种资源

含水层(地下水承载单元)和河流是本质上不同类型的水资源,但它们之间可以相互补充。如果它们得到很好的管理并被当作一种资源来对待,它们的组合能力就能得到最大程度的发挥。例如,含水层作为储存的水资源通常更能发挥作用,因为含水层的充水速度(水返回含水层的速度)通常非常缓慢。因此,含水层产生的水一般比河流少得多(尤其是在可持续的基础上),而且每次下雨河流里的地表水都会得到补充。通过综合管理地下水和地表水，用户可以（例如）在干旱季节依靠含水层，而在雨季把地表水当作供水源和含水层的充水源。

如果得到很好的管理和保护，含水层由于不容易受到污染，比河流和地表水库更具优势（尽管一旦受到污染，含水层比地表水更难净化）。水通过土壤层和下面的岩石层到达地下水位，这样可以减轻某些（但不是所有）类型的污染（Foster & Hirata 1988）。深层地下水对地表污染活动的反应一般慢很多（常常是很多年）。然而，对某些浅层或存在裂缝的地下水源，这种反应可以快得多（有时只有几天）。

数量保护

当从含水层抽水引起下列状况时就出现地下水的过度开采：① 含水层枯竭（一般与长时间抽水速度高于充水速度有关或者当相距较近的水井引起不可持续的流体干扰）；② 地下水抽取成本增加到难以承受的程度，因为水井需要打得更深、水泵需要更换、需要的能量更多；③ 给敏感生态系统造成影响，如地下水（即基流）给河流、湖泊、湿地和相关植物区系和动物区系的供应减少；④ 含水层受到污染，包括咸水侵入海岸带含水层；⑤ 社会不公平，一般指通过大型水井攫取地下水，而减少小用户的可用水；⑥ 土地不稳定、地表下沉和岩土工程问题。

含水层的可持续利用要求对地下水的需求应与含水层的能力相匹配，要考虑它在环境中发挥的作用。此外，管理水源的明智方式是考虑各种水源（水矩阵）的特性，使每一种资源发挥最大作用，而使其社会、环境和经济代价降到最低。因此，就地下水的问题来说，任何管理计划都应先找出资源、其生产能力、对资源的依赖性和被其他水源取代的可能性。

评估当前和未来对水的需求并与含水层的能力相比较，这样就使管理者能够找出正在发生或有可能发生过度开采的地区。对可能发生过度开采的地区进行评估并将评估结果与公共政策进行综合，有助于优先确定那些需要采取纠正或预防措施的领域。

防止和纠正问题应以政府（即当地政府和国家政府）行为为基础。控制水井钻探、安装和抽水量的法规（基于发许可证和授权）应在优先关注地区实施。由于公民社会（世界银行定义的一个有些宽泛的术语，包括存在于公众生活的非政府组织和非营利组织）的有些成员是地下水的私人用户，所以，地下水利用的有效管理有必要让他们通过社会沟通、信息共享和咨询的形式参与其中。因此，水的用户可以指出问题和资源的不合理使用。这个问题在发展中国家尤其敏感，因为传统上，这些国家的公民社会和政府之间没有信任关系，对法律的遵守和政府的控制都非常有限。

可以把地下水过度开采（及其演变）的监控当作一种基本工具，来控制各有关方对采用相关法规的有效性进行评估，采用这些法规的目的是为了实现地下水的最佳管理。

质量保护

两种互补性工具常常用于保护地下水免受污染。这些工具不评估或考虑那些与来自含水层水化学特性异常的自然水质无关的问题，或者与过度开采没有直接关系的问题。

用于保护地下水资源的第一个工具基于对含水层脆弱性的地图描绘和对现有或未来

人为污染负荷的评估。这种地图描绘识别出那些威胁地下水质量的活动，同时评估一个地区含水层的脆弱性。含水层的脆弱性由各种因素的组合来确定，如覆盖含水层的物质的渗透性、地面到含水层顶部的距离(即覆盖含水层物质的厚度)等等。

因此，脆弱性地图将绘制脆弱性因素和污染物载荷的图表。这种组合使得管理专家和规划人员能够找出存在含水层污染更高风险的地区或活动。具体地说，带有高潜在污染载荷的高脆弱性地区就是退化风险更高的地区(Foster & Hirata 1988)。

另一个工具是确定“源保护区”，即SPA(在美国称为水源保护区)——在用作公共水源的水井或泉眼周围划定保护边界，不允许存在污染风险的活动进入，而且离供水源越近，限制就会越严格。在这种情况下，保护针对的不是整个含水层，而是与具体人口的供水有关的一部分含水层。

SPA划定的是有助于某个水井或具体水源进行充水的一块地面区域。因为很多这样的区域范围都比较广泛，所以，通常的做法是根据到水井或水源的距离或者持久或移动污染物到达地下水的经历时间，把划定的区域进行细分。因此，在水井或水源的逆梯度方向，SPA通常在距离上的细分介于10米到2公里之间，在时间上的细分介于50天到10年之间。

划定一个SPA有各种技术。有些技术只是简单地基于人为确定的一个固定半径(基于水文地质学家的经验)，而有些技术则基于复杂的水流和污染物运移数值模型。

这两种工具可用于找出那些含水层更容易或更不容易被任何人类活动退化的地区，可用作某个具体区域用地规划的工具。污染控制旨在避免在向水井提供水流的具体地区或特别脆弱的地区引入可能有害或有毒的开发项目。

在用地规划中，如果根据公共供水源的脆弱性或SPA，开发项目与分区规划之间存在冲突，应对该开发项目进行评估。如果该项目与地下水资源的保护存在冲突，可要求采取以下措施：① 把项目转到更合适的地区；② 降低对含水层产生污染物载荷的风险——采用污水处理系统、适当存放产品和处置废物；③ 准备好对含水层受污染的水进行处理；④ 取代这个水源。

制度安排

为了正确地管理地下水资源，必须创建一个“良性循环”(正如世界银行在其有关地下水管理的简报中所描述的那样，与供应驱动的地下水开发创建的“恶性循环”形成对比)，尤其是在发展中国家(Tuinhof et al. 2006)。因此，需要认识到的是，管理地下水涉及人(水和土地使用者)的管理，因为它涉及管理水(含水层资源)。换句话说，管理者必须认识到，社会经济因素(需求一方的管理)与水文地质学因素(供应一方的管理)同样重要，应将两者综合到地下水管理体系中(Tuinhof et al. 2006)。

因此，一个合适的含水层管理项目应考虑合适的保护措施和制度现状。当考虑制度时，有些因素应该考虑，比如监管框架的构建(其中用水权的定义应该清晰并与财产权分开)、利益相关者的参与和经济法规的利用。

需要有一个政府创建的正式机构，大部

分管理者和规划者认为，它应该监控那些颁发和监管环境许可证的机构并对这些机构提供技术和资金支持。创建新企业时，它还应该考虑到地下水资源，并评估那些保护措施是否已经到位。类似地，一个政府机构还应该监管水井钻探、新井的安装和抽水许可证的发放。如果两个或多个政府实体分担这些责任，它们之间以及与其他负责土地使用和经济规划的机构之间必须有明确、良好的沟通。

在很多情况下，监管机构确定的管理政策在水文地质和经济上来说都是合理的，但这并不意味着这样的政策会被接受和执行。因此，为了避免对引入合情合理的地下水管理政策的抵触情绪，利益相关者的参与至关重要。类似地，如果监管干预（如用水权或许可证）和经济手段（如抽象关税和可交易水权）不仅被写进水法，而且还在用户高度参与下得到实施，它们就会更加有效（Tuinhof et al. 2006）。

最后，公众不仅必须了解过度开采和污染对资源可持续性造成的不良影响，而且还必须了解，缺乏这样的管理政策就会给社区带来真实而又直接的经济损失，因为抽水和水处理会变得更加昂贵。

里卡多·平田（Ricardo HIRATA）
布鲁诺·皮里洛·柯尼塞利（Bruno Pirilo CONICELLI）
朱莉安娜·贝兹·维维安尼–利马（Juliana Baitz VIVIANI-LIMA）
圣保罗大学

参见：农业集约化；流域管理；海岸带管理；荒漠化；生态系统服务；水文学；灌溉；自然资本；雨水吸收植物园；恢复力；页岩气开采；土壤保持；水资源综合管理（IWRM）。

拓展阅读

Foster, Stephen S. D.; Adams, Brian; Morales, Marisol; & Tenjo, Sigifredo. (1993). *Groundwater protection strategies: A guide towards implementation. Technical Manual.* Lima, Peru: Pan American Center for Sanitary Engineering and Environmental Sciences (CEPIS).

Foster, Stephen S. D., & Hirata, Ricardo. (1988). *Groundwater pollution risk assessment: A methodology using available data. Technical Manual.* Lima, Peru: Pan American Center for Sanitary Engineering and Environmental Sciences (CEPIS).

Foster, Stephen S. D.; Hirata, Ricardo; Gomes, Daniel; D'Elia, Monica; Paris, Marta. (2002). *Groundwater quality protection: A guide for water utilities, municipal authorities, and environment agencies.* Washington, DC: The World Bank.

Howard, Ken W. F. (Ed.). (2006). *International Association of Hydrologists (IAH) selected papers series: Vol. 8. Urban groundwater: Meeting the challenge.* London: Taylor & Francis.

Tuinhof, C., et al. (2006). Groundwater management advisory team (GW-MATE) briefing note 1: *Groundwater resource management: An introduction to its scope and practice.* Washington, DC: The World Bank. Groundwater Management Advisory Team (GW-MATE).

H

生境破碎化

生境破碎化就是把连续分布的生存环境划分为更小、更孤立的碎片。生境破碎化可以通过减少生存环境可用面积、增加亚种群的孤立性和加剧周围土地使用的负面效应，来对生存环境依赖物种产生直接影响。生境破碎化还可以通过加剧其他威胁来间接影响生物多样性和人类福祉。预测和管理破碎化效应，对可持续性土地使用管理来说，是一个严峻的挑战。

生境破碎化就是生存环境丧失导致连续分布的生存环境区域被细分为多个较小碎片的过程，这些碎片之间被不同土地使用区域隔离。生境破碎化一般是把生存环境清理为人类用地的直接结果，因此，它与土地使用过程和土地覆盖发生变化密切相关。这些过程合在一起，被普遍认为是对生物多样性构成的主要全球性威胁，而生境破碎化研究尤其成为这个十年生态研究中最活跃的领域之一。此外，随着人类对资源利用的不断升级继续推动生存环境向生产用地转化，生境破碎化的速度和空间规模在可预见的将来还会继续加大。

生境破碎化对生物多样性和生态系统过程的直接效应相对来说已经研究得比较透彻。但破碎化也可能产生间接效应，其中其他威胁（如土地使用集约化、物种入侵、气候变化或过度收获）可以被剩余生存环境的大小或空间布局所加剧或缓解。间接后果基本上一直受到忽略，但它们可以使生境破碎化的总体效应多变而又难以预测。

了解破碎化效应出现的境况、预测直接和间接后果的影响程度，对在确保可持续性生产，同时最大限度地降低生物多样性损失和提高人类福祉的情况下进行生境破碎化的管理，将是至关重要的。

生境破碎化在全球的规模

从全球来说，所有主要的陆地生物群系都受到生境破碎化的影响。森林生态系统受到的影响尤其严重，在全球大约60亿公顷的森林中，40%以上已变成农业用地和毁掉，而且每年消失大约1 300万公顷(FAO 2010)。而且,和那些受到临近人类用地不良影响的森林面积相比,这些被完全清除的森林面积还只是个小数。在全世界的森林中,只有五分之一还处于整片状态(Bryant, Nielsen & Tangley 1997),其中大部分是横跨北方区的广大的针叶林地区。

20世纪中叶以来,毁林和破碎化主要发生在热带国家。例如,热带干旱森林已经变得高度破碎化,在非洲已经没有大面积的森林,而在南亚和澳大利亚,几乎80%被认定为高度破碎化。热带雨林最近也遭受大面积的毁林,尤其在整个南亚,森林覆盖已不足原来的30%,而且在已经高度破碎化的景观上,毁林仍在进行。森林在热带发展中国家高速消失和破碎化会对人类社会产生影响,因为人类的福祉与当地的自然资源紧密相关。分析表明,毁林可能会带来有限的短期经济利益,但在长远上,森林片段的消失将给基本生态系统服务的可持续性带来威胁(Rodrigues et al. 2009)。

破碎化效应的驱动机制

传统上,研究人员把破碎化的景观概念化为一组镶嵌在被人类改造的生存环境基底上的斑块。破碎化减小斑块的面积、增加斑块的隔离性、改变斑块形状并增加基底对生存环境边缘的生物和非生物过程的影响,所有这些都可以对破碎化景观上的生态系统产生强烈的影响。

斑块尺寸减小就会导致更小的种群,遇到偶发事件(如环境条件的波动)时,这些种群更容易走向灭绝。随着斑块尺寸的减小,任何稀有或不规则分布的资源也有可能消失,从而造成依赖这些资源的物种可能的灭绝。例如,斑块尺寸的减小可能会使大型、有洞树木的数量减少到无法支持洞栖鸟类或哺乳动物种群的程度。增加的隔离性减少了斑块之间的散布行为,使一个斑块里的个体无法拯救另一个斑块里不断减少的种群或者无法在一个空的斑块重新集群。这可能会被减小的斑块尺寸进一步加剧,因为更小的斑块也意味着集群的目标更小。地块尺寸减小和隔离性增加两者一起,就会改变灭绝速度和集群速度之间的平衡,这可以导致被占据斑块的比例下降或者最终导致物种从这个景观上消失。

生存环境细分为相互隔离的斑块产生了斑块与基底相接的边缘地带。这些地区会受到边缘效应(由于基底条件的影响,处于斑块边缘的环境条件和物种不同于斑块内部的环境条件和物种)的影响。例如,研究人员安德鲁·杨(Andrew Young)和尼尔·米切尔(Neil Mitchell 1994)研究了在靠近新西兰森林斑块的边缘时,小气候和植被如何受到影响的情况。他们发现,与边缘相距50米以内的森林的温度、光照强度和饱和水汽压差(空气中含水量的一种度量)与森林内部的不同。而且这个边缘地带,成年大树的密度更高,支撑着更多的物种,主导群落的物种也不同。边缘效应常常被当作单边现象来研究,从斑块边缘延伸到斑块内部,但实际上,边缘效应也延伸到基底:与生存环境斑块的邻近也会影响生存在基底上的群落的组成。在更加破碎化的景观上,斑块内部的边缘效应越来越普遍,因为随着斑块尺寸的减小,暴露给边缘的生存环境的比例增加了。

生存环境斑块的形状常常是不规则或卷

曲的。卷曲形状增加了斑块边界的长度,从而使更高比例的生存环境暴露在边缘效应之中,更多的生存环境受到多个边缘的影响,这增加了动物遇到边缘的频度。这就增加了出入斑块的可能性,引起斑块内种群规模更大的波动。数学模型已经表明,物种多度的这种波动会增加种群灭绝的概率。最后,卷曲形状的斑块可能具有不连续的"内部"区域,这些区域被受到边缘效应影响的生存环境分隔开,从而产生这些物种隔离的亚种群,它们无法适应边缘型的生存环境。

在有些情况下,生境破碎化的研究在不同生物群系和不同分类单位产生了不一致的结果。一种解释认为,大部分研究仅关注斑块层级的过程(度量单个斑块的性状,如面积、隔离性、形状复杂性或受边缘影响的生存环境的大小),而没有考虑到斑块层级的破碎化效应与斑块存在的景观状况密切相关。很多因素(如景观上剩余生存环境的总量、受人类影响的基底在生存环境质量上的变化、破碎化以来的时间长度和区域物种库的组成)都会影响斑块层级的各种过程。例如,斑块和基底之间的对比度会改变边缘效应的强度和斑块隔离性使集群速度降低的程度。

生境破碎化的间接效应

生境破碎化的影响也可以通过加剧或减缓其他过程的影响来间接地发挥作用;这被称为过程之间的相互作用。有关破碎化的这一方面的研究才刚刚起步,而且非常有限,但这种互作效应可能是普遍存在的。来自气候变化、入侵物种、污染、侵蚀、洪水和过度收获的威胁以及其他因素都可能会和生境破碎化发生相互作用。对破碎化效应进行管理不仅影响到生态系统,而且还会影响到人类社会,因为很多这些威胁都直接影响着人类的福祉。

在这种相互作用的一个例子中,卡洛斯·佩雷斯(Carlos Peres)发现,生计猎杀对巴西亚马孙地区林栖鸟类和哺乳动物的影响,在破碎化的生存环境中会进一步加剧,因为破碎化增加了猎手进入森林残迹的能力(即增加了打猎的绝对次数),同时也减少了周围森林的动物在栖息地碎片重新集群和补充被猎种群的能力(Peres 2001)。这种相互作用对被猎种群可持续性的净效应,大于根据这两种威胁单独作用进行估算的组合效应。很多在成片森林里生存的物种预计会在破碎化的区域消失,而对该区域的生物多样性和以狩猎为生的人类社会造成影响。

此外,对美国东北部的一系列研究表明,生境破碎化可能会通过增加莱姆病(Borrelia burgdorferi)的传播来间接影响人类的健康。由于多样性和哺乳动物群落组成的变化,严重破碎化景观上的小林地斑块,其包含受感染的扁虱媒体(Ixodes scapularis)的密度比大斑块显著增加。生活在小斑块的物种贫乏的哺乳动物群落往往会被白足鼠(Peromyscus leucopus)主导,这种鼠是莱姆病螺旋体很好的存储宿主。破碎化也可能通过在景观上产生更多的林地边缘来增加疾病的传播,这些边缘为扁虱存储宿主(包括白足鼠)提供了合适的栖息地,增加了人类进入可以传播疾病的林地的次数。在有些情况下,这些因素已被证明在更加破碎化的栖息地能够增加人类感染莱姆病的风险(Jackson, Hilborn & Thomas 2006),尽管这种情况还没有出现在所有的区域（Killilea et al. 2008）。这些研究结果认为，仔细规划土地用途、减少生境破碎化和恢复哺乳动物的多样性可以降低人类感染莱姆病的机会。

产生间接相互作用的可能性对预测和管理生境破碎化的影响特别有意义。这些相互作用可以产生协同效应（总效应的量值大于每一过程的独立效应）、正反馈和阈值效应。这意味着在某些情况下，破碎化会产生比预期大得多且更加难以预料的影响。例如，美国科学家威廉·劳伦斯（William Laurance）和布鲁斯·威廉姆森（G. Bruce Williamson）（2001）发现，巴西亚马孙地区的森林破碎化产生了比森林内部更干燥、更容易着火的边缘。后续的着火使森林进一步减少和破碎化，蒸腾作用（由植物进行的水蒸气释放）的降低减少了区域的降雨，使干旱加重、火灾增多，这反过来又进一步促进森林的消减和破碎化。火灾、区域性气候和破碎化过程之间的这些协同效应表明，森林的消减和破碎化可能存在一个门限值，超过这个门限值，亚马孙地区某些区域的雨林就无法持续。在这种情况下，生境破碎化就会产生非常重要的大规模效应，如果不明确考虑破碎化、火灾和区域性气候之间的相互作用，这种大规模效应就无法预测。

生境破碎化管理所面临的挑战

自20世纪70年代以来，对斑块层级生境破碎化的直接效应进行生态学的详细认知，一直是自然保护区设计和规划的基石。然而，未来生态保护管理策略在有效综合新的观点方面面临着重要的挑战；这些新的观点包括景观层级的因素（如基底的质量和景观上剩余生存环境的总量）如何影响生物对斑块层级破碎化的反应和破碎化与其他威胁之间相互作用的重要性。

少数几个主动制订管理干预策略的例子之一，是澳大利亚的小麦种植带——一片广大的开放性桉树林区，其中从景观上清除树木会通过增加土壤盐分来间接地威胁农业的可持续性。为了放牧和作物生产，这一地区的树木被大面积砍伐（有些区域高达93%）。从扎根很深的树木植被变成扎根很浅的草和作物，这使得地下水位急剧上升，从而导致溶解盐（这些区域的地下水中含有高浓度的自然溶解盐）在土壤表面的沉积持续增加。这个“旱地盐碱化”过程逐步危害着剩余树木的健康，从而导致树木植物的进一步消减和盐碱化过程的加速。树木植被、地下水位和盐碱化之间的正反馈表明，可能存在一个森林消减和破碎化的门限值，超过这个门限值，自然植被的动态特性就会被永久性地改变。

在澳大利亚生态学家休·麦金太尔（Sue McIntyre）和同事们的一系列重要研究中，他们制订了旨在解决小麦种植带中生境破碎化直接和间接效应的管理指南。缓解或防止旱地盐碱化实际所需的林木植被总量，其估算来自景观尺度的植被恢复项目，这些项目认为，要想改善土壤退化，排水集水区至少有30%必须被林木所覆盖。此外，管理指南认识到景观环境在调和生境破碎化效应中所发挥的作用——在以土地集约利用为主的地区，建议生存环境斑块的最小尺寸从5公顷增加到10公顷，集约生产用地的最大面积设定为景观总面积的30%。这些指导原则把生物多样性的概念与在旱地盐碱化日益增长的情况下保持未来农作物生产可持续性的概念融合起来，从而使景观上的生态保护目标与生产目标能够更好地结合。

最后，了解生存环境消失和破碎化效应什么时候可能发生以及它们什么时候可能会加剧对人类和生物群落产生的其他威胁，对管理其组合效应来说是至关重要的。只有通过减轻生境破碎化的直接和间接效应，我们才能在最大限度地维持粮食生产和人类福祉的基础上把生物多样性的损失降到最低。

詹姆斯·拉斐尔（James P. RUFFELL）
西澳大利亚大学
蒂姆·丢伯特（Timm F. DÖBERT）
西澳大利亚大学
拉斐尔·迪德哈姆（Raphael K. DIDHAM）
联邦科学与工业研究组织生态系统科学部

参见：农业集约化；生物多样性；生物多样性热点地区；生物走廊；边界群落交错带；扰动；边缘效应；围栏；消防管理；食物网；森林管理；光污染和生物系统；互利共生；种群动态；恢复性造林；残遗种保护区；稳态转换；重新野生化；道路生态学；自然演替；植树。

拓展阅读

Allan, Brian F.; Keesing, Felicia; & Ostfeld, Richard S. (2003). Effect of forest fragmentation on Lyme disease risk. *Conservation Biology*, *17* (1), 267–272.

Bryant, Dirk; Nielsen, Daniel; & Tangley, Laura. (1997). *The last frontier forests: Ecosystems and economies on the edge; What is the status of the world's remaining large, natural forest ecosystems?* Washington, DC: World Resources Institute, Forest Frontiers Initiative.

Didham, Raphael K. (2010). Ecological consequences of habitat fragmentation. In *Encyclopedia of Life Sciences* (pp. 1–11). Chichester, UK: Wiley & Sons.

Didham, Raphael K.; Tylianakis, Jason M.; Gemmell, Neil J.; Rand, Tatyana A.; & Ewers, Robert M. (2007). Interactive effects of habitat modification and species invasion on native species decline. *Trends in Ecology & Evolution*, *22*(9), 489–496.

Ewers, Robert M., & Didham, Raphael K. (2006). Confounding factors in the detection of species responses to habitat fragmentation. *Biological Reviews*, *81*(1), 117–142.

Foley, Jonathan A., et al. (2005). Global consequences of land use. *Science*, *309* (5734), 570–574.

Food and Agriculture Organization of the United Nations (FAO). (2010). *Global forest resources assessment 2010: Key findings*. Rome: Forestry Department, Food and Agriculture Organization of the United Nations.

Jackson, Laura E.; Hilborn, Elizabeth D.; & Thomas, James C. (2006). Towards landscape design guidelines for reducing Lyme disease risk. *International Journal of Epidemiology*, *35* (2), 315–322.

Killilea, Mary E.; Swei, Andrea; Lane, Robert S.; Briggs, Cheryl J.; & Ostfeld, Richard S. (2008). Spatial dynamics of Lyme disease: A review. *EcoHealth*, *5* (2), 167–195.

Laurance, William F., & Williamson, G. Bruce. (2001). Positive feedbacks among forest fragmentation, drought, and climate change in the Amazon. *Conservation Biology*, *15* (6), 1529–1535.

McIntyre, Sue; McIvor, John G.; & Heard, K. M. (2002). *Managing and conserving grassy woodlands*. Melbourne, Australia: CSIRO Publishing.

Peres, Carlos A. (2001). Synergistic effects of subsistence hunting and habitat fragmentation on Amazonian forest vertebrates. *Conservation Biology*, *15* (6), 1490–1505.

Rodrigues, Ana S. L., et al. (2009). Boom-and-bust development patterns across the Amazon deforestation frontier. *Science*, *324* (5933), 1435–1437.

Skole, David, & Tucker, Compton. (1993). Tropical deforestation and habitat fragmentation in the Amazon: Satellite data from 1978 to 1988. *Science*, *260* (5116), 1905–1910.

Young, Andrew, & Mitchell, Neil. (1994). Microclimate and vegetation edge effects in a fragmented podocarp-broadleaf forest in New Zealand. *Biological Conservation*, *67* (1), 63–72.

家居生态学

“环境保护论”和“可持续性”这两个词会让人想到像气候变化、能源安全、水土流失和空气污染这样的全球性问题。这些大的问题似乎寻求大的解决方案；个人感觉无能为力，好像只有政府部门、大企业和大型非营利组织才有能力带来变化。但个人在家里和工作中也能影响政策和做法的变化，那里是人们花费时间最多的生态系统。

人类的居所很少被当作生态系统来研究，甚至就没有被当作一个生态系统。然而，它们是细菌、昆虫、病毒、植物区系和动物区系相互作用的地方和材料与产品对人类健康直接产生影响的地方。我们在家根据位置、材料、产品和活动（甚至养不养宠物）做出的决定也会影响到周围和区域这个更大的生态系统。一个新的住房开发项目以及伴随的新的道路建设，会对野生动物产生显著的影响。我们在野外和花园里种植植物时，常常（即使是不经意地）引入入侵物种。最自责的事情可能就是观察人类的行为，因为我们改造地球以满足我们自己的需要（而且常常是在靠近我们称为家的地方）并给我们自己贴上滋扰物种的标签——威胁到比我们还早的植物、动物和昆虫物种的多样性和多度。

很多人有1/4以上的时间在室内工作，与花在家里的时间差不多。因此，办公室空间也需要引起注意。现代居室和办公室的生态学非常类似，而与像农场和工厂那样的传统的工作地点（其生态系统问题取决于农业或工业的种类）有相当大的差异。

家居生态学要讨论的问题超越了人类的健康，而是要评估我们的行为对地球状况和健康所造成的影响。制造和运输系统的存在是为了提供我们在家里和工作中使用的东西，而主要消费品采购点常常就“住在”我们身边。国内的选择（即使是很小的选择）必须根据全球总人口进行放大，发达国家的人们对生活方式的选择也会影响到发展中国家人们的基本生活。例如，在美国，一些常见的喜好（像餐馆里超大的份餐、在购房和购车方面存在的“越大越好”的观念以及对需要昂贵或生态不友好设备的休闲活动的着迷）所确定的“理想”生活方式，即使在我们这个全球化的世界上，也超出了很多偏远地区人们的想象。对像中国这样的国家来说，由于其经济实力的提升、人口的众多和与西方的持续接触，这种“理想”生活方式不可能持续。正如中国很有影响力的环保主义者梁从诫（1932—2010）所宣称的那样，“如果中国人也要像美国人那样生活，我们需要有四个地球资源的支持才能做到”（Kynge 2004）。

历史和争论

很多人把1970年4月22日在美国举办的第一个“地球日”当作现代环保运动的起源。在20世纪60年代后期，大部分美国人好像对环境问题并不关心：汽车由狂饮含铅汽油的V8发动机驱动，工业烟囱喷着煤灰也不怕有什么法律后果。然而，继雷切尔·卡森（Rachel Carson）1962年的畅销书——《寂静的春天》之后，公众的环境意识才开始慢慢提高。“地球日”创始人盖洛德·尼尔森（Gaylord Nelson）（当时是来自威斯康星州的美国参议员）当时认为，把学生们反战示威的能量导向一个“全国性的环境宣讲会”就可以把环境保护纳入国家的政治议程（Earth Day Network n.d.）。

尼尔森后来承认那是一次赌注，但他和“地球日”的联合主席皮特·麦克洛斯基（Pete McCloskey，当时是一位保守的共和党国会议员）招募丹尼斯·海耶斯（Denis Hayes）来组织一个团队，在全国推进“地球日”。全美国约有2千万人参加了这项活动，他们走向街头、公园、大学校园和公共论坛，反对从直接排放污水到使用杀虫剂的各种行为。那一天汇集了政府、团体和个人的力量，并在随后促成了美国环境保护署的成立以及《清洁空气法案》、《清洁水法案》和《濒危物种法案》的通过。“地球日”于1990年走向世界，141个国家的2亿人参加了活动；该事件引发了全球范围的回收计划和1992年联合国地球峰会在里约热内卢的召开。

1990年的“地球日”极大地提高了个人对环境退化的认识。那些曾经认为环保作家都是“怪人”的人们，很快就开始寻找更多有关绿色环保的书籍和文章。舒马赫（E. F. Schumacher）是《小即是美》的作者，他很高兴被称为“怪人”，指出“曲柄”（怪人的双关语）是引起转动（革命的双关语）很有效的小工具。现在，几乎25年以后，分享家居生态学问题的各种博客和在线信息多得惊人（甚至有一个博客介绍如何制作布尿布）。然而，并不是所有的环保主义者都认同舒马赫相信个人力量的观点。有些则明确反对这种观点。

1. 个人行动

随着1990年“地球日”的临近，我们每个人做简单的事情有助于拯救地球的思想越来越受到人们的重视。然而，一些环保主义者对此至今依然怀有疑虑，认为一个人在可持续性生活的一种途径上取得“进步”会促使其在其他途径上产生自满情绪，而且生态友好需要真正在全球的背景下进行评估。

由奥斯陆国际气候变化与环境研究中心（CICERO）于2011年进行的一项调研表明，绿色家庭和环保团体的其他成员并不比他们的非绿色同行更环保。例如，那些循环利用物品、骑车上班或购买绿色产品以减少其碳足迹的人们，他们在其他方面都存在共同点：他们在节假日和假期出行更多，抵消了他们在家所做的减少对地球影响的努力。奥斯陆国际气候变化与环境研究中心的高级研究员克里斯汀·林纳路德（Kristin Linnerud）对此做了精辟的理论分析："当我们牺牲某样东西的时候，我们会认为我们应该得到一种奖励。"（CICERO 2011）

2. 绿色消费：个人的还是政治的

绿色消费（认为个人消费者可以简单地通过要求和购买环保产品就可以改变工业的一种观念）把有关个人行动的争论推到了政治领域。那些怀疑个人努力有效性的研究人员中，有的以绿色消费为基础，把环境问题（和缺少解决方案）的责任推向个人，为企业排污者和政府政策开脱。约翰·埃尔金顿（John Elkington）是畅销书《绿色消费者》的作者，当他把绿色消费称赞为行使个人主控权的一种方法的时候，引起了人们对上述这种讽刺意味的注意。他宣称，"人们的日常消费是他们所掌握的推动变革最强有力的工具"。

这一系列思想存在两个问题。一方面，把个人行为和政治行为对立起来，就很容易忽略自1970年以来在各个"地球日"聚集起来的协同能量（以及由此在国内或国际范围内产生的公共政策和政府法规方面的变革）。个人在家完成的环保型变革可以当作在基层影响公众态度的催化剂。告诉朋友和邻居你已经换成生物降解香皂，就会促使他们做同样的事情。经常参与城市社区或乡镇的居住小区知识和技术共享活动的园丁，他们在不断地管理他们当地的生态系统，生产不用农药的食物或者为像蜂鸟和蝴蝶这样的动物（能在更大范围给植物授粉的物种）提供栖息地。通过日常行动（如使用布料购物袋、换用节能灯泡、安装由时间控温的空调控制器），人们就可以对各自的环境施加影响。这样，个人行动就可以引发公众支持的风潮以及要求开发绿色技术、绿色工业实践和制订政府政策和法规的风潮，以便设立危险产品和过程的安全标准。

另一方面，绿色消费并没有解决我们消费商品的数量问题，或者把消费当作塑造文化或文明的基础。埃尔金顿的那本畅销书于1988年秋天进入英国的各个书店，为了进入美国市场，它被合著者进行了改写并于1990年在美国出版，从此以后，一直以"续编"的形式修订，面向像小孩和超市顾客这样的特殊读者。然而，最初的版本似乎出乎英国环保团体的意料，当时他们很多人（尽管英国绿党没有）都组织"绿色消费周"来推销这本书。当把消费当作个人主控权的思想出来以后,更深层的讽刺意味也就出现了。设想这样的情景:我们都在收银台后面排队,用我们认为符合环保的采购品投票。但隐喻人们只是把不同品牌的洗涤剂放入他们的购物车就显得不够尊重。尽管抵制不放弃使用泡沫塑料杯的咖啡店确实是一种积极的行为,但绿色消费的观念似乎是为了使文化中的某种消费心态发挥特权作用。

3. 堡垒思维

目前有一种令人担忧的思想倾向:有些人(被现代生活的危害所困扰)热衷于创建一个封闭的室内环境,而任由外面的世界变成废墟。这样的思维让人想起冷战高潮时期的活命主义心态:"我对炸弹无能为力,但我可以在我的地下室建一个避难所。"消费主义的成功说不定与核威胁有关,而且一般来说与针对未来的不确定性和悲观情绪有关。下面的引语来自以赛亚书22:13和哥林多前书15:23,它让人想起人类在地球和宇宙中的短暂存在:"让我们吃饱喝足吧,因为我们明天就死了。"

家居生态学的实践

我们消费什么、保存什么和扔掉什么——也就是说,我们与地球相处的"取舍"方面——最常发生在我们的个人住所中。以下几节将探索使我们的个人空间(以及我们做出的管理选择)更加环保的途径。我们需要食物、适当的能源、水和清洁的空气来维持我们的生命;我们必须注意如何才能减少和处理废物——它们并不总是必不可少的"需要"所带来的副产品。

1. 食物

有些人把"吃有机的"当作个人健康问题,而不是一种对整个生态系统健康来说有必要进行的生活方式的改变。但随着公众环境可持续性意识的增强,美国越来越多的食品连锁店通过增加有机食品的供应来做出响应——从水果和蔬菜到草饲牛肉和无激素家禽再到罐头豆、汤和手工奶酪。在中国,对普遍存在的食品污染(尤其是婴儿奶粉)和农产品污染的担心使人们对哪里可以买到的有机食品的关注明显增加。但很多其他问题使争论变得复杂化。例如,对很多人来说,"有机"和"本地"食品的昂贵定价加剧了其本来就"贵"得买不起的局面,于是就有了有机农业是否可能养活世界不断增长的人口的问题。

大型食品店里的农产品大部分来自那些从事工业化农业的农业企业。这种大批量生产的食物,其低廉的价格常常以给环境带来滞后的影响为代价:农业生产依赖农业补贴、含水层的过度抽取和水土流失以及化学品、农药和化肥的大量投入。长途运输给全球变暖带来双重影响:运输本身和所需的制冷。消费者很少能找到不涂像蜡一样的保“鲜”物质的苹果、辣椒或黄瓜了。品种很有限,而且存储几个月之后营养可能也降低了。

对那些不会或者不愿意管理花园的个人来说,本地种植者(包括让邻居代种)能提供各种本地的产品。根据每种农产品的季节进行种植,而不是购买强种的反季节产品或从很远的地方运来的产品,可以减少对环境的影响。也有各种不涉及化学过程的保存食物的方法。家装罐头、腌制和冷冻都是利用无法在一个季节吃完的多余收成的好方法。制成泡菜、酸菜、果酱和果冻只是长期自然保存水果和蔬菜的几种方式。

2. 能源

在能源消耗方面,到2011年,家居用户消耗占全球能源消耗的14%,商业应用占6%,运输业占27%,工业占52%(EIA 2011)。2010年,美国每个家庭每月平均耗能927千瓦时(EIA 2010),在全球所占的比例最高(这并不令人吃惊),几乎是另一个高度工业化国家——日本的两倍。很难计算像印度这样的国家真实的平均值,因为其阶级层次很宽泛。尽管中国80%的家庭每月耗能不超过140千瓦时(《中国日报》2010),但其众多人口的积累效应使中国成为世界第二大耗能国。由于中国和其他地方的人口增长,对能源的需求预计还会增加。由于存在大气中二氧化碳含量的增加所导致的全球变暖问题,我们必须平衡获取石油和其他矿物燃料(如用管道输送石油或者用水力压裂抽取页岩油或油砂)所产生的生态影响与这些资源的有限供应。生态系统管理者(包括工业、政府、机构和监管委员会)需要寻找可再生的清洁能源来满足这种预期的需求。

从清洁、可再生的能源获取能量只是这场战争的一部分。世界上各国政府的能源和环境部门一直都在实施计划和执行法规,以便把能效更高的电器投向市场、提供更多的绿色能源、向消费者提供有关节能的窍门。但政府部门只能做这么多。为了改变现状,个人必须采取行动,如把老旧的电器(尤其是冰箱)换成能效更高的型号、通过购买更省油的汽车来降低能源费用。即使个人生活习惯上最小的变化(如手机充好电以后把插头拔下)也能减少能量的消耗。为墙壁和屋顶采取隔热措施、更换密封性更好的窗户或者只是贴上一层玻璃纸,都可以改善现状。在日本和印度的很多家庭,按需热水器用于节省能量,它不同于那种整天都使水保温的热水器。在住室以外,像步行、骑车和搭乘公共交通这样取代驾车的手段都能减少消耗矿物燃料和产生的二氧化碳。

在我们购买的每样东西中,其价格中都包含一定比例的生产和运输该产品所需能量的价格。把这部分费用计算在内(包括对能源生产的影响)是我们期待的一种转变。

3. 水

当工业企业把化学品和有毒废物倒入水源(如河流、湖泊和海洋)、来自工业化农业的化肥和杀虫剂作为径流进入河流或渗入地下水的时候,污染就会发生。当评估这些问题的规模和复杂性时,单个家庭的影响似乎无足轻重。但个人用水习惯的改变和节水技术的进步可以大大改善节约用水,在生态系统管理中,这与减少各种污染同等重要。

大部分家庭的水来自一个单管路系统,这个经过处理的单管路(通常是这种情况)供水可用于饮用、洗澡、洗东西和其他用途。这意味着水龙头出来的水直接饮用的话可能会有问题,而用于冲厕所的水则比需要的更加干净。因此,对水的处理基本上被浪费掉了。尽管双供水系统(一套用于工业供水,另一套输送地下泉水用于饮用和卫生用水)似乎像一个理想的解决方案,但对一个不需要更换管路的家庭来说,这可能不是一个最实用或效费比最高的解决方案。到2011年为止,这种双管供水系统还没有广泛应用。有些人购买瓶装水或者过滤自家的自来水,但这些做法也不是万能的解决方案。塑料瓶装水经过了处理、包装和运输,而且塑料可以把致癌聚合物渗入水中(阿特拉斯电影公司2009年的一部纪录片——《瓶装水》对瓶装水工业进行了令人吃惊的描述)。家庭过滤系统也变得越来越高级,但定期维护对其有效性和安全性是至关重要的,因为滤芯需要每个月更换一次,以捕获杂质、防止细菌生长。

水的多次利用能大大改善节水效能。根据环境保护署(the Environmental Protection Agency, EPA)提供的资料,在美国,平均每人每天用掉100加仑水。利用省水配件和装置(如慢流喷淋头和马桶)以及个人生活习惯的小改变,这个用水量可以减少30%(EPA 2011)。例如,做饭和洗碗水(用生物降解洗涤皂)可用于浇灌花园。较新的洗衣机有一种泡沫存储模式,把一次洗涤的水存储在一个保持桶内,可选择用于下一次洗涤,直到水脏得不能用为止。对个人来说,用淋浴而不用盆浴可以减少用水。在有些国家(如日本),澡盆水一般被家庭成员多次使用:用一个小桶在澡盆外面洗,以便为其他人保留干净的澡盆水。如果一个慢流马桶超出了家庭的预算,可以把一个装满石块或弹子的小盒子放进水槽用来排水,从而减少每次冲水的用水量。

通过更有效地用水和选用生物降解的洗涤皂和洗涤液,单个家庭可以大大减少他们对当地水源的影响。如果进入下水道的污染物减少,进入当地供水系统的氮和磷也就相应减少。随着氮和磷的减少,水体富营养化(以氮和磷为营养的藻类的疯长,因而使水体中的氧减少)效应就会减缓并有可能发生逆转。

4. 空气

人们在室内花的时间比以前任何时候都多,但家里和办公室里的空气所受到的污染常常是室外的2到5倍。建筑材料、消费品和个人活动都产生肉眼看不见的所谓挥发性有机化合物(VOC)。挥发性有机化合物存在于刨花板、软塑料、塑料泡沫、勾缝剂、油漆和清漆、办公设备、清洁用品、个人清洁剂甚至一些食品中。几天或几周后,来自这些产品的排放物就会迅速下降,但有些(如来自新地毯和刨花板的)持续的时间较长。过多暴露在这些排放物中会产生头晕、头痛和恶心、呼吸道问题(如哮喘)和免疫系统弱化。

表面上用于使家中空气更清洁的喷雾剂加重了家中空气的污染,很多产品带来的伤害大于带来的好处。声称去除异味的空气清新剂只是用一种更浓烈的(应该说是清香的)味道掩盖了一种味道而已,或者只是钝化了你的嗅觉神经。喷雾剂颗粒弥漫在空气中,很容易吸入体内,从而让身体吸收危险的化学品。在密封性很好的房间里,这是非常危险的,因为没有气流可以带走喷雾。尽管在冬天通过密封窗户来降低暖气费是个好主意,但这样的密封性也使家庭的生态系统变成了一个闭环系统,从而把污染物也关闭在房间内。

办公室里的情况甚至更糟。这种被称为"办公室生病综合征"的现象可以归因于办公场所里的很多因素。一个办公大楼可以是一个封闭的系统,没有自然通风。不打开的窗户无法提供新鲜空气。空调系统使细菌和病毒聚集,就像中央供暖系统产生有毒气体一样,这些细菌和病毒随后都被释放到空气中并在整个办公室散布。甚至那些用于清洁办公室的化学品也悬浮在空气中,被人吸入和吸收。简单的改变——像改善空气流动、尽可能地改用伤害较小的化学品以及放置植物——就会显著改善空气质量,减少头痛、疲劳和压抑情况的发生。

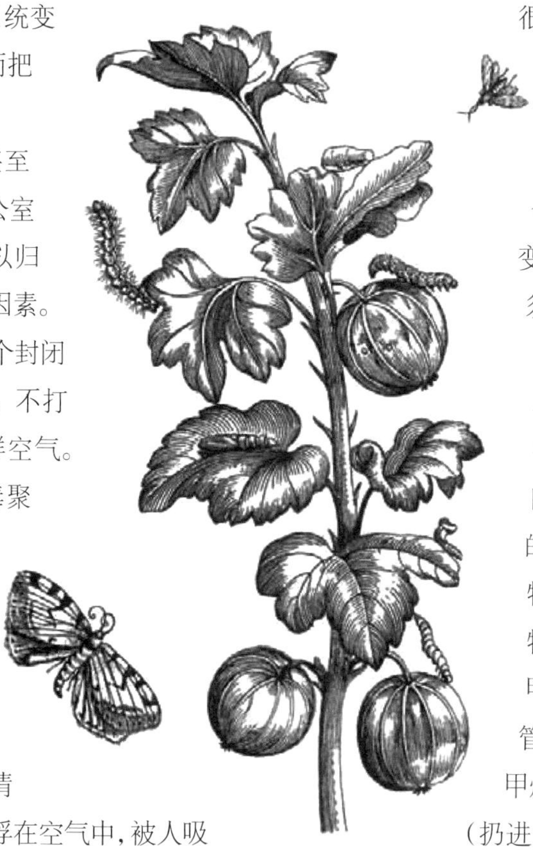

5. 废物

就像我们仔细考虑什么会进入被我们称为家的生态系统一样,我们也必须考虑什么会离开而且会到达什么地方。在大多数城市和郊区,垃圾收集人员把垃圾车开到路边,启动巨大的金属"爪"把垃圾桶或垃圾箱抓住、翻倒并把垃圾倒进存储箱。垃圾车把垃圾送到掩埋场;就我们很多人而言,那就是垃圾的目的地。

但在世界的整个发达地区,垃圾掩埋场很快就会到达容量的极限。很多掩埋场已经关闭,而最近的分区规划法律或法规会使开发新的掩埋场变得更加困难。垃圾必须被运到更远的地方去掩埋,这就增加了成本并加剧空气的污染。掩埋场还会带来其他问题。细菌在掩埋场的无氧空气中分解食物、布料和其他家庭废物,产生危险的垃圾场甲烷散发到空气中(尽管有甲烷收集技术把甲烷变成燃料)。渗滤液(扔进掩埋场的家庭或工业化学品与分解垃圾产生的化学品混合时产生的毒"汤")会渗入地下水源。

焚烧(一种潜在的供热、供能来源)具有特殊的危害性。有些物质焚烧时产生危险的气体。在一个小国家(如日本),他们没有掩埋场用地,也没用其他可行的手段,所以,垃圾必须仔细分类放入不同的垃圾箱,这常常是由个人完成的,他们把垃圾送到分类中心,并把那些能够安全焚烧的垃圾与那些必须仔细处理或再生的垃圾隔离开。

当涉及垃圾掩埋场或焚烧站时,往往采用邻避原则(不在我的后院)。但每个地方都是某个人的后院。过去发生了一些不道德的抛放垃圾事件:美国把垃圾掩埋到康沃尔的锡矿井里,西德把工业垃圾抛到塞浦路斯北部,发达国家把垃圾运到贫穷的非洲各国。大部分人都不会容忍把垃圾扔到邻居的草坪或超过木桩财产边界,因此,我们应该遵守这样的原则:我们国家的垃圾是我们的问题,其他国家的垃圾是他们的问题。进行负责任的垃圾管理是每个国家基本的内部管理义务。

从食品包装纸和玻璃纸到包装最简单器件的硬塑料,产品包装贡献了大量的废物——作为我们扔掉的东西,也作为生产这些包装材料的资源的浪费。例如,橙子和香蕉都有自己的自然包装,为什么还需要再包进塑料袋里并再次和其他食品包在一起?除了要求商店和公司改变包装做法以外,有几种方式可以用于在家庭层次上消除过度和不需要的包装。选购那些带有可回收、重复使用和生物降解包装纸的产品将会对每周扔掉的垃圾产生巨大的影响。另一种减少商场垃圾的方式是整件采购,并且可能的情况下购买可重新灌装的容器。拿着布料手提袋去商店就会减少拿回家的塑料袋数量。2011年,有些美国食品连锁店负责把顾客拿回的塑料袋进行回收(King Soopers 2011)。在中国,购物者每天用掉30亿个塑料袋,每年扔掉300万吨,大部分被扔到不正规的垃圾点、掩埋场和公路沿线的野地里,在那里,极薄的塑料袋被称为“白色污染”。2011年6月1日,中央政府在全国范围内实施了一项禁令:禁止商店、超市和销售网点向顾客提供免费塑料袋;政府还禁止销售厚度小于0.025毫米的塑料袋(Liu 2011)。

那么,我们怎么处理所有那些生物降解包装材料和香蕉皮?在亚马孙网站上简单搜索一下就会出来一千多条有关堆肥的各种书籍,包括如何制作堆肥箱和公寓住户如何堆肥。用残羹剩饭堆肥可以为花园或花坛产生营养丰富的土壤,而不是垃圾掩埋场中一堆用塑料袋包裹着的腐烂物。

随着计算机的迅猛增长,电子废物也急剧增加。根据地球未来基金会(Earth911 2011)提供的资料:“电子垃圾占目前掩埋场发现的有毒废料总量的70%。”老电视机的阴极射线管中含有铅。计算机和其他带有锂或镍镉电池的电子设备必须小心处理。很多不同的电子器件还含有铝和汞(Earth911 2011)。如果简单地把这些有害的东西扔进掩埋场,就会形成有毒的渗滤液。有些电子商店会处理和回收电子产品,而且更多的社区有了有毒和电子垃圾丢弃点。

群落生态学

作为一门科学,生态学最基本的定义是生物与其环境之间的关系;从这个意义上说,生态学是研究群落及其与世界的相互作用的科学。群落作为家居生态学的一个方面,值得进一步研究。例如,早在10万年前,智人定居点就推动了像点火和工具制造这样的技术的共享;随着狩猎-采摘者放弃他们游走的生活方式,农业中的灌溉方法就出现了。快进到21世纪,很多信息共享通过在线论坛和网络完成。正如社会学家在研究与健康有关的其他形式的社会行为时所发现的那样，我们对生活方式的选择在很大程度上受到我们周围的人的影响。那些对环境和人类健康更加有益的家庭和个人选择，当我们的邻居、朋友和亲人也愿意做出类似的选择（以及存在不做有害事情的社会压力）时，就更有可能持续。

然而，和早期社区的住户相比，我们的家庭给地球产生了更大的压力，因为封闭（或者叫隐私）现在成了城市社会的行为标准。在20世纪的后半叶，至少有些人（发达国家城市里的人），第一次在人类的历史上可以不用与邻居友好相处也能真正在社会上生活。超市（很多都送货）、大盒子店、银行以及整套现代社会机构的出现使人可以从完全陌生的人那里挣钱和获得基本的服务。而且我们占用更多的空间，拥有更多物质产品，因为我们不大愿意与生活在一起的人分享“东西”。

对家庭和办公场所进行更具可持续性的管理包括合理购买商品和服务、合理安排房间结构以及思考我们的生活方式和如何与人相处。家居生态学应放入城镇和区域规划中，目标是在不损害更大环境的前提下为人类创建一个健康的生存环境，而不是针对受到严重污染的室外环境构建一个堡垒。

虽然有人对个人能力也能为环境保护和可持续发展有关的更大的问题产生正面影响的思想并不支持，但是，重要的是要认识到带有良好意愿的个人行为可以带来的响应性变化。父母可以把生活方式传给子女，子女又会为了将来的目标和需求而适应这些生活习惯并把它们传给下一代（该系统的运作也可以反过来，从而构成循环）。个人也可以影响社区，从而主动或被动地推动自下而上的政治变革。但需要特别注意的是，生活的每一个方面——从互联网的使用到度假旅游——都会产生环境的印迹，虽然这种使用可能无法避免，但满足现状是变革的最大威胁。

凯伦·克里斯坦森（Karen CHRISTENSEN）
宝库山出版社

参见：农业生态学；人类生态学；景观设计；光污染和生物系统；持久农业；城市农业；城市林业；城市植被；废物管理；水资源综合管理（IWRM）。

拓展阅读

China Daily. (2010, October 9). China considers to charge residential electricity on tiered basis. Retrieved December 2, 2011, from http://www.chinadaily.com.cn/business/2010-10/09/content_11390108.htm

Christensen, Karen. (1990). *Home ecology*. Golden, CO: Fulcrum Publishing.

Christensen, Karen. (1991). With the Earth in mind: The personal to the political. In Sara Parkin (Ed.), *Green light on Europe* (pp. 323–332). London: Heretic Books.

Christensen, Karen. (1995). *The green home*. London: Judy Piatkus (Publishing) Ltd.

Christensen, Karen. (2000). *Eco living*. London: Judy Piatkus (Publishing) Ltd.

Center for International Climate and Environmental Research-Oslo (CICERO). (2011). Green families not so eco-friendly after all. Retrieved December 5, 2011, from http://www.cicero.uio.no/webnews/index_e.aspx?id =11523

Earth Day Network. (n.d.). Earth Day: The history of a movement. Retrieved December 21, 2011, from http://www.earthday.org/earth-day-history-movement

Earth911. (2011). E-waste: Harmful materials. Retrieved December 1, 2011, from http://earth911.com/recycling/electronics/e-wasteharmful-materials/

King Soopers. (2011). Green tips. Retrieved December 1, 2011, from http://www.kingsoopers.com/healthy_living/green_living/Pages/green_tips.aspx

Kynge, James. (2004). China's growing pains call for birth of green revolution. Retrieved December 21, 2011, from http://www.zpenergy.com/modules.php?name=News & file=print & sid=749

Liu, Yingling. (2011). China watch: Plastic bag ban trumps market and consumer efforts. Retrieved December 21, 2011, from http://www.worldwatch.org/node/5808

Renewable Energy Policy Network for the 21st Century (REN21). (2011). Renewables 2011: Global status report. Retrieved December 1, 2011, from http://www.ren21.net/Portals/97/documents/GSR/GSR2011_Master18.pdf

Seymour, John, & Girardet, Herbert. (1987). *Blueprint for a green planet*. New York: Simon and Schuster.

US Energy Information Administration (EIA). (2010). Table 5. Residential Average Monthly Bill by Census Division, and State. Retrieved December 1, 2011, from http://www.eia.gov/cneaf/electricity/esr/table5.html

US Energy Information Administration (EIA). (2011). Frequently asked questions: How much energy is consumed in the world by each sector? Retrieved December 1, 2011, from http://www.eia.gov/tools/faqs/faq.cfm?id=447&t=3

US Environmental Protection Agency (EPA). (2007, August 2). Report to Congress on server and data center efficiency public law 109–431. Retrieved December 1, 2011, from http://www.energystar.gov/ia /partners/prod_development /downloads/EPA_Datacenter_Report_Congress_Final1.pdf

US Environmental Protection Agency (EPA). (2011). Water Sense statistics & facts. Retrieved November 30, 2011, from http://www.epa.gov/watersense/about_us/facts.html

US Environmental Protection Agency (EPA). (2011, September). Data Center Consolidation Plan. Retrieved December 1, 2011, from http://www.epa.gov/oei/epa_fdcci_consolidation_plan.pdf

人类生态学

人类生态学是了解人类-环境系统的一种跨学科研究手段。该领域试图把对人类存在的生物物理现实（如对自然资源的依赖）的了解与人类健康和福祉的社会和心理因素结合起来。

人类生态学注重的是把人类和其环境作为整体中的两个部分来进行了解。虽然该领域早于目前有关可持续性的争论，但它关注的同样是地球有限的资源如何满足人类对它提出的要求。人类生态学还研究关于人类和其他生物如何公平分享环境资源的道德问题以及关于确定现实情况和各种解决方案中的是非问题。在人类-环境系统发生的变化给人类带来问题的情况下，人类生态学会关注这种变化背后的最终驱动因素及其后果。通过寻求引起变化的最终（而不是表面）原因，人类生态学一般会从主流文化、相关的价值观和由此产生的人类行为确定很多问题的根源。于是，我们面临的挑战便是确定能够带来环境改善、对受影响的人来说也算公平和可以接受的干预措施。人类生态学家一般通过寻求以人道和可持续的方式改善人类健康和福祉的干预措施，致力于扮演变革推动者的角色。

人类生态学和可持续发展

人类生态学可以为认知和改善可持续发展问题做出有价值的贡献，因为它提供了依赖多方面分析的手段。可持续发展问题一般涉及某种程度的科学不确定性，因为有时候我们无法准确确定必须加以管理的关键环境变量的状态。例如，我们很难评估不同管理体系下存储在农业用地里的碳，然而，这在推动可持续性农业实践中可能是一个关键因素。此外，可持续发展常常没有明确的边界，而是跨越体制和司法管辖的界限，包括不同部门的管理责任或州与国家的边界；比如，一个州的大烟囱所产生的大气污染会引起相邻州的森林的酸化。在很多情况下，一个问题的最终原因与其效应之间在时间或空间上相距非常远。例如，一个消费者在当地超市对一种咖啡的选择，会影响(不论好坏)到一个遥远国家咖啡种植用地的环境健康。很多问题都是人类活动未曾预计和并非有意的结果,而这些活动在当时看来却是很有意义的。为增加粮食生产而灌溉一块土地是有道理的,为缓解交通拥堵而修建高速公路也一样。然而,灌溉所产生的一个并非有意的结果,是把自然形成的盐聚集在土壤中,最后使土地无法耕种。类似地,高速公路使个人旅行的选择变得更具吸引力,并导致更严重的拥堵,因为更多的人会选择这种交通方式。有些问题甚至不合常理。在河上建造水电站可以解决再生能源问题,但却产生了河流生态和鱼类种群的问题。当个人和团体为改善某种状况而推动常常相互矛盾的干预措施和为有关解决方案的实用性提出不同的判断时,这种复杂性又被进一步加剧。

谈到可持续发展问题,改善的途径不仅涉及新的或改进的技术,而且还常常涉及人们的态度和行为的改变。技术当然可以改善环境资源开发和管理的效率并可降低所生产商品的单位成本,但改善供应的效率并不总是能够赶上总需求的增加。从每英里运送每位旅客的能耗来说,现代喷气飞机效率更高,但随着旅客数量的急剧增加,该行业的总能耗将会增加。期望人的行为发生改变需要考虑正义和公平等道德问题:人们如何参与制订建议的解决方案,而且,如果涉及费用,这些费用如何分担。这种道德问题也可以扩展到人类以外的物种。由于对道德层面的关注,人类生态学具有一个其他科学常常缺乏或忽视的规范维度。

人类生态学对可持续发展问题社会文化层面的关注与下面的认知有关:生态系统满足人类给它提出的服务需求的能力是有限的。如果人类对环境资源的需求超出这些资源自然更新的速度,那么,资源就会最终走向枯竭。对储量很大的资源来说,这个枯竭的时间点最多是在较远的将来,这只是有可能使人类不可避免的行为变化向后推迟一些而已。类似的道理也适用于污染:当污染物聚集的速度超过生态系统自然吸收的能力时,问题就会出现。有充分证据表明,人类对关键资源的使用现在正迅速接近极限,而且很多人已经无法获取维持最低健康和福利标准的足够资源。

可持续发展问题的复杂性意味着这些问题最好利用综合、全面的手段来解决,这些手段结合了传统专业知识和对人类条件、人们的信仰与价值观以及他们的愿望和动机的认知。人类生态学从社会科学、人文科学、艺术与设计以及非专业、团体和非学术知识基础中吸取这些认知。该领域致力于为研究和学习提供一个概念框架,该框架把有关是什么和需要做什么的知识与对促使个人与社会根据这种知识采用行动的动因的认知结合起来。人类生态学家是变革的推动者,他们致力于帮助社会实现人性化和可持续发展的未来。

生态学和人类生态学

人类生态学源于更具一般性的生态学。“生态学”这个术语是由德国动物学家恩斯特·海克尔(Ernst Haeckel)于1866年发明的,用于宽泛地表示“关于栖息地的科学”(Lawrence 2001, 675)。在这个基本层次上,人类生态学可以认为是研究人类发展的环境条件以及人类与生养他们并被他们影响的生态系统关系的科学。这同样的原理适用于任何物种的生态学，但就人类来说，地球上人类的数量、他们在陆地生态系统的几乎无处不在和他们对地球的影响基本上是人类文化进化的产物。如果成功仅用可以在地球上几乎每种环境中聚集的数量和能力来度量，那么，文化确实是一种进化优势。

重视文化及其影响的需求使得人类生态学不同于其他动物生态学。其他物种展现的是对周围环境的行为适应性，但对人类来说，社会文化适应性是响应环境变化的主要机制。人类可以学习并根据其他人提供的信息调整他们的行为，这些信息来自代代相传并珍藏在经久不衰的社会习俗的故事中。人类具有极高的想象未来后果的能力，虽然他们不一定要采取行动去避免那些后果。艺术创造可以对传统的生活方式进行赞美，对各种不同的未来进行想象。想象和创造性也使得人类可以开发工具和技术，这些工具和技术扩展了人类从环境中评估资源以及迅速提高把资源变成服务的效率的能力。这些文化适应、社会与个人学习、风俗习惯、艺术与创造、想象和技术等特性，虽然不一定是人类所独有的，但确实发展到了非常复杂的程度。

人类生态学的发展

由于人类生态学源于生态学和自然科学，所以，它经历了几个不同的发展轨迹。目前使用"人类生态学"这个术语的学术研究项目常常展现不同的侧重点，这取决于他们经历的是哪一条路径。

1842年出生在马萨诸塞州的艾伦·斯沃洛·理查兹(Ellen Swallow Richards)是这个领域的创始人之一。理查兹女士是麻省理工学院的第一位女毕业生，她于1873年获得化学学士学位。她还获得了硕士学位，但授予博士学位则超出了麻省理工学院对一个女士的思想准备。她的专业特长是工业化学，但她对当时的社会运动具有更加浓厚的兴趣，包括女权问题和渐进式社会变革等一般性问题。1892年，她使用海克尔的术语"oekology"来表示人类日常生活的健康与福祉状况的科学，并于1907年更明确地提出了"人类生态学"。但生物科学家反对让生态学的概念包含社会维度，于是就用"家政学"这个术语代替。从这一脉络出来的人类生态学项目今天在美国仍然很常见，一般都是与教育和幼儿研究、护理、家庭和社区福祉以及本地政策问题有关的项目。

今天，人类生态学的研究可以由具体学科的兴趣、方法和知识领域来确定。作为一门研究领域的人类生态学的一个分支于20世纪20年代产生于芝加哥大学的社会学系。在这一学派中，来自生物科学的生态术语被应用到社会变革过程中，使用了像竞争、自然演替、生命网和相互依存这样的概念。不同形式的人类生态学也在像地理学、人类学和人类文化学这样的其他社会科学学科中产生，但除了争夺这个学科的发明权以外，这些不同形式的人类生态学并没有多少相同之处。

20世纪60年代，人们对环境问题的不断重视产生了对人类生态学研究的不同方法。这种多学科性质的人类生态学认为，单个学科本身对了解人类导致的生态问题的复杂性所做出的贡献非常有限。这些项目一般出现在像城市规划和区域规划这样的应用专业领域，它们把各学科的人员召集在一起，就一个给定的问题一起给出他们独特的见解。由于专注于务实性,这些方法从各个参与的学科中收集见解,但没有确定一个统一的体系。与其他学科的专家的互动没有转化为体系、假设和方法。尽管如此,这种多学科方法仍被那些特别注重维持一个不同学科可以分享见解的论坛的人们所使用。

跨学科人类生态学

人类生态学家一直致力于确定一个真正跨学科的研究领域,其中获得的认知并不仅仅是各参与部分的叠加。面临的挑战是既要保持学科的思维能力,又要避免这种工作产生的偏见。跨学科人类生态学用严密但不僵硬的方法处理复杂的可持续发展问题。它可能会使用以系统为基础的体系,该体系能够同时考虑变化背后的社会和生物物理驱动因素的影响和制约性。需要考虑的系统、其边界条件、组成部分和其动态特性由参与的利益相关者确定。这样一种方式能够把参与者的各种价值观、愿望和需求与环境的能力综合起来。

作为专门研究人类生态学的一座学院,位于缅因州巴港的大西洋学院列出了人类生态学毕业生的典型素质。该学院依据下列特性安排专业课程:

- 具有创造性。利用人类思维的想象和创造能力以原创性和适应性的方式解决可持续发展问题。这种对创造性的追求必须包括愿意冒险和接受失败,只要失败被认可并从中吸收了教训。

- 进行批判性思考。批判性地分析信息的片面性,包括来自人类习惯、偏见和假设的不可避免的有害因素。进行批判性思考的能力包括反思自己的局限性和成见。

- 与社区交往。让个人、社区和机构参与其问题解决方案的设计和实施。这包括愿意学习他们的经验和传统习俗。这还需要参与者把理论与实践结合起来。

- 进行沟通。沟通应理解为一个学习的过程,而不仅仅是把知识从一方传递给另一方。沟通可以包括艺术和鼓动的成分。

- 综合各种因素。把情况当作一个整体进行全面的思考。整体的特征行为来自(但不能简化为)其各组成部分的相互作用。可持续性是对个人或团体感兴趣的系统随时间变化或保持不变的行为的一种描述。

- 实践跨学科思想。要认识到跨学科思维方式的力度和深度以及它在解决问题方面可以做出的重要贡献,同时也要注意防止它的偏见。把适用概念框架内的不同知识组合起来对创建解决可持续发展问题所需的新知识至关重要。

作为定义和研究其主要问题的一种发展式方法,人类生态学的历史可能看上去有些复杂,偶尔也会有些矛盾。然而,正是这种多样性使得人类生态学可以为那些复杂、以前难以解决的问题提出新的方法。

人类生态学的实践

全球很多以大学为依托的人类生态学项目都在资助那些继续阐述该领域和能够发展为公共可持续发展计划的研究和出版活动。此外,像"人类生态学学会"、"英联邦人类生态学理事会"和"德国人类生态学学会"这样的组织把这个行业的从业人员联合起来,共同推进专业建设。

早在1972年，继英联邦人类生态学理事会（the Commonwealth Human Ecology Coucil, CHEC）在香港召开的一次会议之后，一群研究人员（主要依托澳大利亚国立大学的人类生态学项目）对香港的城市和人口进行了重点研究。这项标志性研究在联合国教科文组织的资助下，出版了《一个城市和其居民的生态学》(Boyden et al. 1981)；该项目对香港的物质和能量流及其社会文化驱动因素采用了全系统方法。该项目在城市新陈代谢研究方面具有开创性，是引入了可持续发展定量和定性维度的示范性研究项目。进入21世纪，澳大利亚国立大学通过其教学和科研项目以及在人类生态学论坛上的公开讨论，继续成为人类生态学领域的领导者。

前面谈到的大西洋学院整个学校都是专门研究人类生态学的。该学院特别注重通过与当地和国际社会合作来开发一种实用方法。在过去的几年里，一些源于学生项目的计划，通过社区参与获得应用，比如缅因州立法机关通过的饮料回收法案就是大西洋学院的学生们所做工作的结果。该学院在协同决策、环境设计、保护生态学、生态教育、绿色企业和基于流域的区域规划等领域持续提供应用人类生态学的示范性项目。大西洋学院还在机构资源管理、校园建筑和碳平衡推动方面获得了众多奖项。

人类生态学研究关注各种发展问题。来自东京大学人类生态学系的研究人员参与了对迅速发展的亚洲国家人类与环境健康之间关系的跨学科研究。研究小组针对乡村地区，跟踪了人类福祉各种指标的变化情况，如收入、劳动安排、食物和营养、对各种化合物的接触以及健康。用于影响国家发展的政策干预一开始可能比较成功，但一段时间的延迟之后，就会出现不良后果。一个例子是粮食生产的增加：这有可能带来营养的改善，但由此带来的当地环境中化学品含量的增加最终会给社区居民的健康带来潜在的威胁。然而，化学品含量和社区健康之间的关系不是线性的，不同的个人和社区受影响的程度也不同，其中的各种原因只能到本地去寻找。跨学科人类生态学研究可以建议政策干预面向社区参与的途径，以实现技术和社会行动计划的平衡，这些行动计划能够产生更多稳定而又积极的结果。

未来走向

人类生态学的研究受到该领域这种非传统性质的阻碍，包括有人认为它就不是一个真正的科学。找到愿意资助跨学科研究的团体或愿意出版研究成果的期刊都非常困难。

由于这个学科在大学系统传统的院系结构中有点不伦不类，所以，对职业发展优势和渠道的认知都有限。尽管这些障碍会继续存在，但对需要用人类生态学这样的方法解决可持续发展问题所面临的挑战的认知也在不断提高。美国生态学会（the Ecological Society of America, ESA）的“行星管家行动计划”（Power & Chapin 2009）专门致力于促进跨学科的合作和确定推动可持续性社会和生态变化的科学需求。美国生态学会设立了人类生态学部，就是为了研讨和应用人类生态学和相关学科的思想和方法。美国国家科学院学报（the National Academy of Science, PNAS）也开设了一个可持续性科学栏目，专门出版关于自然和社会系统之间的相互作用及其对可持续发展的影响的研究成果。主要的研究机构（包括位于加利福尼亚州的斯坦福大学）也在设立研究小组，从人类–生态的角度研究可持续发展问题。随着这些和其他研究机构的设立，人类生态学肯定能够为应对可持续发展的挑战做出贡献。

罗伯特・戴堡（Robert DYBALL）
澳大利亚国立大学

参见：农业集约化；生物地理学；生态系统服务；渔业管理；家居生态学；土著民族和传统知识；持久农业；转移基线综合征；城市农业。

拓展阅读

Agyeman, Julian; Bullard, Robert D.; & Evans, Bob. (Eds.). (2003). *Just sustainabilities: Development in an unequal world.* Cambridge, MA: MIT Press.

Boyden, Stephen. (2003). *The biology of civilisation: Understanding human culture as a force in nature.* Sydney: University of New South Wales Press.

Boyden, Stephen; Millar, Sheelagh; Newcombe, Ken; & O'Neill, Beverley. (1981). *The ecology of a city and its people: The case of Hong Kong.* Canberra, Australia: Australia National University Press.

Brown, Valerie A.; Harris, John A.; & Russell, Jacqueline Y. (Eds.). (2010). *Tackling wicked problems through the transdisciplinary imagination.* London: Earthscan.

Chapin, F. Stuart, III; Kofinas, Gary P.; & Folke, Carl. (Eds.). (2009). *Principles of ecosystem stewardship: Resilience-based natural resource management in a changing world.* New York: Springer.

Chivian, Eric, & Bernstein, Aaron. (Eds.). (2008). *Sustaining life: How human health depends on biodiversity.* Oxford, UK: Oxford University Press.

Dauvergne, Peter. (2008). *The shadows of consumption: Consequences for the global environment.* Cambridge, MA: MIT Press.

Dyball, Robert, & Newell, Barry. (2012). *Understanding human ecology.* London: Earthscan.

Hulme, Mike. (2009). *Why we disagree about climate change: Understanding controversy, inaction, and opportunity.* New York: Cambridge University Press.

Keen, Meg; Brown, Valerie A.; & Dyball, Rob. (Eds.). (2005). *Social learning in environmental management: Towards a sustainable future.* London: Earthscan.

Lawrence, Roderick J. (2001). Human ecology. In Mostafa Kamal Tolba (Ed.), *Our fragile world: Challenges and opportunities for sustainable development* (Vol. 1, pp. 675–693). Oxford, UK: Encyclopedia of Life Support Systems (EOLSS) Publishers.

Merchant, Carolyn. (2007). *American environmental history: An introduction.* New York: Columbia University Press.

Midgley, Gerald. (2000). *Systemic intervention: Philosophy, methodology, and practice.* New York: Kluwer Academic/Plenum.

Millennium Ecosystem Assessment. (2005). *Ecosystems and human well-being: Synthesis.* Washington, DC: Island Press.

Ostrom, Elinor. (1990). *Governing the commons: The evolution of institutions for collective action.* Cambridge, UK: Cambridge University Press.

Pimental, David; Westra, Laura; & Noss, Reed F. (Eds.). (2000). *Ecological integrity: Integrating environment, conservation, and health.* Washington, DC: Island Press.

Power, Mary E., & Chapin, F. Stuart, III. (2009). Planetary stewardship. *Frontiers in Ecology and the Environment, 7* (8), 399.

Rosa, Eugene, A.; Diekmann, Andreas; Dietz, Thomas; & Jaeger, Carlo C. (2009). *Human footprints on the global environment: Threats to sustainability.* Cambridge, MA: MIT Press.

Scheffer, Marten. (2009). *Critical transitions in nature and society.* Princeton, NJ: Princeton University Press.

Schutkowski, Holger. (2006). *Human ecology: Biocultural adaptations in human communities.* Berlin: Springer.

Walker, Brian, & Salt, David. (2006). *Resilience thinking: Sustaining ecosystems and people in a changing world.* Washington, DC: Island Press.

Wilkinson, Richard, & Pickett, Kate. (2009). *The spirit level: Why greater equality makes societies stronger.* New York: Bloomsbury Press.

Young, Gerald L. (1978). *Human ecology as an interdisciplinary domain: An epistemological bibliography.* Monticello, IL: Vance Bibliographies.

狩 猎

狩猎就是为了消费、娱乐或商业目的杀死动物(称为猎物)的做法。狩猎作为生态系统可持续性的管理工具,仍然是一个高度分化和有争议的问题。在狩猎得到仔细监管的地方,它就可以被认为是保持生态系统健康平衡的有效方法。在狩猎难以监控的地区,它就可以成为降低生物多样性和提高生态系统脆弱性的有害做法。

狩猎一般指人类为了食物、娱乐、文化原因或交易对运动物种(通常为哺乳动物或鸟类)进行的追杀。在很多社会中,这些物种被称为狩猎物种,而猎杀它们的行为称为收获或捕获。战利品狩猎是一种娱乐性狩猎,主要目的是捕获稀少、外来或特大物种个体的头、皮、角或鹿角,而吃肉则是次要或不重要的。根据当地法律,这可以是合法的或非法的。合法狩猎需要遵守一套法规,这些法规对一个人何时、何地和如何追杀猎物进行了规范,并规定一个猎手在规定时间内(例如每天或每年)可以猎杀多少猎物。非法狩猎(即偷猎)指的是人们违反管理部门的规定而进行的狩猎行为。钓鱼、诱捕和收集野生植物可能和狩猎具有类似的目的,但这些做法一般使用不同的武器和工具、涉及不同的物种,被认为是不同的活动。

狩猎可以认为是一种保持生态系统健康平衡的有效方法或者降低生物多样性、提高生态系统脆弱性的有害做法。因为狩猎涉及人类、野生动物和环境之间复杂、多变的相互作用,因此需要考虑现实情况。本文简要介绍狩猎的历史和现状,并探讨狩猎促进或阻碍生态系统可持续发展的各种情况。

背景

狩猎一开始就是人类生活的一部分。在人类社会成为定居式的农业和家养牲畜社会之前,智人的生存基本上依靠狩猎(Diamond 1997)。然而,在整个历史中,狩猎这种做法并不总是有助于野生动物的保护,而是导致了某些狩猎物种种群的根除和减少。包括美洲野牛(Bison bison)在内的几个物种,在19世纪后期被猎杀到几乎灭绝。此外，有些物种不怎么被看作狩猎动物而是更多地被看作是与人类争夺资源的竞争者或威胁牲畜的动物，它们的分布区也由于狩猎而减少。例如，灰狼(Canus lupus)曾经遍布大部分北半球，但在19世纪到21世纪初期这段时间，它们在欧洲大部分地区和美国被彻底根除了。狩猎促进了野生狩猎物种的灭绝(尽管有些个体还在圈养)，包括北美的旅鸽(Ectopistes migratorius)、中国的麋鹿(Elaphurus davidianus)和非洲的弯角剑羚(Oryx dammah)(IUCN 2011)。由于与狩猎有关的物种消减，狩猎动物资源的无控猎杀在很多发达国家已被禁止(例如北美和欧洲)，随后很多种群恢复到比较丰富的程度(Geist, Mahoney & Organ 2001; Brainerd & Kaltenborn 2010)。有趣的是，开始于20世纪初期的拯救野生动物种群的运动也是由猎手们(如美国总统西奥多·罗斯福)领导的(Wilson 2010)。

今天，狩猎在世界上仍然是一种流行的活动。美国约有1 250万活跃的猎手(USFWS 2006)，欧洲则有700万(FACE 2011)。在拉丁美洲、东南亚和非洲的森林里，近1.5亿人靠打猎为生(Department of International Development 2002)。

生态系统可持续性

从生态系统的角度看，现代狩猎可以简化为两个一般类别(只有个别例外)：① 在严格的法规和有效的监管系统下为了娱乐和(或)个人消费而打猎；② 在不严格的法规和无效的监管系统下为了向市场销售肉品(即市场狩猎)或为了个人消费。前者发生在更为富裕的发达国家(如美国、加拿大、欧洲)，从生态系统的角度看被认为是一种可持续的做法。后者发生在较为贫穷的发展中国家(如西部非洲、拉丁美洲)，而且打野味(在热带地区常常被称为打“兽肉”)被认为是一种无法持续的做法(Milner-Gulland, Bennett & SCB 2003; Robinson & Bennett 2004)。

不可持续的做法

随着发展中国家地区人口密度的增加，对当地狩猎动物资源的压力也在增加，从而使健康的生态系统与狩猎之间产生一种冲突的关系。在热带森林里，偏远地区增加的商业化和土地的转化(如伐木)已经开通了道路，使人们可以更容易进去猎杀动物(Robinson & Bennett 2000; Franzen 2006; Brinkman et al. 2009)。数据表明，由于狩猎，越南、非洲和拉丁美洲偏远地区的很多灵长类动物和有蹄类动物正面临本地化的灭绝(Milner-Gulland, Bennett & SCB 2003)。过度狩猎常常会减少繁殖较慢的大型物种的种群数量，而那些繁殖较快、适应人类扰动的物种可能就会增加(Peres 2000)。从生态系统的角度看，这有可能导致生态群落(生活在同一地方的植物和动物之间的相互作用)的生物多样性不断减少。

在热带地区，打兽肉对生物多样性造成威胁，但却维持了世界上最穷人口的生活。由于政治、经济和道德等原因，生态上可持续性解决方案很难确定(Robinson & Bennett 2000; Ostrom et al. 1999)。研究人员认为，与贫穷有关的问题(如收入、教育、人类健康)必须先行解决，与狩猎有关的不良效应才能缓解。例如，当人们遭遇短期状况(如饥荒)时，生物多样性的长期保护就变得不太重要。

有效的工具

在北美、欧洲和有些撒哈拉沙漠以南的非洲国家，狩猎被认为是维持狩猎动物种群处于健康水平最有效的管理和保护工具之一，它能够维持生态系统健康和缓解人类发展和贫穷问题。在北美，随着顶级食肉动物数量的减少或从生态系统中消失，对狩猎这个管理工具的依赖越来越多，狩猎动物物种也相应增加。今天，狩猎动物管理者可能更关注的是狩猎动物过多而不是保护问题(McShea, Underwood & Rappole 1997)。例如，白尾鹿(Odocoileus virginanus)(Rooney 2001; Côté et al. 2004)、鹅(Branta canadensis, Chen caerulescens)(Ankney 1996)、驼鹿(Cervus elaphus)(Ripple & Beschta 2004)和很多其他常见狩猎物种，其种群数量已经对它们栖息的生态系统构成威胁(Garrott, White & Vanderbilt-White 1993)。狩猎动物种群过多就会使植物和动物的多样性减少，威胁人类的生活和生计。例如，在美国，野生动物造成的损害(如农业损失、车辆碰撞、疾病传播)估计接近220亿美元，而狩猎动物过多是主要问题(Conover 2002)。尽管管理狩猎动物种群过多存在其他策略(如生殖控制、围栏)，但狩猎仍然是社会上、经济上和生态上最合理的方法(Carpenter 2000; VerCauteren, Dolbeer & Gese 2005)。和大多数其他方法不同，狩猎能够使动物处于野生状态，防止动物对人类活动习惯化，减少野生动物与人类潜在的冲突。

狩猎也可以用于减少或消除不需要的物种(如入侵或外来物种)。有些引入的家猪(Sus scrofa)和欧亚公猪已经野化，现在被认为是北美最危险的入侵物种。野猪数量介于400万到600万之间，它们毁坏本地植物、破坏人类的基础设施、引发水土流失、与本地野生动物竞争并把疾病传播给牲畜和人类(Campbell & Long 2009; Tegt et al. 2011)。娱乐狩猎可能是减少野猪种群最好的策略，它同时也有可能创造收入(如肉品销售、猎手的消费支出)来弥补管理费用的不足。

狩猎的经济效益不可忽略(Williams 2010)。猎手们组织起来形成了几个非盈利的保护团体(如“鸭子无限”、“野鸡永远”、“落基山驼鹿基金会”以及“布恩和克罗克特俱乐部”)，这些团体资助狩猎物种关键栖息地的保护。美国1937年通过的皮特曼-罗伯逊法案(P-R法案)开始对枪支和弹药征收制造商税，用于为野生动物保护机构提供资金。来自P-R法案和狩猎许可证收费的资金已成为野生动物恢复、研究、管理和教育重要的年度资金来源(2009年在美国就超过了10亿美元)(Williams 2010)。在欧洲和北美，私人土地拥有者向进入其土地打猎的猎手收取费用，这也激励了这些土地拥有者去保护野生动物的栖息地。在撒哈拉沙漠以南的国家，收费的战利品狩猎每年大约产生2亿美元的收入(Lindsey 2008)。

尽管更加难以量化，狩猎支持者注意到，狩猎促使越来越城镇化的人口与大自然建立了联系(Swan 1995)。与大自然的交往改善身体和心理健康(Louv 2005)、增加对生态系统提供服务的感激之情、增强对潜在威胁(如种群过多、全球变暖)的认知、培养对完整生态系统进行保护的主人翁责任感。尽管存在这些益处,但很多人对狩猎持否定态度。

一个有争议的问题

即使在狩猎被认为是生态上可持续的地区,越来越多的人开始对这种做法持批评态度并质疑其合理性和持久性。狩猎的支持者将以上面的理由来阐述其社会、经济和生态上的益处。反对任何形式狩猎活动的人们认为狩猎既不道德也不必要,因为现在存在各种其他食物(Baker 1985; Singer 1985)。道德狩猎在不同的文化中有不同的做法,但它通常指根据一套规程来追杀动物:尊重动物、使其伤痛最小和遵守当地法律和习俗。反对把狩猎当作生态工具的人认为,把顶级食肉动物[如狼、美洲狮(Puma concolor)]重新引入缺少这些动物的生态系统,是实现生态平衡最好的途径。但这种意见对那些人口密度大、狩猎动物种群数量过多的地区并不适用,而且重新引入大型食肉动物会使居民和牲畜处于危险之中。支持和反对狩猎的争论是个复杂、敏感的议题,需要所有利益相关者之间认真和相互尊重的沟通。

狩猎的未来

在最近的几十年,人均猎手数量已经减少。在美国,猎手的比例从1980年的10%下降到2006年的5%(USFWS 2006)。对研究成果的总结分析了这种下降的原因,包括社会的城镇化、对现金经济和商业食品不断增加的依赖、狩猎的区域不好进入、狩猎知识的丧失、缺少狩猎的时间和资金、社会的活跃性降低、非狩猎室外休闲活动越来越多(Enck, Decker & Brown 2000; Manfredo et al. 2009)。随着全球经济不断推动休闲活动的私有化和商业化,低收入的猎手由于收费太高可能就被排除在外。在美国,猎手一般认为野生动物是公共资源,因此强烈反对这种趋势。然而,有些形式的付费狩猎(如战利品狩猎)被认为在受威胁野生动物地区的恢复以及创造经济收益(如旅游)、促进生态保护方面发挥着至关重要的作用。例如,非洲不断增长的战利品狩猎业要求有一个较低、可持续的猎杀量,以确保为将来留下机会(Lindsay 2008)。狩猎的未来结构和功能无疑会随地区和习俗的不同而在形式和潜力上发生变化。

如果考虑人口增长、气候变化、栖息地转化、人类的价值观和其他影响因素,狩猎作为生态系统可持续发展的管理工具,其有效性越来越难以确定。狩猎提供的独特服务需要在迅速变化的时期进行考虑,才能充分评估其未来的社会和生态价值。个体猎手和狩猎监管机构面对不可预见的变化,需要展现适应性和灵活性。管理和监控狩猎活动的综合性策略(在从小到大的地理和时间尺度上考虑社会和生态要素的方法)被认为最有机会培育出可持续的狩猎动物种群和生态系统。

托德·布林克曼(Todd J. BRINKMAN)
阿拉斯加费尔班克斯大学

参见:行政管理法;生物多样性;群落生态学;复杂性理论;围栏;鱼类孵化场;渔业管理;食物网;人类生态学;土著民族和传统知识;入侵物种;爆发物种;稳态转换;物种再引入;原野地。

拓展阅读

Ankney, C. Davison. (1996). An embarrassment of riches: Too many geese. *Journal of Wildlife Management, 60*, 217–223.

Baker, Ron. (1985). *The American hunting myth*. New York: Vantage Press.

Baldus, Rolf D.; Damm, Gerhard R.; & Wollscheid, Kai-Use. (2008). *Best practices in sustainable hunting: A guide to best practices from around the world*. Budakeszi, Hungary: International Council for Game and Wildlife Conservation.

Brainerd, Scott M., & Kaltenborn, Bjørn. (2010). The Scandinavian model. *The Wildlife Professional, 4*, 52–57.

Brinkman, Todd J.; Chapin, F. Stuart, III; Kofinas, Gary P.; & Person, Dave K. (2009). Linking hunter knowledge with forest change to understand changing deer harvest opportunities in intensively logged landscapes. *Ecology and Society, 14* (1), 36.

Campbell, Tyler A., & Long, David B. (2009). Feral swine damage and damage management in forested ecosystems. *Forest Ecology and Management, 257*, 2319–2326.

Carpenter, Len H. (2000). Harvest management goals. In Stephen Demaris & Paul R. Kausman (Eds.), *Ecology and management of large mammals in North America* (pp. 192–213). Upper Saddle River, NJ: Prentice Hall.

Conover, Michael R. (2002). *Resolving human-wildlife conflicts: The science of wildlife damage management*. Boca Raton, FL: Lewis Publishers.

Côté, Steeve D.; Rooney, Thomas P.; Tremblay, Jean-Pierre; Dussault, Christian; & Waller, Donald M. (2004). Ecological impacts of deer overabundance. *Annual Review of Ecology, Evolution, and Systematics, 35*, 113–147.

Department of International Development. (2002). *Wildlife and poverty study*. Retrieved July, 2011, from http://www.iwmc.org/IWMC-Forum/Articles/WildlifePovertyStudy.pdf

Diamond, Jared. (1997). *Guns, germs, and steel*. New York: W. W. Norton & Company.

Enck, Jody W.; Decker, Daniel J.; & Brown, Tommy L. (2000). Status of hunter recruitment and retention in the United States. *Wildlife Society Bulletin, 28*, 817–824.

Federation of Associations for Hunting and Conservation of the European Union (FACE). (2011). FACE annual report 2009–2010. Retrieved July, 2011, from http://www.face.eu/

Franzen, Margaret. (2006). Evaluating the sustainability of hunting: A comparison of harvest profiles across three Huaorani communities. *Environmental Conservation, 33*, 36–45.

Garrott, Robert A.; White, P. J.; & Vanderbilt-White, Callie A. (1993). Overabundance: An issue for conservation biologists? *Conservation Biology, 7*, 946–949.

Geist, Valerius; Mahoney, Shane F.; & Organ, John F. (2001). Why hunting has defined the North American model of wildlife conservation. *Transactions of the North American Wildlife and Natural Resources*

Conference, *66*, 175–185.

International Union for Conservation of Nature (IUCN). (2011). The IUCN red list of threatened species. Retrieved July, 2011, from http://www.iucnredlist.org/

Lindsey, Peter A. (2008). Trophy hunting in sub Saharan Africa: Economic scale and conservation significance. In Rolf D. Baldus, Gerhard R. Damm & Kai-Uwe Wollscheid (Eds.), *Best practices in sustainable hunting: A guide to best practices around the world* (pp. 41–47). Budakeszi, Hungary: International Council for Game and Wildlife Conservation.

Louv, Richard. (2005). *Last child in the woods: Saving our children from nature-deficit disorder*. New York: Workman Publishing.

Manfedo, Michael J.; Vaske, Jerry J.; Brown, Perry J.; Decker, Daniel J.; & Duke, Esther A. (2009). *Wildlife and society: The science of human dimensions*. Washington, DC: Island Press.

McShea, William J.; Underwood, Brian H.; & Rappole, John H. (1997). *Science of overabundance: Deer ecology and population management*. Washington, DC: Smithsonian Institute Press.

Milner-Gulland, E. J.; Bennett, Elizabeth L.; & the SCB Wild Meat Group. (2003). Wild meat: The bigger picture. *Trends in Ecology and Evolution*, *18*, 351–356.

Oates, John F.; Abedi-Lartey, Michael; McGraw, Scott W.; Struhsaker, Thomas T.; & Whitesides, George H. (2000). Extinction of a west African Red Colobus Monkey. *Conservation Biology*, *14*, 1526–1532.

Ostrom, Elinor; Burger, Joanna; Field, Christopher B.; Norgaard, Richard B.; & Policansky, David. (1999). Revisiting the commons: Local lessons, global challenges. *Science*, *284*, 278–282.

Peres, Carlos. A. (2000). Effects of subsistence hunting on vertebrate community structure in Amazonian forests. *Conservation Biology*, *14*, 240–253

Ripple, William J., & Beschta, Robert L. (2004). Wolves, elk, willows, and trophic cascades in the upper Gallatin Range of southwestern Montana, USA. *Forest Ecology and Management*, *200*, 161–181.

Robinson, John G., & Bennett, Elizabeth L. (Eds.). (2000). *Hunting for sustainability in tropical forests*. New York: Columbia University Press.

Robinson, J. G., & Bennett, E. L. (2004). Having your wildlife and eating it too: An analysis of hunting sustainability across tropical ecosystems. *Animal Conservation*, *7*, 397–408.

Rooney, Thomas P. (2001). Deer impacts on forest ecosystems: A North American perspective. *Forestry*, *74*, 201–208.

Singer, Peter. (1985). *In defense of animals*. New York: Basil Blackwell. Swan, James A. (1995). *In defense of hunting*. New York: Harper Collins.

Tegt, Jessica; Mayer, John; Dunlop, John; & Ditchkoff, Stephen. (2011). Plowing through North America. *The Wildlife Professional*, *5*, 36–39.

United States Fish and Wildlife Service (USFWS), US Department of the Interior, US Department of Commerce & US Census Bureau. (2006). *National survey of fishing, hunting, and wildlife associated recreation.* Retrieved October 13, 2011, from http://www.census.gov/prod/2008pubs/fhw06-nat.pdf

VerCauteren, Kurt C.; Dolbeer, Richard A.; & Gese, Eric M. (2005). Identification and management of wildlife damage. In Clait E. Braun (Ed.), *Techniques for wildlife investigations and management* (pp. 740–778). Bethesda, MD: The Wildlife Society.

Williams, Steve. (2010). Wellspring of wildlife funding: How hunter and angler dollars fuel wildlife conservation. *The Wildlife Professional*, *4*, 35–38.

Wilson, R. L. (2010). *Theodore Roosevelt: Hunter-Conservationist.* New York: Skyhorse Publishing.

水文学

水文学是研究地球上水的特性和行为的科学，包括水与环境的相互作用和对环境的响应。随着水资源对人口增长压力和环境变化做出反应，水文调查越来越多地用于为决策者提供有关可用水量、水质和其可持续供应的局限性方面的信息。

水文学是研究水的学问：水的物理和化学特性、循环、在全球的分布和与环境的相互作用。它是地球科学中很宽泛的一个领域，由于这种宽泛性，有关水的研究的有些方面被认为是其他科学的研究范围。例如，海洋水体的研究被包含在海洋学中，而永久冰盖的研究（冰河学）和大气中水的研究（水文气象和气候学）被认为是地球和环境科学两个分立的跨学科研究领域。

有关水文学发展的最早的证据来自古希腊的美索不达米亚和埃及。例如，从大约公元前15世纪开始，农业的税收基于对尼罗河洪水的测量，这是认识到水对生存和经济繁荣所发挥的重要作用的证据。在古希腊，泰勒斯（公元前624—公元前584）研究了尼罗河经常发生的洪水，柏拉图（公元前428—公元前348）创建了水循环的基本概念，认识到了人类活动对水质的影响。到罗马帝国时代，工程水文学已发展到很高的水平，数百公里的水渠系统把泉水、湖水和河水输送给大量的城市人口。

除了水文学的概念被像达芬奇和伽利略这样的伟大思想家做的某些改进外，水文学只有到了18世纪和19世纪才有了明显的发展。在后面这段时间，“英国水文学的奠基人”爱德蒙·哈雷（Edmond Halley）和约翰·道尔顿（John Dalton）创立了对蒸发过程和水文循环的大气相的认知，而英国工程师如罗伯特·曼宁（Robert Manning）则创立了估算河流和水渠中流速的公式。在欧洲的其他地方，在为法国第戎和比利时布鲁塞尔设计和建造供水系统时，亨利·达西（Henri Darcy）创立了通过多孔介质（沙子）的水流公式（现称为达西定律），并和他的同事亨利·贝津（Henri Bazin）一起创立了量化明渠水流的方程式。

这种为满足城市供水基础设施设计需要而进行的水文开发引起了对工程技术的特别重视，这种专业手段对世界上灌溉水坝和供水水坝的开发也一直发挥着的作用。到20世纪的后半叶，水文学从对这种工程的关注扩展到对生态和环境问题的关注，特别是对水质的关注。现在，水文学家不仅要更多地阐述当前的淡水系统，而且还要预测在发生自然和人为改变情况下，地表水和地下水的分布、变化和质量。

水的特性

水是一种独特的物质。水分子(H_2O)含有两个氢原子和一个氧原子。这些原子之间的结合力非常强，这意味着把水分子分解成氢和氧需要很多的能量。此外，两个氢原子(带有正电荷)和氧原子(带有负电荷)的结合方式意味着水分子具有一个正“端”和一个负“端”，也就是说，水分子是双极的。这种极性在一个水分子的正极端和另一个水分子的负极端之间产生吸引力。这种力被称为氢键，几乎是水特有的。

水的分子结构是导致水具有很多独特性质的原因。在0℃以下，氢键把水分子锁定为一个紧密的冰的晶格。然而，当温度高于0℃时，较小比例的氢键断裂，使部分刚硬的冰晶格垮塌，而降低水的体积。这就是融化过程，氢键晶格可以解释为什么冰的密度比液体水要小而能够浮起来。

浮冰对水生生物具有重要的影响。如果水从下向上结冰，水生植物和动物会随着水的结冰被迫逐渐上升并最终死亡。但是，因为实际上水是从上向下结冰，水生生物可以在冰下的水里生存。4℃左右较冷的水会下沉，在湖泊、水库这样的静止水体中，这种下沉会在表面较热的水下产生较冷的水层。这种温度和密度差意味着较冷的水不会和上面较热的水混合，结果这层水就与大气(水体中溶解氧的来源)分离。结果，更深的冷水变得缺氧或贫氧。这会对生物化学过程和生物的分布产生影响。例如，除硫细菌在较深的缺氧冷水中增殖，而鱼类、无脊椎动物、浮游植物和浮游动物则生活在更接近水面的充氧水体中。

随着水温的增加，重要的分子响应就会发生。更多的氢键断开，从而使分子分开，超过沸点(100℃)时，所有氢键都被断开，液态水变成蒸汽。值得注意的是，水是在地球正常表面温度范围内，唯一能够展现三种状态(固态、液态和气态)的物质。

当水被加热时，大部分的热能用于断开氢键，而不是增加温度。这样，与其他很多物质不同，水在温度明显增加前会吸收大量的热。由于水的这种高比热或热容量，大容量的水(如海洋)，其温度不会像邻近的陆地那样升高。结果，海洋、湖泊和水库在日常、季节和年度尺度上调和着温度变化的大小和速度，这和其他因素一起，驱动着地球的海洋和全球气候的循环。在较小的尺度上，这种特性意味着温血动物可以调节它们的体温。

潜热是一个系统从固态变为液态、液态变为气态或者发生相反过程时释放或吸收的能量。当水改变形态时，其温度不发生变化，因为所有能量都用于断开氢键，而不是用于实际的加热。能量用于把水转化为蒸汽，但当蒸汽冷凝为水时，能量被释放出来。蒸发时吸收潜热、冷凝时释放潜热的一个重要结果是，热量从蒸发的地方传递到冷凝的地方。在全球规模上，这种潜热传递导致热能从热带海洋（在这里水大量蒸发）传递到两极，从陆地和水面传递到大气。这一过程防止极端的天气变化，并且调和地球的气候。这种调和的气候是生命在地球上存在的主要原因之一。

水分子的氢键结合和极性也会影响内聚力（自粘）、附着力（它粘）和表面张力（弹性）等物理特性。内聚力使水在光滑表面形成“水珠串”。表面张力形成球形的雨滴和露珠。表面张力还使得某些无脊椎动物能够在水面行走而不会沉下去。

水附着在其他材料上是一个浸润过程。当把水倒入玻璃管时，它会粘在侧壁上，水分子带正电的氢原子一端与玻璃中带负电的氧电子之间的吸引力足够强，使得水可以沿着玻璃表面向上运动。这种虹吸作用就是水流可以克服重力、穿过石头或土壤而向上运动以及植物可以从根茎吸水的原因。

水分子的极性和氢键结合意味着很多物质在水中有某种程度的溶解性。盐（如氯化钠）很容易溶解，因为带相反电荷的钠离子（Na^+）和氯离子（Cl^-）与水分子带电荷不同的一端相连。当每一离子被一层水分子包围时，离子就无法重新结合。水能够溶解大部分物质的能力对岩石矿物的侵蚀、污染物的溶解及其在河流中的转运、海水的高盐度以及溶质在生物中的转运都会产生巨大的影响。

水文循环

在探月时代，宇航员发回我们“蓝色星球”的地球图片——一个被水主导的球体。从这些照片中产生了一种流行的看法：地球上有足够的水来维持生命。水确实覆盖大约70%的地球表面，但总资源中只有很小一部分（约2.5%）是淡水，它们大部分存储在冰盖、冰川和地下水中。世界的河流、淡水湖、湿地和大气水蒸气中的可用淡水储量仅占全球水储量的0.77%。全球规模的水存量和水流量如表H1所示。

表H1　地球的水资源

水　资　源	淡水比例	占全球水储量的百分比
湖泊和湿地	0.29	0.008
河流	0.006	0.000 2
冰川、永久冰盖和永冻土层/底冰	69.38	1.73
地下水	30	0.76
大气水	0.04	0.001
全球淡水总量	100*	2.5

来源：格莱克（Gleick 2008）（修改）.

*包括土壤水分、生物水和北极岛屿。

地球上几乎70%的淡水都是冷冻的；其他（30%）大部分为地下水。

水循环（见图H1）是描述水在大气、生物圈（地球上的生物带）和岩石圈（地壳和地幔的外层）持续循环的一个简化的概念模型。太阳能和重力驱动着这个循环。例如，海洋中的水被太阳晒热后开始蒸发，变成脱盐的大气水蒸气，水蒸气在随后的冷却过程中凝结成云。有些云生成雨，落向地面。这部分水的去向可以有不同的途径：被蒸发到大气中，被植被截留，渗入土壤并补充地下水，沿地表进入河流、湖泊和水库并最终回到海洋而开始下一个循环。水循环就描述这些过程——蒸发、降水、截留、下渗、地表径流、表层流（地表下面的水流）和地下水径流。其中每一过程的流速和存储时间各不相同。例如，水的存储时间

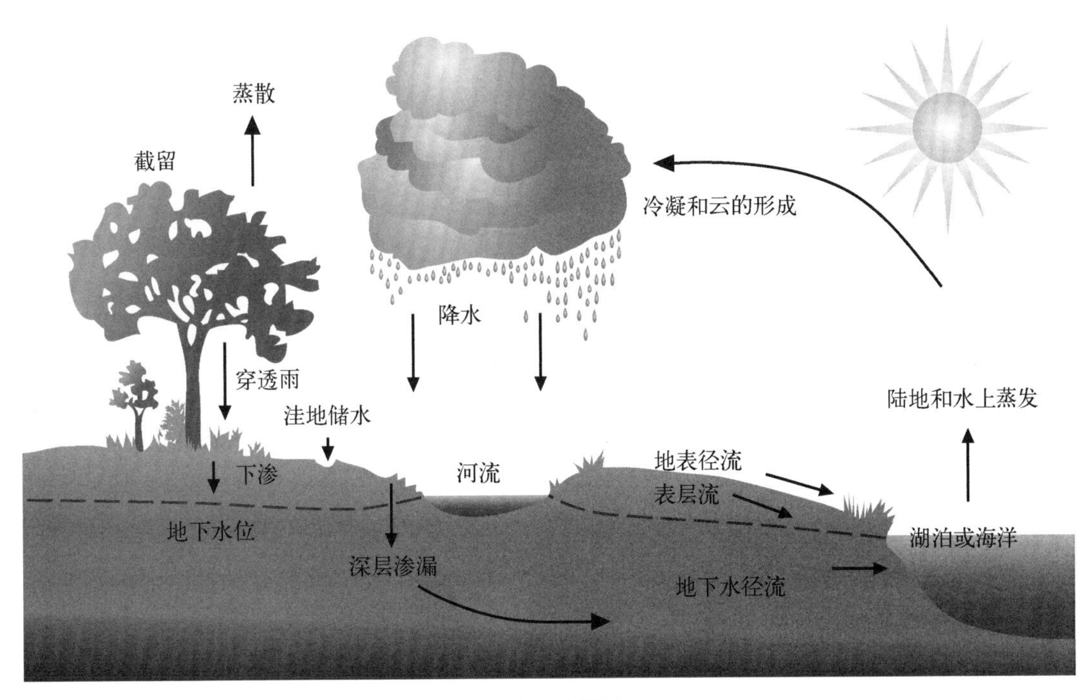

图H1　水循环

来源：改编于南希·戈登(Nancy D Gordon)、托马斯·麦克马洪(Thomas A McMahon)、布莱恩·芬利森(Brian L Finlayson)、克里斯托弗·吉派尔(Christopher J. Gippel)和罗里·内森(Rory J. Nathan)编写的《河流水文学：面向生态学家的概论》(2004年第二版)(英国约翰威立出版社).

在水循环中，水在大气和地球之间进行交换；由于太阳能和重力的作用，水在地表到地下深层的整个范围存在很多种交换途径。水总是处于运动之中，也总是处于储蓄之中。

从几天(如河流的水流)到几千年和几百万年(地下水和冰川冰)。

在任何给定时间和地点的水循环中所涉及的水的体积可以由水平衡方程加以描述和量化，该方程描述的是水的输入和输出之间的平衡：

$$I=O+\Delta S$$

式中I表示降水、径流和地下水的流入总量，O等于蒸散、地表径流和地下水的流出总量，ΔS是土壤、植被和其他存储形式中的存水量变化。水文学家可以通过比较降水和蒸散值、估算某一给定地点和(或)时间水的盈亏、土壤水分状态和径流，来应用水平衡方程。几乎所有的水文研究都基于这个方程和支持这个方程的理论。水文建模、集水评估以及水资源管理和决策都应用这个水平衡方程。

水的重要性

水的特性和丰富性对地球上的生命特别重要，这不仅因为水产生了合适的环境条件，而且还因为水在调节、滋养和维持生物的生物化学过程中发挥着关键的作用。这些过程包括：

- 光合作用和呼吸作用；
- 酶的催化作用；

- 新陈代谢;
- 溶质运输(例如血液中的养分、氨基酸和葡萄糖;汗液、呼出空气和尿液中的废物;植物中的养分);
- 传热和温度调节。

由于进化而成的高度组织化的社会结构,人类更加依赖于水。人类靠水进行食物生产、卫生、运输、制造、处理和能源生产。考虑到水对人类生存的极端重要性,水在很多过去和当今文化中还支持灵性、宗教仪轨和象征意义也就并不奇怪了。水资源管理对维持人类健康和福祉、环境系统的完好性和生产力至关重要。对淡水资源的不可持续性利用不仅会在局部和区域规模上损害这些重要价值,而且还会产生更广泛的全球性影响。

水资源的供应、开发和管理

淡水资源在全球的分布并不均匀:有些地区数量丰富,而有些地区则经历干旱。例如,南美洲的亚马孙这一条河,其流量就占全球径流总量的20%。与此形成鲜明对比的是,整个澳大利亚洲的淡水量仅占全球的1%。此外,很大一部分降雨和相关的径流可能仅在一年的某些时间段(如热带季风期间)发生,这样,某些地区在某些时间段可能就无法满足用户的需要。除了这些季节性和分布问题以外,我们还面临世界人口不断增长的挑战。在20世纪初,全球人口为16亿。20世纪60年代"绿色革命"初期和灌溉农业扩展时,人口增加到30亿,21世纪初期,人口又增加到70亿。因为世界的淡水总量基本上保持不变,人口的增长意味着在20世纪人均可用淡水量显著减少,这对人类和更广泛的环境条件都产生了影响。特别令人担心的是,由于农业用水增加(在21世纪初占可用淡水资源的87%)和城市化,用水增加的速度是人口增加速度的两倍以上(Bates, Kundezewicz, Wu & Palutik of 2008)。

为了解决农业、工业和能源行业不断增加的用水需求以及由于人口迅速增加而产生的饮用水需求,整个流域和区域的水文状况可以通过建造水坝、堰、运河以及使河流改道来改变。这些工程结构对下游水系的水量、水流状况(如水流的季节模式、低流量或断流时间)和水质产生深远的影响。像中国三峡大坝和印度萨达尔萨诺瓦大坝这样的大型工程,就是水系在为人类用途进行改造之后将产生复杂的水文、生态和社会经济影响的例子。

尽管这些努力都是为了产生和维持水的可靠供应,但是,缺水在世界的很多地区都是一个不断涌现的威胁。缺水意味着水资源不足以满足某个地区或区域长期的平均需求。目前,大约12亿人生活在自然缺水的地区,而世界上四分之一的人口生活在发展中国家,他们由于没有合适的供水和(或)水处理基础设施而导致缺水(WHO 2009)。为满足用水需求而进行的持续努力越来越多地导致不可持续的水资源管理和利用;当要求的用水量超过供应量时,就会发生这种情况。

另一个挑战不仅与人口增长有关,而且还与不断增强的城市化有关——由于卫生条件落后而对水质造成的损害。大约有26亿人缺乏基本的家庭卫生设施,他们使用简单的化粪池系统、公共厕所或者开阔的田野和海滩。这种卫生设施的缺乏,通过水体和粪-口途径传播细菌、病毒和原生动物疾病(包括但不限于霍乱、伤寒、痢疾杆菌、脊髓灰质炎、肝炎、贾第鞭毛虫和隐孢子虫)给人类健康构成威胁。

并不是只有卫生条件落后的地区存在水质低下的威胁。污水处理厂下游的水道会受到人类排泄的各种溶质的影响:来自塑料的内分泌干扰物、避孕药和类固醇;药物(如β-受体阻滞剂、抗癫痫、抗抑郁和抗高血压药物);盐和重金属。人类处于食物链的顶端,因此,复杂化合物的摄入和生物积累可以对我们排泄点以下的环境产生影响。此外,不断增加的城市人口产生来自制造、工业和家庭的各种废物,而农村地区则广泛使用除草剂、杀虫剂和化肥。所有这些物质(尤其是那些溶入沉淀物的物质)都可以对污染源和下游很远的流域的地表水和地下水造成污染。的确,世界上很多地区存在的与人类使用有关的供水问题主要是水质问题而不是水量问题,这一般是由人类对水源的污染造成的。这些因素代表着对人类健康和死亡率、生态系统功能和健康以及可持续性产生的日益增长的巨大压力。

未来展望

关于21世纪水资源的管理,决策者所面临的挑战是众多和多方面的。水对生态系统的功能和健康是必不可少的,而且水的供应必须满足迅速增长的人口需要以及相关的灌溉农业和工业用户的需要。可用水量有一个下限,低于这个下限就会出现供水压力和缺水,而且可能会出现短期内不可逆转的后果。人类活动对水量和水质带来的威胁可以发生在局部、区域或流域尺度上,也可以跨越地缘政治的界限。

由于气候变化以及不断变化的生物物理、社会经济和地缘政治环境,这些挑战必须在全球动态背景下进行处理。管理还要基于可持续性的原则,这些原则旨在使最终的社会、经济和环境结果最优化和综合化。水资源管理的职责被前非洲科学院主席托马斯·奥迪阿姆博(Thomas Odhiambo)把握得非常准确。他说:“作为一项基本人权和国际义务,在21世纪要让所有的人都能够公平地分配和获得淡水,这种管理的艺术和实践是有限大自然中所有与跨界自然资源有关的道德问题的基础。”

在全球范围内保证用水需要通过改善效率来保护水源的各种努力。这些效率的改善可以采取各种形式——限制城市用水、改善灌溉技术、通过分配程序给地表水和地下水的使用设定可持续性上限、对高价值、低用水作物优先配水以及开发用水量少的作物物种。此外,公平用水和供水需要治理和制度的保障。

水文科学支持所有这些为后代管理地球水资源的工作。重要的水文知识包括水的特性、淡水的可用量、在不同时空尺度上水的存量和流量、河流发源地与河口之间的连通性及地表水与地下水之间的连通性、使水质退化的各种过程以及人类活动对水质和水量的影响。

萨拉·加布里埃尔·比维斯（Sara Gabrielle BEAVIS）
澳大利亚国立大学

参见：流域管理；群落生态学；大坝拆除；地下水管理；人类生态学；灌溉；大型海洋生态系统（LME）管理与评估；海洋保护区（MPA）；海洋酸化的管理；雨水吸收植物园；视域保护；废物管理；水资源综合管理（IWRM）。

拓展阅读

Bates, B. C.; Kundzewicz, Z. W.; Wu, S.; & Palutikof, J. P. (Eds.). (2008). *Climate change and water: Technical paper of the Intergovernmental Panel on Climate Change*. Geneva: IPCC Secretariat.

Foster, I. D. L., & Charlesworth, S. M. (1996). Heavy metals in the hydrological cycle: Trends and explanation. *Hydrological Processes*, *10*, 227–261.

Gleick, P. (2008). *The world's water 2008–2009. The biennial report on freshwater resources.* Washington, DC: Island Press.

Jie Liu, et al. (2011). Water ethics and water resources management. Ethics and Climate Change in Asia and the Pacific (ECCAP) Project, Working Group 14 Report. Bangkok, Thailand: UNESCO.

Wagener, T., et al. (2010). The future of hydrology: An evolving science for a changing world. *Water Resource Research*, *46*, W05301.

World Health Organisation (WHO). (2009). *World health statistics.* Retrieved June 1, 2011, from http://www.who.int/whosis/whostat/2009/en/index.html

I

指示物种

对我们生态系统的可持续性构成很多威胁的效应常常难以检测，有时候这些效应展现得太晚，已经无法采取纠正措施。从某些分类单位选取一个或一组物种并对其进行监控，可以对生态系统的变化提供预警，这种监控也可以用于对恢复这些地区所做工作的成功程度进行度量。

全球的生态系统面临各种威胁，从局部尺度（如污染或物种引入）到整个景观的生境破碎化，再到气候的变化，从而有可能影响整个世界。这些威胁必须得到监控，以便能够认知它们对生物群以及与它们相关的生态系统功能和过程的影响。尽管直接观察（如比较一个利用率很高的公园几年来拍摄的照片或者采访对某个地区有长期记忆的当地人）在这方面有其价值，但变化常常过于微小，用这种方法难以检测。正是在这种情况下，利用指示物种可以为检测变化提供敏感的度量。但问题是，利用什么物种呢？

利用指示物种（一般称为指示生物）并不是新东西（参见下一页上有关这个问题的补充说明）。在古代，村民们利用对植物和动物的观察来理解季节和土壤或水道的状态。然而，只是到了20世纪初，植物学家才正式利用植物物种来指示各种土壤类型或各种植物群落的存在。也是在那个时候，欧洲科学家开发了一种系统，利用水生生物（如蚊幼虫和线虫）来度量污水和其他废物的影响（那时污水和废物可以任意排入河中）。自那时起，人们做出了各种艰苦的努力来找到理想的指示生物，并出版了书籍、无数的论文、甚至专门的期刊（如《生态指示物种》、《环境指示生物》和《环境指示生物学刊》）。

表I1列出了被用作指示生物的几种生物类型及其应用的例子。

表I1 指示生物及其应用

指示生物分类	应 用 举 例
硅藻	河流健康；湿地水质
地衣	工业区域周围的空气污染
真菌	空气或水污染；气候变化的潜在指示生物
高等植物	土地的保护价值；土壤中金属的存在
蜘蛛	矿场康复的进展
昆虫(如甲壳虫、蚂蚁)	矿场康复；着火的影响；环境质量
鱼类	河流健康；入侵鱼类的影响；污染监控
陆生脊椎动物	土地的保护价值

来源：作者(2011).

用于评估各种类型环境改变的指示生物分类的例子。

把指示生物当作环境监测手段

利用指示生物来监测环境条件已有几个世纪的历史。一个经典的例子是矿工把金丝雀带到井下来监测空气的质量。如果金丝雀死了，就说明甲烷或二氧化碳已达到危险的浓度。在最近的历史上，科学家开始把基因工程指示生物用于某些特定目的。例如，1998年，植物拟南芥通过基因工程改造用于对切尔诺贝利核事故留下的核污染做出反应(Patent Lens 2011)：辐射断开了DNA联结，从而使基因突变增长。如果某个地区的辐射浓度较高，突变植物的斑块就提供了可见的指示物(Kovalchuk et al. 1998)。

另一个利用植物度量土壤中有害物质的例子涉及一种野草。科学家发现了一种对确定地雷位置特别有帮助的试样。哥本哈根有一家公司称为阿雷莎，该公司对一种野草物种进行基因改造，让它对土壤中微量的TNT做出反应。如果这种野草的叶子变成了紫红色，就表示该位置有地雷(Patent Lens 2011)。

通过基因工程把植物改造为指示生物有很多优点。例如，与其花时间寻找能对某一期望地区的一种刺激做出响应的生物，不如选取当地植物并对其进行基因工程改造，来对期望的环境因子做出响应。在有些情况下，植物可以取代动物来作为指示生物。今天，利用“煤矿里的金丝雀”的做法被认为太残酷，已经不允许使用。植物提供了“取代动物系统的道德上可接受的手段”(Kovalchuk et al. 1998)。

然而，针对任何对生物进行基因改造的思想总是存在争议。改造植物不管是为了探测辐射还是为了生产体积更大的作物，令人担心的是，改变一个植物的基因可能会对生态系统产生意想不到的副作用。

本书编辑

来源：

Kovalchuk, I.; Kovalchuk, O.; Arkhipov A.; & Hohn, B. (1998, November 16). Transgenic plants are sensitive bioindicators of nuclear pollution caused by the Chernobyl accident. *Nature Biotechnology*, 11, 1054–1059.

Patent Lens. (2011). Examples of bioindicators. Retrieved October 18, 2011, from http://www.patentlens.net/daisy/Bioindicators/g1/2223.html

指示物种的特性

指示物种是一种生物，它的存在、消失、多度或条件能够展示其所在环境的某些重要特征。有些物种能在各种环境条件下继续生存，因而可能不是好的候选物种。有的可能对环境条件变化极其敏感，使它们更有可能用于生物指示。

南非科学家梅洛迪·麦吉奥赫（Melodie McGeoch 1998）指出，指示生物有各种类别。当它们被用于度量环境的健康、状态或条件时，它们被称为环境指示生物或生态指示生物。前者通常专门用于涉及受人类扰动的情况（如开矿），而后者往往涉及更加自然的生态系统的保护（如研究全球变暖对本地森林生态系统的影响）。此外，有些群组可用作其他分类的多样性或集群构成的替代物；这些物种被称为生物多样性指示生物。它们对那些无法对所有存在的物种进行取样的不同生态系统特别有用。

指示物种应用于各种层面的生物监测。有的可用于单个生物的层面，如把鱼用于监测水中各种污染物浓度的效应。单个的鱼可以放入水族馆，其中不断加大污染物含量等级，然后观察鱼的反应，或者度量发生的生物化学异常，就像美国环境毒物学家迈克尔·富尔顿（Michael H. Fulton）和美国渔业研究员彼得·基（Peter B. Key 2001）对鱼类和无脊椎动物接触有机磷杀虫剂（如马拉硫磷或毒死蜱）的情况所做的分析那样。这一点极其重要，因为有机磷会干扰这些生物以及人类的神经突触传递。当对生物化学变化进行调查时，它被称为生物标志物（而不是指示生物）研究。其次，选定生存环境中的所有物种都可用于指示其条件或状态。例如，有人尝试找出那些仅存在于古老林地的植物物种，它们可能对确定具有特别重要保护意义的地区或对跟踪林地恢复的进展很有价值。马丁·赫米（Martin Hermy）和其同事（1999）对这方面的工作做了大量的分析。第三，生物的整个集群可用于对环境条件或状态做出某种指示。对环境产生的压力常常导致各种变化，例如，当森林经历干旱或受到践踏时，就会出现落叶层变干、林冠变疏或者植物物种丧失。在这里，可以度量一组物种，从而产生一套复杂的数据，当进行分析时，就可以提供有关环境的各种信息。这方面的一个很好的例子是地球网项目，它是由芬兰科学家贾里·尼迈拉（Jari Niemelä 2000）和其他人提出的。该项目利用步甲集群来评估人类造成的景观变化并对相应的管理做法提供协助。地球网在选定的地点引入标准化的抽样方案，代表从城市中心到周围乡村这样一种人为扰动逐步递减的梯度。步甲被选作指示物种组是因为它们种类较多（不管是从分类学上还是从生态学上），数量较多，而且对环境变化比较敏感。

虽然不一定很完整，但指示物种往往来自包含如下特性生物的分类群组：

- 数量多的生物，容易找到和收集数据；
- 容易采样的生物，不需要特别专业的技能和采集程序；
- 容易识别或者可用当地知识来命名的分类物种；
- 物种丰度较高的群组，从而能产生信息含量较高的样本；
- 包含带有特化生存环境或者摄取特性的物种，因而易于对变化的环境条件做出反应；
- 容易对化学品进行生物积累的物种，

它们常常是较高营养等级的代表。

需要补充的是,目标生物最好没有巨大的季节性变化,否则就会为监测带来后勤上的困难。这就是大型真菌并不常用的原因;它们结果时间往往比较短,不一定能够预测。

用作指示生物的分类

淡水系统中对指示生物的选择比较成熟,这些指示生物包括淡水蠕虫、软体动物、各种甲壳动物(如虾和小龙虾)和昆虫幼虫(包括石蚕蛾、石蝇、蜻蜓、蜉蝣、蠓等)。直到最近,当考虑陆地生态系统时,生物学家才通常利用植物作为主要的指示生物来源;以前,如果他们确实要考虑动物,他们往往会重点考虑富有魅力的大型动物、鸟类、哺乳动物、爬行动物和两栖动物。最近,无脊椎动物的利用逐步增加,例子遍布世界的大部分区域。今天,我们看到蜘蛛、螨类、跳虫(弹尾目昆虫)、半翅目昆虫(蝽)、甲虫、蚂蚁和很多其他群组都被用作环境特性或生物多样性极好的指示生物。根据澳大利亚科学家艾伦·安德森(Alan Andersen)和乔纳森·梅杰(Jonathan Majer)(2004)的说法,蚂蚁是目前最常用的群组,它们作为指示生物的价值最近由这些作者做了分析。它们的价值源于这样的事实:它们无处不在、数量众多、种类多样、功能作用巨大、对环境变化敏感、便于采样。

据安德森(1999)所述,指示生物的选择往往会受到个人对某个群组的兴趣、分类学家是否可用或者只是被从业者成功宣扬为有潜力群组的影响。现在,人们的兴趣是找出哪些分类最有效、哪些分类处理起来最实用和费用低廉。几项研究试图回答这些问题——他们列出一个理想的指示生物的标准清单,然后根据这个清单分析各种分类的特性。采用这种方法的例子包括英国研究人员杰里米·霍洛威(Jeremy Holloway)和纳吉尔·斯托克(Nigel Stork 1991)及其美国同行乔迪·希尔迪(Jodi Hilty)和艾迪娜·莫林林德(Adina Merenlender 2000)的研究论文。还有人尝试比较植物、脊椎动物和选取的无脊椎动物作为指示生物的有效性。

尽管这些群组中的大部分都具有生物指示的价值,但很少能够提供有关环境经历的各方面变化的信息。为此,很多人——包括英国昆虫学家彼得·哈蒙德(Peter Hammond 1992)——认为,应利用分类"购物筐",让选取的分类提供有关变化的相互补充的信息。例如,要想监测矿场恢复的进展,勘测时可以让弹尾目昆虫提供分解过程的信息,让半翅目吸食性昆虫指示下层植物的多样性和健康状况,让苍蝇和黄蜂指示授粉情况,等等。包含一个或多个更有针对性的脊椎动物物种也可以提供有关正在恢复地区的保护价值的信息。

由于人类活动和人口的增加,我们的世界所经受的压力也在不断增加,我们生态系统(自然生态系统、林业生态系统和农业生态系统)的可持续性受到威胁。要想理解这些威胁及其所带来的变化,我们就需要用可靠、廉价和容易使用的工具来监测这些地区。指示生物提供了这样的机会,土地管理者和生态保护机构可以经常使用这些指示生物,以便进行评估并在需要的时候采取补救措施。

乔纳森·戴维·梅杰(Jonathan David MAJER)
科廷大学

参见：生物多样性；生物地理学；边界群落交错带；富有魅力的大型动物；边缘效应；生境破碎化；入侵物种；关键物种；爆发物种；植—动物相互作用；残遗种保护区；稳态转换；恢复力。

拓展阅读

Andersen, Alan N. (1999). My bioindicator or yours? Making the selection. *Journal of Insect Conservation*, *3*, 61–64.

Andersen, Alan N., & Majer, Jonathan D. (2004). Ants show the way Down-Under: Invertebrates as bioindicators in land management. *Frontiers in Ecology and the Environment*, *2*, 291–298.

Busch, David E., & Trexler, Joel C. (2003). *Monitoring ecosystems: Interdiciplinary approaches for evaluating ecoregional initiatives*. Washington, DC: Island Press.

Downes, Barbara, et al. (2002). *Monitoring ecological impacts: Concepts and practice in flowing water*. Cambridge, UK: Cambridge University Press.

Fulton, Michael H., & Key, Peter B. (2001). Acetylcholinesterase inhibition in estuarine fish and invertebrates as an indicator of organophosporus insectide exposure and effects. *Environmental Toxicology and Chemistry*, *20*, 37–45.

Gardner, Toby. (2010). *Monitoring forest biodiversity: Improving conservation through ecologically responsible management*. London: Earthscan.

Hammond, Peter M. (1992). Species inventory. In Brian Groombridge (Ed.), *Global biodiversity status of the Earth's living resources* (pp. 17–39). London: Chapman & Hall.

Hawksworth, David L. (1995). *Biodiversity: Measurement and estimation*. London: Chapman & Hall.

Hermy, Martin, et al. (1999). An ecological comparison between ancient and other forest plant species in Europe, and implications for forest management. *Biological Conservation*, *91*, 9–22.

Hilty, Jodi, & Merenlender, Adina. (2000). Faunal indicator taxa selection for monitoring ecosystem health. *Biological Conservation*, *92*, 185–197.

Holloway, Jeremy D. & Stork, Nigel E. (1991). The dimensions of biodiversity: The use of invertebrates as bioindicators of human impact. In David L. Hawksworth (Ed.), *The biodiversity of microorganisms and invertebrates: Its role in sustainable agriculture* (pp. 37–61). London: CAB International.

Karr, James R., & Chu, Ellen W. (1999). *Restoring life in running waters: Better biological monitoring*. Washington, DC: Island Press.

McGeoch, Melodie A. (1998). The selection, testing and application of terrestrial invertebrates as bioindicators. *Biological Reviews*, *73*, 181–201.

Niemel, Jari, et al. (2000). The search for common anthropogenic impacts: A global network. *Journal of Insect Conservation*, *4*, 3–9.

土著民族和传统知识

本土知识有很多形式，它反映了由外力引入的文化、地理位置和历史影响。尽管由不同的标准进行度量，但本土知识逐渐被认为是西方科学的基础。土著民族和西方学者已经开始了协作分享和知识沟通的实践，从而相互学习并分享那些可以应对人类可持续性挑战的知识。

作为所有知识的来源，本土和传统知识体系对所有人类都非常重要。社会、经济、政治和环境可持续性挑战的复杂性使得全球的学者、政治领袖和神学家去寻找知识的来源，这些知识将能够为那些影响地球上每个人和每件事的问题提供最佳解决方案。土著民族自己也通过分享他们的知识来参与可持续发展问题的解决，以换取对他们的保护。

伴随着社会不断发展与其他民族、地球和宇宙之间的关系，知识体系也就产生于人类文化之中。用什么定义“本土知识”和“传统知识”这两个术语？它们有什么差异和相同之处？有些知识体系是不是比其他知识体系更重要或更有价值？世界上只有一种“科学”还是具有很多种科学？本土知识或传统知识能否用于解释那些威胁人类的日益严重的挑战（如贫困、粮食安全、气候变化、战争与和平、疾病）？土著民族能够提供他们有关知识的内容和形式的观点，全球学术界正与政府、企业、非营利组织和国际组织一起，共同对本土知识和传统知识做出解释、定义和评论。

20世纪60年代后期开始的社会、经济和政治全球化把大都市和土著社会推得更近，从而对他们之间的有效沟通产生了更大的需求。当土著民族积极参与解决由人类行为或自然现象产生的复杂问题的时候，学术团体、国家决策者、非营利组织和企业规划者也认识到本土知识和传统知识在制订面对21世纪挑战新策略过程中的重要性和实用性。当联合国人权委员会于1973年任命尤塞·马丁内斯·科沃（José Martínez Cobo）为特别报告员来从事一项为期13年的“歧视土著居民问题研究”（UNCHR 1986）的时候，尤其是联合国大会于2007年通过《联合国土著民族权利宣言》(UNDRIP)之后,弥合大都市和土著社会之间显著的知识差距就成为一个公认的优先计划。现在,国际组织、非政府组织、政府和土著民族本身正在努力记录和表述本土知识体系,以便为寻找可持续发展解决方案做出贡献。

本土和传统知识

土著民族的知识和智慧传承包含有关各种主题的重要信息,包括建筑、灌溉、健康与营养、子女养育、植物科学、森林管理和天文学。解释和理解本土知识体系,在寻求人类可持续生存问题的解决之道和有效应对气候变化的不良影响方面,已经成为当务之急。理解本土和传统知识是一项复杂的工作,因为这种知识的语言常常隐藏在古老的语言和文化实践中,各土著民族之间存在复杂的多样性,而且其土著社会有时位于偏远和无法到达的地方。

土著民族存在于除南极洲以外的每一个洲。研究人员对土著社会的数量存在争议,但最常见的土著民族数量介于6 000到7 000个。识别这些不同民族的特征可以是语言、历史、领地位置和气候环境、传统、社会、经济与政治实践以及文化。一个群体与其他群体的封闭程度或交往程度会影响到知识体系是某个民族特有的还是属于更广泛民族的一部分。

"本土知识"常常等同于"传统知识",而且它们的确常常互换使用。用词很重要,因为使用本土知识(IK)、民族生态学、地方知识、本土技术知识(ITK)、民间知识、传统知识(TK)、本土科学、传统环境知识(TEK)或者干脆民族科学可以展示出一个人或团体如何触及一个议题或提出相关假设(Ellen & Harris 1996)。戴维·特恩布尔(David Turnbull)在他的文章《挖掘不可比较的知识传统》中引用了几个研究人员的话,他通过下面的表述给出了"地方知识"的具体意思:地方知识产生于对地方环境或在某一地点的观察并被特定团体的人民所掌握。他还继续解释下面的观点:传统知识是"知识和信仰的积累体系,是通过适应过程演化而来的,并通过文化传承代代相传"(Turnbull 2009;引自Fikret Berkes & Carl Folke)。不管你选用哪种形式,本土知识识别出与特定民族和地方有关的特定知识体系,涉及对信息、事实、思想、真理或原则的理解或掌握。本土知识的例子包括建造埃及(约公元前2500年)、玛雅(约公元前1000年)和密西西比(约公元800年)金字塔、阿纳萨齐古城(公元前1200年)、马丘比丘城(约公元1400年)、山顶库斯科城(约公元1100年)或古城堡(如锡吉里亚古城堡,约公元前300年)的建筑和建造原则和思路。本土知识还影响了西藏王国(约公元前100年)和现代斯里兰卡系统化设计的渡槽。在全世界,土著民族不仅参与了那些产生了大量陆地和水上(河流、湖泊和海洋)运输系统的工程项目,而且还参与创建了健康与治疗系统(如阿育吠陀,公元前1500年)、宇宙学和数学或计数系统(斯威士兰计数,约公元前35000年;北欧数字,约公元前3000年;埃及数学,约公元前2000至公元前1800年;玛雅数学,约公元前2000年;中国数学,约公元前300年;或波斯数学,约公元700年)。历法系统、社会组织、经济系统、加工的纺织品、木材与石头建筑、用于工具和装饰的金属冶炼以及有组织、系统化的食物与自然资源管理系统都是根据本土知识创建的。在这些知识当中,有些影响着当代的知识体系,但很多仍需要进一步挖掘。

传统知识常常是指知识的更广义的表达,它把一个或多个民族与和个人或家庭有关的久经考验的思想和做法联系起来。这样的知识可能包括精神咒语或治疗方法,捕鱼、打猎和其他获取食物的方法,制造篮筐或其他容器的样式和方法以及艺术形式(如绘画、雕刻、唱歌、弹乐器、跳舞和雕塑)。虽然本土知识和传统知识存在差异,但这两个词以及其他相关词语的意思之间也有足够的交叉,使得它们可以互换使用。

确定"本土知识"的定义

尽管学者(包括土著的和非土著的)、组织和机构提交了很多论文来给出"本土知识"的各种定义,但共同的认知和广泛接受的定义还没有出现。根据使用该词的期望用途(学术的、政治的、政策性的或人口统计学的),各位作者不愿意使它变得太具体,而是努力包括被土著民族使用的很多不同知识体系。

埃里卡-艾琳·泽斯(Erica-Irene Daes)大部分时间都担任联合国土著居民工作组的主席兼报告员(实际上是从1982年到2006年),她给出了"本土知识"的学术和工作方针定义:"土著民族的遗产并不仅仅是物品、故事和仪式的集合,而是一个完整的知识体系,它具有自己的认识论、哲学以及科学与逻辑效力的思想"(Daes 1994,第8段)。该定义旨在用于所有不同的本土知识体系,因而在政策上具有广泛的适用性,但当讨论某个特定民族或某些特定民族的特定知识体系时,其适用性就非常有限。你可以用这个定义去开始探索本土知识体系,但不会真正把握或理解特定的知识体系。

联合国环境规划署把定义本土知识的较为宽泛的方法与不同土著社区存在不同知识体系的认知结合起来。其给出的定义如下:

本土知识可以宽泛地定义为一个土著(地方)社区几代人在某个特定环境下积累的知识。该定义包含所有形式的、使该社区能够在其环境中实现稳定生活的知识——技术、窍门手艺、做法和信仰。一些术语在表示本土知识的概念时可以互换使用,包括传统知识、本土技术知识、地方知识和本土知识体系。

本土知识对每种文化和社会来说都是特有的,它扎根于社会实践、体制、相互关系和礼仪之中。本土知识被认为是地方知识的一部分,因为它扎根于特定的社区并处于更广泛的文化传统之中。它是生活在那些社区的人民产生的一套经验(UNEP 2011)。

国际复兴开发银行(即人们熟知的世界银行)注意到了本土知识不同定义之间的争议,但它更倾向于下面的观点:

本土知识源于并持续适应于不断变化的环境,它被代代相传并与民族的文化价值观紧密相连。本土知识也是穷人的社会资本:他们致力于生存、生产食物、构建住所或掌控自己生活的主要资产(世界银行)。

世界银行的这种方法是功能性的,它专门把本土知识应用于发展问题及其解决方案。

这些定义试图把本土知识作为一个完整的体系来给出宽泛的解释,而有些学者更愿意缩窄本土知识的定义,把它的意思限定在地方和环境议题之内。加拿大研究员路易丝·格雷尼尔(Louise Grenier)把本土知识定义为

"存在于或源于某个特定地理区域的土著男人和女人具体条件的独特、传统、地方知识"(Grenier 1998, 1)。

作为他们在玻利维亚和威尔士从事研究工作的结果，社会学家阿尔贝托·阿尔塞(Alberto Arce)和研究员埃莉诺·费舍尔(Eleanor Fisher)提出，观察本土知识的个人"对知识做出的功利主义表述"只是对知识或"地方知识"的日常应用做出的模糊解释，这种方法没有注意到一个民族所面临的政治和社会挑战(Arce & Fisher 2003, 80)。根据这一观点，使用一个观察"透镜"会无助于理解处于社会、经济和政治环境之下的知识。它丢失了关于这种知识如何被应用于一个民族的挣扎这样的信息。要想真正实现本土知识的完全应用，就必须要认识社会和政治背景并弥合文化的界限。阿尔赛和费舍尔提倡知识的协商交流和认可知识的应用。

为了响应国际科学理事会(International Council for Science, ICSU)工作组一项研究(认为本土知识不能被整合)发出的挑战，学者们开始担当起定义本土知识的重任。国际科学理事会认为，这种知识"不同于科学知识的原因在于它的地方性、地点关联性、多样性，因而无法进行比较，也不能用共同的标准进行验证"，但它是一门影响了西方科学的科学(Fenstad et al. 2002; Aikenhead & Ogawa 2007)。特恩布尔接受本土知识各不相同的思想并认为那是一种优势，他引用了加拿大安大略省学者乔治·赛法·代(George J. Sefa Dei)(在尼日利亚和加纳做过很多研究)的定义：

与长期居住某一地方有关的知识体系。该知识指的是传统规范和社会价值观以及指导、组织和调节人们的生活方式并使他们的世界具有意义的精神理念。它是给定社会群体的经验和知识的总和，在面对熟悉和不熟悉的挑战时构成决策的基础(Dei, Hall & Rosenberg 2000)。

文化的冲突

戴安娜·泰勒(Diana Taylor)(一位关注美洲尤其是拉丁美洲表演艺术的学者)坚持认为文化有两个部分。她把其中的第一部分归因于社会学家[如19世纪德国社会学家马克斯·韦伯(Max Weber)和20世纪美国人类学家克利弗德·纪尔兹(Clifford Geertz)]的思考。泰勒指出，在这种观点之下，社会科学家宣称文化具有恢复性、持久性和自我识别性。泰勒引用纪尔兹的文章认为，文化是包含在符号里的各种意义的历史传播模式，是用符号形式表达的传承思想体系，通过该思想体系人们交流、延续和发展他们生活的知识和对待生活的态度(Taylor 1991, 91)。这种观点在社会科学家中间比较普遍，它强调了跨文化交流的困难。这种观点声称，本土知识和传统知识即使能够跨越文化边界表达意义也是极其困难的。

"分离和平等"与"逐步融合"代表着描述"文化冲突"的两种对立的观点，延伸开来，也代表着知识体系之间的争执。

跨越文化界限的知识传递

土著社会的知识体系一直被放置一边，好像它们游离于被公认的西方知识之外。西方学者和科学家对本土知识所做的更深入的调查，展示出珍视不同知识体系和扩展全球知识基础的重要性,以便应对可持续发展、气候变化、粮食安全、健康、气候难民与饥荒和政治稳定所面临的挑战。随着全球化趋势不断加速人类之间的交往,跨越文化界限来分享一系列问题的知识、见解和解决方案已经变得越来越急迫。

知识的多样性

土著民族的知识体系随地点和区域的不同而不同,从而反映出每个民族的文化独特性,而这种独特性源于他们与土地和宇宙之间动态和演进的关系。并不是只有一种本土知识,而是有很多种。虽然获取知识的来源、结构和方法不同,但变化和联系的主题却反复出现。

鲁道夫·赖瑟(Rudolph C. Ryser)是美国土著部落考利茨的成员和世界土著研究中心(the Center for World Indigenous Studies, CWIS)的创始人,他注意到存在很多表达不同民族知识的认知方式。他写道,有"五种不同但又相互关联的产生认知的思维模式,从而实现意识的最终表达:理解生活的宇宙"(Ryser 1998, 19)。虽然存在很多具有文化活力的知识体系,但赖瑟认为是希腊人、中国人、罗马人、努比亚人、印度雅利安人和玛雅人创建了文明社会的知识体系。希腊人基于思想的知识体系产生于对事件随时间重复的观察和循环。中国人和努比亚人贡献了一个基于宿命论的知识体系,在这个体系中,知识是根据必然性和确定性来表达的。罗马人的思想体系被罗马天主教会以神佑论的形式世代相传而得到放大,在这个体系中,知识基于这样的信仰:上帝的意志显现于所有事情中,而且上帝的意志会事先决定事情的结果。进步主义[植根于17世纪法国哲学家勒内·笛卡尔(René Descartes)思想的一种思维模式]把知识基于理由、经验证据和持续的变化。来自笛卡尔时代的观点认为,知识会向好的方面发展(进步),而那些被认为是落后或原始的东西将不可避免地被扔进历史的垃圾堆。赖瑟提出了也能产生新知识的第五种思维模式——美洲在建立殖民地之前的典型知识体系。他把该体系比作一个螺旋,声称负责在美洲构建金字塔、大城市、数学体系、历法、农业系统和社会秩序的土著民族依赖不断变化的条件,一个事件在某个地点的根据不一定被用作将来的根据。这些知识体系的例子反映了世界上不同地方的人们长期经验的多样性。

所有这些知识体系都为欧洲17世纪启蒙时代所确定的"西方科学"(即赖瑟称作的进步主义)做出了贡献,其中"人文主义通过限制人类的理性需求来产生一种人性"(Watson &

Huntington 2008, 258)。本土知识应被理解为等同于西方科学，例如，土著民族的知识(像与猎取野生动物为食有关的知识)应与野生动物学家和生态学家的知识相提并论。本土知识体系实际上可以表达所有西方科学领域中的概念和思想，而且随着时间在整体上一直都在直接和间接地影响着西方科学。

本土知识和当代挑战

20世纪60年代以来，人类活动和自然变化导致了环境的显著变化，面对这样的变化，世界各地的经济受到了水资源短缺、荒漠化、水土流失、森林退化、社会混乱和水体污染的困扰。由联合国环境规划署领导的一些国际机构早就开始了寻找解决方案的工作。20世纪70年代，土著民族的权利被引入到联合国全球议程中，到20世纪80年代，新的世界协定和协议开始考虑土著民族的知识如何有益于世界经济的可能性，尤其是那些涉及环境、自然资源和气候的协定和协议。

联合国环境规划署创立生物多样性特设专家工作组5年之后(1988年11月)，《生物多样性公约》(CBD)在192个成员国的支持下，于1993年12月成为正式法律。该公约特别引人注目，因为它包含一项专门条款，主张签署国要尊重、保存和维护本土知识；该公约强调要分享本土知识应用于生态保护和可持续发展时的益处。该公约使用的特定语言使得在后续协定和协议中也包含了类似的语言。具体来说，生物多样性公约(2011)的第8(j)条写道：

> 每一缔约方应尽可能并酌情：依照国家立法，尊重、保存和维持土著和地方社区体现传统生活方式而与生物多样性的保护和持久使用相关的知识、创新和做法并促进其广泛应用，由此等知识、创新和做法的拥有者认可和参与其事并鼓励公平地分享因利用此等知识、创新和做法而获得的惠益。

1994年3月，联合国成员国通过了《联合国气候变化框架公约》(UNFCCC)，从而做出了记述、理解和应用传统知识的承诺，以减少气候变化带来的不利影响并创建适应性策略。1996年，《联合国气候变化框架公约》开始谈判新的气候变化协定，以取代原来用于实施1994年框架公约的《京都议定书》。本土知识越来越成为有关实现可持续发展最佳途径的全球争论的重要部分。

1996年，传统知识成为另一项国际协议——《联合国防治荒漠化公约》(UNCCD)的焦点，从而重点关注那些面临严重干旱或荒漠化的国家。在这一领域需要利用本土知识的核心地区是非洲、中东和地中海地区。一项有关《联合国防治荒漠化公约》应关注传统知识的专门研究于1999年完成。该项研究的目的包括解释传统知识的特质、在地中海地区创建传统知识库并找出成功的途径以及评估传统技术的应用。

该协议的很多形式被用于预测和协助逃离海啸、预测和应对干旱以及在太平洋、加勒比海、大西洋和印度洋的岛屿之间进行穿行。

加州大学伯克利分校的研究人员对萨摩亚关于马马拉树皮的药用价值的本土知识极其感兴趣,他们急切地想获得这种知识和树木,以便能够提取酪氨酸激酶抑制剂——一种被认为对诊治艾滋病有益的药物(Shetty 2004)。

巴拉圭的瓜拉尼人种植和使用了几百年的"甜蜜植物",有关这种植物的本土知识展示了甜叶菊作为苦茶甜味剂的有益用途。这种植物的自然甜味被认为对增加饮料和烤制食品的甜味很有用,而不会像常用糖料那样促进龋齿、高血压和肠道菌群的不平衡。

理查德·阿特雷奥(Richard "Umeek" Atleo)是加拿大温哥华岛上努卡-纳尔斯(Nuuchah-nulth)人的世袭首领,他把他们对本土知识的看法描述为一个综合、有序的整体,它因而认识到物质和精神领域的内在关系"(Atleo 2004)。阿特雷奥的这种解释基于倾听、记忆和解读原始故事。他认为努卡-纳尔斯人的知识体系是通过oosumich方法感知的,这种方法把物质和精神领域结合来解释生活中的现象,类似于很多美国土著团体作为通过仪式的愿景追寻。因为oosumich是一种属于个人的秘密方法,所以把它与西方科学方法结合的可能性不是很大。然而,阿特雷奥认为,努卡-纳尔斯人的知识创建方法与经验方法并不矛盾,这两种方法联合应用可以弥合文化的隔阂、促进人类知识的扩展,从而可以应对人类面临的挑战。

把努卡-纳尔斯人的知识体系与其他民族的知识放到一起,来产生有益于两者的一种综合,可以展示出那些努力支持土著民族的人们所期望的结果。开发机构[如联合国开发计划署(the UN Development Programme, UNDP)]所使用的传授知识的常规方法认为,一种知识体系为"不开化民族"所面临的问题和挑战提供了更好的解决办法。这种方法由于受到被开发民族越来越强烈的抵制而迅速失效。各开发机构之间更有效的相处方法是合作和协商:各方都采取一个平等和分享的姿态。

在博茨瓦纳和纳米比亚的奥凡波兰和卡万戈地区,合作的方法用于通过本地果树的家化促进经济和环境的可持续发展。有关干旱地区树木和生长条件的最佳选择的本土知识对作物的成功繁育至关重要(UNESCO, 1994—2003)。

本土知识有助于在印度拉贾斯坦邦阿杰梅尔区斯洛拉镇一百多个村庄的机构改革,这场改革通过赤脚学院来实施。该学院成立于1972年,它利用本土知识和技能解决村庄和区域中的问题,所用的方法不同于从英国引入的教育体制。其结果是,社区开发了自己的专门知识,从而减少人们对外界帮助的依赖(村民们常常认为这种外界帮助毫无用处)。

在与人类可持续发展有关的各种人类活动中,应用本土知识的例子可以在世界各地的土著社区、村镇和城市中找到。如果能够进行合作协商,本土知识体系就会为全球知识库做出贡献,有助于应对人类所面临的挑战。

21世纪的思想转变

本土知识、传统知识和地方知识以不同的方式描述了世界上6千多个不同土著民族开发的知识体系。这些知识体系是全球知识体系的一部分，但随着欧洲人、亚洲人和非洲人于16世纪到20世纪在全球的扩散，土著民族的本土知识成为殖民统治的附庸。进入21世纪，可持续发展所面临的挑战促使人们对本土知识的态度发生了改变，认为本土知识不仅与其他形式的知识具有同等的地位，而且它的认知和融入有益于全人类的全球知识体系。

鲁道夫・赖瑟(Rudolph C. RYSER)
世界土著民族研究中心

参见：生物地理学；共同管理；人类生态学；狩猎；持久农业。

拓展阅读

Aikenhead, Glen S., & Ogawa, Masakata. (2007). *Indigenous knowledge and science revisited. Cultural Studies of Science Education, 2*, 539–620.

Arce, Alberto, & Fisher, Eleanor. (2003). Knowledge interfaces and practices of negotiation: Cases from a women's group in Bolivia and an oil refinery in Wales. In Johan Pottier, Alan Bicker & Paul Sillitoe (Eds.), *Negotiating local knowledge: Power and identity in development* (pp. 74–97). Sterling, VA: Pluto Press.

Atleo, E. Richard. (2004). *Tsawalk : A Nuu-chah-nulth worldview*. Vancouver, Canada: University of British Columbia Press.

Awatere, Shaun. (2011). Can non-market valuation measure indigenous knowledge? Retrieved August 28, 2011, from http://www.landcareresearch.co.nz/publications/researchpubs/Awatere_Indigenous_Knowledge.pdf

Christie, Michael. (n.d.). Computer databases and aboriginal knowledge. Retrieved August 28, 2011, from http://www.cdu.edu.au/centres/ik/pdf/CompDatAbKnow.pdf

Clare, Mary M., & Edmo, Se-Ah-Dom. (Eds.). (2008). Indigenous ways of knowing. *Democracy & Education, 17* (2), 2–50.

Convention on Biological Diversity (CBD). (2011). Article 8(j): Traditional knowledge, innovations and practices. Retrieved August 28, 2011, from http://www.cbd.int/traditional/

Daes, Erica-Irene A. (1994). Preliminary report of the special rapporteur on the protection of the heritage of indigenous people (Document No.E/CN.4/Sub.2/1994/31). Geneva: United Nations Sub-Commission on Prevention of Discrimination and Protection of Minorities.

Dei, George J. Sefa; Hall, Budd L.; & Rosenberg, Dorothy Goldin. (Eds.). (2000). *Indigenous knowledges in global contexts: Multiple readings of our world*. Toronto: University of Toronto Press.

Digital Library of Indigenous Science Resources (DLISR). (2008). Homepage. Retrieved August 28, 2011, from http://www.dlisr.org/

Ellen, Roy, & Harris, Holly. (1996, May 8–10). *Concepts of indigenous environmental knowledge in scientific and development studies literature: A critical assessment*. Draft paper presented at the East-West Environmental Linkages Network Workshop 3, University of Kent, Canterbury, UK.

Fenstad, J. E., et al. (2002). *Science and traditional knowledge* (Report from the ICSU Study Group on Science and Traditional Knowledge). Paris: International Council for Science.

Grenier, Louise. (1998). *Working with indigenous knowledge: A guide for researchers*. Ottawa, Canada: International Development Research Centre.

International Institute for Indigenous Resource Management (IIIRM). (n.d.). Homepage. Retrieved August 28, 2011, from http://www.iiirm.org/iiirm_home.htm

Jones, Michael E., & Hunter, Joshua. (2004). Enshrining indigenous knowledge as a public good: Indigenous education and the Maori sense of place. Retrieved August 28, 2011, from http://mahidol.academia.edu/JonesMichaelErnest/Papers/72393/Enshrining_Indigenous_Knowledge_as_a_Publ ic_Good_Indigenous_Education_and_the_Maori_Sense_of_Place

Keeney, Bradford. (Ed.). (2000). *Guarani shamans of the forest*. Philadelphia: Ringing Rocks Press.

King, Alexander D. (2011). *Living with Koryak traditions: Playing with culture in Siberia*. Lincoln: University of Nebraska Press.

Laureano, Pietro. (1999). *The system of traditional knowledge in the Mediterranean area and its classification with reference to different social groupings*. Matera, Italy: United Nations Convention to Combat Desertification Secretariat.

Maden, Kamal; Kongren, Ramjee; & Limbu, Tanka Maya. (2009). Documentation of indigenous knowledge, skill and practices of Kirata nationalities with special focus on biological resources. Retrieved August 28, 2011, from http://himalaya.socanth.cam.ac.uk/collections/rarebooks/downloads/Maden_Indigenous_Knowledge.pdf

Ryser, Rudolph C. (1998). Observations on "self " and "knowing." In Helmut Wautischer (Ed.), *Tribal epistemologies* (pp. 17–29). Aldershot, UK: Ashgate.

Shetty, Priya. (2004, October 7). Samoa to profit from indigenous knowledge. Retrieved August 18, 2011, from http://www.scidev.net/en/news/samoa-to-profi t-from-indigenous-knowledge-deal.html

Taylor, Diana. (1991). Transculturating transculturation. *Performing Arts Journal*, *13* (2), 90–104.

Trigo, Abril. (2000). Shifting paradigms: From transculturation to hybridity: A theoretical critique. In Rita De Grandis & Zila Bernd (Eds.), *Unforseeable Americas : Questioning cultural hybridity in the Americas* (pp. 85–111). Atlanta, GA: Rodopi.

Turnbull, David. (2009). Working with incommensurable knowledge traditions: Assemblage, diversity, emergent knowledge, narrativity, performativity, mobility and synergy. Retrieved July 20, 2011, from http://thoughtmesh.net/publish/279.php

United Nations Commission on Human Rights (UNCHR). (1986, March 11). *Study of the problem of discrimination against indigenous populations* (E/CN.4/RES/1986/35). Retrieved September 26, 2011, from http://www.unhcr.org/refworld/docid/3b00f02630.html

United Nations Educational, Scientific and Cultural Organization (UNESCO). (1994–2003). Register of best practices on indigenous knowledge. Retrieved August 28, 2011, from http://www.unesco.org/most/bpikreg.htm

United Nations Environment Programme (UNEP). (2011). What is indigenous knowledge? Retrieved June 15, 2011, from http://www.unep.org/ik/Pages.asp?id=About%20IK

United Nations University–Institute of Advanced Studies (UNUIAS), Traditional Knowledge Initiative. (2011). Homepage. Retrieved August 28, 2011, from http://www.unutki.org/

University of Alaska, Fairbanks (UAF). (2011). Project jukebox. Retrieved August 28, 2011, from http://jukebox.uaf.edu/site/

Watson, Annette, & Huntington, Orville H. (2008). They're here — I can feel them: The epistemic spaces of indigenous and Western knowledges. *Social & Cultural Geography*, *9* (3), 257–281.

World Bank. (n.d.). Regions: Sub-Saharan Africa: Database of indigenous knowledge and practices. Retrieved August 28, 2011, from http://www.worldbank.org/afr/ik/datab.htm

入侵物种

生物被人类长途运送至远离其原生地的地区已产生了生物入侵的现象，这种现象几乎影响到地球上的每一个生态系统，使生物区系均质化并常常会中断生态系统的结构和功能。入侵物种的管理（即生物安全）需要进行多种干预；防止引入潜在的入侵物种常常是经济上最有效的方法。

生物入侵是一种人类（有意或无意地）把物种引入到它们以前从未存在和没有人类协助就不可能到达的地区的现象。这些物种在新的区域能否成功取决于它们的生存、定植、繁殖、散布、扩散和与接受群落中当地物种相互作用的能力。入侵生态学研究人类引入生物的各个方面，并探索它们在目标区域的生存、归化和侵入能力；它还根据人类的价值体系考虑这些生物的存在和多度所带来的代价和益处。

该领域的研究进展受到术语和概念乱用的阻碍，它影响了研究人员之间以及研究人员、公众和决策者之间的沟通。然而，在最近几年，关于一套术语表已经基本达成一致，该术语表是根据一个物种在引入-归化-入侵整个过程中所经历的阶段和它必须成功越过的障碍形成的（Richardson et al. 2000; Richardson 2011; Blackburn, Lockwood & Cassey 2009）（见表I2）。

对非本地物种的担忧

有些研究人员主张生物入侵的概念应更广泛地包含土著物种的分布区扩张，因为它们的基本过程是相同的，都涉及个体从供者群落转移到受者群落（Davis 2009）。的确，土著物种为了应对人类行为的扰动，分布区会发生明显的变化，有时会产生数量的显著增加和地理分布区的显著变化。这种分布区变化具有与入侵外来物种的情况相同的特征，有些被认为是有害的，需要管理干预。有些土著物种会变得像杂草。这样的例子包括原生披碱草（它最近扩展到整个欧洲的盐沼中）和很多在其原生分布区变得非常瘦弱的针叶树。然而，像这样的动态变化几乎总是可以归因于人类活动对环境条件的改变。在上面的例子中，人为环境条件变化包括影响披碱草的大气氮沉降、影响针叶树的灭火或放牧压力的改变。本文只讨论非本地物种生物地理入侵，因为：① 外来物种和土著物种在行为、性状和影响上存在明显的差异；② 在全球尺度上，土著物种的扩展所造成的问题与外来物种相比是微不足道的。

引入—归化—入侵连续体

虽然生物入侵被达尔文和其他同时代的博物学家所注意，但入侵生态学作为生态学的独特分支，其基础应归功于查尔斯·埃尔顿(Charles Elton)，他于1958年出版了里程碑式的著作——《动植物入侵生态学》(Richardson 2011)。20世纪80年代，在“环境问题专门委员会”(SCOPE)的资助下，一项国际计划激发了这个问题的深入研究并确定了至今仍在支撑入侵生态学大部分研究工作的三个基本问题：① 哪些物种具有入侵能力？② 哪些生存环境被侵入？③ 入侵物种的影响是什么？我们如何管理入侵？

引入—归化—入侵的概念被提出来，用于描述外来物种在一个给定区域的状态。它给出了一系列环境和生物障碍，一个给定物种必须成功跨越这些障碍才能完成“外来”、“暂存”、“归化”或“入侵”过程(见表I2)。

表I2 生物入侵领域使用的术语

外来物种 (外部、引入、非土著)	那些由人类行为导致其存在于某一区域的物种，这些人类行为使它们能够克服基本的生物地理障碍。有些外来物种(占很小的比例)在新的区域形成自行更替的种群，其中的亚群可以从引入点向外扩展很远的距离。根据它们在归化-入侵连续体中的状态，外来物种可以被客观地分为暂存、归化或入侵
暂存物种	那些在入侵区域不能形成自行更替种群的物种，其持续存在取决于繁殖体的重复引入
引入	由人类活动有意或无意产生的一个物种从原生地区到该分布区以外区域的运动
入侵物种	能在几个生命周期中维持自行更替种群的外来物种，常常能在距离母体和(或)引入地相当远的地方产生大量具有繁殖能力的后代，具有远距离扩散的能力(Richardson et al. 2000; Occhipinti-Ambrogi & Galil 2004; Pyšek et al. 2004)。入侵物种是归化物种的一个亚群，并不是所有归化物种都能变成入侵物种。该定义明确排除任何影响的意涵，完全基于生态学和生物地理学的标准
土著物种 (本地物种)	在一个给定地区进化或通过自然方式(分布区扩展)到达的那些物种；它们没有受到当地人有意或无意的干预
归化物种/定居物种	在没有人类直接干预的情况下或者即使在人类干预的情况下能在几个生命周期中或给定时间内(植物建议为10年)维持自行更替种群的外来物种(Richardson et al. 2000; Pyšek et al. 2004)。前一个术语大多用于陆地植物入侵，后一个术语用于动物入侵
杂草/害虫	常用于生长在某个地方的植物/动物(不一定是外来物种)的文化用语，它们在该地方是没用的，而且具有可检测的经济或(和)环境影响
转化物种	改变生态系统性状、条件、形式或本性的外来物种(Richardson et al. 2000)

来源：改编自理查森(Richardson 2011).

这种概念模型使得我们可以利用客观的生物地理和生态标准对外来物种的状态进行分类(Richardson et al. 2000; Richardson 2011)。实际上,只有很少比例的物种能从一个阶段走到下一个阶段。这一点被总结在百分之十规则中,该规则提出,只有10%的带来用于种植或从圈养中放出的物种变成暂存物种,只有10%的暂存物种变成归化物种,只有10%的归化物种变成有害物种。

引入途径

每一种入侵都是从一个物种从原生地理位置被引入到另一个区域开始。要想成为外来物种,它必须克服地理障碍;这是通过人类引入途径来实现的。一个适用于陆地和水生生态系统各种分类群组的通用框架识别出6类主要途径(Hulme et al. 2008):

(1) 释放:外来生物作为商品引入并有意释放(如生防菌株、狩猎动物、侵蚀控制植物);

(2) 逃脱:外来生物作为商品引入但不小心丢失(如野生作物和牲畜、宠物、园林植物、活诱饵);

(3) 污染物:随特定商品不小心引入(如交易植物和动物携带的寄生虫和害虫);

(4) 偷乘者:随交通工具不小心引入;

(5) 走廊:海相沉积盆地之间的人工走廊;

(6) 独立途径:外来物种通过跨越政治边界的自然散布而产生的不小心引入。

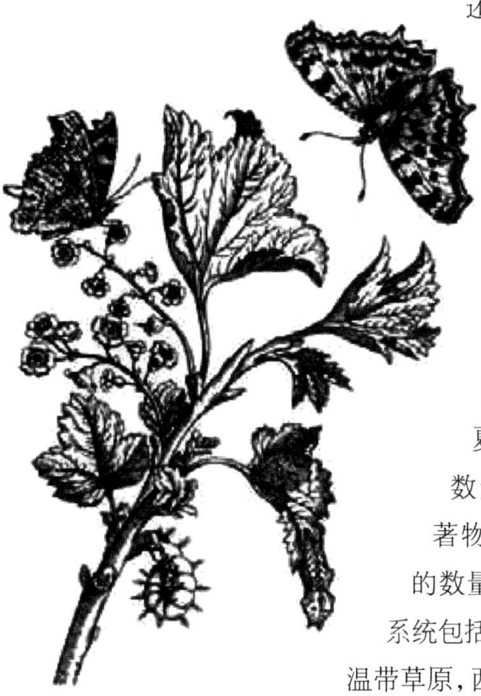

入侵热点地区

当今,物种正被加速引入新的区域。例如,在欧洲,很多分类群的外来物种在欧洲定居的速度持续增加,定居的外来植物、真菌、无脊椎动物和脊椎动物总数至少为11 000个(DAISIE 2009)。极少有地区和生态系统至今还没有外来物种的入侵。由于多种原因,几个区域已成为入侵热点地区。这些区域包括澳大利亚和新西兰、北美洲西部、南非和很多海岛。其中有些区域也是全球重要的土著物种多样性热点地区。例如,在夏威夷岛,归化植物物种数量(大概八九百)等于土著物种(大部分为特有物种)的数量。受影响最严重的生态系统包括温带草原,尤其是北美的温带草原,西部山区和加利福尼亚州的大面积草原都变成了一年生草地。此外,据估计,北美洲、中美洲和南美洲大约有一百万平方公里的潮湿和干燥的热带和亚热带森林被转化为牧场并被非洲草入侵。南非的凡波斯、热带湿地和水生形态是其他被严重入侵的生态系统的例子。地中海、先斗里海和大湖区地区是造成毁灭性水生入侵的例子。

人们提出了很多假设来解释为什么有些物种引入到新地点后会有入侵能力而其他的

却没有。其中,有些概念讨论物种和其种群的入侵性,而其他概念则关注受者群落、生存环境、生态系统或区域接受新物种的能力(即可入侵性)。但入侵性和可入侵性是同一个问题的两个方面,都要加以考虑。

与物种入侵性有关的概念

外来物种的入侵程度一般会随被引入一个区域的时间而增加,这个时间期限称为“滞留时间”。一个物种被引入得越早,它就有更多的时间去充满潜在的分布区。由于外来植物区系和动物区系包含具有不同滞留时间的物种,分析入侵决定因素的模型需要滤除滞留时间的影响,以避免出现有利于滞留时间较长的物种的偏差结果(Richardson & Pyšek 2006)。

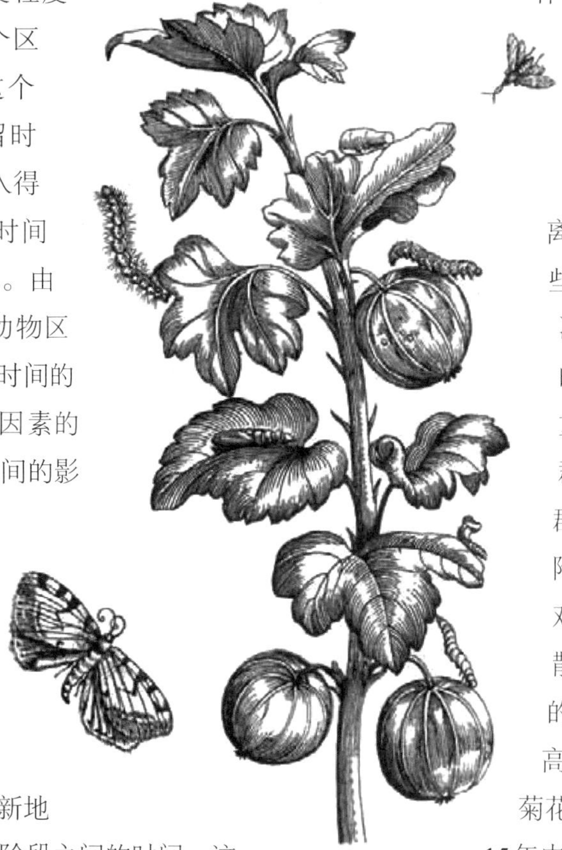

“滞后期”是一个外来物种到达一个新地区与开始其指数增长阶段之间的时间。这种延迟的原因包括一开始缺乏合适(可入侵)的地点、没有或缺乏基本的共生生物和(或)交配对象以及影响入侵过程的遗传多样性不足。滞后期可以持续几十年或几个世纪,但有些物种在引入后就能立即扩散而没有任何明显的滞后时间。与滞后期有关的是“入侵债务”的思想。这一思想认为,即使引入停止和(或)其他入侵驱动因素缓解(如繁殖体压力降低),新的入侵也会继续出现,而且已经成为入侵物种的会继续扩散并可能产生更大的影响,因为大量外来物种已经存在,其中很多处于滞后期。这一思想得到如下事实的支持:目前在欧洲国家记录的外来物种数量,用一个世纪前他们的经济是如何强大比用最近的经济指标更好解释(Essl et al. 2011)。

入侵物种很少以一个连续前沿的方式沿景观移动;其空间模式是由长距离散布事件决定的,这些事件(常常通过非标准途径发生)是少见的,但具有压倒一切的重要性。结果,入侵种群一般先通过附属种群进行扩散,然后这些附属种群再逐步联合。对植物来说,远距离扩散的平均速度比估计的本地扩散速度至少要高出两个数量级。一种菊花(Wedelia trilobata)在15年内从一个中心地带逐步扩散,覆盖了昆士兰2 500平方公里的海岸线,平均每年扩展大约167公里(Pyšek & Hulme 2005)。欧亚雀麦草(Bromus tectorum)是把北美草原变成一年生草地的主要转化物种之一,它在1890年至1930年之间,在铁路建设的帮助下,扩散到超过20万平方公里。这样的散布速度只能依靠远距离散布来解释。

有几个假设讨论遗传因素在介导入侵过程中所起的作用。一个引入的植物物种要想侵入一个新的区域,必须具有足够高的生理耐受性和可塑性,或者经历遗传分化,或者两者兼而有之,才能达到所要求的适应性。很多入侵物种,其表型可塑性高于并存的土著物种。然而,引入后的进化可以发生得很快,足以在发生入侵的时间尺度上变得有关。入侵物种可以通过以下方式进化:在建立者种群中的遗传漂变和近亲繁殖;在引入分布区内的种内杂交和种间杂交以产生新的基因型;由新环境引起的选择机制的剧变,这种剧变可能会引起适应进化的改变。杂交已证明是入侵物种进化的重要机制,而且很多遍布、成功的入侵物种最近成为异源多倍体杂交物种。有些杂交植物分类单位或基因型表现出提高的入侵性和活力(如加利福尼亚州的食用昼花属或中欧的俄罗斯藤)。有些证据表明,有些入侵物种是"天生的"(在适合度限制条件下释放),而有的则是"造就的"(它们的入侵性是引入后进化而来的),而且对每一个植物入侵事件来说,生态和进化动力的相对重要性都是很独特的(Ellstrand & Schierenbeck 2000)。

"天敌逃避假说"提出,外来物种从天敌的有害影响中解脱之后(在其原生分布区里,天敌使它们产生高死亡率和降低的生产力),会有更好的机会进行定植和占据主导地位(Keane & Crawley 2002)。"提高竞争能力的进化(EICA)假说"也基于同样的原理,这种假说预测,被引入一个缺少通常食草动物环境的植物会经历一种有利于个体的选择,因为个体会把较少的能量用于防御,而把更多的能量用于生长和繁殖。"资源–天敌逃避假说"提出,适应于高资源可用性环境的快速生长植物物种对天敌具有较少的固有性防御,因此,比来自资源短缺环境的物种更能够得益于天敌的逃避;这两种机制可以共同发挥作用,以便于入侵(Blumenthal et al. 2009)。

已知与植物入侵性有关的某些生物性状就是那些涉及尺寸、旺盛的空间生长、高繁殖力、高效散布、小的基因组大小和某些生理特征(如高相对生长率或高比叶面积)的性状。例如,松树物种(Pinus)之间入侵性的差异仅用共同构成一个有利于入侵的综合征的三个性状(即种子质量、幼龄期长度和高于平均水平种子生产年度之间的间隔)就可以做出解释。如果包括了脊椎动物完成的散布和果实的特性,木本物种的入侵性可以利用这套简单的性状进行合理预测(Rejmánek & Richardson 1996)。

由于选择世代时间短、外来属身份和地理分布区较大作为有助于种子植物入侵性的因素,"种子植物入侵性理论"突出了DNA的低含核量。地理分布区大是入侵成功的一个良好标志,其中部分的原因可能是广布物种更容易被人类知道、欣赏、收集和散布,而且还因为它们更有可能适应于更宽范围的环境条件(Rejmánek 1996)。此外,最近的研究表明,物种的生物性状所起的作用与背景有关,而与接收环境、繁殖体压力、滞留时间和气候这样的特性因子发生相互作用;这些性状的重要性会在随着入侵过程走向更高发展阶段而不断提高。

与群落可入侵性有关的概念

繁殖体压力的概念与物种入侵性和群落

可入侵性都有关系，它包含外来生物在受者群落或区域中数量、质量、组成和供给率的变化（Simberloff 2009）。繁殖体压力从根本上影响着入侵在空间（通过广泛释放或大量栽培）和（或）时间（通过长期的种植或采集）上的概率；繁殖体引入得越多，物种就更有可能完成引入-归化-入侵的全过程。

一个群落、生态系统或区域被入侵时，其程度的差异可能仅仅是由到达该群落的外来生物数量的不同产生的。因此，我们不仅需要知道一个群落是否比另一个群落拥有更多的外来物种，而且还需要知道这个群落本质上是否更容易受到入侵。我们必须区分两种度量方法。首先，可入侵性是一个群落对入侵的固有脆弱性，它用引入系统的外来物种的生存率来进行理想的度量，从而可以说明由于与当地生物群的竞争、天敌效应、偶然事件和其他因素而产生的物种消减（Lonsdale 1999）。其次，可入侵性不同于入侵等级，后者综合了可入侵性、繁殖体压力和气候的效应，被定义为在一个群落、生存环境或区域内存在的外来物种的实际数量或比例。因此，相对抗性的群落如果暴露在高繁殖体压力之下，可以被严重入侵，而相对弱性的群落如果繁殖体压力较低，也可以经历低等级的入侵（Chytry et al. 2008）。

全球规模的研究展示出了强有力的地理格局，例如，这些地理格局表明，岛屿比大陆更容易被入侵，温带农业或城市场所是最容易被入侵的生物群系，新世界比旧世界更容易被入侵，热带地区一般比温带地区不容易被入侵（Richardson & Pyšek 2006）。

在提出的解释可入侵性的各种概念中，有一个“多样性-可入侵性假说”，它认为，和物种缺乏的群落相比，更具生物多样性的群落更不容易被入侵。有关物种丰度对可入侵性的影响的实证检验产生了模棱两可的结果。对这种假说所进行的试验通常是探索土著和外来物种数量之间的关系，在很小的空间尺度（反映了物种之间的竞争，因此支持生物抗力）上，这种试验是负面的，而在较大尺度（随着更多外来物种趋于出现在土著物种丰度较高的地区）上，这种试验是正面的。

“入侵危机”指的是这样一种现象：外来物种相互支持，来进行定居、扩散和产生影响（Simberloff & Von Holle 1999）。潜在的促进效应包括入侵植物与土壤生物群的积极互动，产生有记录的从原生分布区的负植物—土壤群落反馈到入侵分布区的正植物—土壤群落反馈的转变（Callaway et al. 2004）。类似地，“草地-着火循环”（入侵性外来草本植物会改变细小燃料的分布和多度）会导致更频繁的着火，甚至会给不易着火的生态系统引入经常性的着火。这种对生态系统功能的改变有助于耐火外来物种的进一步入侵，并且对很多半干旱系统的生物多样性产生重大影响。直接协助的一个例子是夏威夷岛上外来食果鸟类，它们通过食用外来火树的果实和散布其种子来促进这种树的扩散。该树本身是侵入营养缺乏的熔岩流的固氮植物，从而使熔岩流更适合别的植物入侵。后者这种相互作用是间接协助的一个例子：一个外来物种改变了环境条件或干扰状况，从而促进了后续入侵物种的定居。

“可入侵性的资源波动理论”预测，资源可用性的明显波动如果与启动入侵所需的繁殖体可用性正好一致，会促进一个群落的可入侵性（Davis, Grime & Thompson 2000）。这是因为入侵物种必须能够得到可用资源(如植物所需的光、养分和水分,动物所需的食物、居所、空间和配偶),因为一个物种如果没有遇到来自当地物种对这些资源的激烈竞争,它入侵一个群落时就更容易成功。如果外部资源供应的速度高于当地生物群能够消耗的速度,或者当地生物群使用资源的速度下降,资源的可用性就会增加。

对生物多样性和生态系统功能的影响

在一个地区引入一个新的物种常常会改变生态系统的结构和功能。这种效应一般称为“冲击”,它可以表现在种群、群落或生态系统规模上。冲击是对一个外来物种如何影响物理、化学和生物环境的一种描述或量化。它可以用入侵物种的分布区大小、分布区内每单位面积的平均多度和入侵物种每个体或每生物量单位的效应的概念来描述(Parker et al. 1999)。《千年生态系统评估》所使用的另外一种方法根据具体类型的生态系统服务来考虑冲击:支持服务(即主要生态系统资源和能量循环)、供应服务(即商品的生产)、调节服务(即生态系统过程的维持)和文化服务(即非物质利益)(Vilà et al. 2010)。入侵物种的冲击有时候非常迅速和剧烈,尤其是导致生态系统转化的情况下。这样的例子包括显著改变火烧状况的入侵草本植物或者通过改变碳、养分和水循环来转变生态系统功能的入侵昆虫。人们发现入侵植物会在很大空间尺度上改变植被结构,例如在夏威夷岛,由于入侵植物在不同树冠高度上取代土著物种,有超过20万公顷土著雨林的结构被改变(Asner et al. 2008)。

其他效应可能比较微小、间接和缓慢,但在较长的时间尺度上,它们可能会对生态系统功能产生严重后果。例如,入侵物种通过外来授粉者、种子散布者、食草动物、食肉动物或植物的引入,可能会严重中断植物的繁殖性互利共生;由于入侵物种潜入这样的网络而产生严重冲击的证据越来越多。喜马拉雅凤仙花(Impatiens glandulifera)通过占有共同开花土著植物的授粉者来减少土著植物授粉和繁殖的成功概率。入侵物种间接降低一个土著物种的生存能力的另一个例子是发生在欧洲中部的小龙虾瘟疫:外来美国小龙虾(Orconectes limosus)是小龙虾瘟疫病原体(Aphanomyces astaci)的主要携带者,这种病原体造成土著小龙虾的大量死亡,但并不影响外来小龙虾。

生物入侵对物种丰度的影响可以转化为生物同质化——一个用于表示生物群落个性减少的术语。在过去的几个世纪,由人类活动导致的全球化通过两个基本过程改变了区域生物区系的组成:土著植物物种的灭绝和外来植物物种的引入。例如,在欧洲,由于入侵速度超过了灭绝速度,这两个过程合在一起,使得欧洲的区域植物区系变得越来越缺少特点(Winter et al. 2009)。

在世界的很多地方,这种影响对人类经济产生了明显的不良后果,例如,外来树木入侵后,南非凡波斯湿地的溪流减少;怪柳物种入侵美国西南之后,干旱和土地盐分增加;水生植物(如凤眼莲)入侵之后,造成捕鱼和航运的中断。外来植物的冲击可以用生物、生态和经济货币进行评估。在南非的凡波斯,从流域(尽管范围较大)清除外来植物所估算的代价很小，大约为这些生态系统所提供服务价值（主要是水）的5%。怪柳入侵美国西南部的河边地区，其成本效益分析表明，如果考虑55年以上的时间期限，根除这些树木从经济上说是合理的。经过对欧洲最近的生物入侵进行估算，其产生的经济代价每年大约为127亿欧元。此外，很多入侵物种的冲击还涉及各种维度的人类价值系统：它们引起或传播疾病或不适、携带宠物和牲畜的寄生虫、引起伤害或过敏、积累可以传播给人类食物的毒素、通过土壤和水污染来给人类健康带来危害、妨碍休闲或旅游活动、给美景带来不良影响以及使环境质量恶化（Pyšek & Richardson 2010）。

生物入侵的管理

管理入侵的国际、区域和当地策略制订者需要认识到，大多数外来植物物种是无害的，很多是非常有益的。制定目标时必须把有限的资源集中到那些已知或者有可能带来很大问题的物种。关键管理选项包括预防、早期探测和根除、遏制和各种形式的缓解。把这些绘制成引入－归化－入侵统一体图形，可以确定几个宽泛的区域。这些区域和为防止潜在入侵物种被引入所做的努力确定了生物安全域，即通过关键的管理选项来对生物给经济、环境和人类健康带来的风险进行管理。最后，各种形式的人为改变、协同效应和非线性都以复杂的方式影响着入侵。这些因素与气候变化有关的各种快速变化，在评估管理选项时必须加以考虑。在世界的很多地方，外来入侵物种的有害效应已得到广泛认知，多尺度（地方、区域、国家、国际）管理计划正在实施，以减少其当前和未来潜在的影响（Pyšek & Richardson 2010）。

相对于预防来说，风险评估是风险管理过程中至关重要的第一步。它用于评估一个外来物种在给定区域进入、定居和扩散的可能性以及带来的生态、社会和经济影响的范围和严重程度。对变成入侵物种风险较高的物种，防止其引入是最具成本效益的管理策略。大部分注意力都集中在以生物为基础的协议上，现在，准确率较高的筛选程序（在很多情况下高于80%）可用于不同地区和分类单位（Pyšek & Richardson 2010）。例如，在澳大利亚，人们已经表明，利用杂草风险评估方案可以使管理机构筛选出代价昂贵的入侵物种，从而产生净经济效益。有一小部分有价值的非杂草物种被错误地滤除，即使去掉这部分损失的收入，他们认为筛选可以在50年内给国家节省16.7亿美元（Keller, Lodge & Finnoff 2007）。

在很多情况下，减少外来物种引入最好的方法是通过路径管理。例如，观赏植物的交易和运输分别是植物和水生生物引入的主要途径,对涉及运输载体的清楚说明有助于采取具体的管理措施(Pyšek & Richardson 2010)。一个重要的问题涉及来自某些特定途径入侵的责任。有人建议,对通过释放(参见前面的定义)途径引入的生物,其责任在于释放申请者;对逃脱来说,责任在于进口商;对污染物来说,责任在于出口商;对偷乘者来说,责任在于承运商;对散布走廊来说,责任在于开发商;对独立途径来说,应采用谁污染谁负责的原则(Hulme et al. 2008)。前两个途径应由国家规章制度加以管理,而其他途径则需要用国际政策加以管理。这是对生物入侵进行有效管理需要复杂的多部门和多国合作的一个领域,这些计划的成功是减少外来物种流入的关键。

由于多途径引入和大量商品交易使得截获所有潜在外来入侵物种变得很不现实,所以,早期探测/快速响应措施是处理入侵物种集成管理计划另一个至关重要的部分。很多新的高科技探测工具已经开发出来,包括用于浮游生物拖网的基因探针或探测亚洲长角甲虫的DNA条形码和声学传感器。但早期探测问题突显了分类学在入侵生物学中所起的关键作用。在很多地区,外来物种来自世界各地,识别这些物种是一个重大挑战,识别错误可能带来严重后果。

生物控制在很多地区已成为可持续性控制入侵物种(尤其是植物)工作的基础,但人们对根除(清除给定管理单位内一个外来物种的整个种群)的兴趣又重新浓厚起来。哺乳动物根除起来相对容易,而且有很多成功根除(主要是在岛屿上)猫、狐狸、山羊、老鼠和其他哺乳动物的例子。最被广泛引用的项目包括2006年在加利福尼亚州一个泻湖中根除海藻(杉叶蕨藻);在澳大利亚北部的一个港口中根除海洋贻贝(沙筛贝)。也有成功根除外来入侵物种的报告,如从夏威夷岛根除蒺藜草,从澳大利亚根除草本植物地肤。然而,随着入侵规模的增加,根除工程的费用会急剧增加;考虑到这种行动通常投入的资源,这使得超过一千公顷的植物物种的根除几乎变得不可能。

改变管理方式

入侵生态学正迅速成为与其他学科(如保护生态学、恢复生态学、全球变化生物学和重新引入生态学)相互联系和相互交叉的科学。这种融合才刚刚开始,而且会面临很多挑战。我们需要有新的框架把不同学科综合起来,例如,把生态学观念与社会经济学问题结合起来。目前,在生物安全政策和策略的实施中,基础假设仍然缺乏合适的概念模式和验证手段。这些政策的每个方面都需要加以研究,以改善其科学理论的基础。入侵生态学与政策制订的界面尤其需要进行研究。

需要有更好的度量手段,以便对冲击进行量化,对需要采取行动的物种制订优先计划,协助进行区域之间信息的传递。研究所有入侵物种的冲击并不现实,一种可行的方法应该是选择能够代表分类群和环境的物种。如果这些被研究得足够详细,它们可以用作特定类型冲击的模型。

全球多方面的变化给生态学家和保护生物学家带来了重大挑战,管理生物多样性需要有新的方法。应竭尽全力使代表性区域(如保护区)免受外来物种的侵扰,但在不断增强的人类主导的环境下,需要更加务实的方法。例如，在很多情况下，更加有效的管理应该面向构建和维持能够提供关键生态系统服务的生态系统，而不是试图把退化的生态系统恢复到历史上某种“最原始”、没有外来物种的状态。新颖的生态系统是那些由以组合方式存在的物种和在给定地方或生物群系以先前不存在的相对多度构成的系统（Hobbs et al. 2006）。例如，很多物种都在扩展自己的分布区，以应对气候的变化。最近棕榈树（Trachycarpus fortunei）侵入瑞士南部的半自然森林就是由冬天温度变化和生长季延长导致的，这种情况在气候变暖的条件下很可能还会持续（Walther et al. 2007）。

这样的生态系统产生于自然生态系统的退化或入侵，或者集约化管理系统的放弃（Hobbs et al. 2006）。我们需要认真考虑把有些入侵系统最有效地管理为“新颖生态系统”的可能性（Pyšek & Richardson 2010）。

彼得·派西克（Petr PYŠEK）
捷克共和国普鲁洪尼斯生物学院
戴维·理查森（David M. RICHARDSON）
南非斯坦陵布什大学

参见：生物多样性；生物多样性热点地区；生物走廊；群落生态学；生态预报；食物网；指示物种；关键物种；植物—动物相互作用；种群动态；残遗种保护区；稳态转换；自然演替。

拓展阅读

Asner, Gregory P., et al. (2008). Invasive plants transform the three dimensional structure of rain forests. *Proceedings of the National Academy of Sciences of the United States of America*, *105*, 4519–4523.

Blackburn, Tim M.; Lockwood, Julie L.; & Cassey, Phillip. (2009). *Avian invaders: The ecology and evolution of exotic birds*. Oxford, UK: Oxford University Press.

Blackburn, Tim M., et al. (July 2011). A proposed unified framework for biological invasions. *Trends in Ecology and Evolution*, *26* (7), 335.

Blumenthal, Dana, et al. (2009). Synergy between pathogen release and resource availability in plant invasion. *Proceedings of the National Academy of Sciences of the United States of America*, *106*, 7899–7904.

Callaway, Ragan M.; Thelen, Giles C.; Rodriguez, Alex; & Holben, William E. (2004). Soil biota and exotic plant invasion. *Nature*, *427* (6976), 731–733.

Chytry, Milan, et al. (2008). Separating habitat invasibility by alien plants from the actual level of invasion. *Ecology*, *89* (6), 1541–1553.

Davis, Mark A. (2009). *Invasion biology*. Oxford, UK: Oxford University Press.

Davis, Mark A.; Grime, J. Philip; & Thompson, Ken. (2000). Fluctuating resources in plant communities: A general theory of invasibility. *Journal of Ecology*, *88* (3), 528–534.

Delivering Alien Invasive Species Inventories for Europe (DAISIE). (2009). *Handbook of alien species in*

Europe. Berlin: Springer.

Ellstrand, Norman C., & Schierenbeck, Kristina A. (2000). Hybridization as a stimulus for the evolution of invasiveness in plants? *Proceedings of the National Academy of Sciences of the United States of America, 97* (13), 7043–7050.

Essl, Franz, et al. (2011). Socioeconomic legacy yields an invasion debt. *Proceedings of the National Academy of Sciences of the United States of America, 108* (1), 203–207.

Hobbs, Richard J., et al. (2006). Novel ecosystems: Theoretical and management aspects of the new ecological world order. *Global Ecology and Biogeography, 15* (1), 1–7.

Hulme, Philip E., et al. (2008). Grasping at the routes of biological invasions: A framework for integrating pathways into policy. *Journal of Applied Ecology, 45* (2), 403–414.

Keane, Ryan M., & Crawley, Michael J. (2002). Exotic plant invasions and the enemy release hypothesis. *Trends in Ecology & Evolution, 17*, 164–170.

Keller, Reuben P.; Lodge, David M.; & Finnoff, David C. (2007). Risk assessment for invasive species produces net bioeconomic benefits. *Proceedings of the National Academy of Sciences USA, 104* (1), 203–207.

Lockwood, Julie L.; Hoopes, Martha F.; & Marchetti, Michael P. (2007). *Invasion ecology*. Oxford, UK: Blackwell Publishing.

Lonsdale, W. Mark. (1999). Global patterns of plant invasions and the concept of invasibility. *Ecology, 80* (5), 1522–1536.

Occhipinti-Ambrogi, Anna, & Galil, Bella S. (2004). A uniform terminology on bioinvasions: A chimera or an operative tool? *Marine Pollution Bulletin, 49*, 688–694.

Parker, Ingrid M., et al. (1999). Impact: Toward a framework for understanding the ecological effect of invaders. *Biological Invasions, 1* (1), 3–19.

Pyšek, Petr, & Hulme, Philip E. (2005). Spatio-temporal dynamics of plant invasions: Linking pattern to process. *Ecoscience, 12* (3), 302–315.

Pyšek, Petr, & Richardson, David M. (2010). Invasive species, environmental change and management, and health. *Annual Review of Environment and Resources, 35* (1), 25–55.

Pyšek, Petr, et al. (2004). Alien plants in checklists and floras: Towards better communication between taxonomists and ecologists. *Taxon, 53*, 131–143.

Rejmánek, Marcel. (1996) A theory of seed plant invasiveness: The first sketch. *Biological Conservation, 78*, 171–181.

Rejmánek, Marcel, & Richardson, David M. (1996). What attributes make some plant species more invasive? *Ecology, 77*, 1655–1661.

Rejmánek, Marcel; Richardson, David M.; Higgins, Steven I.; Pitcairn, Michael J.; & Grotkopp, Eva. (2005).

Ecology of invasive plants: State of the art. In Harold A. Mooney et al. (Eds.), *Invasive alien species: Searching for solutions*. Washington, DC: Island Press.

Richardson, David M. (Ed.). (2011). *Fifty years of invasion ecology: The legacy of Charles Elton*. Oxford, UK: Blackwell Publishing.

Richardson, David M., & Pyšek, Petr. (2006). Plant invasions: Merging the concepts of species invasiveness and community invasibility. *Progress in Physical Geography*, *30* (3), 409–431.

Richardson, David M., et al. (2000). Naturalization and invasion of alien plants: Concepts and definitions. *Diversity & Distributions*, *6* (2), 93–107.

Simberloff, Daniel. (2009).The role of propagule pressure in biological invasions. *Annual Review of Ecology, Evolution and Systematics*, *40* (1), 81–102.

Simberloff, Daniel, & Rejmánek, Marcel. (Eds.). (2011). *Encyclopedia of biological invasions*. Berkeley: University of California Press.

Simberloff, Daniel, & Von Holle, Betsy. (1999). Positive interaction of nonindigenous species: Invasional meltdown? *Biological Invasions*, *1* (1), 21–32.

Vilà, Montserrat, et al., & DAISIE partners. (2010). How well do we understand the impacts of alien species on ecosystem services? A pan-European, cross-taxa assessment. *Frontiers in Ecology and the Environment*, *8* (3), 135–144.

Walther, Gian-Reto, et al. (2007). Palms tracking climate change. *Global Ecology and Biogeography*, *16*, 801–809.

Winter, Marten, et al. (2009). Plant extinctions and introductions lead to phylogenetic and taxonomic homogenization of the European flora. *Proceedings of the National Academy of Sciences of the United States of America*, *106* (51), 21721–21725.

灌　溉

灌溉是产生了有组织的文明体系的古老技术。这种基本技术存储雨水和河水来用于农业和其他目的。灌溉周期的四个相互联系的阶段包括水存储、水质控制、用水和排水调控。环境问题需要政府、机构和公众解决全球灌溉周期中的有水可用、水质和更高效率和效能的问题。

灌溉早就被认为是有组织的文明体系中一个最早的组成部分。为了理解和追求可持续性灌溉实践，我们在评估灌溉产生的生态影响时必须考虑几个因素，这些因素包括灌溉实施的规模较大时产生的社会政治影响，对灌溉周期或普遍性水资源管理实践以及实施灌溉的地貌环境的认知，与灌溉周期构成界面关系的技术元素。

社会政治影响

工作在涉及实施灌溉的古代社会（如美索不达米亚、埃及和中国）历史领域的学者一直在争论那些由集约化灌溉农业产生的新兴国家的性质，他们还部分地讨论了实践灌溉的社会和使用灌溉的国家之间的关系中所固有的生态后果。例如，在20世纪50年代，德国马克思主义者卡尔·威特福格尔（Karl Wittfogel）详细阐述了一个高度激进的水利社会模型，认为中国、埃及和美索不达米亚的专制性质是他们走向广泛灌溉系统的结果。换句话说，那些创建了大规模引水系统的社会变得越来越官僚和专制。虽然威特福格尔的模型在规模上引人注目，但它缺少历史佐证，并被其创造者的政治动机拖累（Weber 1988, 79; Wittfogel 1981, xxi）。

威特福格尔把水利文明看作是与先前形式的社会组织的彻底中断。在过去，经济和政体依靠劳动力的具体分工、集约化的耕种和大规模的合作。这些新的社会也是帝国主义体制的。他写道："由于当地条件和国际环境一边倒地支持农业管理型经济和治国之道，水利农业人员超过并战胜所有邻国人口的大多数。"不打仗的时候，国家就动员劳动力修理和构建灌溉和洪水控制系统。威特福格尔注意到，有时候这些劳动力需求会跨越阶级的界限，他们并不仅仅限于奴隶或农民。他认为："在古代的墨西哥，平民和上层社会的青少年都给传授挖掘和筑坝的技术。"由于这种无与伦比的劳动力动员规模，水利社会不仅建造了引人注目的水利工程，而且还修建了改善基础设施的道路、祭奠的寺庙和埋葬专制君主的墓穴（Wittfogel 1981, 19–22）。

尽管威特福格尔式的统治和国内关系模型可能在某些实践灌溉的社会里普遍存在，但几位学者提供了证据，展示了在实践集约灌溉的古代文明社会中不太具有主导地位的区域关系模型。考古学家帕维尔·多卢哈诺夫（Pavel Dolukhanov）教授认为，社会分类和干旱社会的发展并不像以前描述的那么简单。多卢哈诺夫声称，在公元前第三个千年的中期，小运河就被连接到更大的水利系统中，而不是人们以为的是美索不达米亚国的产物。虽然反对国家的出现与建造大型工程之间的因果关系，但多卢哈诺夫承认，官僚机构的出现与通过改变环境来进行大规模集约耕种之间的确存在明显的关系。他写道："尽管现在普遍认为仅靠'水利社会'无法产生世界帝国，但人们普遍承认灌溉使人类团体的组织能力显著提高"（Dolukhanov 1994, 293–294）。

灵活开发的灌溉方法展现了埃及机构建设的本质。考古学家卡尔·巴策（Karl Butzer）强调了沿尼罗河上游和下游政治系统的动态特性。瀑布和伴随的地形中断分开了尼罗河上游地区和下游地区，这使得法老难以实施完全的统治。这样的体制有助于当地组织对灌溉资源的控制，而不是有助于形成更复杂、综合的区域系统，尽管当地组织也属于法老的统治（Butzer 1976）。巴策用来自古代埃及文明的人口统计学证据确认了这一点。在新王国时期（大约公元前第二个千年的中期），人类社会散布在整个王国，从而产生很多社会经济和生态的挑战（Butzer 1976, 50, 80）。然而，埃及学者迈克尔·赖斯（Michael Rice 1977）认识到尼罗河和埃及国家的凝聚力，但他也注意到国家的统一常常遇到来自当地机构的抵制。他也认为灌溉的出现早于国家的巩固。此外，赖斯（1977, 14）相信，与灌溉有关的任何因素相比，对权力和富有的追求是国家统一更加强大的推动力。

和在埃及的情况一样，中国灌溉方法的初始开发是作为非统一过程的一部分出现的。在1988年出版的《中国的粮食》一书中，尤金·安德森（Eugene Anderson）评论道："当代学者的共识是，在旧世界，对灌溉的控制通常是分散的，国家早在大规模灌溉系统出现之前就已经建立起来，灌溉农业与高度集权的政权的建立没有什么关系"（1988, 26）。安德森认为，比汉朝早800年的商朝（公元前1766—公元前1045）还没有大型的灌溉系统。虽然商朝代表着最早的中国文明，但正是在汉朝（公元前206—公元220）主要公共工程才迎来了大型治水系统的建设。尽管如此，增加的集约农业生产与来自最早中国文明的国家的出现（包括商朝）确实有关（Anderson 1988, 26, 46）。

类似地，历史学家许倬云（Cho-yun Hsu）注意到，在汉朝以前，农田附近的水井和池塘用于灌溉，而不是大型的灌溉系统。在汉朝，当实施大型工程时，当地管理机构与国家政府机关协调关系。此外，灌溉工程的控制由中央政府转给郡(即省)政府。实际上,这表明“水利控制已经变得很多、很常见,其建造工作只能依靠地方官员”。私有行业也涉足水利工程(Hsu 1980, 5)。

政治经济体系内的法律架构在确定发展灌溉可持续性潜能方面也发挥着关键的作用。在西班牙殖民和帝国主义时期的美洲(公元15—19世纪),用水权力基于伊比利亚思想的社区权力而不是个人用水权力。因此,位于当前美国和墨西哥边界地区的西班牙定居点试图在干旱环境社区的不同成员之间采用一种包容性的用水政策。富有的庄园主常常比这些社区里的不太幸运的成员获得更多特权,虽然这一点并不奇怪,但学者们还是对有利于原住民而不利于纯欧洲血统的西班牙人或墨西哥人的法律纠纷数量感到吃惊。正如墨西哥历史学家迈克尔·迈耶(Michael C. Meyer)在他的标志性研究——《西班牙西南殖民地的用水问题:一部社会和法律的历史(1550—1850)》一书中所做的观察:

在很多的例子中,印第安人、混血儿和可怜的西班牙人从法庭出来,他们拿到的水比进去时更多了,从而得出这样的结论:设计用于保护弱势群体利益的浩繁的法律(墨西哥独立前和独立后都一样)并没有完全失败。妥协和对共同利益的关心并不仅仅是被西班牙殖民地西南法庭傲慢拒绝的崇高目标。它们并不是一些简单的姿态,能够使法官的判决与其良知统一。它们是被充分用于最复杂的用水判决的基本原则,即使诉讼人之一的地位表明他的对手在即将做出的判决中没有机会获胜(Meyer 1996, 166)。

加利福尼亚州水资源历史学家诺里斯·亨德利(Norris Hundley Jr.)发现美国和西班牙在水权的法律处理上有两个地方存在最大的差异。第一,西班牙人在加利福尼亚的法律体系基于皮蒂奇计划(1783),它不向任何人保证具体数量的供水,这就为干旱时期提供了灵活性(Hundley 2001, 39–41)。第二,回顾过去的几个世纪,亨德利发现,在西班牙法律体系转为墨西哥法律体系再到19世纪40年代的美国法律价值观,社会价值观上发生了重大变化,开始了无拘束的个人主义。他写道:“用21世纪的视角来观察,西班牙的法律体系与涌入加利福尼亚(1846年被美国人征服)的人们那些个人主义和垄断冲动形成鲜明的对照。诚然,西班牙和墨西哥给水资源留下的印记与加利福尼亚原住民留下的印记有很大的差别,但和后来发生的情况相比,它就显得微不足道了”(Hundley 2001, 64)。

就像美国西南部水系控制从西班牙转到墨西哥再转到美国时发生了水分配方式的显著变革一样,21世纪初也产生了水资源分配的新方式。根据优先占用的法律思想(它基本上规定了美国西部的用水分配),第一个使用河流水体的个体或实体享有使用河水的法律权利。虽然这些权利常常被认为是神圣不可侵犯的,但由于对环境的关注,法律上的挑战有时候也会战胜这种体系。从经济的观点来看,关于水资源重新分配的讨论也导致了河流资源货币化的呼声。实际上,很多农民和水系管理区都把他们的水权卖给了需要水的社区,从而有助于资源的转移而不需求助于法律诉讼。改进的农业和灌溉技术正在缩小不断增长的城市用水需求和农业持续重要性之间的差距。

灌溉周期管理和可持续发展

虽然灌溉是古代和现代文明社会出现和发展的催化剂,但整个灌溉周期的管理基本上决定着这些文明社会的可持续发展。灌溉周期包括由农业开发实践密切联系在一起的四个阶段。这些阶段是水存储、水质控制、用水和排水调控。虽然每个阶段单独发挥作用,但它们相互联系的本质要求它们之间存在精细的平衡,这种平衡可以维持或毁坏单个农田,如果监管不当,也可以摧毁整个文明社会。本节我们将讨论水存储和水质控制对灌溉可持续性的影响。

最早的灌溉系统使用盆地或水库来保存雨水或附近河流的水并收集雨水,但现代灌溉系统越来越依赖于水坝来为农业(或其他)用途存储水源。然而,气候条件常常影响大坝后面或水库里的水量和水质。正如美国环境学家帕特里克·麦卡利(Patrick McCully 1996)所言,"世界上的水库每年蒸发掉170立方千米的水,总淡水量的7%以上被所有的人类活动消耗掉。"在由于蒸发而消耗掉灌溉水资源的高温、干旱地区的水坝中,最著名的是位于美国西部、靠近内华达州拉斯维加斯的胡佛水坝。学者们估计,水坝后面存储的水在排放用于灌溉之前,估计有三分之一被蒸发掉了(McCully 1996, 40)。

用大坝拦水既影响农业灌溉可用的水量,也影响可用的水质。例如,在20世纪美国的西部,科罗拉多河上建造的一系列水坝和水库造成了水库蓄水的蒸发和下游用水盐分和化学品含量的增加。化学成分源于城市用水或杀虫剂,常常反映出杀虫剂中化学元素(如硒)的高含量。这些大型系统的矛盾之处在于,随着下游用水的盐分的增加,灌溉者需要使用更多的水,这又通过农田的灌溉周期进一步增加了用水配额的含盐量。而且,整个灌溉周期的管理不善会给灌溉者带来附加成本。麦卡利(1996, 40)注意到,盐度高不仅损害植物,而且还损坏灌溉设备。此外,流域内的用水次数会影响下游灌溉用水的初始质量。在科罗拉多河流域,这种情况在20世纪的60和70年代变得最为明显——美国和墨西哥的供水(河流三角洲附近)被流到下游的高盐度水所害(Ward 2003)。因此,流域用水的全面管理和排向河流的剩余回流都会直接影响下游用水的质量。最后,水的可用性和水质反过来又会影响常见作物的结构,这又进一步提出了用水效率的问题。例如,在干旱区域或城市化发展较快的地区,对多年生植物(如果园里种植的植物)的需求可以给城市地区的用水量产生巨大的压力,反过来也一样。因此,普遍的用水方式也会影响供水和水质。

灌溉周期中最难管理的阶段也许是排水过程。这是由肥沃土地的地势(即地质结构)造成的,而且最重要的是,这与水体如何存储、水质如何维持有关。在古代的文明社会(如美索不达米亚的文明社会),灌溉工程的规模不一定毁坏了美索不达米亚文明,相反,是美索不达米亚人无法有效管理那些地方的排水系统才导致了它的崩溃。灌溉官员不仅错估了淤积对运河系统的影响,而且还错估了由于排水不善给肥沃农田造成的盐碱化的影响。水资源专家桑德拉·波斯特尔(Sandra Postel)写道:"到公元7世纪,大平原部分地区的含盐量已经达到造成伤害的程度。有记录表明,15 000个奴隶被强迫在南部地区铲除贫瘠的上层土壤,以便利用下层较为肥沃的土层。"与此相对照,埃及从古代尼罗河流域发展而来的灌溉系统,在处理自然洪水、水存储和固有排水能力相互关系方面,是最好的例证之一。由于这种调节更好的自然排水系统,尼罗河流域的农业远远超过同样是文明社会的美索不达米亚和位于巴基斯坦和印度的印度河谷地区的农业。根据波斯特尔(1999, 35)的研究,埃及社会经济体制的稳定和盐碱化问题的缺失促进了人类历史上基于灌溉系统最持久的文明社会的产生。这种稳定主要归功于他们追求河流自然周期、当地水体管理系统和能够预防盐分积累的先进排水系统之间的平衡。最后,灌溉周期的全面管理,在确定灌溉方式可持续性方面发挥了最为关键的作用。

技术和应用

在人类历史上,简单和先进的技术在灌溉和灌溉周期管理方面发挥着至关重要的作用。理想地,自然存在的条件(排水和集水达到了平衡)在灌溉周期中不需要技术的干预,但是,这样的条件在大自然中很难找到。在古代,各种技术手段用于把水提升到农田。例如,在美索不达米亚,用灌木枝和泥土制成的小堰把河流的水引向灌溉渠;在古埃及和苏美尔,带水桶的水车把河水和渠水提升到农田(McCully 1996, 13–14)。除了水坝(它间接地协助灌溉,主要是为了提高水存储量)的发展,20世纪之前,各种技术仍然非常低级。

第二次世界大战之后,水净化和灌溉用水向植物的输送所取得的进步提供了很有前途的各种不同手段。在这些改善可用水量和水质的手段中,可持续性最差的可能是脱盐技术。从海水去盐(即海洋炼金术)一直是科学家们的追求。能使这一过程可持续的关键要素是找到低成本、低风险的能源来驱动这一过程。在冷战时期,美国、以色列和其他国家的科学家,在国际原子能机构的掩护下,提出了原子能驱动脱盐工厂的概念。在加利福尼亚州南部和墨西哥北部的地震活跃地区构建工厂的计划被否决。然而,常规能源驱动的脱盐工厂,于20世纪70和80年代在亚利桑那州尤马附近和以色列建成;世界的其他地方也有这样的工厂。

21世纪,灌溉应用技术的改进和发展强调了两个方面:效率和可利用性。在很大程度上,这些进步认识到了全球农业生产和城市发展用水所面临的严重问题。从高科技的角度看,改善的灌溉方法不仅仅包括把水送到植物的手段。改进的水资源管理技术,包括准确跟踪天气条件(如"加利福尼亚灌溉管理信息服务”)，将会减少灌溉一块农田所需的用水量(传统上每年都要进行一次或多次漫灌)(Postel 1999, 180–181)。这些技术还能改善灌溉的质量和效能，从而会给当地水源增加更少的盐分和污染物(Postel 1999, 167)。美国农业部推动的软件开发(如“自然资源保护服务调度程序”)为农民提供了有关农田状况、天气和湿气蒸发率的最新信息，这些信息又可以用于水资源利用的最优化(Postel 1999, 181–182)。和改进的管理技术一样，滴灌技术灌溉作物所需的水量减少，而且还能改善作物的产量。最后，可承受、低技术灌溉方案的发展可以为发展中国家的人们带来可持续发展的机会。例如，水泵(如孟加拉使用的脚踏水泵)提升了发展中国家小户农民的能力，使他们能够用高效和可持续的方式进行农业生产(Postel 1999, 171–179, 205–209)。

21世纪展望

如果当前政府和公众对环境问题的关注程度能够表明一些问题的话，我们可以预计他们对水的可利用性、水质和全球灌溉周期更高的效率和效能会有更高的关注度。虽然水资源定价项目已经在世界各地取得了某些成效，但政府规划人员、非政府组织以及全球公民之间的讨论将会更加关注灌溉用水、按最优定价分配(可通过按协议价逐年售水或出售用水权来实现)和面向更高水质和用水效率的创新之间的平衡。

埃文·沃德(Evan R. WARD)
杨百翰大学

参见：农业集约化；农业生态学；群落生态学；地下水管理；人类生态学；水文学；水资源综合管理(IWRM)。

拓展阅读

Adler, Robert W. (2007). *Restoring Colorado River ecosystems: A troubled sense of immensity*. Washington, DC: Island Press.

Anderson, Eugene N. (1988). *The food of China*. New Haven, CT: Yale University Press.

Butzer, Karl W. (1976). *Early hydraulic civilization in Egypt : A study in cultural ecology*. Chicago: University of Chicago Press.

Dolukhanov, Pavel. (1994). *Environment and ethnicity in the ancient Middle East*. Brookfield, VT: Avebury Press.

Fiege, Mark. (2000). *Irrigated Eden : The making of an agricultural landscape in the American West*. Seattle: University of Washington Press.

Hsu, Cho-yun. (1980). *Han agriculture: The formation of early Chinese agrarian economy, 206 B.C.–A.D. 220*. Seattle: University of Washington Press.

Hundley, Norris, Jr. (2001). *The great thirst: Californians and water — A history* (Rev. ed.). Berkeley: University of

California Press.

McCully, Patrick. (1996). Silenced rivers: The ecology and politics of large dams. New York: Zed Books.

Meyer, Michael C. (1996). *Water in the Hispanic Southwest: A social and legal history, 1550–1850*. Tucson: University of Arizona Press.

Postel, Sandra. (1999). Pillar of sand: Can the irrigation miracle last? New York: W. W. Norton.

Rice, Michael. (1997). *Egypt 's legacy: The archetypes of Western civilization 3000–30 BC*. London: Routledge.

Ward, Evan R. (2003). *Border oasis: Water and the political ecology of the Colorado River, 1940–1975*. Tucson: University of Arizona Press.

Weber, Max. (1988). *The agrarian sociology of ancient civilizations*. London: Verso.

Wittfogel, Karl. (1981). *Oriental despotism*. New York: Penguin.

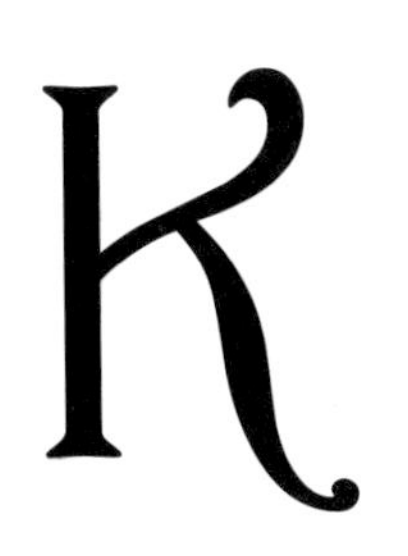

关键物种

关键物种就是那些对一个生态系统结构、组成和功能的重要性远大于其多度的物种。这些物种可以是任何生命形式，但它们都有一个共同点：就是对环境的影响总是大于根据其生物量做出的判断。研究较多的例子包括海星、河狸、熊、珊瑚、大象和蜂鸟。

对群落和生态系统结构、组成和功能的重要性远大于其多度的物种被称为关键物种。正如这个名称所暗示的，关键物种在生态系统中发挥着关键的作用。它们区别于优势物种，后者也在生态系统中发挥着很大的作用，但只是因为数量众多。关键物种即使数量稀少，也能极其显著地改变或创建生存环境，影响一个群落中物种之间的相互作用。这其中的一个例子是河狸，它们在河流和溪水中筑坝，明显改变原先的生存环境。因为关键物种对群落太重要，所以，清除一个物种常常会导致生态多样性的显著消减。关键物种的概念最早由美国动物学家、华盛顿大学教授罗伯特·佩因(Robert T. Paine)提出，曾经是生物学一个创新理念。

关键物种可以是任何类型的生物，包括植物、动物、细菌或真菌。检测关键物种的方式各种各样，但确定一个物种是不是关键物种的有效策略是进行去除实验：研究人员把一个疑似关键物种移出生存环境的某些地方，并与存在和不存在该物种的地方进行比较。1966年佩因的开创性实验就是这么做的，实验中，他把海星(Pisaster ochraceous)移出了美国华盛顿州马卡湾一段海岸线[上面的照片由马乔林·凯泽(Marjolin Kaiser)拍摄，其中的海星位于俄勒冈州]。他的比较表明，这种不太常见的海星对潮池群落有着巨大的影响。当这种海星从潮池移出时，生态系统几乎损失了一半的定居多样性。涉及其他食肉动物(如鲈鱼、狼和美洲虎)或食草动物(如鹿和大象)的类似实验也展现了类似的效应。

能够帮助确定关键物种的一个因素是功能冗余。换句话说，如果一个物种从其群落中消失，有没有其他物种可以取代它的角色？有的群落比其他群落有更多的物种冗余，因而拥有更少的关键物种（即在生态系统中拥有更少其基本功能无法被其他物种取代的物种）。在一个给定群落中，一个关键物种的灭绝将产生剧烈的变化。因此，为了保持生态系统的功能和服务（如水的净化和碳吸存），识别和保护这些物种可能是非常关键的。

作为关键物种的非洲大象

世界野生动物基金会（WWF）是一个从事很多物种生存环境保护工作的组织。它其中的一个项目是非洲大象项目，其目的是通过项目和政策来保护森林和稀树草原大象种群。以下是其网站的一段摘录内容：

非洲大象在整个非洲的数量曾经达到数百万头，但到20世纪80年代中期，其种群被偷猎所摧毁。现在，它们的状态在整个非洲大陆差异极大。由于为了获取肉食和象牙而进行的偷猎、栖息地丧失和与人类的冲突，有些种群仍然处于危险之中。

大象非常重要，因为它们的将来与非洲丰富的生物多样性密切相关。科学家认为非洲大象是关键物种，因为它们有助于维持稀树草原和森林生态系统中很多其他物种合适的生存环境。

大象直接影响森林的组成和密度，可以改变更广范围的景观。在热带森林，大象在林冠层开辟能促进树木再生的空地和间隙。在稀树草原，它们可以减少灌木覆盖，创建有利于各种食草和食植动物的环境。

很多植物物种还带有进化的种子，这些种子需要通过大象的消化道之后才能发芽；据计算，非洲西部森林中至少有三分之一的树木物种需要大象用这种方式进行后代的分布。

来源：

世界野生动物基金会（WWF 2011）：非洲大象。2011年12月27日从http：//www.worldwildlife.org/species/finder/africanelephants/africanelephant.html下载。

关键物种的种类

关键物种有很多种类，有些种类研究得比较透彻。食肉动物一般定义为关键物种，因为少数几个就可以调节处于营养级下端的其他物种的种群。创建或改变生存环境的很多物种（称为生态系统工程师）也是关键物种。美洲河狸和有些非洲白蚁（土白蚁属）物种就是这种情况，它们构筑富含养分的土丘，因而可以被很多植物物种定植。这些富含养分的白蚁巢穴土丘可以改变整个景观。大型食草动物也可以通过摄食活动改变生存环境和群落。这其中的一个例子是非洲南部稀树草原上的非洲大象（Loxodonta africana）。此外，很多入侵物种（能在原生生态系统产生显著变化的外来物种）可以是入侵生态系统的关键物种。现对关键物种的主要种类及其局部灭绝后的效应讨论如下。

1. 食肉动物

与狼和海星一样，有些食肉动物通过调节其猎物的种群使其在生态系统中发挥独特的作用。它们的根除会影响其他食肉动物的存在和多度并导致猎物和竞争者的消失。这种效应可以连锁影响到营养级下端。例如，狼的清除会导致鹿种群的增加，这又会导致鹿所喜欢的某些植物物种的破坏。

2. 猎物

一个猎物物种从生态系统中被清除，就会使喂养食肉动物的猎物减少。如果剩余的猎物物种对增加的捕食压力更加敏感，它们有可能变成生态系统的稀有或灭绝物种。猎物物种的进一步消失会最终导致食肉动物种群的崩溃。

3. 植物

很多食草动物、授粉者和种子散布者，其食物和巢穴特化和依赖于特定植物物种。这种植物的灭绝可能会导致这些依赖动物种群的崩溃。

4. 联结

有些物种（如蜜蜂和蜂鸟）在维护植物种群方面发挥着关键的作用，它们提供能够维持基因流和确保植物繁殖力的授粉服务。因此，缺少这些授粉者会影响所有直接或间接依赖它们的物种。

5. 生态系统工程师

创建或改变生存环境的物种[如河狸（Castor canadensis）]可以强烈影响生态系统的养分循环。可用养分的变化可以直接或间接影响那些使用同一生存环境的动物和植物物种。

关键物种举例

在佩因的创造性工作和术语出现之前，生物学家已经研究和确定了很多对给定生态系统来说是独特和必要成分的物种，尽管它们比较珍稀或数量较少。很多物种作为关键物种得到了广泛的研究。

1. 海星

这是自1966年佩因的实验以来最典型的一个关键物种的例子。海星是贻贝的关键捕食者。海星的消失会严重影响生态系统，包括改变生存环境中其他物种的多样性和多度，影响不同的营养级。例如，海星的消失会使多样性从15个物种变为只有8个。

2. 熊

作为捕食者，棕熊(Ursus arctos)通过调节其猎物物种的种群而成为关键物种，但它们在养分(主要是氮)循环方面也发挥着关键物种的作用——把来自河流的养分带入到河边生态系统。当鱼类在河流上游产卵时，这些熊捕获太平洋鲑鱼。熊食用这些鲑鱼并把残骸进一步带到内陆，这些残骸分解，使河边地区变得肥沃，否则，其中的养分可能就不会进入当地的陆地生态系统。因此，棕熊就成了影响整个生态系统的养分运送者。

3. 河狸

河狸(Castor canadensis)是生态系统工程师的经典例子，因为它们会在河中筑坝。这些坝显著改变养分流以及当地植物和动物的生长和多度。它们产生的巨大影响可以在把它们引入的火地岛——南美的一个地区(在智利和阿根廷)观察到。河狸在南美不是原生的，没有其他土著物种具有在河中筑坝的能力，所以河狸正在改变当地的生态系统，把生长缓慢的假山毛榉树替换为草甸。这种生态结构的变化提供了该物种在其原生和外来分布区中发挥基本作用的证据。

4. 珊瑚

紧凑型乳白灌丛珊瑚(Oculina arbuscula)被认为是一个关键物种，因为它创建新的栖息地。这种珊瑚物种是美国北卡罗来纳州和南卡罗来纳州近岸和近海河边低地栖息地所特有的。它是该地区发现的唯一的珊瑚物种。它形成复杂的分枝定植群，为300多个无脊椎动物物种提供巢穴，这些无脊椎动物已知在大部分生命周期内都生活在这些珊瑚分枝周围。

5. 非洲大象

在非洲的稀树草原，大象(Loxodonta africana)是消费大量木本植物的破坏性食草动物，它们常常把啃食的树木和灌木连根拔起、折断和毁坏。木本植被覆盖和密度的减少会促进草本植物的繁殖和生长，从而能够很快把一个地区从林地变成稀树草原。很多其他啃食这些草本植物的食草动物会从大象的这些活动中获益。

6. 蜂鸟

蜂鸟在很多生态系统中具有功能上的重要性，它们给很多植物物种提供授粉服务。它们是联结关键物种的例子。这些高度特化的鸟给那些适应于只能由这些鸟类授粉的植物进行授粉。它们担任着不同景观的植物种群之间移动性联结的角色，从而有助于常常是相当远的距离上的花粉(以及基因流)运动。授粉启动了种子的生产以及相应的植物种群的生存活动。蜂鸟发挥基本作用的例子可以在南美洲南部的巴塔哥尼亚森林(位于阿根廷和智利)中找到。绿背火冠蜂鸟几乎给当地木本植物群的20%进行授粉。如果这种鸟消失，这些植物物种可能就会走向灭绝或变得非常稀有，因为没有别的物种适于给它们授粉。

关键物种如何影响生态系统?

很多生态系统的效应是由关键物种产生的。例如，佩因在他的原始研究中报告说，当关键物种(海星)移出时，潮池群落的多样性急剧减少。这种捕食者喜欢捕食数量最丰富的贻贝(*Mytilus californianus*)；当这种捕食者被移出时，贻贝的数量就会急剧膨胀，使得其他物种无法在潮池中生存。因此，这种关键的捕食者通过捕食数量最丰富的物种来增加群落的多样性，这会使那些数量较少的猎物物种获益。对捕食物种的其他研究也获得了类似的结果。

很多优势物种，其生存依赖于互利共生。因此，这种互利共生物种可以在生态系统发挥功能上起着重要的作用，它们的清除可以给生态系统动态带来剧烈变化，就像包含蜂鸟的食物网的情况那样。类似地，作为生态系统工程师的关键物种，通过创建或改变生存环境可以直接影响其他需要在这些地区获取食物或巢穴的物种。

其他定义存在的问题

术语“关键物种”有很多定义。在有些科学领域，该术语被更随意地用于表示对所研究的生态系统产生很大影响的任何物种，不管其多度或生物量有多大。该术语的这种随意使用导致了人们对这一概念的批评，因为它可能会变得模糊因而也就失去意义。该术语甚至还被生物学以外的领域随意、宽泛地借用。例如，该词进入了商业和经济领域，此时，“关键”用于描述通过引入技术创新来增强商业生态系统的组织，从而简化网络参与者之间的联系和(或)提供稳定的环境。它们对商业生态系统来说非常重要，它们的去除可能会导致整个生态系统的崩溃。

关键物种的概念有助于确定需要优先保护的物种和生存环境。然而，由于大自然和时空变化的复杂性，找出关键物种并不是一件简单的工作。一个物种在某种条件下(如一个干旱年度)可以是关键物种，而在其他条件下(如湿润或正常年份)可能是冗余物种。这使得关键物种的使用和探测变得复杂化。

此外，基于关键物种进行保护可能还存在内在的问题。这个概念意味着有些物种在维持一个生态系统方面比其他物种更重要，这就要求把更多的资源用于保护这些物种，而不是其他更加冗余的物种。考虑到自然系统的复杂性以及相互作用的强度随空间和时间而变化这个人们熟知的事实，这有可能会出现问题。另外，特别需要考虑的是，关键物种可能仅仅是人类基于有限观察和实验能力的一个构想(也就是说，在大自然中，冗余物种和关键物种之间的差异可能就不存在)。因此，基于这种思想而制订的保护计划可能不会是理想的。

未来展望

关键物种是生物学中的一个中心概念。该术语广泛用于理论生物学、应用生物学和保护生物学，而且还作为生态学的探索性工具，用于解释食物网和生态系统的功能。关键物种被认为是有助于理解生态系统多样性和功能的一个概念。用学术搜索工具“科学网”所做的文献分析表明，该术语不仅被广泛应用，而且使用该术语的学术出版物的数量还呈现出上升的趋势。这说明关键物种的研究仍然是生物科学中比较活跃的部分，而且很可能还会继续下去，尤其是在涉及入侵物种、生态系统工程师和生物多样性保护的领域。

虽然基于关键物种的保护计划可能存在问题和争议,但理解什么是关键物种、如何检测以及它们对生态系统的全面影响可能是认知、保存和保护大自然的关键。这对生态系统过程和服务的可持续发展来说尤其重要,这些生态系统过程和服务对人类福祉和全球生态系统功能的发挥来说是必不可少的。

马丁・努涅斯(Martin A. NUÑEZ)
罗米纳・迪马科(Romina D. DIMARCO)
田纳西大学

参见:生物多样性;生物多样性热点地区;富有魅力的大型动物;复杂性理论;边缘效应;食物网;狩猎;指示物种;爆发物种;植物—动物相互作用;残遗种保护区;稳态转换;物种再引入;原野地。

拓展阅读

Kareiva, Peter, & Levin, Simon A. (2003) *The importance of species: Perspectives on expendability and triage.* Princeton, NJ: Princeton University Press.

Mills, L. Scott; Soule, Michael E.; & Doak, Daniel F. (1993). The keystone-species concept in ecology and conservation. *Bioscience*, *43*, 219–224.

Paine, Robert T. (1966). Food web complexity and species diversity. *American Naturalist*, *100*, 65–75.

Paine, Robert. T. (1969). A note on trophic complexity and community stability. *American Naturalist*, *103*, 91–92.

Simberloff, Daniel. (1998). Flagships, umbrellas, and keystones: Is single-species management passé in the landscape era? *Biological Conservation*, *83*, 247–257.

Power, Mary E., et al. (1996). Challenges in the quest for keystones. *Bioscience*, *46*, 609–620.

L

景观设计

景观设计涉及自然和建造环境中各种室外设计项目类型，因此它包括生态调查和分析，以便找出土地保护和开发的机会和制约因素。基于美国的可持续性场地行动计划体现了最近一些适于北美、欧洲北部和中部、澳大利亚、韩国、中国和日本的创新活动。这些创新活动基于对生态系统发挥功能的方式的关注。

景观设计是使土地最方便、经济、实用、美观地满足人们各种需求的艺术和科学。景观是能够把不同部分的地表区分开的所有自然和文化特征（田野、山丘、森林、农场、荒漠、水体和建筑物或其他结构）的综合体。景观设计涉及自然和建造环境的计划、设计和管理（Hooper 2007），它通过引入像高效排水系统、自行维持植被和支持野生动物的栖息地、充分利用太阳能和资源再生的场地计划这样的做法来对生态系统管理方式做出积极的贡献。

景观类型学

景观设计师参与各种室外项目类型。威廉·提什勒（William Tishler 1989）、斯蒂芬·卡尔（Stephen Carr）等人（1992）和马克·弗朗西斯（Mark Francis 2001）识别出了这些项目类型，其中大部分都包括在下面的列表中。弗雷德里克·斯坦纳（Frederick Steiner）是得克萨斯大学奥斯汀分校景观设计和规划专业的教授，他扩展和（或）整合了这个列表，并为景观设计师为可持续性生态系统管理做出贡献的某些方式提供了简要的例证：

- 棕色地块再开发：为工业或商业场地（其中很多可能受到化学和毒素污染）的重新利用找到可持续性设计方法。
- 植物园：加大本土植物和可持续性灌溉做法的利用。
- 校园：在基础设施开发（如使用环境友好的材料，建筑物的位置应有助于利用太阳能从而降低碳排放量）、社区建设（提供有助于人类健康和福祉的环境）和教学（鼓励在野外进行的课程设置，这会增强公众的意识并为新一代景观设计师创造机会）中，使景观规划适应并支持可持续性做法。

- 墓园：设计原则（包括美学和功能）应能够增强精神世界与自然世界的联系并减少人类活动对它的影响。
- 城市、郊区和乡镇规划以及区域开发：把支持和有助于可持续性基础设施开发（道路、地铁、铁路；市政建筑；供电和电话线路；居民住宅和商业开发的布局）和评估可持续性土地用途（商业、工业、农业和居住）作为景观设计的关注重点或灵感。
- 社区公共空间（城市和乡村）、花园（私人和公共）和购物中心：提供赏心悦目和以可持续性为基础的环境，以提升人们的生活质量。
- 绿色屋顶：通过采用轻质土壤（带有矿物质或非有机填料）、气候适应植物（包括草本植物和灌木）、根系分隔措施、排水层和保护屋顶的防水薄膜来把原建屋顶或新建屋顶改造成花园，从而能够保温隔热、吸收雨水（而不是产生径流）和有益于鸟类和其他野生动物。
- 绿色墙壁：利用植被上墙来缓解气候问题并为鸟类和爬行动物提供食物和栖息地。
- 绿化大道（由术语“绿化带”和“大道”组合而成）：把以前的铁路、城际公路或其他道路改造成带有植被的多功能“线性公园”［如纽约的高线大道、澳大利亚的金海岸海滨大道、欧洲的长距离（EuroVelo）自行车骑行道和横贯加拿大步道］。
- 历史景观：在保存原始建筑和设计的美观性的同时，利用可持续性方法保护植物群和动物群。
- 住宅环境：规划或重新评估居民区，增加可持续性做法（如鼓励使用太阳能、提供绿色公共空间、方便到达公共交通设施）。
- 机构和企业景观：为围绕原有（常常是非人性化和不可持续的）场地建筑和基础设施的空地找到重新设计或改造的创新手段；设计新的场地时，利用或借鉴其他对生态系统友好的原则。
- 国家森林和公园、州公园和其他休闲区域：与联邦、州和城市政府合作，最可持续性地利用现有法规、规章和法律；支持更新、更环保的做法，包括水体、土壤和野生动物的管理。
- 奥运会、世博会、展览会和其他特殊场地：在关注更新、更具可持续性的建筑方法、能源使用和基础设施利用（如交通）的同时，维护景观设计师在开发特殊场地中发挥作用的悠久传统。
- 恢复或改造的自然景观：为方便公众而采用环境友好型方法（如栈道）；消除入侵植物物种（如紫色马鞭草和葛藤）；采用可持续性水管理原则（如用雨水吸收植物园来控制径流）。
- 城市公园和运动场地：与城市林业领域的从业人员合作，这样会使人们认识到利用绿化空间对抗污染、支持生物多样性和增强人类身心健康的益处。
- 滨水区（或水道）：利用环保做法来缓解或防止侵蚀、保护水质、保存并强化滨水景观的历史特色和内涵、为公众进入滨水区域提供方便。

- 动物园：提供尽量接近一个物种自然栖息的环境，利用可持续性做法（如水资源管理）来培育自行维持的植被。

两位景观设计的创始人

美国景观设计师弗雷德里克·奥姆斯特德（Frederick Law Olmsted Sr., 1822—1903）于1858年设计了纽约市的中央公园，他与同事卡尔弗特·沃克斯（Calvert Vaux）、儿子约翰·奥姆斯特德（John C. Olmsted）和小弗雷德里克·奥姆斯特德（Frederick Law Olmsted Jr.）以及其他人[包括查尔斯·埃利奥特（Charles Eliot）]合作，经过艰苦的努力，终于使景观设计变成了一种职业。老奥姆斯特德还参与设计了私人花园（位于北卡罗来纳州阿什维尔的比尔特莫尔庄园）、大学校园（斯坦福大学）、都市公园和风景大道（波士顿、路易斯维尔和水牛城）、新社区设计（伊利诺伊州河滨区）、世界博览会（1893年在芝加哥举办的世界哥伦比亚博览会）、机构景观（纽约精神病医院和麦克林医院的园景）和州属公园（尼亚加拉瀑布公园）。小奥姆斯特德和他的哥哥一起继续从事这些活动，在建立美国国家公园体系中同样发挥了领导者的作用。在奥姆斯特德之前，北美和欧洲的园林师的传统业务是面向私人客户。奥姆斯特德和他的追随者改变了这种境况，实际上他们把英国人热爱风景的传统公众化。

詹斯·詹森（Jens Jensen, 1860—1951）是一位出生于丹麦的景观设计师（但他主要工作在芝加哥、威斯康星州的多尔县、爱荷华州的迪比克和伊利诺伊州的斯普林菲尔德），他把对大自然更新和教化力量的个人信仰带入自己的设计中。作为景观设计中北美草原风格的领导者，他激发了保护受到威胁的自然风景区的运动。他被描述为对中西部的热爱超过很多生于那里的人（Henderson 1985）。他的熟人和支持者包括社会学家和改革家简·亚当斯（Jane Addams）、建筑师弗兰克·赖特（Frank Lloyd Wright）、编辑、诗人和艺术赞助商哈丽雅特·门罗（Harriet Monroe）、植物学家亨利·考利斯（Henry Cowles）以及伊利诺伊州州长弗兰克·洛登（Frank Lowden）。在21世纪，由芝加哥文化事务局和芝加哥公园区联合资助的詹斯·詹森遗产计划，试图为小孩和成年人提供教育机会，为目前实施的恢复和保存詹森设计的工程提供支持，提高新一代景观设计师对詹森北美草原风格的认识。

景观设计部分地受到奥姆斯特德和詹森早期工作的启发，并在20世纪后期和21世纪受到像彼得·沃克（Peter Walker，国家9·11事件纪念馆的共同设计师，其50年的职业生涯一直强调一个场地的环境、社会和经济各方面的动态协调）这样的著名人物的重新定义；景观设计被广泛应用于北美、欧洲北部和中部、日本、韩国和澳大利亚的环境设计行业中。在中国，景观设计正从园林设计和场地规划的古老传统中发展起来。随着世界变得越来越城市化，人们对如何使城市更适宜生活和保护自然和文化区域越来越关注。景观设计在城市设计和生态规划方面有成熟的能力，因此，其重要性越来越得到广泛的认可。

传统和当代的做法

景观设计项目始于一项任务委托或任务分配,它带有清晰的目标,包括项目的规模、建议的用途和用户以及场地边界和周围环境。景观设计师也可能参与场地的选择。一旦任务委托开始、场地选择完成,景观设计师就着手进行场地调查和分析。苏格兰裔美国人伊恩·麦克哈格(Ian McHarg)是《依据自然进行设计》(1969)一书的作者,他提倡把生态学当作结构规划的首要指南,包括生态调查和分析。一个生态学的框架使得景观设计师能够理解物理和生物系统是如何构成的以及它们是如何发挥作用的(Rottle & Yocom 2011)。生态调查包括气候、地质、自然地理、地下和地表水文学、土壤、植物、动物、聚落史和场地目前的土地用途。这种生态调查由地图、图表和文字说明构成。它还可以涉及样带(展示相互关系的横截面研究),例如包括植被、排水和土壤。生态调查用于进行适用性分析,以展示规划用途的机会和制约因素。

这样的场地分析使得景观设计师能够开发各种设计选项。一般来说,这些选项被用于正式的环境影响评估中。很多项目也会受到居民、公共机构或客户的审查。景观设计师常常使用"之前和之后"图纸和实体模型来展示其设计结果。这一过程的结果可能是一个方案和(或)最终设计,但由于法律或法规的原因,两者可能都需要政府部门的批准。然后,一项计划就可以通过公共政策和(或)个人行动付诸实施。在项目开始建造之前,一个设计通常需要详细的建造文档,这些文档规定了项目的尺寸和其各种要素的布置。

传统上,地图和设计图都是用手完成。在当前的做法中,则利用计算机辅助设计(CAD)、计算机透视图、地理信息系统(GIS)技术和地理设计技术。CAD软件系统被用于设计过程和设计文档的制作。GIS技术实际上就是计算机地图绘制程序,它能够采集、存储、分析和显示地理参考信息。

创新

越来越多地,景观设计师需要展示和度量其设计的最终结果。"生态系统服务"的概念——自然过程向人类提供的直接和间接益处(商品和服务),涉及生物元素(如植被和土壤生物)和非生物元素(如基岩、水和空气)——已证明在这一方面尤其有用。生态系统服务的例子包括全球和局部气候调节、空气和水质净化、供水和调节、水土流失和沉淀物控制、减灾、授粉、生存环境构建、废物分解和处理、人类健康和福祉益处、食品和可回收非食用产品以及文化益处。

可持续性场地行动计划(SITES)就是以生态监管为目标的生态系统服务思想(Steiner 2011)的正式应用。该计划始于2006年,由得克萨斯大学奥斯汀分校的伯德·约翰逊夫人野花中心、美国景观设计师协会和美国植物园共同开发。

在可持续性场地行动计划体系中,生态系统服务与具体的行为相关联,这些行为被认为是可持续性场地行动计划认证的先决条件和积分。这些先决条件和积分会影响与场地选择、初步设计的评估与规划、场地设计、建造以及使用与维护有关的决定,以便最大限度地降低一个项目可能对生态造成的永久伤害(如对水道的污染或物种的破坏)。同时,可持续性场地行动计划试图增强或使生育或生产项目的方面最大化，这些方面可能会产生文化益处或增强自然环境（如树木覆盖增加或给供水的含水层补充水量）。可持续性场地行动计划体系建立了统一、一致的标准，但这些标准可以根据气候、土壤和植物的区域性变化进行调整。

在可持续性场地行动计划的66个先决条件和积分中，大约60%把性能的量化与信用积分联系起来，而其他40%基本上都是规定性的。所有这些都试图把获取积分与生态系统服务的生产相联系（Windhager et al. 2010）。

在性能方面，积分变化很大。在设定性能量化等级的39个积分中，大部分在方法上仍然是规定性的，只有7个（占21%）可以开放式获取那些性能等级。其中的一项高性能积分——场地雨水管理（3.5分）提供了一种方法，用于比较开发前后条件下随区域调整的模型径流曲线数，它根据保存或减少的径流体积设定不同的点值。这种类型的积分让景观设计师确定实现性能等级的方式。例如，景观设计师可能会选择引入常规的雨水处理方式（如滞留池）或影响较小的设计手段（如雨水吸收植物园、雨水收集或绿色屋顶），只要所用的方法可以通过建模来表明它能够满足性能目标。

可持续性场地行动计划积分从保护进一步扩展到资源恢复。例如，“保存或恢复场地合适的植物生物量”（4.6分）旨在确保场地具有区域性合适等级的植被生物量（称为生物量密度指数），足以支持生态系统服务。对“绿野”地区（从未开发过的地区），开发后的植被密度等级至少与开发前的历史条件相当。对由于早期开发而显著丧失植被的灰色地块或棕色地块，积分体系根据在新的场地设计中引入的植被改善的量值提供了更多系列的分值。建造后的植被量值是根据110年的生长之后的覆盖类型进行估算的，并根据气候和主要生存环境类型与合适的特定区域植被等级进行比较。由于景观设计师要确定这些生物量密度等级是如何获得的，所以，其中的方法可能包括从保存现有高质量植被地区到创建稠密、非常正式的花园、引入绿色墙壁以及几种方法的混合。

未来展望

景观设计的未来非常光明。生态系统服务使得景观设计实践更加注重生态恢复。生态系统服务的思想旨在通过使其对人类和非人类健康和福祉的贡献更加明显，来促进职业的进步。例如，公园一直被认为会带来很多益处：作为城市中的绿色避难所以及作为休闲的场地。考虑到对景观设计目的更普遍的认知，公园和景观设计师的其他创造活动现在也由于其带来的益处而被高度重视，如减缓气候变化、改善空气和水体的质量以及提供生存环境和授粉。

弗雷德里克·斯坦纳（Frederick STEINER）
得克萨斯大学奥斯汀分校

参见：适应性资源管理（ARM）；棕色地块再开发；共同管理；生态系统服务；大型景观规划；自然资本；养分和生物地球化学循环；持久农业；雨水吸收植物园；土壤保持；雨水管理；城市农业；城市林业；城市植被；视域保护。

拓展阅读

Carr, Stephen; Francis, Mark; Rivlin, Leanne G.; and Stone, Andrew M. (1992). *Public space*. New York: Cambridge University Press.

Francis, Mark. (2001). A case study method for landscape architecture. *Landscape Journal, 20* (1), 15–29.

Henderson, Harold. (1985). *Prairie speak : The life and art of a forgotten prophet*. Chicago: Chicago Reader Inc.

Hooper, Leonard J. (Ed.). (2007). *Landscape architecture graphic standards*. Hoboken, NJ: John Wiley & Sons.

McHarg, Ian L. (1969). *Design with nature*. Garden City, NY: Natural History Press/Double Day.

Rottle, Nancy, & Yocom, Ken. (2011). *Basics landscape architecture: Ecological design*. West Sussex, UK: AVA.

Steiner, Frederick. (2011). *Design for a vulnerable planet*. Austin: University of Texas Press.

Tishler, William H. (Ed.). (1989). *American landscape architecture*. Washington, DC: National Trust for Historic Preservation.

Windhager, Steven; Steiner, Frederick; Simmons, Mark T.; & Heymann, David. (2010). Toward ecosystem services as a basis for design. *Landscape Journal, 29* (2), 107–123.

大型景观规划

景观规划可以在各种尺度上实施——从大都市到开阔的乡村。它寻求以各种方式促进社会经济和生态的可持续发展，尤其是通过维持和改善重要的土地利用功能（如生态系统、排水和当地气候调节）来实现这一目的。关键活动包括保存保护区、评估开发计划的视觉影响和联结城市区域的绿色基础设施。

大多数人都熟悉景观设计师从事的与城市空间设计和更新有关的工作。景观规划和设计也可以发生在大尺度上。这里的“大尺度”并没有明确的边界：从小的一端来说，它可能涉及一个新郊区的开放空间网络（Williams, Joynt & Hopkins 2010），从大的一端来说，它可能涉及一个小国的整个景观资源（Kabat et al. 2005）。涉及景观的规划，其特性也同样存在很大差异，但粗略地说，它指的是公共机构可以保护或改善土地和海岸重要特性的方式。景观规划的核心关注点是使全球景观产生差异因而有助于体现独特性和辨别性的方式。遗憾的是，现在很多地方变得更加雷同或均质化，因此，景观规划者现在都注重保护和强化那些体现地方色彩的特性。

景观规划倡导可持续发展（Benson & Roe 2007），通常追求涉及经济、社会和环境可持续性的“三个结果”。环境可持续性指的是与一处景观有关的物理和生态功能不断持续或改善的能力以及继续提供各种相关服务的能力（Termorshuizen & Opdam 2009）。社会和经济可持续性一方面涉及向人们提供服务，如帮助吸引向内投资（即来自外部的资金），另一方面涉及自我强化循环——当地人们向景观投资因为景观支撑了商品和服务的生产。可持续性需要把景观基于历史和传统，从而保持或恢复过去景观的记忆和物理痕迹，这尤其因为它们可以为未来的景观管理提供智慧。可持续性还需要期待大规模的干涉措施，如海岸防御设施的有计划拆除、重新野生化和恢复性造林。

景观规划的概念

景观不同于生态系统,虽然它们可能密切相关;景观一般具有独特的视觉特征而且更具文化特征,因为人们要么帮助创建了它,要么至少认同它被广泛认知的形象。景观的一个常见定义是:"被人们感知的一个区域,其特色是自然和(或)人类因素的行为和相互作用的结果"(Council of Europe 2000)。类似的观点(Phillips 2002)认为大型景观是自然与人类、过去与现在以及物理特性(景色、自然、历史遗迹)与关联价值(社会和文化)的结合。

大型景观规划可以追溯到19世纪以来国家公园的设立,它随后又扩展为更加广泛的实践(Selman 2010)。一开始,景观规划与保护密切相关,也就是说保护重要乡野风景区的特色。到了20世纪,其他方面也突显出来。首先,随着人们对工业化和城市开发所带来影响的日益关注,人们更加注重对景观和视觉所受影响的评估和缓解以及对非工业化地区景观的回收(Fairbrother 1970)。其次,全球生物多样性令人担忧的下降促使科学家追求景观尺度的自然保护方式。如果只限定在几个被集约化农业和城市用地分隔的保护区内,野生动物不可能发展壮大。因此,景观规划常常涉及生态策略,以便在广大野外区域为野生动物提供更具连续性的栖息地网络(Hopkins 2009)。最后,早期的景观策略注重风景和视觉方面,而最近的研究则采取了多功能的视角,从而作为综合了环境、社会和经济的框架而赋予景观更大的价值(Lovell & Johnston 2009)。这些发展趋势使得人们对普通景观(包括城市地区)越来越关注。

考虑到景观规划的差异,注意欧洲理事会(2000)对景观保护(维持重要或个性特征的行为)和景观规划(用于强化、恢复或创建的具有强烈前瞻性的行为)所做的区分是很有帮助的。从本质上说,景观规划有两种不同的表现形式:一个是保护主义方式——高价值文化景观需要保护和传统式管理,以便保持其遗产性特质;一个是主动方式——低质量的景观得到改善或者新的景观得以创建。

景观规划的尺度

乡野景观规划,其尺度一般都在几十到几百平方公里。在这里,重点主要放在广受好评的景观上,但人们越来越注重对所有区域质量的认可。在这一尺度上,最引人注目的景观是国家公园,这些公园的创建是为了在城市发展和农业集约化的情况下保护那些标志性的风景区。这样的公园通常由相对未受到改变和严格控制的区域构成,属于世界自然保护联盟(IUCN)的Ⅱ级保护区——国家公园,它强调生态系统保护和休闲。但在人口稠密的国家,采用了更具文化含义的做法,它们属于世界自然保护联盟的Ⅴ级保护区——受保护景观/海景(Phillips 2002)。因此,举例来说,美国的国家公园严禁狩猎、开矿和其他消费行为,以便公园不受损害地供后代享用,而且公园受美国国家公园管理局直接管理。与此不同的是,英国的国家公园是有人居住的,而且大多是私人拥有,当地的国家公园管理机构监管开发、影响农民的生产并管理旅游休闲活动。国家公园的差异很大,从阿拉斯加冰川湾的旷野(超过13 000平方公里)到英国山顶区(约为前者的十分之一),后者里面有水泥厂、3.8万居民和每周高达50万人的游客。在法国，“地区公园”结合了风景保护和绿色旅游与可持续经济发展——例如，通过令人向往的、表明质量和产地的“特许证”来推销当地的传统产品（如特制奶酪和果汁），从而刺激乡土农业景观的生存。

另一尺度的景观规划涉及工业活动。很多开发项目需要评估其对景观和视觉的影响。景观影响评估一般指的是计划的土地用途变化与周围景观特性的匹配程度。它考虑该地区是否有吸收计划活动的内在能力以及其特色会不会被明显改变。视觉影响评估更多地考虑计划项目的直接物理效应，常常根据“视觉侵扰区”（即开发项目明显可见的区域）来进行分析（Landscape Institute, IEMA & Wilson 2002）。景观规划者面临的挑战是评判计划项目的可接受性以及确认缓解预计影响的途径。例如，具有潜在危害性的计划项目（如新的高速公路），其设计应与景观的轮廓相匹配并由生态多样的植被所屏蔽，而露天开采可通过精心屏蔽和富有想象力的恢复计划加以改善。在工业循环的另一端，景观规划可以改善和恢复被荒废的区域。考虑到最近几十年回收技术的进步和非工业化区域的数量，这样的景观规划可能也有很大的规模（Ling, Handley & Rodwell 2007）。法国北部的德勒工业园区制订了一项协调的策略，用于在30公里的地带恢复煤矿区域、保护水资源、整合农田、改善公共开放空间（de Vogüe 2007）。新的乡村资源计划项目也可以产生大规模的影响。

第三尺度的景观规划涉及都市区，包括城乡接合部。规划者在这一尺度上面临的主要问题之一是景观已被开发项目和集约化农业破碎化。因此，这里的主要目标是努力把这些碎片重新连接成“绿色基础设施”（Benedict & McMahon 2006）。与其设法抵制变化，规划者不如主动把景观创建与新的开发项目结合起来。在城市网络内，有提供开放空间的悠久传统，有时会有意识地实现景观尺度的设计，如美国景观设计师弗雷德里克·奥姆斯特德（Frederick Law Olmsted）在一个世纪以前创建了波士顿的“翡翠项链”（Zaitzevsky 1982）。绿色基础设施的规划常常需要识别城市结构内残遗生态和水文系统的自然特征。

对绿色基础设施的可持续性来说，三个思想是最基本的。首先，基础设施必须非常容易到达，当人们想探访高质量的景观时能够减少他们的碳足迹。其次，它必须具有空间连续性，以便支持那些依赖于连续性的景观功能，如生物多样性过程和河漫滩调节。最后，它必须是多功能的，以使同处一地的各种生态系统服务之间能够同时发生相互作用。这些生态系统服务包括野生动物保护、强身健体的机会、对心理和情绪健康的促进、水循环、对气候变化的缓解和适应、当地粮食的生产、财产价值的提升和社区参与。

景观规划的方法

景观规划者使用3个主要而且常常交叉的方法：特殊区域的保护、评估特质的“工具箱”和战略空间规划模型。

我们在前面已经谈到用国家公园的方式进行的保护。这种方法可以更一般性地理解为“设定”区域——在官方地图上指定为保护区的区域(Selman 2009)。虽然具有国家重要性的区域受到严格的保护，其他具有地区性或当地重要性的风景区也应该得到某种程度的保护。在设定区域实施的规划机制通常包括公共或非政府组织进行的土地征用、严格的规划控制、用于交通和休闲的场地管理、游客信息的提供和土地管理的捐助。

一个常见的工具(我们已经在关于工业和乡村资源开发中谈及这一工具)是“景观和视觉影响评估”。另一个在较为古老的文化景观中广泛应用的技术是“景观特色评估”，用于帮助我们理解是什么使场地具有差异性和特殊性。它可以被规划者用于控制或鼓励针对一个区域的能力和特色的开发类型。特性表征法有着更悠久的传统，它试图在宽泛的区域评估景观的相对价值(Bishop & Phillips 2004)。

战略景观规划发展的一个里程碑事件是伊恩·麦克哈格(Ian McHarg)的《依据自然进行设计》，该书展示了不同景观特性的地图如何叠加以便找出在什么地方新开发项目可以最合适地与场地的内在能力相结合(McHarg 1969)。这种方法已经被现代计算机的数据存储和分析能力以及动态生态系统的现代理论所取代，但麦克哈格的基本原理仍然是完好的。在实践中，景观规划的大部分方法现在都涉及通过地理信息系统实施的景观服务的表示和分析、人类干预可以促进景观服务之间协同增效的区域评估、基于标准(如人类需求)的优先区域分析和实施方法(如监管措施和财政激励措施)。

景观规划可以非常复杂和依赖技术，但景观对普通居民来说极其重要。因此，景观规划者越来越多地利用那些涉及其他组织和公众的方法。这些方法一般让人们参与各自区域的特色地图绘制，例如，通过提供专业辅导员帮助志愿者从事案头工作和当地景观的实地调查(James & Gittins 2007)，或者利用公众的参与技术来影响未来景观的设计和恢复(Collier & Scott 2010)。

未来展望

在景观规划中最令人瞩目的发展趋势是其重点从保护具有国家重要性的风景区转向促进所有区域的景观质量。这并不意味着保护区变得不太重要了——实际上却恰恰相反。现在，景观除了其视觉质量以外，还被认为具有很多常常看不到的功能。随着绿色基础设施变得越来越重要，传统上对乡村景观规划的关注程度下降了，城市-农村的区分变得不太重要。此外，人们对经济、社会、文化、政治、自然和技术的“变化驱动因素”的认知逐渐增加，这些驱动因素无法阻挡，只能对其施加影响和疏导(Schneeberger et al. 2007)。只要变化满足可持续发展的标准、有利于当地社会和经济，决策者现在接受、甚至欢迎一定程度的变化。我们选择接受或控制变化驱动因素的程度仍然存在争议。例如，我们允许标志性文化景观有多大的改变？我们允许大自然在重新野化的土地或恢复的海岸中占有多大的比重？

对未来景观规划者来说，主要的启示也许是关注程度从发达国家向发展中国家的转移。虽然在发达国家中多功能景观的重要性会继续提高，但我们面临的更大的挑战将是保护快速发展中国家那些非常特殊的自然和文化资产，把绿色基础设施嵌入其快速扩张的城市中。

保罗·塞尔曼（Paul SELMAN）
英国谢菲尔德大学（荣誉退休）

参见：海岸带管理；群落生态学；景观设计；大型海洋生态系统管理与评估；光污染和生物系统；海洋保护区（MPA）；重新野生化；道路生态学；雨水管理；视域保护。

拓展阅读

Bell, Simon. (2004). *Elements of design in the landscape* (2nd ed.). London: Spon Press.

Benedict, Mark E., & McMahon, Edward T. (2006). *Green infrastructure: Linking landscape and communities.* Washington, DC: Island Press.

Benson, John, & Roe, Maggie. (Eds.). (2007). *Landscape and sustainability* (2nd ed.). Oxford, UK: Routledge.

Bishop, Kevin, & Phillips, Adrian. (Eds.). (2004.) *Countryside planning: New approaches to management and conservation.* London: Earthscan.

Collier, Marcus, & Scott, Mark. (2010). Focus group discourses in a mined landscape. *Land Use Policy*, *37* (2), 304–312.

Council of Europe. (2000). The European Landscape Convention. Retrieved August 18, 2010, from http://www.coe.int/t/dg4/cultureheritage/heritage/landscape/default_EN.asp

Crowe, Sylvia. (1966). *Forestry in the landscape.* Edinburgh, UK: Forestry Commission.

De Vogüe, Alix. (2007). Espaces naturels: Reconstitution d'un paysage de marais. *Le Moniteur des travaux publics et du batiment*, *5387*, 48–49.

Fairbrother, Nan. (1970). *New lives, new landscapes: Planning for the 21st century.* New York: Knopf.

Foreman, Dave. (2004). *Rewilding North America : A vision for conservation in the 21st century.* Washington, DC: Island Press.

Gobster, Paul. (2001). Forests and landscapes: Linking ecology, sustainability and aesthetics. In Stephen R. J. Sheppard & Howard W. Harshaw (Eds.), *Forests and landscapes: Linking ecology, sustainability and aesthetics* (pp. 21–28). Wallingford, UK: CABI Publishing.

Hopkins, John. (2009). Adaptation of biodiversity to climate change: An ecological perspective. In Michael Winter & Matt Lobley (Eds.), *What is land for? The food, fuel and climate change debate* (pp. 189–212). London: Earthscan.

James, Philip, & Gittins, John W. (2007). Local landscape character assessment: An evaluation of communityled schemes in Cheshire. *Landscape Research, 32* (4), 423–442.

Kabat, Pavel; van Vierssen, Wim; Veraart, Jeroen; Vellinga, Pier; & Aerts, Jeroen. (2005). Climate proofing the Netherlands. *Nature, 438*, 283–284.

Landscape Institute, Institute of Environmental Management and Assessment (IEMA), & Wilson, Sue. (2002). *Guidelines for landscape and visual impact assessment* (2nd ed.). London: Spon Press.

Ledoux, Laure; Cornell, Sarah; O'Riordan, Tim; Harvey, Robert; & Banyard, Laurence. (2005). Towards sustainable flood and coastal management: Identifying drivers of, and obstacles to, managed realignment. *Land Use Policy, 22*, 129–144.

Ling, Christopher; Handley, John; & Rodwell, John. (2007). Restructuring the post-industrial landscape: A multifunctional approach. *Landscape Research, 32*, 285–309.

Lovell, Sarah Taylor, & Johnston, Douglas. (2009). Creating multifunctional landscapes: How can the field of ecology inform the design of landscape? *Frontiers in Ecology and the Environment, 7*, 212–220.

McHarg, Ian. (1969). *Design with nature*. Garden City, NY: Natural History Press for the American Museum of Natural History.

Phillips, Adrian. (2002). *Management guidelines for IUCN category V protected areas: Protected landscapes/seascapes*. Gland, Switzerland: IUCN.

Schneeberger, Nina; Bürgi, Matthias; Hersperger, Anna M.; & Ewald, Klaus C. (2007). Driving forces and rates of landscape change as a promising combination for landscape change research. *Land Use Policy, 2*, 349–361.

Selman, Paul. (2006). *Planning at the landscape scale*. London: Routledge.

Selman, Paul. (2009). Conservation designations — Are they fit for purpose in the 21st century? *Land Use Policy, 26* (Suppl. 1), S142–S153.

Selman, Paul. (2010). Landscape planning: Preservation, conservation and sustainable development (Centenary Paper). *Town Planning Review, 81* (4), 382–406.

Steiner, Frederick. (2008). *The living landscape* (2nd ed.) Washington, DC: Island Press.

Steinitz, Carl, et al. (2005). A delicate balance: Conservation and development scenarios for Panama's Coiba National Park. *Environment: Science and policy for sustainable development, 47* (5), 24–39.

Termorshuizen, Jolande W., & Opdam, Paul. (2009). Landscape services as a bridge between landscape ecology and sustainable development. *Landscape Ecology, 24*, 1037–1052.

Turner, Tom. (1998). *Landscape planning and environmental impact design*. London: UCL Press.

Williams, Katie; Joynt, Jennifer L. R.; & Hopkins, Diane. (2010). Adapting to climate change in the compact city: The suburban challenge. *Built Environment, 36* (1), 105–115.

Zaitzevsky, Cynthia. (1982). *Frederick Law Olmsted and the Boston park system*. Cambridge, MA: Harvard University Press.

大型海洋生态系统管理与评估

大型海洋生态系统是从生态上确定的高产沿海区域，它沿着地球的大陆边缘，至少有20万平方公里。其每年给全球经济所做的贡献约为12.6万亿美元；由于过度捕捞、污染、养分过量和生存环境退化，其商品和服务不断下降。国际上正努力恢复和维持大型海洋生态系统的资源。

大型海洋生态系统（LME）被定义为海洋的高产区域，它至少有20万平方公里，包括从江河流域和河口到大陆架的中断或边坡或者没有大陆架时到明确给定的海流系统之间的区域（见图L1）。地球上的64个大型海洋生态系统是根据生态标准确定的，这些标准包括：① 水深测量（即底部深度等高线）；② 水文地理（即海水特性，包括盐度、密度和温度）；③ 生产率；④ 营养关联的种群（即从浮游生物到海洋哺乳动物和其他顶级捕食者这种通过食物链完成的捕食者–猎物之间的碳能源传递）。

对世界的大型海洋生态系统来说，未来并不确定。它们每年产生80%的海洋生物量（如鱼类、海藻）；然而，它们越来越受到来自自然和人类产生的变化的压力，包括气候变化、过度捕捞和污染。对大型海洋生态系统可持续发展带来的潜在负面影响已经引起全世界的严重关注。全世界正努力恢复和维持大型海洋生态系统的商品和服务；这种努力强调使枯竭的鱼类资源得到恢复并具有可持续性、降低和控制沿海区域的污染、养分过量和酸化、使退化的生存环境得到恢复、保护生物多样性以及缓解并适应气候变化的效应。

作为海洋食物链基础和海洋初级生产源的水面叶绿素含量用每平方米含碳多少克来度量。这些含量在大型海洋生态系统边界内的海洋盆地边缘总是高于外海。这种初级生产的高速率支撑着大型海洋生态系统边界内鱼类的高生物量等级。

从20世纪80年代中期到90年代，美国科学进步协会和国际海洋考察理事会（the International Council for the Exploration of the Sea, ICES）年会以及大型海洋生态系统国际

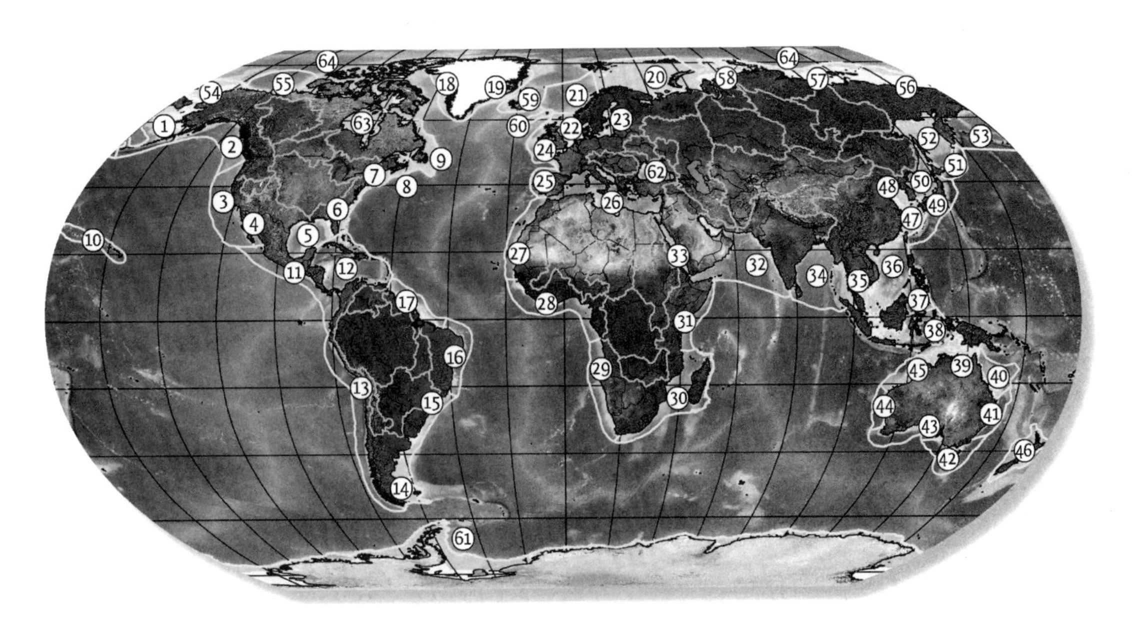

图L1　地球上大型海洋生态系统的位置

1. 东白令海; 2. 阿拉斯加湾; 3. 加利福尼亚海流; 4. 加利福尼亚湾; 5. 墨西哥湾; 6. 美国东南大陆架; 7. 美国东北大陆架; 8. 斯科舍大陆架; 9. 纽芬兰-拉布拉多大陆架; 10. 太平洋-夏威夷岛屿; 11. 太平洋-中美洲沿海; 12. 加勒比海; 13. 洪堡海流; 14. 巴塔哥尼亚大陆架; 15. 巴西南部大陆架; 16. 巴西东部大陆架; 17. 巴西北部大陆架; 18. 西格陵兰大陆架; 19. 东格陵兰大陆架; 20. 巴伦支海; 21. 挪威大陆架; 22. 北海; 23. 波罗的海; 24. 凯尔特-比斯开大陆架; 25. 伊比利亚沿海; 26. 地中海; 27. 加那利海流; 28. 几内亚海流; 29. 本格拉海流; 30. 阿古拉斯海流; 31. 索马里沿岸海流; 32. 阿拉伯海; 33. 红海; 34. 孟加拉湾; 35. 泰国湾; 36. 中国南海; 37. 苏禄-西里伯斯海; 38. 印度尼西亚海; 39. 澳大利亚北部大陆架; 40. 澳大利亚东北大陆架-大堡礁; 41. 澳大利亚东中部大陆架; 42. 澳大利亚东南部大陆架; 43. 澳大利亚西南部大陆架; 44. 澳大利亚中西部大陆架; 45. 澳大利亚西北部大陆架; 46. 新西兰大陆架; 47. 中国东海; 48. 黄海; 49. 黑潮海流; 50. 日本海; 51. 亲潮海流; 52. 鄂霍次克海; 53. 西白令海; 54. 楚科奇海; 55. 波弗特海; 56. 东西伯利亚海; 57. 拉普捷夫海; 58. 喀拉海; 59. 冰岛大陆架; 60. 法罗高原; 61. 南极; 62. 黑海; 63. 哈德逊湾; 64. 北冰洋

来源:《全球大型海洋生态系统》(2009);《用于评估和管理沿海水域的大型海洋生态系统方法》.2011年3月11日下载: http: //www.lme.noaa.gov/index.php?option=com_content&view=article&id=47&Itemid=41.

会议提出了基于生态系统的海洋资源评估和管理以扭转大型海洋生态系统商品和服务持续下降局面的科学基础。这项运动代表着思维模式的转变——每年对生态系统状态变化的度量从单个物种的评估到多个物种的评估、从小规模一直到大型海洋生态系统规模,其重点不仅放在生态系统商品上,而且还放在生态系统服务上(见表L1)。

大型海洋生态系统是由独特水深测量、水文地理、生产率和营养相互作用表征的海洋

表L1　思维模式向基于生态系统管理的转变

从	→	到
单个物种	→	生态系统
小的空间尺度	→	多个空间尺度
短期视角	→	长期视角
人类独立于生态系统之外	→	人类是生态系统不可分割的一部分
管理与研究脱节	→	适应性管理
管理商品	→	维持产品和服务的生产潜能

来源: 卢布琴科(Lubchenco 1994).

区域。全球工作重点集中在全球64个大型海洋生态系统的海洋产品和服务的恢复和可持续发展上。

一种基于生态系统的方法由美国国家海洋和大气管理局(NOAA)与联合国系统和国际金融机构(如世界银行、全球环境基金)一起提出,以改善大型海洋生态系统中海洋资源的评估与管理。五模块大型海洋生态系统指标法已证明对度量大型海洋生态系统的状态变化和引入基于生态系统的适应性管理策略非常有用,这些管理策略用于:① 改善和维持大型海洋生态系统的生产率;② 改善和维持鱼类和渔业;③ 控制污染和改善生态系统健康状况;④ 使社会经济利益最大化;⑤ 启动基于生态系统的治理活动。针对前3个模块的生态系统测量为度量大型海洋生态系统的状态变化提供了科学基础。另外2个模块遵循管理策略,以使在规定了管理做法的治理体制框架内,大型海洋生态系统产生的社会经济利益最佳化。

大型海洋生态系统的价值评估和治理

大型海洋生态系统所包含的沿海水域每年为全球经济贡献12.6万亿美元。社会经济模块强调科学成果的实际应用,以使给公民社会带来的社会经济利益能够维持和最优化。

有全球环境基金(世界银行的一个国际金融组织,关注全球环境问题)和世界银行每年31亿美元的资金支持,联合国5个机构[联合国开发计划署、联合国环境规划署、联合国工业发展组织(UNIDO)、粮食与农业组织、国际海洋学委员会-联合国教科文组织(IOC-UNESCO)]、美国国家海洋和大气管理局、挪威、冰岛、德国和两个非政府组织[世界自然保护联盟(IUCN)、世界野生动物基金会(WWF)]已经形成了伙伴关系,以协助非洲、亚洲、拉丁美洲和东欧的110个国家完成大型海洋生态系统项目。这些项目正引入基于生态系统、考虑多行业利益(如渔业、交通、能源生产、风电场、休闲旅游)的评估和管理实践,以便恢复和维持枯竭的渔业资源,恢复受损的生存环境(如海草、珊瑚、红树林),减少和控制污染、养分过量和酸化,缓解并适应气候变化。

大型海洋生态系统治理模块由每个大型海洋生态系统项目开发,以满足资源管理和可持续发展的高优先级目标。管理框架涉及国家、地区和当地管辖区域。通过全球环境基金支持的大型海洋生态系统项目,各个国家正利用联合治理方案,解决他们在共享大型海洋生态系统中发现的高优先级跨界问题,这些问题影响大型海洋生态系统的渔业、油气生产、交通运输、旅游和离岸能源生产。用于做出与治理有关的决策的过程包括参与国家针对高优先级问题联合进行跨界诊断分析(TDA)和以使健康的大型海洋生态系统产生的社会经济利益最优化为关注点的战略行动计划(SAP)。战略行动计划作为国际协议指导在跨界诊断分析中识别并优先确定的行动的落实,以推动大型海洋生态系统产品和服务的恢复和可持续发展。

大型海洋生态系统的适应性管理

在大型海洋生态系统内不同尺度上以任务委托和(或)系列管理行动的形式制订的总的适应性管理策略解决多用户问题,包括生存环境恢复、渔业恢复和不同尺度上其他产品和服务问题。以往的经验和教训证明在负责各种行业(如渔业、交通运输、环境、能源和旅游)的很多部级管理部门非常有效。部级批准是在国家层面完全了解下列情况的基础上获得的:各部委正在签署一个五年协议(而且有可能续签五年),以解决跨国、跨界问题,这些问题已通过全球环境基金支持的跨界诊断分析和战略行动计划过程被优先确定,因此可以综合大型海洋生态系统项目的地方、国家和跨界利益达10年之久。例如,三个西南非洲国家——安哥拉、纳米比亚和南非已经达成实施基于生态系统的适应性管理活动,从而在本格拉海流大型海洋生态系统行动计划的框架下共享本格拉海流大型海洋生态系统(位于大西洋南部非洲西南沿岸)的产品和服务。其他的例子出现在沿几内亚海流大型海洋生态系统近陆边缘地带的16个国家(从北部的几内亚比绍到南部的安哥拉),他们正在协商几内亚海流大型海洋生态系统临时行动计划。在亚洲,中国会同韩国正在为黄海大型海洋生态系统产品和服务的可持续发展制订一个联合行动计划。

大型海洋生态系统的比较性评估

大型海洋生态系统项目在治理体制从关注单个行业向转向基于生态系统的多行业适应性管理实践方面已经产生了积极的效应,这些实践提高了人们对一些受到威胁的重要生态系统产品和服务的认知,支持那些面向大型海洋生态系统可持续发展的行动。这种自下而上的跨界诊断分析和战略行动计划过程使得国家可以把资金投入到沿海社区的大型海洋生态系统项目中。这些活动的范围涉及国家利益(已制订在国家战略计划中)、跨界资源和整个大型海洋生态系统。大型海洋生态系统项目的目标与2002年约翰内斯堡目标和《可持续发展问题世界首脑会议执行计划》一致,就是为了显著减少陆地污染源、在海洋资源评估和管理中引入生态系统的方法、设定海洋保护区网络以及恢复和维持枯竭的鱼类资源。

全球环境基金大型海洋生态系统项目在全球的活动包括恢复和维持海洋产品和服务的各种行动,这些产品和服务影响到非洲、亚洲、拉丁美洲和东欧从事渔业、水产养殖、旅游、运输、能源生产和其他海洋工业活动的数亿人的生计。

针对海洋资源评估和管理的五模块大型海洋生态系统方法的应用不断增加。从科学的角度看,全球大型海洋生态系统之间进行比较性评估的重要性,在于推动对人类和气候导致变化的根源和对生态系统产品和服务可持续性所产生影响的认知。在大型海洋生态系统尺度上进行的主要研究在过去的十年已出现在《科学》和《自然》期刊上(参见阅读材料中有关这些研究的参考文献)。在出版的一篇报告(Worm et al. 2006)中,作者得出的结论是,出现在全球LME中的"过度捕捞"趋势,到2048年可能会导致全球野生繁殖渔业的丧失。在后来的一篇论文(Worm et al. 2009)中,同样的作者和其他曾经质疑其原来结果的人们共同得出这样的结论:实际上,如果采用科学的管理控制措施,海洋渔业资源的种群可以从枯竭状态中得到恢复,而且在科学确定的年度捕获量之下,可以持续捕获。发表在《自然》上的其他大型海洋生态系统全球尺度建模报告则重点关注世界大型海洋生态系统中对"渔获量平均营养级"指数的使用和明显误用(Branch et al. 2010)和捕获量配额为海洋渔业在LME中的维持做出的积极贡献(Costello, Gaines & Lynham 2008)。最近的大型海洋生态系统比较性研究也发表在其他期刊上,包括对世界大型海洋生态系统能够支持渔业生物量的平均年度承载能力的研究(Christensen et al. 2009)和气候变暖对渔业生物量产量影响的研究(Sherman et al. 2009)。其他研究预测,到2050年,江河流域排放中的氮含量将会翻一番,从而增加大型海洋生态系统水域中死区的频度和范围,除非采取缓解措施来控制养分过量(Seitzinger, Sherman & Lee 2008)。

大型海洋生态系统尺度的研究结果对基于生态系统的评估和管理实践的落实来说是非常重要的,它们为临近美国的大型海洋生态系统和中国与韩国之间的黄海大型海洋生态系统中枯竭鱼类资源的持续恢复和水质的持续改善提供帮助。面向大型海洋生态系统恢复和可持续发展的其他积极行动正在非洲、亚洲、拉丁美洲和东欧的项目中开展。参与大型海洋生态系统项目的重要人物和大型海洋生态系统项目目标列于美国国家海洋和大气管理局编写的报告——《全球环境基金支持的大型海洋生态系统项目的规模和目标》中(Sherman, Adams & Aquarone 2010)。2010年11月,在2010年度哥德堡可持续发展奖的颁奖仪式上发行了一部描述全球大型海洋生态系统恢复工作的书——《气候变化期间世界大型海洋生态系统的可持续发展》(Sherman & Adams 2010)。

在走向大型海洋生态系统的恢复和可持续发展更有前途的行动中,有一项是中国和韩国之间达成的协议,共同改善黄海大型海洋生态系统的水质,并且到2050年使捕鱼量减少33%。其他国家也在支持和实施可持续性渔业实践,包括冰岛在冰岛大陆架大型海洋生态系统和挪威在挪威海大型海洋生态系统的实践。美国也在靠近美国海岸的11个大型海洋生态系统中实施渔业资源的恢复和可持续发展的政策。

在全球环境基金、世界银行和日益增多的国际捐助国36亿美元的资助下,支持大型海洋生态系统产品和服务的恢复和可持续发展的全球运动正在不断发展,尤其是经济不断增长的国家(Sherman & Adams 2010)。

肯尼斯·谢尔曼(Kenneth SHERMAN)
美国国家海洋和大气管理局(NOAA)

参见:海岸带管理;共同管理;生态恢复;生态服务;渔业管理;全球气候变化;海洋保护区(MPA);自然资本;海洋酸化的管理;海洋资源管理;点源污染;种群动态;转移基线综合征。

拓展阅读

Behrenfeld, M., & Falkowski, P. G. (1997). Photosynthetic rates derived from satellite-based chlorophyll concentration. *Limnology & Oceanography*, *42* (1), 1–20.

Branch, Trevor A., et al. (2010). The trophic fingerprint of marine fisheries. *Nature*, *468* (7322), 431–435.

Christensen, Villy, et al. (2009). Database-driven models of the world's large marine ecosystems. *Ecological Modelling*, *220*, 1984–1996.

Conti, Lorenza, & Scardi, Michele. (2010). Fisheries yield and primary productivity in large marine ecosystems. *Marine Ecology Progress Series*, *410*, 233–244.

Costanza, Robert, et al. (1997). The value of the world's ecosystem services and natural capital. *Nature*, *387* (6630), 253–260.

Costello, Christopher; Gaines, Steven D.; & Lynham, John. (2008). Can catch shares prevent fisheries collapse? *Science*, *321* (5896), 1678–1681.

Diaz, Robert J., & Rosenberg, Rutger. (2008). Spreading dead zones and consequences for marine ecosystems. *Science*, *321* (5891), 926–929.

Duda, Alfred M. (2009). GEF support for the global movement toward the improved assessment and management of large marine ecosystems. In Kenneth Sherman, Marie Christine Aquarone & Sara Adams (Eds.), *Sustaining the world's large marine ecosystems* (pp. 1–12). Gland, Switzerland: International Union for Conservation of Nature and Natural Resources (IUCN).

Duda, Alfred M., & Sherman, Kenneth. (2002). A new imperative for improving management of large marine ecosystems. *Ocean and Coastal Management*, *45* (11–12), 797–833.

Hennessey, Timothy M., & Sutinen, Jon G. (Eds.). (2005). *Sustaining large marine ecosystems: The human dimension*. Amsterdam: Elsevier Science.

Lubchenco, J. (1994). The scientific basis of ecosystem management: Framing the context, language, and goals. In J.

Seitzinger, Sybil; Sherman, Kenneth; & Lee, Rosalynn. (Eds.). (2008). *Filling gaps in LME nitrogen loadings forecast for 64 LMEs* (Intergovernmental Oceanographic Commission Technical Series 79). Paris: United Nations Educational, Scientific and Cultural Organization.

Sherman, Kenneth. (2006). The large marine ecosystem network approach to WSSD targets. *Ocean and Coastal Management*, *49* (9–10), 640–648.

Sherman, K., & Adams, S. (Eds.) (2010). *Sustainable development of the world's large marine ecosystems during climate change: A commemorative volume to advance sustainable development on the occasion of the presentation of the 2010 Göteborg Award*. Gland, Switzerland: International Union for Conservation of Nature.

Sherman, Kenneth; Adams, Sara; & Aquarone, Marie Christine. (Eds.). (2010). *Scope and objectives of global environment facility supported large marine ecosystems projects* (NOAA Large Marine Ecosystem Program Report). Narragansett, RI: United States Department of Commerce (USDOC), National Oceanic and Atmospheric Administration (NOAA), National Marine Fisheries Service (NMFS), Office of Science and Technology.

Sherman, Kenneth; Alexander, Louis M.; & Gold, Barry D. (Eds.). (1992). *Large marine ecosystems: Stress, mitigation and sustainability*. Washington, DC: AAAS Press.

Sherman, Kenneth; Belkin, Igor M.; Friedland, Kevin D.; O'Reilly, John; & Hyde, Kimberly. (2009). Accelerated warming and emergent trends in fisheries biomass yields of the world's large marine ecosystems. *Ambio*, *38* (4), 215–224.

Tang, Qisheng. (2009). Changing states of the Yellow Sea large marine ecosystem: Anthropogenic forcing and climate impacts. In Kenneth Sherman, Marie Christine Aquarone & Sara Adams (Eds.), *Sustaining the world's large marine ecosystems* (pp. 77–88). Gland, Switzerland: International Union for Conservation of Nature and Natural Resources (IUCN).

United Nations Development Program, Global Environment Facility (UNDP/GEF). (2009). UNDP/GEF project on reducing environmental stress in the Yellow Sea large marine ecosystem (YSLME). Ansan, Republic of Korea: Strategic action programme.

Wang, Hanling. (2004). An evaluation of the modular approach to the assessment and management of large marine ecosystems. *Ocean Development and International Law*, *35* (3), 267–286.

Worm, Boris, et al. (2006). Impacts of biodiversity loss on ocean ecosystem services. *Science*, *314* (5800), 787–790.

Worm, Boris, et al. (2009). Rebuilding global fisheries. *Science*, *325* (5940), 578–585.

Zinn & M. L. Corn (Eds.), *Ecosystem management: Status and potential* (Senate Report No. 98, pp. 33–39). Washington, DC: US Government Printing Office.

光污染和生物系统

人造光（尤其是夜间室外照明）会中断植物和动物经进化已经适应和使用的昼夜和季节循环机制，它影响像入冬准备、捕食者规避、夜间导航和迁徙等行为，从而威胁到从简单的水生生物到复杂动物和人类的各种生命形式的健康和生存。幸运的是，解决方案比较简单、廉价和容易实施。

长期以来，光都被认为是有益的，但来自生物学研究的越来越多的证据表明，处在错误时间和地点的光可以改变和损害生物和生态系统的行为。夜间的人造光会改变生物的自然生存环境、生理和生物化学特性，这种改变可能会导致其行为和环境适应能力的严重中断。

光的时间性和强度是重要的因素。在进化过程中，物种适应了季节昼夜循环的变化和月亮亮度的变化（月亮的亮度以月为周期发生变化）。额外增加的人造光影响动物的健康、捕食者与猎物之间的平衡、植物的季节特性、甚至人类的生育能力和心理健康。人造光最严重的污染效应发生在月亮的黑暗阶段，也就是说当人造光强度大于自然环境光照强度的时候。光污染是现代文明显著而又危险的后果，越来越多的证据表明它需要加以控制。

光污染

夜晚并不黑暗。夜晚有好几种自然光源，即使在地球上最偏远的地区，生命也已适应并且依赖这些光源。最明亮的持续光源是由大气产生的自然天空的发光（有时称为气辉），它是大气释放白天吸收的太阳光时发出的。另一个光源是星体，它们照到地面的组合光亮约为满月亮度的千分之一。最后，在每月的一周时间里，满月的亮度压倒夜晚天空的所有其他光源。野生生物经过进化已经适应这些夜晚的光源。有的昆虫和水生生物甚至把利用化学发光产生的低亮度光作为一种捕食策略。

20世纪以前，晚上只有星体、气辉和月亮给地球提供亮光。人类居住的影响（隔离的火光）非常有限。然而，在过去的一个世纪，人造光变得非常普遍。现在,整个景观都能看到被照亮的城市、乡村、农场和道路。

光会不会造成污染取决于光的特性,包括其亮度、颜色、范围和持续时间。当其中任何一种品质足以改变生物的习性和生物特性时,光便成为一种污染。

还有三点需要考虑。首先,和空气和水污染一样,光污染也不受政治和行政管理边界的限制。尽管人口都集中在城市,但其合成的照明所产生的范围广阔的亮光会远远超出城市的边界。钻井平台上的废气燃烧和夜晚捕鱼船队的探照灯也是乡村和海洋环境重要的天空发光源。其次,当来自单个灯具的光直射时,它们会变成明显的炫光源,这会干扰夜行生物并降低它们看清较暗区域的能力。最后,用于产生人造光的燃料发电每年向大气排放近2.5亿吨二氧化碳(Mills 2002)。

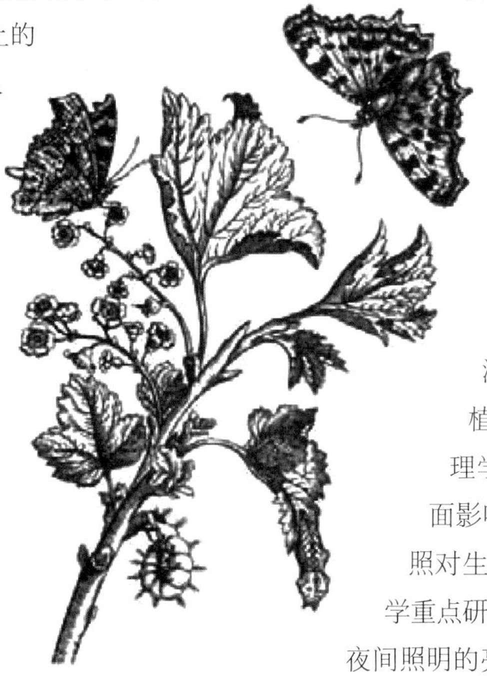

本文的剩余部分将通过简述人造光对生物系统(包括生态系统和人类)影响的研究来阐述这些观点。

暗生态学

生物经过进化不仅适应每日的明暗循环,而且这种循环太根深蒂固,使得大部分生物离不开它。改变这种循环会影响动物的健康、植物的季节性、甚至生物的繁殖。

对有效、实用的人造光控制措施进行开发之前,它们对生物系统的影响必须搞清楚。我们必须确定人造光在什么等级上会影响生物。新的测量技术使得可以对微弱自然光下生物的习性进行研究,确定改变生物习性的光照门限。这些光照门限一般与满月时的自然光照等级相当。

早在19世纪,研究人员就注意到光会影响某些物种的习性。其中有些知识被用于增强动物和植物的生长。人造光周期的负面效应则很少报道。暗生态学是研究未受污染的黑暗方式的新方法,这些未受污染的黑暗方式是生物和生态系统正常习性所必需的。这种方法重点研究夜间光照对植物和动物(包括人类)生理学、生物化学和习性的负面影响。与光生物学(研究光照对生物的影响)不同,暗生态学重点研究黑暗的益处,帮助建立夜间照明的亮度、持续时间和颜色的安全等级。现在,人们比较清楚的是,未受污染的黑暗周期对很多生物的正常功能和发展以及我们限制光污染的等级来说是必不可少的。这些门限值被用于确定在什么等级人造照明变成了一种污染。

光污染对生物系统的影响

生物和行为演化之间的差异是理解人造光对物种影响的关键。行为变化在寿命期内就可以发生，但生物适应性对最简单的生物来说也需要几代的时间，而对复杂生物来说，生物演化需要数百年到数千年。而且，各种物种以不同的方式展现对黑暗的行为和生物化学需求。

生物也许可以承受某些门限值的过量光照，但对其健康和行为的影响会越来越重。例如，捕食动物可能会在满月时减少活动，但会在随后的黑夜中恢复正常。但人造光就不是这种情况，它夜复一夜地保持不变，即使距离很远也会照亮地面上很大的区域。

生物经历按24小时设定的周期性变化。这种时间安排由昼夜节律维持。昼夜节律可能比较复杂，但人们通常认为昼夜之间的对比在生物的生物化学特性与其昼夜活动的同步方面发挥着重要作用。自然环境的光亮可能也会产生或强或弱的影响，这取决于其他因素，如温度、食物供应和被捕食风险的性质。自然明暗周期的循环使得生物的活动可以与更长季节性的变化同步。

分析其中几个方面对各种生物的影响有助于展示生物对这种自然黑夜的依赖程度。

1. 水生生物

小的海洋动物（如浮游动物）经成功进化已经能够利用日光循环和潮汐。作为较大鱼类的食物供应，它们已经发展出改善生存机会的策略。水面的捕食鱼类需要光亮来看清小的浮游动物。用于捕食的光亮门限值大约就是满月的亮度。因此，浮游动物在白天会沉在深处，只在晚上才浮到水面进食。这种一般性生活模式被其日常（一昼夜）的垂直迁徙轨迹所证明。虽然温度、食物供应和捕食程度可能会改变这种行为，但垂直运动则是基于周围的光亮。

海洋动物对夜间照明亮度非常敏感。海岸照明和来自市区的天空亮光可以超过满月的亮度（见图L2）。在这种情况下，浮游动物在水体中的垂直运动就会受到压制，从而弱化食物链。浮游动物对短波蓝光敏感因为它比更长波长的红光对水有更深的穿透力。因此，海岸线上的白色照明会扰乱海岸线环境。灯具应远离海岸线，短波光的使用应受到限制。

人工照明的影响可以产生悖论效应。我们通常认为照明会帮助动物看清东西和方便生存，但当人工照明干扰动物的本能时，它一般会产生相反的效应。海龟的蛋被埋在沙滩里。当它们孵化并爬出地面时，它们就很容易成为捕食鸟类的猎物。它们生存的最佳机会是迅速跑向海浪。

海龟本能地从砸在海岸上的波浪的光亮获取方向，但海岸上的人工照明会把它们引离海水。这会使它们遭受更多的捕食或者被海岸道路上的汽车轧死（Salmon 2006）。

2. 昆虫

昆虫对食物链来说是非常关键的。在夜间，它们相对简单的导航策略是依据星体确定方位。它们甚至可以补偿星体在天空的周日运动。附近静止不动的人工照明会扰乱这种策略，使它们以螺旋方式飞向灯光（见图L3）。这会干扰昆虫的进食、交配和迁徙。此外，这会使它们聚集在特定位置，从而大大增加它们被捕食的机会。

太阳落下之后，空中乱飞的昆虫会骚扰坐在外面的人们。以前，人们用琥珀色灯光

图L2　别墅和海岸炫光

摄影：罗伯特·迪克（Robert Dick）.
海岸灯光改变内河水道的生态平衡，降低船员对漂浮障碍的能见度。

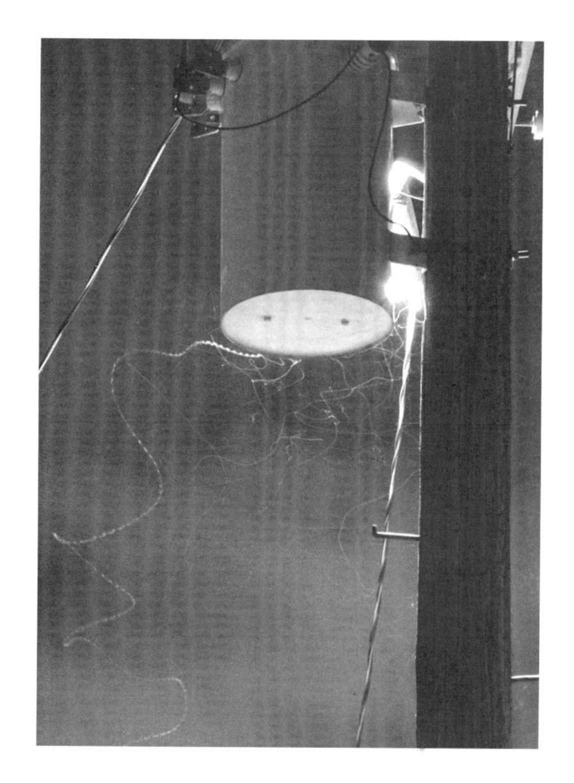

图L3　被街道灯光吸引的昆虫

摄影：罗伯特·迪克（Robert Dick）.
飞虫以螺旋方式飞行。静止不动的人工照明会扰乱昆虫的导航策略，使它们以螺旋方式飞向灯光。

（称为驱虫灯）来降低对飞蝇的吸引。现代灯具使用白色光，这实际上会吸引昆虫。事实上，研究人员利用白色光来吸引和捕获昆虫样本。

灯光也用于在深夜扩展人类的活动。这会增加人类感染昆虫传播的疾病（如疟疾）。这在发展中国家尤其需要注意，因为电灯越来越多地用于提高他们的生活水平。

3. 植物

在温带地区，季节变化要求植物预测更冷或更暖的天气并做好相应的准备。虽然植物的昼夜节律可以管控短期的适应性，但对季节性变化则需要更长时间的准备。时间性非常关键：植物的发育必须与昆虫的生命周期一致以便进行授粉、与鸟类的生命周期一致以便进行种子的散布、与天气变化周期一致以便准备冬眠。仅有温度变化可能无法表示季节的变化，因为常常出现寒春、冷夏和暖秋。因此，很多植物根据夜晚的长度来确定季节：夏天夜晚越来越短，而随着冬天的到来夜晚则越来越长。

在温带地区，秋天的夜晚会变长。植物会把夜晚的光污染加大理解为夏天短夜的继续，这可能会阻止它们对冬天到来的准备，因而会降低或丧失其生存的机会。整夜的光照可能会毁坏某些物种，并促使更有耐性的物种入侵受影响的地区。

4. 鸟类

鸟类在飞行时会利用月亮和星体进行导航，尤其是在迁徙的时候。它们利用这些方向参照物的能力会受到光污染的影响。和昆虫一样，鸟类在迁徙时也利用星体进行导航。当它们分不清明亮的灯光和月亮时，这种能力就被炫光削弱。据估计，在一年两次的迁徙中，数亿只鸟类被城市的灯光吸引，被直接或反射的灯光迷失方向后撞死在玻璃外墙的大楼上（FLAP 2010）。

例如，加拿大的多伦多就处于鸟类迁徙的路线上。每年有一万只鸟类累死和撞死在大楼上。自1997年以来，在志愿者“致命灯光警觉项目”（FLAP）的努力下，经与城市官员协商，他们要求大楼管理者在鸟类迁徙期间关闭不需要的灯光，以减少鸟类的死亡。

5. 光污染对人类健康的影响

有些生物通过迁徙到气候更好的地方来应对环境条件，但人类可以利用自己的智慧在原地适应这样的问题。然而，这一策略也是有限度的，尤其是涉及光污染的时候。对人类来说，人工照明最重要的效应是它如何影响人类的健康。

我们的昼夜节律确定了激素消长的时刻，并通过昼夜循环与我们的活动同步。我们激素分解得很快，然后从我们的血液中过滤。因此，如果它们没有被及时利用，它们的效能就会降低。降低白天和夜晚光照的对比度会使昼夜节律与这些活动脱节。这可以导致缺乏注意力，而这又会进一步使危险状况加剧。它也会产生一些只有在很长的时间里才能显现的效应。例如，上夜班的女士得乳腺癌的风险比上白班的高出60%（Davis, Mirick & Stevens 2001）。2007年，国际癌症研究署分析了得出类似结论的这项研究和其他研究（Jasser, Blask & Brainard 2006）。

光污染以几种方式影响老年人的健康。老

年人已经退化的昼夜节律会由于光污染产生的明暗线索的混淆而变得进一步加重。其机理可能是由于老年人褪黑素水平的降低和昼夜节律的弱化共同的结果。此外，我们的视力会随时间自然退化，人工照明（特别是炫光和白色光）会通过眼睛的缺陷散射灯光而降低视敏度（Turnera, Van Someren & Mainster 2010）。

研究表明，夜间照明也会增加肥胖症和糖尿病的患病概率。面对光污染对人类健康产生影响的大量证据，美国医学会（2009）通过一项决议，把光污染确定为一种健康风险。

照明对昼夜节律的影响并不仅仅取决于我们眼睛的光线敏感器官。我们的非视觉感光视网膜神经节细胞会对低至0.2勒克斯的光照（大约相当于满月的亮度）做出响应，而且对蓝光最为敏感。城市设计所提供的照明是这一照度级的10到1 000倍。随着金属卤素灯和发光二极管的不断增加（它们的白色辐射中包括大量的蓝光），我们的城市在天黑之后越来越不适合人类居住。

光污染的管理

最早把室外照明当作问题的是天文学家，他们注意到夜晚天空的退化迫使他们离开城市地区来从事他们的工作。20世纪80年代，他们通过当地的行动计划和创建国际黑色天空协会来把他们的担忧告知公众和政府。遗憾的是，由于只有0.1%的人口是天文学家和观星者，大多数城市官员和灯具专业人员对这种诉求不予理会，而是继续增加照明度。

到20世纪末，公众对环境退化的关注产生了更强大的声音，从而促使更有利于环境健康的政策的制订。除了其他因素对环境造成的压力，环境工作者也开始认识到人造光的有害效应。它不再仅仅是天文学家关心的问题，而是变成了一个环境和人类健康的问题。

政府对人造光污染的反应一直比较迟钝，其中部分的原因是由于室外灯具业的影响（每年的业务量达260亿美元），还有一部分原因是室外照明被认为对人类室外活动的实现和安全性是必需的。后者的分析可能更多的基于心理认知而非事实：尽管人们在明亮的区域感觉更加安全，但犯罪统计学的关键研究表明，夜晚的光亮对实际的犯罪率没有显著的影响（Clark 2002）。

幸运的是，对过度照明的解决方案和替代措施比较简单和低廉。在很多大城市，能源生产和传输不断升高的成本和对环境的影响已经开始影响室外照明的使用。例如，亚利桑那州的弗拉格斯塔夫于20世纪80年代制订了地方照明法，以保护位于该市以西40英里的基特峰天文台的天空；渥太华街道照明的亮度是大多数城市的一半；卡尔加里重新给街道设置了路灯，采用了全封闭的灯具，并且显著降低了照度级。捷克共和国是第一个通过国家照明政策来限制光污染的国家。

室外照明所用的能量很难确定。虽然有很好的能源记录，但用电数据很少区分室内和室外。这是一个全球性问题，因为在历史上人们认为没有必要区分室外用电。对道路照明来说，城市有分开的记录，但这只占所有室外照明很小的一部分。私人和商业使用包括庭院和门口照明、广告、用于安全和停车场的照明，但此时每一个最终用途的能耗并没有记录。

一般认为，灯光越亮就看得越清楚。因为人类是昼行生物，夜晚的人造光会改善我们看东西的能力,但无数的研究表明,太多的亮光会使效果变差。甚至在一个世纪以前,“好的照明被定义为产生好的视觉效果的照明”(Nutting 1917)。在某些情况下,降低的亮度会改善可见性。明亮的光会在空气中散射,从而使玻璃反光,会使我们的眼睛降低对不太明亮物体的对比度,因而降低它们的可见度。亮光会超出我们的夜视能力,使处于阴影处的物体难以看清。一个在半黑暗状态行走并被炫光弄得看不清东西的人可能无法看见相对较暗之处的危险。例如,如果过于明亮的路灯的光照使潜在受害者的夜间视力受到影响,一个潜伏在阴影里的窃贼就可能无法被发现。顾客离开后仍然用室外照明照亮建筑物和常见的使用明亮广告牌的做法都需要进行检讨。

现在,光污染造成的环境和经济损失可能足以需要利用法律手段来控制允许污染的等级,就像我们控制空气和水体污染的情况一样。这就把整个光污染问题带到了政治和法律领域。可能需要有持续和合理的公共压力(包括对光污染问题进行广泛报道)才能引发变革。幸运的是,和其他环境压力相比,光污染可能是最容易降低的,而且还会给涉及的社区带来能耗和碳足迹降低的好处。

挑战与解决方案

一个多世纪以来,我们通过不断增加室外照明的亮度来一直无意地在全球范围内进行着一项战略实验。现在,照明的亮度已非常高,使我们能够随时识别和研究人造光的效应。与此同时,人类对各种环境污染、与资源滥用有关的经济因素和生态系统的可持续性变得非常敏感。降低室外人工照明有助于减少能源成本、对健康的有害效应和对有限资源的依赖,同时可以防止来自发电和输电的环境退化。例如,应对不断上升的照明成本的城市管理者现在转向那些向下发光并把光亮集中在特定目标的灯具,这不仅节省资金(因为可以使用较少且功率较小的灯具),而且可以最大限度地减少炫光和降低光污染。这种对电能消耗的减少通过改善植物、动物、昆虫甚至人类的健康和生存能力来为环境的可持续发展做出极大的贡献。

罗伯特·迪克(Robert DICK)
加拿大皇家天文学会
比德韦尔(R. G. S. BIDWELL)
加拿大皇后大学(荣誉退休)
彼得·戈林(Peter GOERING)
马斯科卡传统基金会(退休)
戴维·韦尔奇(David WELCH)
世界自然保护联盟

参见:最佳管理实践(BMP);缓冲带;群落生态学;边缘效应;景观设计;大型景观规划;非点源污染;点源污染;重新野生化;原野地。

拓展阅读

American Medical Association (AMA). (2009). Resolution 516. Retrieved January 17, 2011, from http://www.ama-assn.org/ama1/pub/upload/mm/475/refcome.pdf

Bidwell, R. G. S. (1979). *Plant physiology* (2nd ed.). New York: MacMillan. Clark, B. A. J. (2002). *Outdoor lighting and crime, Part 1: Little or no benefit.* Astronomical Society of Victoria. Retrieved January 17, 2011, from http://amper.ped.muni.cz/light/crime/html_tree/

Cinzano, Pierantonio. (Ed.). (2002). *Light pollution and the protection of the night environment.* Thiene, Italy: Light Pollution Science and Technology Institute (ISTIL).

Davis S.; Mirick D. K.; & Stevens, R. G. (2001). Night shift work, light at night, and risk of breast cancer. *Journal of the National Cancer Institute*, *93* (20), 1557–1562.

Fatal Light Awareness Program (FLAP). (2010). Homepage. Retrieved November 4, 2010, from www.flap.org

International Agency for Research on Cancer. (2007). Press release number 180. Retrieved January 17, 2011, from http://www.iarc.fr/en/media-centre/pr/2007/pr180.html

Jasser, S. A.; Blask, D. E.; & Brainard, G. C. (2006). Light during darkness and cancer: Relationships in circadian photoreception and tumor biology. *Cancer Causes & Control*, *17*, 515–523.

Mills, E. (2002). The $230-billion global lighting energy bill. International Association for Energy-Efficient Lighting and Lawrence Berkeley National Laboratory. Retrieved January 17, 2011, from http://evanmills.lbl.gov/pubs/pdf/global_lighting_energy.pdf

Navara, Kristen J., & Nelson, Randy J. (2007). The dark side of light at night: Physiological, epidemiological and ecological consequences. *Journal of Pineal Research*, *43* (3), 215–224.

Nutting, P. G. (1917). The fundamental principles of good lighting. *Journal of the Franklin Institute*, *18* (3), 287–302.

Rich, Catherine, & Longcore, Travis. (Eds.). (2006). *Ecological consequences of artificial night lighting.* Washington, DC: Island Press.

Salmon, Michael. (2006). Protecting sea turtles from artificial night lighting at Florida's oceanic beaches. In Catherine Rick & Travis. Longcore (Eds.), *Ecological consequences of artificial night lighting* (pp. 141–168). Washington, DC: Island Press.

Turnera, P. L., Van Someren, E. J. W., & Mainster, M. A. (2010). The role of environmental light in sleep and health: Effects of ocular aging and cataract surgery. *Sleep Medicine Review*, *14*, 269–280.

M

海洋保护区

海洋保护区（MPAs）是保护海洋资源很有前途的一种手段，但它们必须经过仔细设计，以确保成功。当海洋保护区的规划考虑了不同参与者的意见并根据坚实的科学原则实施时，它们才最有成效。有效的海洋保护区能产生明显的生物益处，并为基于生态系统的管理做出贡献。

自国际社会在2002年可持续发展世界首脑会议和《生态多样性公约》中做出承诺以来，海洋公园和保护区（用得最多的是海洋保护区）的建立越来越多。签署国正努力保护全球232个海洋生态区中每个区至少10%的海域，并在2012年之前建立有效管理的生态示范性海洋保护区网络。到2010年，全球有记录的海洋保护区超过5 800个，覆盖472万平方公里，占海洋总面积的1.2%（Toropova et al. 2010）。

有些海洋保护区非常有效，生物密度、生物量、大小和多样性都持续增长（Lester et al. 2009），然而，它们估计的覆盖面积仅为海洋的0.1%（Wood et al. 2008）。海洋保护区在其保护程度上变化很大，从禁止所有捕鱼活动的禁捕区（称为海洋自然保护区）到允许几乎各种形式开发利用的地区。允许对生物进行某种去除的海洋保护区对目标物种和非目标物种仍然有积极的效应（Beukers-Stewart et al. 2005）。然而，研究表明，与进行完全保护的禁捕区相比，部分保护的区域在生物数量和尺寸上产生的变化较小，产生的保护益处也较小（Lester & Halpern 2008）。

海洋保护区对海洋生物保护程度上的较大差异源于这样的事实：很多不同因素和观点影响着保护区规则的最后选择。保护区的范围应该多大、什么样的活动应该管控取决于人类利用和保护目标之间的平衡（Jones 2009）。海洋系统会经历各种形式的利用，既有消费性的，也有非消费性的。这些利用包括商业性、传统性和休闲性的捕鱼、潜水、休闲性划船、游泳与冲浪、水产养殖、风力与海浪产生的再生能源、开矿和石油开采。人类利用对海洋生物和生存环境的影响差异很大,然而,当海洋保护区被放在海洋管理更大的背景之下时,每一种利用都必须进行考虑。

要实现保护目标,海洋保护区最好应该有效地联系起来。例如,虽然地中海的自然保护区之间离得相对较近,但数据表明,它们并没有被成年生物的运动或其后代的输出有效地联系起来。结果,它们可能无法实现彻底保护海洋生物种群的管理目标(Grorud-Colvert et al. 2011)。因此,当评估海洋保护区的益处和对实现保护目标所做的贡献时,其全球范围的总数量可能就会出现误导。

海洋保护区如何成功?

我们在评估海洋保护区在满足其特定管理目标方面是否真正成功时会面临挑战。例如,有些设定的海洋保护区并没有实施或进行管控——很多只是设立在纸上,有的可能随着时间的推移失去了政府的支持和保护。确认海洋保护区的状态在很大程度上依赖于当地管理者、政府官员或资源使用者和利益相关者对情况的了解。

对全球海洋保护区规划和实施的评估表明,有些关键因素会促进管理的成功。其中,在开始进行有关建立海洋保护区的建设性对话之前,制订清晰的海洋管理阶段或长远目标是非常关键的。例如,在加利福尼亚沿岸设立海洋自然保护区和其他海洋保护区网络的计划,其过程始于《海洋生物保护法》的制订,该法清楚地表明了设立海洋保护区网络的各种目标。这些目标包括保护海洋生态系统和海洋生物种群的多样性、多度和完好性,提供教育和休闲的机会,利用坚实的科学原则来规划和监控海洋保护区网络。

那些利用和享用海洋资源的各种利益相关者群体的参与对海洋保护区规划过程的成功也是非常关键的。在像菲律宾、澳大利亚的大堡礁、英国、加利福尼亚州和俄勒冈州这样的地方,有些海洋保护区规划的启动没有与利益相关者沟通,结果一开始就遭受了挫折。然而,这些冲突后来导致了消费性和非消费性用户更好地参与。实际上,在很多地方,设立海洋保护区的要求来自利益相关者本身。例如,当发现他们捕获的黑骨螺蜗牛和石干贝数量下降时,墨西哥泼托潘纳斯柯的渔民设定了一个临时的禁捕海洋自然保护区,为鱼类提供保护并为幼蜗牛和石干贝向捕鱼区的输出提供种源(Cudney-Bueno et al. 2009)。

如果海洋保护区的设计基于最佳可用的科学信息,保护区就更容易获得成功。虽然关于海洋自然保护区和其他海洋保护区效应的研究成果有很多,但规划过程可能并没有明确要求要利用科学原则。此外,海洋保护区的规划者不一定知道存在着用于评估计划的海洋保护区的科学资源。因此,把海洋保护科学向非专业人员传播的教育资源正在开发之中,更多的科学家正在参与有关海洋保护区的对话(Grorud-Colvert et al. 2010)。

海洋保护区设立之后,遵守、监管和长期支持对确保持续成功来说非常关键。在规划过程中使利益相关者参与有助于他们遵守海洋保护区的规则,因为这些个体会认为自己是保护区的拥有者和投资者(Pollnac et al. 2010)。例如,在菲律宾东南的宿务岛周围,不仅当地的渔民巡逻和监管其海洋保护区,而且来自附近城市的志愿者巡逻队也联合起来,防止大型捕鱼船队在保护区偷捕（Eisma-Osorio et al. 2009）。海洋保护区的真正实施在全球范围都是一个紧迫的问题，包括在地中海地区；一项研究表明，在意大利的15个海洋自然保护区中，只有3个得到有效的实施。在意大利得到高度实施的海洋自然保护区中，总的鱼类密度高于其他地区（Guidetti et al. 2008）。

长期支持（包括政府和资金）对海洋保护区的管理、监控和维持来说是非常关键的。虽然墨西哥泼托潘纳斯柯海洋自然保护区一开始非常成功，使得目标物种变得更大、更多，那些看到保护行动取得效果的渔民被赋予监管的权力，但在没有政府正式承认的情况下，这种保护没有能够持久。来自另一个社区的渔民开始捕捞位于泼托潘纳斯柯自然保护区里的石干贝并抵抗当地渔民对这种偷捕行为的威慑做法。看到他们精心保护的资源落入外人之手，泼托潘纳斯柯的潜水员们很快加入捕捞行列，从而使当地市场饱和（Cudney-Bueno et al. 2009）。

如果没有官方的设定和政府力量的监管，海洋保护区很可能会失败。因为财力是支持保护区进行监管和生物监控的关键，所以，创造性的融资常常是必不可少的。例如，菲律宾的渔民联盟通过推动各地市政府拿出一小部分当地的内部收税，来支持处理偷捕问题的当地议会（Eisma-Osorio et al. 2009）。

适应性管理

即使有明确的目标、利益相关者的认同和有效监管，海洋保护区在如何有效地实现其目标方面仍然存在很大差异。为了评估一个海洋保护区取得的成功，在考虑保护区的尺寸和年限、保护区之外的捕捞规模、生存环境类型的差异以及遵守和监管的程度的同时，评价体系的设计应能够评估针对保护区特定目标的生物和社会经济响应（Claudet & Guidetti 2010）。菲律宾的一个管理评级系统表明，在这个国家的1 100个海洋保护区中，只有大约20%能够实现其管理目标（White, Alino & Meneses 2006）。类似地，一项对印度洋西部、菲律宾和加勒比的海洋自然保护区的分析表明，保护区的成功（用自然保护区内更大的鱼类生物量来度量）受到对自然保护区规则的是否遵守和人口密度的最强烈的影响（Pollnac et al. 2010）。

对那些不能满足其设定目标的海洋保护区或海洋保护区网络，可能需要重新评估现有系统并采取相应的适应性管理计划。这就是适应性管理的概念，它倡导灵活决策，这些决策在管理行为的结果出现不确定性以及对其他问题的认知更加清楚时可以进行调整（Williams,

Szaro & Shapiro 2009)。例如,澳大利亚大堡礁海洋公园管理局在20世纪90年代初期审定公园的保护区和管理目标之后,发现海洋保护区在保护总面积和生存环境代表性方面存在不足。管理局于是开始广泛征求科学家、利益相关者和一般公众的意见。这个规划过程既采用了科学知识也采用了传统知识,以便保护公园内每一生物地理区至少20%的区域,并使海洋自然保护区内完全受保护的区域从公园总面积的4.2%增加到33%(Fernandes et al. 2005)。显然,不断对海洋保护区进行监控和评估并根据需要实施适应性管理对确保实现保护和人类利用的目标来说是非常关键的。

海洋保护区和更广泛的海洋管理

随着成功的海洋保护区实现其管理目标,海洋群落往往变得更加强壮——生物的数量和尺寸以及生存环境的完好性都优于外部的捕捞区域。这些更健康的系统,其恢复力会更强,当受到飓风、珊瑚白化或其他扰动时,它们就能够更快地恢复。然而,验证海洋保护区是否比未经保护的区域具有更强的恢复力仍然非常困难。此外,虽然成功的海洋保护区在提供明显和长效生态和社会益处方面有着巨大的潜力,但仅靠保护区显然不能解决海洋面临的所有问题。海洋系统的很多胁迫因子(如污染和气候变化的效应)太强大了,靠保护区根本无法有效解决。

因此,当海洋保护区被当作更广泛的多行业管理计划的一部分时可能最为有效。例如,海洋保护区可以作为基于生态系统的管理(EBM)的组成部分。海洋EBM的目标是通过平衡人类健康与生态系统健康以及考虑常常相互冲突的多目标之间的权衡,来维持海洋生态系统向人类提供服务的能力,这些服务是人类要求和需要的(如海鲜生产和沿海风暴的防 护)(Halpern, Lester & McLeod 2010)。在过度捕捞是主要的人类胁迫因子的地区——这种情况在世界上很多地方都存在(包括黑海和中国南海),海洋保护区是EBM特别有效的手段。海洋保护区内健康、有恢复力的系统可以提供各种生态系统服务,包括向保护区以外的区域输出成年或幼体生物以支持高产的渔场或者由红树林对侵蚀和风暴提供防护。

随着海洋资源管理在世界很多地方开始走向EBM方法,海洋保护区可以作为一个起点,从而提供一个现有的框架,以此构建更大规模的管理系统并综合其他管理模式。例如,菲律宾东南宿务岛的自治镇拥有15公里水域的管辖权,实施了当地的海洋保护区并自行监管。通过形成联盟和设立海岸资源管理委员会,该社区现在认为海洋保护区属于集体,外部区域的捕捞被密切监管,旅游活动受到控制,来自社会网络的管理者能够实现跨区域沟通(Eisma-Osorio et al. 2009)。

虽然海洋保护区不是万灵药,但它们是保护和保存海洋资源强有力的工具。当通过合作进行科学实施并长期得到监管和资助时,海洋保护区可以成为基于生态系统的管理方法中至关重要的一部分。

柯尔斯顿·格罗鲁德-科尔弗特(Kirsten GRORUD-COLVERT)
俄勒冈州立大学
萨拉·莱斯特(Sarah E. LESTER)
加州大学圣巴巴拉分校

参见：适应性资源管理(ARM)；行政管理法；最佳管理实践(BMP)；海岸带管理；群落生态学；鱼类孵化场；渔业管理；狩猎；大型海洋生态系统(LME)管理与评估；海洋酸化的管理；海洋资源管理。

拓展阅读

Beukers-Stewart, Bryce D.; Vause, Belinda J.; Mosley, Matthew W. J.; Rossetti, Helen L.; & Brand, Andrew R. (2005). Benefits of closed area protection for a population of scallops. *Marine Ecology Progress Series*, *298*, 189–204.

Claudet, Joachim, & Guidetti, Paolo. (2010). Improving assessments of marine protected areas. *Aquatic Conservation: Marine and Freshwater Ecosystems*, *20* (2), 239–242.

Cudney-Bueno, Richard, et al. (2009). Governance and effects of marine reserves in the Gulf of California, Mexico. *Ocean & Coastal Management*, *52* (3–4), 207–218.

Eisma-Osorio, Rose-Liza; Amolo, Rizaller C.; Maypa, Aileen P.; White, Alan T.; & Christie, Patrick. (2009). Scaling up local government initiatives toward ecosystem-based fisheries management in Southeast Cebu Island, Philippines. *Coastal Management*, *37* (3–4), 291–307.

Fernandes, Leanne, et al. (2005). Establishing representative no-take areas in the Great Barrier Reef- Large-scale implementation of theory on marine protected areas. *Conservation Biology*, *19* (6), 1733–1744.

Grorud-Colvert, Kirsten; Lester, Sarah E.; Airame, Satie; Neeley, Elizabeth; & Gaines, Steven D. (2010). Communicating marine reserve science to diverse audiences. *Proceedings of the National Academy of Sciences of the United States of America*, *107* (43), 18306–18311.

Grorud-Colvert, Kirsten, et al. (2011). The assessment of marine reserve networks: Guidelines for ecological evaluation. In Joachim Claudet (Ed.), *Marine protected areas: A multidisciplinary approach.* Cambridge, UK: Cambridge University Press.

Guidetti, Paolo, et al. (2008). Italian marine reserve effectiveness: Does enforcement matter? *Biological Conservation*, *141* (3), 699–709.

Halpern, Benjamin S.; Lester, Sarah E.; & McLeod, Karen L. (2010). Placing marine protected areas onto the ecosystem-based management seascape. *Proceedings of the National Academy of Sciences of the United States of America*, *107* (43), 18312–18317.

Jones, Peter J. S. (2009). Equity, justice and power issues raised by notake marine protected area proposals. *Marine Policy*, *33* (5), 759–765.

Lester, Sarah E., & Halpern, Benjamin S. (2008). Biological responses in marine no-take reserves versus partially protected areas. *Marine Ecology Progress Series*, *367*, 49–56.

Lester, Sarah E., et al. (2009). Biological effects within no-take marine reserves: A global synthesis. *Marine Ecology Progress Series*, *384*, 33–46.

Pollnac, Richard. B., et al. (2010). Marine reserves as linked social-ecological systems. *Proceedings of the National Academy of Sciences of the United States of America*, *107* (43), 18262–18265.

Toropova, Caitlyn; Meliane, Imen; Laffoley, Dan; Matthews, Elizabeth; & Spalding, Mark. (Eds.). (2010). *Global ocean protection: Present status and future possibilities*. Brest, France: Agence des aires marines protégées; Gland, Switzerland, Washington.DC, and New York: IUCN WCPA; Cambridge, UK: UNEPWCMC; Arlington, VA: Nature Conservancy; Tokyo: UNU; New York: WCS.

White, Alan T.; Alino, Porfirio M.; & Meneses, Anna T. (Eds.). (2006). *Creating and managing marine protected areas in the Philippines*. Cebu City, Philippines: Coastal Conservation and Education Foundation Inc. and University of the Philippines Marine Science Institute.

Williams, Byron K.; Szaro, Robert C.; & Shapiro, Carl D. (2009). *Adaptive management: The US Department of the Interior technical guide*. Washington, DC: US Department of the Interior.

Wood, Louisa J.; Fish, Lucy; Laughren, Josh; & Pauly, Daniel. (2008). Assessing progress towards global marine protection targets: Shortfalls in information and action. *Oryx*, *42* (3), 340–351.

微生物生态系统过程

微生物群落可以调节生态系统中的很多过程，包括分解、养分循环和有毒化学品的降解。这些过程都对土壤和水体的质量有着直接的影响。微生物过程可用于促进可持续性，但它们也对人类活动导致的生态系统变化非常敏感。因此，了解微生物群落对面向可持续发展的全球管理来说是至关重要的。

土壤和水体包含微生物群落（像细菌和真菌这样的微小生物），它们构成地球上生命体和生物多样性的主体。这些群落负责完成很多重要的环境过程，包括植物和动物物质的分解、养分（如氮和磷）的循环和有毒化学品的降解。微生物过程对土壤质量[由土壤结构以及有机物质、碳和养分（包括氮、磷、钾）的含量来度量]和水体质量（由养分、污染物或过量沉淀物的含量来度量）做出了重要贡献。因此，微生物群落在人类活动（如种植粮食、清除油污和应对环境变化）如何影响自然生态系统方面发挥着重要的作用。了解微生物过程并有效利用这些过程可以大大改善我们以可持续性方式管理世界生态系统的能力。

微生物生存环境

不管是好是坏，人类对生态系统的管理都会直接影响微生物的生存环境。在地球上的任何生存环境下，只要水（生命的基础）是以液体形式存在，微生物都可以生存并发挥作用，因此它们是非常神奇的。所说的任何生存环境包括冷冻的生存环境（在这种环境下微生物产生糖类以降低温度使冰能够形成）和深海热液口（在这种环境下极高压力使水可以在高达407℃的温度下以液体形式存在）。微生物生存环境的一个重要特性是，它们包含有氧（包含氧）和缺氧（包含的氧很少或几乎无氧）区，而且在每个区都会发生一组独特的微生物过程（分别称为好氧过程和厌氧过程）。作为可持续发展主要关注的系统和微生物生存环境的例子，土壤和淡水生存环境将在下面讨论。

1. 土壤

土壤是为微生物提供生存空间的活跃、复杂系统。土壤具有的结构性以及其颗粒如何结合在一起决定着它承受侵蚀的能力。矿物的颗粒从很小的黏土颗粒(小于0.002 mm)到大的沙粒(0.05～2.0 mm),这些矿物颗粒所占的比例和土壤中的有机物质决定着其结构是什么样的。有机物质是表示分解的植物、动物或微生物的通用术语。这些物质主要以碳为基础,因此其中的碳可以测定并用于描述某种具体土壤含有多少有机物质。活的植物和丝状微生物(真菌和丝状菌)的根茎也有利于土壤结构,它们把土壤颗粒结合在一起并使它强化(细菌通过产生用于把自己与土壤颗粒"黏"在一起的复杂糖类来实现这一点)。微生物还通过完成分解过程来为土壤的形成做出显著贡献。

土壤的某些其他特性(包括pH、水分和含氧量)会影响到哪个微生物过程最活跃。这些特性由气候、在景观中的位置(例如,是山顶还是低地)和当地植物群落来决定。

土壤质量(或土壤健康)是常用于描述一个生态系统如何退化或管理实践是否具有可持续性的术语。土壤中有机物质的含量、其结构的强度以及它黏结在一起并保持养分的能力决定着土壤的质量。构建健康的土壤会产生正反馈循环:带有很多能保持养分的有机物质的土壤会支持微生物和植物群落的生长,这又会产生更多的有机物质、保存更多的养分和矿物质。另一方面,人类活动(如农业耕作、开矿、城市发展和工业活动)很容易使土壤结构退化(因而使土壤健康退化)。

2. 水

微生物也适应于在淡水水生和湿地生存环境中生存。在湖泊中,光合作用生物(那些能把二氧化碳转化为像糖之类的有机化合物的生物)主要生活在阳光能穿透的上层水体。那些依赖从上层水体落下的有机化合物的生物生活在较为下层的水体和底部的沉淀物中,这些地方可以成为有利于微生物生长的富养分生存环境。大部分湖泊中的生物都适应于相对较低的养分含量,来自城市地区或农业活动的化肥径流(尤其是氮和磷)会威胁到那里很多形式的生物。

河水有不同的流速,大多数微生物会附在石头或水下沉淀物上生长。与此不同的是,湿地是陆地生存环境,带有暂时或永久性静水和长出水面的植物。在湿地生存环境,靠近最上层水体植物根茎或沉淀物的微生物可以快速消费或转化养分,但这些过程也会快速消耗掉水中的氧,因此,厌氧过程主导着下层水体。由于微生物和植物对养分的这种快速吸收以及湿地通常处于盆地或低地,湿地在过滤化学品或污染物方面非常有用。但与此同时,它们也是非常脆弱的生存环境——很容易被养分或沉淀物径流退化。

生态系统中的微生物过程

就像微生物适应于在各种不同生存环境下生存一样,不同生物的生存适应能力使得它们几乎可以利用任何物质或化学品——从落叶层(枯死的植物物质)到油污到杀虫剂,以便生长或获取能量。微生物转化或降解环境中的化合物,其原因与我们吃饭的道理相同:为了获取能量和生长所需的构成要素。微生物基于氧化-还原反应(下节讨论)从转化不同化合物中获取能量。大的有机化合物通过矿化作用被分解为无机构成要素(如硝酸盐、氨或磷酸盐)。

1. 氧化-还原反应

氧化是一个分子的外层电子被夺走的过程,从而改变其化学状态。这些电子传递给了受体分子,这些分子于是被还原。氧化-还原反应为微生物产生了能量,但也会严重影响养分或元素是留在土壤还是离开土壤,这有可能会污染周围环境。

2. 呼吸作用

呼吸作用是用于产生能量的任何化合物的利用或化学转变。有氧呼吸(把氧用作一个电子的受体,从而产生二氧化碳)是一个非常有效的过程。因此,在有氧的地方,能够进行有氧呼吸的微生物会迅速生长并会主导微生物群落。用于产生能量的其他化学转变,如硝化作用(氨通过氧化转变为硝酸盐)或甲烷生成(从二氧化碳还原或通过乙酸发酵来生产甲烷),其效率要差很多。依靠这些过程获取所需能量的生物都生长较为缓慢,但会处理大量使用的化合物。

3. 分解

分解是大物质(如死的植物、动物、粪肥或微生物)被破碎成更小的子单元的过程。分解是大自然把活体物质中的养分重新循环到土壤的一种方式。分解也可以用于把有机物质存储为碳,或者在有氧呼吸的速度较高时耗尽有机物质的供应。微生物产生酶,因为大的有机分子(如纤维素)太大,无法通过微生物的细胞膜吸收,很多类型的微生物必须产生各种酶来分解不同的有机物质。有些细胞组分(如蛋白质、纤维素和淀粉)很快被降解,因此,它们在被降解和吸收到新生长的微生物细胞之前,在土壤里没有多长的周转时间。其他组分(如木质素)不能很快降解,因此能在土壤中停留更长的时间;这有助于有机物质在土壤中的积累。

4. 氮循环

微生物负责完成很多对土壤和水体质量来说非常重要的氮转化过程。固氮、矿化、固定、硝化和反硝化都是对可持续性、恢复和土壤质量来说非常重要的氮转化过程。固氮由自由生活的细菌完成,或者由与豆科植物(包括豌豆、蚕豆和三叶草的一科植物)共生的细菌完成。由于有细菌伙伴,豆科植物可以获取氮,改善土壤质量或帮助恢复受到扰动的土壤或低养分的土壤(如以前为矿场的土壤)。氮矿化是有机化合物被分解、释放出能够被植物和微生物使用的无机形态的过程。氮固定是任何土壤生物吸收氮从而使其他生物不能再用的过程。固定速度高可以产生积极效应,因为会有较少的过量硝态氮(和硝酸盐离子结合的氮,不同于以氨、亚硝酸盐等形式存在的氮)进入湖泊、河流、饮用水或湿地。但它也会带来农作物缺氮的问题。硝化是一个与污染有关的过程,它把氮从保存在土壤里的形式(氨),通过氨的产能过程和亚硝酸盐氧化转化为很容易从土壤中滤出的形式(硝酸盐)。施予作物的氨肥常常很快转化为硝酸盐。能量被损失掉,这样作物无法获得它们生长所需的肥料，地下水、湖泊和河流被过量的氮所污染。反过来，反硝化是一种形式的厌氧呼吸过程，在这个过程中，为了产生能量硝酸盐被还原为氮气。这一过程也产生氧化亚氮或其他被认为是浓烈温室气体的含氮气体，但它也可以去除多余的硝酸盐，否则这些硝酸盐就会污染湿地和地下水。

5. 其他元素的循环

除了碳和氮以外，微生物还在很多其他元素的转化中充当中介的作用。事实上，它们几乎可以转化地球上的任何分子，其结果对环境可以有利也可以有害。酸性矿场排水就是元素转化如何可以导致污染的例子：当采矿或其他人类活动使矿石爆裂时，微生物把硫转化（通过有氧呼吸）为容易释放的形态，由于有太多的硫，矿场排放的水变成酸性。微生物也可以用类似的方式使矿石释放对环境有害的毒素（如砷和硒）。另一方面，微生物通过矿化改善土壤的养分含量；矿化就是把硫、磷、铁和其他元素从与土壤结合的形态转化为或者把有机分子分解为能够被其他植物或微生物吸收的更为简单的矿物形态。

6. 有毒化学物质的降解和吸收

微生物可以像利用自然元素那样利用有毒化学物质，以便进行生长或获取能量（通过氧化还原反应）。这些有毒物质包括石化产品（如石油或汽油）、杀虫剂、金属和工业活动的副产品。有时候，微生物对这些化学物质的降解或吸收可以去除污染物，就像对污染很多土壤和水生沉淀物的多氯联苯（PCB）进行缓慢、稳定的厌氧降解一样。然而，微生物也可以部分地转化或降解一种毒素，从而产生某种毒性更大或者更危险的物质。

微生物群落和可持续性

可持续性管理或发展被定义为“能够无限维持生产、不使环境恶化的土地和水体利用”（Lincoln, Boxshall & Clark 1998）。当我们决定如何利用环境的时候，不管好坏，我们都在管理环境。管理可以指那些积极改善可持续性的政策（就像那些农业用地管理做法和使退化土地恢复的行动），也可以指那些通过全球变化导致环境退化的间接“管理”。

1. 农业管理

农业土地管理做法以各种方式影响着微生物群落。翻耕的传统做法把土地表层的20厘米土壤打碎，在这个过程中，真菌的丝状细胞网络遭到严重破坏。翻耕也可以导致土壤中有机碳的损失，因为它通过引入氧促进了细菌的有氧呼吸。这些碳的损失可以弱化土壤结构，从而导致水土流失和不能很好保持养分的土质下降，这又会引发径流、污染并需要补充更多的化肥。给农田施撒石灰会改变土壤的pH值，从而影响到哪些微生物可以存在以及它们如何生长。使用氮肥会降低真菌相对于细菌的含量，因而会改变两者所完成过程的正常比率。氮肥（常常以铵的形态存在）更容易污染地下水、湖泊、河流和湿地，因为现在丰富的细菌很快把它转化为硝酸盐。传统农业耕种的做法停止之后，其效应还会持续很长时间，从而改变真菌群落、微生物过程、土壤有机氮的含量和pH值达70年之久。

但农业管理可以更具可持续性。减少或取消翻耕可以增加真菌群落，从而导致更好的土壤结构和真菌分解过程。利用覆盖作物（主要为控制土壤质量、杂草、病害、虫害和排水而种植的作物）可以防止土壤侵蚀并给土壤补充养分。种植粮食的企业可以与奶牛和牲畜饲养场联合，这样，动物的粪便可用于给土壤增加养分和有机物质。与矿质肥料和不断翻耕不同，这些自然养分添加物分解得较慢，因而有助于土壤质量的长效改善。有机添加物就像投资银行账户，30年后才见成效，而化肥就像活期存款账户，经常取款也需要经常存款。

2. 生物治污

利用微生物处理废物或污染物被称为生物治污，了解微生物过程是如何工作的对生物治污的成功来说是至关重要的。例如，可通过给受到污染的土壤增加或减少供氧量、增加养分或者只是增加所需的生物来促进某些生物的生长。有时候（如针对多氯联苯的情况）仅仅需要把受到污染的区域弃之不管、让生物慢慢去进行清理。其他情况则需要平衡不同种类的微生物群落，如让硫酸盐氧化和硫酸盐还原微生物配对工作，以去除土壤中的重金属污染（这是一种比传统方法有效、廉价很多的过程）。生物去污并不是在所有条件下都有效，但它们在清理受污染土壤方面具有极大的潜力。

即使不涉及有毒化学物质，人类活动也可以极大地改变景观；了解微生物过程有助于重建被开矿和其他城市开发活动破坏的景观，这些活动导致了植被的丧失或湿地、湖泊或河流中过多的沉淀物。当然，实现更好的可持续性管理的理想途径，是首先了解人类活动如何影响自然的生态系统，并努力限制它们所产生的破坏。

全球变化的影响

气候变化和其他全球变化可以极大地改变哪些植物能够在哪些区域生长，这意味着农业做法必须改变，有关可持续性土地管理做法的决定将变得更加复杂。此外，微生物群落可能会以不同的方式来适应当地的天气，从而使得我们难以用万能的方案来应对气候在全球范围的变化。气候变化也可能会使微生物加重温室气体的问题（温室气体就是那些吸收辐射、吸存大气中热量的气体），因为它们的呼吸把存储在土壤里的碳转化为二氧化碳——一种主要的温室气体。在气候变暖但湿润或越来越潮湿的地方，反硝化和甲烷生成会分别产生更多的氧化亚氮和甲烷，这些也是温室气体。虽然在大气中氧化亚氮和甲烷的含量不像二氧化碳那么丰富,但它们在吸收热量方面效率要高得多,因而在未来气候变化方面非常重要。

另一个主要的全球变化因子是来自工业活动的氮沉降。这些副产品可能会充当化肥,增加微生物的生长和呼吸、酸化土壤或污染河流和湖泊。

未来展望

了解由微生物促成的很多过程有助于我们利用它们做出可持续性管理的决定。在农业生产中,使用与作物收获所带走养分相匹配的有机投入物的少翻耕或不翻耕做法,可以改善分解过程和微生物对土壤结构和稳定性做出的贡献。给受到扰动的土壤增加固氮微生物或者种植豆科植物(带有固氮细菌伙伴的植物)有助于土壤的恢复。微生物还可用于降解或去除来自工业废物、开矿和其他人类活动的有毒化学物质。全球变化可能会使微生物群落难以完成它们日常的过程,这取决于它们如何适应这种变化。将来,在我们考虑可持续性和生态管理时,这些不同的微生物群落应该发挥关键的作用。

杰西卡・古特克耐克特(Jessica L. M. GUTKNECHT)
亥姆霍兹环境研究中心—UFZ

参见:农业集约化;农业生态学;生物多样性;棕色地块再开发;生态系统服务;水体富营养化;全球气候变化;互利共生;氮饱和;养分和生物地球化学循环;植物—动物相互作用;土壤保持;废物管理。

拓展阅读

Atlas, Ronald M., & Bartha, Richard. (Eds.). (1998). *Microbial ecology: Fundamentals and applications.* Menlo Park, CA: Benjamin/Cummings.

Balser, Teri C.; Gutknecht Jessica L.; & Liang, Chao. (2010). How will climate change impact soil microbial communities? In Geoffrey R. Dixon (Ed.), *Soil microbiology and sustainable crop production* (pp. 373–397). Reading, UK: University of Reading Press.

Balser, Teri C.; Wixon, Devin; Moritz, Lindsey K.; & Lipps, Laura. (2010). The microbiology of natural soils. In Geoffrey R. Dixon (Ed.), *Soil microbiology and sustainable crop production* (pp. 27–57). Reading, UK: University of Reading Press.

Balser, Teri C. (2005). Humification. In Daniel Hillel et al. (Eds.), *Encyclopedia of soils in the environment* (Vol. 2., pp. 195–207). Oxford, UK: Elsevier.

Balser, Teri C; Kinzig, Ann P.; & Firestone, Mary K. (2001). Linking soil microbial communities and ecosystem function. In Ann P. Kinzig, Stephen Pacala, & David Tilman (Eds.), *Linking biodiversity and ecosystem functioning* (pp. 265–358). Princeton, NJ: Princeton University Press.

Banning, N. C.; Grant, C. D.; Jones, D. L.; & Murphy, D. V. (2008). Recovery of soil organic matter, organic matter turnover and nitrogen cycling in a post-mining forest rehabilitation chronosequence. *Soil Biology & Biochemistry*, *40*, 2021–2031.

Brussard, Lijbert; de Ruiter, Peter C.; & Brown, George G. (2007). Soil biodiversity for agricultural sustainability. *Agriculture, Ecosystems and Environment*, *121*, 233–244.

Burford, E. P.; Fomina, M.; & Gadd, G. M. (2003). Fungal involvement in bioweathering and biotransformation of rocks and minerals. *Mineralogical Magazine*, *67*, 1127–1155.

Chander, K., & Brookes, P. C. (1991). Plant inputs of carbon to metalcontaminated soil and effects on the soil microbial biomass. *Soil Biology & Biochemistry*, *23*, 1169–1177.

Docherty, Kathryn M., & Gutknecht, Jessica L. M. (2011 [print version forthcoming]). The role of environmental microorganisms in ecosystem responses to global change: Current state of research and future outlooks. *Biogeochemistry*. doi: 10.1007/s10533–011–9614–y.

Doran, John W., & Zeiss, Michael R. (2000). Soil health and sustainability: Managing the biotic component of soil quality. *Applied Soil Ecology*, *15*, 3–11.

Gutknecht, Jessica L. M.; Goodman, Robert M.; & Balser, Teri C. (2006). Linking soil processes and microbial ecology in freshwater wetland ecosystems. *Plant and Soil*, *289*, 17–34.

Field, Christopher B., & Raupach, Michael R. (Eds.). (2004). *The global carbon cycle*. Washington, DC: Island Press.

Fry, Stephen C. (2000). The growing plant cell wall: Chemical and metabolic analysis. Caldwell, NJ: Blackburn Press.

Liang, Chao, & Balser, Teri C. (2008). Preferential sequestration of microbial carbon in subsoils of a glacial-landscape toposequence. *Geoderma*, *148*, 113–119.

Lincoln, Roger; Boxshall, Geoff ; & Clark, Paul. (1998). *A dictionary of ecology, evolution, and systematics* (2nd ed.). Cambridge, UK: Cambridge University Press.

Miller, R. Michael, & Jastrow, J. D. (1992). The application of VA mycorrhizae to ecosystem restoration and reclamation. In Michael Allen (Ed.), *Mycorrhizal functioning: An integrative plant-fungus process* (pp. 438–467). New York: Chapman & Hall.

Nardi, James B. (2007). *Life in the soil: A guide for naturalists and gardeners*. Chicago: University of Chicago Press.

Sylvia, David M.; Hartel, Peter G.; Furhmann, Jeffry J.; & Zuberer, David A. (Eds.). (2004). *Principals and applications of soil microbiology*. Upper Saddle River, NJ: Pearson Education.

Vörös, L., & Szegi, J. (1990). Investigation on the effectiveness of Azotobacter inoculation during the recultivation of mining spoils. *Mikrobiologija*, *58*, 642–648.

互利共生

互利共生是物种之间对两者都有利的一种相互作用。这样的相互作用对繁殖、生存以及向人类持续提供生态服务都是至关重要的。全球环境变化通过改变自然历史事件的时机、变更物种的分布区、使生存环境变小或破碎化以及促进非本地生物的入侵来对互利共生带来威胁。精确预测生态系统对这些变化的响应还需要更多的研究。

物种之间的相互作用会影响种群、群落和生态系统内的生态过程。在任何一个时间段,世界上几乎所有的物种都会涉及多物种间的相互作用。研究最多的物种间的相互作用是竞争和捕食——对涉及物种的一方或双方有害的相互关系。与此相反,互利共生是对两个物种都有利的相互作用。互利共生发生在世界范围的生存环境中(Bronstein 2009),它对很多生物的繁殖和生存以及生态系统中的养分循环来说是至关重要的。此外,共生生物提供的服务使得环境保护主义者越来越认为互利共生应该成为环境保护和恢复优先考虑的重点。

生态系统给人类提供产品和服务(如食物、清洁水、能源、防护和文化涵养),没有这些产品和服务世界经济就会"慢慢停滞"(Costanza et al. 1997)。有些研究人员把生态系统功能定义为促进生态系统之间生物地理能量流的过程,而生态系统服务则是那些对人类有益的过程(Traill et al. 2010)。互利共生通过授粉、种子散布、营养循环和生物防治而在生态系统服务中发挥着重要的作用。每个生物很可能直接或间接地参与至少一种互利共生的相互作用(Bronstein 2009)。由于互利共生几乎涉及每个生态系统服务,所以,了解它和保存它应是优先考虑的重点。

授粉是互利共生的经典例子。动物给87%以上的全球开花植物授粉(Ollerton, Winfree & Tarrant 2011)。授粉对农业来说是必不可少的:动物授粉的作物占全球粮食生产的大约35%(Klein et al. 2007)。很多植物还依赖动物(包括鸟类和哺乳动物)进行种子的散布。这些动物食用果实，在这一过程中把种子从母体植物带到其他的生存环境中，因此对自然和人为管理的植被的持续来说是至关重要的。在另一种常见的互利共生中，某些植物和昆虫（如蚜虫）利用蚂蚁来从事针对敌人的“生物战争”：蚂蚁被食物奖品所吸引，因此会奋力保护其合作伙伴不受攻击。这样的相互作用对物种的生存来说是必不可少的，如果这些物种具有经济或美学价值，这又会使人类收益。反过来，如果这些互利共生涉及我们想根除的物种（如农业害虫），它们就会给我们造成损害。最后，植物和某些微生物之间的互利共生会促进健康的养分和生物地球化学循环。菌根真菌与植物根茎有着密切的（共生）关系（植物从根茎获取基本的养分）。大约80%的陆地植物参与这种类型的互利共生（van der Heijden 1998）。菌根真菌多样性对维持植物的多样性、结构、养分获取和生产率来说是非常重要的。类似地，根瘤菌是与豆科植物（包括大豆和豌豆）有关的共生性固氮细菌。这些细菌负责完成生物固氮中的大多数氮以及四分之一以上的作物生产。因此，它们对生态系统功能发挥和脱离氮肥来说是必不可少的。的确，涉及微生物的互利共生关系在自然界是普遍存在的，它对维持生物地球化学过程（包括氮循环）来说是非常关键的。

互利共生对维持珊瑚礁来说是至关重要的。大多数珊瑚物种依赖于共生藻类的互利共生关系。环境压力（包括温度升高）驱离了这些藻类，从而产生了一种称为珊瑚白化的现象。虽然不太严重的事件过去之后珊瑚有可能完全恢复，但更加极端的事件会使珊瑚完全死亡。珊瑚礁为各种高产的沿海生态系统提供结构环境，这些生态系统通过充当商业捕捞的繁殖场和生存环境以及休闲场地来为人类服务。随着地球气候的持续变暖，由白化产生的珊瑚礁的破坏预计会成为世界上大部分珊瑚礁所面临的问题（Donner et al. 2005）。

据2005年的《联合国千年生态系统评估》估算，人类活动对生态系统服务的减少超过60%。全球环境变化在几个方面给互利共生带来负面影响。它改变了物候关系（像开花这样的自然历史事件的时间性），变更了物种的分布区，减少生存环境或使之破碎化——这些变化使得生物很可能无法相遇，因而难以建立它们需要的互利共生关系。此外，全球变化常常有助于那些垄断或毁灭共生生物的入侵物种，给它们当地的合作伙伴带来损害。其后果在种子散布和授粉体系方面都有特别翔实的记录。自20世纪80年代以来，英国和荷兰的蜜蜂多样性一直都在下降，依赖这些授粉者的植物物种也相应地减少（Biesmeijer et al. 2006）。人类的土地利用和扰动是野生、原地授粉者的重要威胁（Winfree et al. 2009），因而也是全球植物群落的重要威胁。作为气候变暖的后果，生物学家已经报告了几例植物和其授粉者之间物候关系脱节的情况（Hegland et al. 2009），尽管也有合作伙伴对其物候关系特性做同样的改变以保持共生关系不变的情况。

最近，生物学家强烈要求：要想准确预测针对全球变化的生态响应，需要考虑物种间的相互作用（Kiers et al. 2010）。然而，关于全球变化对生物间相互作用的影响，尤其是对互利共生的影响，我们知之甚少。植物和授粉者系统受到的关注大于其他互利共生关系受到的关注；密切关注完整生存环境的大小和与具体生态系统有关的阈值，对维持农业生态系统中野生授粉者和依赖授粉者的植物来说是必不可少的(Keitt 2009)。继续收集和分析有关其他生物相互作用关系的数据将有助于了解我们需要如何保护和维持其他生态系统。

金尼·菲茨帕特里克(Ginny M. FITZPATRICK)
朱迪斯·布罗斯坦(Judith L. BRONSTEIN)
亚利桑那大学

参见：农业生态学；生物多样性；富有魅力的大型动物；群落生态学；扰动；全球气候变化；食物网；生境破碎化；指示物种；关键物种；入侵物种；微生物生态系统过程；养分和生物地理化学循环；爆发物种；植物—动物相互作用；恢复力。

拓展阅读

Biesmeijer, Jacobus C., et al. (2006). Parallel declines in pollinators and insect-pollinated plants in Britain and the Netherlands. *Science*, *313* (5785), 351–354.

Bronstein, Judith L. (2009). Mutualism. In Simon A. Levin (Ed.), *The Princeton guide to ecology* (p. II.11). Princeton, NJ: Princeton University Press.

Costanza, Robert, et al. (1997). The value of the world's ecosystem services and natural capital. *Nature*, *387* (6630), 253–260.

Donner, Simon D.; Skirving, William J.; Little, Christopher M.; Oppenheimer, Michael; & Hoegh-Guldberg, Ove. (2005). Global assessment of coral bleaching and required rates of adaptation under climate change. *Global Change Biology*, *11* (12), 2251–2265.

Hegland, Stein Joar; Nielsen, Anders; Lázaro, Amparo; Bjerknes, Anne-Line; & Totland, Ørjan. (2009). How does climate warming affect plant-pollinator interactions? *Ecology Letters*, *12* (2), 184–195.

Kearns, Carol A.; Inouye, David W.; & Waser, Nickolas M. (1998). Endangered mutualisms: The conservation of plant-pollinator interactions. *Annual Review of Ecology and Systematics*, *29*, 83–112.

Keitt, Timothy H. (2009). Habitat conversion, extinction thresholds, and pollination services in agroecosystems. *Ecological Applications*, *19* (6), 1561–1573.

Kiers, E. Toby; Palmer, Todd M.; Ives, Anthony R.; Bruno, John F.; & Bronstein, Judith L. (2010). Mutualisms in a changing world: An evolutionary perspective. *Ecology Letters*, *13* (12), 1459–1474.

Klein, Alexandra-Maria, et al. (2007). Importance of pollinators in changing landscapes for world crops. *Proceedings of the Royal Society B: Biological Sciences*, *274* (1608), 303–313.

Kremen, Claire, et al. (2007). Pollination and other ecosystem services produced by mobile organisms: A conceptual framework for the effects of land-use change. *Ecology Letters*, *10* (4), 299–314.

Millennium Ecosystem Assessment. (2005). Ecosystems and human well-being: Synthesis. Washington, DC:

Island Press. Ollerton, Jeff ; Winfree, Rachel; & Tarrant, Sam. (2011). How many flowering plants are pollinated by animals? *Oikos*, *120* (3), 321–326.

Traill, Lochran W.; Lim, Matthew L. M.; Sodhi, Navjot S.; & Bradshaw, Corey J. A. (2010). Mechanisms driving change: Altered species interactions and ecosystem function through global warming. *Journal of Animal Ecology*, *79* (5), 937–947.

van der Heijden, Marcel G. A., et al. (1998). Mycorrhizal fungal diversity determines plant biodiversity, ecosystem variability and productivity. *Nature*, *396* (6706), 69–72.

Winfree, Rachel; Aguilar, Ramiro; Vázquez, Diego P.; LeBuhn, Gretchen; & Aizen, Marcelo A. (2009). A meta-analysis of bees' responses to anthropogenic disturbance. *Ecology*, *90* (8), 2068–2076.

N

自然资本

自然资本是描述自然世界、生态系统和其社会价值的一个经济构想。人们如何评估自然世界的价值决定了企业和社会将会如何保存和消耗自然世界。那些认为自然资本是不可替代资源的经济学家与那些认为自然资本与其他经济投入没有什么区别的经济学家，对社会应该如何对待自然世界有着完全不同看法。

经济学家用自然资本的概念来解释自然世界的资源为人类经济所做的贡献。不同学派的经济学思想用几种不同的途径来探讨这个议题，这些途径对可持续发展具有不同的结果。

自然资本概念的历史

在18和19世纪，经济学家就识别出了生产的要素(即生产产品和服务所需的资源)：资本、劳动力和土地。资本被定义为没有在产品的制造中消耗的投入(Smith 1776)或者人类制造的对生产做出贡献的东西(如机械)(Böhm-Bawerk 1891)。土地(包括所有的自然资源)之所以被认为有别于资本，是因为它是大自然给予的礼物，而且人类无法影响其供应。到20世纪，经济学家把资本重新定义为随时间产生收入流的任何资产(Fisher 1906)。根据这一定义，土地被归入其他资本，这样，生产的要素就减少为两个：资本和劳动力。重新定义之后，自然资源越来越不被认为是生产的要素，以至于一位著名的经济学家建议说："实际上没有自然资源世界照样可以运转"(Solow 1974)。然而，在20世纪70年代，自然资源受到制约，经济加速发展加重了环境问题，这些不断增多的证据使得很多经济学家要求明确承认自然资本(它被定义为产生自然服务流和有形自然资源的一种库存)是不可缺少的独特生产要素。

自然资本在《小即是美》中被首次明确提及(Schumacher 1973)。在这本书中，英国经济学家舒马赫(E. F. Schumacher)认为，不可替代的自然资本存量占所有资本的大部分，而现代经济学家错误地把它们的消耗认为是收入。舒马赫识别出两种类型的自然资本。第一种为矿物燃料，正在被迅速耗尽。第二种为自然系统自我再生的能力，正在受到大自然无法抵御的新奇化学物质的威胁。其他研究人员，包括赫尔曼·达利(Herman Daly 1973, 1977)和尼古拉斯·乔治斯库-罗根(Nicholas Georgescu-Roegen 1971)，虽然没有使用自然资本这个术语，也在同时强调大自然提供的产品和服务是基本的、不可替代的生产要素，而且这些资源的有限供应正在限制经济的持续增长。此外，达利和乔治斯库-罗根都仔细区分了舒马赫讨论的两种自然资本。矿物燃料和大自然中所有其他原材料(包括再生的和非再生的)被确定为存量-流量资源——被消费并在生产活动中消耗掉的资源。人类可以决定用多长时间去耗尽这样的资源。与此相反，生态系统自我再生的能力和生态系统提供的其他服务则是储备-服务资源。储备在产生服务的过程中并没有被消费掉。例如，当森林帮助调节水流、处理废物、为其他物种提供庇护或者为再生提供种子时，它并没有在提供服务的过程中被消费掉。大自然的储备服务产生于其存量-流量组分的特定配置。就像一座汽车工厂是金属、玻璃和混凝土的特定配置一样，森林是植物、动物、水和土壤的特定配置。储备随时间以给定速度提供服务。术语“自然资本”一般既指存量流量，也指储备服务。

自然资本的概念流行得相当快，尤其是在生态经济学领域，其理论基础强调经济体系对地球上有限自然资源供应和它们提供的无价服务的依赖性。经济学家戴维·皮尔斯(David Pearce 1988)和赫尔曼·达利(1990)认为，可持续性发展需要一个恒定的自然资本存量。达利列出了维持恒定存量的具体规则：可再生资源的开采不能超过再生的速度，不可再生资源的开采不能超过可再生的替代资源开发的速度，废物排放不能超过生态系统的吸收能力。自然资本的概念非常适合生态经济学理论，使得第二次国际生态经济学大会以《向自然资本投资》为题出版了会议文集(Jansson et al. 1994)。该书的第一部分重点讨论维持自然资本和向自然资本投资，第二部分重点讨论研究方法和研究主题，第三部分讨论政策建议和应用。这三个主题比较并预测了研究人员后来围绕自然资本思想开展研究的方式。

对自然资本的大部分早期研究集中在生态系统服务的经济价值上。1997年5月，《自然》杂志发表了一篇把这些研究综合为一个对自然资本进行整体评估的论文。该论文——《世界生态系统服务和自然资本的价值》(Costanza et al. 1997)成为环境科学领域引用最多的论文之一。

与此同时，各个国家也试图把自然资本纳入国民经济核算体系(Ahmad, El Serafy & Lutz 1989)，这使得联合国提出了《环境和经济核算体系》(United Nations 1993)并最终在2003年实施。研究人员威廉·里斯(William Rees)(加拿大)和马西斯·瓦克纳格尔(Mathis Wackernagel)(瑞士)提出了生态足迹的概念，作为人类对自然资本需求的生物物理学度量(Rees & Wackernagel 1994)。世界上越来越多的国家、地区和企业已经把生态足迹作为可持续发展的一种度量。

《自然资本主义》(Hawken, Lovins & Lovins 1999)这本书和非营利组织"自然之道"通过为那些遵守赫尔曼·达利提出的维持自然资本具体规则的社会制订路线图,在使自然资本的概念在学术领域以外(特别是在企业领域)流行方面发挥了关键的作用。三重账本底线越来越成为企业核算的一种方式:核算自然资本、人力资本和金融资本(Elkington 1997)。用于保护和恢复自然资本的国内和国际政策包括为污染物和渔业设定限额和交易规则以及为生态系统服务提供支付,现在其全球市场已经达到数十亿美元(Farley et al. 2010)。

可持续性的强与弱

但是,自然资本仍然定义不清且受到争议。一个持续争论的问题是,自然资本实际上是不是不可替代的。如果某种自然资本确实是不可缺少的而且没有替代物,那么,这种资本就必须加以保存,而且不能归入其他形式的资本。这种观点(通常被生态经济学家坚持,称为强可持续性)导致了自然资本的概念在20世纪70年代早期出现。其他经济学家则认为,人造资本可以代替自然资本,只要两者合起来的价值没有减少,可持续性就可以实现。按照这种模型,只要给后代留下等值的道路和建筑物,把亚马孙森林砍伐光也可以认为是可持续性的。这种方式被称为弱可持续性。戴维·皮尔斯在发展弱可持续性的概念上发挥了重要的作用(Pearce & Atkinson 1993),尽管他一开始强调了自然资本的不可替代性。现在,很多学者用"关键自然资本"这个术语表示对人类福祉不可缺少且没有替代物的自然资本(Ekins et al. 2003)。

一个相关的争论涉及"自然资本"和"生态系统服务"这些标签,有人认为这些标签意味着把自然当作商品,因此它是一种弱可持续性。很多经济学家确实相信自然资本应该被当作另一种商品,而且应该并入市场模式。然而,其他经济学家则把自然资本当作一种比喻,这种比喻能够引起人们对生态系统生产能力和生态系统保护与恢复需要投入的关注。如果自然资本被定义为能够随时间产生收入流的一种资产,那么,该术语意味着我们必须只能依靠收入流生存而不能耗尽资本存量。按照这种思维方式,这个比喻并没有意味着自然资本可以像其他资产一样进行买卖。

核算生态系统服务的价值比自然资本的比喻更进一步,它认为这样的服务具有货币交换价值,既不是必需的也不是不可替代的。弱可持续性的倡导者通常认为,如果服务被正确定价,市场会产生生态系统服务的最佳供应。甚至很多强可持续性的倡导者也认为,核算价值会引起人们对自然资本重要性的关注,不给生态系统服务估价就给它们赋予了一个隐含的零价值。他们指出,食物也是必需和不可替代的,但它仍然被赋予货币价值。

货币估值的反对者则认为,这种估值基于以购买力为权重的选择权,它没有给穷人话语权,而是把西方的价值观凌驾于土著民族的价值观。此外,这种选择权常常基于不完整或不正确的知识,因为人们很难准确理解生态系统是如何产生服务的或者人类活动将会怎样影响它们。主要的批评意见是,价值评估意味着弱可持续性。实际上,很多关注美元价值的传统经济学家已经明确表示,全球气候变化相对来说并不重要,因为它主要影响农业,而农业占国内生产总值(即GDP)的份额可以忽略不计(Schelling 2007)。大多数生态经济学家认为,社会应该为赫尔曼·达利提出的自然资本的可持续性利用设定具体的量化规则,然后让价格根据这些生态制约自行调整(Farley 2008)。他们还认为,由于自然资本是共享遗产的一部分,对其进行估值时应利用科学和民主的原则,而不是利用市场的原则。

自然资本概念的另一个有争议的应用,是为生态系统服务付费(PES)。那些支持把自然资本纳入市场的人往往支持生态系统服务付费体系,在这个体系中,生态系统服务的私有行业受益者向土地拥有者支付土地利用(提供了特定服务)的费用。这种付费常常针对一项服务,而没有考虑系统提供的其他服务。生态系统服务付费的反对者一般认为,生态系统服务是公共产品,不能被强行纳入市场模式。然而,保护和恢复自然资本的确会让社会产生实际成本,有人必须为此付费。很多生态经济学家认为,对自然资本的投资应该是一项合作式行动计划——只要需要,最富裕的国家和地区承担恢复和保护的费用(Farley & Costanza 2010)。

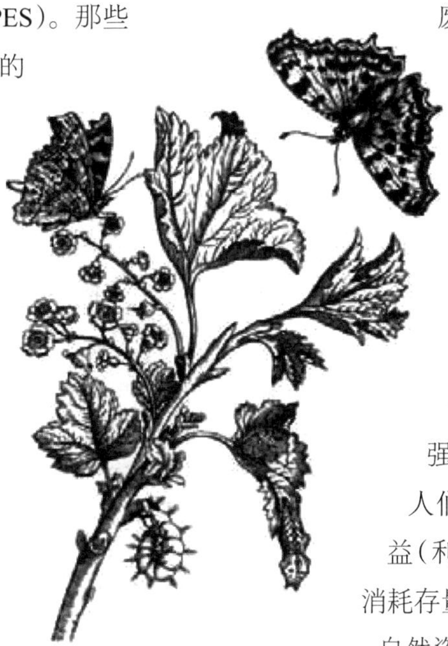

未来展望

自然资本概念的重要性持续提高,因为该术语在科学文献中被使用的频度一直都在稳定上升。人类社会必须认识到,我们和所有其他物种一样,都依赖于大自然提供的产品和服务的流量。在过去,人类对待自然资本的方式好像它在任何时候都能满足所有人类和生态的需求,不需要进行权衡,因而也不需要考虑配额。市场体系可以非常有效地把自然资本分配给市场产品,但它没有考虑自然资本的日益短缺。结果,社会现在消耗自然资本的速度超过再生的速度,向环境投放废物的速度超过它能够吸收的速度。对自然资本的这种消耗不仅会降低大自然自我再生的能力,而且还会减少所有经济活动所需的原材料和人类福祉所必需的生态系统服务的流量。我们给后代留下的是日益减少的资源。强可持续性的概念明确提出,人们必须学会靠自然资本的收益(利益的年度流量)而不是靠消耗存量来生活。

自然资本从本质上就不同于其他形式的资本;生产资本和自然资本在本质上是相辅相成的,而不是相互替代的。简单地给自然资本贴上标签并把它强力推向竞争性市场显然是不够的。经济机构必须接受这样的事实:自然资本是不可替代的,它产生公共产品和服务的流量,这些流量只有通过合作才能得到最好的保护。社会将面临一个新的自然分配的挑战:多少自然资本应该转化为经济生产,多少应该保存下来用于提供生态系统服务?自然资本的这两种用途都是必需的,都没有替代物。自然资本的概念如果正确应用，可以帮助社会进行这样的选择。

乔舒亚・法利（Joshua FARLEY）
佛蒙特大学

参见：农业集约化；农业生态学；生态系统服务；人类生态学；灌溉；大型景观规划；海洋保护区（MPA）；海洋资源管理；持久农业；恢复性造林；土壤保持；视域保护；水资源综合管理（IWRM）；原野地。

拓展阅读

Ahmad, Yusuf J.; El Serafy, Salah; & Lutz, Ernest. (Eds.). (1989). *Environmental accounting for sustainable development*. Washington, DC: The World Bank.

Böhm-Bawerk, Eugen von. (1891). *The positive theory of capital*. London: Macmillan.

Costanza, Robert, et al. (1997). The value of the world's ecosystem services and natural capital. *Nature*, *387*, 253–260.

Daly, Herman E. (1977). *Steady-state economics: The economics of bio-physical equilibrium and moral growth*. San Francisco: W. H. Freeman.

Daly, Herman E. (1990). Towards some operational principles for sustainable development. *Ecological Economics*, *2* (1), 1–6.

Daly, Herman E. (Ed.). (1973). *Toward a steady-state economy*. San Francisco: W. H. Freeman.

Ekins, Paul; Simon, Sandrine; Deutsch, Lisa; Folke, Carl; & De Groot, Rudolf. (2003). A framework for the practical application of the concepts of critical natural capital and strong sustainability. *Ecological Economics*, *44* (2–3), 165–185.

Elkington, John. (1997). *Cannibals with forks: The triple bottom line of 21st century business*. Oxford, UK: Capstone Publishing.

Farley, Joshua. (2008). The role of prices in conserving critical natural capital. *Conservation Biology*, *22* (6), 1399–1408.

Farley, Joshua; Aquino, André; Daniels, Amy; Moulaert, Azur; Lee, Dan; & Krause, Abby. (2010). Global mechanisms for sustaining and enhancing PES schemes. *Ecological Economics*, *69* (11), 2075–2084.

Farley, Joshua, & Costanza, Robert. (2010). Payments for ecosystem services: From local to global. *Ecological Economics*, *69* (11), 2060–2068.

Fisher, Irving. (1906). *The nature of capital and income*. New York: Macmillan.

Georgescu-Roegen, Nicholas. (1971). *The entropy law and the economic process*. Cambridge, MA: Harvard University Press.

Hawken, Paul; Lovins, Amory; & Lovins, L. Hunter. (1999). *Natural capitalism : Creating the next industrial revolution*. Boston: Little, Brown.

Jansson, AnnMari; Hammer, Monica; Folke, Carl; & Costanza, Robert. (Eds.). (1994). *Investing in natural capital: The ecological economics approach to sustainability*. Covelo, CA: Island Press.

Pearce, David. (1988). Economics, equity and sustainable development. *Futures*, *20* (6), 598–605.

Pearce, David W., & Atkinson, Giles D. (1993). Capital theory and the measurement of sustainable development: An indicator of "weak" sustainability. *Ecological Economics*, *8* (2), 103–108.

Rees, William E., & Wackernagel, Mathis. (1994). Ecological footprints and appropriated carrying capacity: Measuring the natural capital requirements of the human economy. In AnnMari Jansson, Monica Hammer, Carl Folke & Robert Costanza (Eds.), *Investing in natural capital: The ecological economics approach to sustainability* (pp. 362–390). Covelo, CA: Island Press.

Schelling, T. C. (2007). Greenhouse effect. In D. R. Henderson (Ed.), *The concise encyclopedia of economics*. Indianapolis, IN: Liberty Fund. Schumacher, Ernst Friedrich. (1973). *Small is beautiful: Economics as if people mattered*. New York: Harper and Row.

Smith, Adam. (1776/1996). *An inquiry into the nature and causes of the wealth of nations*. Oxford, UK: Clarendon Press.

Solow, Robert M. (1974). The economics of resources or the resources of economics. *The American Economic Review*, *64* (2), 1–14.

United Nations. (1993). *Handbook of national accounting: Integrated environment and economic accounting* (Series F, No. 61). New York: United Nations.

氮饱和

当活性氮(氧化氮、还原氮或有机氮)向生态系统的供应超过生物和非生物需要时,就出现了氮饱和。活性氮在历史上曾经是稀缺的养分,但最近的农业和工业活动给很多生态系统造成了氮的过量供应。这种从氮稀缺到氮过量的转变给陆地、水生和海洋生态系统带来广泛的生态影响。

当活性氮的供应超过一个生态系统通过生物和非生物过程进行吸收的能力时,氮(N)饱和就会发生。活性氮包括像NH_4^+(铵)这样的还原形态、像NO_3^-(硝态氮)这样的氧化形态和像氨基酸这样的有机形态。历史上,大部分陆地生态系统的植物生长受到这些形态的氮获取的限制(Galloway et al. 2004)。虽然大气中含有丰富的氮,但几乎所有的氮都处于非活性形态(N_2),大部分植物和其他生物都无法用于生长(Galloway et al. 2004)。随着时间的推移,像化肥生产、种植能利用N_2的作物和矿物燃料的燃烧这样的人类活动极大地增加了全球活性氮的供应(Galloway et al. 2004)。大多数活性氮被排放到空气和水中,从而使得向周围生态系统中供应的活性氮增加到过量的程度(Vitousek et al. 1997)。对很多生态系统来说,这种从氮稀缺到氮饱和的转变会带来多种生态影响。

从大气到海洋

氮饱和最初应用于陆地生态系统(Aber et al. 1989),但这一概念现在也应用于湿地(Stoddard 1994)和水生生态系统(Mulholland et al. 2008)。活性氮通过自然过程(如闪电和生物固定)进入大气,但现在人类活动产生的排放,特别是在人口密集和高度工业化的地区(如欧洲、北美和东亚),远远超过自然过程产生的排放(Galloway et al. 2004)。排放到大气中的主要活性氮来源是来自交通和发电的矿物燃料燃烧(29%)和农业生产(52%)。肥料使用(9%)和畜牧业(22%)占农业排放中的主要部分(Galloway et al. 2004)。大部分活性氮在大气中只停留几个小时或几天,然后通过降水、灰尘与细小颗粒或发生在地面的化学反应(如植物叶子)降落到排放源的下风头(Holland et al. 2005)。

最初,活性氮沉淀到氮稀缺的陆地生态系统时,会提高植物的生长和生态系统的碳存储,而且氮被保存在生态系统中(Vitousek et al. 1997)。然而,随着氮的积累和生物对氮需求的满足,土壤里的氮越来越多地被转变为硝态氮(NO_3^-),而硝态氮很容易从土壤中沥出,进入地下水或水生生态系统。硝态氮淋失是氮饱和的一个关键指标,它意味着系统从氮稀缺转到了氮饱和(Aber et al. 1989)。硝态氮淋失引起土壤酸化、植物养分(如钙和镁)从土壤的消减以及植物对土壤中铝(可能有毒)的更多接触。由于这些效应,氮饱和在酸化、缺乏养分的土壤中可能会降低植物的生长、增加植物的死亡率(Aber et al. 1989)。

关于生态系统的碳存储,有证据表明,对植物生长的负面影响可以被减少的微生物对有机物质的分解来抵消(Janssens et al. 2010)。尽管如此,土壤中过量的氮会降低植物物种的多样性(Emmett 2007)、降低与植物根茎结合的共生菌根真菌的多度(Treseder 2004)、增加氧化亚氮(N_2O)——一种效力很强的温室气体的排放(Aber et al. 1989)。

淡水生态系统是氮从陆地生态系统沥出、进入海洋的通道。微生物的反硝化把部分硝态氮转化为N_2,重新进入大气。这一过程也容易导致氮饱和,因为随着氮浓度的增加,它的效率会降低(Mulholland et al. 2008)。此外,硝态氮淋失可以通过促进地表水酸化和富营养化对水生生态系统造成破坏(Rabalais 2002)。

淡水生态系统的酸化降低鱼类和其他生物的生长和存活。尽管硝态氮淋失对大部分北美洲的地表水的酸化贡献不大,但在欧洲,它是主因(Stoddard 1994)。当一个生态系统中养分的获取大大增加时,就会出现水体富营养化。在淡水生态系统中,富营养化可以产生有害的藻花、水生植被的消减和缺氧(Rabalais 2002)。仅有氮的输入并不会总是引发淡水富营养化,因为在这些系统中,生产率更强烈地受到磷的可用性的限制。然而,对那些由自然源或污染造成的富含磷的生态系统来说,氮的输入能导致生态系统的富营养化(Rabalais 2002)。

与此形成对比的是,当氮进入沿海生态系统和河口时,它会造成重大的负面影响(Vitousek et al. 1997)。与含磷不足的外海不同,近海生态系统的生产率受到可用氮的限制,因为过去氮的输入速度很小,能利用N_2进行生长的生物的多度较低,通过反硝化进行氮去除的速度较高。结果,由氮引发的富营养化会导致生态多样性的消减、有害藻花、缺氧和高经济价值鱼类与贝类的大面积死亡(Vitousek et al. 1997)。

在这些生态系统中,每一个都容易受到过量氮的伤害,但受到伤害的程度,会根据控制氮供应和氮需求的各种非生物和生物因子的不同,发生局部变化(Aber et al. 1989)。氮需求会被限制生物生长的因子所降低,如低温、干旱、其他养分(主要是磷)的可得性、主导生物的年龄、竞争和疾病。物种之间存在的吸收和利用可用氮的能力差异也会影响氮需求。过去的扰动——包括自然扰动(如着火)和人为扰动(如伐木和毁林种田),可以改变背景氮供应,使生态系统或多或少受到慢性氮增加的影响(Aber et al. 1989)。

在随后的几十年,活性氮的大气沉降,在

北美和西欧由于污染控制预计会保持相对稳定，而在世界上其他人口稠密的地区预计都会增加（Galloway et al. 2004）。在全球的河流和沿海生态系统中，活性氮预计也会更加丰富（Galloway et al. 2004）。虽然北美和西欧的氮输入可能不会增加，但以前氮输入的遗留意味着氮饱和有可能越来越广泛。通过减少矿物燃料的燃烧和增加其他能源的利用、改变动物饲养场的做法以改善动物粪便的管理以及减少农业生产中化肥的施撒量，降低活性氮产量的长远目标就可以实现。如果氮的补充可以限制到不超过生物需求的程度，生态系统就会逐渐恢复到氮稀缺的状态。

库尔特・普雷吉泽（Kurt S. PREGITZER）
艾伦・托尔赫姆（Alan F. TALHELM）
爱达荷大学

参见：农业集约化；农业生态学；生态系统服务；水体富营养化；地下水管理；养分和生物地球化学循环；海洋酸化的管理；非点源污染；点源污染；土壤保持。

拓展阅读

Aber, John D.; Nadelhoff er, Knute J.; Steudler, Paul; & Melillo, Jerry M. (1989). Nitrogen saturation in northern forest ecosystems. *Bioscience*, *39* (6), 378–386.

Emmett, Bridget A. (2007). Nitrogen saturation of terrestrial ecosystems: Some recent findings and their implications for our conceptual framework. *Water Air Soil Pollution: Focus*, *7*, 99–109.

Galloway, J. N., et al. (2004). Nitrogen cycles: Past, present, and future. *Biogeochemistry*, *70* (2), 153–226.

Holland, Elisabeth A.; Braswell, Bobby H.; Sulzman, James; & Lamarque, Jean-Francois. (2005). Nitrogen deposition onto the United States and western Europe: Synthesis of observations and models. *Ecological Applications*, *15* (1), 38–57.

Janssens, I. A., et al. (2010). Reduction of forest soil respiration in response to nitrogen deposition. *Nature Geoscience*, *3*, 315–322.

Mulholland, Patrick J., et al. (2008). Stream denitrification across biomes and its response to anthropogenic nitrate loading. *Nature*, *452*, 202–205.

Rabalais, Nancy N. (2002). Nitrogen in aquatic ecosystems. *Ambio*, *31* (2), 102–112.

Stoddard, John L. (1994). Long-term changes in watershed retention of nitrogen. In Lawrence A. Baker (Ed.), *Environmental chemistry of lakes and reservoirs* (pp. 223–284). Washington, DC: American Chemical Society.

Treseder, Kathleen A. (2004). A meta-analysis of mycorrhizal responses to nitrogen, phosphorus, and atmospheric CO_2 in field studies. *New Phytologist*, *164* (2), 347–355.

Vitousek, Peter M., et al. (1997). *Issues in ecology: Human alternation of the global nitrogen cycle: Causes and consequences*. Washington, DC: Ecological Society of America.

养分和生物地球化学循环

了解养分和生物地球化学循环（元素在生态系统要素中的运动）可以为评估可持续性的一个方面提供相对清晰和简单的标准。根据“质量平衡”的方法（它关注生态系统输入和输出之间的平衡），在人类的时间框架内对元素循环进行描述可以确定管理实践是否会导致养分存量（生态系统中各种形态养分的总库存）的消减，这种消减最终会使生态系统的功能退化。

土地管理（如林业、农业）中可持续性的养分状况也许可以为制订符合可持续性原则的管理计划提供最清晰的标准。“强”可持续性［其倡导者认为，地球的自然资本（产生有价值生态系统产品或服务流量的自然生态系统存量）是不可替代的］和“弱”可持续性（其倡导者认为，经济增长可以通过利用技术和其他资源取代耗尽的自然资本来实现）之间的差异在这种情况下可能不太存在争议，因为养分一般是不可替代的。例如，如果氮供应不足，额外的磷不会补偿这种不足。德国化学家尤斯图斯·冯·李比希（Justus von Liebig, 1803—1873）提出的最低定律为这种不可替代概念提供了基本框架：生长会继续，直到最低供应的养分变得不足；该养分的重新供应会使生长重新开始。因此，了解养分在人类时间尺度上的基本动态特性为满足可持续性原则的生态系统规划和管理打下坚实的基础。更具体地说，确保养分存量不被消耗且对持续性净初级生产（通过光合作用的植物总生长减去植物的呼吸作用）来说仍然持久可用的资源开采的管理将是可持续性管理的关键标准。因为净初级生产力支撑着生态系统的其余部分（包括初级、次级、第三级等，消费枯死物质和分解有机物质的消费者和生物），所以，维持当前的生产力水平就会使整个生态系统随时间持续下去。这样，把养分当作可持续性的一项标准就可以补充其他的可持续性管理问题，如侵蚀、土壤压实、废物污染和生物多样性的消减。

像生态系统那样思考

生态系统的概念出现之前，对林业和农业的关注主要集中在像物种管理和土壤肥力这样的问题上。林业工作者担心的是树木砍掉之后，他们喜爱的物种将不会再生、无法对想要的树木进行下一轮的砍伐。农业工作者担心的是土壤肥力会下降，他们只能寻找新的地块去耕种或者购买昂贵的化肥施撒到地里。土壤检测是这一问题的一个解决方案。如果土壤样本里养分的浓度下降，那么，解决的办法就是补充缺乏的养分（李比希定律）。

以不同的方式（通过养分和生物地球化学循环的知识）了解森林和农田的基础工作始于把生态系统的概念当作研究森林、农田和其他领域的一种方法。1935年由英国生态学家阿瑟·坦斯利（Arthur Tansley）提出并在20世纪60年代实验性地用于量化生态系统功能（Bormann & Likens 1967），生态系统的思想为从概念上和数量上描述养分存量提供了框架。这一思想集中考虑一个有界的地方，把它作为活体和物理要素（生物和非生物的）的相互作用系统，该系统可以用物质和能量的存量和流量来表征。例如，虽然当一种限制性养分的浓度被维持在最佳水平时，农业工作者会感到高兴，但养分的实际存量却在下降，因为土壤层的厚度正在减少。这就类似于评估你的银行账户时银行出纳愿意让你每周取款100美元。可持续性则要求你随时查看账户余额。

与此不同的是，在使用生态系统的方法中，像森林和农田这样的地方，通过仔细设定生态系统边界和要素来加以研究，然后对像养分这样的物质的主要输入和输出进行特性表征。回顾一下，通过定义一个有边界的生态系统并像银行存款和取款那样考虑输入和输出，这种看上去非常简单的研究思路为了解自然和人类管理生态系统的功能提供了重要的新见解。例如，哈罗德·赫蒙德（Harold Hemond 1980）对梭罗泥炭沼泽（马萨诸塞州的康科德）的养分循环所做的早期研究认为，正是雨养沼泽决定了那里奇异的植物、动物和养分保持的生存策略。

此外，生态系统分析为了解生物和其非生物要素之间如何合作提供了一个综合性的视角。一个生态系统是一个复杂的集群，包括数百（也许数千）植物、动物和微生物物种，以及土层、母质层和不断变化的大气条件等物理复杂性。生态系统的方法通过关注相对较小的一组生态系统要素来简化这种复杂性。如下面的章节所述，这种新的认知最终会对现有管理实践提出挑战。

新的见解

从研究生态系统养分循环中获得的新见解构成了对人类在景观上各种做法的可持续性进行质疑的基础。20世纪60年代后期，开发出生态系统分析技术后不久，F.赫伯特·鲍曼（F. Herbert Bormann）和其合作者就把生态系统体系应用到皆伐的做法中。他们做了很多实验，在其中的一次实验中，他们发现伐树之后养分损失成倍增加。该发现产生了极大的争议和后续的研究以及涉及森林管理的新政策。皆伐会使循环和这些养分的保持失去生物控制，从而不仅造成伐木林地的养分流失，而且还会使养分淋失进入河流。美国国家科学院于1980年报告的另一个问题涉及潮湿热带森林地区的转化。在此之前的十年,生态学家内利·斯塔克(Nellie Stark 1971a; 1971b)确认,和严重风化土壤中的养分存量相比,亚马孙森林活体生物量中的养分存量非常大。考虑到森林养分存量的减少,这意味着从生态系统中去除活体生物量有可能会严重危害森林自我再生的能力。尤其令人担忧的是原生林(其生物量中存在大量的养分库存)转为那时还需要从尚未量化的输入源重新积累养分的次生林。在很多地区,从养分的角度看,热带雨林的采伐可能是不可持续的。

在管理的背景下进行养分动态的研究强调了对一整套元素(包括养分和环境污染物)的基本生态系统动态进行研究的必要性。这种了解生态系统的新方法随后被应用于认知酸雨、氮饱和(施肥过量)、汞污染和21世纪最大的难题——全球气候变化。

可持续性:养分和生物地球化学循环

如前所述,养分循环标准也许可以为可持续性的评估提供最可靠和清晰的标准。通过每次考虑一种具体元素,我们可以用生态系统分析的技术来实现对该元素发挥的生态系统功能的最佳认知。很多元素的共同考虑可以在前面提到的李比希的最低定律条件下来实现。对这种限制因子的存量的测量可以告知管理者当前的做法在长远上是否可持续。

在自然和人类产生生态系统几乎无限的多样性中,限制初级生产力的养分因子可能有相当大的变化。一种简化途径是考虑两类养分:大量元素养分(生物需求量很大的养分,如氮、磷、钾、钙、镁、硫)和微量元素养分(生物需求量很少的养分,如硼、铜、铁、氯、锰、钼、锌)。选择几种作为养分和生物地球化学循环应用于可持续性的展示,可以为制订合适的可持续性标准打下基础。

此外,如前所述,污染物循环也是可持续性管理需要考虑的一个问题。例如,自然湿地生态系统的污染物“过滤”能力越来越受到重视,人工构建的湿地常常也是为这一功能设计的。了解这些情况下的循环,对根据可持续性原则进行长效的污染物管理来说是必不可少的。

术语“养分循环”和“生物地球化学循环”需要做一些进一步的讨论,因为它们都用在了本节的题目上。正像这里使用的,这两个术语的区别在于它们是用于养分还是污染物。生物地球化学循环是两者中较为宽泛的一个,因为它用于在生物圈和岩石圈中运动的任何元素,不管它是不是生物的养分。因此,像汞(Hg)这样的污染物的生物地球化学循环并不认为是养分循环,因为就目前所知动物或植物生理并不需要汞。另一方面,养分循环在其循环中存在生物、地质和化学要素,因而是真正的生物地球化学循环。所以,在讨论养分元素时,语境和语义偏好将决定使用哪个术语。

循环和时间

大多数的可持续性倡导者都工作在人类时间尺度的背景下。甚至某些土著民族的长久观念(有的说在“7代人”的时间跨度上做规划)也是设定在相对于社会过程的时间尺度上,而非地质过程的时间尺度上。然而,地质过程主要涉及大多数养分元素的循环。因而，在较长的时间跨度上了解生物地球化学循环对认知可持续性和循环是至关重要的。

例如，在人类的时间尺度上，钙循环根本就不是一次循环。钙从石头中风化出来，溶解，被地下水、次表层水和地表水带到海洋，然后通过生物和化学过程析出或沉淀到海底。虽然这种向海洋的运动可以被生态过程中断、重新循环到陆地系统再重新开始面向海洋的运动，但绝大多数钙原子都是面向海洋的单程运动。这种钙的消耗就像矿物燃料的开采一样，伴随每一个相继到来的千年，钙的库存不断减少，把高山风化为不太高的绿色山峰，再到漂亮的山丘和山谷。这种钙的循环也被地质学家称为沉积循环，它很像含钙丰富的沉积物经过数亿年的积累达到极大厚度的循环：形成石块，可能最终在构造力的作用下提升起来，再重新变成高山；高山在物理侵蚀和酸溶过程中进行风化，因而又开始了新一轮的循环。因此，在存在养分和生物地球化学“循环”的情况下应用可持续性原则时必须考虑既要维持元素存量也要维持其动态（如风化）。

在很多发展中的生态系统中，其养分动态的可变性也需要在可持续性的背景下考虑。例如，如果我们以不消耗养分库因而维持下一个森林循环的生产率的方式循环地持续采伐树木，我们可能都会同意，至少从养分的角度来说，这种做法是可持续性的。但是，即使在时间相对较短的人类寿命期内，自然生态过程也会改变养分库的状态。例如，赫伯特・鲍曼（F.赫伯特・鲍曼的儿子）的研究证明，砂土地上森林的原生演替可以快速构建生物量和可用的养分库。因而养分存量（包括可用的土壤养分）的“正常”动态变化将会提高。可持续性的标准应该集中在养分存量的增加上还是集中在仅仅维持恒定水平上？在另一个例子中，自然着火会消耗生态系统中的氮（通过转化为氧化亚氮而消失在大气中），从而把总的氮存量降低到不着火情况之下。然而，着火后不久，矿化的养分会通过短期施肥加速恢复。因而管理着火的频度可以维持不同等级的生产力。什么是我们要进行可持续性管理的规范？在上面的两个例子中，管理有可能把生态系统中的养分存量维持在稳定的水平，而自然生态系统的发展可能无法维持恒定的存量。因此，在有些具体情况下，可持续性原则可能需要对养分“循环”做出更加切合实际的阐述。

沉积循环

在地质的时间框架内，循环被分为沉积循环和气态循环，有的循环则具有两种循环的重要元素。在可持续性的背景下，每种循环都具有某些重要的特点。上面介绍的钙循环就是沉积循环的一个很好的例子。被分类为具有沉积循环的元素具有很长的循环周期，这些循环周期涉及从岩石基质的风化、在地表水中的传输、在海洋水体中的沉淀、岩石形成、隆起和重新开始风化。

对一个陆地系统来说，这种长期生物地球化学循环的含义，是养分不需要保存在生态系统内。随着岩石中养分储存被慢慢消耗，输出将超过输入。石灰岩风化作用提供了从下列碳酸盐风化方程开始的简化沉积循环模型：

$$CaCO_3 + H^+ + HCO_3^- \rightarrow Ca^{2+} + 2HCO_3^-$$

钙（以离子形式：Ca^{2+}）参与生态系统内

的内部循环,在这一循环中,钙促进植物的生长并满足很多构成生态系统的动物、真菌和微生物的营养需要。但净输出使这些带正电的钙离子进入世界的地表水,然后流向海洋。在流向海洋的过程中,钙继续满足水生植物的生长需求和所有依赖这种生产力的生物的生存需求。进入海洋,钙是很多生物重要的养分,但为了长期生物地球化学循环的需要,有些关键生物(如硅藻)把钙用作结构组件。硅藻死亡后,这些含钙丰富的结构件就沉入海底,开始岩石形成的过程。几百万年之后,随着隆起的发生,这些钙原子通过风化过程重新开始供应陆地生物。

因此,维持生态系统生产力不需要保存钙,而是需要对走向海洋的元素进行可持续性监管。在人类试图从生态系统去除生物产品(如树木或作物)的地方,正常的风化速率也许可以作为能够去除多少钙而不至于减少可用钙存量的一种粗略度量。这种对风化在养分循环中所起作用的认知由内利·斯塔克(1978)在“土壤的生物生命”设想中首次提出。斯塔克对新近冷冻的森林土壤和热带严重风化的土壤都有研究,他描述了沉积循环的自然进化,并提出:通过那些可以增加或减少风化速率的(a)作物收获或伐木和(b)土地管理实践完成的养分去除是平衡人类使用和自然过程的重要要素。

这种平衡的要素涉及风化速率、其他自然(如降水携带的养分)和人为输入(如颗粒物污染)、收获去除和液相输出(如钙离开生态系统进入地表水和地下水)。这种平衡应该在收获周期(如树木采伐的轮伐速率)内进行评估,以评估可持续性。在收获之间的时间里,这种平衡还应该包括钙在活体或死亡生物量中的积累存储。但是,如果我们假定在整个轮伐期中生物量没有净变化,那么,存储中最重要的变化将是钙的可用库。一个简化的质量平衡方程可以协助完成有关管理在养分平衡中发挥作用的构想:

风化+输入+养分存量的消耗=收获+输出

输入包括像降水这样的自然现象和像颗粒物污染这样的人为输入源;输出包括向河水和地下水的流失。显然,增加颗粒物或溶解养分的过量收获或人为影响将消耗可用钙的存量。如果钙稀缺(由可用存量的减少引起)减少了初级生产力,那么,管理实践可以认为是不可持续的。

这个有关生态系统动态的质量平衡模型的一个有趣方面,是可用钙的存量不与收获产量挂钩。只要收获和液相损失不超过风化和其他输入,生态系统就仍然处于养分平衡状态。因而,这种平衡可以在低养分可用量或高养分可用量的条件下实现。设计能够维持高钙可用量、产生相应更高生产率的生产系统显然具有管理优势。这就会使养分输出较多地变成产品,较少地变成河水中的液相损失。

气态循环

气态全球循环没有一个重要的沉积过程。因而岩石风化不是这些元素的重要来源。这虽然再一次表明,每个循环都有其特殊性,但氮(N)是展示气态养分循环一个很好的养分。氮在很多情况下也是一个限制性养分,因而可用于展示养分循环和可持续性之间的关系。

在养分循环的简化模型中，大气是氮的大存储库，而与岩石是钙的大存储库形成对比。和钙在岩石中的情况一样，氮(如大气中的N_2)不能以这种形式用于生物。氮进入生命循环需要捕获和转化为生物可用的形式(固氮)。这种固氮可以通过非生物过程(如闪电)或生物工程(生物固氮，如通过像根瘤菌和弗兰克氏菌这样的特殊适应的共生生物)。虽然在有些生态系统的群落中是常见要素，但固氮菌在很多生态系统中比较缺乏。在陆地生态系统中，其他主要氮源是沉降。硝态氮(NO_3^-)和铵(NH_4^+)出现在沉降中。这些化合物的自然含量较低，但工业污染使这些化合物和相关化合物的含量比自然含量高出很多倍。然而，氮对大多数陆地生态系统的净输入率仍然较低。一旦通过固氮或沉降在陆地生态系统中积累，氮必须通过限制流失来加以保存，否则生态系统中的氮存量就会减少。因此，大多数自然生态系统都有进化而来的机制，以限制氮的流失。再次利用质量平衡的方法，下面简化的方程可以估算生态系统中的氮平衡：

沉降+固氮+养分存量消耗=收获+随地下水和地表水的流失+大气流失

在不施氮肥的情况下，人类对氮的管理必须进行设计，以通过收获去除和土地管理来实现氮输入与氮输出之间的平衡。对很多生态系统来说，氮的主要输入为总沉降，这种输入速率一般转换为长轮伐周期(如在林业的情况)。对年度农作物来说，作物的年度氮去除较高，这通常意味着需要用某种无机或有机肥料来补充土壤中氮的存量。如前所述，土地管理不善造成的养分消耗也是一个重要的管理问题。如果侵蚀和氮淋失较高，可持续性做法就要求降低收获产量，以便保持一个平衡的养分循环。

污染物的生物地球化学循环

对环境学家和监管部门来说，生态系统中污染物的生物地球化学特性是一个特别需要关注的问题。很多长期存留的污染物会对人类健康产生长久的影响，而且有可能通过癌症和其他致命疾病产生高死亡率。我们很难对污染物生物地球化学特性进行概括，因为元素的动态特性很容易变化(如汞、铅和像DDT那样的合成有机物)。例如，汞(Hg)在烧煤的过程中挥发(变成气体进入大气)，通过沉降进入陆地和水生生态系统，然后通过气态汞的挥发重新进入大气。虽然汞“循环”(如前所述，很多元素实际上可能无法完成一个循环)的准确量化仍处于研究阶段(Grigal 2002)，但令人担忧的问题之一，是人类对汞的自然循环的改变使更多流量的汞进入陆地生态系统，并在水生生态系统中造成更多的汞积累。此外，因为汞会在水生生态系统中导致生物积累(即当它在食物链中传递时其浓度变得非常高)，所以，它会对水生生物和食用海洋和很多湖泊中鱼类的人们产生严重影响。

跟踪污染物在生态系统所有部分中的运动并量化其如何和在何处积累是理解污染物生物地球化学特性以及随后最大限度地管理污染物动态的关键。遗憾的是，由于人类活动产生的大量工业污染，这项工作很具挑战性，需要持续增加的资助才能实现一定程度的理解,这种理解可以准确指导可持续性管理和政策的制订。

生物地球化学循环的管理

虽然平衡输入和输出以便维持可用养分库的框架,在概念上比较简单,在评估可持续性上也比较有用,但在度量循环所有要素上存在的不确定性会导致可能结果的范围过大,尤其是在更长的时间框架内进行推断时。在很多管理情况下(如森林轮伐),长期性生态研究刚刚开始走向上述考虑的时间期限。尽管如此,目前度量重要生态系统参数(如养分的总沉降、风化速率、反硝化、固氮、河水中养分的输出和土壤中大量元素养分的存量)的精度等级可以为生态系统循环提供重要的见解,这种见解可以为可持续性管理提供指导。特别是对氮、磷、钾、钙、镁和硫循环以及像铅和汞这样的污染物循环的研究进展,有助于对可持续性做法和政策进行决策。

迪恩·王(Deane WANG)
佛蒙特大学

参见:水体富营养化;食物网;地下水管理;微生物生态系统过程;互利共生;自然资本;氮饱和;非点源污染;点源污染;最低安全标准(SMS);土壤保持。

拓展阅读

Bormann, Bernard T., et al. (1998). Rapid, plant-induced weathering in an aggrading experimental ecosystem. *Biogeochemistry*, *43* (2), 129–155.

Bormann, F. Herbert, & Likens, Gene E. (1967). Nutrient cycling. *Science*, *155* (3761), 424–428.

Bormann, F. Herbert; Likens, Gene E.; Fisher, D. W.; & Pierce, Robert S. (1968). Nutrient loss accelerated by clear-cutting of a forest ecosystem. *Science*, *159* (3817), 882–884.

Grigal, D. F. (2002). Inputs and outputs of mercury from terrestrial watersheds: A review. *Environmental Review*, *10* (1), 1–39.

Hemond, Harold F. (1980). Biogeochemistry of Thoreau's Bog, Concord, Massachusetts. *Ecological Monographs*, *50* (4), 507–526.

Likens, Gene E. (2010). *Biogeochemistry of inland waters*. New York: Academic Press.

Likens, Gene E., & Bormann, F. Herbert. (1995). *Biogeochemistry of a forested ecosystem*. New York: Springer-Verlag.

Myers, Norman. (1980). *Conversion of tropical moist forests : A report prepared by Norman Myers for the Committee on Research Priorities in Tropical Biology of the National Research Council*. Washington, DC: National Academy of Sciences (NAS).

Stark, Nellie. (1971a). Nutrient cycling. I. Nutrient distribution in some Amazonian soils. *Tropical Ecology*, *12*,

24–50.

Stark, Nellie. (1971b). Nutrient cycling. II. Nutrient distribution in Amazonian vegetation. *Tropical Ecology*, *12*, 177–201.

Stark, Nellie. (1978). Man, tropical forests, and the biological life of a soil. *BioTropica*, *10* (1), 1–10.

Vitousek, Peter M., & Matson, Pamela A. (2009). Nutrient cycling and biogeochemistry. In Simon A. Levin (Ed.), *Princeton guide to ecology* (pp. 330–339). Princeton, NJ: Princeton University Press.

海洋酸化的管理

大气中不断增加的二氧化碳（CO_2）含量由海洋吸收，导致海洋的碳化学性质发生变化。这种海洋酸化的过程会产生各种生物和社会经济影响。在目前这种二氧化碳排放速度下，加速的海洋酸化预计在21世纪会危害全球海洋生态系统的功能。我们急需采用管理行动来应对这些影响。

自工业革命以来，大气中二氧化碳（CO_2）的含量急剧增加[从工业化之前的大约280 ppm（百万分率）到2011年的392 ppm]，这主要是由像燃烧矿物燃料和土地利用这样的人类活动产生的（IPCC 2007）。这种二氧化碳含量的增加被认为是引起全球气候变化的主要原因之一。在过去的几十年中，人类活动排放的二氧化碳只有一半还留在大气中；25%被海洋吸收（Sabine et al. 2004）。海洋的这种吸收能力缓解了与大气二氧化碳排放有关的全球变暖的影响，但它付出的代价就是海洋酸化。

大气中的二氧化碳溶解到海水时，形成碳酸，并释放出氢离子。结果，海洋表层水体的pH值降低，使海洋变得更酸。在14个点的pH刻度尺上，较低数字（0～6.9）表示酸性水，而较高数字（7.1～14）表示碱性水。pH值为7.0则表示中性水。海水自然地略显碱性（平均来说pH>8.1），到21世纪末，由二氧化碳吸收产生的酸化预计会使海水的pH值降至7.6。这种pH值的变化将会影响海洋的碳化学性质以及以各种方式依赖这种化学性质的生物和生态过程。

当氢离子被释放到海水中时，它们与碳酸盐离子结合（形成碳酸氢盐），因而降低碳酸盐离子的浓度。碳酸盐离子是很多海洋生物用于壳体和骨骼的构建材料，如珊瑚、甲壳动物（如龙虾和螃蟹）和软体动物（如蛤蚌和牡蛎）。因而，降低pH值就会降低碳酸钙的饱和度，这使得生物很难形成其壳体需要的碳酸钙。钙化（即“壳体构建”过程）依赖于海水中碳酸盐离子的可用性（饱和）。海洋钙化物的钙化速率一般对碳酸盐离子浓度的降低比较敏感。更具体地说,海洋中碳酸盐离子的浓度变化会影响几种形式碳酸钙(包括方解石、霰石或高镁方解石)的饱和度以及生物可利用性(Feely, Doney & Cooley 2009)。

目前,在大部分区域的海洋表层水体中,钙化的海洋生物可以形成骨骼和壳体,因为海水的碳酸钙是饱和的(Pelejero, Calvo & Hoegh-Guldberg 2010)。然而,自工业革命以来,海洋表层水体的pH值已经减少大约0.1个单位(Feely et al. 2004),从而降低这些生物需要的霰石或方解石。因为pH的标度是对数的,所以,pH值一个单位的减少等于酸性增加10倍。在二氧化碳高排放的情况下,到2100年,海洋的pH值预计会再降低0.4个pH单位(IPCC 2007),碳酸盐饱和度有可能会降到珊瑚生长所需水平以下(Royal Society 2005; Hoegh-Guldberg et al. 2007; Silverman et al. 2009)。外海这种碳化学性质的变化在2千多万年里可能都没有发生过(Feely et al. 2004)。

海水的酸性变化在全球范围并不相同。高纬度表层水体(紧靠北极和南极的水域),其自然的碳酸盐离子浓度较低,因为大气中二氧化碳更容易在较冷的海水中溶解。结果,这些海水的酸性高于较热的海水,因而就霰石来说,和热带和亚热带海水相比,其饱和度就显得不足(Feely et al. 2004)。模型分析显示,到2020年,北冰洋中霰石的浓度会变得欠饱和,到2050年,南极周围的南大洋中霰石的浓度会变得欠饱和(Orr et al. 2005; Steinacher et al. 2009)。

热带珊瑚礁也容易受到海洋酸化的影响。一些具有全球重要性的珊瑚礁地区,如大堡礁、珊瑚海和加勒比海,预计将会比其他地区(如太平洋中部)更快地达到具有威胁性的霰石低饱和度(Hoegh-Guldberg et al. 2007)。虽然存在全球性海洋酸化模式,但一些局部的生态过程也会影响海洋酸化的速率和地理范围。有人已经记录了有些珊瑚礁pH值和霰石饱和度的大幅变化。例如,在澳大利亚大堡礁的苍鹭岛珊瑚礁,一天中pH值和霰石饱和度的变化超过了全球海洋酸性预计到21世纪中期的变化(Anthony et al. 2008; 2011)。这些结果表明,尽管在外海存在霰石饱和度的一般模式,但由于珊瑚礁尺度生态过程的结果,它们在空间和时间上都将发生很大变化。

气候变化和海洋酸化给海洋保护管理者和科学家带来挑战,因为这两个问题迫使他们努力在局部尺度上管理全球性威胁。与其他全球性胁迫因子——如引起珊瑚白化(可见性发白)的海水表面温度升高和珊瑚的大面积死亡——不同,海洋酸化基本上是不可见、难以觉察的环境问题。由于海洋酸化的威胁最近才被认识到,所以很少有对其影响进行管理的指导性意见。此外,大多数研究都注重海洋生物对海洋化学性质变化的响应或注重预测海洋化学性质在全球范围的变化,但很少有人注重有关应对这些影响的管理和政策建议的制订(Mcleod et al. 2008)。

海洋酸化的影响

20世纪90年代后期进行的一些开创性研究预测,珊瑚礁将在21世纪对海洋化学性质的变化做出剧烈反应(Gattuso et al. 1998; Kleypas et al. 1999; Marubini & Atkinson 1999)。从那时起,海洋酸化对海洋生物和生态系统的影响,通过实验和观测研究,变得越来越明显。海洋酸化对全球很多海洋群组中的一些生物和生态过程——包括浮游植物、珊瑚、其他无脊椎动物和鱼类，具有明显的影响（Kroeker et al. 2010）。大部分研究都集中在海洋酸化对钙化（壳体构建）和溶解（壳体溶解或壳体形成过程的中断）的研究上，但对其他过程（如早期生命史阶段）的影响，其报告的频度逐渐增加（Dupont & Thorndyke 2009; Albright & Langdon 2011）。例如，海洋酸化可以导致鱼类和头足类动物血液中二氧化碳含量过高（二氧化碳中毒），显著降低某些无脊椎动物的生长和繁殖力（Orr et al. 2005）。对代延时间较长的物种，生长和繁殖力降低会导致种群下降。最近的研究表明，海洋酸化可以导致海洋鱼类幼体的感知和神经缺陷——它们"闻"不到珊瑚礁，因而无法区分捕食者和双亲（Munday et al. 2010）。

重要的是，海洋酸化并不是平等地影响所有海洋生物。有些硬珊瑚产生线性响应，而其他的则对碳酸盐离子浓度的减少表现出加速响应（Reynaud et al. 2003; Jury, Whitehead & Szmant 2009; Rodolfo-Metalpa et al. 2010）。虽然加速响应对某些物种来说有可能导致灾难性转折点的出现，但对单个物种或更广泛生态系统的变化来说，现在我们还无法确定这样的关键点。确定这种转折点的能力是非常有限的，因为有关海洋酸化的影响的大部分研究都基于短期的实验研究和单个物种。有关种群和生态系统将如何响应海洋酸化、来自其他胁迫因子（如污染、过度捕捞、海洋温度升高）的组合效应以及生物的适应能力，我们都知道得很少。海洋生物响应的不同，部分地源于受海洋酸化影响的过程范围较广，如溶解和钙化速率、生长速率、发育和存活（Kroeker et al. 2010）。这种响应的变化使得预测海洋酸化对物种和生态系统的影响变得非常复杂。然而，虽然存在这些复杂性，但最近的研究表明，总体来说，海洋酸化将会损害钙化海洋生物（Hendriks, Duarte & Alvarez 2010; Kroeker et al. 2010）。

虽然最近的研究探索了海洋酸化对海洋生物的生物学影响，但对社会经济的影响并没有引起关注。因为海洋酸化影响生物形成壳体的能力，所以，它有可能会减少具有商业重要性的贝类物种（如蛤蚌、牡蛎和海胆）的多度，从而影响那些把这些资源当作食物和（或）谋生手段的人类社会（Cooley, Kite-Powel & Doney 2009）。海洋酸化因而可以通过生态系统（如珊瑚礁）提供产品和服务（如旅游收入、渔业、海岸防护和文化价值）的消失来影响人类社会。这样的产品和服务，其价值高达数十亿美元（Burke et al. 2011）。例如，大堡礁每年给澳大利亚经济做出的贡献超过50亿美元（Access Economics 2005）。

对那些其社会生存直接依赖海洋自然资源的国家来说，我们还需要做更多的研究，以评估海洋酸化所产生的更深的社会经济影响（Cooley & Doney 2009）。这样的研究可以提供行动的动力，这种动力会超越对海洋酸化和气候变化问题的考虑，因为海洋酸化对渔业和旅游业影响的经济分析和模型，对认知降低全球二氧化碳排放的作为和不作为所产生的真正综合代价来说，是必不可少的（Fulton et al. 2011）。

潜在的管理选项

解决海洋酸化需要采取的最关键的行

动，是稳定大气中二氧化碳的浓度。分析表明，那些允许全球大气中二氧化碳平均浓度从目前接近393 ppm达到或超过500 ppm的政策，对珊瑚礁来说很可能是极其危险的(Hoegh-Guldberg et al. 2007)。因此，海洋酸化为制订解决二氧化碳排放问题的全面、有效的全球政策提供了另一个推动力。

遗憾的是，减少全球排放超出了海洋保护管理者的职权范围。更直接的需求，是在面临全球威胁(如海洋酸化)的情况下，识别和实施那些能够支持海洋生态系统(如珊瑚礁)健康的局部行动。国家研究委员会(2010，85)的一项研究——《海洋酸化：应对海洋变化挑战的国家战略》，分析了当前对海洋酸化的认知，认为“有关海洋酸化的生物、生态或社会经济效应的信息，目前还不足以对管理活动提供有效的指导”。这一结论基于这样的事实：大多数研究都集中在海洋酸化对少数物种的短期影响上。结果，在海洋酸化更大的重要性方面则存在主要的研究差距，包括海洋酸化将如何影响很多在生态或经济上非常重要的物种和群落，如何影响各种生理和生物地球化学过程，以及生物是否有潜力去适应海洋化学性质的变化(Boyd et al. 2008)。

解决这些差距所需的科学很可能需要几十年才能发展起来。然而，等到科学完善了再去采取管理行动可能会使海洋生态系统处于危险之中。现在就可以而且应该采取局部行动来保护海洋生态系统。这样的行动包括减少其他影响大多数海洋生态系统(如水质下降、海岸污染和重要物种的过度捕捞)和功能群组(如食草动物)的胁迫因子(Hughes et al. 2003)。减少陆上污染源(如来自农业的养分径流和来自海岸开发的泥沙径流)对海洋酸化影响的管理尤其重要，因为像磷和氮这样的养分和陆地碳输入可以降低海岸和海洋水体的pH值和霰石饱和度(Andersson, Mackenzie & Lerman 2006)。要实现这些目标，海岸管理工作必须与土地利用和海岸带规划和做法综合起来，以帮助减少污染物的输入。更一般地说，减少海洋生态系统的胁迫因子会改善生态系统的健康状况，使海洋生物更好地把资源用于生长、钙化和繁殖，而不是用于修复损伤和从疾病中恢复(Mcleod et al. 2008)。

目前海洋酸化研究正在探索海洋物种和生存环境对海洋化学性质变化敏感性方面的差异。如果科学家可以找出那些对海洋酸化影响不太敏感的物种或生存环境，那么，它们就可以被优先划入海洋保护区(MPA)。不太敏感的地区可以包括碳酸盐比较丰富地区的珊瑚礁，如那些存在凸起暗礁和石灰岩岛屿、大面积礁滩、点礁/珊瑚块复合体和碳酸盐沉积物的地方。其他能够通过海洋保护区加强保护的候选地区可以是被海水反复冲刷的高多样性的礁体地区，因为这些新鲜海水的涌入带来了有利于壳体构建的更高的碱性和饱和度。然而，如果海洋酸化引起海水pH值的显著下降，则反复冲刷的地区在将来可能会变得更脆弱。因此，通过选择在各种海洋化学性质和海洋状况下的珊瑚礁地区样本来分散风险的策略，是一个很有用的海洋保护区设计方法。通过保护这种珊瑚地区的多个样本，海洋保护区管理者确保这些生态系统更有可能在气候变化和其他人类威胁之下生存下来。

位于海水温度变化较大地区的珊瑚礁被认为不太容易受到由海水表面温度升

高引起的热压力和相关白化与死亡的影响(McClanahan et al. 2007)。如果海洋化学性质自然变化较大地区的珊瑚礁也不太容易受到海洋酸化的影响,那么,管理者可以优先把这些地区的珊瑚礁划入海洋保护区。如果没有这方面的信息,海洋保护区管理者可以把保护区选择在多种海洋化学性质状况的地区(包括变化较大和变化较小的地区)。此外,选择不同pH值和霰石饱和度状况的珊瑚礁,会增加管理者找到和保护那些适应了各种pH值条件的珊瑚的机会,分散珊瑚生存受海洋酸化威胁的风险。

处理像海平面升高、海洋表面温度升高和海洋酸化这样问题的行动必须被综合到海洋保护区管理方案中,以减少大气中二氧化碳浓度对海洋物种和生态系统的影响。同样重要的是,开发和检验创新性干预措施的效能,这些干预措施能够减少海洋酸化对高优先级保护区和物种的影响。这些干预措施包括二氧化碳捕获和存储策略。在这些策略实施之前,相关地理范围、时间框架、经济和环境成本以及这些干预措施的好处必须进一步加以探讨。

所需的研究和下一步的计划

应考虑一些优先研究项目,以支持海洋酸化的管理。虽然分析模型可以预测全球和区域规模的海洋化学性质变化,但这些模型没有考虑海岸带过程。由于自然和人为输入,如酸性河水的排放(Salisbury et al. 2008)、氮和硫的大气沉降(Doney ct al. 2007)和来自土地利用变化和农业的水体富营养化[水体(这里指海洋)接收到过量养分、刺激藻类生长的过程](Borges & Gypens 2010),沿海地区已经开始经历水体化学性质的极端变化。影响沿海碳酸盐化学性质的过程非常复杂,我们还没有完全搞清楚,需要进一步去认知,以便管理海洋生物、生态系统和沿海地区工业企业的响应(National Research Council 2010)。

人们最近已经提出利用现有环境法律来缓解海洋酸化的本地性原因(Kelly et al. 2011)。地方和州政府具有解决很多胁迫因子的权力和能力,这些胁迫因子可以加剧沿海水体的酸化。例如,美国的《清洁水法案》有助于确保降水径流和相关污染物(它们可以增加海洋酸化)受到限制。控制海岸的侵蚀有助于降低水体的养分和沉积物载荷;这种沿岸输入可能还带有增加酸化的肥料,这就提供了减少这种输入的另一个理由。土地利用模式的变化(如森林采伐做法的变化)可以直接或间接减少二氧化碳、径流和其他威胁的排放。严格执行联邦制订的像氧化亚氮和氧化硫这样的污染物(如来自烧煤的发电厂)排放限制有助于减少沿海水体的海洋酸化影响(Kelly et al. 2011)。虽然通过执行现有环境法律来使另外的胁迫因子对沿海生态系统的影响降至最低有明显的好处,但这种行动对在全球范围改变海洋酸化的影响来说是不合适的。

为了帮助生态保护管理者找出和保护那些最有可能在海洋化学性质变化的情况下生存下来的物种和群落,我们需要进一步调查生物、种群和群落对海洋酸化的响应。此外,探索海洋生物适应海洋化学性质变化的能力,对认知它们对未来变化的易感性来说也是非常重要的。找出那些不太容易受到海洋化学性质变化影响的物种对水产养殖业来说,也是非常有用的,因为这样的物种可用于选择性繁殖。记录生态系统结构和功能沿自然pH值梯度变化的实地研究,对凸显那些启动广泛生态和生物变化的阈值来说也是非常有用的。识别稳态转换(如从珊瑚占优势到藻类占优势)指示物种的能力有助于海洋管理者采取行动避免这种转换或处理这种情况(Anthony et al. 2011)。

没有任何影响是孤立发生的,所以,我们需要对多种胁迫因子的相互影响进行研究。除了海面温度升高、海平面高度变化和其他人类影响(如污染、海岸开发和过度捕捞)之外,海洋生态系统目前必须解决海洋pH值的变化问题。考虑到海洋生态系统面临的一系列挑战,让研究人员确定生态系统变化是由某个特定的胁迫因子造成的可能特别具有挑战性。然而,管理者需要有能力理解物种、群落和生态系统对海洋酸化和其他胁迫因子如何进行响应,以便预测未来变化并制定相应的管理对策。

决策者需要对海洋酸化的影响、预测的影响时机和增加社会经济系统适应性和恢复力的方式进行社会经济学研究。为了制订研究以及缓解和适应活动的优先计划,评估海洋酸化对海洋生态系统和资源造成的损失是必不可少的。更广泛地说,公众需要教育和知识性材料,这些材料能够把海洋酸化对海洋生态系统和依存性群落的影响传递出去,并强调要采取降低这种影响的实际行动。

海洋酸化的生态、生物和社会经济影响给海洋生物和以海洋生物为食或谋生手段的人类社会带来严重挑战。人为的二氧化碳排放必须显著减少,以便缓解这种影响。为了应对海洋酸化的挑战,我们最大的希望是实施四项关键的管理活动:① 遏制和稳定大气中二氧化碳的含量;② 保护那些对海洋酸化不太敏感的海洋物种和地区;③ 尽可能地探索和应用二氧化碳捕获和存储方法;④ 利用现有环境法律来控制那些加剧沿海水体酸化的胁迫因子。

伊丽莎白·麦克劳德(Elizabeth McLEOD)
美国大自然保护协会
肯尼斯·安东尼(Kenneth R. N. ANTHONY)
澳大利亚海洋科学研究所

参见:流域管理;海岸带管理;生态恢复;水体富营养化;渔业管理;食物网;全球气候变化;指示物种;大型海洋生态系统(LME)管理与评估;海洋保护区(MPA);非点源污染;点源污染;稳态转换;恢复力。

拓展阅读

Access Economics Pty Limited. (2005). *Measuring the economic and financial value of the Great Barrier Reef Marine Park.* Canberra, Australia: Access Economics Pty Limited for Great Barrier Reef Marine Park Authority.

Albright, Rebecca, & Langdon, Chris. (2011). Ocean acidification impacts multiple early life history processes of the Caribbean coral *Porites astreoides. Global Change Biology, 17* (7), 2478–2487.

Andersson, Andreas; Mackenzie, Fred; & Lerman, Abraham. (2006). Coastal ocean CO_2 -carbonic acid-carbonate sediment system of the Anthropocene. *Global Biogeochemical Cycles, 20,* GB1S92. doi: 10.1029/2005GB002506.

Anthony, Kenneth R. N.; Kline, David I.; Diaz-Pulido, Guillermo; Dove, Sophie; & Hoegh-Guldberg, Ove. (2008). Ocean acidification causes bleaching and productivity loss in coral reef builders. *Proceedings of the National Academy of Sciences of the United States of America, 105* (45), 17442–17446.

Anthony, Kenneth, et al. (2011). Ocean acidification and warming will lower coral reef resilience. *Global Change Biology, 17* (5), 1798–1808.

Borges, Alberto, & Gypens, Nathalie. (2010). Carbonate chemistry in the coastal zone responds more strongly to eutrophication than to ocean acidification. *Limnology and Oceanography, 55* (1), 346–353.

Boyd, Phillip, et al. (2008). Climate-mediated changes to mixed-layer properties in the Southern Ocean: Assessing the phytoplankton response. *Biogeosciences, 5* (3), 847–864.

Burke, Lauretta; Reytar, Kathleen; Spalding, Mark; & Perry, Alison. (2011). *Reefs at risk revisited.* Washington, DC: World Resources Institute.

Cooley, Sarah, & Doney, Scott. (2009). Anticipating ocean acidification's economic consequences for commercial fisheries. *Environmental Research Letters, 4* (2), 024007.

Cooley, Sarah; Kite-Powel, Hauke; & Doney, Scott. (2009). Ocean acidification's potential to alter global marine ecosystem services. *Oceanography, 22* (4), 172–181.

Doney, Scott, et al. (2007). Impact of anthropogenic atmospheric nitrogen and sulfur deposition on ocean acidification and the inorganic carbon system. *Proceedings of the National Academy of Sciences of the United States of America, 104* (37), 14580–14585.

Dupont, Sam, & Thorndyke, Michael. (2009). Impact of CO_2 –driven ocean acidification on invertebrates early life-history — What we know, what we need to know and what we can do. *Biogeosciences Discussions, 6,* 3109–3131.

Feely, Richard, et al. (2004). Impact of anthropogenic CO_2 on the $CaCO_3$ system in the oceans. *Science, 305* (5682), 362–366.

Feely, Richard A.; Doney, Scott C.; & Cooley, Sarah R. (2009). Ocean acidification: Present conditions and future changes in a high-CO_2 world. *Oceanography*, *22* (4), 36–47.

Fulton, Elizabeth A., et al. (2011). Lessons in modelling and management of marine ecosystems: The Atlantis experience. *Fish and Fisheries*, *12* (2), 171–188.

Gattuso, Jean-Pierre; Frankignoulle, Michel; Bourge, Isabelle; Romaine-Lioud, S.; & Buddemeier, W. (1998). Effect of calcium carbonate saturation of seawater on coral calcification. *Global and Planetary Change*, *18* (1–2), 37–46.

Hendriks, Iris; Duarte, Carlos; & Alvarez, Marta. (2010). Vulnerability of marine biodiversity to ocean acidification: A metaanalysis. *Estuarine, Coastal and Shelf Science*, *86* (2), 157–164.

Hoegh-Guldberg, Ove, et al. (2007). Coral reefs under rapid climate change and ocean acidification. *Science*, *318* (5857), 1737–1742.

Hughes, Terry P., et al. (2003). Climate change, human impacts, and the resilience of coral reefs. *Science*, *301* (5635), 929–933.

Intergovernmental Panel on Climate Change (IPCC). (2007). *Climate change 2007: Synthesis report*. New York: Cambridge University Press.

Jury, Christopher P.; Whitehead, Robert F.; & Szmant, Alina M. (2010). Effects of variations in carbonate chemistry on the calcification rates of *Madracis auretenra* (5 *Madracis mirabilis sensu* Wells, 1973): Bicarbonate concentrations best predict calcification rates. *Global Change Biology*, *16* (5), 1632–1644.

Kelly, Ryan P., et al. (2011). Mitigating local causes of ocean acidification with existing laws. *Science*, *332* (6033), 1036–1037.

Kleypas, Joan A., et al. (1999). Geochemical consequences of increased atmospheric carbon dioxide on coral reefs. *Science*, *284* (5411), 118–120.

Kroeker, Kristy; Kordas, Rebecca; Crim, Ryan; & Singh, Gerald. (2010). Meta-analysis reveals negative yet variable effects of ocean acidification on marine organisms. *Ecology Letters*, *13* (11), 1419–1434.

Marubini, Francesca, & Atkinson, Marlon. (1999). Effects of lowered pH and elevated nitrate on coral calcification. *Marine Ecology Progress Series*, *188*, 117–121.

McClanahan, Timothy R.; Ateweberhan, Mebrahtu; Muhando, Christopher A.; Maina, Joseph; & Mohammed, Mohammed S. (2007). Effects of climate and seawater temperature variation on coral bleaching and mortality. *Ecological Monographs*, *77* (4), 503–525.

Mcleod, Elizabeth, et al. (2008). *The Honolulu Declaration on Ocean Acidification and Reef Management*. Arlington, VA: The Nature Conservancy; Gland, Switzerland: The World Conservation Union (IUCN). Retrieved September 20, 2011, from http://www.icriforum.org/sites/default/fles/honolulu_declaration_with_appendices.pdf

Munday, Philip, et al. (2010). Replenishment of fish populations is threatened by ocean acidification.

Proceedings of the National Academy of Science, *107*, 12930–12934.

National Research Council (US) Committee on the Development of an Integrated Science Strategy for Ocean Acidification Monitoring, Research, and Impacts Assessment. (2010). *Ocean acidification: A national strategy to meet the challenges of a changing ocean.* Washington, DC: National Academies Press.

Orr, James C., et al. (2005). Anthropogenic ocean acidification over the twenty-first century and its impact on calcifying organisms. *Nature*, *437*, 681–686.

Pelejero, Carles; Calvo, Eva; & Hoegh-Guldberg, Ove. (2010). Paleoperspectives on ocean acidification. *Trends in Ecology and Evolution*, *25* (6), 332–344.

Reynaud, Stephanie, et al. (2003). Interacting effects of CO_2 partial pressure and temperature on photosynthesis and calcification in a scleractinian coral. *Global Change Biology*, *9*, 1660–1668.

Rodolfo-Metalpa, Riccardo; Martin, Sophie; Ferrier-Pagès, Christine; & Gattuso, Jean-Pierre. (2010). Response of the temperate coral *Cladocora caespitosa* to mid- and long-term exposure to p CO_2 and temperature levels projected for the 2100 AD. *Biogeosciences*, *7*, 289–300.

Royal Society. (2005). *Ocean acidification due to increasing atmospheric carbon dioxide*. Policy document 12/05. London: The Royal Society.

Sabine, Christopher L., et al. (2004). The oceanic sink for anthropogenic CO_2. *Science*, *305*, 367–371.

Salisbury, Joseph; Green, Mark; Hunt, Chris; & Campbell, Janet. (2008). Coastal acidification by rivers: A threat to shellfish? *EOS*, *Transactions*, *American Geophysical Union*, 89 (50), 513.

Silverman, Jacob; Lazar, Boaz; Cao, Long; Caldeira, Ken; & Erez, Jonathan. (2009). Coral reefs may start dissolving when atmospheric CO_2 doubles. *Geophysical Research Letters*, *36*, L05606. doi: 10.1029/2008GL036282.

Steinacher, Marco, et al. (2009). Projected 21st century decrease in marine productivity: A multi-model analysis. *Biogeosciences*, *7*, 979–1005.

海洋资源管理

海洋——提供食物、氧气，甚至药物达数千年——已不再是原来认为的不可改变的水体。它受到人类活动的严重影响——从过度捕捞到废物径流再到矿产开采，从而破坏生存环境，不可逆转地改变生态系统。各国政府和国际组织必须强化和协调他们为可持续发展做出的努力，以保持海洋生态系统和资源的生存活力。

覆盖地球表面达72%的海洋为全球人口提供至关重要的生命维持服务。全球海洋产生地球上一半的氧气，是全球气候的主要调节者，为数十亿人提供经济和环境服务。海洋还充当重要的吸收器，吸收大约80%多余的热量和自工业革命以来大约三分之一的人为二氧化碳排放。海洋生物多样性和生态系统资源与服务提供基本的生活必需品，包括食物、淡水、木材、纤维、遗传资源、药物和文化产品。沿海地区被充分利用——世界上一半的人口生活在离海洋100公里以内的区域，世界上四分之三的大城市位于海边（UNEP和UN-HABITAT 2005）。

在整个历史上，人们与海洋有着长期的联系并依赖于海洋。在最近的几十年，人类与海洋的关系发生了变化——对海洋提出了更多的要求并产生了更多的影响。今天，大海看上去并不像那么大和无法穿越。同样越来越明显是，海洋环境并不是不受我们在陆地和海洋上活动（甚至远距离活动）的影响，而是我们多重的影响已对常常比较脆弱的海洋生态系统产生了深远的后果。海洋并不是我们原来认为具有恢复力的水体，而是受到世界各地人类活动严重而又深远的影响。

影响海洋的人类活动

人类以多种方式与海洋发生相互作用。对海洋资源和空间利用最彻底的常常涉及传统活动，如渔业、运输、离岸石油和天然气开采、电缆铺设、休闲和旅游以及沿海开发。最近，人类活动进一步扩展，包括矿产开发、海洋遗传资源开发、海洋可再生能源利用、人工礁岛建造、土地整治、沿海防御以及挖沙和倾倒。1972年的联合国人类环境大会认识到了活体海洋资源的过度捕捞、生存环境的物理改变和海洋污染。对海洋的这些主要威胁今天依然存在。

1. 全球分布与影响

渔业也许是时间最长、最常用的海洋资源。它也是对海洋资源开发最严重的活动。联合国粮食与农业组织估计，鱼类为30亿以上的人口提供15%的动物蛋白质摄取量，有些类型的渔业在海洋的每个区域都存在。全球鱼类资源存量的减少始于20世纪90年代早期。今天，每年的总捕获量超过一亿吨（包括丢弃、误捕以及非法、未监管和未报告的捕捞），联合国粮农组织估计，85%的渔业资源存量被完全开发、过度开发、开发殆尽或正从殆尽中恢复，从而让人有理由担心这些关键资源的可持续性（FAO 2010）。

破坏性捕捞做法还会破坏海洋生存环境。例如，海底拖网捕捞（沿海底拖行大型渔网）实际上毁灭了海底生存环境（即生活在海底生物的生存环境）。在深海，存在着海洋生物多样性的巨型资源库，特别是在海山、热液喷口、甲烷渗出源和深海珊瑚周围。在这些环境生长的生物是在极端环境条件下进化而来，能为科学发现和商业化提供极有价值的基因材料。这种材料在制药、生物技术和化妆品领域有很多的应用。很多这样的生态系统很容易受到来自商业开发的破坏性捕捞做法和潜在过度捕捞的伤害。

对生存环境的物理改变和破坏也许是对沿海资源和环境最重要的威胁。这些地区的社会和经济开发已经造成沿海生存环境的破坏，这种破坏源于来自人口、城市化、工业化、海运和旅游不断增加的压力。这样的破坏常常需要付出惨重的环境和经济（在生态系统服务丧失方面）的代价。例如，珊瑚礁为100万以上的物种（包括数千种鱼类物种）提供生存环境，为不断增多的风暴潮和海浪活动提供防护；经“生态系统经济学和生物多样性”项目估算，其每年每公顷的价值介于13万到120万美元（Diversitas 2009）。然而，一项估计表明，世界上85%的珊瑚礁受到威胁，而生存环境破坏是关键原因之一，尽管气候变化和海洋酸化所造成的威胁更大。红树林也是价值很高的沿海生态系统，它提供风暴防护、近海渔场的繁殖场以及木材和非木材森林产品，其货币总价值估计为每年每公顷一万美元（Costanza et al. 1997），而且还不包括这些生存环境提供的额外服务（如碳吸存）。在过去的一个世纪，超过一半的红树林已经消失，基本上都是由物理改变造成的。湿地和海草群落也受到威胁，并在世界范围内持续减少，急剧降低其提供类似生态系统服务的能力。

海洋污染也源于人类与海洋资源和空间的相互作用。大约90%的全球贸易是由船舶完成的。海运对生态环境的破坏除了其他活动外，还包括石油泄漏和意外排放、海上化学品事故、废物排放和水体污染、声污染和压舱水排放（船舶的压舱水每天运送大约3千个植物和动物物种，这会在某些海洋生态系统中造成入侵物种不可控制的生长）。

然而，需要注意的是，海洋污染最显著的威胁不是来自海上的活动，而是来自陆地上的活动。陆地上的活动构成进入海洋的所有污染中的大约80%。从体积上说,污水依然是最大的污染源,但废水和农业养分径流也是很大的污染源。总而言之,来自污水排放和农业径流的过量养分促使海洋环境中死区(低氧或缺氧地区)的数量增多——从2003年的149个增加到2006年的200多个,从而导致有些生态系统的崩溃(Nelleman, Hain & Alder 2008)。进入海洋的塑料和其他碎片不断聚集,进一步影响海洋资源和生态系统。虽然废物在水面、水柱和海底的分布难以计算,但最近的研究和观测确认,碎片被洋流携带并趋于在被称为"垃圾排放场"的有限几个会聚区(即旋流区)聚集。例如,在北大西洋和加勒比海的会聚区,每平方公里的塑料物品超过20万件(UNEP 2011)。在夏威夷和加利福尼亚中间的区域(北太平洋副热带高压区附近)以及日本外海一个小的旋流区都发现了其他的垃圾排放场。另一个受到高度关注的区域是北太平洋副热带会聚区,在这里存在着高度的海洋垃圾聚集(也同时存在着高度多样性的海洋生物)。一个运行10年的全球海洋垃圾分布仿真模型表明,塑料在5个旋流区会聚:印度洋、北太平洋和南太平洋以及北大西洋和南大西洋(IPRC 2008)。碎片对生物多样性、缠绕、化学污染和群落结构的改变都具有致死和亚致死效应。在最近一项对来自北太平洋旋流区食浮游生物的鱼类的研究中,平均每条鱼中发现了2.1件塑料颗粒(Boerger et al. 2010)。全球社会需要研究、更好地了解和解决塑料颗粒(包括持久性、生物积累性和有毒物质)的聚集和排放。有关流入海洋环境中的其他类型有毒物质[如汞、铅、多环芳烃(PAH)和多氯联苯(PCB),它们也是存在于鱼类、贝类和其他海洋生物的持久性、有毒和生物积累性物质]的长效影响和解决这一问题的有效策略也需要我们进一步去认知。

2. 管理挑战

有关全球海洋管理的总体框架是1982年的《联合国海洋法公约》(也称UNCLOS)。具体的管理条款和面临的挑战也随行业和地理区域以及时间而变化。管理人类与海洋资源之间的相互作用意味着平衡环境和开发的需要。在世界上那些持续贫困和不公平显得非常突出的地区,制订的策略必须注重可持续性管理实践的长期效益。

在全球海洋产品贸易中存在着固有的不公平,而且没有分享利益的可行框架。全球海洋的64%超出了国家的管辖权限,而且没有管理公海海洋资源开发和海洋环境保护的明确的国际框架。全球经济衰退使有些国家重新考虑国家重点和能力,这使问题变得更加复杂;可持续性做法与农业、基础设施、能源、健康和教育的优先计划进行竞争。

全球气候变化增加了生态系统和沿海人口(尤其是穷人)的脆弱性。对高度依赖海洋资源的数百万人口和当地经济来说,气候变化增加了贫困和食物短缺风险,使他们失去生计和生活空间。

国际、地区和国家治理问题给可持续性海洋和沿海议程带来主要的障碍。在很多国家,海洋资源管理机构长期经费不足、人手不够。即使在组织机构比较健全的国家,解决在200海里经济专属区实施国家管理权的挑战也需要进行跟踪、控制和监视的专业技术、设备和船只。需要有高层次的技术、能力和协调机制，辅以国际和国家层面更广泛的立法和制度框架，来解决多重利用和海洋与沿岸更加拥挤的预期。

可持续性海洋治理的管理

为了克服可持续性海洋治理面临的难题、解决海洋地区日益增多的资源与用户冲突，国家政府和国际权威组织认识到采用综合性沿海和海洋管理以及基于生态系统的管理方法的必要性，这些方法把管理的重点从对具体、单行业海洋用户的管理转向基于生态系统的多用户管理。2002年的可持续发展全球峰会（World Summit on Sustainable Development, WSSD）要求在2010年之前应用生态系统的管理方法，并在国家层面提倡综合性沿海和海洋管理。这些范例认识到海洋生态系统服务之间的相互联系，寻求实施全面、可持续性的管理和治理。

可持续发展全球峰会还同意到2010年在全球、区域和国家层面，实现当前生物多样性消减速度的显著降低，作为对缓解贫困做出的贡献，同时在2012年之前，根据国际法并基于科学信息建立海洋保护区和示范性网络。它还进一步要求开发各种方法和工具，重点是开发基于生态系统的方法和摒弃破坏性渔业做法。《生物多样性公约》缔约方2006年第八次会议进一步明确了海洋生物多样性的目标，要求对世界上每个海洋和沿海生态区的至少10%提供有效保护，并要求保护那些特别脆弱的海洋生存环境，如热带和冷水珊瑚礁、海山、热液喷口、红树林、海草、产卵区和其他脆弱的海洋区域。

然而，今天世界上只有大约1%的海洋受到某种保护，可再生海洋资源继续减少。我们需要进一步采取措施来改善国际协调和国家执行力，以便采用更加综合性的方法。其中海洋保护区就是一个有用的手段，尽管它只是可持续性治理的方法之一。例如，海洋空间规划使海洋空间的利用最佳化，它通过平衡行业利益和海洋资源可持续利用来使经济发展和海洋环境都能受益，因而正成为越来越重要的决策手段。生态系统价值评估也非常重要，它对（例如）珊瑚礁生态系统的全部经济价值进行分析。这种价值评估既估算市场产品与服务，也评估非市场产品与服务，以促进对环境变化所产生的经济和社会后果有更好的认知。

在随后的几年，与海洋资源管理有关的治理差距和制度缺陷必须得到解决。国际协调、遵守和执行机制必须加强。2012年6月在巴西里约热内卢举办的联合国可持续发展大会（里约+20，里约第一次大会之后20年再次召开）为国际社会确定对海洋资源可持续性管理做出的政治承诺、评估目前的进展以及分析在执行方面仍然存在的差距，提供了独特的机会。

尽管没有一种通用的方法能够解决海洋资源管理的所有问题，但决策者必须追求受下列手段支持的策略：通用工具与技术、独立学科、监测与评估、可持续性融资机制和评估方法。没有可持续性的海洋资源管理，可持续发展的三大目标——经济发展、社会发展和环境保护就无法实现。我们必须采取协调一致的主动措施，确保海洋生态系统和资源充满生机，从而保证人类从全球海洋获取的生命支持功能得以持续。

凯特琳娜·沃克（Kateryna M. WOWK）
全球海洋论坛

参见：最佳管理实践(BMP)；流域管理；海岸带管理；渔业管理；大型海洋生态系统(LME)管理与评估；海洋保护区(MPA)；海洋酸化的管理；非点源污染；点源污染。

拓展阅读

Beck, Michael, et al. (2009). Shellfish reefs at risk: A global analysis of problems and solutions. Arlington, VA: The Nature Conservancy.

Boerger, Christiana; Lattin, Gwendolyn; Moore, Shelly; & Moore, Charles. (2010). Plastic ingestion by planktivorous fishes in the North Pacific Central Gyre. *Marine Policy Bulletin*, *60* (12), 2275–2278.

Corcoran, Emily, et al. (Eds.). (2010). *Sick water? The central role of wastewater management in sustainable development: A rapid response assessment.* Arendal, Norway: United Nations Environment Programme (UNEP), UN–HABITAT, GRID-Arendal.

Costanza, Robert, et al. (1997). The value of the world's ecosystem services and natural capital. *Nature*, *387* (6630), 253–260.

Diversitas. (2009, October 28). What are coral reef services worth? $130,000 to $1.2 million per hectare, per year. Retrieved August 2, 2011, from http://www.sciencedaily.com/releases/2009/10/091016093913.htm#

Food and Agriculture Organization of the United Nations (FAO). (2010). *The state of world fisheries and aquaculture report 2010*. Retrieved August 5, 2011, from http://www.fao.org/docrep/013/i1820e/i1820e.pdf

GESAMP (IMO/FAO/UNESCO-IOC/WMO/WHO/IAEA/UN/UNEP Joint Group of Experts on the Scientific Aspects of Marine Environmental Protection) & Advisory Committee on Protection of the Sea. (2001). *A sea of troubles* (GESAMP Reports and Studies No. 70). Arendal, Norway: United Nations Environment Programme, GRID-Arendal.

International Pacific Research Center (IPRC). (2008). Tracking ocean debris. *Climate*, *8* (2), 14–16.

Nellemann, Christian; Hain, Stefan; & Alder, Jackie. (Eds.). (2008). *In dead water: Merging of climate change with pollution, over-harvest, and infestations in the world's fishing grounds.* Retrieved July 28, 2011, from http://www.unep.org/pdf/InDeadWater_LR.pdf

United Nations Conference on the Human Environment. (1972). Declaration of the United Nations Conference on the Human Environment. Stockholm, 5–16 June 1972. Nairobi, Kenya: United Nations Environment Programme (UNEP).

United Nations Development Programme (UNDP). (2002). *Conserving biodiversity, sustaining livelihoods: Experiences from GEF-UNDP biological diversity projects*. Retrieved August 2, 2011, from http://www.undp.org/gef/new/BiodiversityBrochure.pdf

United Nations Environment Programme (UNEP). (2011). *UNEP Year Book 2011: Emerging Issues in our*

Global Environment. Retrieved August 2, 2011, from http://www.unep.org/yearbook/2011/

United Nations Environment Programme (UNEP). (2007). *Global environment outlook 4: Environment for development*. Valletta, Malta: United Nations Environment Programme.

United Nations Environment Programme (UNEP) & United Nations Human Settlements Programme (UN-HABITAT). (2005). *Coastal area pollution: The role of cities*. Retrieved August 2, 2011, from http://www.unep.org/urban_environment/PDFs/Coastal_Pollution_Role_of_Cities.pdf

爆发物种

尽管爆发物种(经历不可持续的种群增长的物种)的种群爆发会剧烈影响生态系统并对人类的生活产生负面影响,但它们常常都是正常生态系统功能的基本要素。当前(和预测)的全球变化正在改变许多爆发物种的种群动态。我们急需有关这些物种如何对全球变化做出响应的知识,以便在不影响生态系统功能发挥的情况下缓解爆发物种的有害效应。

爆发物种就是那些有可能经历快速种群增长且达到无法长期持续的水平的物种。它们包括的范围从脊椎动物(如啮齿动物)到原生动物(如疟原虫)、细菌(如霍乱病菌)和病毒(如流感病毒)。由于原生动物、细菌和病毒爆发的研究大多属于流行病学和医学的范畴,本文的重点将集中在动物物种的爆发上。

虽然已知物种中只有一小部分经历爆发事件,但它们却受到研究人员的极大关注。爆发事件从一开始就惊动和吸引了人类(如《圣经》和《可兰经》都提到了蝗灾爆发),因为它们具有不可预见性和极大的环境影响。爆发事件在全球各种生态系统中持续成为关注重点,其中部分的原因是最近的研究表明,许多爆发物种的行为发生与环境变化有关的令人瞩目的变化。

促进爆发事件发生的条件

爆发事件由各种各样的过程产生,但一般发生在种群经历提高的繁殖力和降低的死亡率的时候,这往往是食物或生存环境改善、捕食减少和气候变化有利的结果。然而,尽管对爆发物种进行了大量的研究,但解释爆发事件的确定性答案仍然没有出现。在大多数情况下,往往认为是几种因子共同作用的结果。

树皮甲虫爆发,如山松甲虫(Dendroctonus ponderosae)和云杉甲虫(Dendroctonus rufipennis)爆发,都受到气候因子的强烈影响。较暖的夏天和较温和的冬天更有利于这些物种的生存并加速其生命周期的发展,从而使得在一个季节存在多个世代,因而种群迅速增长(Bentz et al. 2010)。此外,干旱会增加寄主树的易感性，从而使甲虫更容易征服树木的防御能力。最后，自然因子（如大面积着火）或土地利用做法可以产生大面积更容易受到甲虫感染的成熟树木。有利的气候条件被认为是促进主要树皮甲虫爆发的基本条件，但区域性爆发的模式和严重程度也会受到合适树木可用性的影响（Raffa et al. 2008; Bentz et al. 2009）。

几种啮齿动物物种的爆发受到可用食物增多的强烈影响。在印度、缅甸和孟加拉（Singleton et al. 2010）以及智利和阿根廷南部（Sage et al. 2007）发生的啮齿动物爆发，就是在竹子同时开花后不久发生的；竹子同时开花在这些生态系统中产生了大量的种子，从而增强了啮齿动物繁殖和生长的速度（Singleton et al. 2010）。

很多农业害虫的爆发是由于喷洒杀虫剂或栖息地破坏使天敌减少造成的。在20世纪70年代，亚洲热带地区为了减少螟虫对水稻的伤害而大面积喷洒了化学杀虫剂之后，稻田中爆发了严重的褐飞虱（Nilaparvata lugens）虫害。在稻田喷洒杀虫剂杀死了褐飞虱大多数的天敌，结果导致了亚洲很多地区褐飞虱种群的大爆发和对作物的大面积破坏（Settle et al. 1996）。

对生态系统和人类产生的后果

爆发物种给环境并相应地给人类带来巨大的影响。爆发事件会以多种方式改变生态系统，从生产力的短期变化到可能延续几个世纪的植被覆盖的大规模改变。例如，在北美洲西部，始于20世纪90年代中期的山松甲虫（Dendroctonus ponderosae）爆发影响了累计达1 300万公顷的森林——这一面积相当于希腊的国土面积（Raffa et al. 2008）。通过造成树木的死亡，树皮甲虫爆发引起森林结构、物种组成、碳循环和水文特性（如由于更多的暴晒，雪融化得更快了）的变化（Veblen et al. 1991; Pugh & Small 2011）。此外，预计由未来爆发导致的树木死亡的增加将向大气释放大量的二氧化碳，这有可能产生正反馈，使气候变暖加剧（Kurz et al. 2008）。

影响农业生态系统的爆发构成它们如何影响人类的一个明显的例子。农业害虫爆发物种显著减少世界很多地区的作物的产量，影响粮食安全以及人类健康和福祉。沙漠蝗虫（Schistocerca gregaria）可以发生种群的快速增长，然后聚集成群，能迁徙很远的距离去寻找食物。该物种影响到全球大约50个贫穷国家的农田，尤其是非洲、中东和南亚国家的农田（Roffey & Magor 2003）。即使中等规模蝗虫群（约有1 000公斤蝗虫）的一小部分，一天内轻松吃掉的粮食等于2 500人吃掉的粮食。因此，毫不奇怪的是，在极端爆发事件期间，沙漠蝗虫可以影响几乎全球10%的人口(FAO 2009)。

物种爆发事件也会引发剧烈的社会和政治变革。例如,1959年在印度的米佐丘陵地区,竹子开花之后发生了大范围啮齿动物的爆发,它们毁坏作物和储存的粮食并导致大范围的饥荒。这场饥荒引发了米佐人聚居区的社会动荡和长期的内战,这场内战直到设立了米佐拉姆邦才于1986年结束(Nag 1999; Singleton et al. 2010)。啮齿动物爆发也会通过传播疾病直接影响人类健康。例如,在智利和阿根廷南部,长尾侏儒大米鼠(Oligoryzomys longicaudatus;汉坦病毒的储存宿主)的爆发通常与人类的汉坦病毒肺综合征病例同时发生(Toro et al. 1998)。这种疾病是已知急性病毒感染中死亡率最高(30%~50%)的疾病之一(Custer et al. 2003)。

虽然物种爆发事件中大多数都被认为对环境和人类福祉有负面影响,但它们对生态系统功能的发挥和生物多样性的改善来说也可能是必不可少的。例如,由树皮甲虫导致的树木死亡为几种无脊椎动物和其他野生生物创建了生存环境和食物资源(Raffa et al. 2008; Bentz et al. 2009)。因此,有些爆发物种可以认为是对人类生计的威胁,但对生态系统功能发挥来说也是必需的。所以,当管理爆发物种时,更广泛地考虑环境影响是非常重要的。

全球变化与爆发物种

全球气候变化和人类土地利用变化正影响着世界范围爆发事件频度、严重程度和范围的无常、复杂变化。虽然目前变暖的趋势对很多爆发物种(如山松甲虫和云杉甲虫)的种群有正面影响,但气候变暖并不一定对所有爆发物种都有利。例如,在过去1 200年欧洲部分的阿尔卑斯山,落叶松蚜虫(Zeiraphera diniana)每八九年其种群多度就会经历一次升高,从而定期使欧洲落叶松(Larix decidua)落叶。然而,自20世纪80年代早期以来,落叶松蚜虫还没有爆发过,这与20世纪后期明显的变暖趋势一致(Esper et al. 2007)。最近的研究表明,这些定期爆发的中断源于树寄主分布区与落叶松蚜虫最佳分布区之间的不匹配(由气候驱动)以及树枝长叶与孵卵之间不同步(有可能使幼虫饿死)两者共同作用的结果(Johnson et al. 2010)。

人类土地利用的变化也能引发爆发物种动态的显著变化。例如,2008年,飓风纳尔吉斯毁坏了缅甸的作物,为了尽快恢复农业生产,农民们开始随时随地种水稻,从而产生了不同步、非季节性种植。结果,为该地区的啮齿动物产生了持续不断的食物供应。2010年,主要有害物种——小板齿鼠(Bandicota bengalensis)大爆发,造成额外的作物损失,进一步威胁到粮食安全(Normile 2010)。人们认为稳定的食物供应促进了这种鼠的繁殖季延长,从而导致了它们的爆发(Singleton et al. 2010)。

土地利用的变化也能减少或完全消除一种爆发物种。落基山蝗虫(Melanoplus spretus)曾经是北美西部一种常见的爆发物种,它们毁坏了大平原上大面积的作物,直到19世纪初年后期才被认为已经灭绝(Lockwood 2004)。关于其灭绝,最可能的原因与落基山脉河谷地区的移民和农业活动有关,该河谷是蝗虫的永久性栖息地。河边土壤的变化(如漫灌和养殖造成的土壤压实)干扰了蝗虫的产卵和发育场地,导致蝗虫种群的崩溃(Lockwood & DeBrey 1990)。

爆发物种的管理

人类一直试图以各种方式抑制和管理物种爆发事件,包括从直接控制种群到改变环境,以期降低爆发物种的繁殖和生存率。虽然管理上投入了很多精力和资源,但控制爆发事件仍然极其困难,结果也不尽一致。

根据爆发种群条件的不同,管理的策略也不同。例如,当树皮甲虫攻击植物群丛中几种高价值树木时,喷洒杀虫剂可能是降低甲虫破坏的一种有效方法。然而,如果爆发蔓延到了树木的整个植物群丛,喷洒杀虫剂就很可能不是一种有效的手段。如果甲虫种群还没有处于流行阶段,旨在减少群丛中易受感染树木数量的疏伐和其他林业做法对减少损失可能比较有效,但对控制更广泛的爆发也是不合适的。一旦甲虫爆发开始且影响到数万公顷的森林时,这种爆发靠人为管理基本上是不可能的,只能通过自然原因(如天气或食物耗尽)使其瓦解(Raffa et al. 2008)。在这最后一种情况下,不去控制这种爆发就是能够节省大量资源的一种管理策略。

的确,有时候最有效的管理策略就是不作为而让爆发自生自灭。相反地,对某些爆发来说,如果人类生计和健康受到威胁,直接对爆发种群采取控制措施就是唯一可行的选项。

当爆发处于流行阶段时,传统上化学杀虫剂被用于控制各种爆发物种。用于控制蝗虫爆发的一种常见方法,是利用车辆和飞机直接向蝗群喷洒合成杀虫剂。这种控制方法还会继续使用。虽然这种化学品对环境的破坏性不像以前使用的杀虫剂那么大,但它们对其他物种并不是完全没有伤害。在20世纪90年代和21世纪初年早期,非洲和澳大利亚成功喷洒由金龟子绿僵菌的真菌孢子构成的生物杀虫剂表明,这种杀虫剂对控制蝗虫爆发有效,对环境无害(Lomer et al. 2001; Hunter 2004)。尽管如此,这些方法的有效性是有争议的(Enserink 2004)。虽然人们对杀虫剂的认识不断深入,但控制蝗虫的爆发仍然极其困难,因为种群暴增是无法预测的,能发生在非常广阔的地域,需要几个国家同时采取行动。联合国粮食与农业组织和其他机构的工作重点是监控源生存环境的种群和生态条件,以便在爆发实际发生前能够采取缓解措施。

未来走向

爆发事件是在很多生态系统动态中发挥关键作用的自然现象。然而,人类活动影响着世界各地很多爆发事件的频度、严重程度和范围。我们需要更多的研究,以便认知那些驱动爆发物种种群动态的微观机制(如物种间的相互作用)和宏观模式(如气候和地貌)。组合了不同学科和技术的跨学科方法,如认知蝗虫为什么聚集成群的生理学(Anstey et al. 2009)和监控那些可能有助于爆发的蝗虫栖息地变化的卫星图像分析(FAO 2009),将有可能提供最有用的答案。

人口增长和农业用地的扩展正在强化爆发物种对人类生存的影响。在有些情况下,对爆发的规模采取直接控制措施可以减轻爆发对环境和人类福祉带来的影响。在另外的情况下,直接控制可能会进一步增加爆发的程度或者给环境带来严重的不良影响。因此,深入了解爆发物种生态学,对在应对预测和实际的爆发事件中提供缓解和人类适应措施来说,是非常关键的,尤其是在全球变化的背景下,情况更是如此。

胡安·帕里特西斯(Juan PARITSIS)
托马斯·维布伦(Thomas T. VEBLEN)
科罗拉多大学

参见:农业集约化;生物多样性;复杂性理论;扰动;极端偶发事件;食物网;全球气候变化;指示物种;关键物种;微生物生态系统过程;种群动态;稳态转换;自然演替。

拓展阅读

Anstey, Michael L.; Rogers, Stephen M.; Ott, Swidbert R.; Burrows, Malcolm; & Simpson, Stephen J. (2009). Serotonin mediates behavioral gregarization underlying swarm formation in desert locusts. *Science*, *323* (5914), 627–630.

Bentz, Barbara J., et al. (2009). *Bark beetle outbreaks in western North America : Causes and consequences*. Chicago: University of Utah Press.

Bentz, Barbara J., et al. (2010). Climate change and bark beetles of the western United States and Canada: Direct and indirect effects. *BioScience*, *60* (8), 602–613.

Custer, David M.; Thompson, E.; Schmaljohn, Connie S.; Ksiazek, T. G.; & Hooper, Jay W. (2003). Active and passive vaccination against hantavirus pulmonary syndrome with Andes virus M genome segment-based DNA vaccine. *Journal of Virology*, *77* (18), 9894–9905.

Dobson, Hans M. (2001). Desert locust guidelines: 4. Control. Retrieved July 5, 2011, from http://www.fao.org/ag/locusts/common/ecg/347_en_DLG4e.pdf

Enserink, Martin. (2004). Can the war on locusts be won? *Science*, *306* (5703), 1880–1882.

Esper, Jan; Büntgen, Ulf; Frank, David C.; Nievergelt, Daniel; & Liebhold, Andrew. (2007). 1 200 years of regular outbreaks in alpine insects. Proceedings of the Royal Society B, *274* (1610), 671 – 679.

Food and Agriculture Organization (FAO) of the United Nations. (2009). Locust watch. Frequently asked questions (FAQs) about locusts. Retrieved July 5, 2011, from http://www.fao.org/ag/locusts/en/info/info/faq/

Hunter, David M. (2004). Advances in the control of locusts (Orthoptera: Acrididae) in eastern Australia: From crop protection to preventive control. *Australian Journal of Entomology*, *43* (3), 293–303.

Johnson, Derek M., et al. (2010). Climatic warming disrupts recurrent Alpine insect outbreaks. *Proceedings of the National Academy of Sciences*, *107* (47), 20576–20581.

Kurz, Werner A., et al. (2008). Mountain pine beetle and forest carbon feedback to climate change. *Nature*, *452* (7190), 987–990.

Lockwood, Jeffrey A. (2004). *Locust: The devastating rise and mysterious disappearance of the insect that shaped the American frontier*. New York: Basic Books.

Lockwood, Jeffrey A., & DeBrey, Larry D. (1990). A solution for the sudden and unexplained extinction of the rocky mountain grasshopper (Orthoptera: Acrididae). *Environmental Entomology*, *19* (5), 1194–1205.

Lomer, Christopher. J.; Bateman, Roy P.; Johnson, Dan L.; Langewald, Jürgen; & Thomas, M. (2001). Biological control of locusts and grasshoppers. *Annual Review of Entomology*, *46*, 667–702.

Nag, Sajal. (1999). Bamboo, rats and famines: Famine relief and perceptions of British paternalism in the Mizo hills (India). *Environment and History*, *5* (2), 245–252.

Normile, Dennis. (2010). Holding back a torrent of rats. *Science*, *327* (5967), 806–807.

Pugh, Evan, & Small, Eric. (2011). The impact of pine beetle infestation on snow accumulation and melt in the headwaters of the Colorado River. *Ecohydrology*, *4* (5). doi: 10.1002/eco.239.

Raffa, Kenneth F., et al. (2008). Cross-scale drivers of natural disturbances prone to anthropogenic amplification: Dynamics of biomewide bark beetle eruptions. *BioScience*, *58* (6), 501–517.

Roffey, Jeremy, & Magor, J. I. (2003). Desert locust population dynamics parameters. Desert locust technical series. Retrieved July 5, 2011, from http://www.fao.org/ag/locusts/common/ecg/1292/en/330_en_TS30.pdf

Sage, Richard D.; Pearson, Oliver P.; Sanguinetti, Javier; & Pearson, Anita K. (2007). Ratada 2001: A rodent outbreak following the flowering of bamboo (*Chusquea culeou*) in southwestern Argentina. In Douglas A. Kelt, Enrique P. Lessa, Jorge Salazar-Bravo & James L. Patton (Eds.), *The quintessential naturalist: Honoring the life and legacy of Oliver P. Pearson* (pp. 177–224). Berkeley: University of California Press.

Settle, William H., et al. (1996). Managing tropical rice pests through conservation of generalist natural enemies and alternative prey. *Ecology*, *77* (7), 1975–1988.

Singleton, Grant R.; Belmain, Steve R.; Brown, Peter R.; & Hardy, Bill. (Eds.). (2010). *Rodent outbreaks: Ecology and impacts*. Los Baños, Philippines: International Rice Research Institute.

Toro, Jorge, et al. (1998). An outbreak of hantavirus pulmonary syndrome, Chile, 1997. *Emerging Infectious Diseases*, *4* (4), 687–694.

Veblen, Thomas T.; Hadley, Keith S.; Reid, Marion S.; & Rebertus, Alan J. (1991). The response of subalpine forests to spruce beetle outbreak in Colorado. *Ecology*, *72* (1), 213–231.

P

持久农业

持久农业支撑持久文化。持久农业常常被认为是一种园艺系统，实际上它还包括城市区域和生态村设计。持久农业的倡导者认为，大多数食物、水和居住需求都可以从当地来源得到满足，也就是说从主要由可再生能源驱动的系统中得到满足。在全球资源有限的情况下，持久农业是设计可持续性人类生存环境的一种重要工具。

持久农业是很多技能和学科的一种综合，用于在21世纪设计可持续性生存方式。持久农业的精髓源于古代——从延续了数千年的世界文明中获得启发。现代持久农业运动的出现是为了应对20世纪70年代的石油危机以及持续到后来的各种环境危机。持久农业已从最初的设计可持续性景观扩展为帮助创建可持续性社会的公认工具。它被用于设计生态村、社区花园和城市农场。持久农业活跃分子的全球网络通过设计可持续性系统来展示实用的解决方案，从而开发出一种以人为本的方法，把社区、经济、法律结构和建造环境都考虑进来。

什么是持久农业

持久农业的倡导者是从地球资源是有限的而来自太阳的可用外部能量是无限的这个事实开始的。由此可以得出：把阳光转化为人们可以利用的形式的最好方式是种植植物。给定面积的多年生植物可以提供食物、纤维和木材。同样面积的太阳能电池板能产生更多的能源，但植物成本低，而且大多数人都可以种植。

多年生植物特别有用，因为它们不需要像一年生作物那样多的劳动力，而且它们需要的矿物燃料也比单一栽培作物（如小麦、大米、玉米和土豆）要少。强调多年生植物为“持久农业”这个名称提供了“持久”的含义。

因为人类生存并不是仅仅需要食物和水就行了，所以，持久农业学家提出了指导更大系统开发的可持续性设计的7个原则（或称领域）：

- 土地和自然的监管
- 建造环境
- 工具和技术
- 文化和教育
- 健康和幸福
- 金融和经济
- 土地占有制和社区治理

持久农业设计优先考虑树木和森林。这些持久、自我维持系统对地球上的生物来说是必需的。通过光合作用,树木自然地把阳光能量变成用于自身的食物和能量以及人们可以收获的木材、水果、药物和纤维,同时,它们还稳定景观。它们已经历数百万年来完善这一过程。

持久农业设计提倡用自然系统的复制来创建人造系统。这些系统必须包含能够维持人类生存的社会和经济系统以及那些产生食物、纤维、木材和清洁水与空气的系统。

设计持久农业园或大田作物区是为了充分利用植物和动物物种之间的关系,并且带来多种类型和等级的生产。虽然有些植物距离太近时会长得不好,但大多数植物都可以种的相互靠近,而且有些还会产生有益的相互作用。例如,固氮灌丛种植在果树周围——它们的距离近得根都相互缠绕。当固氮灌丛被剪枝或吃掉时,根部周围的一些氮就会被放弃,供果树利用,从而可以减少或避免使用肥料(Holmgren 1996, 46)。

通过包含不同高度的植物,植物园不同部分的收获就可以同时进行。在一个种植密集的森林植物园中,块根作物、地被植物、来自灌丛的无核小果、来自树木的仁果类水果和来自藤本植物的浆果都可以从一小块种植多种物种的果园中收获。像草莓这样的软浆果和地被植物已经适应了较低阳光的条件,所以,只要有水和养分,它们不会受到果树树荫的影响(Hart 1996)。

在持久农业设计中,土壤和蓄水池或水坝用于确保有可用的雨水。养分来自落叶层和微生物活动(就像在任何有机植物园中一样)以及制造堆肥。只要有好的围栏和管理,动物就可以有利地引入,它们的粪便可用于堆肥或者直接被植物利用。果树下的鸡群就是一个例子。但在持久农业系统中,鸭、鹅、羊和猪都可以利用,以协助进行养分循环、草、杂草或害虫的控制,并利用其固有的产品(如肉、奶和蛋)。"猎人和中央海岸地区环境管理战略"(HCCREMS 2010)网站(为解决澳大利亚新南威尔士州各种环境问题而开发的基准体系)提供了有关堆肥制作的各种信息。

这种把植物、动物和结构(如蓄水池)联系在一起的有意设计对自耕农和种菜爱好者具有天然的吸引力,但其应用已经变得更加广泛,例如,种粮农民和牧场主增加了树篱和防护林的数量,果园主引入动物来帮助管理他们的果树作物(Mollison 1988, 60–61; Lillington 2007, 102–104)。

持久农业的科学基础来自自然系统生态学(面向农业的生态学方法)和热力学。美国生态学家霍华德·奥德姆(Howard Odum)和伊丽莎白·奥德姆(Elisabeth Odum)(他们引入了热力学定律并扩展了内含能的概念)的研究工作大大影响了澳大利亚持久农业的先驱者戴维·霍姆格伦(David Holmgren)。2001年,上述两位奥德姆出版了《繁荣之路:原则和政策》,该书提出了人类更好地认知能量的方式——我们从哪里获取它、如何应用、我们一旦用完会出现什么情况——和如何设计可持续性系统。尤其是,奥德姆和持久农业的从业者指出,我们需要认识到下面的事实并采取行动:人们目前几乎全部依赖矿物燃料能源,这种能源既污染环境又资源有限。

历史与发展

关于持久农业的早期观点综合了生态学、景观和农业。20世纪70年代,澳大利亚学者戴维·霍姆格伦和比尔·墨利森(Bill Mollison)在后来成为持久农业的项目上进行了合作。戴维·霍姆格伦的研究生毕业论文成为1978年出版的《持久农业之一》的基础。该书展示了生态学和农业如何通过有意设计来创建一种充满可持续食物生产系统的景观。

戴维·霍姆格伦当时在书中写道:

> 持久农业始于20世纪70年代中期我与比尔·墨利森之间的互动。在西方工业化社会的边缘——塔斯马尼亚,我们是两个(非常不同的)处于(不同)教育机构边缘的社会激进分子。由丛林人变成塔斯马尼亚大学心理系高级讲师的比尔·墨利森,吸引了大量学生去听他介绍他的那些激进和原创性(尚未称为持久农业的)思想,但却败坏了学术机构的声誉。
>
> 我是塔斯马尼亚高等教育学院环境设计系(这所学院的一个革命性高等教育“实验”)的一名学生,该系在巴里·麦克尼尔(Barry McNeil)(霍巴特市建筑师和教育理论家)富有感召力的领导下已运行了十年。这里没有固定的课程,但强调决策过程和解决问题的能力。自我评估、民主管理和很多其他高等学府的激进分子们只能梦想的要素在这里都变成了现实。(Holmgren 2006)

一种符合道德的方法

随着世界从矿物燃料经济转向基于可再生能源的经济,很多人正在寻求规则或指导原则。持久农业一直都是明显符合道德的方法。这些道德原则并不是专用于持久农业,而是类似于预防原则[就是这样一种思想:如果某种事情的后果(如纳米技术的应用)还不清楚,最好先不要付诸实施,而是先研究这个事情]。戴维·霍姆格伦和比尔·墨利森在研究早期的持久农业社会时,观察到了类似的道德基础。这些道德原则通常表述为关爱地球、以人为本和公平分配(公平分配突显了没人囤积、消费和人口增长都需要限制的思想)。

关爱地球意味着人类即使更多地使用太阳能源,也要珍惜地球上的其他资源。人们不仅需要能源,而且还需要森林、鱼类、肥沃的土壤、矿物和很多其他原材料。第二和第三条道德原则可以认为来自第一条原则。以人为本和分享剩余源于这样的认知:除非有一个持久的文明社会以及对植物和动物(包括人类)来说健康、富有活力的星球,否则丰富的太阳能将毫无用处。

罗伯特·哈特(Robert Hart)是20世纪另一位生态学的领导者,他的研究与现代持久农业的发展齐头并进。他也强调道德原则。他开发了很多符合道德和可持续性的项目并提出了景观可以设计为可食用的食物森林的思想。在他的书《超越森林公园》中,哈特(1996)写道:"就我们现有的知识来说,没有技术原因可以不让盖亚大地上每个女人、男人和小孩吃好、穿暖、有住房、有机会实现自我。"

原则

比尔·墨利森的著作《持久农业简介》基于他早期的研究工作,它整理出了持久农业的基本原理。戴维·霍姆格伦的后续著作《持久农业:原则和超越可持续性之路》列举了12条持久农业的原则并增加了可持续性设计的7个领域。这7个领域清楚地表明,持久农业并不仅仅是有机园艺技术。持久农业设计原则旨在协助进行创造性思维——开发综合性方案,把景观、建筑、人群、商业、技术、健康、教育和治理整合在一起。

持久农业的道德规范和原则在设计任何境况时都要考虑。而持久农业的技术和策略必须精心应用于每一个与场合有关的境况。

应用性持久农业

学习持久农业的人们一般会继续付诸行动,但行动有很多种。有人只是简单地多种些食物,其他人则设计和开发带有节能房舍和自行维持景观的私有土地。有人开发生态村或教授持久农业的课程。其他人则实施了都市农耕行动——当地志愿者把废弃或杂草丛生的花园变成食物生产系统的密集型劳动团体行动。还有人继续构建或支持城市农场和社区花园。

持久农业的教师和活跃分子鼓励其他人检查他们的食物和生活必需品来自何处并度量(审核)他们使用的资源。他们鼓励持久农业的学生设定减少矿物燃料使用的目标。这常常要求他们至少种植一些他们消费的食物并从当地和季节性来源获取他们大部分的食物,从而降低食物到达他们餐桌的距离。审核就是一种简单的自我检查。例如,记录家庭的水、电和气的用量并设定减少用量的目标；或者记录每天开车的里程并设定目标去减少里程。通过这些观察，个人和家庭成员就可以更好地了解并减少他们消耗的能量。能量是最容易用电表、气表或加油泵进行测量的，但离开家庭、办公室或工厂的“废物”也是一种形式的能源，也可以加以度量。废物是没有利用的资源——不管它是每周清晰可见的家庭垃圾收集，还是看不见的制造商品的副产品。持久农业设计就是要把废物（输出）变成可用于系统其他地方的资源（输入）。后院养鸡是持久农业的一个示范，因为它们把厨房残渣和花园废物变成鸡蛋、肉和羽毛时给人们提供了重要的服务。因为减少个人开车可以改善当地和全球的环境，所以，持久农业的设计者要努力创建适宜生活的城市和乡镇，随着基本需求可以在家庭附近得到满足，从而使更多的行程可由步行、自行车或公共交通来完成，并使总的行程能够减少。

花园农业

虽然持久农业并不是一个园艺系统，但花园常常是人们更能意识到持久农业整体设计需求的地方。能够维持我们人口需要的一个重要部分，是每个郊区的花园都可以生产食物或纤维，这样整个城市就变成了一种农场。世界各地的很多花园里都有果实植物，既可观赏，也可用于生产。戴维·霍姆格伦和其他人把它称为花园农业。重新把时间和资源从装饰性花园转向种植可食用植物，可以实现较高水平的当地生产。劳动力而不是机器提供主要的能量输入。每个花园都有地方种植一些一年生蔬菜，而且只要土壤肥沃，家庭大部分的新鲜食物都可以在一小块地生长出来。

走向恢复

从大约2002年开始，持久农业的从业人员开始把人们的注意力吸引到很多关键资源（如石油和天然气）的“峰值”上。美国地球学家金·哈伯特（M. King Hubbert, 1903—1989）创建并利用1956年石油峰值论模型，预测出美国石油产量将在1956年至1970年达到峰值（American Heritage Center 2009）。该模型及其派生产品描述了全球石油产量的峰值和下降，而且它们在预测其他关键资源（如磷）的峰值方面也证明非常有用（Heinburg 2007）。

21世纪的第一个十年将是向更广泛能源转移的过渡期。持久农业的原则已经在协助进行生活方式的设计，所用能量来自太阳的可再生能源，而不是矿物燃料。

例如，持久农业是大约2005年源于爱尔兰的转型城镇运动的起始点。那些参与转型城镇/持久农业运动的人们认识到，重要变化正在发生，拥抱这种变化会使人们为不确定的未来做好准备。

持久农业教育

自持久农业出现不久，课程和研讨会就开始传播持久农业的道德规范、原则和技术。很多在20世纪80年代学过课程的学生都变成了老师，而且数量呈指数增加。全球公认的教育标准是持久农业设计课程（PDC），它包括至少72小时由有经验教师讲授的课程。课程的有些部分涉及持久农业的一般知识，有些部分针对上课的具体地区。

持久农业设计课程在两个方面不同寻

常。第一，它具有生机——在没有机构或财政支持的情况下，数千这样的课程在数十个国家已持续30多年。第二，学历受到广泛尊重，有几十万(也许一百多万)毕业生。持久农业设计课程的经久不衰是持久农业的教师和活跃分子网络献身精神的最好证明，他们要确保那些"从事持久农业的人们"同时也是持久农业质量控制机制的人员。

虽然持久农业设计课程还没有被世界上大部分地区的很多传统教育机构承认，但很多机构的确开设有承认学分的持久农业的课程。澳大利亚(持久农业的毕业证书是澳大利亚学历资格框架体系的一部分)是支持这种教育的国家之一。

持久农业能否养活世界的人口

持久农业有时不被承认，认为它不实用，而且太费劳力。有批评家怀疑是否有足够的科学数据可以证明：每英亩多年生植物系统的产量多于单一作物(如小麦、玉米、大米或大豆)的产量。在2001年的一篇文章中，《园艺思想》杂志的编辑格雷格·威廉姆斯(Greg Williams)对多年生就是最好的说法提出挑战。他认为基于草甸的花园比基于林木的花园更多产。然而，和多年生成熟的林木花园方式相比，他没有考虑草甸年度不成熟系统所需的额外能量，或者翻耕土地时造成的土壤流失。

与其争论一个假象的英亩能生产多少产品，持久农业学家更愿意评估一个城镇需要多少食物，这些食物能否在城区或靠近城区生产。这就是持久农业设计者既关注城市又关注乡村的原因之一——城市里有很多没有充分利用的公共空间可用于食物生产。

持久农业的倡导者认为，为了可持续性的拥有食物，你必须知道通过利用拖拉机、卡车和包装有多少能量进入了食品。大多数基于粮食的食品都非常耗能。持久农业学家建议，人们不需要依赖这些一年生作物，他们只需要搞清楚他们想吃什么样的食物，然后看看他们自家的花园里能否种出来。林木花园并不能种出所有的食物；那些种植很多自用食物的大多数持久农业从业人员都是既种一年生蔬菜，也种树木作物。除此以外，从当地的持久农业系统中购买产品而不是购买长途运输而来的食品。要想在持久农业方面取得成功，人们很可能需要显著改变他们的饮食习惯。

此外，有些研究人员担心持久农业有助于杂草的蔓延。然而，持久农业学家强调尽可能地利用土著植物，并担心转基因作物比任何杂草都危险。其他从业人员则认为，现代农业对地球的破坏已经达到非常严重的程度，以致为可持续性将来保留一些非土著植物比保存当前的生态系统更加重要。

构建更具可持续性社会

很多当代思想家和作者(包括持久农业学家)都认为,目前的消费水平必须有一些下降。自1700年(特别是1950年)以来,人口和地球自然资源——像石油、煤和天然气等矿物燃料和鱼类、森林和表层土等自然资源——的消费急剧增长。这种经济和人口的增长是任何群组可以获取大量食物和能量的植物、动物或细菌的典型响应(WRI 2009)。

然而,增长会达到一个极限。在一个具有有限物理资源的星球上,人们必须更明智地利用可再生能源,其中大部分来自太阳。世界在不断地增长和变化。自1900年以来的岁月就像在爬一座大山,在每一个台阶上,我们都需要大量的能量和完成新的任务。到达山顶之后,爬山者必须找到下山的道路,这常常会变得更加困难。

太阳持续提供重要和丰富的替代能源,但与石油、天然气和煤的集中供应完全不同。持久农业从业者已经向人们展示如何在由太阳驱动的可再生系统(太阳能经济)中生存而不是在石油(矿物燃料经济)中生存。

伊恩·利林顿(Ian R. LILLINGTON)
澳大利亚斯威本大学

参见:农业集约化;农业生态学;承载能力;家居生态学;水文学;景观设计;恢复力;土壤保持;城市农业;城市植被;水资源综合管理(IWRM);城市林业。

拓展阅读

American Heritage Center. (2009). M. King Hubbert papers. Retrieved November 30, 2011, from http://digitalcollections.uwyo.edu: 8180/luna/servlet/uwydbuwy～62～62

Dawborn, Kerry, & Smith, Caroline. (Eds.). (2011). *Permaculture pioneers: Stories from the new frontier.* Hepburn, Australia: Melliodora Publishing.

Giono, Jean. (1953). *The man who planted trees*. New York: Reader's Digest.

Hart, Robert. (1996). *Beyond the forest garden*. London: Gaia Books.

Heinburg, Richard. (2007). *Peak everything: Waking up to the century of declines*. Sebastopol, CA: Post Carbon Institute.

Heinberg, Richard, & Bomford, Michael. (2009). *The food and farming transition: Toward a post-carbon food system*. Sebastopol, CA: Post Carbon Institute.

Heinburg, Richard. (2011). *The end of growth*. Sebastopol, CA: Post Carbon Institute.

Holmgren, David. (1996) *Melliodora (Hepburn permaculture gardens): A case study in cool climate permaculture 1985—2005*. Hepburn, Australia: Holmgren Design Services.

Holmgren, David. (2002). *Permaculture: Principles and pathways beyond sustainability*. Hepburn, Australia:

Holmgren Design Services.

Holmgren, David. (2006). *Collected writings & presentations 1978—2006*. Hepburn, Australia: Holmgren Design Services.

Holmgren, David. (2009). *Future scenarios*. Hepburn, Australia: Holmgren Design Services.

Hopkins, Rob. (2011). *The transition companion: Making your community more resilient in uncertain times*. White River Junction, VT: Chelsea Green Publishing.

Hunter & Central Coast Regional Environmental Management Strategy (HCCREMS). (2010). Fact sheets for environmental education. Retrieved November 30, 2011, from http://hccrems.interesting.com.au/HCCREMS-Resources/Resource-library/Education/HCCREMS-Fact-Sheet-Source-list-for-educators.aspx

Lillington, Ian. (2007). *The holistic life: Sustainability through permaculture*. Adelaide, Australia: Axiom Press.

Mollison, Bill. (1979). *Permaculture two*. Ealing, UK: Corgi Press. Mollison, Bill. (1988). *Permaculture: A designer's manual*. Tyalgum, Australia: Tagari Publications.

Mollison, Bill, & Holmgren, David. (1978). *Permaculture one*. Ealing, UK: Corgi Press.

Odum, Howard, & Odum, Elisabeth C. (2001). *A prosperous way down: Principles and policies*. Boulder: University Press of Colorado.

Permaculture Australia. (n.d.). Accredited Permaculture Training (APT) course accreditation documents. Retrieved November 17, 2011, from http://permacultureaustralia.org.au/2011/11/17/apt-course-accreditation-documents/

Seuss Geisel, Theodor. (1971). *The Lorax*. New York: Random House.

Williams, Greg. (2001) Gaia's garden: A guide to home-scale permaculture. Retrieved November 30, 2011, from http://findarticles.com/p/articles/mi_m0GER/is_2001_Winter/ai_81790195/?tag =content; col1

World Resources Institute (WRI). (2009). Population and consumption. Retrieved November 30, 2011, from http://earthtrends.wri.org/updates/node/360

植物—动物相互作用

广义地说，发生在动物和植物界生物之间的任何关系都称为植物—动物相互作用。植物—动物相互作用实际上是每一种环境——包括所有海洋、淡水和陆地生物群系——的共同特征。很多这样的相互作用表现出进化的原则和物种相互作用影响生物圈功能发挥的各种方式。

生物学家和博物学家很早就对植物—动物相互作用（PAI）——动物和植物界生物之间的关系——感到惊奇。这种看上去简单的表述却掩盖了生态关系和基本过程的巨大数量和多样性，从模糊不清到无处不在的情况都有。因此，对这些常常引人入胜的关系进行研究已有很长的历史。杰出的生物学家达尔文在其《物种起源》中对植物—动物相互作用有广泛的描述，尽管在该书之前，植物—动物相互作用就是很多描述生态学的重点。今天，植物—动物相互作用仍是很多生态学中心理论的核心，包括协同进化和消费者-资源理论。

植物—动物相互作用的一般分类

植物—动物相互作用的范围从普通的到高度特化的，并涉及复杂的演化适应。普通植物—动物相互作用的一个例子是植物为动物提供庇护，如一棵树为一只筑巢的鸟提供关键的栖息地。有些动物选择植物时比较灵活；而有些昆虫则高度特化，只在一种植物上生存和产卵。为了给过多的植物—动物相互作用分类和进行描述，生物学家进一步把植物—动物相互作用分为共栖的（一个合作伙伴受益，另一个不受影响）、拮抗的（其相互作用对至少一个合作伙伴是有害的）和互利共生的（植物和动物合作伙伴都受益）。相互作用的分类基于这种相互关系使单个合作伙伴后代变多、变少或持平这样的考虑（根据对环境的适合度变高还是变低来评判）。虽然最终价值是相互作用的植物和动物的繁殖成功（对环境的适合度），但这很难度量。因此，其他度量手段（如光合碳获得、生长速率、寿命和存活率）常常用作适合度的替代估算。

1. 共栖相互作用

共栖的植物—动物相互作用虽然理论上比较直接,但有些难以展示。这是因为一种相互作用是否对涉及的一个物种完全没有影响总是存在疑问。再举前面提到的鸟和树的例子,这种相互作用显然对鸟有利,但对树可能有影响也可能没有影响。如果鸟巢的存在对树的生长和繁殖没有影响,那么,这种关系就的确是共栖关系。鸟可能会吃树上的食草昆虫,因而对树有好的影响。反过来,鸟巢有可能遮挡阳光或者压得树枝远离阳光,因而对树产生不利影响。要想确切展示这种类型的共栖相互作用,就需要通过实验把有些树上的鸟巢去除而保留其他树上的鸟巢,从而比较两组的适合度。

2. 拮抗相互作用

最常见的植物—动物相互作用是拮抗性的,涉及动物(称为食草动物)直接食用植物。这种普通植物—动物相互作用作为所有生态系统中把阳光能量转化为动物生物量的基本过程。食草动物可以是高度特化的或者不加选择的泛化物种,体型大小也差别很大——从吃叶、吸汁的昆虫到大型食草动物,如大象或挑剔的中国大熊猫(它几乎只吃竹子)。食草动物已经进化出食用植物的各种进食方式。例如,半翅目昆虫(如蚜虫、叶蝉和介壳虫)带有穿吸构件,专门从植物维管系统直接吸食汁液(木质部的水和韧皮部的糖)。其他昆虫,如那些属于直翅目的昆虫(如蝗虫和蟋蟀)和鳞翅目(如蛾和蝴蝶)的幼虫,带有咀嚼器官,使它们能够撕咬叶子材料。脊椎型食草动物也有各种类型和大小,包括食用藻类的淡水和咸水鱼类,食用树叶一部分的小型啮齿动物,食用木本植物的大型哺乳型食草动物(称为精食者)或者食用地面草本植物的大型哺乳型食草动物(称为吞食者)。大型哺乳型食草动物长有高冠牙齿和特化的消化系统,以便于植物的内部分解。世界各地的一些生态系统(如非洲坦桑尼亚塞伦盖蒂国家公园和美国怀俄明州黄石国家公园)因拥有很多各种这样的大型哺乳型食草动物而出名。这些生态系统被称为食草生态系统或食植生态系统,因为大部分能量都从初级生产者转化给初级消费者、吞食者和精食者。

植物已进化出从耐受到抵制的各种防止被啃食的防御技能。具有啃食耐受性植物生长速率较高,能把存储的碳水化合物迅速重新转移到落叶的枝干上。此外,啃食耐受性植物常常具有保护丰富碳水化合物存储器官的架构,它位于地下或者食草动物啃不到的地方。抵制啃食的植物采用结构或化学的防御手段,来吓阻甚至伤害食草动物。植物最基本的结构防御是生产由纤维素和木质素构成的细胞壁和纤维组织(木材的主要成分),食草动物对这些东西很难咀嚼和消化。更特化的结构包括(特别是)那些保护植物光合组织的刺、倒刺、钩和毛。植物的化学防御,也称为次生化合物(即代谢物),是初级生长和繁殖不需要的代谢产物。植物次生化合物的化学特性非常复杂,但研究得非常深入,因为这和人类有着深厚的历史联系。例如,植物的次生化合物被用于人类使用的各种化学品,包括草本兴奋剂(咖啡、尼古丁)、麻醉剂(可卡因)、香料(肉豆蔻、薄荷)以及从治疗头痛(取自柳树皮的阿司匹林)到癌症(取自太平洋紫杉树的紫杉醇)的各种药物。

很多小的啮齿动物和鸟类(称为食种子动物)食用种子而不是植物组织。另一组特化的食草动物(称为食果动物)专门食用植物的果实;这组动物种类繁多,包括各种昆虫、鸟类和哺乳动物。虽然不像地上同类那样被深入研究,但地下也有食用植物根茎的各种群落的食草动物,包括线虫、昆虫和啮齿动物。

并不是所有的拮抗关系都涉及动物食用植物。不同于一般模式的一个更加有趣的现象是食肉植物。目前,人们介绍了600多个食肉植物物种,包括著名的捕蝇草和瓶子草,它们捕获猎物并慢慢从分解节肢动物中吸取养分。第一篇介绍食肉植物的著名学术文章就是由达尔文于1875年发表的。

3. 互利共生相互作用

植物和动物也参与各种对合作伙伴都有益的相互作用。一个普遍的例子是授粉,其中动物食用花朵的花蜜和花粉,从而把花粉传播给其他植物——开花植物成功进行有性繁殖的基础。授粉者绝大多数是昆虫,但这组动物还包括鸟类、蝙蝠、啮齿动物、猴甚至蜥蜴。

植物和动物之间第二类常见的互利共生相互作用是种子散布。动物通过食用包裹种子的果实受益,而植物则通过其种子被动物散布到很远的距离从而增加后代的生存概率而受益。特别是大个种子植物,没有动物的携带,其种子的远距离散布是不可能的。从这一方面来说,人类对果树和蔬菜的家化可能是地球上最广泛的植物—动物相互作用之一。另一类互利共生涉及动物保护植物不受其他食草动物的侵害。

蚂蚁和金合欢树。涉及蚂蚁和金合欢树的植物—动物相互作用是互利共生相互作用最著名的例子之一。在世界各地的疏林和稀树草原,属于金合欢属的树木,其树枝上带有凸起的空腔结构,它们为带刺针的蚂蚁提供了居所。此外,这些树还在叶子的基部带有能够分泌富含碳水化合物蜜汁(供蚂蚁食用)的腺体。因此,蚂蚁通过有居所和富含能量的食物源而受益。这种关系是互利共生的,因为树木也从中获益:蚂蚁群会攻击食用叶子的哺乳动物和昆虫。这种关系非常有效,甚至能够保护树木不受非洲大象——地球上最大的陆地食草动物的侵害。有趣的是,蚂蚁不会攻击为金合欢花授粉的蜜蜂,因为这种植物在授粉期间释放的一种化学品能够阻止蚂蚁的靠近。

丝兰和丝兰蛾。互利共生的另一个经典例子是丝兰植物和丝兰蛾的密切关系。这种相互作用是高度特化的关系:丝兰的每个物种只有几个(有时只有一个)蛾物种与其发生相互作用。此外,丝兰蛾的繁殖完全依赖丝兰植物,而丝兰植物需要不同个体之间的授粉并完全依赖丝兰蛾进行授粉。蛾把花粉包裹在丝兰植物的柱头中,确保受精。虽然成年蛾不进食,但雌性丝兰蛾会把卵排到花中,随后出来的幼虫会食用正在发育的种子。这种关系之所以经典是因为它提供了合作伙伴之间一种极其特化的例子和互利共生与拮抗之间在强烈协同进化中的平衡关系。

蜜蜂和对叶兰。互利共生的植物—动物相互作用的最后一个例子是发生在蜜蜂和对叶兰之间的"欺骗性"植物授粉。对叶兰进化出了一种机制,可以通过在视觉和化学气味上模拟雌性蜜蜂来欺骗蜜蜂给花授粉。对叶兰生长出看上去很像雌性蜜蜂的植物结构,并释放出模拟雌性生殖信息素的挥发性化合物。蜜蜂被吸引并受骗与花"交配"。实际上,雄性蜜蜂在个体植物之间传播花粉,但什么回报也没有得到。

协同进化和植物—动物相互作用的古老

物种最丰富的两个宏观陆地生物群组是植物和昆虫。一种理论认为,这些群组的全球多样性是其拥有长久协同进化历史的结果,它的进化历史自4.5亿年前就开始了。古代草食性的证据(以包含植物花粉的昆虫粪便化石的形式)在大约4.2亿年前的志留纪和泥盆纪过渡期内就经常出现了。现代被子植物(就是在今天地球生物中占主导地位的植物群组)和食用这些植物的现代昆虫区系的散布在大约1.15亿年前的白垩纪就开始了。尽管草食性的化石证据比授粉或种子散布的证据更加丰富,但植物和昆虫物种的极大多样性被认为是由拮抗和互利共生协同进化强化的。的确,今天观察到的花、果实、种子和动物授粉者与散布者的形态多样性为丰富、长久的协同进化史提供了令人信服的证据。

可持续性与生态系统管理

世界各地生态系统的可持续性依赖于那些促进生态系统功能(能量流和养分循环)的植物—动物相互作用复杂网络。由人口迅速增长和不断增加的资源消费带来的生存环境破坏和生物多样性消减,有可能会拆散这些核心的植物—动物相互作用,给自然生态系统带来损害,让人类社会付出代价。人类引人注目的农业繁荣极大地依赖于持续发挥功能的植物—动物相互作用。其中最主要的是我们对昆虫授粉作物和家畜(如牛、羊、驴和山羊)饲料生产的依赖,这种家畜提供肉品、自然纤维和劳动力。植物—动物相互作用也是自然过程的核心,这些自然过程会威胁人类的福祉和经济稳定性,如害虫对作物造成灾难性破坏的历史非常长久。因此,了解和保存植物和动物之间协同进化的关系是对人类依赖的自然和农业生态系统进行负责任监管的关键要素。

迈克尔·安德森(T. Michael ANDERSON)
维克森林大学

参见：农业集约化；农业生态学；生物多样性；边界群落交错带；群落生态学；复杂性理论；食物网；全球气候变化；人类生态学；微生物生态系统过程；互利共生；种群动态；残遗种保护区。

拓展阅读

Anderson, T. Michael. (2010). Community ecology: Top-down turned upside-down. *Current Biology*, *20* (19), R854–R855.

Darwin, Charles. (1859). *On the origin of species by means of natural selection, or the preservation of favoured races in the struggle for life*. London: John Murray.

Darwin, Charles. (1875). *Insectivorous plants*. London: John Murray. Goheen, Jacob R., & Palmer, Todd M. (2010). Defensive plant-ants stabilize megaherbivore-driven landscape change in an African savanna. *Current Biology*, *20* (19), 1768–1772.

Herrera, Carlos M., & Pellmyr, Olle. (Eds.). (2002). *Plant-animal interactions: An evolutionary approach*. Oxford, UK: Wiley-Blackwell.

McNaughton, S. J. (1976). Serengeti migratory wildebeest: Facilitation of energy flow by grazing. *Science*, *191* (4222), 92–94.

Owen-Smith, R. Norman. (1992). *Megaherbivores: The influence of very large body size on ecology*. Cambridge, UK: Cambridge University Press.

Pellmyr, Olle; Leebens-Mack, James; & Huth, Chad J. (1996). Nonmutualistic yucca moths and their evolutionary consequences. *Nature*, *380*, 155–156.

Pellmyr, Olle; Thompson, John N.; Brown, Jonathan M.; & Harrison, Richard G. (1996). Evolution of pollination and mutualism in the yucca moth lineage. *American Naturalist*, *148*, 827–847.

van Dam, Nicole M. (2009). Belowground herbivory and plant defenses. *Annual Review of Ecology, Evolution and Systematics*, *40* (1), 373–391.

Willmer, Pat G., & Stone, Graham N. (1997). How aggressive antguards assist seed-set in Acacia flowers. *Nature*, *388*, 165–167.

非点源污染

河流、湖泊、水库、河口和海岸带的污染越来越多地是由非点源污染(即来自弥散源的污染)造成的。非点源污染一般是在大面积土地上产生的,被分类为来自非点源污染的污染物一般包括养分、病原体、杀虫剂、化学品和沉积物。减少非点源污染的监管措施很少,因此,公众参与和教育是改善自然水体水质的关键。

在世界范围内,由非点源污染(NPS)造成的越来越多的水体污染是一个主要的问题。由于受到化学物质和病原生物体的影响,水体污染物含量升高会给人类健康带来威胁。据世界卫生组织(the World Health Organization, WHO)估算,每年大约320万人的死亡与水体污染有关,约占全球总死亡人数的6%(WHO 2011b)。联合国制订的环境可持续性千年发展目标是,到2015年使无法使用安全饮用水的人数下降50%。要实现这一目标,世界银行(2011)估计每年约需要高达230亿美元,来开发为公众提供安全饮用水的基础设施。除了货币投资,公众的参与和对产生非点源污染的来源和做法的认知是改善水质的关键。

按照美国环境保护署(US EPA 2011a)的说法,非点源(即弥散源)污染是美国水质不良的主要原因(不良水质的水就是那些污染严重、不满足州水质标准的水)。非点源污染受到水文和土地管理做法两者组合的极大影响。由雨水、雪融水或灌溉产生的受污染径流导致了很多水体的污染,包括河流、湖泊、水库、河口和沿海水体。截至2011年,美国环境保护署已经评估了美国1 550 689公里的河流,发现有53%存在水质不良问题。在评估过的五大湖区、沿海水体、湖泊和水库和河口中,超过98%的大湖区、81%的沿海水体、69%的湖泊和水库以及66%的河口都有水质不良的问题(见图P1)。非点源污染在很多方面与点源污染有别:它随时间变化、产生于面积广泛的土地上、由事件驱动、难以监视和管控、最好通过预防而不是处理策略加以减少。这些因素使得缓解和控制非点源污染具有很大的

图P1 美国水体的污染程度

数据来源：美国环境保护署(2011b).照片来源：美国环境保护署(河口、沿海)；帕拉蒙·潘迪(Pramod Pandey)(河流、湖泊和水库、五大湖区开敞水面、五大湖区沿岸).

图中所示为截至2011年美国环境保护署评估发现的水质不良水体的百分比。

挑战性。

非点源污染的来源

几乎每种形式的土地利用都有可能产生非点源污染。然而，最近的评估表明，农业用地是造成江河、溪水、湖泊、池塘和水库水质不良的主要原因(US EPA 2011c)，而河口污染则主要是由城市点源污染、城市区域和工业造成的(US EPA 2011d)。常见的非点源污染来源包括对农业和城市用地过量施撒化肥和杀虫剂，来自城市区域的有毒化学物质、重金属和碳氢化合物，来自植被贫瘠土地(如农业用地和建筑工地)或其他易受影响土地的沉积物流失以及河岸侵蚀。当应用于集约化农业生产时，含水湿土的浅地表排水有可能输送高含量的硝酸盐(美国政府把含水湿土定义为生长季节长期在饱和、漫灌或积水条件下形成的土壤，它在上层土壤形成厌氧条件)。此外，来自家畜、施撒动物粪便、污水处理系统泄漏以及宠物和野生动物粪便的病原体促进了水体的水质不良,在有些情况下会给人类和动物健康带来直接的危害。

农业活动(如家畜养殖、放牧、来自农田的漫流或漫灌以及暗管排水)都会降低水质(见图P2)(暗管排水是去除次表土中过量水的常见做法)。源于农业非点源污染的污染物有沉积物、养分、病原体、杀虫剂、金属和盐。这些污染物一般来自地面,由径流带入水体。例如,来自农业用地的侵蚀输送了大量的沉积物,这些颗粒流入附近的河流、湖泊或湿地会通过破坏生存环境来消除水生生物或者直接影响水生生物(如阻塞鱼鳃)。带有过量养分的径流也会造成水质下降。例如,为了确保最大作物产量,土地管理者可能会施撒大量的养分(包括氮、磷、钾和粪肥)。没有被植物利用的过量养分或者下雨之前施撒的养分很有可能被径流从农业用地带入水体,水体中养分含量过高会使藻类疯长,从而产生水生生物难以生存的环境。其他非点源污染(如杀虫剂)也可以使水生生物中毒。

家畜饲养是另一个非点源污染的来源。在美国,动物饲养企业每年生产数亿吨动物粪肥。在向国家水资源的污染物排放中,美国的动物饲养业占土壤和沉积物侵蚀的55%、抗生

图P2 农业流域的非点源污染

摄影:帕拉蒙·潘迪(Pramod Pandey)、查尔斯·贝拉斯克斯(Charles Velasquez)、雷·西姆斯(Ray Sims)、戴维·韦斯特霍夫(David Westhoff)、安德鲁·帕克森(Andrew Paxson)、肯德尔·阿吉(Kendal Agee).

农业活动是非点源污染的主要来源。来自农业用地的坡面汇流、来自农田的瓦管排水、开放饲养场地、野生动物和圈养作业都会造成水体的非点源污染。

素使用的80%、氮和磷总负荷的30%以上(Pew Commission on Industrial Animal Production 2011)。例如,来自动物饲养业(AFO)的污水给周围水体带来大量的污染物,如病原体、氮、磷、沉积物、激素和抗生素(US EPA 2011e)。此外,牲畜过量啃牧也会导致更多的侵蚀、入侵植物以及河边植被(即水道沿岸的植被)的退化或消失。牲畜种群数量的增加会产生更多富含氮和磷的动物粪便,这些粪便一般作为肥料施撒给作物和牧场。当这样的粪便根据作物的硝态氮需求施撒到土地上时,常常会出现土壤中磷的积累,从而增加含氮和含磷水向地表水体输送的风险。

除了农业以外,城市径流也能产生非点源污染。全球50%以上的人口生活在城市地区,而且从乡村到城市的迁移还在继续。城市基础设施的不足是环境健康问题的中心议题。根据美国环境保护署的统计(截至2011年),由于雨水排放和其他径流,美国几乎有56 000公里的河流和很大部分的沿海水体受到伤害。不渗透地面的增加和雨水排放已导致相邻水体中相关污染物负荷(如固体废物和化学物质)的增加。当前的趋势表明,未来的人口将越来越集中在城市地区。因此,城市环境将对水质和公众健康产生重要的影响。

另一个非点源污染是废弃的采矿作业。来自这些土地的径流极有可能会损害水体。大西洋沿岸中部地区的采矿作业已导致周围水体的酸化。来自废弃矿井的径流可以把固体废物、油污、矿物和金属(如锌和砷)带入水体。含硫颗粒可以形成硫酸和氢氧化铁,它们可以溶解重金属(如铜、铅和汞)。这会改变水体的化学性质,使水体成为水生生物的有毒环境,而且不适于公众和工业使用。根据美国环境保护署的统计(截至2011年),来自废弃煤矿的径流已使美国东部大约8 240公里的河流受到污染;仅大西洋沿岸中部地区的煤矿就造成7 656公里河流pH值的下降。

来自林业(森林的开发和管理)的非点源污染也会造成显著的水质问题。林区内重型设备的行走会毁坏植被,从而使水土流失增加。由于去除河边的植物、筑路和林木采伐,像伐木这样的活动可以产生大量的非点源污染,特别是沉积物。例如,在苏必利尔湖流域,约75%的流域是森林,50%的流域是高度侵蚀性红黏土。根据美国环境保护署的统计(截至2011年),在评估的河流中,大约9%的水质问题是由林业活动产生的。筑路和道路使用产生高达90%的来自林业活动的沉积物。除了高地侵蚀以外,林业活动还改变或清除河边植被,这也会通过限制食物和栖息地的获得而伤害水生物种和野生动物。

非点源污染的影响

根据美国环境保护署的统计,硝态氮是饮用水中最普遍的农业污染物,大约150万人受到饮水井中硝态氮含量升高的影响(US EPA 2011f)。在水体中,由养分含量升高引起的藻类生长会导致含氧量降低。这一过程(称为富营养化)会导致鱼类死亡和水生生物多样性的降低。来自农业用地的氮和磷会产生水体富营养化和相关的藻类疯长。

非点源污染与全球400多个低氧区有关。位于墨西哥湾的美国最大的低氧区约有17 000平方公里。低氧是由于水中含氧量低(每立升小于2微克)造成的,在这种状态下水生生物无法生存。最近低氧区的增加与人类活动有关,如在农业用地上大面积使用肥料、含养分土壤的侵蚀和来自污水处理厂的排放。例如,墨西哥湾低氧区主要是由过量养分负荷流入密西西比河造成的。研究表明,在20世纪的后半期,密西西比河下游氮和磷的浓度显著增加,这是由于农田大量使用氮肥和磷肥造成的。墨西哥湾低氧区的形成尤其令人关注,因为其每年的渔业创收有数十亿美元。

来自非点源污染的另一个潜在健康风险是受到水传播病原体的影响。据世界卫生组织估计,全球疾病负担的88%是由受污染的水体造成的,尤其是由受到病原体污染的水体造成的。在发展中国家,每天大约有6 250万人患上腹泻病,大约10%的人口带有肠道蠕虫。病原体引起的水体污染给世界各地的人们带来健康风险。例如,超过两亿人感染血吸虫病,超过三亿人感染与水体污染有关的疟疾(WHO 2011c)。在非洲的发展中国家,水传播病原体使数百万人感染。如果一个人饮用了被麦地那龙线虫的幼虫侵染的水,他就会患上麦地那龙线虫病(一种由麦地那龙线虫引起的寄生虫感染)。

即使在发达国家(如美国),病原体也是水体的主要污染源。由于暴露在水传播病原体的影响之下,美国每年约有90万个病例和900个死亡案例(Arnone & Walling 2007)。人类疾病,如肠胃疾病(包括呕吐、腹泻和发烧),与休闲水体中病原菌的高含量有关。在美国,大多数的海滩关闭都是由病原体含量过高造成的,其来源常常是未经处理的污水。水传播病原体污染不仅对人类健康是一种威胁,而且对野生动物、家畜和水生生物也是威胁。例如,发生在美国科罗拉多州和亚利桑那州以及澳大利亚昆士兰州的大面积青蛙死亡就是由壶菌(一种生活在淡水中的病原体)造成的。在美国的马萨诸塞州,贝类和休闲水体中的细菌污染每年给当地经济造成数百万美元的损失。

未来的挑战

除了自然水体(即河流、湖泊、河口、沿海水体)以外,设计新的水资源结构也对水质带来严重的影响。大型水库有可能会增加病原体污染(特别是血吸虫病)。据寄生虫学家艾伦·芬威克(Alan Fenwick 2006)的一项研究报告,水资源开发(特别是在非洲)增加了水传播疾病的传播。例如,杰济拉灌区和森纳尔大坝(非洲最大河流之一——蓝色尼罗河上的第一个主要水坝)与血吸虫病的增加有关。在感染血吸虫病的7.79亿人中,大约1.03亿人生活在大型水库和灌区附近(Daszak, Cunningham & Hyatt 2000)。人们注意到,这样的工程增加了适于生存的水生蜗牛物种，它们是血吸虫幼虫的中间寄主。

在美国，由氮和磷的高含量造成的水体污染是一个日益严重的问题。根据美国环境保护署的统计，大约50%的水体受到氮和磷污染的不良影响（US EPA 2011h）。饮用水中硝态氮含量长期过高会增加女性患甲状腺癌的风险。饮用水中的硝态氮也会使幼儿处于蓝婴综合征（高铁血红蛋白症）的风险之中，这种病使血液的携氧能力降低，从而产生蓝色皮肤。常规的饮用水处理工艺无法消除硝态氮。这种情况需要用更加昂贵的处理方法，如反渗透和生物脱氮（Elyanow & Persechino 2005）。根据美国环境保护署的统计，每年对污染源实施最大日负荷污染控制所需的成本预计介于10亿和34亿美元之间（US EPA 2001）。

改变环境条件有可能改变现有疾病的毒力，增加出现新疾病的可能性。很多病原体目前在水体中处于休眠期，但水温的升高可能会改变这种情况。因此，未来的研究工作需要增加我们对气候和降雨的变化如何影响非点源污染的认知。地球上只有2.5%的现存水是淡水，大约15%的世界人口生活在缺水区域。获得淡水对维持生命来说是非常关键的。改善水质对保护人类和动物健康以及生活质量来说是一个主要但又非常必要的挑战。总之，减少非点源污染对保护公众健康、为人类和动物提供清洁水是非常需要的。控制非点源污染将需要各种学科（如水文学、土壤学、农学、生态学、环境科学和工程科学）的跨学科合作，以便开发生态友好、可持续性的土地和水体管理做法。除了科学家以外，我们还需要公众的参与和教育，这是改善我们周围水体的水质的关键。

帕拉蒙·库马尔·潘迪（Pramod Kumar PANDEY）
米歇尔·林恩·苏皮尔（Michelle Lynn SOUPIR）
爱荷华州立大学

参见：农业集约化；农业生态学；生态系统服务；水体富营养化；地下水管理；灌溉；大型海洋生态系统（LME）管理与评估；海洋保护区（MPA）；点源污染；雨水吸收植物园；道路生态学；土壤保持；雨水管理；水资源综合管理（IWRM）。

拓展阅读

Arnone, Russell D., & Walling, Joyce Perdek. (2007). Waterborne pathogens in urban watershed. *Journal of Water and Health*, *5* (1), 149–162.

Daszak, Peter; Cunningham, Andrew A.; & Hyatt, Alex D. (2000). Emerging infectious diseases of wildlife: Threats to biodiversity and human health. *Science*, *287* (5452), 443–449.

Elyanow, David, & Persechino, Janet. (2005). Advances in nitrate removal. Retrieved December 4, 2011, from http://www.gewater.com/pdf /Technical%20Papers_Cust /Americas/English /TP1033EN.pdf

Fenwick, Alan. (2006). Waterborne infectious diseases: Could they be consigned to history? *Science*, *313*

(5790), 1077–1081.

Harvell, C. Drew, et al. (2002). Climate warming and disease risks for terrestrial and marine biota. *Science, 296* (5576), 2158–2162.

Novotny, Vladimir. (2003). *Water quality*. Hoboken, NJ: John Wiley & Sons.

Pew Commission on Industrial Farm Animal Production. (2011). Environmental impact of industrial farm animal production. Retrieved December 4, 2011, from http://www.ncifap.org/bin/s/y/212-4_EnvImpact_tc_Final.pdf

US Environmental Protection Agency (US EPA). (2000). National water quality inventory. Retrieved on October 7, 2011, from http://water.epa.gov/lawsregs/guidance/cwa/305b/2000report_index.cfm

US Environmental Protection Agency (US EPA). (2001). Water: Total maximum daily loads. Retrieved December 4, 2011, from http://water.epa.gov/lawsregs/lawsguidance/cwa/tmdl/costfact.cfm

US Environmental Protection Agency (US EPA). (2011a). Polluted runoff (nonpoint source pollution). Retrieved December 5, 2011, from http://www.epa.gov/owow_keep/NPS/index.html

US Environmental Protection Agency (US EPA). (2011b). Impaired waters and total maximum daily loads. Retrieved December 4, 2011, from http://water.epa.gov/lawsregs/lawsguidance/cwa/tmdl/index.cfm

US Environmental Agency (US EPA). (2011c).Agriculture. Retrieved December 4, 2011, from http://water.epa.gov/polwaste/nps/agriculture.cfm

US Environmental Protection Agency (US EPA). (2011d). National monitoring program: An overview. Retrieved December 4, 2011, from http://www.epa.gov/owow/NPS/Section319/319over.html

US Environmental Protection Agency (US EPA). (2011e). National pollutant discharge elimination system (NPDES). Retrieved December 4, 2011, from http://cfpub.epa.gov/npdes/home.cfm?program_id=7

US Environmental Protection Agency (US EPA). (2011f). Potential environmental impacts of animal feeding operations. Retrieved December 4, 2011, from http://www.epa.gov/agriculture/ag101/impacts.html

US Environmental Protection Agency (US EPA). (2011g). Hypoxia. Retrieved December 4, 2011, from http://water.epa.gov/type/watersheds/named/msbasin/hypoxia101.cfm

US Environmental Protection Agency (US EPA). (2011h). Effects of nitrogen and phosphorous pollution. Retrieved December 4, 2011, from http://water.epa.gov/scitech/swguidance/standards/criteria/nutrients/effects.cfm

Ward, Mary H., et al. (2010). Nitrate in take and the risk of thyroid cancer and thyroid disease. *Epidemiology, 21*, 389–395.

World Health Organization (WHO). (2011a). Urbanization and health. Retrieved on October 7, 2011, from http://www.who.int/globalchange/ecosystems/urbanization/en/index.html

World Health Organization (WHO). (2011b). Climate change and human health. Retrieved December 4, 2011, from http://www.who.int/globalchange/ecosystems/water/en/index.html

World Health Organization (WHO). (2011c). WHO World Water Day report. Retrieved December 4, 2011, from http://www.who.int/water_sanitation_health/takingcharge.html

The World Bank. (2011). Water, sanitation & hygiene. Retrieved December 4, 2011, from http://web.worldbank.org/WBSITE/EXTERNAL/TOPICS/EXTHEALTHNUTRITIONANDPOPULATION/EXTPHAAG/0,,contentMDK: 20800297 ~ menuPK: 64229809 ~ pagePK: 64229817 ~ piPK: 64229743 ~ theSitePK: 672263,00.html

点源污染

点源污染是一个确定的污染源，污染物由此进入空气、水体和土壤中。这些污染源可以是自然的（如火山爆发），它们把有害的火山灰和气体排放到空气中。人为点源污染有各种各样的形式，如化学物质、温室气体、噪声、光、振动、核材料、病毒、气味或香烟烟雾，也可以是静止、运动、临时或持续的。

工业革命显著改善了世界各地人们的生活。然而，付出的代价是空气、水体和土壤污染的增加。“污染”这个词给人展示的景象是化工厂向河流排放污水，或者工业企业的大烟囱向空中喷吐浓烟。但污染也可以是自然的。来自已知来源（自然或非自然）的污染称为点源污染（PSP）。

自1850年到1900年，工业企业向大气中排放了大量含有金属（镍、镉、铜、锌和铅）的排放物。从1900年到1980年，排放速度急剧增加（见表P1）。

表P1　1850—1980年含有金属的大气排放物

金　属	1850—1900年产生的量（公吨）	1900—1980年产生的量（公吨）
镍	218	11 000（51倍）
镉	345	2 760（8倍）
铜	1 633	9 800（6倍）
锌	15 422	123 000（8倍）
铅	20 000	180 000（9倍）

来源：尼里亚古（Nriagu 1979, 1994），引自亚雷米（Yarime 2003）.

人类活动自古代开始就产生了点源污染（Borsos et al. 2003）。自然物体（如火山）也可以是点源污染源。不同的物质、来源和有害介质构成点源污染。几个关键的概念和定义对理解点源污染很有帮助。

污染使土壤、空气、水体和太空（即地球大气之外的空间）变得不再干净。科学家认为，当污染超过正常（自然）的背景含量或在生物中随时间积累有害物质时，它就是有害的。污染可以是不小心（意外）造成的，也可以是有意造成的。

点源污染是一个污染点，它产生能伤害生物的有害物质。这些物质影响人类健康，干扰植物生长和鸟类迁徙的自然节律。一个污染点把污染物释放到大气、海洋和淡水水体、土地表面或者地下。苏联国家标准委员会（1977）把点源污染描述为"从固定孔径排放大气污染物的地点"。排水管或排水沟有可能把污水排入水体。工业设施的排放物可以来自管道、沟渠、沉淀杯（收集污染物的存水弯）、孔口或裂缝或者废油收集器。点源污染源可以是差异很大的单个确定污染源，如航母、油轮或矿井。

非点源污染（NPS）是难以准确探测的弥散性污染源。根据美国环境保护署（2011b）的定义，"非点源污染是由降雨、融雪或灌溉流过地面或渗入地下时，带起污染物并把它们带入河流、湖泊和沿海水体或者把它们引入地下水产生的。"非点源污染物可能包括土壤侵蚀沉积物、肥料、杀虫剂、盐分和制造业的副产品。

分类

由于涉及很多因素和领域，给点源污染分类是一项复杂的任务。点源污染物可以是自然的或人为的。它们可以来自工业、农业、生活区或个人。它们可以以光、噪声或温度变化的形式出现。灰尘、振动、气体、重金属、杀虫剂、病毒、细菌或放射性物质都是点源污染物。大气、水体和土壤/土地都有可能产生这些污染。这些活动的时间尺度可以是临时的，也可以是持久的。点源污染可以发生在室外或室内。它可以是静止或运动的。

大多数点源污染物对人类有害，也会显著影响环境。香烟烟雾是一种点源污染物，它释放烟气、气味和重金属或化学活性原子团。打呼噜是一种室内噪声点源污染。林场伐木设备产生的噪声会惊扰野生动物的栖息地；漏油事件会伤害水生生物、鸟类、动物甚至小气候，因为它们会影响温度和水体与大气之间的气体交换（Reimers 1990）。

点源污染分为两种主要类型：自然的（如火山喷发）和人为的（如漏油和核反应堆的放射性）。

1. 火山喷发污染

大型火山喷发是著名的污染源（Smith 2004）。19世纪几次小的火山喷发产生了大量的火山灰和尘埃（Heidorn 2000）。这些事件始于1812年加勒比海圣文森特岛上苏弗里耶火山和印尼桑义赫群岛上啊呜火山的喷发。日本琉球群岛上的诹访之濑岛火山喷发于1813年,菲律宾的马荣火山喷发于1814年。1815年,印尼的松巴哇岛上的坦博拉火山爆发,这是有记录的历史上最大的火山喷发,造成了1816年的“无夏之年”。这次喷发显著影响了这一年的全球气候,特别是北美的大西洋沿岸和欧洲的西部,造成了作物歉收和食物短缺。这些火山喷发造成了环境灾难——毁坏了大米、荞麦和其他作物,导致中国云南省的大饥荒(Yang, Man & Zheng 2005)。喀拉喀托是苏门答腊和爪哇之间的一个火山岛,它喷发于1883年,发出了被认为是有史以来最大的声响。2010年,冰岛的埃亚菲亚德拉冰盖发生火山喷发。这次喷发使一些航班中断了好几天,因为火山灰尾烟绵延了数公里(BBC News 2010; O'Sullivan 2010)。

火山喷发的主要污染物有固体的,如火山灰(灰或粉尘颗粒和小的火山碎屑岩),也有气体的。火山喷出各种气体,包括影响空气质量的二氧化硫。火山灰沉降引发呼吸问题并破坏作物。

2. 石油泄漏污染

石油泄漏是人类在海洋、淡水和土地领域造成的污染。点源污染物来自油轮、钻井平台、油井或炼油厂。1991年海湾战争期间科威特的油田大火就是一个引人注目的例子(尽管它们也可以被看成非点源污染)。1967年的托利峡谷号油轮、1979年的大西洋皇后号油轮和1989年埃克森瓦尔迪兹号油轮在阿拉斯加威廉王子湾的石油泄漏都造成环境破坏,泄漏数十万吨石油,造成鸟类和海洋生物的死亡,给生态系统和生存环境造成破坏。1994年,俄罗斯科米共和国输油管事故造成历史上最严重的陆地石油泄漏事件,在大面积土地上泄漏了超过10.2万公吨的石油(Kireeva 2007)。最近的重大漏油事件发生在2010年的墨西哥湾。与油轮撞上物体不同,爆炸引发了大火并使“深水地平线”钻井平台沉没(Business Insider 2010; Robertson & Krauss 2010)。

3. 光污染

城镇灯光影响天文观测,使迁徙鸟类迷失方向并撞上大楼,而且还影响需要黑夜的夜间觅食野生动物(如蝙蝠和老鼠)。这种“永久的满月”使动物很容易被捕食者吃掉,并减少它们觅食的时间。芝加哥和其他城市实施了“关灯”计划,通过在鸟类迁徙期间使大楼灯光变暗每年使数万鸟类幸免于难(Hirji 2010)。

4. 热污染

像工厂或船舶这样的点源热污染源给淡水或海洋带来过多的废热。热量降低水中的含氧量,使水生生物受到威胁或致命并刺激植物的生长。

5. 核污染

核电厂是潜在的点源污染。1979年美国三哩岛核电厂、1986年苏联(乌克兰)切尔诺贝利核电厂和2011年日本福岛核电厂都发生了事故,尽管三哩岛核电厂的事故没有后两个严重。核电厂的主要威胁是放射性污染,这种污染没有气味、颜色或味道,但对人类和动物特别有害,它可以导致辐射中毒、癌症或死亡。

6. 振动和噪声污染

很多现象产生振动和噪声。人们常常不认为噪声是一种污染源，但来自(例如)建筑工地和交通的连续噪声可以对人类身体造成伤害，如高血压、睡眠障碍和听力损失(US EPA 2011a)。爱尔兰(1992)、印度(2000)和新加坡(2007)等国家已经通过了管理工作时间和建筑工地噪声的噪声污染控制立法。这些法律大多保护生活居住区，它们满足了社会需求，但并没有保护自然环境。

甚至可再生能源生产也会产生噪声污染。风电场产生噪声和振动，这些噪声和振动传到地下并影响生物多样性，包括鸟类、蝙蝠、松鼠、甚至水生生物的多样性(如果位于海岸上)。这样的噪声也可以造成广泛的“生存环境退化并影响区域的生态完整性”(Government of Alberta 2011, 1)。

7. 化学污染

点源化学污染是最广泛的污染，它与工业发展的历史密切相关。为工业提供动力的蒸汽机和内燃机的发明产生了早期的点源化学污染。点源化学污染源就是那些排放气体、氧化物和副产品(包括重金属)的企业。这样的污染物在当代的气候变化讨论中已被充分认识。主要温室气体排放企业包括燃烧矿物燃料的发电厂以及生产化肥、清洁剂等产品的化工企业。化工企业泄漏重金属、酸或者相关污染物。大多数交通工具(包括轿车和飞机)都是运动点源污染源。雾霾是非点源污染，但供热和为工厂提供动力的煤炭燃烧使每个烟囱都成了点源污染源。

8. 气味污染

垃圾场、饲养场和工厂都排放像氨、动物粪便或其他难闻副产品的气味。动物屠宰和皮革处理产生很强的气味。想参观摩洛哥马拉喀什皮革产品生产过程的游客都把一根薄荷茎放在他们的鼻子底下，以降低皮革厂里浓烈的气味(见图P3)。

应对措施

荷兰、美国、韩国、日本和中国等国都通过了控制点源污染的法律。法律、经济、教育和健康保护方法可以防治或缓解点源污染问题。所谓的管口技术(通过在污染源安装合适的设备以降低生产过程中向大气和水体中排放污染物的容量)用于控制环境污染。吸收、吸附、冷凝、焚烧和选择性渗透膜构成了其他的工业技术(Yarime 2003)。科学家和制造商开发了“清洁”或“绿色”技术，以避免在生产过程中产生污染物(McMeekin & Green 1995; Caprotti 2009; Cleantech Group 2010; UNEP 2011)。

图P3 马拉喀什皮革厂

摄影：维克多·K·捷普利亚科夫（Victor K. Teplyakov）.

一位工作在摩洛哥马拉喀什皮革厂的男士。皮革厂是马拉喀什主要的点源污染源（臭味）。

未来展望

一个有趣的历史观察对了解点源污染很有帮助：

早期历史上的部落不断进行游牧的原因之一，是定期躲避他们产生的动物、蔬菜和人类废物发出的臭味。当部落的人们学会了用火之后，他们让没有完全燃烧的物质在住处的空间里弥漫了几千年……发明了烟囱之后，烟囱带走了燃烧的灰烬和住处里的气味，但数百年来，炉灶里的明火使烟囱的排放物变得烟雾弥漫（Boubel et al. 1994, 3）。

作为一个物种，我们对抗人为点源污染的历史已有数千年。由于点源污染的来源有很多，世界各地的政府、企业和消费者必须共同努力，以解决担心的问题和找出问题的答案。点源污染带来的变化（包括全球气候变化）使这些问题变得更加紧迫。

维克多·捷普利亚科夫（Victor K. TEPLYAKOV）

首尔国立大学

参见：农业集约化；棕色地块再开发；水体富营养化；极端偶发事件；全球气候变化；地下水管理；灌溉；光污染和生物系统；海洋保护区（MPA）；海洋酸化的管理；非点源污染；最低安全标准（SMS）；页岩气开采；废物管理；水资源综合管理（IWRM）。

拓展阅读

Borsos, Emoke; Makra, Laszlo; Beczi, Rita; Vitanyi, Bela; & Szentpeteri, Maria. (2003, May 15). Anthropogenic air pollution in the ancient times. *Acta Climatologica et Chorologica, 36–37*, 5–15.

Boubel, Richard W.; Fox, Donald L.; Turner, D. Bruce; & Stern, Arthur C. (1994). *Fundamentals of air pollution* (3rd ed.). San Diego, CA: Academic Press Limited.

British Broadcasting Company (BBC) News. (2010, April 15). Iceland 's volcanic ash halts flights in northern Europe. Retrieved October 24, 2011, from http://news.bbc.co.uk/2/hi/8622978.stm

Business Insider. (2010, April 29). Here's the questions you should be asking about the Gulf of Mexico oil spill. Retrieved November 3, 2011, from http://articles.businessinsider.com/2010-04-29/green_sheet/29962403_1_oil-spill-exxon-valdez-deepwaterhorizon#ixzz1bfeoiMyY

Caprotti, Federico. (2009). China's cleantech landscape: The renewable energy technology paradox. *Sustainable Development Law & Policy*, *9* (3), 6–10.

Cleantech Group. (2010). *Global Cleantech 100 report: A barometer of the changing face of global Cleantech innovation*. London: Cleantech Group.

Global Volcanism Program. (2011). Large holocene eruptions. Retrieved November 3, 2011, from http://www.volcano.si.edu/world/largeeruptions.cfm

Government of Alberta, Fish and Wildlife Division. (2011, September 19). Wildlife guidelines for Alberta wind energy projects. Retrieved October 29, 2011, from http://www.srd.alberta.ca/FishWildlife/WildlifeLandUseGuidelines/documents/WildlifeGuidelines-AlbertaWindEnergyProjects-Sep19–2011.pdf

Heidorn, Keith C. (2000). Eighteen hundred and froze to death: The year there was no summer. Retrieved October 19, 2011, from http://www.islandnet.com/～see/weather/history/1816.htm

Hirji, Zahra. (2010, July 9). Light pollution: A growing problem for wildlife. *Discovery News*. Retrieved October 30, 2011, from http://news.discovery.com/animals/light-pollution-a-growing-problemfor-wildlife.html

Kireeva, Anna. (2007, January 23). Oil spill in Komi: Cause and the size of the spill kept hidden. Retrieved October 24, 2011, from http://www.knowmore.org/wiki/index.php?title 5 Oil_spill_in_Komi: _cause_and_the_size_of_the_spill_kept_hidden

McMeekin, Andrew, & Green, Kenneth. (1995). Defining clean technology. *Futures*, *28* (1), 37–50.

Ministry of Environment and Forests (India). (2010, January 11). Notification [Noise pollution regulation and control]. *The Gazette of India*. Retrieved October 31, 2011, from http://moef.nic.in/downloads/rules-and-regulations/50E.pdf

Nriagu, Jerome O. (1979, May 31). Global inventory of natural and anthropogenic emissions of trace metals to the atmosphere. *Nature*, *279*, 409–411. doi: 10.1038/279409a0.

Nriagu, Jerome O. (Ed.). (1994). *Arsenic in the environment. Part 1: Cycling and characterization.* New York: Wiley.

Oil Spill Solutions. (2011). The real world of oil spills. Retrieved November 3, 2011, from http://www.oilspillsolutions.org/contraversialspills.htm

O'Sullivan, Laurence. (2010, April 16). Environmental impacts of atmospheric dust and volcanic eruptions. Retrieved October 24, 2011, from http://laurenceosullivan.suite101.com/environmentalimpacts-of-atmospheric-dust-and-volcanic-eruptions-a226240#ixzz1bfG6E8Qq

Pollution Prevention Act. (1990). USA Omnibus Budget Reconciliation Act of 1990, Public Law 101–508, 104 Stat. 1388–321 et seq. As Amended through P.L. 107–377, December 31, 2002.

Reimers, Nikolai Fedorovich. (1990). *Prirodopolzovanie* [Nature management]. Moscow: Mysl.

Robertson, Campbell, & Krauss, Clifford. (2010, August 2). Gulf spill is the largest of its kind, scientists say. *The New York Times*. Retrieved October 24, 2011, from http://www.nytimes.com/2010/08/03/us/03spill.html?_r=1&hp

Smith, Keith. (2004). *Environmental hazards: Assessing risk and reducing disaster* (4th ed.). London: Routledge.

Stern, Arthur C., & Vallero, Daniel A. (2008). *Fundamentals of air pollution* (4th ed.). Amsterdam: Elsevier Academic Press.

United Nations Environment Programme (UNEP). (2011). *Forests in a green economy: A synthesis report.* Retrieved November 3, 2011, from http://www.unep.org/pdf/PressReleases/UNEP-ForestsGreenEco-basse_def_version_normale.pdf

United States Environmental Protection Agency (US EPA). (2011a, July 19). Noise pollution. Retrieved December 10, 2011, from http://www.epa.gov/air/noise.html

United States Environmental Protection Agency (US EPA), Office of Water. (2011b). Nonpoint source pollution: The nation's largest water quality problem (Pointer No. 1 EPA841–F–96–004A). Retrieved October 16, 2011, from http://water.epa.gov/polwaste/nps/outreach/point1.cfm

The USSR State Committee on Standards. (1977). Nature protection: Atmosphere. Sources and meteorological factors of pollution, industrial emissions: Terms and definitions (Standard 17.2.1.04–77 [ST SEV 3403–81]). Moscow: The USSR State Committee on Standards.

Yang Yuda; Man Zhimin; & Zheng Jingyun. (2005). Jiaqing Yunnan da jihung (1815–1817) yu Tanbola huoshan penfa [A serious famine in Yunnan (1815–1817) and the eruption of Tambora volcano]. *Fudan xuebao [Fudan Journal (Social Sciences)*], *1*, 79–85.

Yarime, Masaru. (2003). From end–of–pipe technology to clean technology: Effects of environmental regulation on technological change in the chlor-alkali industry in Japan and western Europe. Unpublished doctoral dissertation. Maastricht, The Netherlands: Maastricht University.

种群动态

种群动态反映生活在某一特定地区的单个物种随时间的变化。种群动态非常复杂，在现实中，如果不在物种、生态系统和景观层面上认知这些过程和背景，我们就无法了解种群动态。种群动态模型被广泛用作生态系统管理的坚实基础，以实现环境可持续发展的目标。

种群是一群生长在同一个地方并发生相互作用的单个物种的个体。生态学家用种群动态这个术语表示在自然或人为影响下种群多度随时间和空间的变化。种群动态用以下指标的变化来度量：种群数量（个体总数）、种群密度（在给定时间存在于某个空间的个体数量）、种群散布（种群内个体的空间布置）和种群年龄分布（每个年龄组个体的比例）。

在基础层面，种群动态可以分为三个主要类型：指数增长、逻辑斯谛增长和复合种群动态。这些分类并不是互不包含，同一种群在不同时间可以经历各种类型。种群的数量为什么会增加或减少能给我们提供一些见解，这些见解是进行可持续性资源管理和生物多样性保护的关键。

种群变化

种群的自然增长受到4个要素的影响：出生率、死亡率、迁入率（个体向种群迁移）和迁出率（个体离开种群）。种群数量从一个时间周期（t）到另一个时间周期（$t+1$）的变化可以用包含这4个分量的数学方程来表示：

$$N_{t+1}=N_t+(B-D)+(I-E)$$

式中N_t是时间t时的种群数量，B是出生的个体数量，D是死亡的个体数量，I是迁入数量，E是t和$t+1$期间的迁出数量。

种群增长通过限制密度制约因子来进行调节。密度制约因子一般涉及生物因子，如食物的获得性、寄生、捕食、疾病和迁徙。在很多情况下，非密度制约因子可以决定种群数量。不管种群的密度如何，非密度制约因子都会限制种群的增长。这些因子包括环境变化（温度、阳光等)、自然灾害或人类干扰。

如果条件有利,种群会迅速增长,直到密度制约因子阻止其增长。没有种群可以不停地持续增长。即使繁殖非常缓慢的生物(大象、犀牛、鲸鱼等),如果无限地繁殖,也会超出其资源的承受力。通常,密度制约性调节通过生存竞争来实现。

指数增长

这种种群增长模型假定必要资源(食物、空间、水等等)是无限的,环境是不变的。如果生物和非生物条件有利,种群的个体在不同的时间进行不同步繁殖,则其数量就会持续变化,种群就被认为是处于指数增长。基于非密度制约,生长速率保持不变,可用下述逻辑斯谛方程表示:

$$dN/dt=rN$$

生长速率dN/dt在任何时刻与种群N的数量成正比;r是内禀增长率,它为种群能够生长多快提供了一种度量。如果我们有一个r的估值(r的不同数值表示不同的指数曲线)且知道种群的初始数量,该方程就可以预测一个指数增长种群在任何时刻t的数量N。在指数增长模型中,出生、死亡、迁出和迁入都是连续发生的。对大多数生物种群来说,这是一个很好的估算。绘出图形时,指数增长模式的曲线呈J形。

与指数增长相对照,当种群的个体在一定的周期内同步繁殖时,就会出现几何增长。大多数种群(包括人类)会经历带有世代重叠的离散的繁殖高峰。在这种情况下,在离散时间周期内,种群数量会以个体的恒定比例增长。几何增长也可以用方程来表示:

$$N_{t+1}=\lambda N_t$$

式中:λ是有限增长率,t是离散时间周期。根据λ或r的不同数值,种群增长模式也可能不同:① 种群稳定(λ=1,r=1);② 种群消减(λ<1,r<1);③ 种群增长(λ>1,r>1)。绘出图形时,几何增长模式类似于指数增长模式,形成J形的一组点(一开始缓慢升高,然后急剧升高)。因为几何增长和指数增长重叠,而且形状上非常类似,这两种类型的增长有时都简称为“指数增长”。

当一个物种成倍增长时,种群暴增(有时称为种群炸弹)就会出现。种群暴增之后,优势物种可能就会控制生态系统并改变其动态。在入侵和扩展物种中,在无资源限制、无竞争或其他限制条件下展示指数增长和几何增长的种群最普遍。这种种群动态的一个例子是加拿大新斯科舍省塞布尔岛上灰海豹(*Halichoerus grypus*)幼崽生产量的升高。幼崽的产量自20世纪60年代早期以来一直被检测,最近的估算表明,该种群(现在是世界上最大的灰海豹集群)的幼崽生产以每年12.8%的速度指数增加了40年(Bowen, McMillan & Mohn 2003)。

了解所描述的种群指数增长模式(参见上面的两个方程)对自然资源管理和生物多样性保护都是非常有用的,尤其是利用年龄结构模型(它包含种群增长速度和不同龄级个体分布的信息)的时候。它们用于帮助我们计算潜在的可持续收获率(从种群中去除的个体数与可用数量之比),确定最低种群数量(预计能在一个给定地方长久存活的最低个体数量)。

逻辑斯谛增长

没有一种种群可以无限地持续增长。当一个种群一开始不断增长,然后稳定在一个最大种群数量时,该种群展现的就是逻辑斯谛增长。逻辑斯谛增长基于几个假定:年龄分布稳定,没有迁入或迁出,数量与增长率之间呈线性,密度使生长率降低。逻辑斯谛增长考虑了承载能力。每个种群都有自己的承载能力——一个给定环境可以维持的最大个体数量。种群增长的逻辑斯谛模型可由下面的方程定义:

$$dN/dt = rN\,(1-N/K)$$

式中:dN/dt是t时刻种群数量变化率;N是给定时间种群中个体的数量;r是理想条件下平均种群增长率;K是承载能力。

种群增长率基于密度制约效应,容易发生变化。当种群中个体数量较小时,大多数资源没有利用($dN/dt \approx r$,"≈"表示"约等于")。种群会不断增加,直到N等于$0.5K$,之后增长率会随密度增加而下降,因为资源(食物、空间、水等等)开始出现短缺。一旦种群达到其承载能力,大多数资源都被利用,增长率等于零,种群数量不再变化($N \approx K$, $dN/dt=0$)。S形曲线是逻辑斯谛增长的典型特征。

当死亡率(不管什么原因)高于出生率时,就会发生种群绝灭(有时称为种群崩溃)。如果一个种群数量太大($N>K$),其数量有可能会下降,并最终导致灭绝。种群数量下降会进一步导致基因库不良的出现,使种群弱化,数量进一步减少;这一过程称为阿利效应。种群走向灭绝不仅受到上面介绍的种群统计学和遗传因素的影响,而且还会受到环境波动(如洪水、火灾、风暴等等)和疾病暴发的影响。

种群崩溃的一个经典例子是加拿大纽芬兰和拉布拉多地区北部大西洋鳕鱼(Gadus morhua)的数量下降。几个世纪以来,它一直是北美和欧洲国家之间最赚钱的鱼类交易,但自从1984年以来,主要由于过度捕捞,鳕鱼存量已下降97%,收获量每年消减17%(Hutchings & Myers 1994)。1992年,由于鳕鱼存量极低,加拿大政府宣布暂停鳕鱼捕捞。事实上,甚至20年之后,鳕鱼的数量也没有发现有明显的增加(Hutchings & Reynolds 2004)。这种风险是允许种群下降到极低水平造成的。这清楚地表明了准确估算平均种群增长率的必要性,这会对社会经济和生态产生重要的影响,尽管生态系统管理者常常忽略这一点。

生态足迹(支持一个种群所需具有生产力的生态系统的总面积)用于度量种群的环境影响(Rees 1992)。这个概念被用于人口增长的问题。人口统计学的研究可以追溯到18世纪。托马斯·罗伯特·马尔萨斯(Thomas Robert Malthus,1766—1834)是一个经济学家,他较早地得出这样的结论:人口会一直增长,直到超过其食物供应为止。历史上,人口的增加甚至比指数增长的估算还快。利用生态足迹的方法，有人估算，在中等消费水平下，地球可以长时间养活大约46亿人(Ewing et al. 2009)，但人口将在2011年接近70亿，预计到2050年将增加到80到105亿(UNDESA 2009)。人口增长影响环境的程度取决于每个人使用资源的多少和总人口。人类持续利用自然资源、满足当前和未来几代人日益增长的需要的能力是环境可持续发展的主要关注点。

复合种群动态

复合种群是一群在空间上分开的相同物种的种群，它们通过散布(即物种运动)产生关联并在某种层面上发生相互作用。复合种群动态的经典概念(定植与灭绝之间的平衡)由理查德·莱文斯(Richard Levins 1969)提出，其数学表达式为：

$$dP/dt = cP(1-P) - eP$$

式中：P是在任何给定时间t占据的生境斑块的一部分，c是斑块定植率，e是斑块灭绝率。斑块是景观随时间变化和波动的相对同质的单元。

复合种群概念的提出是为了考虑面积和隔离对定植和灭绝的影响。栖息岛屿遭受周期性可预测的灭绝；然而，它们也可以被相邻岛屿的散布者重新定植。如果迁徙大于灭绝，种群就会持续生存。这构成了源-汇系统和复合种群动态当前的框架(Hanski & Gilpin 1991)。源生境是产生盈余、支持长期种群的高质量生存环境(增长率>0)；汇生境是靠自身无法支持种群、没有迁入就不能自行更替的低质量生存环境(增长率<0)。因此，源-汇动态意味着源地种群增长到最大密度，而盈余个体迁徙到汇地种群。增长模型表明，源地种群在定居过程中其增长率会增加，在其承载能力附近其稳定性会增加(Neal 2004)。

复合种群理论认为，生存环境可变性对种群持续非常重要。复合种群源地与汇地之间的迁移可能与资源分布(它目前是景观管理者和保护主义者的一个主要关注点)一样至关重要。这一思想在对一种高度濒危物种——亚洲虎(*Panthera tigris*)进行研究时得到进一步发展。一组生态学家利用长期的种群统计学数据，结合基于GIS的模型(一种融合了制图技术、统计分析和数据库技术的地理信息系统)，来找出潜在的走廊，以便提高散布、在关键地点设立中转保护区以及为保护区外土地管理提供建议(Wikramanayake et al. 2004)。

保护源地种群并通过构建保护景观来相应增加源地和汇地之间的散布率，证明是一种有效的保护方法。

结论

种群动态是生态学的一个分支，它研究在生物和环境过程的影响下，种群多度的变化。种群动态构成理解和管理很多环境问题(尤其是涉及可持续性资源管理和生物多样性保护的问题)的理论基础。

种群模型对商业性野生动物物种的管理来说非常重要。它们在为入侵物种和濒危物种创建管理方案方面也发挥着关键的作用。种群动态帮助人们转变了对生态系统的看法——从非平衡模型转变为不断变化的模型。结果，种群动态影响了很多生物多样性保护方式——从保存自然区域到影响生态系统过程(如着火、草食性、水分状况和养分流)。总之，了解种群动态有助于我们做出如何最好地实现环境可持续发展这个总体目标的相关决定。

弗拉基米尔・克里奇福卢希
（Vladimir V. KRICSFALUSY）
萨斯喀彻温大学

参见：承载能力；复杂性理论；扰动；极端偶发事件；食物网；全球气候变化；关键物种；爆发物种；植物—动物相互作用；稳态转换；恢复力；转移基线综合征。

拓展阅读

Begon, Michael; Mortimer, Martin; & Thompson, David J. (1996). *Population ecology: A unified study of animals and plants* (3rd ed.). Oxford, UK: Blackwell Science.

Bowen, William D.; McMillan, Julie; & Mohn, R. (2003). Sustained exponential population growth of grey seals at Sable Island, Nova Scotia. *ICES Journal of Marine Science*, *60* (6), 1265–1274.

Cain, Michael L.; Bowman, William D.; & Hacker, Sally D. (2011). *Ecology* (2nd ed.). Sunderland, MA: Sinauer Associates.

Cappuccino, Naomi, & Price, Peter W. (Eds.). (1995). *Population dynamics: New approaches and synthesis*. San Diego, CA: Academic Press.

Ebert, Thomas A. (1999). *Plant and animal populations: Methods in demography*. San Diego, CA: Academic Press.

Ewing, Brad, et al. (2009). *The ecological footprint atlas 2009*. Oakland, CA: Global Footprint Network.

Hanski, Ilkka, & Gilpin, Michael E. (1991). Metapopulation dynamics: Brief history and conceptual domain. Biological Journal of the Linnaean Society, *42* (1–2), 3–16.

Hutchings, Jeffrey A., & Myers, R. A. (1994). What can be learned from the collapse of a renewable resource? Atlantic cod, *Gadus morhua*, of Newfoundland and Labrador. *Canadian Journal of Fisheries and Aquatic Sciences*, 51, 2126–2146.

Hutchings, Jeffrey A., & Reynolds, John D. (2004). Marine fish population collapses: Consequences for recovery and extinction risk. *BioScience*, *54* (4), 297–309.

Levins, Richard. (1969). Some demographic and genetic consequences of heterogeneity for biological control. *Bulletin of the Entomological Society of America*, *15*, 237–240.

Neal, Dick. (2004). *Introduction to population biology*. Cambridge, UK: Cambridge University Press.

Rees, William E. (1992). Ecological footprints and appropriated carrying capacity: What urban economics leaves out. *Environment and Urbanization*, *4* (2), 121–130.

United Nations Department of Economic and Social Affairs (UNDESA), Population Division. (2009). World population prospects: The 2008 revision: Highlights (Working Paper No. ESA/P/WP.210). New York: United Nations.

Wikramanayake, Eric, et al. (2004). Designing a conservation landscape for tigers in human-dominated environments. *Conservation Biology*, *18* (3), 839–844.

R

雨水吸收植物园

流过不渗透地面的雨水径流会把污染物带到湖泊和河流。雨水径流可以引起洪水、侵蚀，破坏鱼类和野生生物的生存环境，引发污水外溢。雨水吸收植物园是经过美化并带有植物、生物沼泽地和水景园的洼地，它在创造美景和野生生物生存环境的同时，用于减少城市雨水径流产生的有害效应。

落到地面的雪和雨带起了油污与重金属、冬天用于保持道路融雪的盐、来自城市草坪的肥料与杀虫剂以及来自侵蚀土壤的泥沙，降水通过雨水管道把这些污染物输送到水体中。雨水径流是湖泊和河流水质的头号威胁。

很多创新性雨水管理技术创造美景，维持野生生物生存环境，补充地下水，同时还能改善水质，存储洪水，减缓雨水径流的流量。新兴的解决雨水问题的最佳做法，是逐渐放弃用管道把雨水输送到水体的做法，而是把雨水径流减缓并吸收到附近的土壤中。其中一种新兴的雨水管理技术就是雨水吸收植物园。

生态系统服务

自然生态系统(包括湿地和未开发绿地的渗透性)提供了解决雨水问题的自然方式。湿地就像一块巨大的海绵，能够吸收和保持雨水，并提供减少洪水的生态服务。湿地还充当自然过滤器的作用；湿地植物吸收或分解污染物，使它们无法进入水体。绿地——不管是森林、草地或是野花地，都是把雨水吸收到地下，从而补充地下水并减少水土流失以及湖泊与河流的淤积。土壤中的微生物帮助分解雨水带来的污染物。在构建大楼、住宅甚至停车场时，这种类型的生态系统服务可以作为环境美化的一部分来进行创建。通过构建雨水吸收植物园，住户可以帮助恢复由于自然湿地和其他植被受到破坏而失去的某些功能。

雨水吸收植物园

雨水吸收植物园就是经过美化的洼地，通常种有本地野花和湿地植物，这些野花和植物能够吸收来自私人车道、停车场、人行便道、水坑泵和屋顶落水管的雨水和雪水。雨水吸收植物园被创建成不深的低洼区域,被设计和建造成能够拦截和吸收雨水。雨水吸收植物园提供了雨水经过滤进入地下水的机制,而不是被雨水管道输送到河流和湖泊;这些雨水带有来自街道、停车场和草坪的污染物,从而影响鱼类种群和水质。住宅、购物区和公路的建造消除了地球自然清洁雨水的能力,产生把雨水引向水体的不渗透地面。

构建雨水吸收植物园

雨水吸收植物园可以很大,由工程公司设计并引入建造工程。例如,明尼苏达大学的德卢斯校区创建了一个三分之一英亩的雨水吸收植物园,它能够吸存来自停车场的227升雨水。雨水吸收植物园也可以是一个小到3平方米的区域,用于吸存来自家庭排水沟的雨水。家庭雨水吸收植物园一般都在3平方米的范围,深度介于15厘米到30厘米之间。取决于土壤类型,这些浅池塘的存水能力从几个小时到几天不等,然后在下雨的停顿期间变干。雨水吸收植物园不是池塘,而且由于它们会变干,所以它们不是蚊子的滋生地。一个家庭雨水吸收植物园不用专业人员帮助也可以在一天内建成。植物种植是植物园的主要费用支出。

构建雨水吸收植物园的目的是便于雨水的下渗,因此,它不应该放在已经很潮湿的地方。一个住户应把雨水吸收植物园放在离房子至少3米以外的地方,这样雨水就不会浸泡房子的地基。考虑因素包括家产周围的其他美化区域、从房子内外看到的景致和离房子的距离。绳子或园艺软管可以构成植物园的边缘线。土壤类型也是确定植物园位置和大小的一个因素。黏土的入渗率最低,雨水吸收植物园需要做得更大一些,或者土壤需要通过添加沙子或砂壤土来加以改善。

构建雨水吸收植物园真正有满足感的方面,是它吸引了过来喝水和洗澡的鸟类和其他动物。

植物

为雨水吸收植物园选择植物与为其他花园选择植物类似,需要考虑高度、阳光需求和颜色。然而,雨水吸收植物园的独特之处在于植物必须能够适应饱和期和干旱期,而且如果吸存街上的雨水,它还必须能够承受盐分。草本野花、湿地植物、草本植物、灌丛和树木都可以成为雨水吸收植物园的部分景观。有些雨水吸收植物园种植的植物物种可以吸引和养育蝴蝶,使这种美化产生双倍的效果。这些植物一旦定植,植物园基本上不需要除草。长满苔藓的石头可以隐藏向植物园排水的管道。当地的技术推广服务站或园艺中心可以提供适用于具体地点的植物清单。

利用雨水吸收植物园产生影响

对纠正环境问题和人类的影响来说,创建单个雨水吸收植物园看上去是很微小的一步,但集体行动就能使它们为社区带来极大的益处。在密苏里州堪萨斯城,一个称为“一万个雨水吸收植物园”的项目已把市民们号召起来,把雨水吸存到雨水吸收植物园中或者雨水桶中供花园利用。为了落实美国环境保护署要求解决雨水问题的法令,堪萨斯城把雨水吸收植物园当作他们的行动策略。该市建立一万个雨水吸收植物园的目标已使社区成员自愿在自家的后院构建植物园。市政大院和其他公共和私有场地都构建了雨水吸收植物园。使市民参与社区范围的雨水吸收植物园项目带来了双重好处：使市民了解雨水问题，用亲手创建的方式解决雨水问题。

构建雨水吸收植物园有很多好处。例如，它们比雨水滞洪池（经常在高速公路立交桥和购物中心看到）和路肩排水沟这样的传统雨水处理基础设施要便宜很多。雨水吸收植物园减缓地面水流，从而减少土壤和河岸侵蚀和相关河流的淤积并改善当地湖泊和河流的水质。因为雨水吸收植物园使雨水渗入地下，所以它能够更好地补充地下含水层。雨水吸收植物园有助于本地生态功能的发挥，增加生物多样性，为鸟类、蝴蝶和昆虫提供栖息地。最后，雨水吸收植物园还能改善街坊的景色，增加市民的参与，为环境教育和社区建设提供机会。

水景园

水景园与雨水吸收植物园的不同之处在于它们在不下雨期间不会变干。水景园是大小各异的建造池塘。其深度范围从边缘的几个厘米到中心的半米（或更深），它们支持生长在水中的植物。水景园经设计可以拦截雨水带来的沉积物，也可以像雨水吸收植物园一样吸收或分解污染物。水景园与雨水吸收植物园的差异在于它有持续的水源和种植的水生植物。

生态系统服务恢复、雨水净化和公众教育是实施明尼苏达州德卢斯海湾雨水吸收植物园项目的目标。该项目的设计由当地的艺术家、工程师、植物生态学家和“甜水联盟”（一个想通过艺术和科学来提高人们的水意识的非营利组织）合作完成。该项目的设计综合了艺术、雕塑、土著水生和湿地植物、文化历史和环境教育，环境教育集中在雨水管理中湿地的生态系统功能上。该项目正在向前推进，但关联于现场的另一个还没有被市议会批准的开发项目。该项目完成后，将净化从35号州际公路和周围繁华地区流向圣路易斯河的雨水。雨水被抽送到一个几乎4米高海龟雕塑（本地设计和建造）的顶部，然后向下滴流到水蕨类植物和湿地植物。雨水然后流到具有五大湖区外形的混凝土建造的湿地植物池塘。每一个大湖中种有一种湿地植物，这些植物开花时可以在水边的山头上看到。一只蜻蜓的翅膀构成一座桥梁和一座供人聚集的平台。当地艺术家将创建河边雨水吸收植物园的美学元素，当地学校的孩子们将协助制作铺设人行道的黏土地砖并表达他们对水质的关注。

生态艺术用于恢复已经退化的生存环境，同时还能就环境退化问题向社区的人们进行教育。这种以社区为基础的项目扩展了参与生存环境恢复的人们表达意见的形式，把很多不同的专业人员和非专业人员整合到这种艺术和恢复过程之中。

未来展望

随着人们对雨水径流和其把污染物带入水体的危险的认识越来越深入，他们会想办法去缓解这种对水体的破坏。这种行动可以是社区范围的项目，也可以是个人的选择（如在院子里构建雨水吸收植物园）。不管他们做什么——联合行动或自行行动，人们都可以在向环境提供清洁、新鲜水方面做出自己的贡献。

吉尔·雅各比(Jill B. JACOBY)
美国明尼苏达州德卢斯市甜水联盟

参见：生态系统服务；地下水管理；人类生态学；水文学；灌溉；景观设计；非点源污染；道路生态学；雨水管理；城市农业；城市林业；城市植被；水资源综合管理(IWRM)。

拓展阅读

10,000 Rain Gardens Kansas City. (2010). Homepage. Retrieved November 4, 2010, from http://www.rainkc.com/

Agar, Clint, & Reitan, Cheryl. (2005). Rain garden handles stormwater runoff. Retrieved October 27, 2010, from http://www.d.umn.edu/unirel/homepage/05/rain.html

Bannerman, Roger, & Considine, Ellen. (2003). *Rain gardens: A how-to manual for homeowners*. Madison: University of Wisconsin Extension.

Brookner, Jackie. (2009). *Urban rain: Stormwater as resource*. San Rafael, CA: Oro Editions.

Dunnett, Nigel, & Clayden, Andy. (2007). *Rain gardens: Managing water sustainability in the garden and designed landscape*. Portland, OR: Timber Press.

Jacoby, Jill B., & Ji, Xia. (2010). Artists as transformative leaders for sustainability. In Benjamin W. Redekop (Ed.), *Leadership for environmental sustainability* (pp. 133–144). New York: Routledge.

Schmidt, Rusty; Shaw, Daniel; & Dods, David. (2007). *The blue thumb guide to raingardens: Design and installation for homeowners in the upper Midwest*. River Falls, WI: Waterdrop Innovations.

Shaw, Daniel, & Schmidt, Rusty. (2003). *Plants for stormwater design: Species selection for the Upper Midwest*. St. Paul: Minnesota Pollution Control Agency.

Torgalkat, G. & Schwarz, T. (2010). Water Craft. Cleveland, OH: Kent State University.

US Conference of Mayors. (2007). Kansas City 10,000 rain gardens draw citizens into regional fight against water pollution. Retrieved October 27, 2010, from http://www.rainkc.com/index.cfm/fuseaction/articles.detail/articleID/11/index.htm

恢复性造林

恢复性造林被认为是一种通过帮助减少二氧化碳排放和创建有助于生态系统健康的可持续森林来控制气候变化的手段。通过自然和人工技术实施的恢复性造林出现在世界各地，它涉及与土地利用和生存能力有关的复杂的管理问题和争议。然而，它有望成为下个世纪最重要的一个行动领域。

从最本质的意义上说，恢复性造林就是在以前是森林的土地上重新构建一个森林。用技术的术语来讲，恢复性造林就是在最近被毁的森林和林地进行树木的自然和(或)人工恢复和再生，而被毁森林和林地是由自然或人类活动造成的，如着火、风暴、洪水、山体滑坡、虫害、火山喷发、焚林开荒、伐木或皆伐。

自然恢复性造林或自然更新造林来自树桩发芽(枝条芽)、树根发芽(根条芽)和自然下种。人工恢复性造林指的是直接通过地面进行播种或种树、通过机器或手工进行空中播种或者两者结合。恢复性造林不应与人工造林混淆，后者指的是把非森林土地创建成一个新的森林或者对很多年以前被人类活动(如农业或住宅建设)毁坏的森林进行恢复。

恢复性造林对人类和生态系统都有益处，因为它通过减少灰尘以及通过称为生物固碳的生物过程捕获和存储温室气体二氧化碳来改善空气质量。植树对防止洪水泛滥和水土流失非常重要，它可以减少表层土的流失，防止溪水、河流和湿地的泥沙增加。恢复性造林也通过含水层的补水、存水和恢复以及内陆降雨的循环来使水体受益。植树和保持表层土对重建植物和野生动物的自然生存环境是必不可少的。

世界各地的恢复性造林

全球的森林面积有40亿公顷(9 884 215 240英亩)。其中巴西、加拿大、中国、俄罗斯联邦和美国五国占了一半。有10个国家没有森林，54个国家的林地面积不足10%(FAO 2010)。从1998年到2007年，全球每年平均人工造林和恢复性造林的速度为一千万公顷(24 710 538英亩)。它们主要涉及本地物种,包括人工造林(约71%)和恢复性造林(约64%)。根据联合国(2010)粮食与农业组织的统计,2005年,全球恢复性造林总面积为530万公顷(13 096 585英亩)。这些统计数据包含了163个国家的数据,约占森林面积的95%和人工造林面积的98%(在FAO的报告中,这些数据被标记为从2003年到2007年的数据,却被指为2005年的数据)。在全球范围内,这530万恢复性造林面积中存在很大差异。表R1按地区列出了恢复性造林的面积(作为一种比较,欧洲的几乎1百万恢复性造林面积(即约为1万平方公里)大约是黎巴嫩的面积)。

表R1 各地区的恢复性造林面积(2005)

洲	公 顷	英 亩
非 洲	237 123	585 943
亚 洲	2 478 801	6 125 250
欧 洲	992 540	2 452 619
北美洲	835 815	2 109 822
中美洲和加勒比海地区	22 392	55 331
大洋洲	37 423	92 474
南美洲	722 527	1 785 403

来源:FAO 2010.

在全球范围内,2005年10个国家的恢复性造林面积占总恢复性造林面积的82%(即5 348 017公顷中的4 392 412公顷)。表R2列出了前10个国家的恢复性造林分布情况。

表R2 恢复性造林面积最多的10个国家

(续表)

国 家	公 顷	英 亩
印 度*	1 480 000	3 657 159
美 国	606 000	1 497 458
巴 西*	553 000	1 366 492
俄罗斯联邦	422 856	1 044 899
中 国	337 000	832 745
越 南	327 785	809 974
墨西哥	247 600	611 832
印度尼西亚	153 941	380 396
芬 兰	133 680	330 330
瑞 典	130 550	322 596

来源:FAO 2010.

*印度和巴西的数据包含人工造林(在以前没有树的地方植树的做法)的面积。

森林砍伐、恢复性造林和人工造林的比较

虽然恢复性造林是一项重要的全球活动,但几十年来一直比不上森林砍伐的速度。在20世纪90年代,每年的森林砍伐量为1 600万公顷(3 900万英亩),在21世纪的第一个十年,每年的砍伐量下降到1 300万公顷(3 200万英亩)。恢复性造林的530万公顷(1 300万英亩)减去1 300万公顷(3 200万英亩)的砍伐量,其净损失为770万公顷(1 900万英亩)。即使加上560万公顷(1 390万英亩)人工造林的面积,森林砍伐的面积仍比恢复性造林或人工造林的面积多大约200万公顷(490万英亩)。南半球占森林损失的主要部分,南美洲[400万公顷(890万英亩)]和非洲[340万公顷(840万英亩)]约为全球森林损失的一半多一点。在不发达国家,快速城市化、人口增长和经济对森林产品的需求导致了对森林的开发利用。欧洲的森林面积持续增长,而北美洲和中美洲则保持稳定。2000年以来,由于与干旱有关的很多问题和森林火灾,澳大利亚的森林面积一直在减少(FAO 2010)。

恢复性造林面临的管理挑战

恢复性造林所面临的一个主要管理挑战，是充分了解森林消减或退化的原因。例如，由自然事件（如着火、洪水、虫害）或人为事件（如砍伐、牲畜啃食）造成的森林消减会产生不同的管理挑战。充分了解森林消减或退化的原因使我们可以做出更好的政策和管理决策。目前的关注点是增加更多的树木，而不是找到森林消减和退化的根本原因。应该用科学的林业管理推动政府和部门的政策，尽量与当地民众合作，以满足他们的用地需求。面临的管理挑战是平衡生物多样性和经济利益之间的平衡，降低生态退化（如洪水和侵蚀），这些都是创建可持续性和健康森林与生态系统的影响因素。

决策者做出的植树决定如果主要考虑经济利益而没有考虑其他与森林健康有关的因素，就会带来重大的管理挑战。恢复性造林展示了重大决策的显性效应和隐性效应，这些决策可以对当地的人口、生态系统和森林产生正面和负面影响。恢复性造林政策的显性效应是重新构建新的或者以前的林地。如果林木的数量是统计的关注点，那么，植树的数量就验证了政策的成功。然而，如果不仔细进行管理，种植或再植所用的方法就会影响森林和生态系统的健康。只有树木的恢复性造林，其隐性效应是产生单一种植林，减少生物多样性。

如果恢复性造林使用了基因优异的幼苗，单一种植林会产生高产量、高生长速率和高回报。然而，单一种植林的性能差异很大，这取决于它们产生于自然或人工恢复性造林。自然再生需要很多年，它产生了小树、成年树、老树和死树。这样会使多种植物和动物一起发育，而与在短期内用播种或种植一个物种的人工方法形成对照，后者阻止了其他植被的生长，无法支持森林健康所需的生物多样性。缺乏生物多样性使树木易于受到虫害、病原体、不利环境条件或三者的影响。在单一种植林中，单个不利事件就会完全退化甚至毁灭整个森林。

反过来说，单一种植林可以实现采伐作业的工业化，因为树木都是同样的尺寸，可以进行皆伐。但人工构造的单一种植林以及随后的采伐会影响一个支持鸟类、植物和动物生存的健康森林所需的植被生长。所以，管理森林所面临的挑战是创建一个可持续性的森林，而不仅仅是一个有树的地块。小规模的皆伐和随后的焚烧提供了增加树木种类和物种茁壮生长的过程，因而可以防止树木的单一种植，增加生物多样性。

恢复性造林的方法和手段

自然再生随树木物种的不同而变化，但

它是一个可以预测的过程。树木再生最常见的三种自然方法是树桩发芽(枝条芽)、树根发芽(根条芽)和自然下种。树桩发芽在大多数阔叶树(如橡树、枫树、黄杨树)中比较常见,需要其他植被作为森林环境的一部分。树桩发芽产生于烧毁或砍伐的树桩,一般成簇出现。树根发芽是无性繁殖,从母体树的树根长出。

有很多树通过树根发芽再生,如柳树、三角叶杨、刺槐、山毛榉和野樱桃。松树通过自然下种繁殖,当来自母体树上球果的种子落到地面时,它可能会再生,这取决于生存环境、温度和土壤条件。如果母体松树在采伐作业中没有被伐掉,幼苗定植之后它应该被伐掉,因为松树的最佳生长条件是它们接收等量的阳光和具有大致相同的年龄。尽管从繁殖的角度看自然再生是一个可预测的过程,但自然下种树木的成功率就不太容易预测。

人工恢复性造林通常被人们认为是恢复性造林。与自然恢复性造林相比,人工方法对树木再生提供了更多的控制或主动管理。人工过程也使某些特定树种更容易与土壤和现场条件相匹配。人工恢复性造林基于直接下种和植树。种子播种通常被认为比其他自然或人工下种方法更成功,因为播种对种子类型(如遗传特性)、土壤条件、地理位置和发芽条件有更多的监控。然而,成功的种子播种取决于具有合适或最佳的土壤条件、地理位置和发芽条件。没有这些最佳条件,种子播种的结果被认为是很有限的。

直接播种就是用手或机器把树种撒到地面。它的成效被认为不是太好,比下种需要更多的种子。直接播种使用得不是很广泛,大多限定于由于成本高、土壤贫瘠或地形难以进入而无法进行自然再生或下种的特定地区。然而,直接播种快速而又廉价。机械行播、旋风式播撒机或点播机用于较小面积的直接播种。种子可以利用手摇播种机或旋风式播撒机进行手播或者以一定的间隔进行行播。较重的种子用手置于地面。数百英亩的较大面积可用飞机或直升机撒播。

对直接播种,发芽条件必须仔细考虑。直接播种最适合轻质种子在潮湿的低地上进行。在干旱或沙地土壤,种子需要裹附1.3厘米厚的泥土。在放牧地区,牲畜会踩坏种苗,陡坡上的种子容易被雨水冲走。

人工恢复性造林的第二种方法是种植活树。它涉及把苗圃里生长了一年的小树移植到指定的地方。使用的树种基于生长特性和生长率的遗传品质。种植比下种更费劳力和成本,因为它涉及更多的地面准备(如烧荒和化学处理)和树苗种植。种树可以混合使用手工和机械方法,包括手工整枝、化学处理以及利用拖拉机。所有这些方法用于减少移植区域的竞争性植被。手工修整包括清理出3到4平方英尺的空间并在树苗周围铺上一层覆盖物。化学处理就是在移植前喷洒除草剂和(有时)杀虫剂,以去除竞争性植被。机械方法通常利用拖拉机在移植前对区域进行犁耕、耙平或旋耕。这种方法的缺点是拖拉机会压实和去除表层土,有助于竞争性植被的出现。

在任何自然或人工恢复性造林方法中,下种树和树苗都会与其他植被进行水分、阳光和养分的竞争。因此,在头三到五年中,定期清除不需要的植被应该是恢复性造林管理工作的一部分。也需要对种子和树苗的生长进行查看，因为树种容易被鸟类和其他野生动物吃掉，树苗容易被啮齿动物、兔子、鹿等吃掉。

恢复性造林的争议和争论

围绕恢复性造林的争议和争论集中在它是否或者在多大程度上能够：① 减少温室气体；② 与粮食生产、放牧和人类住宅进行竞争；③ 增加火灾风险。

环境和科学界的主要争论是恢复性造林能在多大程度上减少温室气体。尽管恢复性造林在某些地区可以减少二氧化碳，但争论集中于树木在短期和长期内去除二氧化碳的有效性。争论的正方认为，恢复性造林产生即时的陆地碳吸存。例如，一棵成年的苹果树每年大约可以减少161公斤二氧化碳，而一棵直径为46厘米的橡树每年可以减少282公斤的二氧化碳。然而，据美国环境保护署(2009)统计，一个两人的家庭每年向大气排放18 820公斤二氧化碳。所以，一个两人的家庭将需要种植大约138棵苹果树或者67棵橡树才能补偿他们每年直接或间接燃烧矿物燃料的排放量。

有些研究人员和科学家认为，恢复性造林对缓解气候变化只有有限的效果，因为家庭排放的二氧化碳的数量依然很大。此外，恢复性造林和其相关的碳吸存随地理位置而变化，给某些地方造林会降低或提高地球的反照率——其反射阳光的能力。例如，大规模种植北方森林会使以前的雪覆盖地区被森林遮盖，这会减少阳光的反射(降低反照率)，吸收更多本来会被雪覆盖地面反射的热量。反过来，在热带地区造林会形成更多的云层或阴天，这会把更多的阳光反射回去(增加反照率)，而不是到达地面。很多研究人员宣称，增加热带地区的造林面积对减少二氧化碳最有成效。

有人认为，科学界没有准确研究这种温室气体。具体地说，他们认为，二氧化碳测量设备在度量植物生物量方面受到限制，在确定二氧化碳含量方面缺乏标准仪器和流程，方法和采样误差导致了每年数据的不一致。因此，创建更好的科学设备、仪器和方法对帮助决策者制订有效的恢复性造林和森林管理规划来说是非常重要的。这些手段也可以帮助解决有关恢复性造林是否会减少温室气体的问题。

恢复性造林计划也会与粮食生产、放牧和住宅用地进行竞争。其争议涉及合理用地的问题。有人认为，恢复性造林使那些本来可以进行经济活动(如农业和畜牧生产)的土地闲置起来。让森林扩展也会与人类生活和居住用地的开发产生竞争。在经济活动有限的欠发达国家和地区，恢复性造林的做法并不现实，因为社区并没有由于现有森林提供服务而获得补偿。

最后，有些森林管理者和决策者担心，恢复性造林有可能会引发更多的森林火灾，因为树木采伐的速度减少了，压制着火的活动(如树枝疏伐)将不会出现。某些地区森林生物量的增加和每年干燥季节的延长显著增加了着火的频度和风险。除了着火的危险，森林火灾还释放出大量的二氧化碳。一般来说，着火之后的新植被会补偿着火时二氧化碳的排放。然而，应该指出的是，森林火灾的频发，加上更高的温度和降雨的减少，会使排放的二氧化碳多于着火之后新植被吸存的数量。

对恢复性造林的展望

恢复性造林在未来5到10年间的展望基本上是积极的，因为政策、项目和不断增强的意识持续得到发展。这里的项目包括像联合国“种植十亿棵树运动”这样的全球规模的计划和像秘鲁“国家恢复性造林运动”(在里马克河沿岸种植6 000万棵树)这样的国家计划。同样，企业主办的行动计划也越来越多，如普莱斯企业通信公司和普莱斯基金会的“百万人，百万树”运动。这些努力将在未来的十几年里增强人们对恢复性造林的认知。

与此同时，恢复性造林的努力在当地、国家和全球层面都面临挑战。首先，很多恢复性造林工作的重点放在树木再生的经济利益上，这通常是以可持续性森林为代价的。如果当初可持续发展(而不是经济利益)被当作是工作的重点，则目前的森林采伐量就会与恢复性造林/人工造林实现平衡。这种把重点放到林业可持续发展上的重大变化将需要很大的政治和社会毅力。

其次，考虑到在较为发达国家人均二氧化碳的排放量，把恢复性造林作为缓解气候变化唯一的解决方案是行不通的。重要的是决策者要启动和落实能够从所有来源减少二氧化碳排放的政策，从而不用仅仅依赖恢复性造林来减少二氧化碳的排放。

恢复性造林的重点是构建健康的森林或者具有生物多样性的多种种植林，而不是单一种植的树木地块。此外，森林需要更好的包括了稀疏化工作的消防管理计划，如疏伐和有限(或受控)的火烧。总之，恢复性造林是防止或控制气候变化的重要手段，它在技术上比其他手段更加简单。具有最多森林的国家预计将成为世界的带头人，但需要动力(包括公众支持)来推动政策的变革和积极的解决方案。

安德鲁・亨德(Andrew J. HUND)
美国阿拉斯加州游港的独立学者

参见：最佳管理实践(BMP)；生物多样性；生态恢复；生态系统服务；消防管理；全球气候变化；自然资本；养分和生物地球化学循环；植物—动物相互作用；种群动态；残遗种保护区；恢复力；重新野生化；土壤保持；物种再引入；植树；原野地。

拓展阅读

Food and Agriculture Organization of the United Nations (FAO). (2010). *Global forest resources assessment 2010: Main report* (FAO Forestry Paper 163). Retrieved March 21, 2011, from http://www.fao.org/docrep/013/i1757e/i1757e00.htm

Kreike, Emmanuel. (2010). *Deforestation and reforestation in Namibia*. Princeton, NJ: Markus Wiener Publishers.

Montagnini, Florencia, & Finney, Christopher. (2011). *Restoring degraded landscapes with native species in Latin America: Environmental remediation technologies, regulations and safety.*

Hauppauge, NY: Nova Science Publishers. Moore, Patrick. (2000). *Green spirit: Trees are the answer*. Vancouver, Canada: Greenspirit Enterprises.

Snelder, Denyse, & Lasco, Rodel. (Eds.). (2010). *Advances in agroforestry: Vol.5. Smallholder tree growing for rural development and environmental services: Lessons from Asia*. New York: Springer.

Stanturf, John, & Madsen, Palle. (Eds). (2004). *Restoration of boreal and temperate forests*. Boca Raton, FL: CRC Press.

United States Environmental Protection Agency (US EPA). (2009). Global warming wheel card. Retrieved August 29, 2011, from http://www.epa.gov/climatechange/emissions/downloads/wheel_instructions.pdf

残遗种保护区

残遗种保护区是一个地理区域，种群、物种或群落在很长的时期内经历了环境的不稳定变化。残遗种保护区理论认为，现存的遗传和物种多样性是由历史环境变化形成的，该理论预测，生物多样性的长期持续取决于残遗种保护区。未来研究的重点应该是确认残遗种保护区整体性生物学重要性、识别气候变化残遗种保护区和研究残遗种保护区和非残遗种保护区种群的进化潜能。

生物多样性（生态系统、物种和基因）在地球上不是随机分布的。当代生态过程和历史生态过程（尤其是产生于环境变化的气候变化）共同形成了生物多样性。残遗种保护区理论预测，生物多样性的长期持续取决于那些环境稳定的区域（残遗种保护区）。所以，残遗种保护区理论为了解和研究与种群和地理区域的历史有关的生物多样性提供了框架体系。残遗种保护区的概念正在进一步完善，它很有可能会促进可持续性景观管理和保护。遗憾的是，残遗种保护区无疑会受到21世纪气候变化的影响。

理论

自生命首次出现以来，新生物就从它们的发源地开始在地球上进行变化和聚集。尽管这些过程被主要的灾难性灭绝事件中断，但物种形成使物种更加特化，更加适应新的生态条件。适应特定的地理区域产生了更高数量共同生存的物种和更小的地理分布潜力，这使得高度适应的物种很容易受到环境和生态迅速变化的影响。

我们可以设想，如果在很长时期内环境都比较稳定，一个物种应该可以从其发源地散布到它适应的所有潜在生存环境中。然而，很多物种的分布在地理上是相当受限制的，尽管潜在生存环境是非常广泛的。这可能是由以下原因造成的：① 不稳定环境造成本地性和区域性随时间的灭绝；② 新物种的进化赶不上环境的变化；③ 物种需要很长时间才能散布和聚集到所有潜在的生存环境

(Bennet 2004)。

残遗种保护区基于以下的观察：环境类似的区域其物种数量却差别很大，带有很多特有物种(即限制在较小地理区域的物种)的区域的确存在。残遗种保护区理论试图用历史因素来解释热点地区生物多样性的持续存在。该理论假定物种的进化速度不会超过环境的变化，它预测在那些受环境变化影响相对较小的区域将存在物种稳定性。

有几个术语被用于描述物种在气候变化导致的变迁但相互重叠分布区内不连续生态稳定区域存活下来的思想。例如，植被生态学家J・H・塔利斯(J. H. Tallis 1991)提出了“储存库”这个术语，而没有用“残遗种保护区”。这个术语旨在考虑这样的事实：处于残遗种保护区的种群可以扩散出去，而不是被限制在保护区内。然而，科学的意见确定了“残遗种保护区”这个术语(Rull 2009)。

历史

德国鸟类学家于尔根・哈费尔(Jürgen Haffer 1996)提出，亚马孙雨林的鸟类中，“大多数物种很可能在干燥气候时期源于森林庇护所”，物种在几个区域中地理隔离区的发展是其物种多样性较高的主要原因。这一论点基于早先的生态残遗种保护区中物种形成的思想(Haffer & Prance 2001)，从那时起，很多研究都用残遗种保护区的概念解释全球多样性的其他模式。系统地理学家(研究种群在整个地理分布区的遗传关系的专家)后来验证了残遗种保护区理论的有效性(Hewitt 1996; Taberlet et al. 1998; Tribsch & Schönswetter 2003)。很多研究支持物种在地理隔离的残遗种保护区中进化和适应的假设。这些研究表明，在冰河期处于曾经是隔离区域的种群中，其基因流缺乏或减少仍可以在现在的种群中测得，杂种地理区(分布区超出残遗种保护区之后，遗传分化种群聚在一起的区域)在很多物种中都存在。古生物学研究方法取得的进展和花粉沉积物历史数据与巨体化石的获得是准确确定残遗种保护区位置的两个因素(Willis & Niklas 2004)。

走向理论的统一

残遗种保护区通常可以定义为一个一定时间内具有生态和环境稳定性的地理区域，在该区域中，种群、物种或群落经历了长期的不稳定。残遗种保护区的识别可以基于独立的非生物数据或环境建模方法(Hugall et al. 2002和Schönswetter et al. 2005)。“实现残遗种保护区”这个术语可用于生物数据(物种特有分布、系统地理格局和连续的古生物学记录材料)提供了物种或种群持续存在证据的情况。

几个假定与残遗种保护区理论有关。多样化的主要过程被认为是异域物种形成(在地理隔离条件下的物种形成)或遗传漂变(较小种群在隔离区域进行遗传分化的随机过程)。此外，假定残遗种保护区在地理上是稳定的。残遗种保护区理论适应于单个物种或进化枝(物种的相关群组)以及生物集群，甚至生态系统和生物群系(生态群落)，这取决于研究人员的观点。

考虑到残遗种保护区具有不同的形状和大小，西班牙生物学家瓦伦蒂・鲁利(Valenti Rull 2009)对残遗种保护区的概念提出了一些改进。他把具有当地有利环境特性的小区域定义为微残遗种保护区,其中的小种群可以在其主要的宏残遗种保护区(更大的区域)生存。他还建议区分冰期和间冰期的微残遗种保护区,它们在更长的时间内仍然与地理稳定的宏残遗种保护区相关联(Rull 2010)。一个类似的方法是区分原地和异地残遗种保护区,后者没有种群、物种或群落随时间进行地理分布的地理重叠。根据环境条件的不同,异地残遗种保护区会在景观上运动。

残遗种保护区理论用于进行某些预测。例如,残遗种保护区预计能够维持物种的存在,即使预测出保护区以外会出现灭绝。新物种的发育只有在下列情况下才有可能:新物种(或演化谱系)在残遗种保护区进化;物种迅速散布到残遗种保护区并生存下来。因为物种一旦离开残遗种保护区,遗传多样性就会减少,所以,遗传变异(尤其是等位基因丰富度和稀有等位基因的数量)(Widmer & Lexer 2001)预计将高于保护区以外的区域。因为当基因变异较高时种群或物种的进化潜能就更大(Frankham et al. 1999),所以,残遗种保护区的种群具有比非保护区种群更高的进化潜能。类似的结论也适用于物种层面:特有物种(尤其是古特有物种)预计在残遗种保护区比较常见,而且特有分布区(特有物种的地理分布显著重叠的区域)必须与残遗种保护区一致。然而,保护区以外的遗传多样性(就杂合性而言)以及物种多样性(就物种丰度而言)可能会更高(Paun et al. 2008和Tribsch et al. 2010),尤其是在一般杂交和缝合带(即源于残遗种保护区的种群和物种融合的区域)。

批评与改进

古生物学家经常使用残遗种保护区这个概念(Bennet 2004, Willis & Whittaker 2000),但有些人通过定义很多不同类型的残遗种保护区来解释观测的数据,这使得这个概念变得复杂化(Bennet & Provan 2008; Stewart et al. 2010)。对物种单独响应冰河期的数据进行融合并考虑不同植被类型的重要性,有人提出了几种类型的残遗种保护区。例如,一位研究人员在微残遗种保护区概念的基础上提出了隐蔽残遗种保护区(Rull 2010)。其他人考虑了适冷物种和适热物种的不同响应,提出了冰期和间冰期残遗种保护区(Stewart et al. 2010)。然而,这样的区分与人们通常对残遗种保护区认可的理解不一致,因为这种定义没有包含地理稳定性。一方面,要清晰区分残遗种保护区理论和(可验证的)残遗种保护区假说,另一方面,还要清晰区分很多古生物学研究中所使用的事后标示。

残遗种保护区理论的有效性已在很多温带和寒带地区得到验证,例如,欧洲的阿尔卑斯山(Schönswetter et al. 2005)、南美洲南部(Sérsic et al. 2011)和北美洲(Soltis et al. 2006)。对热带生物群系(尤其是亚马孙古陆)的研究已变得更加关键(Knapp & Mallet 2003; Haffer & Prance 2001)。对残遗种保护区理论的一般批评可能还质疑异域物种形成和分化是多样化的主要过程这个基本假设(Bennet 2004)。

生态景观基因研究或种群基因研究在较短的时间尺度上使用残遗种保护区的概念,它们把个体或种群经历了扰动的某些地方命名为残遗种保护区。这种所谓的残遗种保护区有助于科学家理解生态系统的恢复力(Ashcroft 2010; Sedell et al. 1990)。然而,因为残遗种保护区理论涉及在基因或物种层面物种形成和多样化的假设,所以,残遗种保护区这个术语的这种用法有些误导。

残遗种保护区、环境保护和气候变化

那些具有高度集中土著物种、包含独特遗传结构种群或者物种内包含重要演化谱系的残遗种保护区,都值得被纳入自然保护的策略中(Noss 2001)。基于残遗种保护区位置的保护规划将有效补充规划者使用的传统度量手段,这些手段包括物种和生态系统多样性、独特性和人为威胁。

残遗种保护区理论对全球气候变化的研究具有影响。对未来气候和未来生物分布的预测使得我们有可能对气候变化残遗种保护区的位置进行预测。空间生态学家阿什克罗夫特(M. B. Ashcroft 2010)指出,对术语"残遗种保护区"所做的宽松定义是根据预测的气候变化进行残遗种保护区识别的障碍。例如,他指出,仅被当地认为的残遗种保护区可能会夸大那些可以很容易运动很长距离的物种的灭绝风险。尽管生物学和物种行为对理解物种如何分布非常重要,但未来的研究应使用清晰、简单的残遗种保护区的定义,只有很少几个假定,这至少可以作为在大尺度(在宏残遗种保护区层面)下进行气候变化研究的起点。例如,在小的山脉中仅关注某些物种的微残遗种保护区尺度上,所做的研究也可以基于更复杂的残遗种保护区的定义(例如,一个动态微残遗种保护区的概念),应尽可能多地考虑与物种有关的生物和生态特性。这种方法很有可能为全球和地方的保护规划做出贡献,在未来很有可能降低物种灭绝的风险。

为什么要研究残遗种保护区?

生态和生物地理学的比较研究表明,残遗种保护区对生物多样性具有普遍的重要性。它提供了把残遗种保护区种群、物种集群,甚至整个生态系统与最近定植的非残遗种保护区的上述内容进行比较的机会。在面对全球气候变化的情况下,这样的研究可能涉及:① 识别全球变化残遗种保护区;② 量化保护区中物种和遗传多样性所受到的威胁;③ 研究残遗种保护区物种的进化潜能;④ 制订包括全球残遗种保护区信息的保护策略。

残遗种保护区是长期可持续性的自然中心。然而,大自然是动态的,科学家们仍然没有完全理解残遗种保护区理论适用的生物类型和时间尺度。把残遗种保护区包含在管理策略之中会在很多方面使可持续性生态系统管理受益。把残遗种保护区当作独特生物多样性和独特进化能力的预测指标将成为对传统方法进行补充(而不是取代)的有效保护策略。

安德烈亚斯·特里波斯(Andreas TRIBSCH)
萨尔斯堡大学

参见：农业集约化；生物多样性；生物多样性热点地区；生物走廊；边界群落交错带；缓冲带；群落生态学；复杂性理论；边缘效应；食物网；全球气候变化；大型景观规划；持久农业；种群动态；自然演替。

拓展阅读

Ashcroft, Michael B. (2010). Identifying refugia from climate change. *Journal of Biogeography*, *37*, 1407–1413.

Bennet, Keith D. (2004). Continuing the debate of the role of Quaternary environmental change for macroevolution. *Proceedings of the Royal Society London B*, *359*, 295–302.

Bennet, Keith D., & Provan, Jim. (2008). What do we mean by “refugia”? *Quaternary Science Reviews*, *27*, 2449–2455.

Frankham, Richard; Lees, Kelly; Montgomery, Margaret E.; England, Phillip R.; Lowe, Edwin H.; & Briscoe, David A. (1999). Do population size bottlenecks reduce evolutionary potential? *Animal Conservation*, *2*, 255–260.

Haffer, Jürgen. (1969). Speciation in Amazonian forest birds. *Science*, *165*, 131–137.

Haffer, Jürgen, & Prance, Ghillean T. (2001). Climatic forcing of evolution in Amazonia during the Cenozoic: The refuge theory of biotic differentiation. *Amazoniana*, *16*, 579–607.

Hewitt, Godfrey M. (1996). Some genetic consequences of ice ages, and their role in divergence and speciation. *Biological Journal of the Linnean Society*, *58* (3), 247–276.

Hugall, Andrew; Moritz, Craig; Mousalli, Adnan; & Stanisic, John. (2002). Reconciling paleodistribution models and comparative phylogeography in the Wet Tropics rainforest land snail *Gnarosophia bellendenkerensis* (Brazier 1875). *Proceedings of the National Academy of Sciences of the United States of America*, *99*, 6112–6117.

Knapp, Sandra, & Mallet, James. (2003). Refuting refugia? *Science*, *300*, 71–72.

Mayr, Ernst. (1942). *Systematics and the origin of species from the viewpoint of a zoologist*. New York: Columbia University Press.

Paun, Ovidiu; Schönswetter, Peter; Winkler, Manueala; Tribsch, Andreas; & IntraBioDiv-Consortium. (2008). Evolutionary his the European Alps and the Carpathians. *Molecular Ecology*, *17*, 4263–4275.

Noss, Reed F. (2001). Beyond Kyoto: Forest management in a time of rapid climate change. *Conservation Biology*, *15*, 578–590.

Rull, Valentí. (2009). Microrefugia. *Journal of Biogeography*, *36*, 481–484.

Rull, Valentí. (2010). On microrefugia and cryptic refugia. *Journal of Biogeography*, *37*, 1623–1627.

Schneeweiss, Gerald M., & Schönswetter, Peter. (2011). A reappraisal of nunatak survival in arctic-alpine phylogeography. *Molecular Ecology*, *20*, 190–192.

Schönswetter, Peter; Stehlik, Ivana; Holderegger, Rolf; & Tribsch, Andreas. (2005). Molecular evidence for glacial refugia of mountain plants in the European Alps. *Molecular Ecology*, *14*, 3547–3555.

Sedell, James R.; Reeves, Gordon H.; Hauer, F. Richard; Stanford, Jack A.; & Hawkins, Charles P. (1990). Role of refugia in recovery from disturbances — modern fragmented and disconnected river systems. *Environmental Management*, *14*, 711–724.

Sérsic, Alicia N., et al. (2011). Emerging phylogeographical patterns of plants and terrestrial vertebrates from Patagonia. *Biological Journal of the Linnean Society*, *103*, 475–494.

Soltis, Douglas E.; Morris, Ashley B.; Lachlan, Jason S. M.; Manos, Paul S.; & Soltis, Pamela S. (2006). Comparative phylogeography of unglaciated eastern North America. *Molecular Ecology*, *15*, 4261–4293.

Stewart, John R.; Lister, Adrian M.; Barnes, Ian; & Dalén, Love. (2010). Refugia revisited: Individualistic responses of species in space and time. *Proceedings of the Royal Academy of Sciences B*, *277*, 661–671.

Taberlet, Pierre; Fumagalli, Luca; Wust-Saucy, Anne-Gabrielle; & Cosson, Jean-Francoise. (1998). Comparative phylogeography and colonization routes in Europe. *Molecular Ecology*, *7*, 453–464.

Tallis, J. H. (1991). *Plant community history*. London: Chapman and Hall.

Tribsch, Andreas, et al. (2010). Integrating data across biodiversity levels; the project IntraBioDiv. In Eva M. Spehn & Christian Körner (Eds.), *Data mining for global trends in mountain biodiversity* (pp. 89–105). New York: CRC Press.

Tribsch, Andreas, & Schönswetter, Peter. (2003). Patterns of endemism and comparative phylogeography confirm palaeoenvironmental evidence for Pleistocene refugia in the eastern Alps. *Taxon*, *52*, 477–497.

Widmer, Alex, & Lexer, Christian. (2001). Glacial refugia: Sanctuaries for allelic richness, but not for gene diversity. *Trends in Ecology and Evolution*, *16*, 267–269.

Willis, Katherine J., & Niklas, Karl J. (2004). The role of Quaternary environmental change in plant macroevolution: The exception from the rule? *Proceedings of the Royal Society London B*, *359*, 159–172.

Willis, Katherine, & Whittaker, Robert J. (2000). The refugial debate. *Science*, *287*, 1406–1407.

稳态转换

稳态转换是一个系统的结构和功能发生的较大持续变化。在生态系统中，稳态转换会显著影响社会所依赖的服务流；它们常常意想不到地发生，而且难以或无法逆转。了解导致和维持稳态转换的机理、预测稳态转换的发生是关心长期可持续性资源管理的生态系统管理者所面临的主要挑战。

稳态转换是一个系统的结构和功能发生的较大、突然和持续的变化。这里的术语“突然”和“持续”都是相对的，它指的是转换发生的时间周期与稳态的持续时间的比较。一个特定的稳态本身并不是一个不变的条件，而是在保持相同的基本系统结构和功能的情况下具有动态波动的特征。每一个稳态由相互加强的过程进行维持，这些过程产生特征性动态表现。当一个平稳的变化或单个扰动引发显著不同的系统表现时，就出现了稳态转换。在生态系统中，突然变化会中断社会依赖的可持续性服务，如淡水、粮食生产或养分循环。稳态转换在不同规模上（从本地到全球）发生并影响社会。在本地规模，介绍最多的稳态转换例子之一，是灌从入侵（即植被蔓延），其中草食性的一点变化可以导致生存环境的显著转变，如以草本植物为主的稀树草原变为以木本植物为主的稀树草原。入侵在非洲和南美洲的潮湿稀树草原都有介绍，这种变化严重影响了草原生态系统的利用（如放牧）。在区域性规模，如果水汽循环被森林砍伐弱化，森林就可以变为稀树草原。亚马孙地区和东亚的热带雨林被认为是处于这种稳态转换的风险之中。在全球规模，气候变暖使得北极海冰在夏天不断消退，从而影响海面高度、气候调节和全球的生态系统稳态。

历史背景

早在生态学家之前，数学家就对系统表现的突然转换感到惊奇。他们提出了灾变和分岔理论，来解释不同类型的非线性动态特性并进行分类，从而分析情况的不大变化所引发的效应为什么有时候可以导致系统表现的急剧转换。该理论在很广泛的领域都有应用，从原子到气候以及社会系统的动态变化。

在生态学中，种群或生态系统表现出稳态转换的思想源于对生态系统稳定性和变化的含义的思考。美国生物学家理查德·列万廷（Richard C. Lewontin）和加拿大生态学家霍林（C. S. Holling）在20世纪60年代的研究工作给出了交替稳态（即稳态转换）的第一批参考资料。在20世纪70年代，开发的理论模型被用于探索列万廷和霍林的思想在放牧和渔业系统以及昆虫爆发领域的应用。对稳态转换的早期研究被批评为缺乏实验性证据和长期的高质量数据。这些批评延缓了对稳态转换的研究，直到20世纪90年代收集到了海草林、浅水湖、旱地和珊瑚礁发生突然变化的例证。这种实验性证据引起21世纪初期的理论修正，并导致在过去的十年中海洋学、渔业科学、陆地生态学和群落生态学领域进行稳态转换研究的热潮。

尽管存在这种研究的热潮，但对稳态转换的定义仍然没有一致意见。各种定义的差异集中在“稳定性”的含义和“突然”的含义上——一种情况的时间跨度需要多长才被认为是一个稳态，什么样的时间跨度才可以被认定为“突然”？说到底它是个规模问题，不同的学科使用稍微不同的定义。例如，在海洋学中，一个稳态必须持续至少几十年，并包含作为驱动因素的气候变化性，而对海洋生物学家来说，一个稳态也许只需要持续5年，而且仅靠种群动态的变化就可以诱导。

在社会科学中，稳态转换的思想在应用时使用了稍微不同的框架。关于社会中的突然变化演化出了类似的概念，用于解释这样的现象：一个吸引子被反馈强化，其输出一般由初始条件和系统历史来决定。例如，规范我们社会的准则（也称为制度）会随时间变化。然而，一套准则一旦建立并被一个社会所接受，变化的可能性就会降低。右侧驾驶与左侧驾驶的情况也是一样。一旦准则确定下来，基础设施（如道路）和车辆就会按照这个选项进行制造，然后就很难转换到另外的选项。在更广泛的意义上，每一个运行方式（或制度安排）都可以被认为是社会体系中的一个稳态。

尽管如此，分岔和灾变理论在生态学和社会科学中的应用仍然存在争议。其中的困难包括收集足够的数据、在真实系统中进行实验和区分真正的稳态转换动态与环境噪声。为了把稳态转换的概念应用到具体的问题上，有可能需要限制被研究的动态的规模和范围。例如，物种的大量灭绝可以看作是地质时间尺度上的突然变化，而理解人类经济领域的金融危机则需要把精力集中在更短的时间尺度上。

理论基础

稳态转换之所以发生是因为出现了大型系统震荡（如旱灾、地震和洪水）或者内部过程弱化到使系统重组为不同的动态结构和功能。在这两种情况下，导致的变化可以是平稳、突然或不连续的，其差异由系统中快速或缓慢过程之间的相互作用来表征。

在分析稳态变化时，重要的是要区分状态变量（也称为快速变量或响应变量）和条件（也称为参数、强制变量、控制变量或慢变量）。前者总是代表系统的快速动态，后者指的是那些常被认为是不变但实际上是缓慢变化的因子。平稳或渐进变化可用快速和缓慢过程中的准线性关系描述。它意味着小的扰动将导致小的后果,大的扰动会导致大的后果。与此不同的是,突然变化会展示快变量和慢变量之间的非线性关系,从而引发临界性的响应:小的变化可以导致大的后果。不连续变化由慢变量增加时快变量轨迹与慢变量减少时快变量的轨迹的差异来表征。

这种与不连续变化有关的差异被称为"滞后现象",表示系统的表现取决于系统的历史。这意味着系统一旦从一个稳态变为另一个稳态,系统仅恢复到转换前的初始条件是不够的。如果你想恢复到原始的稳态,你需要把导致转换的因子(如导致水体富营养化的养分污染)降低到更低的水平。

在有些情况下,跨过临界点会引起响应变量的剧烈变化,而在其他情况下,过渡会更加缓慢。突然变化的情况已在湖泊富营养化和沿海生态系统中进行了描述,这种情况产生了有毒的藻花并使渔业生产力降低。另一个例子是珊瑚礁——藻类的生长超过了珊瑚,阻碍了它的进一步发育,这就降低了生存环境的生态复杂性和多样性,限制了渔业和旅游业的发展。平稳或渐进变化已在灌丛入侵中进行了描述,这是一种减少与草地有关的生态系统服务(如放牧)的稳态转换。

强滞后效应常常是由内部系统反馈的强度变化引起的,或者是由新反馈形成引起的。例如,珊瑚礁的稳态转换常常由控制藻类生长的草食性反馈的强度来实现。另一方面,在湖泊富营养化这种情况下,系统一旦转换为浑浊水稳态,即使驱动因素(养分输入)减少,新的磷循环反馈也会维持这种稳态。

证据和预测

稳态转换的证据来自观察、模型和实验。现在生态系统中的很多例子被认为是做了翔实的记录(见表R3)。具有快速动态、相对容易管控的小规模系统(如湖泊)有更多的例子,而具有缓慢动态的大规模系统,其可用证据较少。有关稳态转换(尤其是不同规模的稳态转换)之间相互作用的情况,我们知道得甚少。

在时间序列数据中观察到的突然变化构成稳态转换的主要证据。当有可用的时间序列时,可以通过寻找数据的突然跳动来识别稳态转换。一个标志性的例子是大约5 500年前撒哈拉地区海洋沉积物的记录资料,它们清晰地显示出该地区从潮湿、存在植被的条件变成了今天的沙漠状态。

大多数时间序列数据存在统计"噪声",需要用统计方法识别不同的稳态(Andersen et al. 2009)。最常用的工具是排序法,如主成分分析(PCA)、按时间顺序聚类和序贯t检验。然而,这些方法只能识别已经发生的稳态转换。

由于难以取得观察结果,稳态转换的很多研究工作都是理论性的——利用模型来探索在什么条件下最有可能发生稳态转换。建模是认知支撑稳态转换的因果关系和反馈机制强度的良好工具,它也用于识别关键的临界点,评估关键变量的相互作用。临界等级的可变性可通过建模加以研究,以确定稳态转换更有可能发生的临界区间或数值。例如,对放牧进行建模可以作为管理灌丛入侵的一个选项(Anderies, Janssen & Walker 2002),对灌溉系统进行建模可以认知土壤盐碱化(Saysel &

表R3 生态系统中稳态转换的著名例子

稳态转换	稳态A	稳态B	对生态系统服务的影响	证 据	证据来源
淡水富营养化	非富营养化	富营养化	休闲机会减少；饮用水质量降低；存在鱼类消减的风险	强	观察 实验 模型
渔场崩溃	存量丰富	存量崩溃	食物生产减少；就业和生态系统退化	强	观察 实验 模型
土壤盐碱化	高生产力	低生产力	产量下降；盐对基础设施和生态系统造成损害；污染饮用水	强	观察 实验 模型
珊瑚礁退化	多样性的珊瑚礁	珊瑚礁被大型藻类主导	旅游人数、渔业收成和生物多样性减少	强	观察 实验 模型
沿海水域低氧	不低氧	低氧	渔业收成减少；海洋生物多样性消减；出现有毒藻类	强	观察 模型
河道位置	老河道	新河道	贸易和基础设施受损	强	观察 模型
森林—稀树草原	森林	稀树草原	生物多样性、水汽循环和降雨消减	强	观察 模型
海草转变	海草主导的海景	草皮式藻类主导的海景或者海胆不育	生物多样性和渔业收成减少	强	观察 实验 模型
季风环流	强季风	弱季风	水循环、降雨、生产力降低	中等	模型
植被斑块	有空间格局	没有空间格局	生产力下降；侵蚀	中等	观察 实验 模型
潮湿稀树草原—干燥稀树草原	潮湿稀树草原	干燥稀树草原或沙漠	生产力消减；产量下降；出现干旱/干期	中等	模型
云雾林	云雾林	疏林	生产力消减；径流减少；生物多样性消减	中等	观察 模型
灌丛入侵	开敞草原	封闭林地	牲畜放牧数量减少；通行性降低；薪材增加	中等	观察 实验 模型
格陵兰冰盖	持续冰盖	间断冰盖	气候调节、海洋盐分调节减弱；海面升高	中等	观察 模型
北极海冰	持续冰盖	间断冰盖	气候调节、海洋盐分调节减弱；海面升高	中等	观察 模型

来源：修改于阅读材料（Gordon, Peterson & Bennett 2008, 215; Scheffer et al. 2001, 595）和稳态转换数据库.

Barlas 2001),湖泊富营养化也通过各种实验和模型进行了研究(Carpenter 2003)。

一个关键的前沿研究领域是对稳态转换开发预警信号。探索的方法包括系统统计特性的变化,如临界点到达前出现的可变性和自相关的增加。然而,这样的研究需要较长的时间序列,这对生态数据来说常常无法得到。如果存在可用的有关反馈动态的深厚知识,被称为贝叶斯网络的统计方法可用于认知和预测潜在的相互作用临界值。

管理挑战

关注资源可持续利用的管理者希望他们所管理的系统的效率最佳化,也就是提高从现有生态系统中获取的益处,而不会损害后代获取益处的能力。然而,在管理者追求最佳化的过程中,关键变量的变化可以缓慢积累并带来剧烈的转变。认知稳态转换的本质有助于管理者找出关键的反馈过程,以构建这种转变的恢复力——在维持系统基本结构和功能的基础上应对变化的能力。

找出变化的主要驱动因素或驱动因素之间的相互作用是目前研究的主要挑战。人们提出,当地和区域稳态转换之间不同规模的相互作用是可能的。垂直相互作用指的是发生在不同规模的稳态转换之间的联系。水平相互作用发生在大概相同的规模上,此时以相同的速率发生的过程在时间和空间上产生相互作用。

管理者面临的挑战是找出容易发生稳态转换的系统以及维持或恢复期望的稳态可能采取的行动。为了获取这样的认知,支撑变化的反馈回路需要根据每一个具体情况加以评估。了解缓慢和快速过程有助于评估管理选项,找出什么是可以管理什么是不可以管理的。评估政策的稳健性、了解系统动态的反常特性也是很有帮助的。由于稳态转换动态变化的特征是小的扰动有可能引起大的效应,所以认知稳态转换也使管理者可以寻求机会的窗口来使灾变性动态变化最小化或者发生逆转。例如,对厄尔尼诺现象(影响海洋生物和天气模式的温暖太平洋海流)有关事件不断深化的认知可用于使生态系统从退化状态恢复到植被状态(Holmgren & Scheffer 2001)。另一方面,检测方法需要进一步完善,以适应资源管理的实际情况:在环境系统的复杂功能下,我们缺乏更为深入的知识和时间序列数据。

雷内特·比格斯(Reinette (Oonsie) BIGGS)
加里·彼得森(Garry D. PETERSON)
胡安·罗查(Juan C. ROCHA)
斯德哥尔摩大学斯德哥尔摩恢复力中心

参见：生物多样性；群落生态学；复杂性理论；生态预报；边缘效应；水体富营养化；极端偶发事件；食物网；全球气候变化；指示物种；入侵物种；关键物种；光污染和生物系统；爆发物种；植物—动物相互作用；种群动态；恢复力；原野地。

拓展阅读

Anderies, John M.; Janssen, Marco A.; & Walker, Brian H. (2002) Grazing management, resilience, and the dynamics of a fire-driven rangeland system. *Ecosystems*, *5*, 23–44.

Andersen, Tom; Carstensen, Jacob; Hernández-García, Emilio; & Duarte, Carlos M. (2009). Ecological thresholds and regime shifts: Approaches to identification. *Trends in Ecology & Evolution*, *24*, 49–57.

Beisner, Beatrix; Haydon, Daniel; & Cuddington, Kim M. D. (2003). Alternative stable states in ecology. *Frontiers in Ecology and the Environment*, *1*, 376–382.

Bennett, Elena M.; Cumming, Graeme; & Peterson, Garry D. (2005). A systems model approach to determining resilience surrogates for case studies. *Ecosystems*, *8*, 945–957.

Biggs, Reinette; Carpenter, Stephen R.; & Brock, William A. (2009). Turning back from the brink: Detecting an impending regime shift in time to avert it. *Proceedings of the National Academy of Sciences USA*, *106*, 826–831.

Carpenter, Stephen R. (2003). *Regime shifts in lake ecosystems: Pattern and variation. Excellence in ecology series*, *Vol. 15* (O. Kinne, series ed.). Oldendorf/Luhe, Germany: International Ecology Institute.

Collie, Jeremy; Richardson, Katherine; & Steele, John H. (2004). Regime shifts: Can ecological theory illuminate the mechanisms? *Progress in Oceanography*, *60*, 281–302.

Foley, Jonathan A.; Coe, Michael T.; Scheffer, Marten; & Wang, Guiling. (2003). Regime shifts in the Sahara and Sahel: Interactions between ecological and climatic systems in northern Africa. *Ecosystems*, *6*, 524–539.

Gordon, Line J.; Peterson, Gary D.; & Bennett, Elena M. (2008). Agricultural modifications of hydrological flows create ecological surprises. *Trends in Ecology & Evolution*, *23*, 211–219.

Holmgren, Milena, & Scheffer, Marten. (2001). El Niño as a window of opportunity for the restoration of degraded arid ecosystems. *Ecosystems*, *4* (2), 151–159.

Kinzig, Ann P., et al. (2006). Resilience and regime shifts: Assessing cascading effects. *Ecology and Society*, *11*, 20.

Overland, James; Rodionov, Sergei; Minobe, Shoshiro; & Bond, Nicholas. (2008). North Pacific regime shifts: Definitions, issues and recent transitions. *Progress in Oceanography*, *77*, 92–102.

Peters, Debra P. C., et al. (2004). Cross-scale interactions, nonlinearities, and forecasting catastrophic events. *Proceedings of the National Academy of Sciences USA*, *101*, 15130–15135.

Regime Shifts DataBase. (n.d.). Homepage. Retrieved October 3, 2011, from http://www.regimeshifts.org

Saysel, Ali Kerem, & Barlas, Yaman. (2006). Model simplification and validation with indirect structure validity tests. *System Dynamics Review*, *22*, 241–262.

Scheffer, Marten. (2009). *Critical transitions in nature and society*. Princeton, NJ: Princeton University Press.

Scheffer, Marten; Carpenter, Stephen R.; Foley, Jonathan A.; Folke, Carl; & Walker, Brian H. (2001). Catastrophic shifts in ecosystems. *Nature*, *413*, 591–596.

Scheffer, Marten, et al. (2009). Early-warning signals for critical transitions. *Nature*, *461*, 53–59.

Scheffer, Marten; Westley, Frances; & Brock, William A. (2003). Slow response of societies to new problems: Causes and costs. *Ecosystems*, *6*, 493–502.

Walker, Brian, & Meyers, Jacqueline A. (2004). Thresholds in ecological and social-ecological systems: A developing database. *Ecology and Society*, *9*, 3.

Walker, Brian, & Salt, David. (2006). *Resilience thinking: Sustaining ecosystems and people in a changing world*. Washington, DC: Island Press.

恢复力

生态恢复力是一个系统能够承受扰动而不会崩溃和转换到不同稳态的能力。人类依赖生态产品和服务的持续生产。当一个生态系统的恢复力被超出、系统转换为一个新的稳态时，从人类的角度看这个系统可能变得不太有利。因此，了解和管理恢复力对可持续发展来说是必不可少的。

人类依赖生态系统提供的产品和服务：清洁水和空气是两个这样的例子。恢复力是对生态系统在转换为一个不同稳态之前能够承受的扰动的度量；系统转换为不同的稳态，其提供的产品和服务有可能会减少。因为使系统能够提供关键生态产品和服务符合人类的利益，所以，了解恢复力是至关重要的。

背景

恢复力是生态系统能够承受扰动而不会崩溃和转换为交替稳态或不同类型、具有不同过程和结构的生态系统的能力。交替稳态的例子包括透明、低养分、低藻类、富氧湖泊（贫营养化）或浑浊、高养分、高藻类、低氧湖泊（富营养化），被珊瑚主导的珊瑚礁或被大型藻主导的珊瑚礁，草原或被木本植物主导的灌木林。恢复力是复杂系统的一个突显现象，这意味着它不能从一个系统的各部分的表现推断出来。换句话说，对黄石公园中狼和驼鹿种群的全面认知并不能认知生态系统作为一个整体是如何工作的，或者它是不是具有恢复力。仅靠简单地拼合，我们对组成部分所了解的知识并不能使我们了解一个系统的表现。

生态学家知道复杂系统是自组织系统，具有固有的不确定性、非线性动态特性和突显现象。复杂系统是自组织系统，因为没有一个核心的实体负责管理生态系统的过程和功能。生态系统产生于各组成部分未受管理的相互作用；复杂性随着时间的推移产生于很多简单的相互作用。生态系统是复杂的，因为整体并不是部分的简单集合。当小的变化产生不成比例的大效应时，非线性动态就会出现。例如，一个湖泊的含磷量可能会随时间稳定上升而不会出现明显的后果,直到它们再升高一点、湖泊突然转换为一个新的稳态,从而水体成为富营养化,导致藻花的出现。生态系统也是复杂的适应性系统,组成部分之间的相互作用和整体的突现性质导致系统的动态变化。这些变化对科学家了解和管理生态系统产生影响。了解生态系统的恢复力非常重要,其中部分的原因是人类依赖生态系统产品和服务的持续生产,如饮用水、作物授粉、土壤再生、丰富的海产品、二氧化碳存储等。当生态系统的恢复力被超出、系统转换为一个新的稳态时,对人类来说系统变得不太有利,生产的产品和服务减少了。

自20世纪70年代,生态学家就提出了恢复力理论,以解释复杂自适应系统的非线性动态特性。当生态系统的恢复力被超出时,系统会发生明显的变化:例如,湖泊从清澈变得浑浊(见图R1)。虽然这个领域的研究已经取得了进展,但复杂系统的非线性动态使得我们很难预测这种转换何时会发生。系统小的变化有可能带来不成比例的较大后果,反之亦然。

不应把生态恢复力与工程恢复力进行混淆,后者强调当出现扰动时,系统持续和可预测地完成某项任务、快速重建系统性能的能力。把这种思维应用到生态系统管理上会有极大的困难。可再生资源(如树木或鱼类)的

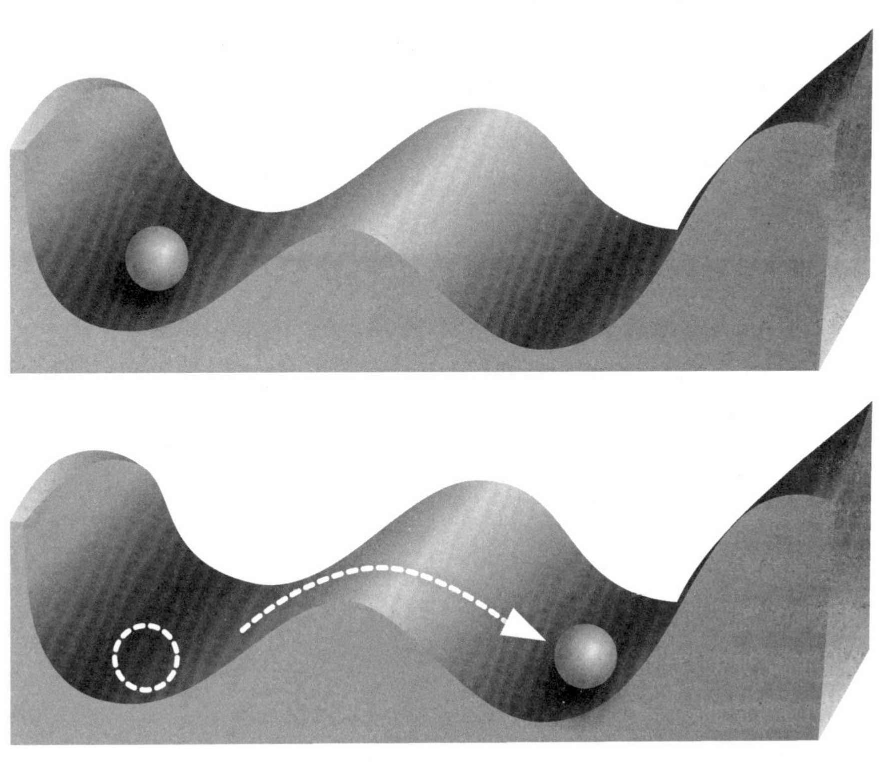

图R1　恢复力

来源:美国环境保护署.

该图描绘了两种可能生态系统状态的引力盆地的概念示意图。上图左侧盆地中球的位置表示系统的当前状态。生态学家把系统从一个引力盆地推向另一个盆地(下图)所需的扰动大小作为系统恢复力的度量。这两个盆地代表两种可能的交替稳定状态,用两个不同的稳态来表征。

获取不能当作具有可预测、持续输出的工程系统来对待。生态系统没有工程所定义的那种平衡状态(相反的力之间处于平衡)。生态系统存在于一种稳态之中。在某个特定的稳态下,构成该稳态的物种多度和组成可能会随时间不断发生动态变化。工程恢复力假定生态系统由一种平衡状态来表征。这种假定对复杂适应性系统(如生态系统)来说是不合适的。

当讨论复杂系统时,尺度是需要了解的关键概念。尺度一般指的是所研究物体或过程的空间范围和时间频度。在生态系统中,在不同的空间和时间尺度上会有不同的过程处于主导地位。小的、快速过程(如树叶的转化)要比影响陆地上北方森林位置的大型、缓慢过程(如气候变化)差几个数量级。因为这些过程发生在分立的空间和时间尺度上,结构化过程的尺度之间会存在阈值,这被称为不连续性。复杂系统的过程和结构都不是连续的。过程运行于尺度域。这些过程被向新结构化过程过渡的突变阈值分开。这种不连续结构对生态系统的恢复力是非常关键的。生态学家提出,恢复力(即一个系统缓冲扰动、保持相同稳态的能力)部分地源于生态系统尺度域内或跨尺度域的功能分布。恢复力、不连续性和尺度内与跨尺度功能分布之间的关系产生了能够对不同生态系统相对恢复力进行量化度量的正式命题。

一个这样的命题是,生态过程的恢复力(因而生态系统的恢复力)部分地取决于尺度内和跨尺度的功能分布。很多生态功能(如授粉或种子散布)由物种提供。如果物种是同一功能群组的成员,它们又在不同尺度上运作,则它们会提供有助于功能恢复的相互强化,同时,它们也会使处于同一功能群组的物种之间的竞争最小化。例如,种子散布是发生在多个尺度的重要功能,从蚂蚁散布春生短命植物这种很小的尺度,到大型脊椎动物(如貘)的很大尺度。科学家认为,恢复力得到尺度内存在的功能多样性和跨尺度分布的功能冗余性的强化。请注意,恢复力不是由系统任何给定元素的特性驱动的,而是由这些元素提供的功能和其在尺度内与跨尺度的分布驱动的。

截止到2011年,生态学家通过分析动物身体质量分布来探测不连续性。生态结构中存在不连续性的直接证据越来越多。科学家几乎在他们评估过的每个生态系统的动物身体质量分布中都发现了不连续性。他们发现了物种在其特定尺度域(基于对数的身体质量)与生物现象(如入侵、灭绝、高种群变化性、迁徙和游牧)之间的关联模式。这些现象在尺度域之间阈值的聚类表明,资源分布或可用性的变化性在这些位置(即不连续性位置)是最大的。这些观察支持下述观点:尽管存在物种组成的变化,至少只要构成系统结构的过程没有变化,具有自组织动态特性结构的生态群落在动物身体质量分布方面将趋于维持类似的不连续模式。

起源

加拿大生态学家霍林(C. S. Holling)于1973年首次提出了生态恢复力的概念。他认识到超过系统恢复能力的扰动会使系统转换为一种交替状态或稳态。霍林更喜欢“稳态”这个术语,因为它强调一个系统给定状态的控制过程。这种对交替稳态的强调与当时普遍的生态学理论不一致,后者认为扰动之后应考虑的相关度量是返回时间(即工程恢复力)。对返回时间的强调基于这样的前提:大多数系统只能存在一种稳定状态。霍林在其自传中回顾了生态恢复力概念的起源:

到那时为止,对单个平衡状态的关注和全球稳定性的假定使得生态学以及经济学的精力都集中在近似平衡行为和使变化性最小为目标的固定承载能力上。指挥和控制成为管理鱼类、禽鸟、树木、畜类等的政策……

相反,多稳态的现实开启一条完全不同的道路,它把精力集中在远离平衡状态和稳定性边界的行为表现。高变化性(而不是低变化性)成为维持生存和学习能力的必要属性。对生态系统来说,意外和固有的不可预见性是不可避免的结果(Holling 2006)。

对霍林的原始论文最初的反应之一是拒绝发表。美国生态学家韦恩·索萨(Wayne Sousa)和约瑟夫·康奈尔(Joseph H. Connell)检索了生态学文献,以确定是否找到自然界存在多稳态的证据。他们分析了生物种群变化时间序列的出版数据,以确定是否存在任何多稳态的迹象,但没有发现支撑性证据。这进一步强化了主导种群生态学的单平衡状态的范例,恢复力的概念实际上进入了科学休眠期。

随着时间的推移和生态学家接触到更长期限的成套数据并提出系统行为建模的思想(不同于组成部分的行为),霍林的恢复力的概念开始重新出现。20世纪90年代后期,麦克阿瑟基金会的一项资助帮助创建了目前人们所了解的恢复力联盟(2011):一个"全球机构的联合体,它寻求用创新的方法把科学和政策综合起来,以发现可持续发展的科学基础。"该联盟包括作为一项研究和交流计划合作伙伴的大学、政府和非政府机构,其目标是寻求社会、经济和生态的综合可持续发展。自恢复力联盟创建了以发展理论、认知案例研究为中心的全球研究网络以来,侧重社会-生态系统恢复力的出版物已经成倍增长。霍林的生态恢复力的思想已经使与之竞争、侧重返回时间定义的思想黯然失色。

影响和应用

任何复杂系统的一个前提是意外和不确定性是系统固有的。常规生态系统管理在解决系统行为的意外和不确定性方面一直比较迟缓,而且在很大程度上难以长期确保生态产品与服务的持续提供。另一方面,科学家在实验室复制复杂系统的能力也限制了对生态系统进行的实验。发展恢复力理论的一个结果是认识到我们需要在生态系统中明确引入不确定性规划和管理以及突现现象(如恢复力)的生态系统管理框架。生态学家开发了适应性管理,作为进行不怕失败的生态系统实验的手段和面对不确定性时作为进行有效管理的手段。因此,恢复力管理包括在尺度内和跨尺度情况下主动维持生态功能的多样性,考虑阈值和在阈值点上出现的非线性动态,实施适应性管理和治理。进行恢复力管理除了需要了解有关系统组成部分的具体、详细知识以外,还需要对系统层面的行为有更加深入的认知。然而,处于不利状态的系统也可以具有高恢复力。在这种情况下,管理者的目标是降低系统的恢复力,帮助系统转换为更有利的稳态。

下列建议构成恢复力管理的核心:

- 找出那些表明某个特定系统丧失恢复

力的条件。最近的研究表明,一些与系统有关的条件可以表明系统正在丧失恢复力并接近稳态转换。这些指示条件是可以度量的,各个生态系统之间也并不相同。

- 找出并维持那些有助于使系统保持在期望稳态的各种系统因素和反馈。在尺度内和跨尺度情况下维持那些有助于系统恢复力的生态功能分布。

- 应用对恢复力管理至关重要的适应性管理和治理。他们把政策和管理选项当作具有实施风险的假说,从而增强学习能力,减少不确定性。

- 采取管理行动,降低转换为不同稳态的可能性。例如,控制入侵物种,或者监控和维持重要的结构化过程(如着火、水文特性)。

未来展望

像恢复力这样的概念取得的成功也带来了滥用和误解的危险。这些缺陷可能已经伤害到适应性管理和可持续发展的思想。严格遵守其科学定义、紧密跟踪认知稳态转换(以及恢复力)所取得的进展就可以防止这种情况的发生。恢复力理论所面临的挑战,是我们很容易认识到一个系统经历了稳态转换,但我们很难认识到系统的恢复力在什么时候受到了破坏。

系统恢复力的量化仍处于起步阶段,发展空间仍然很大。21世纪的生态学家已在探测即将发生的稳态转换的早期预警方面取得进展,他们通常是通过关注所研究生态系统的关键参数的方差上升来实现这些进展的。科学家需要开发用于恢复力管理的主导指标,并因此开发出有效的环境管理方法。

克雷格·艾伦(Craig R. ALLEN)
美国地质调查局,内布拉斯加州鱼类和野生生物合作研究小组,内布拉斯加大学
阿哈琼德·戛尔梅斯坦尼(Ahjond S. GARMESTANI)
美国环境保护署,国家风险管理研究实验室
夏娜·森德斯特龙(Shana M. SUNDSTROM)
内布拉斯加州鱼类和野生生物合作研究小组,内布拉斯加大学

注:内布拉斯加州鱼类和野生生物合作研究小组由美国地质调查局、内布拉斯加狩猎和公园管理委员会、内布拉斯加大学林肯分校、美国鱼类和野生动物保护局和野生动物管理研究所通过合作协议共同资助。这些名称的使用仅是为了描述方便,并不意味着得到美国政府的支持。

参见:生物多样性;复杂性理论;群落生态学;扰动;水体富营养化;极端偶发事件;消防管理;渔业管理;食物网;森林管理;全球气候变化;水文学;地下水管理;大型景观规划;互利共生;自然资本;稳态转换;转移基线综合征;自然演替。

拓展阅读

Allen, Craig R.; Forys, Elizabeth A.; & Holling, C. S. (1999). Body mass patterns predict invasions and extinctions in transforming landscapes. *Ecosystems*, *2* (2), 114–121.

Allen, Craig R.; Gunderson, Lance H.; & Johnson, A. R. (2005). The use of discontinuities and functional groups to assess relative resilience in complex systems. *Ecosystems*, *8* (8), 958–966.

Biggs, Harry C., & Rogers, Kevin H. (2003). An adaptive system to link science, monitoring, and management in practice. In Johan T. du Toit, Kevin H. Rogers & Harry C. Biggs (Eds.), *The Kruger experience: Ecology and management of savanna heterogeneity*. Washington, DC: Island Press.

Biggs, Reinette; Carpenter, Stephen R.; & Brock, William A. (2009). Turning back from the brink: Detecting an impending regime shift in time to avert it. *Proceedings of the National Academy of Science of the United States*, *106* (3), 826–831.

Carpenter, Stephen R., et al. (2011). Early warnings of regime shifts: A whole-ecosystem experiment. *Science*, *332* (6033), 1079–1082.

Chapin, F. Stuart, III; Kofinas, Gary P.; & Folke, Carl. (2009). *Principles of ecosystem stewardship: Resilience-based natural resource management in a changing world*. New York: Springer Verlag.

Folke, Carl; Hahn, Thomas; Olsson, Per; & Norberg, Jon. (2005). Adaptive governance of social-ecological systems. *Annual Review of Environment and Resources*, *30* (1), 441–473.

Forys, Elizabeth A., & Allen, Craig R. (2002). Functional group change within and across scales following invasions and extinctions in the Everglades ecosystem. *Ecosystems*, *5* (4), 339–347.

Garmestani, Ahjond S.; Allen, Craig R.; & Cabezas, Heriberto. (2009). Panarchy, adaptive management and governance: Policy options for building resilience. *Nebraska Law Review*, *87* (4), 1036–1054.

Garmestani, Ahjond S.; Allen, Craig R.; & Gunderson, Lance. (2009). Panarchy: Discontinuities reveal similarities in the dynamic system structure of ecological and social systems. *Ecology and Society*, *14* (1), 15. Retrieved December 16, 2011, from http://www.ecologyandsociety.org/vol14/iss1/art15/

Gunderson, Lance H., & Holling, C. S. (Eds.). (2002). *Panarchy: Understanding transformations in human and natural systems*. Washington, DC: Island Press.

Gunderson, Lance H.; Allen, Craig R.; & Holling, C. S. (Eds.). (2010). *Foundations of ecological resilience*. New York: Island Press.

Holling, C. S. (1973). Resilience and stability of ecological systems. *Annual Review of Ecology and Systematics*, *4*, 1–23.

Holling, C. S. (1992). Cross-scale morphology, geometry, and dynamics of ecosystems. *Ecological Monographs*, *62* (4), 447–502.

Holling, C. S. (2001). Understanding the complexity of economic, ecological, and social systems. *Ecosystems*, *4* (5), 390–405.

Holling, C. S. (2006). Memoirs. Retrieved October 30, 2011, from http://www.resalliance.org/index.php/holling_memoir

Holling, C. S. (Ed.). (1978). *Adaptive environmental assessment and management*. New York: John Wiley.

Peterson, Garry; Allen, Craig R.; & Holling, C. S. (1998). Ecological resilience, biodiversity, and scale. *Ecosystems*, *1* (1), 6–18.

Resilience Alliance. (2011). Homepage. Retrieved December 16, 2011, from http://www.resalliance.org/

Sousa, Wayne P., & Connell, Joseph H. (1985). Further comments on the evidence for multiple stable points in natural communities. *American Naturalist*, *125* (4), 612–615.

Walker, Brian H., & Salt, David. (2006). *Resilience thinking: Sustaining ecosystems and people in a changing world*. Washington, DC: Island Press.

Zellmer, Sandi, & Gunderson, Lance H. (2009). Why resilience may not always be a good thing: Lessons in ecosystem restoration from Glen Canyon and the Everglades. *Nebraska Law Review*, *87* (4), 893–949.

重新野生化

作为把生态上受扰动地区恢复为均衡的原野区这个广阔愿景的一部分，重新野生化建立在很多环境保护方法的基础之上。它涉及把大型核心自然保护区连接起来，从而使野生动物可以在大陆上没有障碍地游走，顶级食肉动物种群可以调节猎物的种群。重新野生化已经在废弃的农田里自行发生，但重新野生化的倡导者寻求在大陆的尺度上取得成功。

据说北美洲的美洲栗树丧失之前，一只松鼠可以在树冠上穿行整个美国东部。这个故事与其说是科学事实，不如说是生态神话，但重新野生化的生态保护策略再次提出让远距离游走的野生动物（如狼、大象、美洲虎）可以没有障碍地在大陆上穿行。

重新野生化是20世纪90年代涌现的一个生态保护愿景，旨在在大陆尺度上构建联系在一起的核心自然保护区系统，使大型生态过程和健康的野生动物种群可以不受阻碍地持续发展或者从衰退中得到恢复。所用的方法侧重于大型食肉动物的持续存在（以及需要时重新引入），以维持生态系统自上而下的物种和生存环境的调节。倡导者认为，连接性足以支持大范围漫游食肉动物存活种群的大型自然保护区，也会保护很多对栖息地要求较小的其他物种，这将是维持全球生物多样性一种可持续性的方法。这种方法有坚实的科学基础，被学术界加以研究和公布，它也得到那些与保存原野区的伦理争议保持一致的环境保护主义者的支持。

重新野生化的根源

迁徙耕作或烧垦（也称为刀耕火种）可以被认为是第一个小规模的重新野生化的应用。这种农业体系经常变迁作物区域，以使土壤能够恢复，自然植被能够在废弃的农田中重新生长。它被世界各地的土著民族使用了数百年，而且还被发展中国家的自给农民继续使用。

主动和被动放弃很多农田促进了大面积的重新野生化。欧洲人在北美洲定居之后，美国东北部的大部分森林被当作木材砍伐掉，然后变成了耕地。在国家和农业向西扩展期间，很多农田被放弃，自然演替使废弃的农田重新长满了树木和灌木。

到21世纪，美国东北部的某些地区，其森林覆盖正在达到定居前的水平。随森林而来的是野生动物栖息地的出现。一些物种的种群（如白尾鹿和河狸）正从20世纪初森林砍伐高潮时的极低水平全力恢复。尽管迁徙农业和耕地放弃使以前利用的土地变得更加自然和荒野，但它们没有目的、规模或计划协调来实现重新野生化的目标。

未开发的自然地区对生物多样性的保护来说总是非常重要，但重新野生化更进一步，它寻求把受到生态扰动的地区恢复为均衡的原野区。生态恢复的科学始于20世纪初，它受到在威斯康星大学教授野生动物生态学的奥尔多·利奥波德（Aldo Leopold，1887—1948）研究工作的强烈影响。他与大学里的其他人员一起，参与了位于威斯康星大学麦迪逊分校植物园的世界上第一批生态恢复工程之一的起动工作——试图在一座旧的牧马场重新构建北美高草草原。利奥波德更著名的工作是恢复威斯康星中部一座破旧的农场和他有关这一经历的开创性的论文。他的论文引入了很多有关环境保护和恢复的伦理基础以及构成重新野生化核心的科学原理，如由食肉动物实施的生态系统自上而下的调节。

用于恢复一个生态系统的技术会随现有植物和动物群落、地区先前的应用和扰动情况以及恢复目标的不同而不同。成功的恢复项目都有清晰表述的目标，如重新构建一个扰动前的植被群落，或者，如果扰动前的条件不清楚或无法创建，构建与选定参考场地类似的条件。恢复生态学更侧重于重建丧失或退化的植物群落，而不是构建大规模的野生动物栖息地或重新引入动物物种。重新野生化把恢复生态学的尺度和范围扩展到大陆尺度野生动物种群和自然运行的生态过程。

重新野生化的原则

作为一种生态保护策略，重新野生化综合了很多学科，包括生态恢复、野生动物生物学和生态系统管理以及公共政策手段（环境法和国际外交政策）。它吸收最多的是保护生物学——诞生于20世纪70年代后期的一门综合学科，它的诞生是为了应对很多科学家认为正在发生、主要由人类活动引发的现象：地球上的第六次大量灭绝。保护生物学研究全球生物多样性的消减和保护，从基因层面上升到种群和群落，再扩展到跨越整个景观的生态系统。要想使重新野生化在广阔的尺度上取得成功，它需要来自工作在所有生态学层面的科学家的输入，以支持它对大型动物和生态系统的侧重。

这项工作的核心是在现有核心自然保护区(如国家公园和森林公园)周围设计、构建相互连接的大型保护区网络,这样的工作至关重要,因为这些核心自然保护区中都存在有限数量的道路。道路使栖息地破碎、引入非土著物种、使自然资源得以滥用。为了使野生动物种群能够游动,核心自然保护区必须通过栖息地走廊和亲缘关系连接起来。

这种连通性对维持顶级食肉动物种群的重新野生化策略来说是非常关键的。这些分布广泛的物种,其生存需要范围广阔的区域。然而,单独来说,即使最大的核心自然保护区可能也难以大到能够维持种群的规模。同样,连在一起的核心自然保护区可以使大型生态过程(如自然干扰状况和复合种群动态)正常发挥作用。虽然连通性可以直接通过核心自然保护区之间合适的栖息地走廊来实现,但重新野生化策略还建议通过识别障碍(如主要公路、大面积集约化农业或沿河流生态系统的大坝)、找到缓解这些障碍造成影响的途径来使整个景观更加有利于野生动物的游走。

对相互连接的大型核心自然保护区的需求得到了岛屿生物地理学理论的支持,它预测靠近大陆的较大岛屿将具有更高、更持久的生物多样性。被不适合生存栖息地包围的核心自然保护区就像一座被水包围的岛屿,它阻止了物种的流动,限制了多样性。科学家已就保护区大小和形状以及它们之间的连接程度对有效保护生物多样性的影响争论了几十年。大多数科学家都同意:较大、连通性更好的自然保护区比较小、封闭的保护区能够更好地保存生物多样性。重新野生化就是基于这样的基础,并且更加侧重顶级食肉动物,如灰狼、棕熊或海獭——处于食物链顶端的各种“关键物种”,它们帮助维持其他物种的集群,控制较小食肉动物和食草动物猎物物种的种群。没有大型食肉动物,食草动物的数量就会超过环境的承受力,造成植被的过度啃食和植物群落的变化,这又会导致所有野生动物栖息地的退化。

食肉动物对生态系统的影响称为自上而下的调控,它不同于那种通过食物的多少和质量对动物种群进行控制的自下而上的调控。由于它们对生态系统的影响、对大面积栖息地的需求和在公众眼中的魅力,重新野生化的倡导者都齐心关注顶级食肉动物(称为保护伞物种或旗舰物种)。重新野生化在顶级食肉动物已经定居的地方比需要重新引入的地方更容易成功,因为重新引入具有挑战性、成本更高、容易引起当地居民的不满。大型食肉动物不仅从生态来说非常重要,而且从恢复它们所象征的荒野这个伦理基础来说也是非常重要的。在大陆范围的景观上重新引入大型食肉动物可能是重新野生化最雄心勃勃的目标。

重新野生化的实践

早在“重新野生化”这个术语出现之前,大规模的生态保护工作就通过联合国教科文组织(the United Nations Educational, Scientific and Cultural Organization, UNESCO)于20世纪70年代发起的“人与生物圈计划”开始了,该计划现在包括了全球范围的数百个自然保护区。最近在非洲创建的一个类似的计划(称为“为了和平和合作的跨界保护区”)为跨越政治边界建立公园提供了框架。例如,大林波波河跨界保护区包括南非著名的克鲁格国家公园、津巴布韦的戈纳雷若国家公园和莫桑比克的三个国家公园。这类“和平公园”中，最大的一个是卡万戈-赞比西河跨界保护区，跨越五个国家的面积几乎达到30万平方公里。

在中美洲，20世纪90年代早期提出了“猫科通道”，以便让美洲虎能够从墨西哥的尤卡坦半岛漫游到哥伦比亚的北端。这项行动计划产生了争议，遇到来自土著民族的抵制，但它继续以重新命名的“美洲虎漫步通道”存在。继续往南，有巴西的塞拉多-潘塔纳尔生态走廊项目，它把世界上最大的潘塔纳尔草原与面积虽小但生态资源丰富的埃马斯国家公园联系起来。在南亚，特莱弧景观工程绵延在印度和尼泊尔的边界上。

这些项目都遵守重新野生化的原则，同时面对大规模生态保护的现实问题。殖民主义的后遗症、腐败的政府、普遍存在的贫穷和偶尔的战争都影响了生态保护工作的开展，并导致进一步的环境退化、生物多样性消减和人类的苦难。

几个重新野生化思想的创始人正在北美洲从事“从黄石到育空行动计划”(Y2Y)，该计划旨在把世界上第一个国家公园——美国的黄石国家公园，通过由保护区和无路土地构成的巨大野生动物走廊与加拿大西北部的育空地区连接起来。该项目进展缓慢，因为重新引入工作和把灰狼从濒危物种清单中去除都遇到了漫长的法律战，在黄石国家公园保护区之外的美洲野牛被州野生动物管理局人员射杀，以保护私有财产和放牧合同。该行动计划是北美洲最著名的重新野生化工作，但较小的项目同样存在，如美国东北部的“从阿冈昆到阿迪朗达克生态保护协会”(A2A)和西南部的“天空岛联盟”。

即使在富足的北美洲，虽然没有发展中国家那种在实施生态保护项目时面临的挑战，重新野生化也会在土著文化、当地居民和外部利益相关者(如环境组织和政府机构)之间产生紧张关系。Malpai边疆集团横跨亚利桑那州和新墨西哥州边界，它寻求在不同利益相关者之间建立桥梁并寻找共同点，以便能够为支持人类社会而可持续性地利用该地区的自然资源，同时也为野生动物维持健康的生态环境。

重新野生化的影响

自从重新野生化的思想产生以来，世界各地的几个大型生态保护规划工作都引入了它的主要要素(核心自然保护区、走廊和食肉动物)，但很少有实地项目在尺度和范围上取得了一个完整的重新野生化策略所需要的成功。重新野生化最适合这样的景观：人口不多，没有开发，又有可以作为核心自然保护区的大面积土地。有时候侧重受保护的核心自然保护区和大型食肉动物会使重新野生化与旨在使当地居民受益的可持续性开发项目发生矛盾。我们需要对人类将如何影响(或受益于)大型生态保护项目做一步的研究，才能使重新野生化变成世界各地一个有效、可持续性的生态保护策略。

然而，即使没有完全落实重新野生化的做法，把它大胆和充满希望的愿景包含在生态保护规划的对话中，将会为全球生物多样性的保存带来更好、更具可持续性的解决方案。

戴维·施皮林(David J. SPIERING)
水牛城科学博物馆

参见：农业生态学；生物走廊；生物多样性；边界群落交错带；富有魅力的大型动物；群落生态学；生态恢复；边缘效应；食物网；生境破碎化；关键物种；种群动态；恢复性造林；恢复力；物种再引入；自然演替；原野地。

拓展阅读

Donlan, Josh, et al. (2005). Re-wilding North America. *Nature*, *436*, 913–914.

Eisenberg, Cristina. (2010). *The wolf's tooth: Keystone predators, trophic cascades, and biodiversity*. Washington, DC: Island Press.

Foreman, Dave. (2004). *Rewilding North America: A vision for conservation in the 21st century*. Washington, DC: Island Press.

Fraser, Caroline. (2009). *Rewilding the world: Dispatches from the conservation revolution*. New York: Henry Holt and Company.

Groom, Martha J.; Meffe, Gary K.; & Carroll, C. Ronald. (2006). *Principles of conservation biology* (3rd ed.). Sunderland, MA: Sinauer Associates.

Leopold, Aldo. (1949). *A Sand County almanac: And sketches here and there*. New York: Oxford University Press.

Noss, Reed F., & Cooperrider, Allen Y. (1994). *Saving nature's legacy: Protecting and restoring biodiversity*. Washington, DC: Island Press.

Primack, Richard B. (2009). *Essentials of conservation biology* (4th ed.). Sunderland, MA: Sinauer Associates.

The Rewilding Institute. (2010). Homepage. Retrieved June 29, 2010, from http://rewilding.org/rewildit/

Society for Conservation Biology. (2010). Homepage. Retrieved June 29, 2010, from http://www.conbio.org/

Soulé, Michael E., & Noss, Reed F. (1998). Rewilding and biodiversity: Complementary goals for continental conservation. *Wild Earth*, *8* (3), 18–28.

Soulé, Michael E., & Terborgh, John. (Eds.). (1999). *Continental conservation: Scientific foundations of regional reserve networks*. Washington, DC: Island Press.

Soulé, Michael E.; Estes, James A.; Berger, Joel; & Martinez Del Rio, Carlos. (2003). Ecological effectiveness: Conservation goals for interactive species. *Conservation Biology*, *17* (5), 1238–1250.

White, Mel. (2009). Path of the jaguar. *National Geographic*, *215* (3), 122–133.

Wildlands Network. (2010). Homepage. Retrieved June 29, 2010, from http://www.twp.org/

道路生态学

道路和交通使生物多样性受到威胁，因为它们加剧了生境斑块的分割和隔离，增加了野生动物的死亡率。野生动物需要在景观上运动，以获取不同的资源，交换遗传物质，重新定居于空闲的栖息地。道路生态学研究道路和交通如何影响植物和动物。这些信息帮助规划者在进行环境影响评估时考虑道路的生态影响，更好地保护无路地区，实施更有效的缓解措施。

在过去的50年中，地球上的道路网络以史无前例的速度进行扩展。今天，道路是大多数景观的普遍特征。它们把不同地方的人们联系起来，为商品运输提供便利。平均道路密度（景观上每平方公里的道路公里数）从加拿大的0.1、美国的0.6、德国的1.8到日本的3.0不等（Forman et al. 2003）。道路和交通使世界各地野生动物种群数量的下降和损失达到惊人的程度。道路生态学研究的是道路和交通如何影响动物和植物、其多度和分布以及种群长期生存的条件（Roedenbeck et al. 2007）。1981年，德国植被生态学家海因茨・埃伦伯格（Heinz Ellenberg）和他的同事首次在德语中使用了道路生态学这个术语。美国景观生态学家理查德・福尔曼（Richard T. T. Forman）和他的同事于2003年为他们的书籍《道路生态学：科学和方案》翻译了这个术语。美国科学作家戴维・夸曼（David Quammen）通过把道路与波斯地毯的分割进行比较来生动地展示了道路对生态系统的影响。

环境影响

道路和交通对动物多度的负面影响远大于正面影响。道路和交通减少栖息地面积和质量。车辆撞伤或撞死野生动物。道路阻止动物获取另一侧的资源，把动物种群分割为较小、更加脆弱的群组。道路不仅占用栖息地，边缘效应还会减少更多的核心栖息地。“道路影响带”用于描述道路产生影响的范围。物种多度下降的范围，对鸟类来说介于40米到2 800米之间；对两栖动物来说介于250米到

1 000米之间，甚至可能更多；对哺乳动物来说则高达17公里(Forman et al. 2003; Benítez-López, Alkemade & Verweij 2010)。

很多物种需要在其生命的各种阶段(如觅食、繁殖、过冬)进入不同的栖息地。亚种群的细分和隔离降低遗传变异性，中断复合种群动态——也就是说，生物不能在不同的亚种群之间流动，不能在条件变得不利的生境斑块和新的空闲生境斑块之间流动。道路增加了灭绝的风险，增加了封闭的小种群对自然胁迫因子(如不利天气条件、火灾、疾病)的脆弱性。有些物种特别容易受到道路和交通的伤害：很多大型陆生哺乳动物种群处于濒危状态或群居的数量很少，大多数这样的物种需要有大的栖息地，需要进行远距离的流动。车辆常常撞死两栖动物、龟、蛇和其他爬行动物以及鸟类。据研究人员估算，每年交通致死的数量从有些国家的几十万到其他国家的数亿不等。在欧洲(不包括俄罗斯)车辆每年撞死50万只大型有蹄类动物，仅在瑞典一国，每年就有850万只鸟类被撞死(Seiler 2003)。受影响最重的物种通常繁殖率较低或者具有较长的世代时间、出现的密度较低(如猞猁、狼獾)、有较大的家域范围或者经常在景观的较远区域活动(如各种大型哺乳动物、某些大型鸟类)。它们可能体型更大，运动缓慢(如两栖动物)，躲避车辆或道路的能力较低，或者可能被道路吸引(如有些龟和蛇)。虽然鸟类可以很容易飞跃道路，但它们常常从路边的植被飞起，升高的速度不足以躲避过往的车辆(Jaeger et al. 2005; Fahrig & Rytwinski 2009)。

穿越它们栖息地的道路越多，这些种群就越不容易生存。多项研究发现，道路密度超过某些限度时，有些物种就不复存在(Robinson, Duinker & Beazley 2010)。一旦道路密度达到门限值，下一条新的道路很可能会带来种群的灭绝(见图R2)。更糟糕的是，一

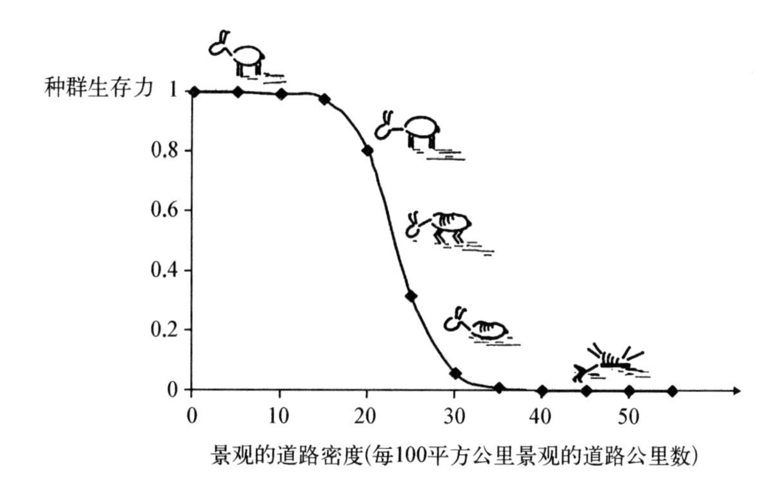

图R2 道路密度门限值

来源：耶格和霍尔德瑞格(J. Jaeger & R. Holderegger 2005)；GAIA获准重印：《面向科学和社会的生态观》.

当景观的道路密度增加时，野生动物种群的生存力就会下降。门限的具体值取决于特定物种、道路的交通流量、景观中剩余栖息地的大小和质量以及景观中存在的其他人类影响。一旦超过了门限值、跨越了所谓的“不可逆转点”，下降的种群将难以拯救。图中左侧的数字为种群生存的概率，其值介于0到1之间。

生态系统和波斯地毯

让我们开始设想一块优质的波斯地毯和一把猎刀。比如说，地毯为12×18英尺。也就是说，地毯是一块216平方英尺的连续编织材料。我们现在把地毯切割成相等的36块，每一块为2×3英尺的长方形。切割纤维发出不大的断裂声响，就像波斯织工无声的怒号。切割完成后，我们测量单个小块，把它们加起来以后发现，诶，我们还有几乎216平方英尺像地毯一样的东西。但它们加起来是什么呢？我们得到了36块波斯地毯吗？没有。我们剩下的只有三打毛糙的碎片，每一片都毫无用处，而且开始破裂。

现在，让我们把同样的逻辑思维带到室外，它会解释为什么老虎（Panthera tigris）从巴厘岛消失了。它会解释为什么美洲虎、美洲狮和45种鸟类已经从一个称为巴罗科罗拉多岛的地方灭绝了，为什么在无数的其他地方大量的其他动物莫名其妙地消失了。一个生态系统就像物种和相互关系构成的地毯，割掉、隔离一部分就会使整个系统散架。

摘自戴维·夸曼（David Quammen）的《渡渡鸟之歌》（1996）。

旦道路密度超过“不可逆转点”、种群已经开始下降，甚至相对急切的措施也不会使趋势扭转，挽救种群将成为不可能。

道路有助于入侵物种的扩散和人们对野生动物栖息地的进入。有了道路，人们就会狩猎、偷猎、转变土地用途、砍伐森林、攫取资源、在这些地区产生更多其他形式的干扰。道路显著影响整个群落、生态系统和各种生态系统服务（见表R4）。道路影响调节和保持服务的例子包括物种运动、与水有关的服务和侵蚀的防治。此外，道路通过产生小的地块来改变供应服务，这些小的地块降低收益和沿道路生长的农产品的质量。道路还影响文化服务。尽管道路使休闲地区更容易进入，但它们也使景观弥漫着技术的气息。景观的破碎化使人们觉得休闲地区更加不连续。道路使噪声和空气污染的散布更加广泛，从而影响景观的质量和人类的健康。这些发现也适用于其他交通设施，如铁路、管线和滑雪索道。

表R4 道路和交通对环境和生态系统服务的影响

主题	道路的影响
土地覆盖	● 路面和路肩占用土地 ● 土壤压实，土壤表面封闭 ● 改变地表形态（如开沟、筑堤、防护物、固坡） ● 去除、改变植被

(续表)

主　题	道 路 的 影 响
当地气候	● 改变温度条件(如路面变热,温度变化增加) ● 路堤处聚集冷空气(冷空气形成) ● 改变湿度条件(如,由升高的太阳辐射导致的空气中水分含量降低,由土壤压实导致的路肩潮气停留) ● 光照条件改变 ● 改变风吹条件(如由于森林中出现的通道) ● 气候阈值
排放	● 车辆尾气,污染物,导致水体富营养化(水体中过量的养分导致植物的过量生长)的施肥性物质 ● 灰尘,颗粒(来自轮胎和刹车片的磨损) ● 机油、燃油等(如交通事故产生的) ● 道路用盐 ● 噪声 ● 视觉刺激,灯光
水	● 排水,水的消除更快 ● 改变地表水路径 ● 升高或降低地下水位 ● 水污染
植物/动物区系	● 动物被撞死(部分地由于动物被吸引到路上,即“陷阱效应”) ● 扰动和压力升高,失去庇护所 ● 栖息地减少或丧失;有时产生新的栖息地 ● 改变食物供应和饮食结构(如,由于晚上沿路堤有冷空气聚集,蝙蝠的食物供应减少) ● 动物游动的屏障效应和过滤效应(连通性降低) ● 中断季节性迁徙路径,阻碍散布,限制在新的空闲栖息地的定居 ● 细分、隔离栖息地和资源,分隔种群 ● 复合种群动态中断,遗传隔离,近亲繁殖效应,增加的遗传漂变,进化过程的中断 ● 使栖息地减少到所需的最小面积以下,物种消减,生物多样性减少 ● 入侵物种的入侵和分布增加,有了有助于疾病传染的渠道 ● 农业和林业中害虫天敌的有效性降低(即害虫的生物控制更加困难)
景色	● 视觉刺激,噪声 ● 道路、灯杆和电线对景观的渗透增加 ● 视觉中断,自然与技术形成强烈对比;有时景观会显得更加生动(如林荫大道) ● 景观特征和特色发生变化
土地利用	● 由于道路,人们更容易进入景观,交通流量增加,给城市发展和人员流动增加压力 ● 农场更便于整合(主要由于新的基础设施的构建) ● 道路两侧收获的农产品质量下降 ● 由于面积缩减、分割和噪声,休闲区域的质量下降

注:不包括建筑场地的影响,如土壤挖掘和沉积、振动和声响与视觉干扰。
来源:耶格(Jaeger 2003),基于各种信息源.

保护与规划

生态学家发现很难量化道路对动物和植物种群的影响，因为他们在实施数十年之后才能知道景观改变所产生的生态效应的整个范围。即使决策者今天停止所有的筑路工作，很多野生动物种群仍会下降并在今后的数十年消失，因为它们对已经发生的改变所需的响应时间很长。生态学家把这种效应称为被改变景观的"灭绝债务"（Tilman et al. 1994）。因此，规划者需要评判生物多样性遭受威胁的度量指标。例如，道路网络的"有效网格尺寸"用于量化景观破碎化带给生物多样性的威胁（EEA & FOEN 2011）。在那些仍然存在相当数量的大面积没有破碎化的区域和重要生物多样性小型保护区的区域，规划者不应重复其他区域曾经犯过的错误。

表R4仅包含了生态学家今天了解的效应。可能还存在累积效应（与其他人类影响相结合产生的效应）和对生态群落的影响，如食物链的变化和级联效应。规划者不仅需要考虑特定物种，而且还要考虑食物网、生态系统和生态系统服务。遗憾的是，环境影响评估很少详细研究和考虑新路的生态影响。各项研究常常忽略有关生态影响的很多累积效应和不确定性。规划者应该考虑为这样的生态风险引入强制保险，以便提高为不确定生态影响和长期滞后影响承担责任的程度。它将包含一种资金支持机制，以支付道路完工多年后对观测到的未曾预料的生态损害进行监控和修复或补偿的费用。

道路和增加的交通流量日益使世界各地的景观破碎化，这一趋势在未来仍将持续，特别是在东欧、中国、印度和拉丁美洲。巴西和秘鲁于2011年完成的2 594公里横贯大陆的连接海洋公路就是一个生动的例子。该公路把大西洋和太平洋连接起来，并分隔了亚马孙雨林。2010年，坦桑尼亚政府提出建设一条480公路长、横穿塞伦盖蒂国家公园的主要公路。该公路将毁灭很多生态系统和野生动物种群，如迁徙的角马和斑马畜群（Dobson et al. 2010）。这些计划与设立著名的国家公园的初衷背道而驰。

决策者和规划者应特别优先保护那些仍然未被分割的大面积区域。科学文献都强调了大面积无路区域对保存生物多样性的重要性（Selva et al. 2011）。规划者还需要通过识别出那些进一步破碎化将构成迫在眉睫的威胁的区域，来防止使景观中那些已经破碎的栖息地进一步破碎化，并迅速采取措施来保护它们。这些任务对发展速度较快的地区（如欧洲东部和中部国家的大部分地区）特别急迫。城市扩张带来了更多的道路建设和更高的交通流量，而道路又进一步吸引了城市建设。因此，区域规划立法应要求地方和地区政府珍惜土地的使用。居民区边界和绿化带可以确保建筑开发区域带有明显的开放空间。

缓解措施

当前景观破碎化的趋势显然不符合可持续发展的原则。科学家和非政府组织应该让决策者和一般民众了解景观破碎化和栖息地消减的问题，了解应对这些问题需要采取的措施。规划者需要考虑四种类型的措施：① 在新路的规划和建设阶段最大限度地减少其负面影响；② 恢复现有道路两侧的连通性；③ 保护无路区域，避免进一步增加道路网络的密度；④ 去除现有道路。恢复受损或切断的野生动物走廊将会重建物种流动的机会。国家和国际去除破碎化策略应协调这些工作，找出具有区域重要性的未破碎化地区和去除破碎化的优先地区。由欧洲委员会、联合国环境规划署和欧洲自然保护中心共同主办的泛欧生态网络(PEEN)就是国际组织共同解决缓解问题的一个例子。气候变化适应网络将来也可能会变得越来越重要。

隧道、野生动物上通道、下通道和高架路是使野生动物通过的最常见措施。例如，它们通过使用更宽的跨河桥梁来充分利用地形的起伏。在荷兰，獾的故事就是一个令人鼓舞的例子。1984年实施的国家去除破碎化计划就是为了解决自20世纪70年代以来观测到的獾种群下降的问题。管道(被称为獾管道)和其他措施一起用于终止这种下降，自此之后，獾的种群得到恢复(Dekker & Bekker 2010)。

野生动物跨越设施常常需要与护栏联合使用，以减少交通造成的死亡率。尽管护栏可以提高交通安全性、避免动物被撞，但如果不和道路跨越设施一起使用，它们也会增加道路的屏障效应。对种群来说，这种权衡的结果取决于交通流量和动物通过道路的行为表现(Jaeger & Fahrig 2004)。我们常常不清楚护栏在什么情况下对野生动物种群是好事，在什么情况下是坏事。护栏可以减缓野生动物种群的下降，但它们需要与野生动物通道结合使用(见图R3)。在世界的某些地方，这些措施对新路来说都是标准设施，但对现有道路进行改造却并不常见。当然，景观上必须留有足够的栖息地这些通道才能发挥作用。决策者可能会认为，如果他们为新路设置了野生动物通道和护栏，道路建设就不会存在问题。这种态度

图R3 匈牙利一条四车道公路上的野生动物上通道

来源：耶格(J. Jaeger).

在世界的某些地方，像匈牙利这样的野生动物上通道都是标准设计，但改造现有道路则并不多见。为了实现有效保护，景观上必须留有足够完整的生存环境。

忽略了道路的其他负面效应和栖息地面积大小的重要性。因而,野生动物栖息地的保护和恢复必须是首选。如果剩下要连接的栖息地不够大,野生动物通道将毫无用处。

最好改进现有道路,而不是在别的地方构建新路,尽管加宽也会增加屏障效应。在更靠近城市区域的地方设置绕行路就可以保存未破碎化的更大面积的区域。政府应该去除并不急需的道路或者减少交通流量降低的道路宽度。

持续的景观破碎化将增加重新连接栖息地、恢复野生动物走廊和拯救濒危野生动物种群的成本。因此,明智的政策是一开始就避免增加栖息地的破碎化,因为甚至连生态学家都不知道野生动物种群什么时候会达到不可逆转点。未来的法规应该把道路建设资金与新路对景观破碎化的累积效应和未破碎化区域的保护联系起来。

为未来景观破碎化程度设定目标和限额将使政府评判其决策和行为是否有助于更好地保护环境。例如,德国联邦环境局对减少景观破碎化设定了标准。政府还需要制订管理措施,解决那些仍然存在、很大程度上无法降低的不确定性。这种预防性措施将对景观管理带来一系列很有成效的新行动。决策者需要与公众进行交流并对公众进行教育,制订经济法规或基于市场的相关政策,促进旅游行为的改变。

未来展望

科学家对环境进行监控,以发现和更好地了解环境的变化。道路使景观破碎化的程度是评判对生物多样性造成的威胁、人类土地利用的可持续性和景观质量的基本指标。规划者应该在他们的生物多样性、可持续发展和景观质量的监控系统中应用这些指标。科学家需要跟踪景观破碎化的变化,以便检测增加的速度和趋势的变化。各项研究应该利用建前-建后-对照-影响研究设计(把建设道路前后的数据与其他没有道路地方的数据进行比较),更加仔细地观测新路以及野生动物通道和其他缓解措施的效果(Roedenbeck et al. 2007)。

此外,规划者需要更加认真地考虑道路的不确定效应。很多物种对道路密度增加的响应时间很长,这尤其具有挑战性。科学家不大可能在较短的时间内知道野生动物种群的准确门限值。规划者如果希望得到最大可接受破碎化程度的准确数值,很可能会感到失望。道路建设的速度远远超过我们对道路对环境和生物多样性影响的理解,这使得我们难以制订合适的适应性管理措施。这种困境使得决策者采用能够减少景观破碎化的预防措施更有必要,同时也让持续研究能够填补知识的空白。设定目标和限额需要一个咨询过程,就像制订涉及水和空气质量的环境标准一样。

研究工作一直赶不上道路密度迅速增加所产生的生态影响。决策者常常说,他们需要更多的研究结果,才能包含更具实质性的缓解措施或者放慢道路建设。这种态度与可持续性的原则背道而驰,也违背预防原则。

景观破碎化的程度和生物多样性之间的关系迫切需要进行进一步的研究。这项工作需要考虑物种对环境恶化的响应时间(灭绝债务),因而需要包含景观的历史状态。生态学家和交通运输机构需要建立工作联系。很多道路建设与管理机构把环境可持续性作为其工作目标之一。要实现这样的目标,唯一的途径是他们支持长期的科学研究。从事很多小型项目的独立研究无法提供量化道路和交通的负面影响和缓解措施的正面影响所需的信息。只有当研究人员把不同州或国家的多个道路项目结合并综合为重复性较好的综合性项目的一部分时,他们才能强化道路生态学的未来(van der Ree et al. 2011)。

未破碎的大面积区域是一种有限、不可再生的资源。在那些与生物多样性争夺土地的高密度人口地区,这一点特别需要考虑。土地和土壤都是有限的,对它们造成的破坏在人们的生命周期内是不可逆转的。这类问题在未来还会大量增加。可再生能源供应需要大块的土地,粮食生产需要含有合适土壤的可耕地和牧场,城市工业、运输、资源开发、垃圾堆放和休闲都在争夺土地。没有一种适应形式可以绕开这些不断增长的需求。德国景观生态学家沃尔夫冈·哈伯(Wolfgang Haber)把人类对能源、食物和土地不断增长的需求称为三大主要"生态陷阱",它们对人类的威胁可能比任何其他环境问题都严重(Haber 2007)。如果倡导可持续发展的人们忽略这三大生态陷阱,他们肯定无法实现目标。因此,决策者现在必须更加努力地保存未破碎化的景观。

约亨·耶格(Jochen A. G. JAEGER)
康考迪亚大学(加拿大魁北克省蒙特利尔市)

参见:生物走廊;边界群落交错带;缓冲带;边缘效应;围栏;森林管理;生境破碎化;大型景观规划;残遗种保护区;重新野生化;雨水管理;原野地。

拓展阅读

Benítez-López, Ana; Alkemade, Rob; Verweij, Pita A. (2010). The impacts of roads and other infrastructure on mammal and bird populations: A meta-analysis. *Biological Conservation*, *143*, 1307–1316.

Dekker, Jasja J. A., & Bekker, Hans (G. J.). (2010). Badger (*Meles meles*) road mortality in the Netherlands: The characteristics of victims and the effects of mitigation measures. *Lutra*, *53* (2), 81–92.

Dobson, Andrew P., et al. (2010). Road will ruin Serengeti. *Nature*, *467*, 272–273.

Ellenberg, Heinz; Müller, K.; & Stottele, T. (1981). Straβen-Ökologie: Auswirkungen von Autobahnen und Straβen auf Ökosysteme deutscher Landschaften [Road ecology: Effects of freeways and roads on German landscape ecosystems.]. *Ökologie und Straβe: Broschürenreihe der deutschen Strassenliga, Ausgabe* [Ecology and road: Pamphlet series of the German Road League], *3*, 19–122.

European Environment Agency (EEA) & Swiss Federal Office for the Environment (FOEN). (2011). *Landscape fragmentation in Europe: Joint EEA-FOEN report* (EEA Report No 2/2011). Retrieved December 16, 2011, from http://www.eea.europa.eu/publications/landscape-fragmentation-in-europe

Fahrig, Lenore, & Rytwinski, Trina. (2009). Effects of roads on animal abundance: An empirical review and synthesis. *Ecology and Society*, *14* (1), Article 21. Retrieved August 27, 2011, from http://www.

ecologyandsociety.org/vol14/iss1/art21/

Forman, Richard T. T., et al. (2003). *Road ecology: Science and solutions.* Washington, DC: Island Press.

Haber, Wolfgang. (2007). Energy, food and land: The ecological traps of humankind. *Environmental Science and Pollution Research 14* (6), 359–365.

Iuell, Bjørn, et al. (Eds.). (2003). *COST 341: Habitat fragmentation due to transportation infrastructure. Wildlife and traffic: A European handbook for identifying conflicts and designing solutions.* Utrecht, The Netherlands: KNNV Publishers.

Jaeger, Jochen. (2003): II–5.3 Landschaftszerschneidung [Landscape dissection]. In W. Konold, R. Böcker, & U. Hampicke (Eds.), *Handbuch Naturschutz und Landschaftspflege* [Handbook nature protection and landscape care] (11th ed., pp. 1–30). Landsberg, Germany: Ecomed-Verlag.

Jaeger, Jochen A. G., & Fahrig, Lenore. (2004). Effects of road fencing on population persistence. *Conservation Biology, 18* (6), 1651–1657.

Jaeger, J., & Holderegger, R. (2005). Schwellenwerte der Landschaftszerschneidung [Thresholds of landscape fragmentation]. *GAIA: Ecological Perspectives for Science and Society, 14* (2), 113–118.

Jaeger, Jochen A. G., et al. (2005). Predicting when animal populations are at risk from roads: An interactive model of road avoidance behavior. *Ecological Modelling, 185* (2–4), 329–348.

Penn-Bressel, Gertrude. (2005). Limiting landscape fragmentation and the planning of transportation routes. *GAIA: Ecological Perspectives for Science and Society, 14* (2), 130–134.

Quammen, David. (1996). *The song of the dodo: Island biogeography in an age of extinction.* New York: Simon & Schuster.

Robinson, C.; Duinker, P. N.; & Beazley, K. F. (2010). A conceptual framework for understanding, assessing, and mitigating ecological effects of forest roads. *Environmental Reviews, 18*, 61–86.

Roedenbeck, Inga A., et al. (2007). The Rauischholzhausen agenda for road ecology. *Ecology and Society, 12* (1), Article 11. Retrieved August 27, 2011, from http://www.ecologyandsociety.org/vol12/iss1/art11/

Seiler, Andreas. (2003). The toll of the automobile: Wildlife and roads in Sweden. (Doctoral dissertation, Swedish University of Agricultural Sciences, 2003). Retrieved December 16, 2011, from http://pub.epsilon.slu.se/388/1/Silvestria295.pdf

Selva, Nuria, et al. (2011). Roadless and low-traffic areas as conservation targets in Europe. *Environmental Management, 48* (5), 865–877. doi: 10.1007/s00267–011–9751–z

Tilman, David; May, Robert M.; Lehman, Clarence L.; & Nowak, Martin A. (1994). Habitat destruction and the extinction debt. *Nature, 371* (6492), 65–66.

van der Ree, Rodney; Jaeger, Jochen A. G.; van der Grift, Edgar A.; & Clevenger, Anthony P. (Eds.). (2011). Special feature: Effects of roads and traffic on wildlife populations and landscape function. *Ecology and Society, 16* (1), Article 48. Retrieved August 27, 2011, from http://www.ecologyandsociety.org/viewissue.php?sf=41

S

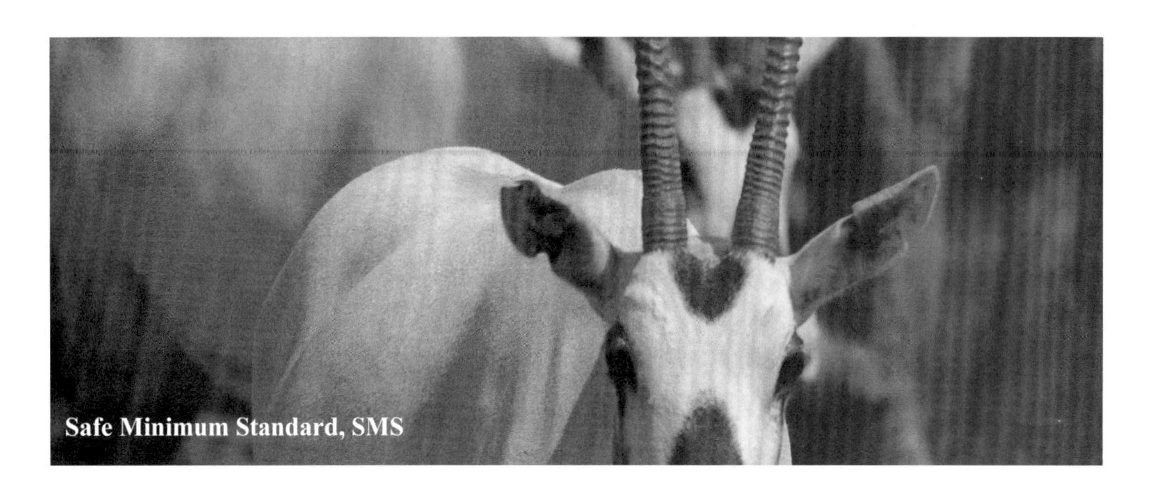

最低安全标准

最低安全标准是管理巨灾风险的一个指导原则。这条原则最初用于自然资源保护，现在，它可以用于任何管理决定可能涉及灾难性后果和采取的行动可以归为风险性或非风险性的领域。该原则要求应根据具有非风险性的一组可能行动做出决定。

最低安全标准（SMS）是一项在自然资源管理中努力去除灾难性后果的风险的政策。最低安全标准一直被当作一种可应用的原则，适应于这样的场合：可采取不同行动的可能性难以或无法量化，对成本和收益进行的标准经济学计算并不可靠。最低安全标准最初由德国自然资源经济学家西格弗里德·冯·西里阿希-旺特卢普（Sigfried von Ciriacy-Wantrup，1906—1980）提出，来作为可用于保护问题的一项政策。倡导者认为，最低安全标准是应对灾难风险的一种合理的处理方式；其他人则认为，最低安全标准作为一种手段太不好用，难以作为通用的原则。

最低安全标准的概念

从直觉上说，最低安全标准是处理巨灾风险时一种既明显又简单的方式：如果采取一种行动存在导致不可接受后果的可能性，那就不要采取该行动。然而，这一思想在实际应用时确实需要一些先决条件。首先，它必须有可能指明哪些行动可能存在巨灾风险，哪些行动不存在这样的风险。例如，在管理温室气体排放时，很多人不清楚导致不可逆转气候变化的排放的阈值是多少；这使得设定一个最低安全标准非常困难。第二，“不可接受后果”的说法必须明确定义。例如，如果丧失了一个鱼类物种，但另一个更具经济价值的鱼类物种可以在这个地方很好地生存，这是不是一个不可接受的后果？第三，即使有风险的行动被认为不可接受，很可能把行动的选择限制在没有风险的行动的成本也是“不可接受”地高，在这种情况下，某种形式的成本-收益计算将变得不可避免。最低安全标准只为特定的风险规定允许采取的行动，因此，如果另一个风险也要考虑,则会对什么行动可以接受的问题提供一种矛盾的信号。“不可接受后果”是主观的,所以,最低安全标准不是一个客观的政策工具,可以基于个案机械地应用。

我们可以用另外一种方式来理解最低安全标准:它们可以作为临时性的政策原则,直到我们对可采取行动的风险、成本和收益有了更好的理解。把最低安全标准当作“停车标志”的解释使得这个概念类似于预防原则的概念,后者在管理潜在的巨灾风险时被广泛认可,认为是一种明智、更加灵活的政策原则。预防原则提出,一个风险(如一项新技术的潜在后果)被研究之前,最好避开该风险。

资源管理问题和最低安全标准

最低安全标准在很多情况下可以被用作一种适用的政策指导原则。例如,生态学中有一种最小可生存种群(MVP):如果一种生物的种群下降到某种数量以下,种群生长就变为负值,该种群就会走向灭绝。如果这个最小可生存种群已知,那么,该值就是最低安全标准的一个选项。如果这个最小可生存种群不知道,就可以把最低安全标准规定为可能最小可生存种群取值范围的最大值。水体富营养化提供了另外一个例子。如果一座湖泊中积累的来自农业的养分含量超过了某个门限值,就会导致藻花的出现以及相关水质和物种组成的退化。这一过程有可能是不可逆转的,这样,即使养分沉积停止,该湖泊也不会恢复到原来的状态。这个门限值也可以作为最低安全标准的一个选项。在更大规模上产生后果的转折点包括可能引发气候变化失控的温室气体排放,这种失控的气候变化会导致不可逆转的海平面升高和温度变化。

在所有这些例子中,我们有可能推断出临界边界的存在,如果这些边界存在,而且事实上已经被跨越,就会使系统动态发生根本性的变化。因而它们符合实施最低安全标准的标准。然而,定义一个不可接受的后果可以说是一个主观的选择,在有些(但不是所有)情况下是有争议的。例如,农业集约化做法可以把土壤消耗到无法恢复的程度,引起土地的沙漠化。然而,有人可能会说,农业集约化做法是需要的,因为它可以向饥饿的民众提供食物。我们可以设定一个最低安全标准来防止沙漠化,但那些为食物短缺而努力的人们可能会认为,设定的最低安全标准限制了他们管理另一种不可接受的风险——饥饿的能力。

对最低安全标准的批评

最低安全标准在很多方面受到批评,但主要是因为最低安全标准的经济理由不充分。批评意见可以总结如下(Randall 2011, 174):即使某个生态系统崩溃了,总是有替代系统。如果一座湖泊被富营养化,只要其他湖泊保持完好,它就不是一个多大的灾难。设定一个最低安全标准可能就意味着做出了一项避免具有风险后果的决定,而这些具有风险的后果其实并不是灾难性的。例如,采伐树木的收入可能比使森林生态系统保持完整更加有利,尽管森林再生需要较长的时间。最后,从本质上说,经济资源管理往往是循序渐进的,很少规定说某种资源一点也不能利用。最低安全标准毫无保留地设定一个把风险降低为0的数值,这使得很多经济管理人员觉得过于随意。经济学家一直不愿意把最低安全标准当作一种政策工具，因为它与传统的成本收益计算的经济方法和改进的评估巨灾风险的经济技术形成对比。然而，当存在可疑的转折点时，他们常常从经济的角度把最低安全标准设定为最佳政策，因为转折点表明了存在不可逆转变化的可能性，这种变化可以产生不确定的代价（Margolis & Nævdal 2008）。

经济成本收益分析的支持者在决定是否采用最低安全标准时，常常把定义“不可接受的成本”中的固有主观性作为反对采用最低安全标准的论据。然而，最低安全标准的倡导者反驳说，经济成本收益分析建立在什么是有价值的理论之上（功利主义），这也是一种主观性的道德理念。因此，最低安全标准的倡导者认为，不论从哪方面说，成本收益分析都不是一个比最低安全标准更客观的政策工具。

埃里克·内弗多尔（Eric NÆVDAL）
拉格纳·弗里希经济研究中心

参见：适应性资源管理；行政管理法；最佳管理实践（BMP）；承载能力；复杂性理论；群落生态学；生态预报；森林管理；关键物种；互利共生；种群动态；稳态转换；恢复力。

拓展阅读

Ciriacy-Wantrup, Sigfried von. (1952). *Resource conservation*. Berkeley: University of California Press.

Farmer, Michael C., & Randall, Alan. (1998). The rationality of a safe minimum standard. *Land Economics*, *74* (3), 287–302.

Margolis, Michael, & Nævdal, Eric. (2008). Safe minimum standards in dynamic resource problems: Conditions for living on the edge of risk. *Environmental and Resource Economics*, *40* (3), 401–423.

Rolfe, John C. (1995). Ulysses revisited: A closer look at the safe minimum standard. *Australian Journal of Agricultural Economics*, *39* (1), 55–70.

Randall, Alan. (2011). *Risk and precaution*. Cambridge, UK: Cambridge University Press.

页岩气开采

大约从2000年开始，利用大容量水力压裂(通常称为水力压裂)从页岩中采气的技术(一种压碎石头、释放气体的工艺)获得了开发。尽管很多人把页岩气当作其他矿物燃料(尤其是常规来源的天然气)的可行替代品，但环境代价太高。主要担心包括水和空气污染以及温室气体排放。

天然气占全球所有能源利用的大约20%(IEA 2011)，在美国为24%(US EIA 2011)。大多数天然气通过把采气井钻入地球密封层下藏气矿穴而获得。天然气只是沿矿井释放而到达地面。然而，人们已经逐渐耗尽这种“常规”来源的天然气，越来越多地转向“非常规”的来源：紧密包裹在石头中渗漏量很小的气体，如页岩、砂岩和煤层中的气体。大容量水力压裂是用于从非常规来源开采天然气的一种有争议的方法。

水力压裂工艺涉及把水或其他液体压入气体或石油井孔中，以便使石头产生断裂或裂缝，释放气体，因而增加矿井的产量。这项技术自20世纪40年代以来就一直用于常规的油气井中，但直到最近，只使用中等数量的水——每个井每次最多几十万公升(至于工业界到底多长时间压裂一次，或者他们是否用很大的水量进行压裂，我们都还不清楚，因为这项技术确实太新了)。工业界于20世纪90年代中期开始在得克萨斯州试验页岩的大容量水力压裂，但容量还是相对较低，钻的气井也只有几个。到大约2003年，他们开始使用更大容量的水，并利用这种方法进行较大数量的页岩气生产，但仍然只限于得克萨斯州。他们在那一个十年的后半期开始进入其他州，并增加了所用的水量。总的来说，这项技术仍然相当新。例如，在宾夕法尼亚州的马塞勒斯页岩，大量的页岩气开采从2009年才开始。

为了从页岩中获取非常规气体，生产商开始使用更大容量的水和很多的化学添加剂，并结合了高精度水平钻井技术。利用高精度钻井技术，工人们可以向下钻到3公里或者更深，然后使井拐弯，再侧向钻井2公里或更远，它可以紧密追踪某个富气页岩的矿脉（见图S1）。然后通过用大容量的高压水（平均每个井2千万公升）和添加剂把页岩石头压裂。除了在《什么被压入/什么被带出》一节中提到的化学添加剂，其中有很多还没有向公众公开，混合物中还有沙子或其他细小颗粒，用于帮助新裂缝处于打开状态，这有助于气体的流出。

页岩气是个新东西

通过压裂开发非常规气体是一项相当新的技术——20世纪80年代先从致密砂岩慢慢开始，然后从90年代早期进入煤层，90年代后期进入页岩。在美国，从致密砂岩和煤层采气已经到达顶峰，只有页岩气生产在未来的几十年预计会不断增加（US EIA 2011）。页岩气开发始于得克萨斯州，而得克萨斯州依然主导着全球的页岩气产量，尽管2007年至2009年间有些商业生产开始在阿肯色、路易斯安那和宾夕法尼亚州投产。2007年，页岩气仅占美国天然气供应的1%。到2009年，它已占到14%，而且美国能源部预计到2035年，页岩气将占到美国天然气供应的45%（US EIA 2011），尽管很多研究人员认为这一预测过于乐观（Howarth & Ingraffea 2011）。美国之外，页岩气的勘探已在加拿大的魁北克省和不列颠哥伦比亚省以及几个欧洲国家开钻，但都还没有投入商业生产。世界上很多地方都存在可能的页岩气资源，有些研究人员预测全球将出现页岩气开发暴增的情况（Engelder 2011）。

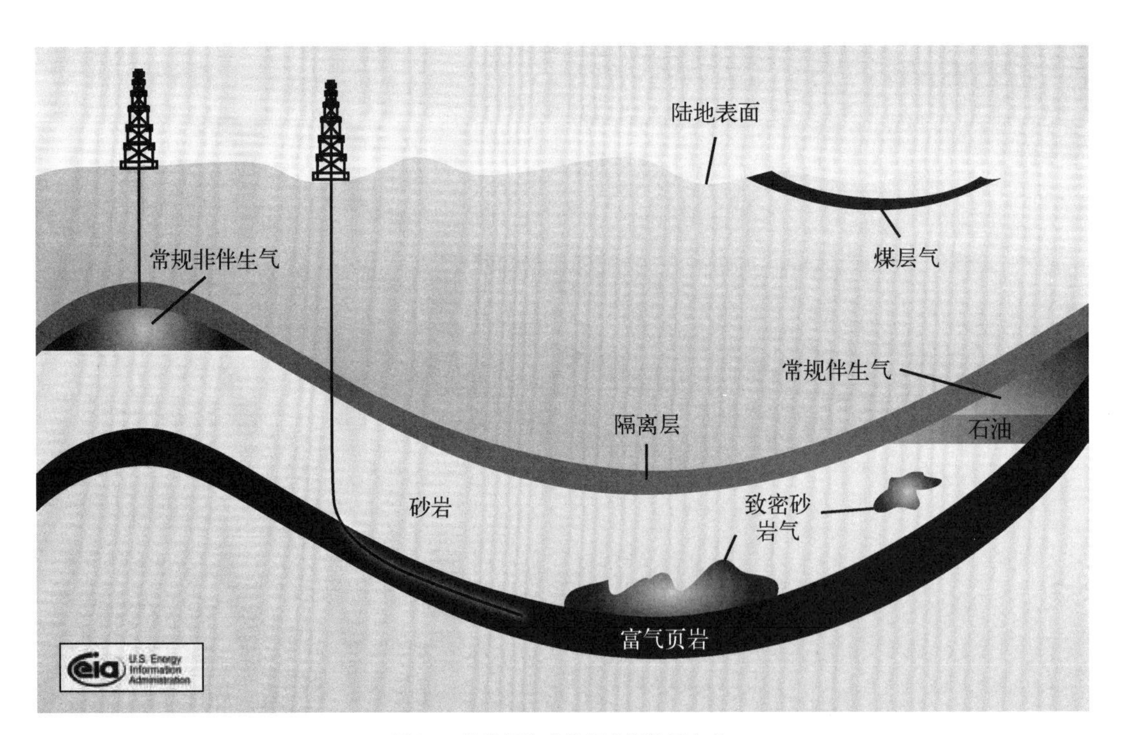

图S1 从常规和非常规来源钻取气体

来源：美国能源部能源信息管理局（US EIA 2010）.

对常规天然气来说，气井钻入储气的地层构造，气体自动流出地面。对页岩中紧密封存的天然气来说，气井直接钻入岩石中的矿脉。岩石然后用液压的方式进行破裂，产生裂缝，释放气体并使气体流出。

然而,地质学家并不知道世界页岩气的储量到底有多大,美国地质调查局2011年8月的一项报告对较为乐观的估计提出质疑(Howarth & Ingraffea 2011)。

关于页岩气开采对环境影响的科学研究还处在初级阶段。实际上,有关页岩气开采对环境影响的首批研究报告于2011年出版(Howarth & Ingraffea 2011)。2005年,美国国会批准水力压裂不受大多数联邦环境法规的监管,这使得人们很难从工业界获取有关水力压裂对环境产生影响的信息。尽管如此,越来越多的证据表明,这项技术令人担忧。

什么被压入/什么被带出?

在水力压裂过程中,除了使用大量的水以外,每一口井里还需要加入大约20万公升的化学物质。其中包括协助打开裂缝的酸、防止微生物生长和堵塞裂缝的生物灭杀剂、降低管道污染的防锈剂以及降低大容量高压水流经气井长管道时的阻力的表面活性剂。其中很多化学添加剂都是有毒、导致遗传突变(出生缺陷)或致癌的。这些添加剂的确切组成还没有公之于众,因为2005年国会通过的水力压裂豁免权使得工业界有权对所用的化学物质清单保密(Howarth & Ingraffea 2011)。类似地,加拿大也没有要求披露水力压裂的化学物质成分(De Souza 2011)。尽管如此,随着公众要求获得有关信息的呼声越来越高,虽然相关信息披露不是工业界标准,但更多的钻探公司开始自愿报告他们所用的化学混合物。

注入气井之后,压裂用水和化学物质会从岩层中带出额外的物质,包括有毒的重金属、有机物质(包括有毒、致癌的某些苯)和放射性物质(如钍、镭和铀)。一口井的水力压裂一般不超过一天。在随后的大约两周时间里,有些水(大约为注入的五分之一)与添加剂和带出的物质一起流回地面。这些混合物称为返排液。

返排液的处理和处置

返排液回到地面时,它们在处理或处置前被存放在露天储蓄池或储罐中。在得克萨斯州,工业界把大多数返排液注入废弃的老常规油气井中。在美国的其他地方,因没有足够的废弃油气井而需要采用其他方法。例如,在宾夕法尼亚州,大多数返排液通过车辆运送到市政污水处理厂。遗憾的是,这些设施并不是用来处理有毒物质的,大部分废物只是流经污水处理厂后被排放到河流中(Howarth & Ingraffea 2011; Urbina 2011a)。2011年夏天,宾夕法尼亚州禁止利用污水处理厂处置返排液。天然气工业界正在开发有效、无害的处置技术,如回收后重新用于压裂。到目前为止,只有很小比例的返排液被实际回收利用(Urbina 2011b),废物处置的未来非常令人担忧。

水污染

返排液的不当处置可以导致地表水的污染,而且非常规气体的开发有可能污染地下水。淡水含水层通常位于地下较浅的深度(100米左右),而页岩气一般都在一公里以上的深度。尽管存在深度差距,但证据表明,至少在某些情况下压裂液体实际上进入了地表含水层(Urbina 2011d)。污染的一种机理可能是管道穿过含水层时发生了泄漏。另一种可能性是，压裂所用的高压迫使液体进入附近的废弃老井，进而污染了地下水的含水层。然而，压裂液对地下水的污染很少得到研究和监控，其中部分的原因是，油气公司与被污染土地拥有者解决法律纠纷时有关信息被封杀而不为公众所知(Urbina 2011d)。

比压裂液污染更常见的是甲烷污染。杜克大学的科学家小组在宾夕法尼亚州气井一公里范围内的很多私人水井中检测到了高含量的甲烷污染(Osborn et al. 2011)。离气井更远距离的水井中有时也有甲烷污染，但含量要低得多。天然气的主要成分是甲烷，这项研究表明，高含量的甲烷污染来自深层的页岩气，而不是来源于更靠近表面的其他甲烷来源(如渍水土壤中的细菌)。杜克小组没有在取样的水井中发现压裂液污染，而甲烷是无毒的。然而，甲烷的含量确实达到了存在严重爆炸危险的程度。此外，甲烷可以从很深的页岩层进入靠近地表的水井这个事实表明，来自页岩的其他气体(如苯蒸气)也有可能进入并污染水井。

空气污染

页岩气开发是导致严重(有时)空气污染的一种主要工业(Howarth & Ingraffea 2011)。大量的车辆把水运往气井并把返排液运回。大功率柴油机用于钻透数公里的岩石层，上万马力的柴油机驱动用于压裂的高压泵。更多的发动机用于驱动压缩机，把气体通过管道输送出去。有毒的有机气体和蒸气(像苯和甲苯这样的化合物)经常被排入和泄入大气。日积月累，这些排放会导致高含量的臭氧，它不仅对人类健康带来危害，而且也会给自然生态系统的植被带来不利影响。自从在科罗拉多州乡野中开始钻探页岩气以来，曾经纯净的大气，现在臭氧浓度常常达到或超过美国环境保护署设定的监管标准(CDPHE 2010)。

在得克萨斯州和宾夕法尼亚州，州监管机构经常检测出空气中苯的浓度足以给长期吸入者带来显著患癌风险的程度；在得克萨斯州，其浓度有时会超过急性公共健康的标准(Howarth & Ingraffea 2011)。

温室气体排放

页岩气被广泛宣传为一种清洁燃料，一种温室气体排放比煤或石油少的燃料，因而适合作为一种过渡性燃料——可以让社会继续依赖矿物燃料，同时也可以在某种程度上降低全球变暖。要产生等量的能量，页岩气确实比煤或石油产生较少的二氧化碳，但这只是排放问题的一部分。甲烷是一种极其浓烈的温室气体——在排放后的20年里比二氧化碳浓烈105倍(Shindell et al. 2009)。这样,页岩气(大部分是甲烷)即使有少量的泄漏,也会对温室气体排放量产生巨大的影响。

2011年4月,对来自页岩气开发的所有温室气体排放(包括甲烷和二氧化碳)(Howarth, Santoro & Ingraffea 2011)进行的首次全面分析,评估了从压裂和气井完成到气体处理和传输给最终用户过程中的释放(有意排放)和泄漏(意外排放)。该项研究发现,由于在压裂后的两周液体返排期间产生大量的气体释放,页岩气开发比常规天然气开发排放出更多的甲烷。甲烷排放占页岩气温室气体排放量的主要部分,所以,当考虑20年这个时间周期时,这种燃料产生的排放量比任何其他矿物燃料都多(关于不同燃料温室气体排放的比较,参见图S2)。当然,随着时间的推移,甲烷的影响会减弱,因为甲烷从空气中去除的速度大约比二氧化碳快10倍。尽管如此,页岩气如果用于发热(天然气的主要用途),100年内其温室气体排放量与其他矿物燃料的排放量相当,如果用于发电,50年内其温室气体排放量与其他矿物燃料的排放量相当(Howarth & Ingraffea 2011; Howarth, Santoro & Ingraffea 2011, 2012; Hughes 2011)。这就是说,如果社会要在未来几十年降低全球变暖、避免全球气候系统出现临界点,就不要把通过水力压裂开采的页岩气用作一种过渡性燃料。

图S2展示了页岩气总的温室气体排放量

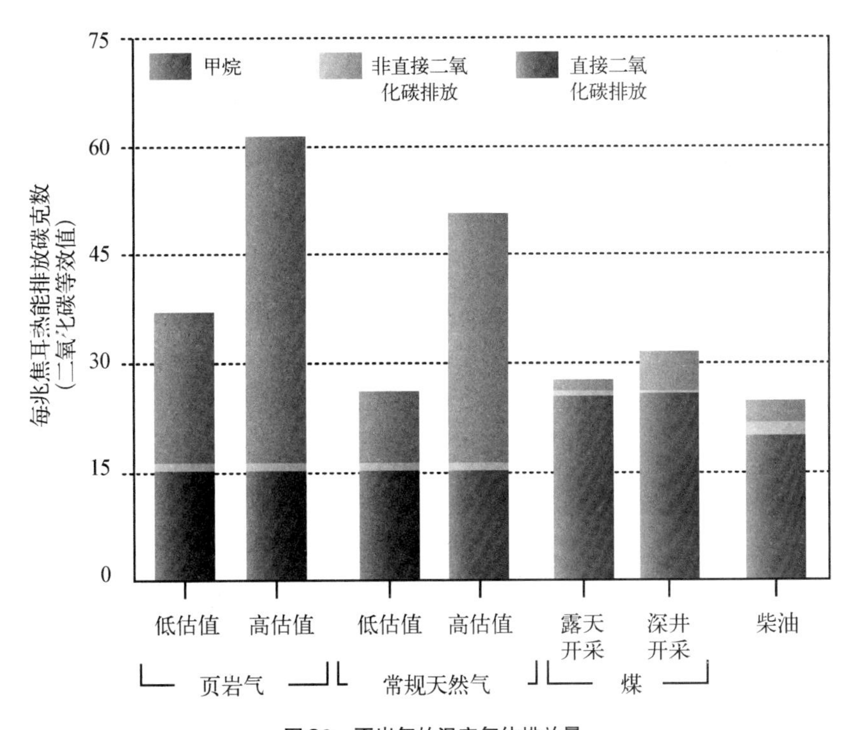

图S2　页岩气的温室气体排放量

来源:豪沃思和英格拉菲亚(Howarth & Ingraffea 2011).
页岩气的温室效应预计会超过常规天然气、石油和煤的温室效应。

与其他矿物燃料的比较，其中考虑的综合时间尺度为排放后20年。图S2中由6个柱形图表示的每种矿物燃料的排放量被分为三段：① 燃烧该燃料时直接排放的二氧化碳（用每个柱形图的下部表示）；② 开发和使用该燃料时非直接排放的二氧化碳，包括（例如）用卡车把水运送到压裂场地、用火车运煤（用每个柱形图中间的银色小段表示）；③ 在20年综合时间周期内转换为等效二氧化碳的甲烷排放（用每个柱形图上部表示）。该图提供了来自页岩气和常规天然气以及露天和深井煤矿的甲烷排放率的低估值和高估值。请注意，虽然煤矿和油井都排放甲烷，但和天然气泄漏相比，其量值是很小的。

页岩气与环境

页岩气开发相对较新，工业界还在开发新的方法和技术。对减少环境影响的生产工艺的研究还在继续。例如，现在迫切需要开发处理和处置返排液的合适方法。这一点能否实现、新的处理技术（如废液循环）能否以工业界认为比较经济方式开发出来都仍然难以确定。一个重要的因素是，相对于天然气的市场价来说，开采页岩气的成本较高（Howarth, Santoro & Ingraffea 2011b; Urbina 2011c）。从2009年到2011年，天然气的价格一般都在每一千立方英尺气体接近4美元，然而公司开发页岩气的盈亏平衡点可能大于每一千立方英尺6美元。但“如果以历史为参考，任何新能源的生产成本都是随时间下降的”（RTEC），这意味着初始的高成本不会让生产商望而却步。

减少甲烷排放因而降低页岩气的温室气体排放量的技术已非常成熟。液体返排期间释放的气体可以收集和销售，而不是排放到大气中。但就目前的价格而言，气体的价值小于收集的成本，这使得工业界的投资回报很小。因此，他们在完成一口井的整个过程中，收集气体的时间不足15%（Howarth, Santoro & Ingraffea 2012）。此外，排放的大部分甲烷无法收集，因为它们是在把气体输送给用户的过程中被泄漏掉了。在美国，管道的平均年限已达50年（CEQ 2004），远距离传输管道和城市内的供气管道都有不少的漏气。用现代技术更换这些管道，其代价很高，如果目标是把页岩气当作未来二三十年转向真正绿色、可再生能源之前的一种过渡性燃料，其价值也令人怀疑。

未来展望

页岩气在全球广泛分布。随着社会耗尽常规来源的天然气和其他矿物燃料，有些人认为页岩气有可能使社会在未来几十年继续依赖矿物燃料。然而，其环境代价很高，存在广泛的水污染和空气污染。此外，当在排放后50年或更少的期限内进行评估时，页岩气比其他矿物燃料具有更大的温室气体排放量。因此，利用现有的开采技术来依赖这种资源会加重地球的负担。要想使页岩气成为可持续性未来的一部分，需要改进技术，更好地收集废液和排放气体。

罗伯特·豪沃思（Robert W. HOWARTH）
康奈尔大学

参见：地下水管理；水文学；点源污染；废物管理；水资源综合管理（IWRM）。

拓展阅读

Coleman, James L., et al. (2011). Assessment of undiscovered oil and gas resources of the Devonian Marcellus shale of the Appalachian Basin Province, 2011: US Geological Survey fact sheet 2011–3092. Retrieved December 8, 2011, from http://go.nature.com/8kejhm

Colorado Department of Public Health and Environment (CDPHE). (2010). Public health implications of ambient air exposures as measured in rural and urban oil & gas development areas: An analysis of 2008 air sampling data. Retrieved December 8, 2011, from http://go.nature.com/5tttna

The Council on Environmental Quality (CEQ), et al. (2004). Memorandum of understanding on coordination of environmental reviews for pipeline repair projects. Retrieved December 8, 2011, from http://www.fws.gov/habitatconservation/PSIA_MOU_FINAL_with_signatures_06_18_04.pdf

De Souza, Mike. (2011, October 25). Shale gas explorations a "game changer." *Vancouver Sun*. Retrieved on October 26, 2011, from http://www.vancouversun.com/business/Shale 1 exploration 1game 1 changer/5601163/story.html

Engelder, Terry. (2011, September 15). Should fracking stop? No, it is too valuable. *Nature*, *477*, 271, 274–275.

Howarth, Robert W., & Ingraffea, Anthony. (2011, September 15). Should fracking stop? Yes, it is too high risk. *Nature*, *477*, 271–273.

Howarth, Robert W.; Santoro, Renee; & Ingraffea, Anthony. (2011a, April13). Methane and the greenhouse gas footprint of natural gas from shale formations. *Climatic Change*. doi: 10.1007/s10584–011–0061–5

Howarth, Robert W.; Santoro, Renee; & Ingraffea, Anthony. (2012, in press). Venting and leakage of methane from shale gas: Issues of gas use, time scale, economics, and regulation. *Climatic Change*.

Hughes, David. (2011, May 29). Will natural gas fuel America in the 21st century? Santa Rosa, CA: Post Carbon Institute. Retrieved October 26, 2011, from http://www.postcarbon.org/report/331901-will-natural-gas-fuel-america-in

International Energy Agency (IEA). (2011). Natural gas. Retrieved December 7, 2011, from http://www.iea.org/subjectqueries/keyresult.asp?keyword_id=4108

Osborn, Stephen G.; Vengosh, Avner; Warner, Nathaniel R.; & Jackson Robert B. (2011). Methane contamination of drinking water accompanying gas-well drilling and hydraulic fracturing. *Proceeding of the National Academy of Science*, *108*, 8172–8176.

Pennsylvania Department of Environmental Protection. (2011). Northeastern Pennsylvania Marcellus shale short-term ambient air sampling report. Retrieved December 8, 2011, from http://go.nature.com/tjscnt

Research Triangle Energy Consortium (RTEC). (n. d.). Shale gas. Retrieved December 8, 2011, from http://rtec-rtp.org/shale-gas/

Shindell, Drew T.; Faluvegi, Greg; Koch, Dorothy M.; Schmidt, Gavin A.; Unger, Nadine; and Bauer, Susanne.

(2009). Improved attribution of climate forcing to emissions. *Science*, *326*, 716–718.

Texas Commission on Environmental Quality. (2010). Barnett shale formation area monitoring projects. Retrieved December 8, 2011, from http://go.nature.com/v7k4re

US Energy Information Administration (US EIA). (2010). Schematic geology of natural gas resources. Retrieved December 8, 2011, from http://www.eia.gov/oil_gas/natural_gas/special/ngresources/ngresources.html

US Energy Information Administration (US EIA). (2011). Annual energy outlook 2011: United States Energy Information Administration, Department of Energy, report#0383ER. Retrieved on October 26, 2011, from http://www.eia.gov/forecasts/aeo/

Urbina, Ian. (2011a, February 26). Regulation lax as gas wells' tainted water hits rivers. *New York Times*. Retrieved October 26, 2011, from http://www.nytimes.com/2011/02/27/us/27gas.html?hp

Urbina, Ian. (2011b, March 1). Wastewater recycling no cure-all in gas process. *New York Times*. Retrieved October 26, 2011, from http://www.nytimes.com/2011/03/02/us/02gas.html?hp

Urbina, Ian. (2011c, June 26). Behind veneer, doubt on future of natural gas. *New York Times*. Retrieved October 26, 2011, from http://www.nytimes.com/2011/06/27/us/27gas.html?ref=ianurbina

Urbina, Ian. (2011d, August 3). Tainted water well a concern, and there may be more. *New York Times*. Retrieved October 26, 2011, from http://www.nytimes.com/2011/08/04/us/04natgas.html?ref=ianurbina

转移基线综合征

1995年，渔业科学家丹尼尔·保利（Daniel Pauly）推测，其研究领域中用于度量变化的基线随每一代的研究人员而变化，这种“渔业中的转移基线综合征”促成了破坏性的渔业管理、鱼类资源的崩溃和持续进行的不可持续性捕捞。从那时起，全球范围的研究表明，很多海洋物种和生态系统都从历史条件下降了90%，而且可持续性概念本身取决于基线的选择。

1995年，丹尼尔·保利（一位著名的法国渔业科学家和过度捕捞的反对者）发明了“渔业转移基线综合征”这个术语，用于描述每一代渔业科学家（以及管理者和决策者）的这样一种趋向性：把资源存量条件与由他们自己首次观测确定的基线进行比较。因为体制记忆每二三十年就会重置一次，后续对正常条件的定义引入了无法觉察但不断下降的评估鱼类种群和海洋生态系统的标准。随着时间期限的加长，海洋资源的显著下降不断积累却难以检测，而且科学家和管理者用于调节渔业的数学模型并没有考虑这一点。

1992年纽芬兰鳕鱼资源的崩溃可以说是历史上最严重的渔业灾难，它极大地影响了保利的思考。回想起来，虽然警示信号比较明显，但这次崩溃还是让几乎每个人都大吃一惊。科学家们努力去发现问题的原因。然后，在位于温哥华的英属哥伦比亚大学工作的保利提出，转移基线综合征使渔业科学家和管理者无法认识到渔业资源下降的规模和轨迹。通过将轶事和历史观点纳入渔业科学，保利经过分析人为，这个概念性盲点也许可以避免。

转移基线综合征迫使科学家和管理学家重新思考证据的本质并设法把历史信息纳入当代科学体系。迎接这种挑战的一位科学家是斯克里普斯海洋学研究所的海洋生态学家杰里米·杰克逊（Jeremy B. C. Jackson），他对加勒比海的珊瑚礁进行研究，并一直对加勒比海的历史描述和所描述的那种似乎非常不同的海洋非常着迷。例如，现在各种海龟在全球都处于濒危状态，但对加勒比海的历史描

转移基线并不总是坏事

正如法国渔业科学家丹尼尔·保利所解释的那样，基线（我们可用于监测生态系统和文化规范变化的“标尺”）的转移并不总是坏事。

转移基线并不一定意味着丧失。的确，忘记可以是一件好事。当那些遭受持久、沉闷传统重压的人们移居国外、因而从地理和感情上远离把他们限制在被分割成小块住地的祖辈的冲突时，一个积极的转移基线就会在后代的身上发生。

基线的积极转移也发生在社会变化之后。一个例子是在封闭的公共空间吸烟，这在20世纪60年代是随处可见的。那时，改变似乎是不可能的，烟草业对我们立法者的遏制似乎是无法打破的。然后，反烟草的运动、科学和常识还是凝聚成一种不可阻挡的力量（我们称之为时代精神），它首先在美国、然后在欧洲（包括法国；法国呀！）克服了各种阻力。现在我们回顾历史，我们的基线（尤其是年轻人的基线）已发生如此大的转移，以至于我们都无法理解那时候为什么竟会接受在狭小的公共场所吸烟这样的行为。我们都一起忘记了那是一种什么样的感受（和气味），我们是如何忍受这种行为的，这就像我们都一起忘记了大多数人都是农民时的情景，甚至更早一些——大多数人都是猎人和采摘者、周围的大自然到处都是各种动物和植物时的情景。

来源：丹尼尔·保利（2011年2月）：《关于需要转移的基线》。2011年11月30日下载于：http://www.thesolutionsjournal.com/node/879

述表明，海龟曾经“多得好像要使船舶搁浅”（Jackson 1997）。

杰克逊领导了一个国际科学家课题组，利用125 000年前古生物学残骸数据、一万年前的考古学资料、16世纪的历史文献和大约100年前的海洋学观测数据，对海草林、珊瑚礁和河口资源的过度捕捞进行研究。他们于2001年发表的论文表明，过度捕捞既不是最近的事情也不是罕见事件，它从史前时期以来就一直发生，并在数量、范围和严重性上不断提高。广泛存在的污染、生存环境变化和全球变暖也在影响海洋生态系统，但过度捕捞是最早、最严重的破坏行为。后续有关珊瑚礁和河口的研究论文也对健康鱼类资源和海洋生态系统的工作定义提出了明确的挑战。他们把历史上的海洋退化与人类人口增长和不断增长的资源消费直接联系起来。

媒体很快让“转移基线”和“过度捕捞”这些术语引起了公众的注意。2003年，达尔豪西大学（位于加拿大的哈利法克斯）已故的兰森姆·迈尔斯（Ransom Myers）和鲍里斯·沃姆（Boris Worm）的研究表明，和50年前设定的基线相比，过度捕捞已使海洋中大型捕食性鱼类种群下降了90%。这项研究被大卫·莱特曼的深夜访谈节目报道，过度捕捞也被列入节目的十大蠢事榜单。这样的研究和那些具有类似观点的科学家和历史学家的研究都对当前的健康鱼类资源、海洋生态系统功能和人类活动与海洋变化之间的相互影响的定义提出了挑战,但这些研究也引来了反对意见并引起争议。

历史基线

古生物学、考古学、历史学、社会学、生态学、海洋学、地理学和分子化学都产生了描述过去海洋条件的历史基线。几十年前、几个世纪前和几千年前的时间序列数据把历史基线与当前联系起来。它们可以展示循环过程——在不同的地理和时间尺度上运行的、用其他手段难以检测的过程,包括人类活动和气候变化的长期效应。

1. 多度基线

2001年,迈尔斯和同事计算了北大西洋鳕鱼种群的承载能力(一个生态系统可以支持的最大种群数量)。找出承载能力是估算未捕捞鳕鱼多度的一种途径。四年以后,新罕布什尔大学的安德鲁·罗森伯格(Andrew Rosenberg)和同事根据19世纪渔业日志中的捕获量数据建立模型,来估算1852年斯科舍大陆架(加拿大新斯科舍沿岸海域一个重要的渔场)鳕鱼种群的数量。他们估算的鳕鱼量为1.26万亿公吨,这与迈尔斯和同事对同样地区计算的承载能力基本一致。两项研究都表明,斯科舍大陆架的鳕鱼种群已下降90%,甚至更多。

两种不同方法的研究结论的一致性增加了转移基线综合征概念的可信度。但对未捕捞鲸鱼种群多度的估算并不一致。利用捕鲸日志中捕获量数据的模型,其种群基线明显小于通过分析鲸鱼种群的遗传多样性获得的估算值。解释这种差异的研究工作还在进行,但我们也可以把这种差异当作一种提醒:所有的方法都对有关生物、生态和社会过程的假定以及数据的不确定性比较敏感。

2. 分布基线

因为缩小的分布区可以预示种群的减少,所以地理分布可以表示种群的多度。缅因州渔民和科学家特德·埃姆斯(Ted Ames)把老渔民回忆起的产卵区地理分布和今天的产卵区分布进行了比较,他发现自第二次世界大战以来,产卵区几乎丧失了一半。缅因州生态学家洛伦·麦克莱纳汉(Loren McClenachan)和同事利用产卵海滩的数量和分布以及对产卵海龟多度的历史描述来估算濒危海龟的种群数量。海龟数量似乎比16世纪的水平下降了80%以上。考古学家伊恩·史密斯(Ian Smith)发现,甚至在欧洲人到达新西兰之前,毛利人就已经把海狗90%的分布区给毁灭了。

3. 动物平均尺寸

动物尺寸随时间的减小也可以表示种群的下降。麦克莱纳汉还分析了基韦斯特一家租船公司拍摄的奖杯鱼的照片。她发现,20世纪50年代挂在奖杯板上的两米长的石斑鱼和鲨鱼已被今天34分米长的笛鲷所取代,奖杯鱼的尺寸下降了83%(见图S3)。类似地,虽然丹麦历史学家勒内·保尔森(René Paulsen)和渔业科学家安德鲁·库珀(Andrew Cooper)推出了1872年北海鳕鱼和鲟鳕的多

(a)

(b)

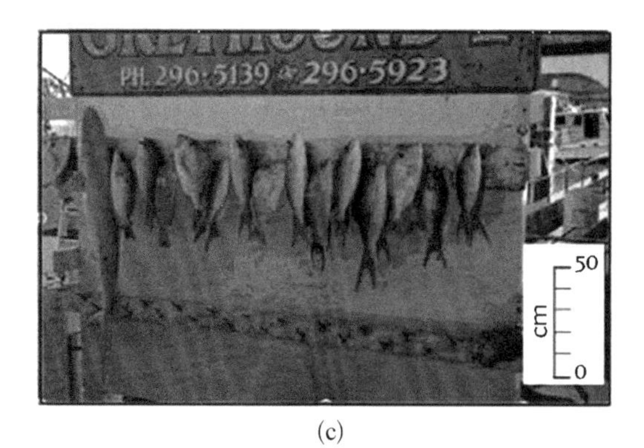

(c)

图S3　基韦斯特出租船上捕获的奖杯鱼：(a) 1957年；(b) 20世纪80年代早期；(c) 2007年

来源：(1957年和20世纪80年代的图片)佛罗里达州门罗县公共图书馆；(2007年的图片)洛伦·麦克莱纳汉(Loren McClenachan 2009).

度的估计，其值显示出很少的下降，但鱼类平均尺寸的减小和缩小的分布区都表明过度捕捞 直存在。

4. 生态系统基线

随着渔业管理转向基于地方的生态系统方法，分析物种多样性、地理和海洋学特性和生态过程的长期性局部变化，对建立准确的基线来说变得越来越重要。海洋生态学家海克·洛采(Heike Lotze)和其他人描述了缅因湾中帕萨马科迪湾和瓦登海(从荷兰沿岸延伸到丹麦沿岸)的历史变化，以展示欧洲方式的渔业和农业如何导致物种消减、水质下降和海床的变化。对食物网各层级的过度捕捞(从海藻和贝类到箭鱼和鲸鱼)简化了食物网，淤积、化学污染和过多养分径流导致的缺氧改变了两个地方环境的物理特性。随着动物之间食物网相互作用的中断和生态系统成分的消失，这两个生态系统都变得更加简单和容易崩溃。在帕萨马科迪湾的下降速度要比瓦登海缓慢，生物多样性的消减也没有瓦登海那么严重。

珊瑚礁系统是世界上最濒危的生态系统之一，人类的扰动已证明正在加剧它们的脆弱性。海洋生态学家安瑞科·萨拉(Enric Sala)和同事发现，在太平洋中部的环礁附近，那些没人触碰过的珊瑚礁再现了历史文献中描述的和古生物学证据中发现的海洋复杂性。大鲨鱼和其他岩礁鱼类很容易看到，珊瑚分布广泛而且生长健康。因为未被捕捞的珊瑚礁比严重捕捞的珊瑚礁较少展现珊瑚白化(一种对通常是变暖的温度变化的指示，但也是对其他环境胁迫的指示)，生物多样性显然展示了对气候变化的抵抗性。

5. 气候

始于半个世纪前的渔业研究表明,鱼类物种可以受到气候的影响。两千年前沉积物中凤尾鱼和沙丁鱼鳞片的时间序列表明,这些鱼类的多度受到太平洋涛动(影响天气模式的海面温度变化周期)的影响。自20世纪40年代的工业扩张以来,横跨太平洋的沙丁鱼和凤尾鱼渔业一直面临崩溃的危险。繁荣与萧条年份影响着环太平洋区域的渔民和社会。研究表明,高捕捞压力也可以使凤尾鱼和沙丁鱼资源崩溃,因为它们的数量已经受到气候波动的压制。

最近对俄罗斯西北的白海和巴伦支海附近1600年代大西洋鲑鱼捕获量时间序列的研究,展示出20世纪之前并没有过度捕捞的证据。俄罗斯科学家德米特里·拉则士(Dmitry Lajus)和历史学家朱莉娅·拉则士(Julia Lajus)和阿列克谢·克雷克夫斯基尔瓦(Alexey Kraykovskiy)的合作研究发现,在这块人烟稀少的北极边疆,正是气候波动对捕获量的变化发挥着最大的作用。

可持续性与基线选择

基线选择决定着实现可持续性的难度。通常,和从历史数据推出的基线相比,从最近的数据推出的基线将基于较小的种群。纽约州立大学(the State University of New York, SUNY)的海洋学家卡琳·林堡(Karin Limburg)和约翰·瓦尔德曼(John Waldman)研究了19世纪60年代以来政府捕获量统计,他们的研究表明,大西洋两侧咸淡水系洄游鱼类(它们在其生命的不同阶段生活在淡水和咸水中)的捕获量从最大捕获量下降了90%以上。该大学的科学家卡罗琳·霍尔(Carolyn Hall)、阿德里安·乔丹(Adrian Jordaan)和迈克·弗里斯克(Mike Frisk)研究了自1634年以来缅因州的水坝建设,以调查对大肚鲱和蓝背鲱鱼(大部分时间生活在海洋但在淡水中产卵的溯河产卵鱼)的影响。水坝通过阻止鱼类产卵限制种群的大小。霍尔、乔丹和弗里斯克(2011)发现,到1860年,水坝阻断了在缅因州流域采样的99%的产卵栖息地。

这种减少被历史趣闻所证实。根据清教徒定居者威廉·伍德(William Wood)的陈述,1634年,在马萨诸塞州的查尔斯河上,一个鱼梁在两次潮汐中就可以捕获10万条内河鲱鱼(大肚鲱和美洲西鲱)。通过估算季节性捕获重量并被捕捞面积相除,就可以把1634年的内河鲱鱼密度(1.28)与今天的捕获量密度(0.005)进行比较。因而,利用17世纪早期的描述,大肚鲱和美洲西鲱的种群在过去的400年里似乎已经下降了1 000%。

渔业管理所用的大多数基线只能追溯到20世纪80年代早期。根据1980年大肚鲱种群基线所度量的可持续性会比根据1860年设定的基线更容易实现,而该目标又比根据17世纪初设定的基线更容易实现。

转移基线的未来

历史海洋生态学一直被批评为“基于信仰的科学”,说它创建了“坏科学和坏历史”。对某些渔业科学家来说,历史数据的不确定性、不规则性和建模局限性使得这些数据不适合用于严肃的科学应用。有些历史学家担心,历史事件的个性将在科学标准化的过程中消失，历史学家将在追寻历史基线的过程中变成“科学的奴隶”。这些争论还在继续，但越来越多的出版物表明，尽管仍然存在争议，转移基线综合征已成为一种被认可的思维方式。

历史基线会显示已经发生的变化有多大，但它们不会提供进行恢复的路线图。对转移基线综合征的一个主要批评，是认为从前的那种多度水平是无法恢复的，因为支持这种多度的生态系统已经发生了变化。现在，受保护的灰鲸已经在部分分布区得到恢复，自从去除阻断去产卵区的水坝之后，缅因州肯尼贝克河下游的大肚鲱已经得到恢复。但这些部分的恢复并不意味着加利福尼亚州沿岸和肯尼贝克河都已经恢复到从前的状态。生态系统可以恢复其复杂性，尽管它现在支持的物种组成已经显著不同于历史上的情况。

在新英格兰的斯特勒威根浅滩、佛罗里达的沙洲和大堡礁，历史基线已被引入海上禁捕区的管理和某些鲸鱼、海豹、大比目鱼和大肚鲱的保护中。在陆地上，历史基线被用于公园和保护区设计以及把物种重新引入到它们曾经生存的地方。黄石国家公园引入的狼，通过猎杀啃食动物使苏打布特溪和拉马尔河的三角叶杨得到恢复，但在这里和其他地方，重新引入食肉动物与当地人们的利益发生了冲突。如何从一个物种丰富的过去经过今天的瓶颈到达物种同样丰富的未来，仍然是一个悬而未决的问题，这个问题是实现可持续性未来的关键，它既包含复杂的生态系统，又包含人类生活的高标准。

在分析加利福尼亚湾海洋生态系统的变化时，海洋生态学家安德里亚·萨恩兹·阿罗约（Andrea Sáenz Arroyo）认识到融合历史和渔业科学的困难性。在渔业管理中引入历史知识的真正价值在于展现那些能够重建过去状况、具有孤立观察结果的趣闻。这些观察结果，通过展示随处可见鱼类、贝类、海豹和鲸鱼的海洋生态系统和人们从中获取的益处，可以激发管理者和政府在目前这种枯竭状况下去重新考虑可持续发展。历史的观点通过鼓励人们珍视海洋、设定恢复的高标准来抵制转移基线综合征。

凯伦·亚历山大（Karen ALEXANDER）
新罕布什尔大学

参见：承载能力；共同管理；群落生态学；大坝拆除；生态恢复；生态系统服务；鱼类孵化场；渔业管理；食物网；大型海洋生态系统（LME）管理与评估；海洋保护区（MPA）；自然资本；海洋资源管理；种群动态；物种再引入；自然演替。

拓展阅读

Alexander, Karen E.; Leavenworth, William B.; Claesson, Stefan; & Bolster W. Jefferey. (2011). Catch density: A new approach to shifting baselines, stock assessment and ecosystem-based management. *Bulletin of Marine Science*, *87* (2), 213–134.

Hall, Carolyn J.; Jordaan, Adrian; & Frisk, Michael G. (2011, January). The historic influence of dams on diadromous fish habitat with a focus on river herring and hydrologic longitude connectivity. *Landscape Ecology*, *26* (1), 95–107. doi: 10.1007/s10980–010–9539–1

Hilborn, Ray. (2006). Faith-based fisheries. *Fisheries*, *31* (11), 554–555.

Jackson, Jeremy B. C.; Alexander, Karen E.; & Sala, Enric. (2011). *Shifting baselines: The past and future of ocean fisheries*. Washington, DC: Island Press.

Jackson, Jeremy B. C. (1997). Reefs since Columbus. *Coral Reefs*, *16* (Suppl.), S23–S32.

Jackson, Jeremy B. C., et al. (2001). Historical overfishing and the recent collapse of coastal ecosystems. *Science*, *293*, 629–637.

Knowlton, Nancy, & Jackson, Jeremy B. C. (2008). Shifting baselines, local impacts, and global change on coral reefs. *Public Library of Science Biology*, *6*, 215–220.

Limburg, Karin E., & Waldman, John R. (2009). Dramatic declines in North Atlantic diadromous fishes. *BioScience*, *59* (11), 955–965.

Lotze, Heike K. (2005). Radical changes in the Wadden Sea fauna and flora over the last 2,000 years. *Helgoländer Meeresuntersuchungen*, *59*, 71–83.

Lotze, Heike K., & Milewski, Inka. (2004). Two centuries of multiple human impacts and successive changes in a North Atlantic food web. *Ecological Applications*, *14* (5), 1428–1447.

Lotze, Heike K., et al. (2006). Depletion, degradation, and recovery potential of estuaries and coastal seas. *Science*, *312*, 1806–1809.

McClenachan, Loren. (2009). Documenting loss of large trophy fish from the Florida Keys with historical photographs. *Conservation Biology*, *23* (3), 636–643.

McClenachan, Loren; Jackson, Jeremy B. C.; & Newman, Marah J. H. (2006). Conservation implications of historic sea turtle nesting beach loss. *Frontiers in Ecology and Environment*, *4*, 290–296.

Myers, Ransom A., & Worm, Boris. (2003). Rapid worldwide depletion of predatory fish communities. *Nature*, *423*, 280–283.

Pandolfi, John M., et al. (2003). Global trajectories of the long-term decline of coral reef ecosystems. *Science*, *301*, 955–958.

Pauly, Daniel. (1995). Anecdotes and the shifting baseline syndrome of fisheries. *Trends in Ecology and Evolution*, *10*, 430.

Pauly, Daniel, & Maclean, Jay L. (2003). *In a perfect ocean: The state of fisheries and ecosystems in the North Atlantic Ocean*. Washington, DC: Island Press.

Ripple, William J., & Beschta, Robert L. (2003) Wolf reintroduction, predation risk, and cottonwood recovery in Yellowstone National Park. *Forest Ecology and Management*, *184* (1–3), 299–313.

Roberts, Callum. (2007). *The unnatural history of the sea*. Washington, DC: Island Press.

Rosenberg, Andrew A., et al. (2005). The history of ocean resources: Modeling cod biomass using historical records. *Frontiers in Ecology and the Environment*, *2*, 84–90.

Sáenz-Arroyo, Andrea; Roberts, Callum M.; Torre, Jorge; Cariño-Olvera, Micheline; & Hawkins, Julie P. (2006). The value of evidence about past abundance: Marine fauna of the Gulf of California through the eyes of 16th to 19th century travelers. *Fish and Fisheries*, *7*, 128–146.

Smith, Tim D. (1994). *Scaling fisheries: The science of measuring the effects of fishing, 1855–1955*. Cambridge, UK: Cambridge University Press.

Van Sittert, Lance. (2005). The other seven tenths. *Environmental History*, *10*, 106–109.

Waldman, John. (2000). *Heartbeats in the muck: A dramatic look at the history, sea life, and environment of New York Harbor*. New York: Lyons Press.

Worm, Boris, et al. (2009). Rebuilding global fisheries. *Science*, *31* (325), 578–585.

土壤保持

土壤是一种多功能的自然资源，因为它提供无数的生态系统服务。除了其他服务，它生产食物、饲料和纤维，是大气中碳的吸收器，而且还过滤污染物。尤其在世界上资源匮乏的地区，土壤正变得越来越退化。土壤必须通过明智的管理实践得到恢复和保持，以应对全球气候变化、粮食不安全、能源供应不安全和生态系统整体可持续发展的问题。

土壤是在所有陆地生态系统中维持生命的基本自然资源。它可能是唯一的一个最基本的自然资源，因为它包含维持生命所必需的三种形态：固态（无机的和有机的）组分、水和空气。土壤是支持植物群和动物群的复杂、具有动态特性的介质。尽管土壤对生命极具重要性，但它常常被忽略，甚至被称为“泥土”。土壤既不是“泥土”，也不是惰性物质，而是一种珍贵的资源。土壤不仅是传统认知上植物生长的介质，而且还是一种多功能的实体，因为它：① 生产食物和纤维来满足日益增长的全球需求；② 缓解和过滤那些影响水质的非点源污染物；③ 通过提供食物和遮挡来改善野生动物的栖息地和多样性；④ 吸存土壤有机碳，作为大气温室气体（二氧化碳、甲烷和氧化亚氮）的吸收器；⑤ 为可再生能源生产提供原料。作为一个多功能系统，土壤将在缓解预计的全球气候变化、粮食不安全、能源供应不安全和环境质量下降方面发挥重要作用。这些无数的生态系统服务都为保护土壤提供了基本的理由。

土壤退化的驱动因素

土壤很脆弱，管理不善就很容易迅速退化。在人类的时间尺度上它不是一个可再生的资源。持续的退化会威胁到土壤的多功能性。水和风的侵蚀是土壤退化的主要因素。压实、碱化与盐碱化以及酸化也是退化的因素。坡地的翻耕侵蚀（它使土壤随时间慢慢移动到坡下）常常不易觉察而被忽略，但这可以显著降低土壤的生产力。

通过森林砍伐、焚林开荒式农业、过度放

牧、集约化翻耕、在有限植被覆盖下实施休耕做法、陡坡耕种、生物质燃烧和去除以及无计划的城市化，人类活动为水和风的侵蚀创造了条件。耕地比长有永久性草本植物和树木的土地更容易侵蚀，因为它常常受到扰动、被裸露或者留有少量剩余覆盖。在山区，在坡地和贫瘠土地上耕种是土壤侵蚀的主要原因。

加速的侵蚀

轻微的土壤侵蚀是土壤形成和生态系统动态变化的一个重要过程。当侵蚀加速时，它就变成了一个问题。土壤侵蚀的程度随区域和洲的不同而变化。由于土地监管、土壤保持和政策（如1985年《食品安全法》实施下的土地休耕保护计划），从1982年到2003年，美国水和风的侵蚀速度下降了大约35%（USDA 2010）。然而，美国大约三分之一的耕地（尤其是集约耕作和单一种植或作物收割-休耕做法），其侵蚀速度超过了可容忍的速度（Pimentel和Lal 2007）。可容忍的土壤流失就是土壤流失的速度等于土壤形成的速度。土壤消失的容忍度将随气候、地貌、植被、土壤类型和管理而变化（Troeh, Hobbs & Donahue 2004）。

土壤侵蚀在美国和其他发达国家可能不是一个迫在眉睫的危机，但在世界的贫困地区，由于很高的人口压力、农业用地的缺乏、贫困农民的众多和有效土壤侵蚀控制做法和政策的缺乏，它却成为一个主要的问题。大多数农业土壤的侵蚀速度超过土壤形成的速度。当前全球的土壤流失介于每公顷13和40公吨之间（Pimentel & Kounang 1998），但土壤形成的速度小于每年0.5毫米，或者说小于每公顷5公吨。像纹沟间侵蚀（由雨滴飞溅和片流去除的均匀一层土壤）并不容易被发现，但常常使土壤流失速度超过形成的速度。例如，一毫米表层土壤的损失等效于大约每公顷10公吨。

类似地，风蚀量在世界的干旱和半干旱地区可以极高。在非洲西部、中国北方、南美洲的安第斯山区和潘帕斯草原、澳大利亚南部和美国的大平原，风蚀超过了水蚀。美国20世纪30年代的干旱尘暴区展示了在没有合适土壤保持做法的情况下，风蚀的严重性。这几年随着农业扩展到贫瘠土地以及干旱的增加，风蚀已经加重。在非洲萨赫勒地区西部，集约化耕作的土地，其每年的侵蚀速度介于每公顷20到50公吨之间，从而使作物产量急剧下降（Bidders, Karlheinz & Rajot 2000; Sterk 2003）。水蚀占全球总的土地退化的大约60%，而风蚀则占30%。虽然整治侵蚀的力度增加、有关侵蚀的驱动因素和原因的知识不断增长以及技术不断进步，但侵蚀仍然非常严重，它仍然需要更多的关注（Uri 2000）。

加速侵蚀的影响

过去的教训对了解加速侵蚀的潜在影响至关重要。源于土壤管理不善的加速侵蚀导致了中东古老文明的灭亡（Bennett 1939）。严重的侵蚀对长期的农业生产以及土壤和环境质量都有极大的现场和非现场影响。它使土壤的物理、化学和生物特性变差。它会引起土壤表面的板结和封闭，使土壤结构退化，降低水的入渗，使土壤更容易压实。水蚀会通过沉淀物和化学物质（如养分、杀虫剂）污染下游水体，并造成水体低氧，影响好氧生物（如在墨西哥湾）。严重侵蚀的主要现场影响，是通过表层土厚度的减少和土壤肥力的丧失，造成作物的减产。在土壤较浅、肥力较差的情况下,较少的土壤流失可以造成减产,而在土壤较厚、肥力较高的情况下,同样的土壤流失量产生的不良影响就会较弱。

土壤侵蚀会改变生态系统的可持续性。它不仅影响农业用地,而且还影响森林、草场和牧场。它通过减少植被覆盖来影响野生动物的多样性和栖息地。侵蚀物质积聚在冲积平原,造成下游耕地和水库的洪灾。类似地,风蚀以尘土的形式污染空气,降低大气辐射和能量通量,威胁人类和动物健康。风会把微小颗粒从源头带向数百甚至数千公里的地方。持续的严重土壤侵蚀会造成作物与生物产量减少和土壤质量退化的恶性循环。当前的全球气候变化、粮食不安全和可再生能源生产都直接与土壤侵蚀有关。

侵蚀和全球气候变化

在全球气候变化的前景下预计土壤侵蚀会增加。气候条件的剧烈波动(包括在新的气候条件下异常的强暴雨)会降低土壤的恢复力并加速土壤侵蚀。在美国,20世纪总的降水量增加,53%的暴雨为强暴雨或特强暴雨(O'Neal et al. 2005)。降雨强度比降雨量更关键。少量高强度暴雨可以引起土壤的大量流失(Nearing et al. 2005)。在新的气候条件下,降水增加10%到20%会改变土壤流失和径流高达300%(O'Neal et al. 2005)。类似地,在经常、长期干旱的地方(特别是在半干旱地区)风会增加土壤的侵蚀。冰的融化、洪水、河水的剧烈波动、河流和海岸附近的风暴也会增加土壤的侵蚀。

除了海洋,土壤中含有最多的碳。它包含的碳是大气中含碳量的两倍,是所有植被含碳量的三倍多(Davidson, Trumbore & Amundson 2000)。加速的土壤侵蚀会通过迅速氧化土壤中的有机物质来降低这种碳的存储。结果,侵蚀通过在侵蚀过程中释放温室气体(如二氧化碳、甲烷和氧化亚氮)来促进全球气候变化(Polyakov & Lal 2008)。在半干旱地区,土壤温度的增加和有限的降水相结合可以迅速氧化土壤中的有机物质,进一步增加碳的排放。在干旱和半干旱地区,由于生物产量和土壤有机物质含量较低,在新的气候变化条件下由水蚀和风蚀产生的土壤退化预计将高于潮湿和凉爽地区。

侵蚀和粮食安全

土壤侵蚀与粮食安全直接相关。作物产量与侵蚀相关,并且随侵蚀速度的增加呈曲线或指数函数下降。侵蚀总是去除包含有机物质和基本养分(通常集中在表层附近)、最具肥力的土壤层。土壤肥力丧失会减少生物量和粮食产量。粮食不安全在发展中国家变得越来越明显,因为资源匮乏或者维持温饱的农民缺乏建立有效土壤保持做法、扭转土壤退化的财力。撒哈拉沙漠以南的非洲地区、加勒比地区(如海地)、中亚地区和拉丁美洲的某些国家正经历不断增加的土壤侵蚀和粮食不安全(Kaiser 2004)。

虽然在有些国家,新作物品种、肥料和其他技术的引入部分地降低了粮食不安全,但在世界最贫穷的国家,一般来说,随着人口的增长粮食生产要么停滞不前,要么下降(Stocking 2003)。例如,在撒哈拉沙漠以南的非洲地区,由于土壤侵蚀增加和土壤肥力丧失,作物产量已经下降了大约50%。过度榨取土壤和攫取养分会威胁到粮食安全(Bekunda, Sanginga & Woomer 2010)。尽管过去维持温饱的农民常常采用迁徙耕作,但随着高产的土地越来越少,现在他们被迫过度利用同一块土地(常常是容易侵蚀的山坡地)。

侵蚀和生物燃料开发

对替代性可再生能源不断增长的需求很可能会给土壤进一步带来压力。除了粮食和纤维生产,土壤可能还要为生物燃料生产提供原料。在美国把"土地休耕保护计划"用地转化为玉米乙醇生产用地,在热带国家把雨林转化为大豆生物柴油、棕榈生物柴油和甘蔗乙醇用地,这都可以给陆地生态系统带来不利影响,并进一步加速水和风的侵蚀(Fargione et al. 2008)。在热带森林,焚林开荒或焚草场开荒是常见的做法。这样,大规模进行生物燃料作物生产和生物柴油生产可能会改变整个生态系统。它会增加土壤侵蚀,给土壤和水资源带来压力,降低土壤的生产率和肥力,增加水污染的风险。它还会通过土地整理和生物量的燃烧向大气释放大量的碳来加剧预测的全球气候变化。利用玉米和大豆进行的生物燃料和生物柴油的生产已经提高了粮食的价格,它有可能进一步加剧粮食的不安全。

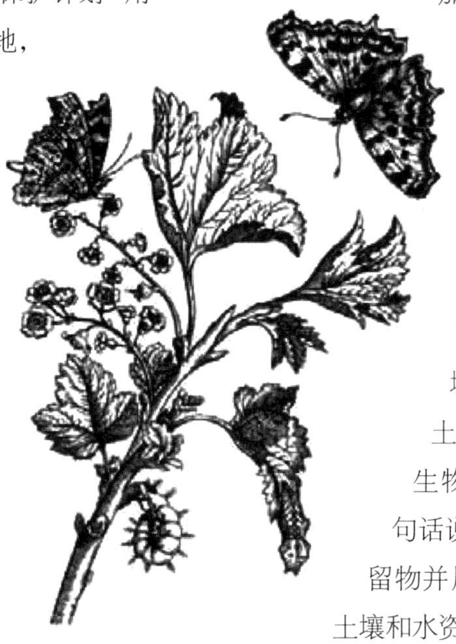

纤维素乙醇(或称第二代生物燃料)作为基于粮食的生物燃料的替代品,也越来越受到关注。作物残留物、专用能源作物(如多年生暖季草)、木头、草原草和其他生质材料都是纤维素生物燃料生产的选用材料。因为需要有大量的生物质才能满足可再生能源生产的目标,所以过量去除生物质也会加速水和风的侵蚀。的确,最近的研究表明,不加选择的去除作物残留物会影响土壤侵蚀、土壤特性、土壤碳吸存的潜能和整体性农业生产率(Wilhelm et al. 2004; Blanco-Canqui & Lal 2007; Lal 2009)。作物残留物的去除可能会增加土壤侵蚀达10%到100%(Pimentel 2010)。作物残留物为水和风的侵蚀提供了保护层,它的去除会引起表面的封闭和板结,从而降低水的入渗,增加径流。残留物的去除也会压实土壤,降低土壤团聚体的稳定性和强度、土壤有机碳库存、含水能力、生物多样性和土壤肥力。换句话说,不加选择地去除作物残留物并用作农场以外的用途违背土壤和水资源保护的原则。

在贫瘠和退化的土地上种植能源作物(如多年生草本植物)来作为生物燃料的原料可以替代作物残留物(Blanco-Canqui 2010)。和作物残留物去除相比,这一策略可能对土壤和水资源保护的不利影响更小。和行栽作物相比,多年生草本生物质去除(如收割的高度和频度)和保持之间的适当平衡可以控制土壤侵蚀,保持土壤特性和土壤碳库。如果大规模种植和收割专用能源作物,土壤可能需要进行不同的管理。有人认为,即使利用多年生生物质原料来生产纤维素乙醇也可能对土壤和环境产生不利影响(Pimentel 2010)。生物燃料可能并不像最初认为的那样不排碳,可能不会显著减少矿物燃料的消费或降低温室气体排放(Fargione et al. 2008; Tilman, Hill & Lehman 2006)。因此,纤维素生物燃料生产对土壤和水资源保护的影响还需要实验的验证和客观的分析。

土壤恢复和保持

土壤恢复和保持对增强土壤多功能性、应对生态系统可持续性挑战至关重要。在肥沃土壤必须得到保持的同时,退化的土壤必须得到恢复。对退化的农业土壤来说,管理要先于保持。土壤保持不仅要使土壤不流失,而且还要提高土壤的恢复力和满足不断增长的需求的能力。土壤的恢复力与生态系统的恢复力在本质上是相关的。土壤在本质上具有恢复力,能够从退化因素中恢复。然而,高度退化的土壤会需要很长的时间才能恢复到类似于退化前的状态。

对预测的气候变化和粮食不安全来说,土壤既可以是一个问题,也可以是一个解决方案,这取决于土壤是如何管理的。土壤通过吸存大气中的碳、减少净温室气体通量来影响预测的全球气候变化。如果得到明智的管理和保持,它们可以成为吸收器,而不是大气中碳的来源。例如,每年都有生物质输入的土壤,再加上扰动的减少,就可以对碳进行吸存。相反,集约化翻耕、植被覆盖有限的土壤,就会加速温室气体的排放。类似地,通过明智的管理来保持土壤和水资源并改善土壤生产力有助于避免粮食不安全。

应结合机械和生物的做法来保持土壤。在资源匮乏的国家,那些维持温饱的农民买不起用于侵蚀控制的机械结构,但可以更容易地采用生物保持的做法。与机械结构不同,生物做法不仅可以使土壤不流失,而且还可以改善土壤的自然肥力和退化土壤随时间的恢复力。

保持策略

保土耕作、改进的种植体系(连作体系和作物轮作)、覆盖作物种植、绿肥、残留物覆盖、农林带状间作、复合农林业和保护缓冲带是土壤保持的一些最佳管理策略。不翻耕种植(种子直接撒在未翻耕的土壤里),对降低有关预测的全球气候变化、粮食不安全和环境质量退化方面的担忧来说,是最有效的土壤管理和保持策略之一。在不翻耕农田中,由水和风的侵蚀导致的土壤损失比常规翻耕和集约化翻耕农田低得多,因为不翻耕种植减少了土壤的扰动,提供了永久性的作物残留物覆盖。作物残留覆盖物拦截、缓冲了雨滴和风的侵蚀作用。不翻耕种植对减少水和风的侵蚀的有效性取决于残留物输入的量。就保持土壤和水资源、吸存碳以及增强土壤恢复力和生产力来说，不翻耕种植如果没有每年的残留物输入，其效果可能比常规翻耕做法好不了多少或者就没有效果。

采用不翻耕种植在很多地区（如美国、巴西和澳大利亚）都产生了较好的土壤管理效果。它会减少土壤侵蚀，改善表层附近土壤结构特性（如团聚体稳定性和强度）。尽管不翻耕种植提供了无数的好处和生态系统服务，但世界上只有5%、美国只有37%的耕地采用了不翻耕种植（Lal et al. 2004）。针对具体土壤的不翻耕管理策略将会扩展这种技术。

当与连作体系、轮作、覆盖作物、保护缓冲带和其他土壤保持做法配合使用时，不翻耕种植效果最好。如果只用不翻耕做法没有效果，应附加其他做法来提高效果。和作物-休耕做法相比，连作体系提供了持久遮盖或残留物覆盖。类似地，与豆科植物、根深作物、密植作物和基于草皮或草地轮作的复合轮作会增强不翻耕种植的性能，改善土壤特性，降低土壤侵蚀。对不翻耕种植来说，覆盖作物是潜在的伴种做法，它们在主要生长季之间种植，提供额外的残留物输入，避免土壤受到侵蚀（Blanco-Canqui et al. 2011）。它们也通过固定来自大气的氮（N）、改善土壤肥力来增加作物产量（Blanco-Canqui, Claassen, Presley forthcoming 2012）。类似地，设置在不翻耕农田顶端的保护缓冲带能够减少径流，过滤沉积物和与沉积物结合的养分，防止沟蚀，吸收养分，改善野生动物栖息地和多样性。草障、滤土带、农田边界、草皮泄水道、河边缓冲带和防风林都是潜在的缓冲带。再结合机械保持做法（如田埂），这些做法会进一步控制土壤侵蚀。

那些能够增加土壤有机碳含量的土壤管理做法是改善土壤特性、降低土壤侵蚀性的关键。和翻耕做法相比，不翻耕做法通常能在表土层附近存储更多的有机碳，这会改善土壤团聚性、大孔性和水保持与传输特性。土壤的有机物质把土壤颗粒结合为稳定的团聚体，为整个土壤提供弹性，增加土壤侵蚀的恢复力。高生物量作物生产体系（如复合轮作、覆盖作物和连作体系）与不翻耕做法结合，也会增加碳含量。土壤中有机物质的积累能提供很多生态系统服务，包括缓解温室气体排放、改善土壤性质、减少土壤侵蚀性以及过滤和吸收水中的污染物。最重要的是，土壤中的碳聚集可以解除对粮食不安全的担忧，因为土壤中的有机碳会直接改善土壤的生产力。大多数退化的土壤，其有机碳的含量都较低。在降低土壤侵蚀性的同时，恢复土壤中的碳对改善土壤生产力和恢复力是必不可少的。

今后的措施

我们必须把为当代和后代人保持土壤当作首要问题，以缓解粮食不安全问题，适应气候变化，实现生态系统可持续性。把土壤当作最基本的资源来加以保护就是一种投资。粮食生产、土壤和环境质量、所有陆地生态系统的可持续性都处于危险之中。因此，工作重心应集中在制订针对区域的保护策略，以增强土壤的多功能性。恢复土壤有机碳是改善土壤生产力和减少向大气碳排放的潜在策略。

土壤管理和保持需要当地、区域和国家层面的土地拥有者、农民、决策者和公众的跨学科参与。土壤侵蚀涉及政治、社会和经济条件。只有通过土地监管、技术输入和明智土壤管理策略和保护政策的实施，我们才能减少土壤的进一步退化。

温贝托·布兰科－坎奎
（Humberto BLANCO-CANQUI）
堪萨斯州立大学

参见：适应性资源管理（ARM）；农业集约化；农业生态学；最佳管理实践（BMP）；缓冲带；荒漠化；生态系统服务；灌溉；微生物生态系统过程；互利共生；氮饱和；养分和生物地球化学循环；持久农业。

拓展阅读

Bekunda, Mateete; Sanginga, Nteranya; & Woomer, Paul L. (2010). Restoring soil fertility in sub-Sahara Africa. *Advances in Agronomy*, *108*, 183–236.

Bennett, Hugh Hammond. (1939). *Soil conservation*. New York: McGraw-Hill.

Bidders, Charles L.; Karlheinz, Michels; & Rajot, Jean-Louis. (2000). On-farm evaluation of ridging and residue management practices to reduce wind erosion in Niger. *Soil Science Society of America Journal*, *64* (5), 1776–1785.

Blanco-Canqui, Humberto; Claassen, Mark M.; & Presley, DeAnn R. (forthcoming 2012). Summer cover crops fix nitrogen, increase crop yield and improve soil-crop relationships. *Agronomy Journal 104* (1), 137–147.

Blanco-Canqui, Humberto; Mikha, Maysoon M.; Presley, DeAnn R; & Claassen Mark M. (2011). Addition of cover crops enhances no-till potential for improving soil physical properties. *Soil Science Society of America Journal*, *75* (4), 1471–1482.

Blanco-Canqui, Humberto. (2010). Energy crops and their implications on soil and environment. *Agronomy Journal*, *102* (2), 403–419.

Blanco-Canqui, Humberto, & Lal, Rattan. (2007). Soil and crop response harvesting corn residues for biofuel production. *Geoderma*, *141* (3–4), 355–362.

Davidson, Eric A.; Trumbore, Susan E.; & Amundson, Ronald. (2000). Soil warming and organic carbon content. *Nature*, *408* (6814), 789–790.

Fang, Janet. (2010). Soils emitting more carbon dioxide. *Nature Digest*, *7* (6), 38–40.

Fargione, Joseph; Hill, Jason; Tilman, David; Polasky, Stephen; & Hawthorne, Peter. (2008). Land clearing and the biofuel carbon debt. *Science*, *319* (5867), 1235–1238.

Kaiser, Jocelyn. (2004). Wounding Earth's fragile skin. *Science*, *304* (5677), 1616–1618.

Lal, Rattan. (2009). Soil quality impacts of residue removal for bioethanol production. *Soil and Tillage Research*, *102* (2), 233–241.

Lal, Rattan; Griffin, Michael; Apt, Jay; Lave, Lester; & Morgan, M. Granger. (2004). Managing soil carbon.

Science, *304* (5669), 393.

Nearing, Mark A., et al. (2005). Modeling response of soil erosion and runoff to changes in precipitation and cover. *Catena*, *61* (2–3), 131–154.

O'Neal, Monte R.; Nearing, Mark A.; Vining, Roel C.; Southworth, Jane; & Pfeifer, Rebecca A. (2005). Climate change impacts on soil erosion in Midwest United Status with changes in crop management. *Catena*, *61* (2–3), 165–184.

Pimentel, David. (2010). Corn and cellulosic ethanol problems and soil erosion. In Rattan Lal & Bobby A. Stewart (Eds.), *Soil quality and biofuel production* (pp.119–136). Boca Raton, FL: CRC Press, Taylor & Francis Group LLC.

Pimentel, David, & Kounang, Nadia. (1998). Ecology of soil erosion in ecosystems. *Ecosystems*, *1* (5), 416–426.

Pimentel, David, & Lal, Rattan. (2007). Biofuels and the environment. *Science*, *317* (5840), 897.

Polyakov, V. O., & Lal, Rattan. (2008). Soil organic matter and CO_2 emission as affected by water erosion on field runoff plots. *Geoderma*, *143* (1–2), 216–222.

Sterk, Geert. (2003). Causes, consequences and control of wind erosion in Sahelian Africa: A review. *Land Degradation & Development*, *14* (1), 95–108.

Stocking, Michael A. (2003). Tropical soils and food security: The next 50 years. *Science*, *302* (5649), 1356–1359.

Tilman, David; Hill, Jason; & Lehman, Clarence. (2006). Carbonnegative biofuels from low-input high-diversity grassland biomass. *Science*, *314* (5805), 1598–1600.

Troeh, Frederick R.; Hobbs, J. Arthur; & Donahue, Roy Luther. (2004). *Soil and water conservation for productivity and environmental protection* (4th ed.). Upper Saddle River, NJ: Prentice Hall.

United States Department of Agriculture (USDA), Natural Resources Conservation Service (NRCS). (2010). 2007 national resources inventory (NRI): Soil erosion on cropland. Retrieved April 23, 2011, from www.nrcs.usda.gov/technical/NRI/2007/2007_NRI_Soil_Erosion.pdf

Uri, Noel D. (2000). Agriculture and the environment: The problem of soil erosion. *Journal of Sustainable Agriculture*, *16* (4), 71–94.

Wilhelm, Wallace W.; Johnson, J. M. F.; Hatfield, J. L.; Voorhees, W. B.; & Linden, D. R. (2004). Crop and soil productivity response to corn residue removal: A literature review. *Agronomy Journal*, *96* (1), 1–17.

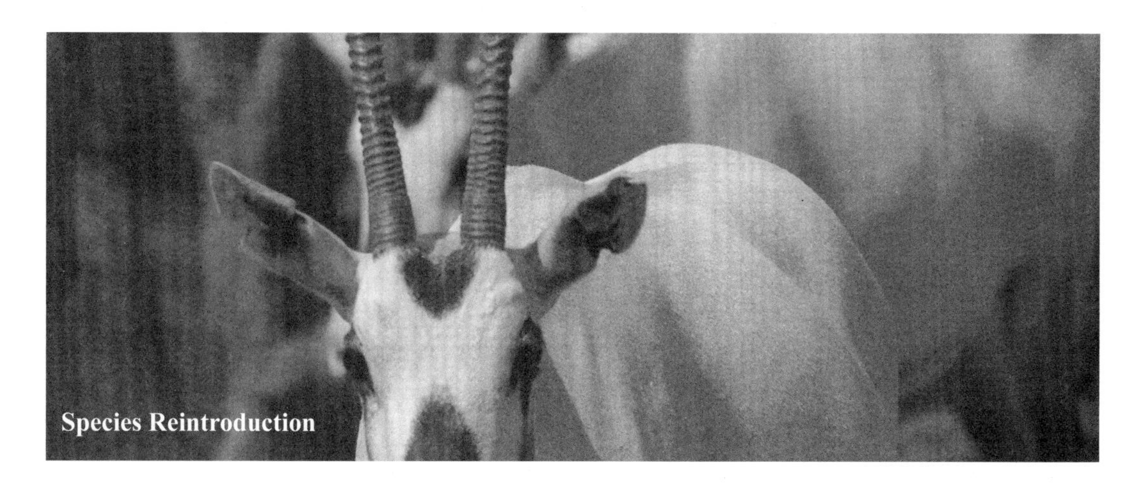

物种再引入

再引入就是使物种返回到它们消失的部分历史分布区的尝试。历史上，再引入在生物多样性保护的背景下用于物种的保存，而现在，再引入的一个相对较新的用途是恢复生态系统功能，尤其是在物种灭绝和全球气候变化的背景下恢复生态系统的功能。

人类把驯养或圈养的动物从一个地方赶到另一个地方的做法已有数千年的历史。人类对野生动物进行放生的历史非常丰富，放生的目的是建立新的食物资源、虫害的生物防治和美学效果。然而，这样的运动常常发生物种在其自然分布区之外的放生。

土著物种的运动可能涉及动物在其自然分布区的放生，以便补充被猎杀的种群，解决人类和野生动物之间的冲突，或者创建非消费工业（如基于大自然的旅游）。把物种再引入以实现生物多样性保护或恢复的目标是一个相对较新的活动，该活动的推出是在面对物种灭绝的情况下人们对保护生物多样性需求的全球意识不断增长的结果。

20世纪70年代和80年代，几种富有魅力的脊椎动物的高调再引入增加了人们对再引入作为一种可行选项的认知。阿拉伯大羚羊（Oryx leucoryx，见题图，由凤凰城动物园的珍妮特・特罗普摄影）在阿曼、金毛狮狨（Leontopithecus rosalia）在巴西、游隼（Falco peregrinus）在北美都进行了再引入。再引入是产生宣传效果的一个很有吸引力的选项，尤其因为动物的搬运、运输和放生是对媒体很友好的事件，能够表明有关部门已经采取了切实的行动。此外，公众对圈养野生动物的态度发生了变化，这促使动物园把他们的活动扩展到更加广泛的保护措施上，包括物种的再引入。

世界自然保护联盟（the International Union for Conservation of Nature, IUCN）的物种生存委员会于1988年创建了再引入专家小组，以便为全球不断增加的野生动物恢复项目提供指导。再引入专家小组于1992年召开了他们的首次战略规划研讨会，并形成了再引入的世界自然保护联盟指导原则（IUCN 1998; IUCN 2007）。

再引入生物学家在使用与再引入有关的术语时缺乏一致性，带来了很多混乱。世界自然保护联盟在有关生物迁移的立场声明中给定的最初术语，把“迁移”定义为生物从一个地区到另一个地区的运动（INCU 1987）。该文件认定了三种类型的迁移：① 引入，即一种生物离开其历史已知原生地的运动；② 再引入，即生物有意进入历史上从那里消失或局部灭绝的部分原生地的运动；③ 放生，即个体形成现有种群的运动。

术语“再引入生物学”指的是从事改善再引入结果和其他为保护而进行迁移的研究。在期刊《生态学和进化趋势》中，新西兰保护生物学家道格·阿姆斯特朗（Doug P. Armstrong）和动物学家菲利普·塞登（Philip J. Seddon）（2008）提出了供生物学家讨论的10个关键问题，这些问题分别集中在种群、复合种群和生态系统层面（参见图S4）。这10个问题总结了物种再引入中最紧迫的问题。

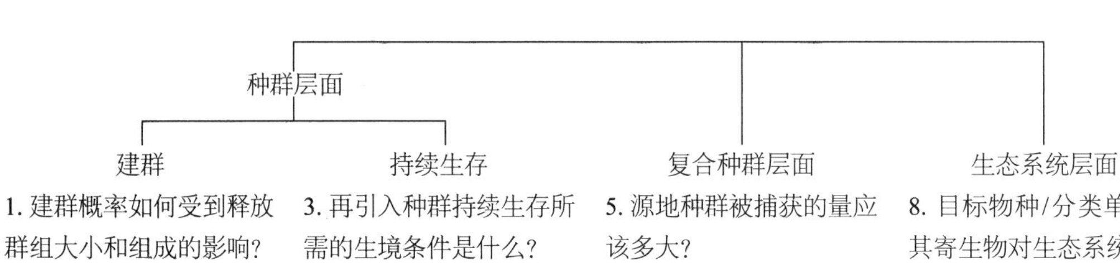

图S4　再引入生物学的10个关键问题

来源：阿姆斯特朗和塞登（Armstrong & Seddon 2008）.

种群层面的关键问题

传统上，再引入生物学重点关注那些决定再引入是否成功的因子上。这些因子可以分为影响建群和种群扩散的因子，其遵循的是入侵生物学中常用的划分方法。对再引入来说，区分建群和持续生存更合适。持续生存更具一般性，因为它适用于地理上受限制的种群，因此，种群的增长通过增加密度而不是增加分布区来实现。它也指已经达到承载能力的种群。这种二分法很有用，因为在一旦种群建立就有可能实现长久生存的条件下，再引入的种群会无法在建群阶段存活。

1. 种群建立

由于机会（种群统计随机性）或低密度下的低繁殖率或存活率，较小的释放群组会无法建立种群（阿利效应）。第一个关键问题是：“建群概率如何受到释放群组大小和组成的影响？”（见图S4）。如果它们以较高的速率散布，种群也可能无法建立。如果它们承受迁移压力或不能适应释放的场地，它们的存活率或繁殖率就可能较低。释放后较高的散布率和死亡率会产生释放种群大小与实际的初始种群大小之间的差异。

第二个关键问题是:“释放后的存活与散布如何受到释放前后管理的影响?”有关具体管理做法的效果的问题自然随之而来。旨在帮助适应环境的释放策略常常称为软释放。这些策略可能不会产生期望的效果。尽管有些再引入生物学家认为通过把动物在释放地方圈养一段时间可以减少散布和(或)死亡率,但并不是所有的研究都支持这一见解。

影响释放后存活和散布的因素需要进行实验调查。再引入生物学家已通过实验调控了释放群组的大小。这样的实验需要进行多次的再引入尝试,对濒危物种不一定可行。一个更好的方法,是根据存活率、繁殖率和散布率的可用数据为讨论的物种和系统的这种相互关系建模。为多个物种和系统的再引入成功率做比较分析有可能会为释放群组大小和建群成功之间的相互关系给出误导性指示。较大释放群组的成功率有偏大的倾向,因为再引入生物学家在感觉再引入的成功率较低时通常会释放较少数量的动物。再引入项目也有可能缺乏资源。然而,在释放后散布率和死亡率较低时,种群有可能从小于10个释放个体中成功建立。

2. 生存环境对种群持续生存的影响

不管采用什么样的种群建立策略,如果释放地点的生存环境无法支持这个物种,再引入都不会成功。因此,有关种群持续生存的第一个关键问题是:“再引入种群持续生存所需的生境条件是什么?”假定释放的生物数量低于承载能力,持续生存的基本先决条件是正增长。这种增长应是再引入项目的主要目标。世界自然保护联盟再引入指导原则强调,物种下降的根源必须找出并加以消除后,物种才可以再引入某一场地。这听起来可能比较简单,但评估增长所需条件并不是一件容易的事。通常并没有物种在场地的可用数据。入侵生物学家在试图预测可以被入侵的生存环境时也面临同样的挑战。所以,生物学家可以使用类似的生存环境建模方法来预测入侵和再引入的前景。物种释放之后,生物学家可以根据存活和繁殖的数据建模,以估算种群的生长率,量化这种关系的不确定性。

再引入生物学家也可以利用适应性管理方法。生境条件可以在时间和(或)空间上加以操控,以确定种群增长的需求。这样的适应性管理可用于制订未来再引入场地的标准以及种群管理方案。

3. 遗传对种群持续生存的影响

虽然生境条件是种群增长的主要驱动因素,但生物的内在性质也会影响种群增长。下一个关键问题是:“基因组成如何影响再引入种群的持续生存?”如果建立者群组是高度近亲繁殖的,或者种源不合适——即在基因上适应于和释放场所不同的条件,种群一开始就可能无法增长。然而,一个更有可能的问题是,如果基因多样性随时间减少,该物种有可能经历近交衰退和不断下降的免疫活性。如果种群依然较小,这种效应就有可能出现。再引入生物学家可能需要继续管理该物种的再引入。然而,如果种群用非本地遗传种源的个体进行补充,这样的管理有可能阻碍种群在当地的适应性,或者浪费本可用在其他地方的资源。这一领域的研究不仅可以预测管理将如何影响再引入种群的遗传多样性,而且还可以预测管理对种群增长和持续生存的影响。做这种预测的再引入生物学家必须估算遗传多样性对再引入种群存活和繁殖的影响,然后利用种群建模预测这种影响。

复合种群层面的问题

复合种群层面的问题涉及物种的多个种群。“复合种群”这个术语传统上用于描述被自然散布连在一起的半隔离种群网络。再引入生物学家也把这个术语用于描述那些可以被迁移连在一起的种群网络。任何迁移涉及至少一个简单的复合种群,它包含源地种群和受地种群。

1. 对源地种群的影响

尽管再引入生物学传统上注重再引入种群的命运,但建立这些种群的益处需要与对源地种群的影响进行平衡,不管源地种群是圈养的还是野生的。复合种群层面的第一个关键问题是:“源地种群被捕获的量应该多大?”种群建模是回答这一问题的一种途径,但准确预测需要充分认知种群的调节机制——即密度减少后存活率和(或)繁殖率的补偿性增加。捕获提供了对理解这些机制来说极有价值的密度调控,所以适用于进行适应性管理。

2. 迁移个体的分配

物种恢复项目常常超越单个源地种群和受地种群,而涉及多次再引入和很多潜在的再引入场地。不同场地之间迁移个体的最佳分配量是多少?涉及物种恢复的利益相关者群体的会议常常针对具体情况决定这样的分配。再引入生物学家有可能利用理论推出的最优策略来规划这种分配。类似的方法也可以用于决定不同场地之间管理工作的最佳分配。

3. 对隔离进行补偿的迁移

复合种群层面的最后一个问题是:“在破碎化的景观上是否应该把迁移用于补偿隔离?”再引入生物学家几乎总是(至少含蓄地)考虑这一因素,因为如果该物种很有可能在这个场地进行自然性重新建群,再引入就失去了必要性。但他们很少考虑的是,有些本地灭绝可能主要是生境破碎化之后种群动态变化的结果——也就是说,一个物种所喜爱的环境出现了不连续性。这种效应意味着通过连接种群而不需要对生存环境进行管理,迁移就可用于恢复分布。然而,如果本地灭绝是由于生存环境质量的下降,这种策略有可能是灾难性的。再引入生物学家需要弄清生存环境质量和复合种群动态在物种下降中所起的作用,这绝不是一件轻而易举的工作。

生态系统层面的关键问题

尽管传统上再引入的目标一直是物种恢复,但物种再引入工作越来越多地发生在生态系统恢复项目的背景下。尽管如此,再引入生物学和恢复生态学这两门学科之间的交叉极少。再引入生物学的文献一直采用单物种的研究方式,并重点关注动物,而恢复生态学的文献则一直关注非生物因子(即那些影响生物物种的非生物因子)和植被。阿姆斯特朗和塞登(2008)提出,再引入生物学有三个关键问题,这三个问题都可以把这两个学科联系起来。

1. 目标物种和寄生物

生态系统层面的第一个问题是:"目标物种和其寄生物对生态系统来说是否是土著的?"世界自然保护联盟的再引入指导原则强调,用于再引入的生物在遗传上应与在该地区最初发现的物种尽量接近,只有在历史分布区内没有合适的生存环境时才考虑把一个物种引入到其历史分布区之外。因此,对准备用于迁移的物种的历史分布区和遗传种源进行评估是再引入生物学的基本工作。然而,物种携带的寄生物是从兽医的角度进行考虑的,通常不考虑这些寄生物在释放场地就已经出现或是在历史上就已经出现。疾病筛查程序的主要关注点应是恢复宿主-寄生物之间的关系,防止引入非本地寄生物。这一过程需要通过用于重建寄生物历史分布的研究工作来实现。

这些问题在将来可能会变得越来越复杂。全球气候变化正在改变很多物种的合适生存环境的分布。至少有些项目将不会太注重在某一场地恢复最初发现的物种,而是注重有助于创建适于新的气候型的生态系统。根据塞登(2010)的说法,生物为了保护的目的从一个地区向另一个地区的运动可以沿一个谱系进行观察,该谱系的特征是对记录的历史分布的依赖逐渐降低,范围从种群恢复到保护引入(见表S1)。

2. 释放的生态系统效应

下一个关键问题是:"目标物种将如何影响生态系统和其寄生物?"这个问题与前

表S1 保护迁移谱系

对记录的历史分布的依赖性	主要关注点	术 语	定 义	同义词	范 围
高	单物种	再引入	对一个生物向其历史上从中消失或局部灭绝的原生地进行的有意迁移		种群恢复(向已知分布区释放)
中等		放生	用于构建现有种群的个体物种的迁移	补充;增加;强化;增强(仅用于植物)	
低	生态系统	生态替代者	为填充一个物种因灭绝产生的生态位而进行的最适宜现有类型的引入	亚种替代;分类单位替代;生态替代	良性/保护引入(在已知分布区之外释放)
		辅助移植	为保护物种不受人为威胁而在其自然分布区之外进行的迁移	辅助迁移;管理迁移	
		群落构建	为创建新的物种集群而进行的成组物种引入	未来型恢复;设计/新奇/发明生态系统	

来源:塞登(Seddon 2010).

面那个寄生物对生态系统来说是否是土著的问题密切相关。迁移的主要目标应该是恢复生态系统功能而不是物种组成。尽管世界自然保护联盟的再引入指导原则要求把物种引入到新的地区，以实现物种恢复的目标，但一个更好的理由可以是恢复灭绝物种的功能角色。科学家需要进行旨在预测迁移物种所产生影响的研究，以证明这种引入的正确性，确定哪些寄生物对筛查来说是最重要的，并优先确定生态系统工程师（即创建或改变生存环境的物种）和其他对生态系统功能来说至关重要物种的再引入。记录前面生态系统层面物种再引入影响的研究在这里是相关的，就像入侵生物学家为预测新物种对生态系统影响所开发的方法一样。

3. 再引入的次序

最后一个关键问题是："再引入的次序如何影响物种的最终组成？"这一问题在恢复项目实施过程中经常被提出来，但再引入生物学家常常根据直觉做决定。因为这一问题常常涉及处于不同营养级（即一个物种占据食物链的层级）的物种，一个很有前景的研究领域是有可能被再引入的捕食者和猎物之间的功能响应。这些响应有可能决定捕食者和猎物与其初始密度有关的共同相处的能力。

未来展望

再引入生物学总是强调案例研究，因为本地物种和系统的知识是无法替代的。尽管未来研究可能会更加重视整合分析，但有用的整合分析依赖于来自案例研究的良好数据。在没有这种数据的情况下，简单统计（如成功率）的比较分析将会产生误导性或价值不大的结果。

根据他提出的保护迁移谱系的建议，塞登（2010）为物种再引入的未来总结出三个关键推断（见表S1）。历史分布记录总是可以为识别迁移释放场地提供良好的起始点。然而，全球气候变化和生态系统的动态特性意味着历史物种分布区只有有限的用途。再引入生物学家甚至需要利用史前的参考点，而且应该考虑进行针对具体物种的生存环境适宜性评估。

在历史分布区的核心地带实施的单物种保护行动今后仍然是很多保护工作的重点，但我们需要越来越多地采用以生态系统为重点的保护工作，并考虑迁移成组的物种，以恢复关键的生态功能。曾经由灭绝分类单位完成的生态功能可以通过生态替代者（它们本身在其原生地可能也受到威胁）的引入得到恢复。

再引入生物学家和恢复生态学家应在选定的项目上一起合作，以创建新奇的生态系统，包括在适当的时候通过保护性引入来进行生态群落构建，实现单物种保护和生态系统管理的目标。

马库斯·格西特（Markus GUSSET）
牛津大学

参见：生物多样性；承载能力；富有魅力的大型动物；群落生态学；生态恢复；森林管理；全球气候变化；狩猎；指示物种；关键物种；植物—动物相互作用；种群动态；恢复性造林；残遗种保护区；稳态转换；原野地。

拓展阅读

Armstrong, Doug P., & Seddon, Philip J. (2008). Directions in reintroduction biology. *Trends in Ecology and Evolution*, *23* (1), 20–25.

Beck, Benjamin B.; Rapaport, Lisa G.; Stanley Price, Mark R.; & Wilson, Alison C. (1994). Reintroduction of captive-born animals. In Peter J. S. Olney, Georgina M. Mace & Anna T. C. Feistner (Eds.), *Creative conservation: Interactive management of wild and captive animals* (pp. 265–286). London: Chapman and Hall.

Earnhardt, Joanne M. (2010). The role of captive populations in reintroduction programs. In Devra G. Kleiman, Katerina V. Thompson & Charlotte Kirk Baer (Eds.), *Wild mammals in captivity: Principles and techniques for zoo management* (2nd ed., pp. 268–280). Chicago: University of Chicago Press.

Fischer, Julia, & Lindenmayer, David B. (2000). An assessment of the published results of animal relocations. *Biological Conservation*, *96* (1), 1–11.

Griffith, Brad; Scott, J. Michael; Carpenter, James W.; & Reed, Christine. (1989). Translocation as a species conservation tool: Status and strategy. *Science*, *245* (4917), 477–480.

Gusset, Markus. (2009). A framework for evaluating reintroduction success in carnivores: Lessons from African wild dogs. In Matt W. Hayward & Michael J. Somers (Eds.), *Reintroduction of top-order predators* (pp. 307–320). Oxford, UK: Wiley-Blackwell.

International Union for Conservation of Nature (IUCN). (1987). *IUCN position statement on translocation of living organisms*. Gland, Switzerland: IUCN.

International Union for Conservation of Nature (IUCN). (1998). *IUCN guidelines for re-introductions*. Gland, Switzerland: IUCN.

International Union for Conservation of Nature (IUCN). (2007). IUCN/SSC Re-introduction Specialist Group. Homepage. Retrieved November 16, 2001, from http://www.iucnsscrsg.org/

Kleiman, Devra G. (1989). Reintroduction of captive mammals for conservation: Guidelines for reintroducing endangered species into the wild. *BioScience*, *39* (3), 152–161.

Kleiman, Devra G.; Stanley Price, Mark R.; & Beck, Benjamin B. (1994). Criteria for reintroductions. In Peter J. S. Olney, Georgina M. Mace & Anna T. C. Feistner (Eds.), *Creative conservation: Interactive management of wild and captive animals* (pp. 287–303). London: Chapman and Hall.

Kock, Richard, A.; Woodford, Michael H.; & Rossiter, Paul B. (2010). Disease risks associated with the translocation of wildlife. *Scientific and Technical Review of the Office International des Epizooties*, *29* (2), 329–350.

Reading, Richard P.; Clark, Tim W.; & Griffith, Brad. (1997). The influence of valuational and organizational considerations on the success of rare species translocations. *Biological Conservation*, *79* (2/3), 217–225.

Sarrazin, Françis, & Barbault, Robert. (1996). Reintroductions: Challenges and lessons for basic ecology. *Trends in Ecology and Evolution*, *11* (11), 474–478.

Seddon, Philip J. (2010). From reintroduction to assisted colonization: Moving along the conservation translocation spectrum. *Restoration Ecology*, *18* (6), 792–802.

Seddon, Philip J.; Armstrong, Doug P.; & Maloney, Richard F. (2007). Developing the science of reintroduction biology. *Conservation Biology*, *21* (2), 303–312.

Stanley Price, Mark R., & Fa, John E. (2007). Reintroductions from zoos: A conservation guiding light or a shooting star? In Alexandra Zimmermann, Matthew Hatchwell, Lesley A. Dickie & Chris West (Eds.), *Zoos in the 21st century: Catalysts for conservation?* (pp. 155–176). Cambridge, UK: Cambridge University Press.

Stanley Price, Mark R., & Soorae, Pritpal S. (2003). Reintroductions: Whence and whither? *International Zoo Yearbook*, *38*, 61–75.

Van Wieren, Sipke E. (2006). Populations: Re-introductions. In Jelte van Andel & James Aronson (Eds.), *Restoration ecology: The new frontier* (pp. 82–92). Malden, MA: Blackwell Publishing.

Wolf, C. Magdalena; Garland, Theodore, Jr.; & Griffith, Brad. (1998). Predictors of avian and mammalian translocation success: Reanalysis with phylogenetically independent contrasts. *Biological Conservation*, *86* (2), 243–255.

Wolf, C. Magdalena; Griffith, Brad; Reed, Christine; & Temple, Stanley A. (1996). Avian and mammalian translocations: Update and reanalysis of 1987 survey data. *Conservation Biology*, *10* (4), 1142–1154.

雨水管理

在雨水管理中，利用绿色基础设施的技术正日益成为传统灰水基础设施方式的可行的替代方法。与传统的试图把雨水引向别处的方式不同，绿色基础设施技术更加逼真地模仿自然世界中管理水流的方法——通过雨水吸收植物园、生物洼地、原生景观美化、透水路面、人工湿地和其他技术使水流尽量在现场收集和入渗。

雨水径流是一个很大的水质污染问题，尤其是在城市区域，雨水流过街道和停车场，带起污染物，然后流入河流和湖泊，有时还使城市污水处理系统不堪重负。历史上，传统(或灰色)雨水管理方法的开发被用于管理城市化的影响，包括局部的洪水。设计的大型解决方案都是利用雨水管、深层隧道、雨水滞留池和其他“灰水基础设施”技术。

灰水基础设施方法的实施结果可以说是毁誉参半。虽然它们有助于缓解降雨和洪水的影响，但传统的方法也付出了相当大的经济、社会和环境代价。例如，在雨水管理的名义下，很多城市的河流被埋在地下或者引向管道化的水泥结构中。结果，植物和动物多样性遭受损失，市民也失去了休闲性的景观。同时，社区还得花费大量资金来构建和维护范围广泛的灰水基础设施。例如，在威斯康星州的密尔沃基，利用传统方法管理一加仑雨水，其估算的费用约为2.42美元，除了绿色屋顶和雨水吸收植物园以外，该费用高于所有绿色基础设施方法(Milwaukee Metropolitan Sewerage District 2009)。

和传统灰水基础设施不同，绿色基础设施在降雨过程中就收集雨水并使其入渗。作为对雨水管理提供更加环境友好解决方案的高效费比手段，绿色基础设施正被世界各地的社区所采纳。例如，在雨水和污水管道结合在一起的社区，绿色基础设施方案有助于最大限度地降低溢流次数，避免把未经处理的雨水排入河流和湖泊。绿色基础设施还能为社区提供社会效益，例如，改善景色，提供生存环境，最大限度地帮助降低“城市的热岛效应”(城市中构建硬体基础设施是导致这一效应的部分原因，这些设施捕获太阳能并辐射热量）。下面讨论更加常见的一些绿色基础设施，包括绿色屋顶、植树、生物滞留与入渗机制、透水路面和雨水收集。

绿色基础设施方法

绿色屋顶就是被植物部分或全部覆盖的屋顶［防水隔离层用于保护屋顶不受雨水、土壤和（或）扎根的破坏］。绿色屋顶通过吸收雨水有助于减少雨水径流。屋顶植被也可以改善空气质量，为植物和野生动物（包括蝴蝶和鸟类）提供生存环境。最后，绿色屋顶在提供景色的同时，还向人们提供环境教育和休闲的机会。然而，它们会给建筑物屋顶增加不少的重量，因此，它们仅限于那些在结构设计上可以支持额外重量的建筑物。绿色屋顶的费用会相当高，每平方英尺的资金成本介于8到25美元（Milwaukee Metropolitan Sewerage District 2009）。

树木通过拦截降雨来减少雨水径流。它们还吸收土壤中的水分，这使得土壤可以在下雨时吸收更多的雨水，这又会最大限度地减少径流。树木也可以改善空气质量，降低能源消耗，提供生存环境，改善生活质量。虽然树木能够提供多种好处，但树龄较长的成年树，其作为绿色基础设施效果最好。因此，树木并不是解决眼前雨水问题的应急之计（Milwaukee Metropolitan Sewerage District 2009）。

生物滞留与入渗设施有助于保持雨水并使它慢慢渗入地下。这些设施包括雨水吸收植物园、生物洼地和湿地。雨水吸收植物园有助于雨水径流的入渗，它常常包括本土植物，这些植物也会使雨水蒸散（通过蒸发和植物叶子的蒸腾来去除土壤中的水分）。生物洼地是较浅的洼地（通常为线条状），常常沿着道路或位于停车场，用于收集雨水径流并使之入渗。湿地也发挥着类似的作用，下雨时它像海绵一样吸收雨水径流并随时间慢慢释放存储的雨水。生物滞留与入渗设施不仅减少雨水径流，它们还通过吸存二氧化碳（即捕获二氧化碳而不是释放到大气中）来改善空气质量，缓解气候变化的影响。此外，它们还改善景色，创建植物和动物的生存环境，提供环境教育的机会。生物滞留与入渗机制的成功需要良好的管理，以保持期望的物种混合，避免入侵物种的引入，使垃圾聚集最少。

地球表面的大量地带，尤其是城市地区，现

在都有铺过的路面，这些路面可以急剧增加这些地区的受污染径流的容量。透水路面提供了路面的好处，同时减少了相关径流的不良影响。透水(即有孔)路面包含使水渗透的小缝隙。一旦渗入道路表面以下，雨水要么被地面吸收，存入流域水系，要么被输送到别的地方。芝加哥由于在其小巷中使用透水路面而引人注目，透水路面使雨水现场入渗，因而减少进入污水系统的雨水径流，并最终减少进入密西根湖(芝加哥的饮用水水源)的雨水径流(Solsby 2010)。

雨水收集技术把本来流入雨水管道的雨水引入蓄水装置中(包括雨水桶和蓄水池)，这样，存储的雨水就可以现场用于灌溉和居民或商业灰水需要(包括冲洗厕所)。雨水收集技术实际上可用于任何带有屋顶系统的建筑物或结构附近。断开落水管，把雨水引入蓄水系统，其大小从50加仑(190公升)的雨水桶到蓄水数千加仑的大型地下蓄水池。雨水收集技术特别适合于常常缺水、水费较高的干旱地区。雨水收集系统通过减少灌溉用水(常常经过处理)，可以帮助家庭、企业和政府节省用水和用能。

绿色基础设施的实施

希望推动绿色基础设施的社区可以用各种不同的方式实施这项工作。他们可以通过构建雨水吸收植物园、生物洼地和在政府财产上构建绿色屋顶来进行示范。然而，希望在更大范围内推动绿色基础设施的社区则具有更加广泛的政策选项。北美的几个社区(包括多伦多、芝加哥和俄勒冈的波特兰)通过奖励、补贴、咨询服务、费用减免和法规来鼓励私人绿色基础设施的开发(Bitting & Kloss 2008)。

雨水管理是一个公共政策和私人开发的领域，它可以利用绿色基础设施的手段使家庭、企业和社区更加有效地管理他们的水资源，同时可以促进环境的可持续发展，改善生活质量并节省资金。绿色基础设施还可以缓解城市的热岛效应，减少灌溉和用水需求，改善空气质量，提高社区的总体生活质量。

安德鲁·戴恩(Andrew DANE)
小个子埃利奥特·亨德里克森公司

参见：缓冲带；地下水管理；水文学；景观设计；持久农业；雨水吸收植物园；道路生态学；植树；城市农业；城市林业；城市植被；废物管理；水资源综合管理(IWRM)。

拓展阅读

Bitting, Jennifer, & Kloss, Christopher. (2008, December). *Managing wet weather with green infrastructure: Municipal handbook. Green infrastructure retrofit policies*. Retrieved April 1, 2011, from http://www.epa.gov/npdes/pubs/gi_munichandbook_retrofits.pdf

Center for Neighborhood Technology. (2010). *The value of green infrastructure: A guide to recognizing its economic, environmental, and social benefits*. Retrieved April 1, 2011, from http://www.cnt.org/repository/

gi-values-guide.pdf

Milwaukee Metropolitan Sewerage District. (2009). *Fresh coast green solutions: Weaving Milwaukee's green & grey infrastructure into a sustainable future*. Retrieved April 1, 2011, from http://v3.mmsd.com/AssetsClient/Documents/sustainability/SustainBookletweb1209.pdf

Science Progress (2011, March 22). Climate change, weather extremes, and U.S. infrastructure. Retrieved April 1, 2011, from http://www.scienceprogress.org/2011/03/climate-change-weatherextremes-and-u-s-infrastructure/

Solsby, Jeff. (2010). America's second city: First in alleys, first in innovation. *Transportation Builder*, *22* (5), 26–27.

US Environmental Protection Agency (US EPA). (2009). *Water quality scorecard.* Retrieved April 1, 2011, from http://www.epa.gov/smartgrowth/pdf/2009_1208_wq_scorecard.pdf

自然演替

自然演替是自然或人为启动的在生态系统结构上的时间变化。生态学家和生态系统管理者利用不同的模型来理解和预测这种变化，以便推动可持续发展。传统的自然演替线性模型已受到强调非生物控制和多终点的较新非平衡模型的挑战。

生态自然演替指的是生态系统和构成生态系统的植物群落的变化，这种变化是在生态系统中的生物随时间响应并改变该生态系统的时候发生的。自然演替模型是描述和解释植物群落和生态系统发展的理论框架，它们对人们解释和管理土地的方式有着深远的影响。源于生态系统如何发展和变化不同思想的各种假定，也会影响人们对可持续性的思考。经典的自然演替模型认为，土壤、植物和与它们相关的动物会经历各种发展阶段，直到它们与其物理环境之间达到一种稳定的平衡。这最后的阶段被称为顶级状态，如果没有使群落或生态系统回到原样的扰动，这种状态是可以达到的。对很多人来说，生态可持续性意味着达到和维持某种平衡状态。然而，有关生态系统变化更为新近的理论对把一种平衡状态作为一个系统可持续性目标或度量的可行性提出怀疑。基于非平衡理论的较新模型，为理解和评估被管理生态系统的可持续性提供了更为广泛的应用框架。

线性自然演替模型

自然演替的经典模型把生态系统的发展看作一个由生物之间的竞争所驱动的线性过程。这种模型背后的思考始于20世纪早期，由生态学家弗雷德里克·克莱门茨（Frederick Clements）于20世纪20年代在美国中西部研究翻耕的农田时提出。他完整地提出了线性、确定性自然演替的概念，以描述植被对人为扰动的响应。这一概念赢得了很大的关注，以至于这一概念常常被称为克莱门茨模型。在他的研究论文发表后的几十年里，生态学家们一直争论有关这一模型的细节问题，以及自然演替是否是从生态系统的有机发展、植物的个体特性、现存植物对新植物的易化或抑制或现场植物区系组成中产生的。

原生演替的标准展示始于火山喷发和最终会风化的新鲜熔岩。由风或动物带入的植物种子开始扎根。土壤形成，一个可以预测的植物群落或生态系统状态——从草本植物和灌木再到森林——相继发生。林冠郁闭遮蔽了草本和灌木状先驱植物，森林长成并在变成"原始林"时最终达到一种平衡状态。次生演替发生在毁坏不太严重的事件或干扰之后，这样的事件或干扰不需要形成新的土壤，例如，森林被烧毁或砍伐之后开始恢复，逐渐从草本植物和灌木恢复到树木。

每一场地的环境特性和物种相互作用都会影响位于终点的群落，不管是森林还是荒漠灌丛。植物群落在一个场地的自然演替的共同阶段（称为演替系列）有可能为独特的野生生物物种提供一系列生存环境。例如，加利福尼亚州的斑点猫头鹰依赖原始森林生存环境，常常被描述为顶级物种。各种尝试用于把最大生物多样性和其他特性与顶级阶段相关联。有些观测者和生态系统管理者仍然基于一个生态系统或植物群落的当前状态与其预测的顶级状态的相近程度来评估这个生态系统或植物群落，尽管很多生态学家认为这是一种令人误解、也不准确的评估方法。

基于自然演替面向平衡状态的自然演替模型意味着任何使一个生态系统偏离顶级状态的因素都是有害的。这一思想一直影响着生态学家和生态系统管理者认知景观和评估可持续性的方式。例如，在世界的大部分地区，它为抑制乡土和传统自然资源管理和利用模式提供了理由。人类对生态系统的影响（被认为是一种扰动）常常被认为对生态系统的状态有害，因为它使生态系统更加远离假定的顶级状态。几十年来，生态系统管理者和保护工作者一直把自然和人为的起火当作对生态系统的有害扰动，只是最近才开始完全接受受控的起火，把它当作可持续性生态系统的塑造者。人类学家詹姆斯·费尔黑德（James Fairhead）和梅丽莎·利奇（Melissa Leach）在1995年的一篇文章中认为，环境历史学家误解了非洲的一处景观，因为他们认为人类行为从本质上都是使生态系统退化，都会使森林覆盖受损而不是受益。事实上，土著民族对火烧的利用最终发现有助于森林的更新和人类的生存。这种误解的基础就是经典的自然演替模型，它现在基本上已被生态学家抛弃，但在管理者当中仍有相当广泛的影响。

自然演替的其他模型

作为经典观点的一个替代，非平衡生态学认为，和用于解释自然演替线性模式的生物（有机）相互作用相比，生态系统特性更多地受到扰动和非生物因子的影响。如果扰动频繁、严重、不可预测，对观测的生态变化来说随机模型可能是一个更好的手段。随机模型认为自然演替的结果是不可预测的，尽管其预测的尝试基于来自历史结果的概率统计。然而，大多数生态系统动态大致上介于一个不受扰动、由竞争和其他生物因子驱动、从一组物种到另一组物种的发展进程和一个完全不可预测、对未料想扰动进行临时响应的系统之间。这样，认识到相对稳定生态系统构型的持续性、承认构型之间存在多个可能状态和途径的模型，已证明对认知生态系统动态来说是很有用的。

这样的模型称为状态与转移模型。三种方法的比较如表S2所示。

对那些关注生态系统可持续性管理的人们来说,当评估受管理系统的潜在可持续性时,自然演替简单的线性确定性模型比较容易应用,但它对很多系统有较低的预测能力。用于农业、牧业、木材业或很多其他类型生态系统服务生产的土地,其植被状况的管理从本质上说都是面向非顶级状态或远离所谓的平衡状态的。另一方面,状态与转移模型建议,管理最好被理解为在各种可能状态之间进行选择并维持那种状态的过程,而不是追求单独一个处于平衡的顶级状态。它们既考虑随机过程在生态系统变化中的作用,也考虑经典自然演替的驱动因素——植物竞争。和线性自然演替模型不同,状态与转移模型也可以评估人类活动在生态变化中的作用。

状态与转移模型需要大量的研究工作。它要求管理者识别管理领域内那些稳定的生态系统状态,收集那些识别状态、解释系统从一个状态向另一个状态转移的数据。那些改变或维持场地的管理做法可以加以识别、测试并纳入模型,这使得它比较适于进行适应性管理。例如,在一片森林中,着火频度和强度(不管是自然还是人为引发的)可能会维持一种状态的稳定性,或者使系统从场地的各种可能状态之间转移,从而不确定地影响森林的特性。着火之后,线性自然演替模型预测出单一的路径——从草本植物这样的"杂草物种"到成熟树木的顶级状态,而状态与转移模型会根据管理做法或自然事件考虑不同的稳定终点(或结果)。状态与转移由在环境特性(包括土壤、气候、坡度和其他因子)完全确定的一个场地内收集的数据来确定。随着对生态系统

表S2 解释物种组成和生态变化的三种模型的比较

模　型	系 统 特 性	模型可能有效的场地条件
线性确定性演替 (克莱门茨演替)	● 长期和短期预测 ● 初始条件已知,但对预测演替影响较小 ● 在给定场地条件下竞争和其他植物—动物相互作用是驱动因素 ● 在没有扰动的情况下,通常会发展为单一状态	● 非生物条件比较稳定 ● 扰动很少,而且对群落来说是外部的 ● 环境异质性较低
随机性	● 短期预测更加准确 ● 初始条件常常未知,而且是重要的预测值 ● 随机事件是演替的重要影响因素 ● 繁殖体的到达次序可能会有很大影响	● 频度较高、强度较高的不可预见性扰动 ● 时间和空间尺度较小
替代性稳定状态 (状态与转移)	● 初始条件已知或未知 ● 环境条件可能是演替重要的驱动因素 ● 随机事件可能是重要的 ● 恢复力和阈值对状态稳定性的贡献很重要 ● 生态系统的内部或外部扰动可能是重要的因子 ● 非生物因子可能引发竞争,也可能不会	● 对任何时间和空间尺度或模式具有适应性

来源:作者.

的认识不断增加,它们之间的状态和转移可能会有更好的定义和认知。状态与转移模型引入新的信息,随着更多数据的提供,它可以进行更正和细化。因为它不依赖于单一模式的发展来解释生态系统变化,为了认知一个生态系统的动态,它们可以定义研究需求。状态与转移模型的主要缺点是事先需要有关状态和转移的更多信息,但因为它们基于数据而不是仅仅基于理论,所以,对那些非生物因子是植被变化的重要驱动因素的生态系统来说,这种模型的预测能力高于克莱门茨模型。现在,更好地把可靠信息纳入管理做法的具体方法已非常成熟,即人们熟知的适应性管理。

生态系统稳定性

虽然生态演替的状态与转移模型注重多个可能结果,但管理者仍然关心稳定性的建立,有些理论框架对找到可持续性的关键非常重要。了解那些能够预测一个生态系统状态的稳定性的因子可以产生在可能的气候、社会和经济变化的边界内维持该状态的管理做法。恢复力的概念用于描述一个具有很强反馈或响应能力的生态系统状态,这种反馈或响应能力有助于维持这种状态。例如,草地上的一个破口可以刺激附近的草产生更多的种子,因为养分增加了,所以,破口会最终关闭。反馈也可以是不稳定的,例如,当入侵草本植物在北美艾灌丛草原增加着火的可能性的时候,这会导致更加频繁的着火,甚至更多的草本植物,并引发向草地的状态变化(即转移)。生态系统管理者应识别并支持那些促进稳定性的反馈,以增强生态系统的可持续性。

在状态与转移模型中,阈值的概念对理解什么会促进稳定性也是非常重要的。从一种生态系统状态变为另一种状态可能需要跨越一个具有方向性(即沿一个方向的运动比沿另一个方向的运动更加容易)的阈值。例如,为澳大利亚桉树林构建的状态与转移模型预测,当过度采伐完全去除树木时,含盐地下水的随后涌入会使这片土地从一个桉树为主的低地,变成一个只能支持耐盐植物的含盐平地。要回到以桉树为主的状态(如果可行的话)将需要重大和费用昂贵的干预。换句话说,过度采伐引发了跨越阈值的转移。当评估恢复机会和其成功的可能性时,了解转移、恢复力和阈值将是极有价值的。

一个简化的“球和杯”示意图可用于展示恢复力、阈值、转移态和稳态的思想(见图S5)。杯底是一个稳态,为了转到另一个状态,球必须跨越一个由杯沿表示的阈值。球可以认为由于受到自然环境变化,甚至自然演替的影响而在杯内运动。在示意图中(它表示加利福尼亚州橡树林的变化),橡树可能被火或者采伐去除,这是一种阈值相对较低的转移。然而,如果橡树被完全去除,而且没有重新萌发,那么要想恢复橡树林,就需要进行种植,可能还需要对再生植被进行保护,这是一个不大可能自然发生的困难转移(见图S5)。必须指出的是,这些模型需要通过实验进行验证,它们适用于带有特定环境条件的特定场合。

未来展望与挑战

针对自然演替或生态系统变化的新理论,在三个领域存在主要挑战和争论。首先,很多管理者喜欢使用线性自然演替模型,因为它可以极大地简化管理规划和监控,并提供一

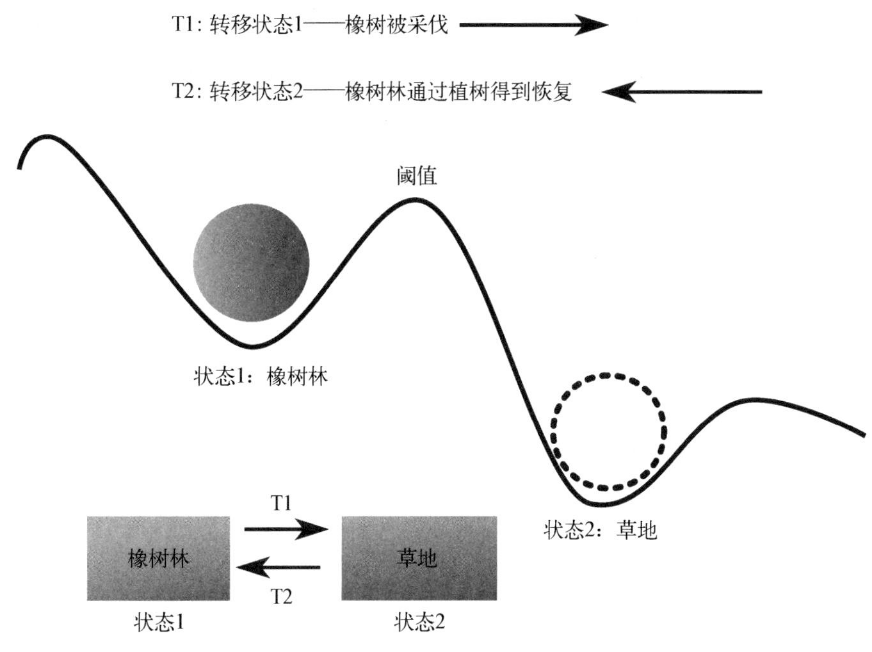

图S5 恢复力、阈值、转移状态和稳定状态

来源：作者.

本图中的"球和杯"模型展示了状态转移过程中阈值和恢复力所发挥的作用。恢复力的作用像重力，使球处于杯子内。阈值和恢复力支持一种状态的稳定性，使该状态处于可识别的边界内。球代表生态系统的状况，杯子的深度表示状态对扰动的恢复力。

个确定无疑的目标。这种模型在很多生态系统(如温带阔叶林)中相当有效。然而，虽然它们的使用已成为职业标准，但线性自然演替模型也很容易受到批评，因为它们基于一种能够导致标准化判断的观察世界的方式，使用像"退化"这样的隐含生态系统线性、可逆变化模式的伪科学术语。其他非平衡模型考虑多种变量和结果，注重过程而不是终点。状态与转移模型可以包含多种可能的稳定状态，管理者必须从中进行选择，来作为管理(即可持续性)目标。第二，状态与转移模型的更广泛应用受到可用信息缺少和大量研究需求的限制。虽然一些机构(如美国内政部的自然资源保护局)正把状态与转移模型与美国各地的土壤勘测点和生态区联系起来，但构建和充分验证这些模型所需的数据仍然缺乏。尽管如此，利用状态与转移模型进行的少数几次试验表明，在提供针对场地和时间的数据的情况下，这种模型具有预测价值。第三，如果没有找出一套有效的新方法，适当监控生态系统对环境和管理的响应有可能过于昂贵。

林恩·亨特辛格(Lynn HUNTSINGER)
詹姆斯·巴托洛梅(James W. BARTOLOME)
加州大学伯克利分校

参见：生物多样性；生物地理学；群落生态学；复杂性理论；大坝拆除；扰动；生态预报；消防管理；食物网；森林管理；植物—动物相互作用；种群动态；稳态转换；恢复力；重新野生化。

拓展阅读

Allen-Diaz, Barbara H., & Bartolome, James W. (1998). Sagebrushgrass vegetation dynamics: Comparing classical and state-transition models. *Ecological Applications*, *8* (3), 795–804.

Bartolome, James W.; Jackson, Randall D.; & Allen-Diaz Barbara H. (2009). Developing data-driven descriptive models for California grassland. In R. J. Hobbs & K. N. Suding (Eds.), *New models for ecosystem dynamics and restoration* (pp. 124–135). Washington, DC: Island Press.

Begon, Michael; Harper, John L.; & Townsend, Colin R. (1996). *Ecology: Individuals, populations, and communities* (3rd ed.). Cambridge, MA: Blackwell Science.

Clements, Frederic E. (1916). Plant succession: An analysis of the development of vegetation. In *Carnegie Institution of Washington Publication No. 520*. Washington, DC: Carnegie Institution of Washington.

Connell, Joseph H., & Slatyer, Ralph O. (1977). Mechanisms of succession in natural communities and their role in community stability and organization. *The American Naturalist*, *111*, 1119–1144.

Cramer, Viki A., & Hobbs, Richard J. (Eds.). (2007). *Old fields: Dynamics and restoration of abandoned farmland*. Washington, DC: Island Press.

Egler, Frank E. (1954). Vegetation science concepts. I: Initial floristic composition — A factor in old-field vegetation development. *Vegetatio*, *4*, 412–417.

Fairhead, James, & Leach, Melissa. (1995). False forest history, complicit social analysis: Rethinking some west African environmental narratives. *World Development*, *23* (6), 1023–1035.

Huntsinger, Lynn, & Bartolome, James W. (1992). A state-transition model of the ecological dynamics of *Quercus* dominated woodlands in California and southern Spain. *Vegetatio*, *99–100*, 299–305.

Odum, Eugene P. (1963). *Ecology*. New York: Holt, Rinehart & Winston.

Pignatti, Sandro, & Ubrizsy Savoia, Andrea. (1989). Early use of the succession concept by G. M. Lancisi in 1714. *Vegetatio*, *84*, 113–115.

Tillman, David. (1985). The resource-ratio hypothesis of plant succession. *The American Naturalist, 125* (6), 827–852.

Westoby, Mark; Walker, Brian; & Noy-Meir, Imanuel. (1989). Opportunistic management for rangelands not at equilibrium. *Journal of Range Management*, *42* (4), 266–274.

Wiens, John A. (1984). On understanding a non-equilibrium world: Myth and reality in community patterns and processes. In D. R. Strong Jr., D. Simberloff, L. G. Abele & A. B. Thistle. (Eds.). *Ecological communities: Conceptual issues and the evidence* (pp. 439–457). Princeton, NJ: Princeton University Press.

Yates, Colin J., & Richard J. Hobbs. (1997). Woodland restoration in the Western Australian wheatbelt: A conceptual framework using a state and transition model. *Restoration Ecology*, *5* (1), 28–35.

T

植　树

树木和其生态系统服务——如氧气(通过光合作用)、清洁水、土壤保护——是所有动物生活必不可少的。人类活动和自然灾害减少地球的森林覆盖。人们补充消失的树木至关重要,世界各地的很多机构都在进行这样的努力。

树木是一种无价的自然资源。在野外,它们保持水分,提供荫凉,肥沃土壤,平静风力,提供野生动物的栖息地。在城市区域,它们增加财产价值,屏蔽噪声和异味,改善家庭和企业附近的小气候。

树木在不同的场合具有各种不同的用途。农民和土地拥有者可能喜欢能生产水果或高价值木材的树木。郊区或城市里的人们可能选种观赏树木。住房拥有者可能对能够遮蔽房屋的树木感兴趣,以降低供热和制冷的能量需求。位于平原和其他开敞地区的农民可能需要防护林,以保护其房屋、牲畜和作物。他们可能也会选种某些树木物种(特别是固氮树木),它们的树叶是家畜很好的饲料,特别是较小动物(如山羊)的饲料。

人类耗尽世界的树木资源。此外,天气条件和全球变暖也促进了这种高价值资源的消减。在世界各地,更加强烈的风暴整年都在发生,随着当地气候的变化,原来茁壮生长的树木现在受到了威胁。有些风暴(如冰暴、飓风和龙卷风)摧毁树木,有些则引发淹死现有树木的洪水。重新补种消失的树木或者为受损的土地引入新的树木能够维持树木向人们提供的很多服务。

种植条件

在把树木引入或重新引入一处景观时,有很多因素需要考虑,包括品种、土壤类型和供水情况。土著物种或在类似气候下生长、处于类似纬度的其他国家的物种很可能会长得很好,尽管有些树木在新的环境下会变成入侵物种。对土壤类型进行分析会使土著物种与合适的场地相匹配。由于树木定植之后会变得非常脆弱,所以,通过降水的自然浇水或者通过灌溉系统的人工浇水是非常关键的。在平原或其他开敞地区,强风使得新种树木更加难以自行定植。当地地貌也能影响植树的成功与否。低洼地和山谷可能就是霜洼地,在冬天异常寒冷,使新种树木很容易冻坏。坡向(斜坡的朝向)也会影响植树的成功或失败。在北半球,朝南、朝西的斜坡往往更热、更干一些;而朝北、朝东的斜坡往往更冷、更潮湿一些。不同类型的树木喜欢这些不同的小气候,重要的是要考虑这些偏好。当然,在南半球,这些坡向特性都是相反的。

种植

所种树木的用途会决定使用小树、树苗还是扦插。小树指的是有几年树龄(常常3到8年)的树,它们适合在很多场地种植——乡下、城市、荒漠和湿地。树苗通常是一年到三年的树;由于存在早期生长速度上的正常差异,针叶树树苗比阔叶树树苗的树龄要长一些。树苗是最廉价的,常常用于恢复性造林项目,因为恢复性造林需要大量的树苗。扦插是在早期生长季把树根和树冠都去除的小树(根部直径约为3或4厘米、高度常常为2到3米)。扦插随后立即沿河岸或其他潮湿的场所种植,以稳定土壤。像真杨树(Populus spp.)、柳树(Salix spp.)和其他沿水道常见的品种特别适合这一用途。在春天种下后,这些品种可以很快扎根、发芽,在一个生长季就可以长成小树。

新种树木可以从周围的一层覆盖物受益,这层覆盖物保存水分并最终提供营养性有机质。在多石和干旱的场地,树木可以用石块或碎石覆盖,而不是用有机质覆盖。把石块松散地覆盖在树根附近(不要碰到树皮)可以最大限度地使树木接受水分。石块减缓了水流,使水缓慢地渗入土壤。石块的物理遮挡也可以最大限度地减少阳光对树根周围土壤的直接照射,因而使蒸发损失的水分降至最低。

在缺水的荒漠地区,树木栽种的间隔至少是向温带或地中海气候地区推荐的种植距离的两倍。加大的间隔使树根可以在更大的空间里接触有限的水源。如果有废油可以利用,凹形或漏斗形的树坑周围可以刷上废油,以便把水引向树坑和树根,防止水流走或从沙土中迅速渗掉。

复合农林业

复合农林业把植树与作物和(或)家畜结合起来。这项科学广泛应用于热带地区,而且正在引起气候更加温和地区的兴趣。所有的复合农林业技术都是为了改善土地利用,使粮食或纤维的生产更具可持续性。主要技术包括农林带状间作、河边缓冲带、防风林、防护林、林草混合植被和森林农业。农林带状间作、河边缓冲带、防风林、防护林涉及在一年生作物的农田里或沿着河流和溪水一棵一棵或成行地种植树木;林草混合植被给饲料作物和乔木作物增加了家畜。森林农业为可以当年收获作物(如蜜蜂产品或药用植物)的生产或几年短期轮作(而不是木材生产所需的几十年)而对现有森林进行的管理。

恢复性造林

20世纪20年代,一位在肯尼亚殖民局供职的英国林业官员理查德·圣巴布·贝克

(Richard St. Barbe Baker)受雇于选择采伐的木材。虽然他的雇主的兴趣是采伐最大量的木材，但贝克仔细评估了森林可能持续的产量，拒绝为不可持续性采伐发放林木采伐许可证。当他到达肯尼亚北部高地时，发现那里大部分都是灌木丛林地，而不是森林。当地的基库尤部落当时正在为开发农田而砍伐和焚烧森林——一种不可持续的做法。贝克与部落的长者们举行了理事会，鼓励他们通过植树恢复被伐光的土地。他选择了50位志愿者担任"树木的管理者"。这些志愿者发誓要种植和管理树木，以拯救土地不受荒漠的入侵。从肯尼亚开始，这样的组织逐步扩展到英联邦的其他地方，尤其是澳大利亚，在那里，这样的组织正在发展壮大。树木管理者的使命是"组织人们种植和管理树木，塑造健康、高产、可持续性景观"。

有趣的是，虽然发誓种植和保护树木的是男人，但实际上是肯尼亚部落的女人们在做这项工作(尤其是为育苗建立苗圃)。诺贝尔和平奖获得者旺加里·马塔伊(Wangari Maathai, 1940—2011)在肯尼亚进一步开展了绿带运动。马塔伊教授的目的是通过种树来减少贫困和加强环境保护。她成立的组织已负责在社区的土地上(包括农田、学校和其他社区地产)种植了4千多万棵树木。1986年，绿带运动成立了泛非绿带网络，把种树行动计划扩展到其他非洲国家，包括埃塞俄比亚、莱索托、马拉维、坦桑尼亚、乌干达和津巴布韦。

世界其他地区也有植树非常成功的例子。例如，中国在"文化大革命"之后，鼓励每个人在"四旁绿化"(房子旁、村旁、河流水道旁和路旁)中种植100棵树。大约自2000年以来，中国每年在绿化活动中投入几乎90亿美元，以便使国家的森林覆盖达到20%。这将需要种植大约1 700万公顷的树木(Xinhua News Agency 2009)。中国自1998年开始停止采伐天然林，这一政策帮助中国保存了9 500万公顷的林地。

2004年的海啸之前，印度尼西亚亚齐省的非政府组织一直鼓励一些村庄沿他们的海岸线重新种植红树林(Rhizophora spp.)。那些参与种植活动的村庄受到海啸的影响比那些没有树木保护的沿岸要小。2005年，卡特里娜飓风给美国造成的巨大破坏也突显了恢复红树林、保护海岸线的需要。2011年，阿富汗的喀布尔政府鼓励商店店主和居民沿着被数十年的战争毁坏的街道种树——树木是免费的，但家庭和商店负责养护。在哥伦比亚的普莱诺，一个依靠太阳能的村庄称为加维奥塔斯，它设立了一个本地松(Pinus spp.)种植园，这个没人照看的种植园发展成为正在形成的一片雨林。

在印度的泰米尔纳德邦，萨古鲁加吉瓦殊戴夫(Sadhguru Jaggi Vasudev)在他的艾萨基金会内创建了"绿色之手工程"，其目标与非洲的绿带运动类似。自2006年该项工程启动以来，大约两百万人在1 800多个社区种植了800多万棵树。印度这首次有组织的种树活动，因为在3天内种树数量最多而被载入吉尼斯世界纪录。他们的长期目标是在泰米尔纳德邦种植超过1 400万棵树，使该邦的森林覆盖达到大约33%。

在韩国，日本的占领(1910—1945)和朝鲜战争(1950—1953)曾导致大量的森林砍伐。政府在朝鲜战争结束后立刻设立了植树节。在每年四月份植树节的这一天，政府鼓励工厂、部队、办公室、学校和村庄的人们去种树。政府最近的口号是“低碳、增绿”，它鼓励人们进行“绿色”工业开发和植树。

未来展望

全球规模的“绿色世界行动”计划在地球上重新造林，提高乡下贫困人口的生活水平，应对全球气候变化。在世界各地人们的支持下，这种努力将对地球的生态健康产生积极的影响。

黛博拉 · 希尔(Deborah B. HILL)
肯塔基大学

参见：适应性资源管理(ARM)；农业集约化；最佳管理实践(BMP)；生态恢复；生态系统服务；森林管理；养分和生物地球化学循环；恢复性造林；土壤保持；物种再引入；城市林业；城市植被。

拓展阅读

Arbor Day Foundation. (2011). Homepage. Retrieved October 31, 2011, from www.arborday.org

The Green Belt Movement. (2011). Homepage. Retrieved November 2, 2011, from http://greenbeltmovement.org

Haque, Farhana. (1987). Thirteen city profiles. Retrieved November 23, 3011, from http://www.fao.org/docrep/s1930e/s1930e03.htm#thirteen city profiles

International Society of Arboriculture. (2011). Homepage. Retrieved November 2, 2011, from www.isa-arbor.com

Lipkis, Andy, & Lipkis, Katy. (1998). *The simple act of planting a tree: A citizen forester's guide to healing your neighborhood, your city and your world*. Los Angeles: Jeremy P. Teacher.

Men of the Trees. (2011). Homepage. Retrieved November 2, 2011, from http://www.menofthetrees.com.au/

Natural Resources Conservation Service. (2011). Homepage. Retrieved November 2, 2011, from www.nrcs.usda.gov

Newcomb, Amelia. (2011, April 8). Afghans hope to make dusty Kabul bloom. *Christian Science Monitor*, p. 3.

Project GreenHands. (2011). Homepage. Retrieved November 2, 2011, from www.projectgreenhands.org

Project Learning Tree. (2011). Homepage. Retrieved November 2, 2011, from www.plt.org

St. Barbe Baker, Richard. (1944). *I planted trees*. London: Lutterworth Press.

Republic of Korea. (2011). Homepage. Retrieved November 2, 2011, from www.korea.net

United States Department of Agriculture, Forest Service, Urban and Community Forestry. (2011). Homepage.

Retrieved November 2, 2011, from www.fs.fed.us/ucf

Weisman. Alan. (1998). *Gaviotas: A village to reinvent the world.* White River Junction, VT: Chelsea Green Publishing.

Xinhua News Agency. (2009). China to spend billions on treeplanting projects. Retrieved November 2, 2011, from http://www.china.org.cn/environment/news/2009–03/12/content_17427454.htm

U

城市农业

城市农业就是在城镇的边界内种植、处理和分发食物。自20世纪70年代以来，城市农业支持者的数量一直都在增加，支持者把它看作是供养人口中心、改善营养和降低饥饿更具可持续性的方式。在实践中，城市农业有很多形式，包括社区菜园、城市农场、校园菜地、屋顶菜园和高楼农场。

对有些旧时的平均地权论者和现代城市居民来说，城市农业的思想就是一种矛盾修辞法：番茄和交通是和传统的思维定式相矛盾的两个概念。然而，在日益增长的食物公平运动（一种支持更加公平的食物分配的运动，认为它是终结饥饿和营养不良的手段）框架内，在城市中进行耕种的思想却有很深的共鸣，尤其是在世界各地的新型平均地权论者和城市贫困人口当中。

在过去的一百年里，工业时代和全球资本主义使得小规模农业逐渐衰退；在新的工作机会和城市生活的诱惑下，世界各地的农民和农场工人都流向城市。随着21世纪的开始，超过一半的全球人口生活在城市，在全球范围内，我们食物系统的缺陷以及城内街区不断增多的“食物荒漠”已变得非常明显。结果，第一次世界大战之前那些曾经是标准的农业耕作正得到恢复，并适应了当地的条件。今天，办公楼之间、小巷内、公路边和取代曾经神圣前院草坪的小块城市农田并不少见。埃莉诺·罗斯福（Eleanor Roosevelt）第二次世界大战时期的胜利菜园也已得到恢复，美国第一夫人米歇尔·奥巴马正在白宫的草坪上试种一块102平方米的菜地。同时，很多团体（如“粮食第一”）正在帮助当地社区建立可持续性的粮食体系。

增长的催化剂

像重新设计支持可持续性生活方式的城市这样的创新思想正在不断涌现。生态村（一种小规模理念社区）是走在这场运动最前列的一种全球现象；尽管这些村庄强调可持续性粮食生产，但它们常常出现在城市。美国城市生态学家理查德·瑞杰斯特(Richard Register 2002)的生态城在居民的步行距离里引入了农业地块。这种设计支持当地经济,同时还减少用车和把粮食从农场长途运送到餐桌的需要。"转型计划"和"慢城运动"国际网络是从欧洲发起、旨在促进当地粮食种植的两个社区动员项目。

这些运动令人鼓舞,但更加急迫的担忧已促使一些人去采用一种城市农业模式。20世纪90年代早期,当与苏联的贸易突然终止时,古巴发现自己被孤立了。由于失去了化学品和技术的输入,古巴不得不重新考虑它的农业曾经依赖的工业化手段。1993年,古巴政府结束了对国有农场的监管,随着生物学种植方法取代技术方法,老式的可持续性农业做法得以恢复。现在,哈瓦那有数千个分散的菜地,其规模从小地块到大型企业不等。这些农田地块由自种自卖的农民和为成员家庭种粮的合作社耕种。例如,Organoponico Vivero Alamar就是城市中一块11公顷、非常成功的菜园,现在该城市把35 000公顷的土地用于城市农业(Koont 2009)。

塔亚·塞维利(Taja Sevelle)是"城市农业"这个非营利组织的执行主任,他们的目标是利用闲置土地生产粮食,以消除饥饿。很多大城市都有难以获得健康食物的区域,给这些"食物荒漠"或"食品空白区"(Shaffer 2002)绘制一幅地图一般会发现:低收入街区就是缺乏新鲜农产品或大型食品店的街区。目前,密歇根州的底特律可能全城就是"食品荒漠"。然而,正如调查历史学家马克·道伊(Mark Dowie 2009)所言:"这里有开敞的空地、肥沃的土壤、充足的水源、积极性很高的劳动力和对新鲜食物的强烈需求。而且很多人会支持把这个美国工业的首都变成种田人的乐园。事实上,在世界的所有城市中,底特律是最有可能成为世界上第一个食物自给的城市。"

对中产阶级的郊区人来说,个人需求可能不是生产食物的主要动因,但这批人仍然会发现,在家种粮种菜是一项令人高兴的爱好,而且还有满意的收获。"农场景观"是加利福尼亚州南部的一家风险投资企业,它帮助当地居民构建和维护美观、高产的高设苗床菜园,并向他们传授基本的菜园管理技术。

发展模式

城市农业最基本的形式之一,是正在迅速发展的城市自耕农场——前院草坪被食物种植园所取代,后院变成了饲养下蛋母鸡甚至一小群山羊的地方。世界范围的食物种植运动(如"要食物不要草坪国际公司"和"地产要可食")正在向世人证明,在路边附近种植食物既美观,又高产。在有些城市,自耕农正在挑战那些有可能扼杀他们种地爱好的法规。

社区菜园和城市农场也是城市农业的两种形式。具有讽刺意味的是,作为和邻居们会面地方的菜园最初"是由底特律市长于19世纪90年代设立的,为的是应对那个时期经济衰退的影响"(Lyson 2004, 96)。两者的一个共同模式是把荒废的空间以出借、出租或长期信托的方式让社区成员耕种。土地被分成地块,分给那些愿意耕种的个人和家庭,他们可能会为用水、工具和地块的看护象征性地交些费用。然而,这种模式可能存在缺陷。如果耕种这些家园空地的人为了自己消费或为了向市场销售而不是仅仅为了爱好(那样会忽略定期的看护),这项活动就会更容易发展起来。通过在相互参与的人们之间建立信任和相互支持,对整个或部分菜园在资金筹措、种植、看护和收获方面进行合作就可能纠正这个问题。然而,如果合作小组的成员对虫害和杂草的处理方法意见不一致,这种方式也有可能会引发冲突。

创业型农民代表城市农业中另一类不断增长的形式。例如,沃利·萨茨维奇(Wally Satzewich)把他的SPIN(小地块集约化)农业策略建立在萨斯喀彻温省萨斯卡通的25个租赁的后院里。尽管这些后院的总面积只有半英亩,但沃利每年可以从他的收获中赚取5万美元,美国和加拿大的一些城市农民现在开始向他学习。在更大的规模上,像陆发农场、加森绿色蔬菜和天空蔬菜这样的公司在利用温室和在北美屋顶进行荷兰式水培法方面已做得非常成功。

城市农民把他们的农产品带到美国6千多个农贸市场时会产生明显的协同增效作用。像费城的"食物信托"这样的组织正在建立这样的市场。仅在费城就有近50万人吃不到新鲜的农产品。其他的城市农民则创建了"社区支持农业"(CSA)项目,向订购者提供食物。

教育菜园在教育城市孩子什么是健康食物的同时,还提供了一种极好的美化城市校园的方式。在加利福尼亚州的伯克利和科罗拉多州的博尔德工作的厨师安·库珀(Ann Cooper),她的目标是把健康食物和食物教育带回城市学校(Cooper 2011)。随着肥胖症、糖尿病和不可思议的食物过敏症的增多,像厨师爱丽丝·沃特斯(Alice Waters)这样的人致力于对建立"校园菜地"的支持,她的基金会在她位于伯克利的家附近的一所小学创建"校园菜地"方面发挥了重要作用(Waters 2008)。在康涅狄格州的纽黑文,越来越多的大学(如耶鲁)开始追赶可持续发展的潮流,创建基于校园的农场或支持当地的菜园行动计划。

在威斯康星州的密尔沃基,威尔·艾伦(Will Allen)正在向社区的人们传授自行种植食物的技术。实际上,他正号召5千万人开始投入行动(Royte 2009)。当他于1993年启动"种植的力量"这项活动时,他学会了用红蚯蚓制作堆肥,很快,当地的年轻人就积极地加入这位从前的职业篮球队员。20年后,艾伦已提出了很多项农业创新做法,包括被称为养耕共生、收获鱼类产品的共生系统。

位于家庭、学校、社区中心、公寓和饭店的屋顶菜园正在全球兴起。儿童泳池、自浇水式泥土箱、小盒子和高设苗床都开始用于种植食物。这些做法也面临着各种挑战,例如,把水输送到屋顶，还有土壤的重量，但好处（包括改善空气质量、建筑物更加凉爽）也是明显的。同时，哥伦比亚大学的迪克森·德波米耶（Dickson Despommier）和他的学生们觉得屋顶菜园还过于保守，城市中密集的人口需要在“高楼农场”垂直种植食物。在那些可用于农业的用地非常有限的城市，每层带温室的高楼可以成为极有价值的农业方案。

城市农业也以隐蔽的方式进行。在纽约，游击式菜园始于1973年，一块荒废的私人土地被偷偷地改造成一座菜园，该菜园至今还被志愿者照看着。在英国和澳大利亚，把准备好的种子球扔到闲置的城市空地上现在变得越来越流行。1996年，哥本哈根有一千人连夜奋战构建了一座菜园。对有些组织来说，如Abahlali baseMjondolo（南非的一项公共住房运动），其目的是在贫困社区创建食物来源。

柯克·安德森（Kirk Anderson）告知越来越多的城市养蜂人抵制商业养蜂方法，他说：“后退是一种新的进步”（Backwards Beekeepers 2011）。随着越来越多的城市居民参与对蜜蜂的拯救并在城市农场和住宅建立蜂巢，安德森在洛杉矶县的影响以及世界各地其他养蜂人的影响正在展现出来。

布伦达·帕姆斯-巴伯（Brenda Palms-Barber）创建了“甜蜜的开始”——一家把城市蜂蜜变成护肤产品的零售企业，它让那些坐过牢的男人和女人在养蜂、产品制造和配送行业里就业（Sweet Beginnings 2011）。“布朗克斯环境监管培训”计划针对社区成员（有的为出狱人员）进行“绿领”工作（包括绿色屋顶构建和城市林业）的培训（SSBx 2011）。

挑战与资源

这项运动面临自己独特的挑战，也出现过失败。在5公顷南中心花园种菜的洛杉矶居民和土地所有者（于2006年拒绝向12年来一直当作他们食物来源的种菜人出售土地）之间的争斗令人伤心。悲惨的是，到2011年，这块土地仍然闲置。同时，随着沃尔玛进入有机食品市场，有人可能觉得在当地种植食物并不那么急迫。

从事城市农业也需要考虑费用。没有草坪水费有可能下降，但住户需要把喷淋系统改成灌溉系统。有可能影响城市农业行动计划的其他问题包括不适用的土壤质量、工业污染、偷窃、人为破坏和技能缺乏。社区愿景和城市规划者、重建机构和当选官员的态度将决定人们对城市范围内农业生产的支持力度。通常，来自新企业的税收潜力可能会限制城市领导人对闲置地块进行农业耕种的重视。国家层面的政策也会影响城市农业的实施。例如，在美国，有人担心2010年的《食品安全现代化法案》，其监管框架里会包含后院种菜人的条款。但最终结果是，该法案增加了被认为是保护小户农民的修正条款；尽管如此，城市农民会密切关注该法案将如何实施。

在世界各地，城市中心地带有数千闲置的地块在等待堆肥和良种。像公众健康研究所这样的智库（Stair, Wooten & Raimi 2008）正在为决策者创建各种资源，以鼓励旨在为整个城市提供更高层次的食物而进行的各种形式的城市农业开发。对城市农业推动者来说，获取农业用地可能是面临的最重要的障碍。

未来展望

城市农业运动正在发展。2009年夏天，《业余农场》杂志的出版商开始发行《城市农场》杂志。现在有很多有关城市农业的专门博客，例如，《扎根不难》是向城市住户介绍如何种菜的网站；诺瓦拉·卡朋特（Novella Carpenter）的《鬼城农场》博客则风趣地介绍了她在奥克兰城内公寓中如何饲养家禽的充满乐趣的真实故事。其他一些令人鼓舞的故事，如迈克尔·埃布尔曼（Michael Ableman 1998）在加利福尼亚州圣巴巴拉的锦绣菜园的故事和布莱恩·多纳休（Brian Donahue 1999）在新英格兰的“土地缘由”社区农场的故事，都对城市农业的现实和可能性提供了进一步的见解。

保罗·卡阿克（Paul KAAK）
阿苏萨太平洋大学

参见：农业生态学；棕色地块再开发；缓冲带；扰动；家居生态学；人类生态学；土著民族和传统知识；景观设计；雨水吸收植物园；重新野生化；植树；城市林业；城市植被。

拓展阅读

Ableman, Michael. (1998). *On good land: The autobiography of an urban farm*. San Francisco: Chronicle Books.

American Community Gardening Association (ACGA). (2011). Homepage. Retrieved June 30, 2011, from http://www.communitygarden.org/

Backwards Beekeepers. (2011). Homepage. Retrieved June 30, 2011, from http://www.backwardsbeekeepers.com/

Buhr, Albert. (2010, August 15). Seeds of rebellion. *Times Live*. Retrieved June 30, 2011, from http://www.timeslive.co.za/lifestyle/article600245.ece/Seeds-of-rebellion

Carpenter, Novella. (2009). *Farm city: The education of an urban farmer*. New York: Penguin Press.

Cittaslow International. (2011). Homepage. Retrieved June 30, 2011, from http://www.cittaslow.net/

Cooper, Ann. (2011). Homepage. Retrieved June 30, 2011, from http://www.chefann.com

Coyne, Kelly, & Knutzen, Erik. (2008). *The urban homestead: Your guide to self-sufficient living in the heart of the city*. Port Townsend, WA: Process Media.

Despommier, Dickson D. (2010). *The vertical farm: Feeding the world in the 21st century*. New York: St. Martin's Press.

Donahue, Brian. (1999). *Reclaiming the commons: Community farms and forest in a New England town*. New Haven, CT: Yale University Press.

Dowie, Mark. (2009). Food among the ruins. *Guernica*. Retrieved June 30, 2011, from http://www.guernicamag.com/spotlight/1182/food_among_the_ruins/

Edible Estates. (n.d.). Homepage. Retrieved June 30, 2011, from http://www.edibleestates.org

Farmscape. (2011). Homepage. Retrieved June 30, 2011, from http://www.farmscapegardens.com/#home

Food Not Lawns International. (n.d.). Homepage. Retrieved June 30, 2011, from http://www.foodnotlawns.net/

The Food Trust. (2004). Homepage. Retrieved June 30, 2011, from http://www.thefoodtrust.org

Ghost Town Farm. (2011). Homepage. Retrieved June 30, 2011, from http://ghosttownfarm.wordpress.com

Global Ecovillage Network (GEN). (2011). Homepage. Retrieved June 30, 2011, from http://gen.ecovillage.org

Gottlieb, Robert, & Joshi, Anupama. (2010). *Food justice*. Cambridge, MA: MIT Press.

Growing Power, Inc. (2010). Homepage. Retrieved June 30, 2011, from http://www.growingpower.org

Howard, Ebenezer. (2010). *Garden cities of tomorrow*. New York: Classic Books International.

Kaufman, Jerry, & Bailkey, Martin. (2000). *Farming inside cities: Entrepreneurial urban agriculture in the United States*. Lincoln Institute of Land Policy (working paper). Retrieved June 30, 2011, from http://www.urbantilth.org/wp-content/uploads/2008/10/farminginsidecities.pdf

Koc, Mustafa; MacRae, Rod; Welsh, Jennifer; & Mougeot, Luc J. A. (Eds.). (2000). *For hunger-proof cities: Sustainable urban food systems*. Ottawa, Canada: IDRC Books.

Koont, Sinan. (2009). The urban agriculture of Havana. *Monthly Review 60*. Retrieved June 29, 2011, from http://monthlyreview.org/2009/01/01/the-urban-agriculture-of-havana

Lyson, Thomas. (2004). *Civic agriculture: Reconnecting farm, food, and community*. Medford, MA: Tufts University Press.

Mougeot, Luc J. A. (Ed.). (2005). *Agropolis: The social, political, and environmental dimensions of urban agriculture*. London: Earthscan.

Register, Richard. (2002). *Ecocities: Building cities in balance with nature*. Berkeley, CA: Berkeley Hills Books. *Root Simple*. (2011). Homepage. Retrieved June 30, 2011, from http://www.rootsimple.com

Royte, Elizabeth. (2009, July 1). The street farmer. *New York Times Magazine*. Retrieved June 30, 2011, from http://www.nytimes.com/2009/07/05/magazine/05allen-t.html?pagewanted=1

Shaffer, Amanda. (2002). The persistence of L.A.'s grocery gap: The need for a new food policy and approach to market development. Retrieved June 30, 2011, from http://departments.oxy.edu/uepi/publications/the_persistence_of.htm

Small Plot Intensive (SPIN) Farming. (2011). Homepage. Retrieved June 30, 2011, from http://www.spinfarming.com/

Stair, Peter; Wooten, Heather; & Raimi, Matt. (2008). *How to create and implement healthy general plans: A toolkit for building healthy, vibrant communities through land use policy change*. Retrieved June 30, 2011, from http://www.phi.org/pdf-library/PHLP_toolkit.pdf

Sustainable South Bronx (SSBx). (2011). Bronx Environmental Stewardship Training. Retrieved June 30, 2011, from http://www.ssbx.org/ssbxblog/

Sweet Beginnings. (2011). Homepage. Retrieved June 30, 2011, from http://www.sweetbeginningsllc.com/

Urban Farming. (2011). Homepage. Retrieved June 30, 2011, from urbanfarming.org

Waters, Alice. (2008). *Edible schoolyard: A universal idea.* San Francisco: Chronicle Books.

Winne, Mark. (2008). *Closing the food gap: Resetting the table in the land of plenty*. Boston: Beacon Press.

城市林业

城市林业包含对城市内部和周围的树木和森林进行规划、设计、种植和管理。城市区域的绿地可以防治大气污染，提供支撑生物多样性的生存环境，改善周围居民的身体和精神健康，增强当地经济。自20世纪60年代以来，很多社区都把城市林业当作帮助实现这些和其他可持续发展目标的工具。

城市林业是在城市社区内部和周围对树木和森林资源进行管理的艺术、科学和技术，这些树木向人们提供了环境、社会和经济的益处（Miller 1997; Helms 1998）。从最广泛的意义上说，城市林业包含涉及以下管理内容的一个系统：城市流域、野生动物栖息地、室外休闲机会、景观设计、城市废物的再生、树木的一般管护和作为原材料的木质纤维的生产。城市林业包括在城市中心、郊区和介于郊区和乡野之间的区域的各种活动。

城市林业是一门仍在发展、相对较新的研究领域。城市林业在20世纪60年代在北美开始出现，当时，人们越来越关注虫害和疾病（如荷兰榆树病）对城市树木种群造成的威胁，他们也认识到在城市规划中需要包含绿地。欧洲和世界的其他地方也效仿美国，到20世纪90年代后期，国际研究网络已经建立起来（Miller 1997; Konijnendijk 2003; Konijnendijk et al. 2005）。最近，很多社区都认识到城市林业在构建关键绿色基础设施方面所发挥的作用（Jensen et al. 2000）（见图U1）。

城市林业所产生的益处

绿地有助于使城市区域变成更加健康和优美的居住地，并提高房地产的价值。它还提高居民的身体和精神健康。

1. 环境和生态功能

树木能够拦截固体颗粒和液滴，吸收像臭氧、二氧化硫和二氧化氮这样的污染物，因而能够把它们从大气中去除。这意味着沿交通繁忙的道路和工业区域周围植树将会减少空气污

	街道树木	公园、私人院落和墓地中的树木	城市林地
形式、功能、设计、政策和规划			
选择、定植和其他技术手段			
管　理			

图U1　城市林业矩阵

来源：矩阵基于科奈恩德克（Konijnendijk）等人（2005）的著作.照片由谢尔·尼尔森（Kjell Nilsson）提供.
城市绿地有不同的尺寸和形式。理想地，这些绿地应加以规划和管理，以使城市内外的所有人都能从中受益。

染；实际上，在美国、德国和中国进行的研究确认，大量植树有可能会改善空气质量（Bernatzky 1994; Nowak et al. 2002; Yang et al. 2005）。

树木还可以通过它们提供的荫凉和树叶散发的水蒸气来降低大气的温度。它们通过在夏天遮蔽房屋、冬天为房屋挡风来减少来自发电厂的能源消耗和污染（McPherson & Rowntree 1993）。而且，绿地在限制吸热路面和建筑物产生的“城市热岛”效应方面也能发挥重要的作用（Gill et al. 2007）。

最后，城市绿地能够吸收和减缓威胁地下水和湿地水质的雨水径流。绿地也是不同物种发育、定植和集群的地方（Zipperer et al. 2000; Williams et al. 2008）。这些新的生存环境通过在人为环境下提供各种益处来支持生物多样性。

2. 经济功能

在发展中国家，私人花园、果园和社区花园可以为粮食安全做出重要贡献（野生食用植物常常也可以用作观赏植物）。另外，如果条件有利，城市森林和复合农林业（在农田或草地种树的做法）可以是薪材的重要来源。在发展中国家（尤其是干旱地区），木材燃料是较小城市中心特别重要的能源，占世界各地城市家庭能源供应的25%～90%（Kuchelmeister 1999）。

在发达国家，城市绿地通过提高房地产价格、吸引经济开发活动和改善当地计税基数来促进当地经济。在北欧的几项研究表明，如果附近有林地或其他类型的绿地，公寓的价格会高出很多(Tyrväinen 1999)。

3. 社会功能

城市森林为市民提供了重要的室外休闲机会。城市生活充满压力，研究人员表明，城市绿色地带改善居民的健康和福祉。在欧洲和美国进行的几项研究表明，访问绿色地带可以减轻压力，增加能量，帮助病人更快痊愈(Nilsson et al. 2011)。环境心理学家蕾切尔・卡普兰(Rachel Kaplan)和斯蒂芬・卡普兰(Stephen Kaplan)(1989)认为，植被和大自然可以缓解城市生活的持续压力，它使我们放松并使思维变得敏捷。

城市中的自然环境对增加人们的环境意识也很重要，因为生活在城市的人们越来越多，他们都是从城市环境中获取有关大自然的概念。美国记者理查德・洛夫(Richard Louv 2008)是《森林里最后一位孩子》的作者，他发明了"自然缺乏症"这个术语，用于表示孩子们由于缺乏接触大自然而导致的各种行为问题，包括儿童肥胖症、注意力不集中和抑郁症。上学期间能够从事户外活动的孩子们，其注意力更集中、创造力更强、不容易急躁、认知能力发育得更好。

未来展望

最近几年，人们对城市生态和环境的兴趣越来越浓，这使得很多社区投资于公园和绿地的建设。其中的一个例子是世界各地的一些城市都启动了"百万树木"计划。在随后的几十年，这一趋势很可能还会继续。进行规划时确保人口增长可持续、所有人口都能接触绿地对亚洲、非洲和拉丁美洲较大和迅速扩展的大城市来说尤其重要。随着气候的变化和能源费用的升高，那些带有能够保持水分、过滤空气污染、提供关键生活条件(如食物、燃料和休闲机会)的景观的紧凑城市可能会成为一种标准。城市林业的艺术和科学将有助于构建不容易受到气候变化影响的城市，从而把大自然带回到人们生活的地方。

谢尔・尼尔森(Kjell NILSSON)
哥本哈根大学
塞西尔・科奈恩德克(Cecil C. KONIJNENDIJK)
哥本哈根大学
菲利普・罗德贝尔(Phillip RODBELL)
美国林业局

参见：棕色地块再开发；生态恢复；地下水管理；人类生态学；景观设计；雨水吸收植物园；道路生态学；雨水管理；植树；城市农业；城市植被；废物管理；水资源综合管理(IWRM)。

拓展阅读

Bernatzky, Aloys. (1994). *Baumkunde und Baumpflege* [Arboretum and tree care]. Braunschweig, Germany: Thalacker Verlag.

Gill, Susannah E.; Handley, John F.; Ennos, A. Roland; & Pauleit, Stephan. (2007). Adapting cities for climate change: The role of the green infrastructure. *Built Environment, 33* (1), 115–133.

Helms, John. (Ed.). (1998). *Dictionary of forestry*. Bethesda, MD: Society of American Foresters.

Jensen, Marina B.; Persson, Bengt; Guldager, Susanne; Reeh, Ulrik; & Nilsson, Kjell. (2000). Green structure and sustainability — developing a tool for local planning. *Landscape and Urban Planning, 52*, 117–133.

Kaplan, Rachel, & Kaplan, Stephen. (1989). *The experience of nature*. Cambridge, UK: Cambridge University Press.

Konijnendijk, Cecil C. (2003). A decade of urban forestry in Europe. *Forest Policy and Economics, 5*(3), 173–186.

Konijnendijk, Cecil C.; Nilsson, Kjell; Randrup, Thomas B.; Schipperijn, Jasper. (Eds.). (2005). *Urban forests and trees*. New York: Springer.

Kuchelmeister, Guido. (1999, June 14–17). Urbanization in developing countries — time for action for national forest programs and international development cooperation for the urban millennium (paper, Forest Policy Research Forum: The Role of National Forest Programs to Ensure Sustainable Forest Management). Joensuu, Finland.

Louv, Richard. (2008). *Last child in the woods*. Chapel Hill, NC: Algonquin Books.

McPherson, E. Gregory, & Rowntree, Rowan A. (1993). Energy conservation potential of urban tree planting. *Journal of Arboriculture, 19* (6), 321–331.

Miller, Robert W. (1997). *Urban forestry: Planning and managing urban greenspaces* (2nd ed.). Upper Saddle River, NJ: Prentice Hall.

Nilsson, Kjell, et al. (2011). *Forests, trees and human health*. New York: Springer.

Nowak, David J.; Crane, Daniel E.; Stevens, Jack C.; & Ibarra, Myriam. (2002). *Brooklyn's urban forest*. (Forest Service, General Technical Report NE–290). Radnor, PA: United States Department of Agriculture.

Tyrväinen, Liisa. (1999). Monetary valuation of urban forest amenities in Finland (academic dissertation). Research Paper No. 739. Vantaa, Finland: Finnish Forest Research Institute.

Williams, Nicholas S. G., et al. (2008). A conceptual framework for predicting the effects of urban environments on floras. *Journal of Ecology, 97*, 4–9.

Yang, Jun; McBride, Joe; Zhou, Jinxing; & Sun, Zhenyuan. (2005). The urban forest in Beijing and its role in air pollution reduction. *Urban Forestry and Urban Greening, 3*, 65–78.

Zipperer, Wayne C.; Wu, Jianguo; Pouyat, Richard V.; & Pickett, Steward T. A. (2000). The application of ecological principles to urban and urbanizing landscapes. *Ecological Applications, 10*, 685–688.

城市植被

城市植被包含在城市环境中发现的所有类型的植物——从本来就有的土著物种到为了改善景观而引入的物种。城市植被存在于城市森林和公园、路边、池塘和溪水周围，甚至空地。妥善管理的城市植被有助于减少空气污染、噪声和灰尘，为乏味的城市面貌增添氧气和视觉享受。

城市植被指的是在城市环境(如森林、公园、路边和荒地)生长的所有类型的植物(Jiang 1993)。作为城市生态系统重要的组成部分，城市植被不仅能够通过减少灰尘和环境污染来净化和清新空气，而且还有助于维持城市环境的生态平衡。城市植被在指示和监测环境污染方面也发挥着重要作用。

分类

研究人员采用不同的方式给城市植被分类。有人把它分为城市森林、公园和绿地、花园和草坪、爬墙或屋顶植物以及湿地(Guntenspergen 1998)。其他人则分出路边树木、街道绿化带、公园绿地、草地和水生植物绿地(Huang et al. 1990)。还有人把城市植被更简单地分为三种类型：城市化之前保存下来的残存自然群落、占据新的城市生存环境的杂草群落和人工绿地(Ohsawa & Da 1988)。观察城市植被的另一种方式基于其三种主要类型：天然植物、半天然植物和引入植物。天然植物就是那些在城市建设之前就存在的植物。城市中半天然植被的主要构成是人为散布群落(由伴生植物构成)，在城市生存环境下它特别依赖于人为干预，在构成城市植被(主要是草地)方面发挥着特殊的作用(Jiang 1989)。引入植物可以分为路边树木、城市森林、公园、花园、街道绿化带等。

功能

城市植被有多种功能。但其主要作用是帮助维持城市环境(城市环境很容易受到各种污染物的影响)，因而改善人类生存条件。例如，城市植被可以调节小气候条件，净化空气污染，减少灰尘，减弱噪声，保持生态平衡。城市植被还能发挥美化和教育的作用。一般来说，城市植被的功能与植被的类型密切相关，例如，森林、草地和（或）湿地。城市森林对城市环境的改善比其他类型更加有效。举例来说，在晴朗的夏日，城市森林中的温度比城市空地的温度大约低6℃～16℃。在北京市的一次案例研究中，穿过80～100米宽果树林的空气，其氟化氢的含量比同样宽度空地上的含量减少22%（Wang 1998）。一个40米宽的林带能使噪声降低10～15分贝（Wang 1998）。

发展

随着全球城市化的推进，城市植被的分布也进一步专业化。根据联合国教科文组织的统计，到2030年，全球60%的人口将生活在城市（Wibly & Perry 2006）。一方面，人们往往把城市生存环境变成开发区，这会把它们暴露在人为干扰之中。像城市污染这样的负面效应变得越来越严重，因而使城市植被处于强烈的不稳定状态。在日本千叶市进行的一项案例研究表明，从1952年到1981年，森林覆盖率从51%下降到8%。同时，土地利用模式也发生了显著的变化：农田和森林变成了住宅区，曾经天然的山丘如今布满建筑物（Ohsawa & Da 1998）。

外来物种

另一方面，各种类型的城市植物群落出现在城市，如人为散布群落和引入植物群落。此外，人类把很多外来物种带入城市，它们破坏和驱逐大量的土著物种。不管这些影响或干扰是有意的还是无意的、直接的还是间接的，它们最终都会改变城市植被的自然特征、组成、结构和功能。结果，很多城市植被都完全失去了其自然特质（Huang et al. 1990）。例如，城市植被的生存基本上依赖肥料、杀虫剂和灌溉，这类似于农业体系的作物特性。

人们为了各种目的喜欢把外来物种带入城市，但他们常常不注意当地的优势物种。这样的行动会破坏原生城市植被。尽管残遗群落能够反映显域植被的分布，但优势物种会逐渐消失，并被那些适应城市生存环境的物种所取代。结果，城市植物群落中的优势物种常常并不明显（Jiang 1993）。人们在广泛采用外来物种时常常没有进行全面的评估，从而导致入侵物种的失控扩散。在引入草本植物的过程中，这种现象更容易发生。凤眼莲（即水葫芦，是亚马孙盆地的土著植物）和紫茎泽兰（也称为蛇根草，是原生于墨西哥的一种开花灌木）给中国的城市和乡村环境带来了极大的破坏（Bao 2008）。一开始，人们为了经济目的而带进入侵物种(如在20世纪50年代,凤眼莲被用于喂猪)或者只是为了美化城市环境(如观赏树木火炬树),但后来这些物种在新的空地(如城市景观)变成优势物种时,他们才认识到它们的有害效应。

建议

由于很多植物物种都是迁移到城市生存环境的,城市居民越来越脱离本土物种和自然生态系统(McKinney 2006)。为了避免这一问题,选择城市物种时应遵守生态学原理。增强人们对每个物种所占据生态位的意识将使本土物种更有机会存活。将来进行城市生存环境绿化时应充分选择和利用土著物种。

城市绿化仍存在很多不足,如土著物种减少、植物多样性不足、生态背景特征缺乏(Bao 2008)。应对土著物种进行全面调查并对优势物种的遗传多样性进行分析。此外,本土物种(尤其是树木)的选择应重点关注,因为它们的生物量较大,而且能够为鸟类和其他城市动物提供栖息地。引入外来物种要仔细考虑。此外,城市规划者在把外来物种引入到城市环境时需要进行环境影响分析,以避免入侵物种的有害扩散。

蒋高明(Gaoming JIANG)
博文静(Wenjing BO)
中国科学院

参见:最佳管理实践(BMP);棕色地块再开发;扰动;生态恢复;生态系统服务;入侵物种;景观设计;光污染和生物系统;氮饱和;持久农业;非点源污染;点源污染;雨水吸收植物园;道路生态学;植树;城市农业;城市林业。

拓展阅读

Bao, Mingzhen. (2008). On urban bio-diversity and landscape plants planning in China. *Chinese Landscape Architecture*, *7*, 1–3 [in Chinese].

China Environmental Protection Network. (2009). China's 283 invasive species cause 200 billion CYN economic losses [in Chinese]. Retrieved August 6, 2011, from, http://www.sei.gov.cn/ShowArticle2008.asp?ArticleID=179267

Guntenspergen, Glenn R. (1998). Introduction: Long-term ecological sustainability of wetlands in urban landscape. In Thomas R. Detwyler & Melvin G. Marcus (Eds.), *Urbanization and environment: The physical geography of the city* (pp. 229–241). Belmont, CA: Duxbury Press.

Huang Xiaoyang; Lin, S. H.; Han, R. Z.; & Yao, Yuqi. (1990). Urban vegetation in Beijing and its function. In Langzhou Chen & H. Y. Zheng (Eds.), *Ecological, social and economical designing for Beijing-Tianjin region* (pp. 42–60). Beijing: Ocean Press [in Chinese].

Jiang Gaoming. (1989). Anthropochory in cities. *Chinese Bulletin of Botany*, *6*, 116–120 [in Chinese with English summary].

Jiang Gaoming. (1993). Urban vegetation: Its characteristic, type and function. *Chinese Bulletin of Botany*, *10*, 21–27 [in Chinese with English summary].

McKinney, Michael L. (2006). Urbanization as a major cause of biotic homogenization. *Biological Conservation*, *127*, 247–260.

Ohsawa, Masahiko, & Da, Liang-Jun. (Eds.). (1988). *Integrated studies in urban ecosystems as the basis of urban planning* (III). Chiba, Japan: Chiba University.

Stanvliet, R.; Jackson, J.; Davis, G.; De Swardt, C.; Mokhoele, J.; Thom, Q.; & Lane, B. D. (2004). The UNESCO biosphere reserve concept as a tool for urban sustainability: The CUBES Cape Town case study. *Annals of the NY Academy of Science*, *1023*, 80–104.

Wibly, Robert L., & Perry, George L. W. (2006). Climate change, biodiversity and the urban environment: A critical review based on London, U.K. *Progress in Physical Geography*, *30*, 73–98.

Wang, Bosco Shang. (1998). Urban vegetation and its construction technology. *Acta Scientiarum Naturalium Universitatis Sunyatseni*, *37*, 9–12 [in Chinese with English summary].

视域保护

由于20世纪粗放型的快速增长，视觉影响为开发制订更加严格的环境规划法规、指导原则和管控措施创造了条件。为了保护优美的视域，自20世纪70年代以来，分析技术和视觉质量评估的利用不断增长。在生态系统管理的时代，确定生态质量和景色质量之间的关系变得非常复杂，而且仍然存在争议。

视域是能够从一个固定制高点看到的由土地、水体和其他环境因素构成的区域。第二次世界大战之后粗放型快速增长和开发所造成的视觉影响以及对视域造成的相应破坏，在20世纪60年代和70年代变得更加明显。在20世纪60年代，英国景观设计师希尔维亚·克劳(Sylvia Crowe)在她的著作《景观中的林地》中讨论了景观视觉特性的重要性。为了保持一个良好的景观模式，她说："空地和林地之间、农作物和其他植被之间都必须存在反差"(Crowe 1966, 6)。克劳在利用铅笔和钢笔简笔画展示视域合理设计和通过视域调控改善景观视觉特性方面发挥了重要作用。

在19世纪后期和20世纪，美国景观设计师弗雷德里克·奥姆斯特德(Fredrick Law Olmsted)、英国出生的景观设计师卡尔弗特·沃克斯(Calvert Vaux)和美国风景画家弗雷德里克·丘奇(Frederic Edwin Church)绘制了景观，塑造出了重要的视域，甚至把远景借用于景观的设计、规划和评估。查尔斯·伯恩鲍姆(Charles A. Birnbaum)是文化景观基金会的创始人和总裁，他对"视域"这个术语的来源提供了见解。他得出结论说："丘奇描绘了他在奥拉纳家中看到的视野，他那波斯风格的家位于纽约哈得逊河沿岸，他'借用'了视野，也就是说奥拉纳如画的景观引入了家产边界以外的引人远景"(从奥拉纳看到的视野展示在上面由斯坦·里斯拍摄的照片中，是跨过哈得逊河谷向南看的结果)。伯恩鲍姆继续讲述道："奥拉纳视域的意义与一个更重要的思想——美国人对景色持保护态度的根源——联系起来，例如，这种思想认为，保护像尼亚加拉瀑布这样的地方非常重要。”伯恩鲍姆推崇丘奇，后者于1869年私下与先驱景观设计师弗雷德里克·奥姆斯特德和建筑师理查森(H. H. Richardson)一起工作，以建立公众对保护视域的支持(Birnbaum 2011)。

发展过程

“视域”这个术语早在19世纪后期就被使用了。1968年的《国家环境政策法案》(NEPA)讨论了大型规划问题，从而预示着环境规划新时代的到来；按照美国景观设计师欧文·诸比(Ervin Zube)的说法，在这个新时代，“视觉价值可以包含在规划和设计的决策过程中”。他补充说：“《国家环境政策法案》清楚地表明，视觉价值(景观的视觉质量)并不仅仅涉及那些特别优美或丑陋的景观，而是涉及受到联邦设计、规划或管理活动影响的所有景观”(Zube 1986, 13)。

根据美国林业局(美国农业部的一个下属机构)景观设计师沃伦·培根(Warren Bacon)的说法，“作为一个正式的项目，国家森林景观管理项目始于1969年全林业局在圣路易斯召开的一次会议，它是为了响应林业局和公众对视觉资源的担忧而召开的……由于这种担忧，把‘视觉景观’构建为一种基本资源——把它当作其他土地基本资源不可缺少的一部分并受到同等的考虑——就变得非常适宜”(Bacon 1979, 660)。

美国农业部1974年制订并于1995年修订的“视觉管理系统”(VMS)设定了在大型资源管理决策中对风景和视觉问题进行综合的标准。视觉管理系统包括客观标准，如视野的距离和视觉幅度。与此同时，它还依赖于对风景景观的某些主观定义和根据经典的艺术和美学原则对影响进行的专家评估。

1979年的“我们国家的景观”会议讨论的是用于视觉分析和管理的应用技术。这次会议在内华达州的茵克莱村召开，召集了500多位从业的景观设计师、环境和休闲规划者、教授、休闲爱好者、实业家、土地和资源管理者、研究人员和环境咨询师，集中讨论视觉管理问题。这次先驱性会议和计算机技术利用的同步增长，是跨学科讨论和思想共享的开始，这对关注视觉景观的评估是非常重要的。

1995年，对视觉管理系统的重大重新聚焦制订出了“风景管理系统”(USDA Forest Service 1995)。“风景管理系统”(SMS)给出了管理风景的词汇和确定国家森林中风景的相对价值和重要性的系统方法。手册《景观美学》(1995)就是为国家森林资源管理者、景观设计师和其他对景观美学和风景感兴趣的人们所写。不管是学生还是普通公众，他们都从该系统这种处理复杂艺术和科学问题的简洁方式中受益。生态系统为这种风景管理系统提供了环境条件。这次重要修订把关注点从评估风景的静态视域观点转向一种更加综合的系统。在生态系统管理的背景下，该系统用于盘点和分析国家森林中的风景，协助确定总体资源长远目标和近期目标，监控风景资源，确保为后代留下高质量的风景。

在这同样的时期，风景资源的管理和保护变成了全球的关注。“风景解决方案”是一家基于澳大利亚阿德莱德的公司，它为土地管理提供视觉或风景评估方案。他们在南澳大利亚的海岸和内地评估风电场的视觉影响，测量南澳大利亚海岸（4 800公里）的景观质量和南澳大利亚弗林德斯山脉的风景质量并绘制成图。该公司为保存和保护视觉价值提供完美的解决方案。新西兰制订了国家公园和保护区的综合性网络，以管理风景资源。欧洲社会一直致力于把视觉价值和文化或乡村景观联系起来。欧洲文化景观之路（EPCL）是涉及从爱尔兰到爱沙尼亚的10个国家和横跨各种不同景观和文化类型的12个地区的项目。该项目的部分使命是保护视觉价值（Déjeant-Pons 2005）。

加拿大公园管理局鼓励对其国家公园系统中的风景价值进行保护。它管理的具有历史影响力的里多运河就是一个著名的例子，它鼓励人们尊重运河滨水区土地的自然、文化和风景价值。管理和保护风景资源是一种普遍要求。

分析的艺术

丰富的历史可以追溯到18世纪后期和19世纪早期。景观设计师利用铅笔、水彩和钢笔素描来展现视域的合理设计和对这些视域的调控，以改善景观的视觉特性。这种针对场景的视域描绘有助于设计者向客户或公众传递设计思想。

基于计算机的技术已得到发展，以满足对大型景观问题（包括风景质量和视觉价值）进行评估的要求。1979年在内华达州茵克莱村召开的会议把很多专业的从业人员召集起来，以关注视觉资源分析和管理的应用技术。欧文・诸比（1986, 16）评论道：

计算机和量化方法的开发最初用于那些可能难以进入的大型景观和那些存在可用的量化和空间地理数据（如坡度、植被类型、海拔高度和树木覆盖百分比）的情况。它们提供有关景观特性可变性的描述性信息，能够在不同的观察点识别出（例如）由于地形构造或植被的原因哪些区域能够看到、哪些区域被隐藏。

空间算法、图形界面和输出显示都比20世纪70年代后期开发的内容更加复杂，但视域分析的基本功能仍然是一样的：地形表面各点之间互见度的研究。互见度研究的概念和最基本的原则是：“如果我能看见你，你就能看见我。”美国农业部林业局和世界各地的其他公共土地管理机构已经使用视觉影响评估和互见度度量很多年了。

互见度涉及度量从观察者眼睛到每一个网格单元的切线（网格单元的大小完全取决于分析的尺度。在给定区域内使用的网格单元越多意味着地图具有更高的分辨率，就像电视屏幕的像素一样）。从离观察者最近的网格单元开始，一个视线过程用于计算网格单元是否能够被看见并绘制相应的地图，从而产生一个栅格地图。只要切线沿着观察者的视线增加,栅格地图或数字地图表面上的网格单元就能看见。如果切线缩短,则该网格单元就看不到。例如,一座山脉的背面从观察者的角度将是看不到的。这样的空间分析技术用于对各种设计、规划和管理决定在实施之前进行效果评估。

视域分析用于确定输电线路的位置、评估开发和林业管理做法的视觉影响。美国林业局景观设计师弗雷德·亨利(Fred Henley)和弗兰克·亨萨克(Frank Hunsaker)利用映射技术来为林业管理做法(如皆伐和疏伐)评估建立视觉质量目标(Henley & Hunsaker 1979)。视域分析已成为任何地理信息系统的标准模块。地理信息系统是设计用于采集、存储、处理、分析、管理和提供各种类型地理参考数据的系统。先进的视觉仿真技术与心理测验和社会科学技术一起,可以让公众看到景观上任何建议开发项目的视觉效果,评估利益相关者的意见,以确定所建议解决方案的影响程度和可接受程度。

保护法规

联邦土地管理机构自20世纪70年代以来一直利用视觉管理技术。越来越多的乡镇、城市和社区开始关注景观中开发项目和其他入侵特征的视觉影响。他们持续制订各种视域保护法规,以保护、保存和改善景点和景色。美景是一个社区的主要资产,它可以吸引新的工业项目。保护美景和山坡区域的自然环境对保持高质量的生活和持续的经济发展来说是至关重要的。

视域保护区用于调控建筑物高度限制条件和植被的消减。这些区是主要涉及景点和景色独特情况的覆盖区,这些景点和景色并没有被标准的分区规划所覆盖。这些法规通常要求新结构、标志、高塔、屋顶设备或其他附件的任何部分都不能侵入任何设定的视域。如果城市内任何分区规划中允许的最大高度不同于保护区允许的高度,则采用两者当中更加严格的高度限制。新的开发项目通常都是有益的,但如果建设项目在尺度和体积上淹没或侵入主要景点或景色,则视域应受到保护。视域分析在很多方面会对城市产生影响。除了确定住宅开发的位置、确定供电传输线的走向,保护自然走廊以外,它还被建筑师和规划者用于探索高楼的合适朝向,以改善处于其直接阴影中的建筑物、街景和景观的光照效应。此外,合适的朝向能够改善城市景观天空轮廓线效应并改善开发项目的可销售性。

亚利桑那州的皮玛县制订了《山坡开发覆盖区条例》,以保存和维持皮玛县的特色、个性和象征,改善公众健康、安全、便利和

福祉。它通过以下方式实现上述目的(Pima County 1985):

- 保存山坡区域的独特自然资源;
- 允许与山坡地形的自然特征(如斜坡的陡直度和重要的地貌)相适应的开发力度(密度);
- 通过鼓励创新性场地和建筑设计、使土工平整降至最低和要求对铲平区域进行最大程度的恢复来减少山坡开发所造成的物理冲击;
- 最大限度地减少开发对山坡地形造成的改变。

视域保护和法规的制订并不是没有争议。视域法规旨在保存美景、生活的高质量和经济的持续发展。争论集中在根据准确度值得商榷的视域地图来应用法规这种方式上。法规可能要求地产的开发应对主要走廊造成的视觉冲击最小。法规要求保护地产上的树木和树叶会引发争议。

大部分争议集中在土地拥有者的财产权上。一套通用的规则可能不适用于一个区域的所有街区。视域法规设定了财产限制,这可能会剥夺那些诚心诚意购买家产的人们的财产权——通过对这些树木设定哪些能做哪些不能做的限制条件来告诉他们所购买的树木和私有权已经不是他们的了。环保人士认为,开发商和建筑商在建造从很远的距离上能看见的住宅方面过于自由,而那些想沿山脊构建住宅的地产拥有者则认为法律过于严格。

在生态系统管理的时代

风景管理系统是从单一视觉管理系统方法转向引入生态系统价值的更加综合性系统方法的一种尝试。生态系统管理给视域保护的评估和实施提出了严重的挑战。美国环境心理学家丹尼尔·特里(Terry Daniel)推断说:“生态系统管理给森林管理者提出了重大挑战,他们尤其需要考虑到如下的事实:生态系统是物理、生物和社会过程的复杂相互作用,而这些过程在多个时间和空间尺度上是高度相关的”(Daniel 2001, 275)。基于感觉的景观质量评估不足以确定生态质量和景观视觉美学质量之间的关系。

先进的计算机建模技术可以评估由生态变化引起的视觉质量变化。澳大利亚景观规划人员帕亚姆·加德里安(Payam Ghadirian)和伊恩·毕晓普(Ian Bishop)通过把基于地理信息系统的环境过程建模与增强现实技术相结合,来探索变化环境中视觉特性的变化,以评估澳大利亚沉浸式环境中的环境变化(沉浸式环境是虚拟环境,其中沉浸者对自身的感知由于被总环境包围而变小)。这些虚拟环境可以让人们探索、调控和测试解决方案而不会影响真实环境。景观规划者正在利用虚拟现实环境解决生态变化问题并评估环境的空间动态变化与公众的反应(Ghadirian & Bishop 2002)。

视域保护向很多社区提出了挑战。除了面临生态变化的困难,当地居民还关注视域保护。一般来说,人们可能支持生态改善(如风能利用),但他们不愿意让那些必需的基础设施建在能被人看见的地方。他们提出了噪声和风力涡轮塔状的外形问题,强烈地感到这些问题降低了家产的价值。规划者可以考虑社区以外的其他地点。2011年,美国土地管理局收到了无数来自俄勒冈和华盛顿有关进行风力测试通行权的申请。环保组织反对在公共土地上进行任何这样的开发。

随着开发和景观变化持续快速进行,向公众保存我们剩下的独特美景和其价值依然是一个需要高度优先考虑的事项。应对生态条件变化的视域保护依然是一种挑战并存在争议,无疑会成为景观研究的前沿阵地。

兰迪·吉姆布雷特(Randy GIMBLETT)
亚利桑那大学

参见:共同管理;景观设计;大型景观规划;光污染和生物系统;自然资本。

拓展阅读

Bacon, Warren C. (1979). The visual management system of the Forest Service, USDA. In Gary H. Elsner & Richard C. Smardon (Eds.), *Our national landscape: A conference on applied techniques for analysis and management of the visual resource* (General Tech. Rep. PSW-35, pp. 660-665). Berkeley, CA: USDA Forest Service, Pacific Southwest Forest and Range Experiment Station.

Birnbaum, Charles A. (2011, March 15). The value of a view. Retrieved October 7, 2011, from http://www.huffingtonpost.com/charles-abirnbaum/the-value-of-view_b_835592.html

Crowe, Sylvia. (1966). *Forestry in the landscape*. London: Her Majesty's Stationery Office.

Crowe, Sylvia. (1978). *The landscape of forests and woods*. London: Her Majesty's Stationery Office.

Daniel, Terry C. (2001). Whither scenic beauty? Visual landscape quality assessment into the 21st century. *Landscape and Urban Planning*, *54*, 267-281.

Déjeant-Pons, Maguelonne. (2005, April 11-16). The European Landscape Convention (paper, Forum UNESCO University and Heritage 10th International Seminar, "Cultural Landscapes in the 21st Century"). Newcastle-upon-Tyne, UK.

Ghadirian, Payam, & Bishop, Ian. (2002, November 25-30). Composition of augmented reality and GIS to visualize environmental changes (paper, Joint AURISA and Institution of Surveyors Conference). Adelaide, South Australia.

Henley, Fred L., & Hunsaker, Frank L. (1979). A system to program projects to meet visual quality objectives. In Gary H. Elsner & Richard C. Smardon (Eds.), *Our national landscape: A conference on applied techniques for analysis and management of the visual resource* (General Tech. Rep. PWS-35; pp. 557-564). Berkeley, CA: USDA Forest Service, Pacific Southwest Forest and Range Experiment Station.

Itami, Robert M., & Raulings, Robert J. (1993). *SAGE reference manual*. Victoria, Australia: Digital Land Systems Research.

Pima County. (1985). Pima County site analysis requirements. Pima County, AZ: Pima County Development Services Department — Planning Division.

United States Department of Agriculture (USDA) Forest Service. (1974). *National forest landscape management*. Washington, DC: USDA.

United States Department of Agriculture (USDA) Forest Service. (1995). *Landscape aesthetics: A handbook for scenery management* (Agriculture Handbook No. 701). Washington, DC: USDA.

Zube, Ervin H. (1986). Landscape values: History, concepts, and applications. In Richard C. Smardon, James F. Palmer & John P. Felleman (Eds.), *Foundations for visual project analysis*. New York: John Wiley and Sons.

废物管理

废物是人为产物；自然界中没有绝对的废物。所以，废物是一种还没有找到用途的资源。可持续性废物管理的当前目标是创建废物再利用或回收的经济和管理环境，而最终目标是创建一开始就不产生废物的条件。

废物通常是指人们不再用于生产用途的东西（物质或能量）。从生物学的角度看，废物虽然被丢弃，但其他生物仍可以利用那些废物产品。的确，生态的可持续性依赖于废物的再利用，包括有机物质的生物分解。

废物的概念实际上是一个人为产物。在自然界中没有绝对的废物。例如，火山灰毁坏了下风向的大片农田，但其肥力则被广泛介绍，而污泥虫或金龟子则在丢弃的粪便中尽情享受。可能说起来有些过分，连恐怖的放射性废料也被回收用于制造核武器。

从可持续性的角度看，废物的基本定义是我们还没有找到用途的一种资源。因而，废物是由境况确定的，至少对人类来说，该境况包含文化、政治、社会、地理和（尤其）经济情况。当我们注意到有些人可能保存和利用别人丢弃的东西时（这种做法在发展中国家和欧洲与北美的回收中心的捡垃圾者之间很常见），一个人的废物是另一个人的宝贝这种熟悉的说法就得到了验证。

简要地说，可持续性废物管理的最终目标是创建一开始就不产生废物的条件。然而，废物也是当前市场体系一种不可避免的条件，该体系生产短寿命产品，鼓励消费者购买更多的产品。完全消除废物（从物理上和观念上）可能需要目前这种支持所谓计划报废的资本主义市场发生结构性变化。在这种转变发生之前，可持续性废物管理的当前目标是创建废物再利用或回收的经济和管理环境，而不是以威胁环境（该环境支持我们这个作为一个物种的人类）的方式丢弃废物。

各种废物主要根据其来源分类。常见类型包括农业和林业废物、来自矿业和矿物处理的废物、核（即放射性）废物、建筑和拆建废物、非核有害工业废物、无害工业固体废物以及来自家庭、机构和商业设施的城市固体废物(MSW)。以下章节先讨论美国的城市固体废物政策和法规,然后讨论其他发达地区的废物管理,最后分析发展中国家城市固体废物的定义和管理。

美国的法规

美国1976年的《资源保护和回收法案》(RCRA)是涉及废物管理的主要联邦法案。《资源保护和回收法案》包含有害和城市固体废物,这两种废物根据其来源加以区分。有害废物指的是仅由工业产生的可燃、腐蚀、爆炸或有毒(包括传染疾病)废弃物质;固体废物可能是由工业企业产生的,但也包括由家庭或商业设施产生的所有废物,即使家庭废物包含化学有害物质(如电池、电子废物)或像废弃油漆稀释剂这样的产品(从总体重量上说约占城市固体废物流量的三分之一)。

区分有害和固体废物很重要,因为和城市固体废物相比,《资源保护和回收法案》对有害废物的处理、存储和处置要求有更加详细的跟踪和监控。这使得处理或处置每吨有害废物费用比固体废物一般高出10倍(甚至更多);目前美国的费用是每吨30～90美元(van Haaren, Themelis & Goldstein 2010)(准确的费用随区域而变化。大部分数据是专有的,需要从像《废物商业期刊》这样的来源订购)。有害废物的处理费用随实际废物的成分、产生者的规模和处置方法而差别很大。处置有害废物的高费用促使有害废物的产生者减少有毒化学品的使用(避免污染)、把废物回收用于生产过程或者试图把剩余的有害废物重新划入无害固体废物。部分地由于既得利益团体的政治影响力,几种类型的废物(包括农业和矿业废物)根本就没有被列入《资源保护和回收法案》的管控之下。根据美国环境保护署的说法,矿业废物被认为是“特殊废物”,“矿业废物除外”条款使它免受联邦有害废物法规的约束(US EPA 2011a)。除了分离的有害废物(杀虫剂)和受污染的灌溉径流,农业废物不受联邦政府的管控。集中式动物饲养业废物受《清洁水法案》管控。根据美国环境保护署的说法,“除非被州或当地其他法律禁止,否则,农业生产者可以在自己的地产上处置无害固体农业废物(包括作为肥料和土壤改良剂返回到土壤的粪肥和作物残余物以及灌溉回水中的固体或溶解物质)”(US EPA 2011b)。污水污泥以及氯代有机物和金属含量低于美国环境保护署有害标准的发电厂和固体废物焚烧厂的灰渣一般被当作固体废物处理,如果没有被当作肥料或其他有用产品(例如建筑材料),干燥的污泥或灰渣会被送往认证的城市固体废物掩埋场。

家庭产生废物的多少和类型随收入和地域的不同而有很大的差异。例如,我们往往在郊区发现更多的庭院废物,在市区废物流中发现办公纸张废物,在大学城发现饮料罐(常常是可回收的)。2009年,美国每天人均产生大约2公斤的城市固体废物,几乎是西欧的两倍、日本的三倍以上。尽管2000年以后人均固体废物减少了,但仍然超过1960年的人均1.22公斤,这种增加主要是由包装废物造成的(US EPA 2010)。医疗废物(一旦消毒就被当作城市固体废物处理)也急剧增加,其中部分的原因是对HIV感染的担心和一次性(而不是消毒再用)材料的推广。

尽管实际内容随地域而不同,但平均来说,在重新利用或再循环之前,2009年的城市固体废物流量中,从重量上讲,28.2%为纸张产品和纸箱,随后是食物碎渣(14.1%)和庭院枝叶(13.7%)(US EPA 2010)。塑料虽然在重量上只占12.3%,但由于其重量轻,体积上所占的比重要大得多。

《资源保护和回收法案》鼓励各州(负责实施联邦法规)和各市(负责废物收集)按照优先级遵守以下四步:

(1)从源头减少废物——通过改变制造工艺来消除废物;把废物重新用到原来的生产过程;庭院枝叶就地堆肥。

(2)再循环进入新产品(包括异地堆肥)。

(3)带能量回收的焚烧(利用燃烧废物的热量发电或给建筑物供热)。

(4)对稳定的残留物进行掩埋(最不希望使用的方法)。

然而在现实中,虽然自20世纪80年代后期以来,重新利用和再循环不断增加,但掩埋仍然占2009年处理城市固体废物的54.3%,产生的城市固体废物中只有33.8%被回收、制成堆肥或再生(US EPA 2010)。尽管2009年带能量回收的燃烧为11.9%,它变成掩埋的灰渣或不可燃烧物之后体积减小了70%~90%,但物质和能量保护法律规定,原始废物材料的大部分作为大气或水体排放物被释放到环境中。

1.再循环

废物一旦产生,再循环是处理废物的首选方法。它在整个产品的生命周期内都会产生益处。和初始原材料提取和产品形成相比,再循环使用较少的原材料,产生较少的空气和水体污染,减少温室气体排放,降低对废物处置和掩埋场地的需求。闭环再循环指的是消费者之后的废物用于同类产品的生产,例如,压扁的饮料罐溶化后制成新的饮料罐。另一方面,开环再循环指的是废物被循环用于生产另一种新产品,就像塑料袋和塑料瓶破碎后用于形成公园座椅、塑料地板和合成纤维地毯。

从重量上讲,美国2009年产生的城市固体废物中大约三分之一被再循环或制成堆肥,纸张和纸箱(62%)以及庭院枝叶(60%)的再循环率都达到最高水平(US EPA 2010)。另一方面,塑料的回收率只有7%,其中部分的原因是废物流中塑料的构成比较复杂,而且和再循环塑料相比,初始塑料的价格相对较低。

一旦消费者对再循环材料进行了分拣,二级材料市场(再循环材料市场)的不稳定是影响再循环率的一个主要因素。因此,如果没有市场,准备进行再循环的消费后废物最终可能还会被掩埋。虽然一般来说再循环可以节省原材料成本和生产的能量消耗,但再循环率也取决于是否愿意维持一个独立而且常常费用较高的再循环系统,不管材料是由消费者分拣的还是在收集与分拣设施分拣的。结果,进行生产投入时,制造商常常发现购买初始材料比使用再循环材料还便宜。

虽然带有"绿色"的诱惑,但再循环也不是没有污染,因为金属、塑料和其他材料的熔化和再成形本身也会产生污染。此外,当地居民阻止在附近设立再循环厂往往把再循环中心(以及垃圾焚烧厂和掩埋场)推向政治和经济阻力最小的地区(这常常是低收入和有色人种社区),从而又产生了环境歧视和不公平。

有几种方法已成功用于鼓励再循环,同时能够减少剩余垃圾的处置。这些方法包括“扔垃圾缴费”(没有分拣的垃圾缴费更高)、可退押金(常见于饮料罐的情况)、通过政府采购构建强健的二级材料市场、有关产品标识和包装的立法改进(让消费者清楚地了解他们所采购商品在消费前后的再循环内容)。其他在政治上更加敏感的措施包括制造商“从摇篮到坟墓”全面负责收回消费后废物的强制责任(这在欧洲很常见)、终止使初始材料价格下降的税收减免和各种补贴(如在公共土地上实施的油气消耗津贴或低财政收入的矿业开发和木材采伐)。强化监管要求(如对焚烧炉灰渣进行更严格的毒性检测,限制把废物当作固体和无害废物的低成本处置方式)、强制要求掩埋场对甲烷进行回收和再循环或者为掩埋场的沥出物处理提出更严格的标准将提高垃圾处置的费用,从而鼓励废物的减少、重新利用和再循环。

简而言之,虽然和废物处置相比,人们更愿意选择再循环,但再循环仍然把重点放在废物产生之后的处理上而不是创造条件使废物一开始就不产生。此外,从频繁的广告宣传来判断,再循环特别受到生产者的欢迎,因为它把废物产生和处置的主要责任转移到消费者需求和选择上,而不是要求消费者去抵制那些往往被当作废物扔掉的产品生产。

2. 焚烧

虽然自1990年以来世界上的废物焚烧在不断增加,但美国废物焚烧的比例和绝对重量以及废物掩埋的总量都在减少,而堆肥制作和再循环则一直在增加(US EPA 2010)。通常被称为“资源回收”或“垃圾变能源”,带能源回收的废物焚烧在掩埋空间受限制的地区比较常见,特别是城市化的美国东北部、欧洲和东亚。用焚烧的方式处理每单位废物的费用一般是掩埋的两倍,因为控制空气污染的费用很高,主要是要控制挥发性金属、酸、氧化氮和氧化硫、颗粒物和燃烧塑料氯化烃产生的二噁英,而最后灰渣的处置还得依赖掩埋。

焚烧常常被描述为对低科技问题的高科技解决方案,它已在美国失宠,自1990年以来,只有几个新厂建成。除了与污染控制有关的高费用外,焚烧面临的另一个问题是它可能要与再循环争夺废物流中发现的高热值纸张和塑料;尽管有垃圾变能源的设施,实施先进废物管理计划的很多社区还是维持着很高的再循环率。尽管如此,市政机构一般与开发商和营运商签订长期合同,保证废物的供应和焚烧炉的正常运转,从而限制了随着废物管理技术的进步而在未来采用新方案的可能性。此外,虽然能源回收比较常见,但考虑到发电需要进行的结构改造,产生的有限电量其价格相对较贵,一般没有通过废物减少和重新利用更划算。

3. 掩埋

尽管掩埋在《资源保护和回收法案》中废物管理选项的优先级中是最低的,但它依然是一半以上城市固体废物的最终去向,这主要是因为掩埋依然是费用最低的方案。20世纪下半叶之前,大多数公共掩埋场由市政当局经营,它们接收工业有害废物,常常没有衬里。1976年通过《资源保护和回收法案》后,数千这样的老式掩埋场被关闭,而被更大且受监控的掩埋场所取代，这些掩埋场常常接收来自跨州区域的废物，而且能够处理来自一百万个家庭的废物。但过去管理不善的传统依然存在，因为按照联邦《综合环境应对、补偿和责任法案》(CERCLA，或称超级基金法案)的要求，过去接收城市废物的地点要占优先选址的三分之一。

1980年的《超级基金法案》规定，如果掩埋场营运商或中间商(废物运输商)未能履行责任，废物产生者可能最终要为掩埋场的泄漏负责。因此，有害和固体废物产生者往往把他们的废物发往他们认为有足够资源(最有实力)把掩埋场保持在可接受营运条件下的公司，并为掩埋场关闭后的监控和维护提供保证金。这就支持了自然垄断——现在，几个大型废物管理公司主导着美国市场。这些公司常常为受到州或联邦《超级基金法案》威胁的现有掩埋场承担责任，为的是换取掩埋场的扩展许可，这种情况常常发生在建设新的掩埋场受到当地居民抵制的地方。

今天，受《资源保护和回收法案》管控的掩埋场必须包含以下5个基本要素：

(1) 一个带有底部黏土垫层、地质上适用的基层，以使渗滤液(包含有机废物和溶解固体废物的开放掩埋场内的液体成分，如被雨水沥出的有害金属)流失最少。

(2) 一个柔性防渗衬层，主要由高密度聚乙烯塑料构成并带有其他防冲击衬层。

(3) 一个与处理厂相连的渗滤液收集系统，用于在排入地表水或当地污水系统之前进行污染物的清除。

(4) 最好带有能源回收的甲烷(由有机废物厌氧分解产生的一种主要温室气体)收集和燃烧系统。

(5) 位于附近的地下水监控水井。

按照《资源保护和回收法案》的规定关闭一座掩埋场时，需要覆盖黏土和塑料布，配有渗滤液处理和甲烷收集系统，有足够的保证金支持另外30年的监控。尽管有这些要求，掩埋场基本上仍然是精心制作的地下"塑料袋"。它们最终还会把剩余的物质(包括有害家庭废物)释放到环境中。这种情况和它们所需的大量空间一起，使它们在废物管理层级上处于低位。

全球的努力

虽然最早对公共废物处置的记录大约发生在公元500年的雅典，但把有机废物运出城市(常常用于喂猪和施肥)的做法到16世纪才在欧洲流行起来，因为废物与害虫和疾病越来越密切相关(Vehlow et al. 2007)。20世纪现代废物的收集、分拣和再循环与第一次和第二次世界大战期间的环境保护工作部分有关。今天，欧盟27国制订了一个共同的约束性目标：到2025年，废物回收或再循环从2011年的38%提高到45%(Fischer 2011)。虽然各成员国的实际做法各不相同——再循环和焚烧在西欧更常见，而在东欧和南欧的新成员国则继续依赖掩埋场，但发展趋势是逐步脱离掩埋(1995年至2008年间，从62%下降到40%)而转向更多地依赖源头减量、堆肥制作、再循环和焚烧(Fischer 2011)。

虽然在土地受限的国家(如丹麦和荷兰)仍然很常见，但欧洲的废物焚烧被严格控制。严格的事先源头分拣去除了大部分燃烧时产生二噁英的含氯废物，同时也使重新利用/再循环率高于以此为主的美国。生物废物(包括纸张)的掩埋场将逐步按计划全部废止(Fischer 2011)。此外,因为设计不善的含碳废物掩埋场和焚烧炉是温室气体的主要贡献者,改进的废物管理预计将占欧盟根据京都议定书承诺的2012年温室气体消减量的17%～18%(Fischer 2011)。

在发展中国家,大多数乡村人口没有获得有组织废物收集的服务。即使在城市地区,一般只有一半的人口能够享受垃圾清运的服务。虽然在发展中国家绝大多数的废物本质上都是有机的,都通过当地的堆肥制作和再循环非正规地处理为肥料或燃料,但疾病传染性废物和不断增长的有害废物仍然是一个严重问题,尤其是和电子产品制造有关的废物,它们包含重金属和含氯塑料以及为全球市场生产的包含有毒器件的产品。

中国是一个迅速工业化、带有伴随而来的废物问题的国家,对中国这些问题的研究具有示范性。经济增长和高速城镇化使中国超越美国成为世界上最大的城市固体废物产生者(从总重量上讲)。在这一过程中,废物流的构成也发生了变化,例如,从煤灰(以前家庭做饭和取暖依赖于烧煤)转变为塑料包装(现在城市家庭则利用电力和燃气)。现在,废物管理的责任正转向生产者,要求他们把废物收回重新利用或再循环,与此同时,先进废物管理的私有市场正在扩展。

虽然中国的法规也优先提倡进行源头减量、重新利用和再循环,但当前的重点首先是减少废物的有害性,随后要考虑把焚烧和掩埋同等看待,尽管掩埋仍占2006年丢弃废物的大多数(Chen, Geng & Fujita 2010)。比较而言,日本作为一个人口密集的岛国,其焚烧炉的数量占全球总量的一半以上,它主要靠焚烧进行废物处置,掩埋场主要用于掩埋焚烧产生的灰渣。对源头减量的特别重视使得日本的城市固体废物仅为美国的三分之一,虽然日本仍然是塑料废物产生量的世界第一大国,但大部分塑料废物都被焚烧而没有进行再循环。

美国是工业化国家中唯一没有签署管控有毒废物全球贸易——1989年巴塞尔公约的国家,为了再循环而收集的大部分电子消费品废物都送到了印度、中国、巴基斯坦和非洲国家,在那里常常没有强有力的再循环管理做保障。在这些发展中国家,废物(不管是进口废物还是国产废物)都是当地经济的重要组成部分。中国仍有几百万人从事废物利用工作——一种特别危险的行业,它涉及在“后院”熔化有毒金属和塑料,为二级材料市场生产原材料。

在印度的城市制造中心之外和整个发展中国家,产生的废物基本上都是有机的,在当地被制成堆肥或丢弃在开放的垃圾堆,只有常见的可回收塑料和金属被捡拾出来。印度的城市废物捡拾者(一般为妇女和儿童)对可持续性废物管理来说非常重要,但他们非常危险的工作条件、低下的社会地位和难以温饱的生活状况已经激发了社会改革,主要是使他们能够享受社会服务和医疗保障。

和其他地方的情况一样,发展中国家的可持续性废物管理需要创造文化、政治、社会和经济条件来使废物产生降至最低并鼓励重新利用或再循环。然而,这些改革措施必须与当地条件相适应。例如,目前面向现代废物收集和管理的发展趋势会危及数百万贫困人口的生计,他们仍然依靠这种非正规的废物处理行业来满足自己的物质需要。改进废物管理可能会产生意想不到的社会、文化和经济影响。

迈克尔·海曼（Michael K. HEIMAN）
迪金森学院

参见：农业生态学；棕色地块再开发；承载能力；人类生态学；微生物生态系统过程；持久农业；非点源污染；点源污染；城市农业；城市林业；城市植被。

拓展阅读

Chen, Xudong; Geng, Yong; & Fujita, Tsuyoshi. (2010). An overview of municipal solid waste management in China. *Waste Management*, *30*(4), 716–724.

Fischer, Christian. (2011). The development and achievements of EU waste policy. *Journal of Material Cycles and Waste Management*, *13*(1), 2–9.

United States Environmental Protection Agency (US EPA). (2010, December). Municipal solid waste in the United States: 2009 facts and figures. Washington, DC: US EPA. Retrieved July 12, 2011, from http://www.epa.gov/osw/nonhaz/municipal/pubs/msw2009rpt.pdf

United States Environmental Protection Agency (US EPA). (2011a). Mining waste. Retrieved December 16, 2011, from http://www.epa.gov/osw/nonhaz/industrial/special/mining/

United States Environmental Protection Agency (US EPA). (2011b). Agriculture; Waste. Retrieved December 16, 2011, from http://www.epa.gov/agriculture/twas.html

van Haaren, Rob; Themelis, Nikolas; & Goldstein, Nora. (2010, October). The state of garbage in America. *BioCycle*, *51* (10), 16.

Vehlow, Jürgen; Bergfeldt, Britta; Visser, Rian; & Wilen, Carl. (2007). European Union waste management strategy and the importance of biogenic waste. *Journal of Material Cycles and Waste Management*, *9* (2), 130–139.

Waste Business Journal. (2011). Homepage. Retrieved December 16, 2011, from http://www.wastebusinessjournal.com/overview.htm

水资源综合管理

水资源综合管理是一种把水资源与土地和其他自然资源一起管理的方法。流域内的环境、经济和社会状况被通盘考虑，利益相关者参与管理过程。有效的水资源综合管理基于针对理想、可持续性未来的清晰愿景，对关键变量的关注，在不同空间尺度上对各种管理工作的综合和利益相关者的参与。

水资源管理具有挑战性，因为通常需要考虑的并不仅仅是水资源。例如，洪水泛滥的基本原因可以包括为了增加农业生产或扩展城市和相关经济活动而对森林覆盖和湿地的去除。因此，要想减少洪水泛滥，管理者不能仅仅关注对河道里的水进行控制，影响水流的相关土地和其他资源系统也需要考虑。一种考虑了全流域、该流域内人类活动与需求以及当地生态的综合方法可以为资源和生态系统的长期可持续发展做出很大贡献。

水资源管理面临的另一个挑战是，与水资源有关的政府机构的责任和权威通常应用于由政治或行政边界确定的区域，而由流域表示的地表水系的自然边界（或者由含水层表示的地下水系的自然边界）很少与这些政治或行政区域一致。这种不一致给治理带来挑战，通常让政府机构难以应对。此外，水对生命来说是必不可少的，这里没有其他选项存在。结果，水资源分配和利用的决定常常集中在满足人类需要和（越来越转向）牲畜与野生生物的需要上。水资源还具有文化和经济的重要性，需要根据一个地区的历史以及渔业、休闲和旅游业进行考虑。

水资源综合管理（IWRM）的出现是为了让水资源管理者从综合或系统的角度解决上面提到的各类问题。因此，水资源综合管理是改善水资源管理的一种工具或手段，它包括为了人类利用和生态系统稳定性而保护水资源的可持续性。然而，要想使水资源综合管理有效，管理者和社会需要有一个明晰的愿景或方针，即他们期望有一个什么样的水资源的未来。水资源综合管理本身不能产生一个期望的未来，但它作为一种手段有助于实现期望的目标。

发展和定义

很多人都会同意，水资源综合管理产生于1992年在里约热内卢召开的联合国环境与发展会议(UNCED)(称为地球峰会)。然而，其根源比这要早几十年。1914年，在美国的俄亥俄州，《俄亥俄州水利法案》为创建"水利管理区"提供了机会，其目的是防止水患、调控水道、恢复水涝地、提供灌溉和控制河流流量。第二年，迈阿密水利管理区在俄亥俄州成立，它成为美国首批流域管理机构之一。1933年在俄亥俄州东部又成立了马斯京根流域水利管理区，它主要用于洪水控制、土壤保持、休闲和公园。同样在1933年，成立了负责整个田纳西河流域——美国第五大水系的田纳西流域管理局。上述法案使得田纳西流域管理局能够管理田纳西河水系的洪水控制、水力发电和航运。此外，田纳西流域管理局的设立旨在刺激该区域(当时是美国最贫困的地区之一)的经济发展。结果，该管理局变成另一个提供经济、环境和社会益处的早期多功能流域管理机构。

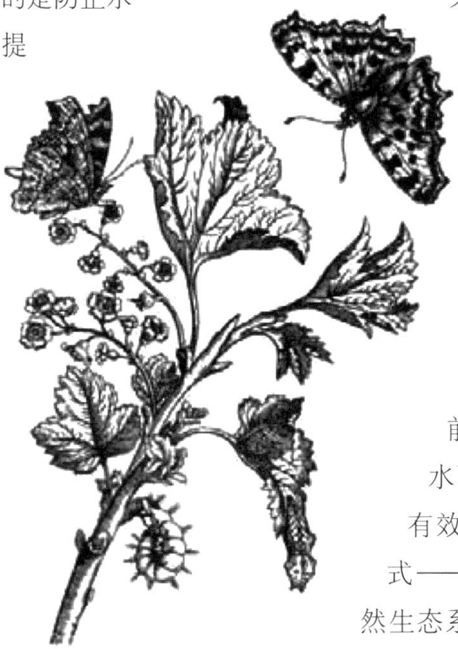

其他国家也采用了类似的行动计划。例如，在1946年，加拿大的安大略省通过了《水利管理法案》，该法案授权设立流域管理机构，负责水资源和土地的综合管理。到2011年，安大略省已有33个水利管理机构。1941年，新西兰通过了关注土壤保持和河流控制的法案，这使得新西兰成为首批认识到需要以流域为基础进行水资源和土地综合管理的国家。也是在那个十年里，英格兰和威尔士通过的《河流理事会法案》要求在这两个国家的大部分地区成立流域管理机构。到20世纪40年代末，水资源管理者认识到一起管理水资源、土地和其他资源的优越性以及一起解决环境、经济和社会问题的优越性。

1992年地球峰会的一项结果，是支持有关水资源管理的一项原则(在都柏林召开的峰会前的会议上制订)："由于水可以维持生命，水资源的有效管理需要一种整体的方式——把社会和经济发展与自然生态系统保护联系起来。有效管理要把土地和水资源利用与整个流域或地下水含水层联系起来。"(ICWE 1992)。这一原则常常被认为是阐述水资源综合管理的基础。后来在2000年，全球水伙伴(GWP，一个位于瑞典、由多个对水资源感兴趣的团体构成的组织)出版了对水资源综合管理给出的引用最频繁的定义。根据全球水伙伴(2000)的定义，水资源综合管理是"促进水资源、土地和相关资源协调发展和管理的过程，以便能够以公平的方式获取最大的经济和社会利益，同时也不会牺牲关键生态系统的可持续性”。

实施

水资源综合管理要想成功实施，至少需要四个条件。

第一，水资源管理者需要与负责其他自然资源的管理者进行合作，确保针对流域或区域期望的未来产生一个共同的愿景。在水资源综合管理这个手段用于协助实现期望的未来之前，这样的愿景或目标必须先确定下来。

第二，需要仔细区分全面/整体方法和综合方法之间的差异。根据定义，采用全面或整体的方法时，管理者必须考虑水资源和相关自然资源系统中的每一个变量以及它们之间的每一种关系。这一解释构成了20世纪50年代和60年代被称为“全面流域管理”的基础。试图分析所有变量和相互关系就会在完成全面流域规划时花费太多的时间，以至于等到它们完成时，常常已经过时（Mitchell 1983）。此外，它们提供太多没有优先计划的建议，使人不清楚哪个机构负责具体的建议。与此不同的是，综合方法关注关键（不是全部）变量和相互关系，而且特别注重那些可以采用行动的变量和相互关系。确定关键变量和相互关系是通过吸取以前的研究成果以及当地经验来实现的。

第三，水资源综合管理需要在不同空间尺度上进行。理想地，第一个水资源综合管理计划应针对整个流域来制订，注意力要放在针对整个流域的目标和目的上。在这样一个总体性战略计划之后，应为子流域制订更加详细的计划，然后再为支流甚至具体的场地制订进一步细化的计划。注意到不同的空间尺度有助于管理者确定每种尺度下哪些方面需要关注，帮助他们避免在某一个尺度上陷入太多的细节之中。

第四，水资源综合管理的一个显著特征是追求利益相关者的合作或参与；管理者必须认识到，仅靠负责水资源管理的政府机构自身难以实现有效治理。尽管这种合作的方式在短期内有可能增加制订流域规划的时间，但从长远看，共享对问题和解决方案的看法将比一个政府机构自行决定需要采用什么行动更加有效。

需要解决的问题

虽然通常都使用全球水伙伴给出的定义，但水资源综合管理的其他定义仍然不断提出。结果，有人质疑能否知道水资源综合管理到底是什么，能否知道它什么时候已经实现（Biswas 2004）。

虽然不同的定义确实存在，但它们几乎都有几个共同的观念：水资源必须与土地和其他自然资源一起考虑；就水资源管理而言，流域或集水流域是比行政管理或政治单位更合适的空间尺度和治理区域；关注点应放在环境、经济和社会问题上；应提供利益相关者参与的机会。这些共同的要素代表人们对水资源综合管理关键特征的共同认知，因而把它确定为水资源管理的合适工具。

有些批评者认为，还没有出现一个成功实施水资源综合管理的例子，也没有对水资源综合管理的实际情况进行过“客观的评估”（Tortajada 2010）。

然而，各种不同定义下的水资源综合管

理已经在发达国家和发展中国家引入并实施。成功实施的客观证据自1999年就开始出现，那时，基于澳大利亚的国际河流基金会开始颁发国际河流奖，作为人们对取得的出色长效结果的认可。已经获奖的有下列国家的组织：英国(1999, 2010)、美国(2004, 2008)、加拿大(2000, 2009)、澳大利亚(2001)、中国(2006)、法国(2005)、以色列(2003)以及湄公河委员会(2002)和中欧的保护多瑙河国际委员会(2007)。英国环境署由于其针对伦敦泰晤士河的工作而于2010年获奖。其中的很多奖都明确承认在实施水资源综合管理项目中取得的成就。与此同时，实施水资源综合管理会有挑战性，有些国家仅取得了有限或很少的进展。

批评者还认为，如果一个全面或整体方法得到水资源综合管理的支持，则仍然还有其他人类社会领域应该得到考虑，如能源开发和利用以及贫困和健康问题(Biswas 2004; 2008a)。水资源综合管理的支持者认为，对水资源来说，确实存在很多相互关系，但和所有解决问题的情况一样，边界和限制必须建立，否则规模就会变得难以处理，结果什么也做不成(Kidd & Shaw 2007)。

很少有人认为在水资源管理中只考虑水资源综合管理或只使用水资源综合管理这一种工具。

和任何政策实施一样，水资源综合管理的采用需要某种新的结构和过程的支持。批评者认为，如果没有政治、行政管理和财政领域的强力支持，其实施是不会成功的。有人甚至认为，政客和高级官员常常只是口头上支持水资源综合管理，因为他们并不想放弃现在掌握的水资源管理的某些权利。此外，也有人认为，在某些管辖区域存在的腐败行为使得水资源综合管理的实施难以进行，因为这会威胁到早已建立的利益关系(Biswas 2008b)。

这些批评意见可能反映了现实，但如果能够围绕综合方法面临的这些问题来制订建设性的解决方案，资源管理将会受益。

未来展望

水资源综合管理并不是解决所有水资源和相关自然资源问题的万灵丹。它作为一种手段被开发出来，以确保水资源和其他自然资源之间的联系得到考虑，水系的上游和下游状况得到承认，水量和水质问题一起得到解决，地下水和地表水同时得到关注。水资源综合管理还要确保关注环境、经济和社会问题，利益相关者也有机会参与决策。如果所有这些方面都得到考虑和实施，改善水资源管理的前景将会非常美好。

布鲁斯・米切尔(Bruce MITCHELL)
滑铁卢大学(加拿大的安大略省)

参见：最佳管理实践(BMP)；流域管理；海岸带管理；复杂性理论；大坝拆除；生态系统服务；地下水管理；人类生态学；水文学；灌溉；雨水吸收植物园；雨水管理；废物管理。

拓展阅读

Agarwal, Anil, et al. (2000). *Integrated water resources management* (TAC Background Papers No. 4).

Stockholm: Global Water Partnership Secretariat.

Biswas, Asit K. (2004). Integrated water resources management: A re-assessment. *Water International*, *29* (2), 248–256.

Biswas, Asit K. (2008a). Current directions: Integrated water resources management: A second look. *Water International*, *33*(3), 274–278.

Biswas, Asit K. (2008b). Integrated water resources management: Is it working? *Water Resources Development*, *24*(1), 5–22.

Dinar, Ariel, et al. (2005). Decentralization of river basin management: A global analysis (Policy Research Working Paper No. 3637). Washington, DC: World Bank.

Global Water Partnership (GWP). (2000). *Integrated water resources management (IWRM) toolbox: Version 2*. Stockholm: Global Water Partnership Secretariat.

Heathcote, Isobel W. (2009). *Integrated watershed management: Principles and practice* (2nd ed.). New York: John Wiley and Sons.

International Conference on Water and the Environment (ICWE). (1992, January 26–31). Keynote papers. International Conference on Water and the Environment: Development Issues for the 21st Century, Dublin, Ireland. Geneva: World Meteorological Organization WMO, ICWE Secretariat.

Kidd, Sue, & Shaw, Dave. (2007). Integrated water resource management and institutional integration: Realizing the potential of spatial planning in England. *Geographical Journal*, *173* (4), 312–329.

Mitchell, Bruce. (1983). Comprehensive river basin planning in Canada: Problems and opportunities. *Water International*, *8* (4),146–153.

Mitchell, Bruce. (Ed.). (1990). *Integrated water management: International experiences and perspectives*. London Belhaven Press.

Tortajada, Cecilia. (2010). Water governance: Some critical issues. *International Journal of Water Resources Development*, *26* (2), 297–307.

World Water Assessment Programme. (2006). *Water: A shared responsibility* (United Nations World Water Development Report 2). Paris: UNESCO.

Young, Gordon J.; Dooge, James C. I.; & Rodda, John C. (1994). *Global water resource issues*. Cambridge, UK: Cambridge University Press.

原野地

在美国和几个其他国家，“原野地”这个词具有法律定义。这些受法律保护的原野地有很多用途——从生态保护到休闲利用。到2010年，美国的国家原野保护系统已包括791个管理单元和超过1.09亿英亩、由四个联邦机构管理的公共土地。

世界上很少有地方在某个历史节点上没有受到人类的控制、居住、耕种或影响。人类的影响程度从影响非常严重的城市中心，经由乡村地区，再到开发极少的原野地，逐渐减弱。随着人口增长、道路建设、粮食生产、发电和工业化的发展，所谓世界上的“人类足迹”是广泛而且迅速扩展的（Sanderson et al. 2002）。有些可识别的“最后的荒野地区”在每个大陆都存在，在资源的精心维护和全球保护之下，它们有可能会继续存在。

原野地的定义

在美国的初期，欧洲移民耕种、征服了荒野地区，把土地用于人类居住。原野曾被认为是用于探索和原始旅游的地方，这些地方常常被大多数人感到害怕并尽量远离（Nash 2001）。当人们认识到保持荒野状况的剩余土地的数量不断减少时，他们开始珍惜那些与城市开发形成鲜明对比的原野地。随着原野地变得越来越少，公众对荒野地区的兴趣就越来越浓。在19世纪后期，美国几个著名的地方被设定为国家公园：黄石、优胜美地和大梯顿山。这些公园当时被认为是用于休闲和旅游而不是作为生态保护区。第二次世界大战之后，公众对原野地保护的兴趣更加浓厚。有些人对设立原野地保护区的愿望源于人们追求休闲的时间不断增加，另外，他们发现迅速的工业化和人口增长正在改变景观，他们对此越来越感到担心。

有些科学家认为，从严格的词义上讲，世界上很少有或根本就没有原野地，因为世界的生态系统都已受到人类活动的影响，尤其是由于大气中二氧化碳排放的增加而导致的气候变暖。为此，术语“原野”通常指的是很少被人知道或主要受到自然过程和力量影响的地区。尽管该术语曾经通常用于任何具有自然特色、条件和过程的广大人迹罕至的地区,但到1964年,该术语在美国获得了法律定义,用于指被国会认定为具有原野性质的联邦土地。

政策

为了给原野地保护和管理创建更加协调持久的国家系统,立法保护是必需的。要想使原野地议案能够变成法律,需要进行政治让步,所以,该法律在起草时就允许在某些地区进行某些人类活动,尽管这些活动与原野地立法的初衷并不一致。这些活动包括开矿、放牧、飞机降落和水资源开发。

1964年,美国国会通过了《荒野保护法案》(US Public Law 88-577)并创建了"国家荒野保护系统"(NWPS)。《荒野保护法案》为设立原野地给出了政策阐述:

为了确保人口增长以及伴随的定居扩展和机械化的日益增长不会占据和改变美国境内所有地区和其财产,而不会留下指定为在自然条件下进行保存和保护的土地,国会特此宣布把确保美国当代和后代人民享受原野资源的持续益处作为国会政策(US Public Law 88-577, section 2a)。

《荒野保护法案》的第2c节包含了原野地的一个重要而且常被引用的定义,该定义产生了很多的争议和争论,因为它给行政管理和司法解释留下了空间。为了实用和可用,该定义被以各种方式进行阐释:

因不同于那些人类和其工作主导景观的地区,原野地特此被认定为地球和其生命群落不受人类限制的地区,在该地区,人类自身是一个不会停留的访客。原野地可以进一步定义为:仍然保持原始特色和影响力、没有永久性人类改变或人类居住的未开发联邦土地区域,它得到保护和管理,以便保存其自然条件,而且它① 通常看上去主要受到自然力量的影响,人类工作的痕迹基本上不太明显;② 拥有突出的独处或原始和不受限制的休闲机会;③ 至少拥有5 000英亩土地或者其大小使得在未受损害的条件下能够对其进行保存和利用;④ 可能还包含生态、地质或其他科学、教育、景色或历史价值等特性(US Public Law 88-577, section 2c)。

随着更多的访客利用原野资源,这样的地区必须以不同的方式进行管理。管理一个旨在不受现代人类活动影响的地区可能觉得有些矛盾。然而,原野地的监管可以保存和保护一个地区的幽寂和自然特征(Dawson & Hendee 2009)。

"国家荒野保护系统"选择和设立那些代表不同生态系统类型的原野地,以便保存自然条件和过程。这些原野地被当作支持内部和周围地区可持续性所需的基因库,尤其是那些与其他所需自然特征(如作为灰熊栖息地的高山景观)相连的地区。

潜在威胁

一个地区被设定为原野地之后,该地区必须得到保持,以保存其生态系统。不管是现在还是未来,各种类型的内部和外部条件、影响因素和变化都在威胁着原野资源及其价值。在19项给定威胁中,突显人们对未来原野条件和过程可持续性担忧的两项是生存环境破碎化和外来(非本地)植物和动物的引入

(Dawson & Hendee 2009)。

原野地逐渐变成隔离的碎片或历史生态系统的残留地。随着越来越多的人口进入周围景观，原野地都变成了生态孤岛。这些孤岛只有在具有相当大的面积或与其他自然地区连在一起时才能继续存活下去。破碎化在美国的东部最为明显，在这里，原野地相对较小，但在全美国都能感受到这种威胁。外来物种和非本地植物和动物物种是对自然性和野生性的直接威胁。控制这些入侵物种的工作本身会给原野条件带来不利的影响。入侵物种(如黑矢车菊、雀麦草和紫色马鞭草)能迅速改变一个生态系统，并从根本上改造其本土植物和动物物种。上面列出的少数几个对原野地造成的威胁将不会减弱，而且大多数预计会在未来几十年不断增大。土地管理者需要监控这些潜在威胁并制订管理方案，以便监管这些原野地，使这些威胁最大限度地减小、缓解或去除。

管理机构

在国家层面，四个联邦机构负责原野地的规划和管理活动。它们是国家公园管理局(the National Park Services, NPS)、土地管理局(the Bureau of Land Management, BLM)、内政部所属的鱼类和野生动物保护局(the Fish and Wildlife Service, FWS)和农业部所属的林业局(the Forest Service, FS)。这四个机构根据法律制订了法规和政策与管理文件，以便监管其管辖区内的土地。此外，所有四个机构继续评估和管理其他的土地，寻求把它们纳入国家荒野保护系统的可能性。尽管国家荒野保护系统是一个国家系统，但每个机构都制订了自己的工作流程和组织方式，以便根据自身的管理使命和结构来保护“永久性原野资源”。其中一些对待访客和资源管理的不同方法会让公众感到困惑，他们不理解每个机构还有自己不同的使命。例如，鱼类和野生动物保护局有一个引入了国家野生动物庇护所系统的独特的野生动物管理使命。

1.09亿英亩的国家荒野保护系统代表了仅超过4.5%的美国土地面积，而城市和郊区的总土地面积则超过了6%，农业用地的总面积则超过了20%(Dawson & Hendee 2009)。尽管国家荒野保护系统试图保护代表不同地理区域和生态系统的地区，但并不是美国所有的生态系统都被包含进去(代表的生态系统类型不到50%)，其中包含较多的是西部地区的旱地和山脉生态系统，而不是沿海低地、草原和东部的阔叶林。

除了基于联邦土地所有关系的国家荒野保护系统以外，1970年以来，12个州也为州属土地设立了州属原野地，它们保护超过320万英亩的土地(Propst & Dawson 2008)。它们不是国家荒野保护系统的一部分，而是由各州土地管理机构管理。

管理原则

管理原野地的指导原则是，原野应作为景观上原始的极端状态加以管理，以便维持那些确定原野地并区分于其他土地用途的特性(Dawson & Hendee 2009)。原野地管理是以生物为中心的，也就是说，原野地的环境保全和原始条件是人类享受它、珍视它并从它获益的基础。

把原野地当作一个生态系统进行管理，而不是把它当作一组各自分立的资源类型

(例如,水体、森林、野生动物)进行管理就为被保护的地区提供了一个综合的视角。大多数原野地代表生态系统的残留地或整个生态系统,它们需要为当代和后代人体验或享受这些资源而加以保护。此外,人类的影响也要加以管理,以便保存这些原野地,因为没有这样的监管,这些残留的地区将失去其在美国景观上的独特价值。

要想对原野地进行管理、以便维持或改善其原野条件,对某个特定地区维持休闲利用的承载能力的认知是必不可少的。管理这种休闲利用的主要要素之一,是支持那些依靠原野条件来实现其目标、同时又不损害原野条件的活动。只有那些需要这种条件的活动才允许在原野地进行,只有那些原野地能够承受、同时又能维持其原野条件和过程的活动规模才能获得允许。

国家和国际的行动计划

美国公众强烈支持原野地的设立和国家荒野保护系统(Cordell, Bergstrom & Bowker 2005; Cordell, Tarrant & Green 2003)。综合从1999年到2002年在美国进行的7个不同的问卷调查发现,48%到81%的调查对象支持在美国设立更多的原野地(Scott 2004)。尽管有公众的广泛支持,但对如何定义原野地却存在很大差异——从认为人类不应进入原野地的极端保护主义者,到认为原野地应成为未来休闲和旅游开发之地的功利主义者。

那些推动原野地设立、监管、信息发布和教育推广组织(如荒野保护协会和塞拉俱乐部)的会员在过去的40年一直急剧增长。人们都行动起来,在各个层面(国际、国家、州和当地)保护原野地。

尽管保护层级和类型的变化基于每个国家的文化和立法历史,但美国的立法模式一直影响着全球的原野地保护(Kormos 2008)。原野地的思想是通用的,在美国使用的国家立法的方法已被其他国家(如加拿大、澳大利亚、芬兰、俄罗斯和南非)广泛采纳(Martin & Watson 2009)。在很多国家,不管是原野地还是支持原野地设立和监管的相关活跃组织,都得到了公众的强烈支持。

原野地保护是一项国家和国际运动,它包含基层民众和对日益减少的荒野地区感兴趣的会员组织。对原野地的珍惜得到了美国和很多其他国家普通民众的支持,但这种支持和很多人及组织的工作还需要持续下去,才能推动政府的立法和行政部门继续努力工作,以便为当代和后代维持这些原野地。

查德·道森(Chad P. DAWSON)
纽约州立大学
约翰·亨迪(John C. HENDEE)
爱达荷大学

参见：适应性资源管理(ARM)；行政管理法；最佳管理实践(BMP)；生物走廊；边界群落交错带；承载能力；生态系统服务；边缘效应；森林管理；生境破碎化；人类生态学；狩猎；残遗种保护区；道路生态学。

拓展阅读

Cordell, H. Ken; Bergstrom, J. C.; & Bowker, J. M. (2005). *The multiple values of wilderness*. State College, PA: Venture Publishing.

Cordell, H. Ken; Tarrant, M. A.; & Green, G. T. (2003). Is the public viewpoint of wilderness shifting? *International Journal of Wilderness*, *9* (2), 27–32.

Dawson, Chad P., & Hendee, John C. (2009). *Wilderness management: Stewardship and protection of resources and values* (4thed.). Golden, CO: Fulcrum Publishing.

Kormos, Cyril F. (2008). *A handbook on international wilderness law and policy*. Golden, CO: Fulcrum Publishing.

Martin, Vance G., & Watson, A. (2009). International wilderness. In Chad P. Dawson & John C. Hendee (Eds.), *Wilderness management: Stewardship and protection of resources and values* (4thed., pp. 50–88). Golden, CO: Fulcrum Publishing.

Nash, Roderick F. (2001). *Wilderness and the American mind* (4thed.). New Haven, CT: Yale University Press.

Propst, Blake M., & Dawson, Chad P. (2008). State-designated wilderness in the United States: A national review. *International Journal of Wilderness*, *14* (1), 19–24.

Sanderson, Eric W., et al. (2002). The human footprint and the last of the wild. *Bioscience*, *52* (10), 891–904.

Scott, Douglas W. (2004). *The enduring wilderness: Protecting our national heritage through the Wilderness Act*. Golden, CO: Fulcrum Publishing.

US Public Law 88–577. The Wilderness Act of September 3, 1964, 78 Stat. 890.

索　引（黑体字表示本卷的篇章条目）

G

H

L

R

S